普通高等教育"十一五"国家级规划教材

嵌入式系统开发与应用系列教程

嵌入式系统开发与应用教程
（第 2 版）

田 泽 编著

北京航空航天大学出版社

内 容 简 介

本书是《嵌入式系统开发与应用系列教程》中的理论教程,从基于 32 位 ARM 处理器的嵌入式软、硬件开发基础知识入手,以基于 ARM7 内核的 S3C44B0X 芯片为硬件核心,以简易电子词典为开发实例,基于 μC/OS-Ⅱ和 μCLinux 两种嵌入式操作系统,详细介绍嵌入式系统软、硬件开发的全过程。

本书密切结合嵌入式技术的最新发展,形成了从易到难、相对完整、贴近实际工程应用的嵌入式理论教学体系;结合本系列教程中的实验教程,可使读者快速、全面地掌握嵌入式系统开发与应用的基础知识和开发技能。

本书可作为高等院校计算机、电类专业嵌入式系统课程的教材,也可作为嵌入式系统领域工程技术人员的培训教材或参考资料。

图书在版编目(CIP)数据

嵌入式系统开发与应用教程/田泽编著. --2 版
. --北京:北京航空航天大学出版社,2010.7
ISBN 978-7-81124-947-7

Ⅰ.①嵌… Ⅱ.①田… Ⅲ.①微型计算机-系统开发
-教材 Ⅳ.①TP360.21

中国版本图书馆 CIP 数据核字(2010)第 031810 号

版权所有,侵权必究。

嵌入式系统开发与应用教程(第 2 版)
田 泽 编著
责任编辑 崔肖娜 王洪权 冯 佳

*

北京航空航天大学出版社出版发行
北京市海淀区学院路 37 号(邮编 100191) http://www.buaapress.com.cn
发行部电话:(010)82317024 传真:(010)82328026
读者信箱:bhpress@263.net 邮购电话:(010)82316936
北京九州迅驰传媒文化有限公司印装 各地书店经销

*

开本:787×1092 1/16 印张:27 字数:762 千字
2010 年 7 月第 2 版 2021 年 7 月第 8 次印刷 印数:25 001~25 300 册
ISBN 978-7-81124-947-7 定价:42.00 元

前　言

　　本书是《嵌入式系统开发与应用系列教程》中的理论教程，是基于32位ARM处理器的嵌入式系统教学体系建设的重要组成部分。

　　ARM处理器经过20多年的发展，已成为全球范围内32位嵌入式领域中应用最为广泛的微处理器核，到2007年底，已经有100多亿个基于ARM核的微处理器在应用。ARM技术应用的广泛性也加速了ARM技术的发展，许多先进的嵌入式技术都与ARM技术有很好的融合，因此基于ARM进行嵌入式教学无疑是最合适的。

　　全书共有6章，分为3大部分。

　　第1部分是本书的第1章，主要介绍嵌入式系统的开发基础。本部分从嵌入式系统的基本概念、硬件组成及开发、软件组成及开发，以及嵌入式技术的发展趋势4方面，介绍嵌入式系统开发的基础知识。通过本章的学习，可使学生系统地建立起嵌入式系统及其开发的整体概念。嵌入式系统开发的多样性和复杂性，使得不可能对本章所有内容都详细描述，只能对其主要内容进行讲述。

　　第2部分是本书的第2、3章，主要内容是ARM技术概述和基于ARM的嵌入式软件开发基础。第2章对ARM核的体系结构及相关技术进行全面论述，通过本章的学习，读者可对ARM技术有基本的了解和掌握，建立起以ARM核为基础的嵌入式系统应用技术基础。第3章密切结合具体开发例程，对基于ARM的嵌入式软件开发中所涉及的基础内容进行讲述，使读者能够掌握基于ARM嵌入式程序设计的基本知识。

　　第3部分是本书的第4、5、6章，以一个基于S3C44B0X的简易电子词典为开发实例，全面介绍嵌入式硬件、软件开发的全过程。Samsung公司的S3C44B0X是基于ARM7TDMI内核的SoC，该芯片功能强大，片上资源丰富，在国内的科研、教学及应用开发方面都具有较大的用量。第4章首先对基于S3C44B0X的简易电子词典的开发进行讲解，主要介绍系统硬件开发和无操作系统的软件开发。第5章对基于μC/OS-II嵌入式操作系统的电子词典软件开发进行讲述。第6章对基于μCLinux嵌入式操作系统的电子词典软件开发进行讲述。

　　本书是在《嵌入式系统开发与应用教程》基础上进行大幅度修订而成，与第1版相比较，本书主要是加强了嵌入式系统硬件开发的内容，并以一个基于S3C44B0X的简易电子词典为开发实例，全面介绍了嵌入式硬件、软件开发的全过程，目的是加强学生嵌入式综合能力的培养。由于学时限制，建议教师介绍嵌入式软件编程和基本模块章节时，可选择部分内容作为教学重点，其余作为学生课外扩展内容，以增强学生的自学能力。对于本书所介绍的两个操作系统的内容，教师可根据具体情况重点讲述其中之一。

　　将本书结合《嵌入式系统开发与应用实验教程(第3版)》一书共同组织教学，可使读者用最短的时间，在掌握32位嵌入式系统应用开发的基础理论知识的同时，从易到难逐步培养高端嵌入式产品的研发和设计能力，符合社会对开拓型、创新型高素质嵌入式人才的需求。

嵌入式系统应用开发涉及软、硬件及操作系统等复杂的知识。基于 ARM 核的芯片应用越来越多，支持 ARM 开发的工具和评估板越来越多，支持 ARM 的操作系统也越来越多。虽然本书力求全面讲述基于 ARM 的嵌入式系统应用开发技术，但是由于篇幅有限，要彻底将嵌入式系统讲述透彻是很困难的。作者力求在基于 ARM 的嵌入式系统开发与应用体系建设方面做一些基础性工作，书中如有不足之处，真诚地欢迎读者提出宝贵的意见和建议。

本教材配有教学课件。需要用于教学的教师，请与北京航空航天大学出版社联系。北京航空航天大学出版社联系方式如下：

通信地址：北京海淀区学院路 37 号北京航空航天大学出版社市场部

邮　　编：100191

电话/传真：010-82317027

E-mail：bhkejian@126.com

田　泽

2009 年 10 月

序

一、嵌入式开发与应用

以计算机为核心的嵌入式技术并不是什么新技术,它伴随着微处理器的诞生而诞生,并伴随着微处理器的发展而发展。随着计算机、微电子、网络和通信技术的高速发展及其向其他行业的高度渗透,嵌入式技术的应用范围急剧扩大,并不断改变着人们的生活、生产方式。嵌入式技术快速发展的同时,也极大地丰富、延伸了嵌入式系统的概念。

芯片技术给电子系统带来了小型化、低功耗、低成本和高度智能化等技术优势,这正是嵌入式技术永恒的追求。芯片技术发展到 SoC 阶段,使系统在芯片级更进一步地实现了低功耗、低成本、小型化、智能化,提高了嵌入式系统升级换代的速度和小型化的实现程度,决定了嵌入式系统普及应用的深度以及智能化的程度。芯片技术极大地加速了嵌入式计算机的发展和普及。因此,嵌入式技术的发展主要体现在芯片技术的发展,以及在芯片技术限制下的算法改进和软件进步上。

嵌入式硬件的核心是嵌入式处理器。处理器的嵌入式应用经历了以微处理器为核心的单板嵌入、在单片微控制器 MCU(Micro Control Unit)中嵌入基本资源的单片嵌入,以及基于 SoC/SoPC 的单片应用系统嵌入的发展过程,反映了嵌入式系统一直伴随着计算机、微电子和应用技术的发展,追求更高的性能密度、功能密度和更优的性价比。

目前,高性能嵌入式系统的硬件核心是拥有 32 位 ARM/PowerPC/MIPS 核的 SoC,其硬件平台具有强大的运算能力和丰富的片上资源,可以支持复杂的嵌入式操作系统 EOS(Embedded Operating Systems)的运行,使得 20 世纪 80 年代后期陆续出现的一些嵌入式操作系统真正广泛使用起来。大部分 EOS 价格昂贵,而源代码开放的 $\mu C/OS-II$、$\mu CLinux$、Linux 功能相对简易,比较适用于教学,因此,大部分学校选用这些操作系统作为嵌入式软件教学平台。

EOS 的广泛应用改变了传统的基于 8 位处理器的开发模式。在基于 8 位硬件平台的开发中,硬件设计者通常也是软件开发者,其编程绝大多数以汇编语言为主(20 世纪 90 年代中后期陆续开始使用 C 语言),他们会考虑程序如何编写,同时也会考虑软件与硬件的配合。因此,设计开发人员一般都非常了解系统底层的软、硬件细节。当应用系统功能越来越复杂时,每增加一项新的应用功能,都可能需要从头开始设计系统软件,从而导致软件维护的工作量巨大。人们也追求在 8 位单片机上运行嵌入式操作系统,但受硬件性能的限制,效果并不理想。没有操作系统已成为其最大缺陷。这些技术人员对通用计算机基于操作系统的软件开发技术和工具的理解与掌握有限,传统意义上称其为硬件开发人员。

基于通用计算机操作系统的软件开发技术人员往往被称为软件程序员,他们深入进行基于 Microsoft Windows、Linux 等操作系统平台上的应用软件开发,感兴趣的是如何使用 C#、C++、Java 之类的高级编程语言实现复杂应用软件开发,而不太关心系统中更多的底层硬件细节。因此,基于 8 位嵌入式系统的软件开发,与在通用计算机上基于操作系统的软件开发所采取的技术思路和方法不同，这两大技术群体各自有着不同的开发应用领域。

引入了 EOS 概念后，嵌入式系统的应用程序开发与通用计算机平台的应用程序开发有了很大的相似之处，这就给传统的软件设计人员提供了新的技术舞台和发展机遇。但嵌入式软件的开发又不完全等同于纯粹的应用软件开发，在开发和调试过程中需要与底层硬件相联系，软件开发人员必须具备相当的硬件知识，对硬件系统工作原理有清楚的了解。因此，嵌入式技术的发展使得嵌入式软件开发人员，既要具备通用计算机平台程序开发的基本技能，又要对底层硬件有一定的了解。

对于传统的 8 位嵌入式开发工程师，其优势是对微处理器的结构和硬件接口有比较深入的了解，也具有一定的底层软件开发技能和经验。这些经验和技能，在 32 位高端嵌入式系统的设计与开发中仍然是必须的。但他们对于嵌入式操作系统及应用软件的开发过程了解得不够深入。

对基于传统 PC 机上的软件设计人员来说，程序开发是在通用的 Wintel 架构（Microsoft Windows 操作系统与 Intel CPU）计算机技术上发展起来的，可在不用了解硬件操作与操作系统的情况下任意使用各类资源。在一个成熟的平台基础上开发应用程序是相当方便和快速的，软件开发人员几乎不用关心硬件结构。开发人员一般都具有比较深厚的基于操作系统平台的应用程序开发能力，对软件开发流程、软件质量保证与评测体系等有较深入的掌握，但他们对系统底层硬件结构的认识比较欠缺，甚至完全不了解。

无论对于传统的 8 位嵌入式工程师，还是传统 PC 机上的软件设计人员，在基于 32 位高性能嵌入式系统的开发中，他们都有自身优势。但最为根本的是，两者都需要更新自身的知识结构，积极完成开发方式的转型，在项目中大胆去实践（作者认为这才是最为重要的）。

国内开发者一般是采用芯片厂家提供的标准软、硬件开发平台和应用解决方案，并结合具体的应用需求进行软、硬件扩充或剪裁。在这种开发模式下，芯片的功能和性能几乎决定了系统的功能和性能，硬件成本及产品形态也趋于一致，差异在于应用软件的开发。应用软件成为嵌入式开发的主体，这必然会导致嵌入式产品同质化现象严重。缺乏核心"芯片"，又不重视面向系统需求的应用软件开发，长期缺"芯"又少"魂"，这必然会影响中国 IT 产业的发展。

系统芯片化、芯片系统化是将系统的开发延伸到芯片级，将系统的需求延伸到芯片级，在芯片设计级就要充分考虑系统需求的软、硬件实现，在芯片开发过程中参与系统需求的软、硬件实现，使其在 SoC 设计和验证时集中体现。在 SoC 设计和验证过程中实现了系统需求、硬件及软件的价值链，这才能真正体现嵌入式系统的核心竞争力。

二、嵌入式人才培养和嵌入式教学体系建设

嵌入式产业要发展，人才是关键。掌握了 32 位嵌入式软、硬件开发的人才，其就业形势一直很好。在我多次参与的招聘中，有嵌入式基本开发经验的工程师仍然很难招聘到。加强嵌入式人才培养刻不容缓。一方面，要实现对现有 IT 从业人员的转型。目前我国已有一大批高素质的 IT 从业人员，他们通过一定的培训、自我学习和项目实践，可以很快成为 32 位高端嵌入式技术开发的主力军。另一方面，要充分利用我国的高等教育资源，在理工科高校的相关专业加强嵌入式教学，加大嵌入式应用人才的培养力度，为我国嵌入式发展提供大量优秀后备人才。

2005 年以前，我国高校嵌入式教学内容的设置几乎都是 20 世纪 80 年代初发展起来的，

大多数以 8 位 51 单片机为核心。2005 年以后,随着以 32 位 ARM 为核心的嵌入式技术日益成为高性能嵌入式应用的基础,以 ARM 为核心的嵌入式课程已经逐步进入高校,许多高校开展了以 32 位 ARM 为核心的嵌入式系统教学。

与传统的以 8 位 51 单片机为核心的开发应用相比,基于 ARM 的嵌入式系统软、硬件开发的复杂度和难度急剧加大。近年来,以 32 位 ARM 为核心的嵌入式教学,对于我国嵌入式开发的整体水平有所推动,但并没有获得像单片机那样的人才培养效果,而且给学生留下了嵌入式课程的学习入门起点高、学习过程难度大、上手不容易的印象,教师也普遍反映教学难度大。

目前在嵌入式人才中,精通低端 8 位系统设计开发的应用技术人才和纯粹的软件编程人员仍然相对过剩,而掌握软、硬件技术相结合的高端 32 位开发人才仍然比较少,从业人员呈现两端多、中间少的哑铃结构。

从技术角度讲,嵌入式技术经过近几年的高速发展,已经形成相对完整的知识和技术体系。嵌入式知识体系涉及电子技术、计算机技术、微电子技术和相关专业的应用学科领域知识,是多学科、多技术相互结合、相互辅助、相互关联的一门综合学科。嵌入式开发需求的多样性,使得软、硬件开发往往是基于不同层面以及与具体技术相结合的应用开发,从基于现成芯片(4/8/16 位单片机、ARM、SoPC 等)的系统开发,到可能包含部分半定制逻辑设计的 FP-GA/CPLD 的应用系统开发,以及考虑全系统应用基于芯片级 SoPC/SoC 的开发,所涵盖的内容包括与微控制器及其外延相关的 ASIC、SoPC/SoC、ARM、DSP、嵌入式实时操作系统,以及与应用对象相关的测控、网络、通信、图形图像等技术,开发手段从底层器件的硬件描述、驱动及应用程序的设计,到操作系统的定制、移植,以及嵌入式软件开发与测试等。嵌入式系统能够具有如此宽泛的知识涵盖,实属罕见。

嵌入式课程设置大都是 36~54 学时,在如此少的学时内,对于一个没有任何应用工程经验的初学者来说,往往面临着诸多知识点需要掌握。而对嵌入式相关基础知识没有作为一个完整的教学体系进行安排,因此,学生学习起来感觉非常吃力。同时受传统教学体系的影响,嵌入式教学的内容设置、教学方法、教学手段、教材编写体系,都与这门课程以实际应用为主的基本特征严重脱节。学完这门课程后,学生往往是"一头雾水"。进入技术开发岗位后,一般还要进行相当长一段时间的锻炼,才能掌握基本的开发流程、具备初步的开发能力。

我国相关计算机教学核心课程是以通用 Wintel 架构为基础的,与嵌入式系统还是有较大差别,学生虽然学习了许多计算机课程,但学习嵌入式系统仍然有些吃力。系统地建立嵌入式系统的教学核心课程体系,是嵌入式人才培养的关键,而目前靠一门课程的教学很难实现。

三、本系列教程介绍

在过去的近 10 年中,作者编写了一系列基于 ARM 的理论和实验教材,尝试性地将大量的基本嵌入式开发与应用的复杂例程,从教学和实验的角度写入到教材中。其中《嵌入式系统开发与应用教程》和《嵌入式系统开发与应用实验教程》已经被许多所大学使用。更为有幸的是,这两本书都入选为教育部"普通高等教育'十一五'国家级规划教材"。作者近年来一直想依据自己的教学和科研实践经验,并结合不同层次大学的教学情况,对这两本教材进行大幅度修订,并确定了将项目开发技能培养作为修订的出发点,由浅入深、由抽象到具体、由理论知识到技能,为嵌入式开发初学者提供一个软、硬件完全融合的开发方法及流程的参考,使其更贴近于目前的嵌入式教学实际。

目前出版的理论和实验教材往往与具体公司的实验箱关联度很大,这些实验箱提供了稳定的软、硬件平台和许多实验例程。但这些庞大实验箱的外围接口(包括扩展接口)越来越复杂,兼容处理器也越来越多,软件开发环境越来越好,这势必导致软、硬件平台非常复杂,使得学生感觉很茫然,不利于其快速上手,也不利于其嵌入式硬件能力的提高。

本书没有采用现成的实验箱,而是以一个简易电子辞典的开发为例,从嵌入式软、硬件开发的角度,系统介绍了软、硬件开发的全过程。由于篇幅限制,将硬件开发涉及的基本知识放到实验教材中,结合实验课程进行讲述。从一定意义上讲,实验教材是对理论教材的有机补充,同时也自成体系。

对于不同层次的学校、不同的专业背景及教学学时,对本教材的使用可灵活安排。由于学时限制,对于嵌入式软件编程和基本模块章节,建议可选择部分内容作为教学重点,其余作为学生课外扩展实验内容,以增强学生的自学能力。对于所介绍的两个操作系统,可根据具体情况重点讲述其中之一。对于提高软、硬件综合开发应用能力的三个综合实验,建议可以结合课程或毕业设计来开展。

四、致 谢

在本系列教材的编写过程中,得到了北京航空航天大学出版社的大力支持,在此表示深深感谢!感谢北京航空航天出版社的编辑们,正是由于他们高效、努力的工作,才使得本书能够及时与大家见面!

我的硕士研究生王泉、杨峰、黎小玉、王绮卉、刘娟、淮治华、李攀、刘宁宁、余兆安、黄鹏、赵彬、张玢、郭海英、李娜等同学,参与了这套图书的校对工作,在此表示感谢!

感谢我的爱人王永红给予我的理解和支持,正是她在家庭中默默地劳作和操持,才使我可以安心于工作。她给予我最及时、最需要的关心和照顾,使我在单调的工作之余,生活总是绚丽、多彩。感谢我的儿子田祎琨,我在生活和学习上给予他的照顾和辅导不够,希望他能够理解!

感谢所有帮助过我的人们,有了他们的理解、帮助和支持,我才能够完成本套图书的写作。

由于时间仓促及众多客观条件的制约,书中难免存在错误和不足之处,敬请读者谅解,并真诚地欢迎读者提出宝贵的意见和建议。也衷心希望教育界、科研界、产业界携手并进,促进我国嵌入式技术快速、稳定、健康地发展。

田 泽
2009 年 10 月

目 录

第1章 嵌入式系统开发基础
1.1 嵌入式系统的基本概念 …………………………………………………………… 1
1.1.1 嵌入式计算机 ………………………………………………………………… 1
1.1.2 嵌入式系统的定义、特点及应用范围 ……………………………………… 4
1.1.3 嵌入式系统的组成结构 ……………………………………………………… 6
1.1.4 嵌入式系统的基本开发流程 ………………………………………………… 8
1.1.5 嵌入式系统的知识体系 ……………………………………………………… 9
1.2 嵌入式系统的硬件组成及开发 ………………………………………………… 12
1.2.1 嵌入式微处理器 ……………………………………………………………… 12
1.2.2 典型32位嵌入式微处理器介绍 …………………………………………… 13
1.2.3 嵌入式 SoC/SoPC ………………………………………………………… 16
1.2.4 嵌入式外围接口电路和设备接口 …………………………………………… 19
1.2.5 嵌入式系统的硬件开发 ……………………………………………………… 23
1.3 嵌入式系统的软件组成及开发 ………………………………………………… 25
1.3.1 嵌入式系统的软件层次结构 ………………………………………………… 25
1.3.2 嵌入式操作系统 ……………………………………………………………… 26
1.3.3 嵌入式系统的软件开发 ……………………………………………………… 32
1.4 嵌入式技术的发展趋势 ………………………………………………………… 42
习 题 ………………………………………………………………………………… 44

第2章 ARM 技术概述
2.1 ARM 体系结构及技术特征 …………………………………………………… 46
2.1.1 ARM 的发展历程 …………………………………………………………… 46
2.1.2 RISC 体系结构概述 ………………………………………………………… 47
2.1.3 ARM 体系结构 ……………………………………………………………… 49
2.1.4 Thumb 技术介绍 …………………………………………………………… 50
2.1.5 Thumb-2 技术介绍 ………………………………………………………… 51
2.1.6 ARM 核简述 ………………………………………………………………… 52
2.1.7 ARM 发展总结 ……………………………………………………………… 57
2.2 ARM 处理器工作状态及模式 ………………………………………………… 58
2.2.1 ARM 处理器工作状态 ……………………………………………………… 58
2.2.2 ARM 处理器工作模式 ……………………………………………………… 58
2.3 ARM 寄存器组成 ……………………………………………………………… 60
2.3.1 ARM 寄存器组成概述 ……………………………………………………… 60
2.3.2 ARM 状态下的寄存器组织 ………………………………………………… 60

2.3.3　Thumb 状态下的寄存器组织 …………………………………………………… 64
2.4　ARM 的异常中断 ………………………………………………………………………… 65
　　2.4.1　ARM 的异常中断响应过程 …………………………………………………… 66
　　2.4.2　从异常中断处理程序中返回 …………………………………………………… 68
　　2.4.3　异常中断向量表 ………………………………………………………………… 69
　　2.4.4　异常中断的优先级 ……………………………………………………………… 70
2.5　ARM 存储器接口及协处理器接口 ……………………………………………………… 70
　　2.5.1　ARM 存储数据类型和存储格式 ……………………………………………… 71
　　2.5.2　ARM 存储器层次简介 ………………………………………………………… 71
　　2.5.3　ARM 存储系统简介 …………………………………………………………… 72
　　2.5.4　ARM 协处理器 ………………………………………………………………… 74
2.6　ARM 片上总线 AMBA 概述 …………………………………………………………… 74
2.7　基于 JTAG 的 ARM 系统调试 ………………………………………………………… 75
　　2.7.1　基于 JTAG 仿真器的调试结构 ………………………………………………… 76
　　2.7.2　ARM 的嵌入式跟踪 …………………………………………………………… 77
2.8　基于 ARM 核的芯片选择简介 ………………………………………………………… 79
习　　题 ………………………………………………………………………………………… 81

第 3 章　基于 ARM 的嵌入式软件开发基础

3.1　ARM 指令集 ……………………………………………………………………………… 83
　　3.1.1　ARM 指令集概述 ……………………………………………………………… 83
　　3.1.2　ARM 寻址方式 ………………………………………………………………… 85
　　3.1.3　ARM 指令详细介绍 …………………………………………………………… 92
3.2　Thumb 指令集 …………………………………………………………………………… 117
　　3.2.1　Thumb 指令集概述 …………………………………………………………… 117
　　3.2.2　Thumb 指令详细介绍 ………………………………………………………… 120
3.3　基于 ARM 的汇编语言程序设计基础 ………………………………………………… 124
　　3.3.1　ARM 汇编语言的伪操作、宏指令与伪指令 ………………………………… 124
　　3.3.2　ARM 汇编语言程序设计 ……………………………………………………… 147
　　3.3.3　ARM 汇编语言编程的重点 …………………………………………………… 155
　　3.3.4　ARM 汇编程序实例 …………………………………………………………… 161
3.4　基于 ARM 的嵌入式 C 语言程序设计基础 …………………………………………… 164
　　3.4.1　C 语言的预处理伪指令在嵌入式程序设计中的应用 ……………………… 164
　　3.4.2　嵌入式 C 语言程序设计中的函数及函数库 ………………………………… 168
　　3.4.3　嵌入式程序设计中常用的 C 语言语句 ……………………………………… 170
　　3.4.4　嵌入式程序设计中 C 语言的变量、数组、结构、联合 …………………… 172
3.5　基于 ARM 的嵌入式 C 语言程序设计技巧 …………………………………………… 177
　　3.5.1　变量定义 ………………………………………………………………………… 177
　　3.5.2　参数传递 ………………………………………………………………………… 179
　　3.5.3　循环条件 ………………………………………………………………………… 179

3.6 C语言与汇编语言混合编程 …… 180
　3.6.1 ATPCS介绍 …… 180
　3.6.2 内嵌汇编 …… 183
　3.6.3 C语言和ARM汇编语言程序间相互调用 …… 188
习　题 …… 190

第4章　基于S3C44B0X嵌入式系统应用开发实例

4.1 S3C44B0X处理器介绍 …… 192
　4.1.1 S3C44B0X简介 …… 192
　4.1.2 S3C44B0X特点 …… 193
　4.1.3 S3C44B0X功能结构框图 …… 195
　4.1.4 S3C44B0X引脚信号描述 …… 196
4.2 基于S3C44B0X电子词典开发概述 …… 199
　4.2.1 电子词典系统定义与需求分析 …… 199
　4.2.2 电子词典方案设计 …… 200
4.3 基于S3C44B0X电子词典的硬件开发 …… 201
　4.3.1 基于S3C44B0X的最小系统设计 …… 201
　4.3.2 显示模块 …… 203
　4.3.3 触摸屏及键盘模块 …… 206
　4.3.4 I/O端口设计 …… 215
　4.3.5 硬件资源分配 …… 216
4.4 基于S3C44B0X电子词典软件开发环境的建立 …… 217
4.5 基于S3C44B0X电子词典功能模块及应用开发介绍 …… 218
　4.5.1 S3C44B0X时钟电源管理器的功能及应用开发 …… 218
　4.5.2 S3C44B0X存储控制器的功能及应用开发 …… 227
　4.5.3 S3C44B0X I/O端口的功能及应用开发 …… 236
　4.5.4 S3C44B0X中断控制器的功能及应用开发 …… 246
　4.5.5 S3C44B0X UART接口的功能及应用开发 …… 261
　4.5.6 S3C44B0X I^{2}C总线接口的功能及应用开发 …… 276
　4.5.7 S3C44B0X A/D转换器的功能及应用开发 …… 287
　4.5.8 S3C44B0X LCD控制器的功能及应用开发 …… 293
　4.5.9 S3C44B0X看门狗定时器的功能及应用开发 …… 314
4.6 基于S3C44B0X电子词典的软件开发 …… 319
　4.6.1 电子词典硬件测试软件开发 …… 320
　4.6.2 电子词典应用软件开发 …… 323
习　题 …… 331

第5章　基于μC/OS-Ⅱ的嵌入式开发

5.1 μC/OS-Ⅱ简介 …… 333
　5.1.1 μC/OS-Ⅱ的基本特点 …… 334
　5.1.2 μC/OS-Ⅱ的基本结构 …… 334

5.2 基于 μC/OS-II 的软件开发基础 ·· 337
5.2.1 μC/OS-II 开发基础概念 ·· 337
5.2.2 基于 μC/OS-II 嵌入式系统应用的基本结构 ······················· 344
5.2.3 基于 μC/OS-II 嵌入式系统的软件开发过程 ························ 345
5.3 基于 μC/OS-II 的电子词典设计与实现 ······································ 346
5.3.1 电子词典系统设计 ·· 346
5.3.2 开发环境的建立 ··· 348
5.3.3 驱动程序的设计与调试 ·· 359
5.3.4 用户任务设计 ··· 363
5.4 基于 μC/OS-II 的电子词典代码构成 ··· 367
习　　题 ·· 369

第 6 章　基于 μCLinux 的嵌入式开发
6.1 μCLinux 操作系统 ··· 370
6.1.1 μCLinux 操作系统简介 ·· 370
6.1.2 μCLinux 的基本结构 ··· 370
6.2 基于 μCLinux 的嵌入式系统开发流程 ······································ 374
6.3 基于 μCLinux 的电子词典开发 ·· 375
6.3.1 开发环境 ··· 376
6.3.2 内核移植和启动 ··· 381
6.3.3 设备驱动 ··· 394
6.3.4 应用程序 ··· 410
6.3.5 调　试 ·· 414
习　　题 ·· 417

参考文献 ··· 418

第1章 嵌入式系统开发基础

本章从嵌入式系统的基本概念、嵌入式系统的硬件组成及开发、嵌入式系统的软件组成及开发、嵌入式技术的发展趋势4方面,介绍了嵌入式系统开发的基础知识。通过本章学习,读者可系统地建立起嵌入式系统及其开发的整体概念。

本章主要内容包括:
- 嵌入式系统的基本概念
- 嵌入式系统的硬件组成及开发
- 嵌入式系统的软件组成及开发
- 嵌入式技术的发展趋势

1.1 嵌入式系统的基本概念

以嵌入式计算机为核心的嵌入式技术并不是新技术,它随着微处理器的诞生而诞生,并随着微处理器的发展而发展。但随着计算机技术、微电子技术、网络技术和通信技术的高速发展及相互高度渗透,嵌入式技术的应用范围急剧扩大,并不断改变着人们的生活、生产方式。嵌入式技术快速发展的同时,也极大地丰富、延伸了嵌入式系统的概念。

本节从嵌入式系统的核心——嵌入式计算机的形成和发展出发,对嵌入式系统的基本概念、组成结构以及基本开发流程进行了介绍;对嵌入式系统学习中涉及的知识体系,从初学者的角度进行了讲述。

1.1.1 嵌入式计算机

1. 嵌入式计算机的发展历史

首先回顾一下计算机的发展历史。电子计算机诞生于20世纪40年代,在此之前,人类已经历了机械(Mechanical)计算机和机电(Electromechanical)计算机时代。最早的机械计算机(约公元前500年)可能是我国的算盘,它早于法国Pascal为他从事税收工作的父亲设计的机械式加法器(1642年)。此后在1822年,现代计算机鼻祖——英国数学家Charles Babbage(1791—1871年)设计了一台可以执行算术运算差分机的模型,具有6位数的计算能力,更重要的是,它能够计算到二次方的任何函数。后来,George Boole(1815—1864年)提出了布尔代数的革命性概念,就是今天的二进制。进入20世纪后,Claude Shannon提出的信息论和开关理论,分别为今天的通信理论以及从布尔代数到电子计算机的实现提供了理论依据。另一个大名鼎鼎的人物Alan Mathison Turing(1912—1954年)则把算法的概念应用到了计算机,此外,他在机器与自然方面的研究发展到今天就是"人工智能(Artificial Intelligence)"。到了20世纪30年代,Bell实验室的Geoge Stibitz使用继电器制作了加法器,并用灯泡作为输出指示器实现了他的设想。这在通用计算机的研究和制造方面迈出了重要的一步。1944年,哈佛大学的Howard Aiken发明了Harvard Mark系列计算机,并且在其中采用了分开的指令存储器和数据存储器,这就是后来著名的"哈佛结构"。

很多人认为ENIAC的诞生标志着电子计算机时代的开始。电子计算机的发展经历了第一代的电子管计算机(1946—1956年)、第二代分立晶体管计算机(1959—1964年)、第三代小/中规模集成电路计算机(1964—1975年)、第四代大规模/超大规模集成电路计算机(1975—1990年)、第五代甚大规模集成电路计算机,以及第六代极大规模集成电路计算机。按照摩尔定律,每过18个月,硅片上晶体管的数量就会增加一倍。随着大规模集成电路工艺的发展,芯片的集成度越来越高,也越来越接近工艺甚至物理的上限,最终,晶体管会变得只有几个分子那样小。这样今后集成更多晶体管数目的集成电路又该怎么称呼呢?

20世纪70年代,集成电路工业发展到大规模集成电路LSI阶段,可以在单片晶圆上集成1000个以上的门电路,这是微处理器(Microprocessor)电路实现的物理基础。

大规模集成电路(LSI)和超大规模集成电路(VLSI)的发展,使得把计算机的主体——中央处理单元(CPU)集成在一个芯片上成为可能。由一片或几片LSI组成的CPU称为微处理器,微处理器使计算机进入微型计算机时代。Intel公司于1971年推出了第一个可编程的4位微处理器芯片4004,这项突破性的发明被用于当时袖珍型可编程的Busicom计算器中。这一应用被认为是开创了人类将智能芯片内嵌于电脑和无"生命"设备中的历程,使设备运行可控化、智能化。Rockwell公司也闻风而动,在1972年推出PPS-4四位微处理器。

Intel公司意识到微处理器是个可赢利的产品,在认识到4位微处理器字长不能满足实际复杂应用的需求后,于1972年4月推出了第一个4位PMOS微处理器8008芯片,它的性能是4004的2倍,因此命名为"8008"。1973年,National Semiconductor公司和Fairchild公司分别推出SC/MP和F8八位微处理器。当时,"电脑"这个术语尚未使用,8008用在被称为"打字机"的设备中。第一台用做电脑"大脑"的微处理器诞生于1974年,这就是Intel公司的新一代处理器8080。8080是第一个NMOS微处理器,它扩充了8008的指令。1974年也是其他微处理器迅速发展的一年,具有代表性的8位微处理器还有6800和1802等,Motorola公司的6800是第一个单一电源(+5V)的微处理器,而8080需要3种电源(+12V、+5V和-5V)。RCA公司的1802微处理器第一次采用CMOS工艺,这是继第一代PMOS和第二代NMOS之后更为先进的半导体工艺,它可以提供更高的集成度、更快的速度和更低的功耗。

1974年也出现了早期的16位微处理器,如National PACE、Texas Instruments TMS-9900和General Instrument CP-1600等。到1974年7月,已有19种微处理器问世,各种微处理器满足了不同市场的需求,应用范围也在不断扩大。截至1975年,微处理器品种已增加到40种。

世界上第一台采用8080的微型计算机称为Altair,据说这一名称取自电视节目StarTrek中星际飞船Enterprise的目的地。仅仅几个月之内,其销量就达到数万台。它由MIT(麻省理工学院)1975年推出,标志着家用计算机的诞生。Apple公司于1977年推出的基于Rockwell6502八位微处理器的家用计算机Apple-II,成为个人计算机(PC)的雏形。

与此同时,微处理器表现出的智能化水平引起了设备制造、机电控制等专业人士的兴趣,他们要求将微型机嵌入到一个控制对象的体系中,实现对象体系的智能化控制。微处理器的问世极大地促进了控制领域的发展,复杂的控制系统最初只是由简单的设备组成,以微处理器这样的部件作为主要的运算、控制和反馈器件,极大地提高了系统的可控性和智能化。例如,汽车排放物在过去的20年间减少了90%,这主要归功于在发动机管理系统中成功地应用了微处理器。目前,微处理器在汽车和飞机上已经得到广泛使用,一辆轿车可能装配了数十个以上的微处理器,它们控制着从发动机火花塞、传动轴一直到避免由于关门时产生的压力而使司机耳朵胀痛的控制系统等众多部件。由此可见,在应用于控制等领域时,计算机嵌入到设备中便失去了微型计算机原来的形态。

因此,微处理器在控制领域的应用,不仅引起了控制领域的一场革命,而且引起了微处理器功能和存在形态的显著变化。

超大规模集成电路的发展,使得把CPU、存储器以及各种外部设备的接口做在一块集成电路芯片上成为可能。为了满足控制领域对微处理器的需求,在 1976 年初便出现了与微处理器类似的产品,即微控制器(Microcontroller),或称为微计算机,也就是国内俗称的"单片机"。它将 CPU、ROM、RAM 以及 I/O 接口等集成一体,具有一般计算机数字处理等基本功能,并根据实际应用配以外围电路和应用软件,可广泛嵌入到仪器、仪表、工程控制设备、智能家电和各种智能设备与应用系统中。因此,微控制器的应用被称为"嵌入式应用"。

当时有代表性的型号为 8 位的 Intel 8048 和 Motorola 6802,4 位的 Rockwell PPS-4 和 Texas TMS-1000 等。

1976 年,在 8 位微处理器的市场上出现了具有影响的 Intel 8085 和 Zilog Z80。为了突破 8 位机对存储量、速度和处理数据长度的限制,1978 年出现了一批高性能、实用的 16 位微处理器,具有代表性的为 Intel 8086、Motorola 68000 和 Zilog Z8000,它们都采用 NMOS 工艺。

Intel 8086 是在 8080 和 8085 的基础上发展起来的,是 Intel 公司最早投入市场的微处理器。8086 具有 8/16 位处理能力,指令系统包含 8080/8085 指令,增加了 16 位数据处理指令,基本指令为 92 条。1979 年,Intel 公司又推出了 8088,内部结构同 8086 几乎相同,但它是内部总线为 16 位而外部总线为 8 位的准 16 位微处理器。8086/8088 扩充了乘法和除法指令,且最先采用了指令 Cache 的设计思想。

Motorola 68000 的设计目标是 32 位,由于受芯片封装的限制,它最终以 16 位微处理器的形式推出。Z8000 继承了 Z80 的设计原则,支持复杂指令集系统。

20 世纪 70 年代后期是微处理器发展的一个重要分水岭。1978 年,IBM 公司推出了一举成名的新产品——IBM 个人计算机(PC)。该产品采用了 Intel 8088 微处理器作为"大脑",这标志着 PC 机时代从此诞生。8088 的成功使 Intel 公司进入了世界财富 500 强之列,《财富》杂志将 Intel 公司誉为"20 世纪 70 年代最出色的企业"之一,从此确立了 Intel 公司的地位,Intel 公司继而成为万众瞩目的焦点。这时,互联网也悄声无息地萌发了,但开始仅有斯坦福大学和麻省理工学院寥寥无几的专家对其感兴趣。谁也未能料到,这个叫做 Internet 的东西后来会成为席卷全球的一项技术,会渗透到我们生活的每个角落,成为信息社会的基础。

在电子计算机发展的初期,计算机一直是"供养"在特殊机房中的大型、昂贵的专用设备,主要是实现一些特殊的数值计算。直到 20 世纪 70 年代微处理器的出现,计算机应用才出现历史性的变化。这也使计算机褪去了神圣的光环,步入平民化的时代。自从 Intel 公司推出 4004 四位微处理器以来,随着微处理器技术的发展,其组成结构和含义都产生了巨大的变化,而且成本越来越低。早期的微处理器仅包含 ALU、寄存器、时钟和简单的逻辑控制;而现代微处理器中,组成 CPU 的各功能模块的结构和性能已同早期的大不一样。如现代微处理器的 ALU 包含了整数、浮点、转移和装入/存储部件,而不是早期简单的算术、逻辑运算部件;寄存器已不是早期的几个,已变成含有数十个寄存器的寄存器组;控制部件除完成指令转移外,还要完成多种中断管理、片内调试、总线控制和管理及协处理器接口;外围存储器系统包含复杂的指令和数据 Cache。

到 20 世纪 80 年代初,微处理器及微控制器各自已发展成为一个庞大的家族,以 Intel 公司 x86 为主流的应用于 PC 机的微处理器格局已形成。为了区别于原有的 PC 通用计算机,把嵌入到对象体系中、实现对象体系智能化控制的计算机,称为"嵌入式计算机"。

因此,嵌入式计算机诞生于微处理器发展时代。早期的嵌入式计算机是将计算机嵌入到一个具体应用的控制对象的体系中,这是嵌入式系统发展的起点,同时标志着计算机进入了通用计算机与嵌入式计算机两大分支并行发展的时代,从而导致 20 世纪末计算机应用的高速发展,并由此引发了计算机分类方式的变化。

处理器芯片是计算机发展的转折点,处理器芯片的体系结构在一定程度上起着定义、规范计算机产品的作用。从此计算机按照处理器芯片体系结构的发展而演变。

2. 嵌入式计算机

传统的计算机分类是按照计算机的处理字长、体系结构、运算速度、结构规模、适用领域进行的,如通常所说的大型计算机、中型计算机、小型计算机和微型计算机,并以此标准来组织学科和产业分工,这种分类方法沿袭了多年。

随着近 30 年来微电子技术、计算机技术、移动通信技术的高速发展,以及网络技术的广泛应用,实际情况已经发生了根本性的变化。例如,由 20 世纪 70 年代末定义的微型计算机演变而来的 PC 机,其处理速度目前已远远超过了当年定义的大、中、小型计算机。

随着计算机技术对其他行业的广泛渗透,以及与其他行业具体应用技术的相互结合,以应用为中心的分类方法变得更加切合实际发展,即按计算机的嵌入式应用和非嵌入式应用将其分为通用计算机和嵌入式计算机。

通用计算机具有一般计算机的基本标准形态,通过装配不同的应用软件,以基本雷同的面目应用在社会的各个领域,其典型产品为 PC 机;而嵌入式计算机,则是非通用计算机形态的计算机应用,它以嵌入式系统核心部件的形式隐藏在各种装置、设备、产品和系统中。因此,嵌入式计算机是一种计算机的存在形式,是从计算机技术的发展中分离出来的。

嵌入式计算机应用属于"专用计算机"应用。嵌入式计算机与实际应用的广泛结合,是在一切可能的设备中都使用计算机,将这些设备变得更智能化、可计算化。嵌入式计算机是构成未来数字化世界的基本细胞、元素。

从计算机的发展历史可以看出,嵌入式计算机并非现在才有,它用于控制设备或嵌入到系统的历史几乎同计算机自身的历史一样长。例如,在 20 世纪 60 年代晚期的通信领域,计算机被用于电子电话交换机,称为"存储程序控制"系统。存储程序指内存装有程序和例程信息。存储控制逻辑,而不是将其固化在硬件中,这在当时确实是有突破性的。许多嵌入式计算机就是从早期台式 PC 机应用中淘汰下来后,应用在智能产品的开发中,变成了嵌入式应用。早期 PC 机,诸如 TRS-80、Apple-II 及其所用的 Z80 和 6502 处理器,至今仍然在许多领域中应用,因此旧的微处理器并没有灭绝,而是变成了嵌入式的应用。

嵌入式计算机在应用数量上已远远超过各种通用计算机,一台通用计算机的外设中就包含多个嵌入式微处理器,键盘、鼠标、软驱、硬盘、显卡、显示器、Modem、网卡、声卡、打印机、扫描仪、数码相机、USB 集线器等,都是由嵌入式微处理器控制的。在制造工业、过程控制、通信、仪器、仪表、汽车、船舶、航空、航天、军事装备、消费类产品等方面,均是嵌入式计算机广泛应用的领域。

1.1.2 嵌入式系统的定义、特点及应用范围

1. 嵌入式系统的定义

嵌入式系统是嵌入到对象体中以嵌入式计算机为核心的专用计算机系统。以嵌入式计算机为核心的嵌入式系统是继 IT 网络技术之后,又一个新的技术发展方向。

IEEE(国际电气和电子工程师协会)对嵌入式系统的定义为:嵌入式系统是"用于控制、监视或者辅助操作机器和设备的装置(Devices Used to Control、Monitor or Assist the Operation of Equipment、Machinery or Plants)"。这主要是从应用对象上加以定义,涵盖了软、硬件及辅助机械设备。

国内普遍认同的嵌入式系统的定义为:以应用为中心,以计算机技术为基础,软、硬件可裁剪,适应应用系统对功能、可靠性、成本、体积、功耗严格要求的专用计算机系统。相比较而言,国内的定义更全面一些,体现了嵌入式系统的"嵌入"、"专用性"、"计算机"的基本要素和特征。

2. 嵌入式系统的特点

由于嵌入式系统是针对特定用途、应用于特定环境下，所以它不同于通用计算机系统。同样是计算机系统，嵌入式系统是针对具体应用而设计的"专用系统"。它的硬件和软件都必须高效率地设计，量体裁衣，去除冗余，力争在较少的资源上实现更高的性能。

嵌入式系统与通用计算机系统相比具有以下显著特点：

① "专用"计算机系统。嵌入式系统的微处理器大多非常适合于工作在为特定用户群所设计的系统中，故称为"专用微处理器"，它专用于某个特定的任务或者很少几个任务。因此，具体的应用需求决定着嵌入式微处理器的性能选型和整个系统的设计。如果要更改其任务，就极有可能要废弃整个系统并重新进行设计。

② 运行环境差异很大。嵌入式系统无所不在，如冰天雪地的两极中、骄阳似火下的汽车里、要求温度和湿度恒定的科学实验室里等，其运行环境差异很大。"严酷的环境"意味着更高或更低的温度与湿度。军用设备对嵌入式系统元器件的要求标准非常严格，并且在价格上与商用、民用的差别很大。

③ 比通用 PC 系统资源少。通用 PC 机的系统资源相对丰富，可以轻松完成各种工作。你可以在自己的 PC 机上编写程序的同时，播放 MP3、CD，下载资料等，因为个人 PC 机拥有 1 GB 内存、180 GB 硬盘空间，DVD 驱动器已是目前非常普遍的配置了。而一般的嵌入式系统，由于是专门用来执行很少的几个确定任务，它所能管理的资源比通用 PC 系统少得多，成本更低，结构更简单。

④ 功耗低、体积小、集成度高、成本低。嵌入式系统"嵌入"到对象的体系中，对对象、环境及其自身具有严格的要求。一般的嵌入式系统具有功耗低、体积小、集成度高、成本低等特点。

通用 PC 有足够大的内部空间，具有良好的通风能力，但是系统中的 Pentium 或 AMD 处理器均配备庞大的散热片和冷却风扇进行系统散热。而许多嵌入式系统就没有如此充足的电能供应，尤其是便携式嵌入式设备，即便有足够的电源供应，增加散热设备往往也是不方便的。因此，嵌入式系统设计时应尽可能地降低功耗。整个系统设计具有严格的功耗预算，因为系统中的处理器大部分时间必须工作在降低功耗的睡眠模式下，只有在需要任务处理时才会醒来。软件必须围绕这种特性进行设计。因此，一般的外部事件通过中断来驱动、唤醒系统工作。

功耗约束影响了系统设计决策的方方面面，包括处理器的选择、内存体系结构的设计等。系统要求的功耗很有可能决定软件是用汇编语言编写，还是用 C 或 C++语言编写，这是由于必须在功耗预算内使系统达到最佳性能。功耗需求由 CPU 时钟频率以及使用其他部件（RAM、ROM、I/O 设备等）的数量决定。功耗约束可能成为压倒性的系统约束，它决定了软件工具的选择、内存的大小和性能的好坏。

把通用 CPU 中许多由板卡完成的任务集成在高度集成的 SoC(System on Chip)系统芯片内部，就能节省许多印制电路板、连接器等，使系统的体积大大减小，功耗、成本大大降低，也能提高系统的移动性和便携性。

嵌入式系统的硬件和软件都必须高效率地设计，在保证稳定、安全、可靠的基础上，量体裁衣，去除冗余，力争用较少的软、硬件资源实现较高的性能。这样，才能最大限度地降低系统的应用成本，使其更具有市场竞争力。

⑤ 具有完整的系统测试和可靠性评估体系。嵌入式应用的复杂性要求设计的代码应该是完全没有错误的。怎样才能科学、完整地测试全天候运行的嵌入式复杂软件呢？首先，需要有科学的测试方法，建立科学的系统测试和可靠性评估体系，尽可能避免因为系统的不可靠而造成巨大损失。其次，引入多种嵌入式系统测试方法和可靠性评估体系。在大多数嵌入式系统设计中

一般都包括一些机制,比如看门狗定时器,它在软件失去控制后能使之重新开始正常运行。嵌入式软件测试和评估体系是非常复杂的一门学科。

⑥ 具有较长的生命周期。嵌入式系统是与实际具体应用有机结合的产物,它的升级换代也是与具体产品同步进行的。因此,它一旦进入市场,一般会具有较长的生命周期。

⑦ 需要专用开发工具和方法进行设计。从调试的观点看,代码在 ROM 中意味着调试器不能在 ROM 中设置断点。为了设置断点,调试器必须能够用特殊指令取代用户指令。嵌入式调试已经发展出支持嵌入式系统开发过程的专用工具套件。

⑧ 包含专用调试电路。目前常用的嵌入式微处理器与过去的相比,最大的区别是芯片上都包含专用调试电路,如 ARM 的 Embedded ICE,这一点似乎与反复强调的嵌入式系统经济性相矛盾。事实上大多数厂商发现为所有芯片加入调试电路更经济。嵌入式微处理器发展到现在,厂商们都认识到了具有片上调试电路是嵌入式产品广泛应用的必要条件之一。也就是说,他们的芯片必须能提供很好的嵌入式测试方案,以解决嵌入式系统的设计及调试问题。

⑨ 多学科知识集成系统。嵌入式系统是将先进的计算机应用技术、微电子技术和通信网络技术与各领域的具体应用技术相结合的产物。这一特点决定了它必然是一个技术密集、资金密集、高度分散、不断创新的知识集成系统。嵌入式系统的广泛应用前景和巨大的发展潜力使其已成为 21 世纪 IT 技术发展的热点之一。

3. 嵌入式系统的应用范围

由于嵌入式系统具有体积小、性能强、功耗低、可靠性高以及面向行业应用的突出特征,所以其应用极其广泛,主要应用行业包括:

- 汽车:发动机控制、安全防护、刹车系统、倒车雷达、车载电脑、导航等。
- 工业控制:工控机、数控机床、自动装配系统(机械手、自动贴片机)等。
- 通信设备:通信板卡、基站、无线 AP、路由器和交换机等。
- 消费电子:手机、PDA、家电、机顶盒、平板电脑、车载导航仪、学习机、电子词典等。
- 商业终端:POS 机、ATM 机、自动售货机、自助服务终端等。
- 航空航天、军事需求:卫星、客机、空空导弹、战斗机、无人作战机等。

1.1.3 嵌入式系统的组成结构

嵌入式系统是专用计算机应用系统,它具有一般计算机系统组成的共性。图 1-1 描述了一个典型嵌入式系统中软、硬件各部分的组成结构,应用技术的繁杂性决定了它无法用一个相对统一的模式组成来表达。嵌入式系统的硬件是嵌入式系统软件环境运行的基础,它提供了嵌入式系统软件运行的物理平台和通信接口。

对于简单的嵌入式软件开发,可以不使用操作系统(OS),仅有设备驱动程序和单任务应用程序即可。但是当设计较复杂的程序时,可能就需要一个适合系统需求的操作系统来进行内存管理、多任务调度、资源分配等。使用操作系统,一方面,可方便软件模块的划分和软件的升级、维护,减少程序员的负担;另一方面,可满足对用户任务时间和精度上的要求。现代高性能的嵌入式系统应用越来越广泛,使用操作系统成为必然发展趋势。本小节介绍的嵌入式软件基本结构是一个典型的嵌入式软件结构,包含操作系统。

1. 嵌入式系统硬件基本结构

典型的嵌入式系统的硬件组成结构如图 1-1 下半部分所示,它以嵌入式微处理器为中心,配置存储器、I/O 设备、通信模块以及电源等必要的辅助接口。

嵌入式系统是量身定做的专用计算机应用系统,不同于普通计算机的组成,在实际应用中嵌

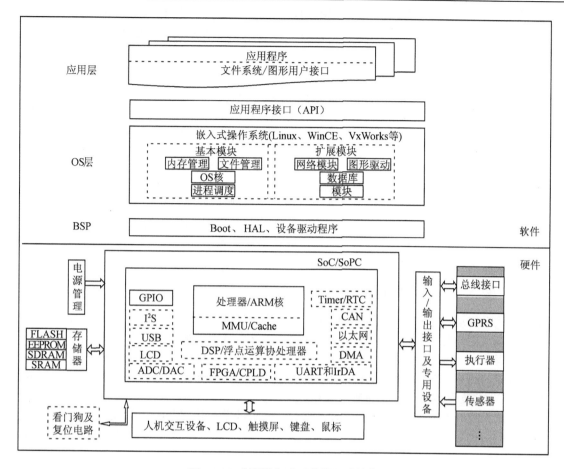

图1-1 典型嵌入式系统的组成结构

入式系统的硬件配置非常精简,除了微处理器和基本的外围电路外,其余的电路都可根据需要和成本进行剪裁、定制(Customize),非常经济、可靠。

嵌入式系统硬件核心是嵌入式微处理器,有时为了提高系统的信息处理能力,常采用嵌入式DSP、片内集成DSP,或外接DSP和DSP协处理器等。随着计算机技术、SoC设计技术的不断发展,以及纳米芯片加工工艺技术的发展,以微处理器为核心并集成多种功能的SoC系统芯片已成为嵌入式系统的核心。在嵌入式系统设计中,要尽可能地选择能满足系统功能接口的SoC芯片,这些SoC集成了诸如USB、UART、以太网、A/D、D/A、I^2S等功能模块。

可编程片上系统SoPC(System on Programmable Chip)结合了SoC、PLD和FPGA的技术优点,使得系统具有可编程的功能,是可编程逻辑器件在嵌入式应用中的完美体现,极大地提高了系统的在线升级、换代能力。

以SoC/SoPC为核心,用最少的外围部件和连接部件构成一个应用系统,满足系统的功能需求,也是嵌入式系统发展的一个方向。因此,现代嵌入式系统设计是以微处理器/SoC/SoPC为核心完成系统设计的,其外围接口包括存储设备、通信接口设备、扩展接口设备和辅助的机电设备(电源、连接器、传感器等)等。嵌入式系统硬件的各个模块将在1.2节作全面介绍。

2. 嵌入式系统软件基本结构

嵌入式操作系统和嵌入式应用软件是整个系统的控制核心,它控制整个系统的运行,提供人机交互的信息等。

嵌入式操作系统一般采用微内核结构,内核只提供基本的功能,例如,任务的调度、任务之间的通信与同步、内存管理、时钟管理等。对于应用组件,用户可以根据自己的需要选用如网络功能、文件系统、GUI系统等。

嵌入式操作系统支持多任务,任务的调度采用抢占式调度法、不可抢占式调度法和时间片轮转调度法。目前多数嵌入式操作系统对不同优先级的任务采用基于优先级的抢占式调度法,对相同优先级的任务则采用时间片轮转调度法。

BSP(Board Support Package)板级支持包提供了嵌入式操作系统与底层硬件的隔离,其中包含 BootLoader、各种不同处理器的支撑代码、各硬件模块的驱动程序等。BSP 提供与硬件相关的代码,有了 BSP,嵌入式操作系统就与底层硬件无关。例如,不同的键盘或按键可能类型各异,BSP 包中的键盘驱动根据键盘的实际键值返回给操作系统虚拟键值,这样就屏蔽了硬件与操作系统,使嵌入式操作系统能支持各种硬件处理器,使应用程序更易维护与升级。

为了叙述方便,将嵌入式系统的软件分为嵌入式操作系统和嵌入式应用软件两大部分。由于嵌入式系统与实际应用对象密切相关,而实际应用非常繁杂,故很难用一种构架或模型加以描述。关于嵌入式系统中软硬件两部分的组成结构及开发,在1.2节和1.3节中有详细讲述。

1.1.4 嵌入式系统的基本开发流程

嵌入式系统运行于特定的目标环境中,是以实际应用为主要考虑对象的专用计算机系统。该目标环境又面向特定的应用领域,功能比较专一,只需要完成预期要完成的功能即可。考虑到系统的实现成本,在应用系统器件选型时,各种资源一般只需要恰好满足需求即可。受功能和具体应用环境的约束,嵌入式系统的特点就是软硬件可配置、功能可靠、成本低、体积小、功耗低、实时性强,其开发流程不同于一般的通用计算机系统。

嵌入式系统开发时必须考虑的基本因素有:功能可靠实用,便于升级;实时并发处理,及时响应;体积符合要求,结构紧凑;接口符合规范,易于操作;配置精简稳定,维护便利;功耗管理严格,成本低廉。

嵌入式系统设计是使用一组物理硬件和软件来实现所需功能的过程。在嵌入式产品的设计过程中,软件设计和硬件设计是紧密结合、相互协调的,这就产生了一种全新的设计理论——软硬件协同设计。这种方法的特点是在设计时,从系统功能的实现考虑,把软硬件同时考虑进去(硬件设计包括芯片级功能定制设计),既可以最大限度地利用有效资源,缩短开发周期,又能取得更好的设计效果。

面向具体应用的嵌入式开发决定了开发的方法、流程各有不同,本小节仅给出一般的嵌入式开发流程,如图1-2所示。下面具体讲述流程图中的各个环节。

1. 系统定义与需求分析阶段

该阶段需要确定系统开发最终需要完成的总目标、系统实现的可行性、系统开发所采取的策略,估计系统完成所需的资源和成本,制定工程进度安排计划。需求分析应确定目标系统要具备哪些功能(即必须要完成什么)。用户了解他们在实际使用中所面对的是什么问题,也知道必须要做什么,但是通常不一定能完整、准确地表达出他们的需求,更不知道怎样利用计算机去实现他们需要的功能。需求分析就是要求密切配合用户,经过充分交流和考察得出经过用户确认的、明确的系统实现逻辑模型,以便使设计开发人员能够确定最终的设计目标。由此确定的系统逻辑模型是以后设计和实现目标系统的基础,必须能够准确、完整地体现出用户的要求。本阶段结束时需要形成系统需求分析报告或系统功能规范,作为以后各阶段的设计依据。

2. 方案设计阶段

根据系统需求分析报告或者系统功能规范要求,设计人员应形成系统设计的初步说明文档、

设计方案和设计描述文档,具体包括:
- 系统总体设计文档。
- 系统功能划分与软硬件协同设计文档。
- 处理器选择与基本接口器件选择文档。
- 操作系统选择和开发环境选择文档。

这些文档要使用系统流程图或其他工具描述每一种可能的系统组成,估计每一种方案的成本和效益,在充分权衡各种方案利弊的基础上,选择较好的系统设计方案,并且制订出该方案的详细计划。

在开始系统软硬件具体设计之前,需要最后确定设计方案与用户需求之间的合理性,并对设计方案的正确性、无歧义性、安全性、可验证性、可读性、可修改性、成本和进度安排等多个方面进行综合评估,以确定是否进入下一步的实际实施阶段,并形成方案评估报告。

3. 详细设计阶段

本阶段是整个设计过程中最基本的一个环节,它决定了以后软硬件设计的方向与各自完成的目标,通常需要反复比较和权衡利弊才能最后决定。划分的结果对软硬件的设计工作量往往有很大的影响,特别是影响软件的设计与实现,而且对系统的性能和成本有着较大的影响。本阶段需要编写系统的详细设计书,作为系统软硬件设计和测试的依据文件。

划分了系统的软硬件结构之后,就可以同时开始系统的软硬件设计与系统方案的实施。

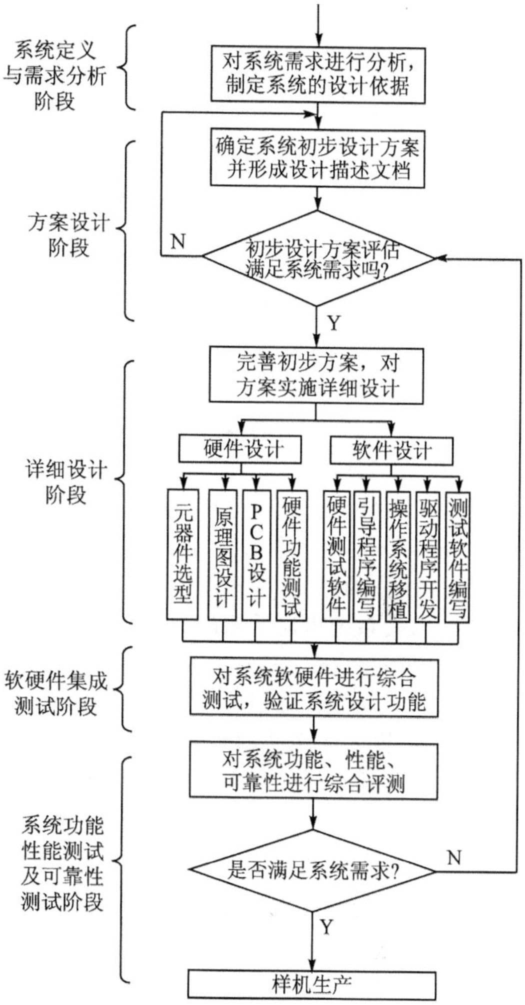

图1-2 一般的嵌入式系统开发流程图

4. 软硬件集成测试阶段

软硬件设计完成后,首先应该完成硬件板卡的调试。确保供电、芯片功能以及周边模块工作正常后,将测试完成的软件系统装入制作好的硬件系统中,进行系统的综合测试,验证系统功能是否能被正确无误地实现。本阶段的工作是整个开发过程中最复杂、最费时的,特别需要相应的辅助工具支持才能确保系统的正常稳定运行。

5. 系统功能性测试及可靠性测试阶段

此阶段测试最终完成的系统性能是否满足设计任务书的各项性能指标和要求。若满足,便可将正确无误的软件固化在目标硬件中;若不能满足,则需要回到设计的初始阶段,重新制订系统设计方案。同时,要对系统进行可靠性测试,评估系统是否满足设计需求规定的可靠性要求。

1.1.5 嵌入式系统的知识体系

嵌入式系统的表现形式很多,但从本质上讲有以下两种:
- 电子系统越来越多地结合计算机技术,成为具有现代智能化特征的电子系统(如工业测控、现代农业和家用电器等);

➢ 计算机应用在电子产品中的延伸(MP3、手机、计算机外围设备、通信、网络等)。

嵌入式系统本质上是一个含有计算机内核的智能化电子系统,它的归宿是对象领域的嵌入式应用。第一种表现形式是从现代电子系统的角度出发,体现了电子系统对于嵌入式计算机技术的依赖。第二种表现形式则从计算机的角度出发,说明大量的计算机应用存在于现代电子系统中。

嵌入式系统是由硬件和软件组成的嵌入式计算机和具体应用相关的应用技术组成的,其知识体系涉及电子技术、计算机技术、微电子技术和相关专业的应用学科领域知识,是一门多学科和多技术相互结合、相互辅助、相互关联的综合学科。

嵌入式系统开发要求开发人员知识面广,熟悉嵌入式系统所涉及的基础知识,对所开发系统的应用领域知识有所掌握,这与在通用计算机上开发程序存在一些区别。

普通 PC 机上的程序开发是在通用的计算机技术上发展起来的,操作系统和中央处理器几乎都是 Wintel 架构——Microsoft Windows 操作系统与 Intel CPU 所组成的个人计算机,在不用了解硬件与操作系统的情况下可任意使用各类资源,用户均为有相当经验的 PC 操作者。因此,PC 机上的程序开发是在一个相当成熟的基础上进行的,相当方便和快速。

而嵌入式软件对硬件环境、应用对象的依存度是任何计算机应用技术所不及的。在嵌入式系统中,必须依靠各种辅助的工具、仪器和手段进行开发,开发中要考虑各种不同处理器平台、应用平台、应用体的差异,考虑个性化需求接口、功能以及性能设计的差异,多领域的知识整合必然是整个嵌入式系统里最重要的技术特征,因此,系统规划者的知识结构、知识融合模式非常关键。在进入这个领域之前,需要对嵌入式系统的知识体系结构有一个基本了解。

如图 1-3 所示,应用需求的发展对计算机技术需求的多样性,使得其 4 大支柱学科有机地融合,开拓了嵌入式系统的发展空间。计算机技术、微电子技术、电子技术 3 大学科承担起嵌入式系统知识基础平台(芯片、软硬件平台、集成开发环境)的构建,对象学科领域则在嵌入式系统知识平台基础上实现了最为广泛的应用。

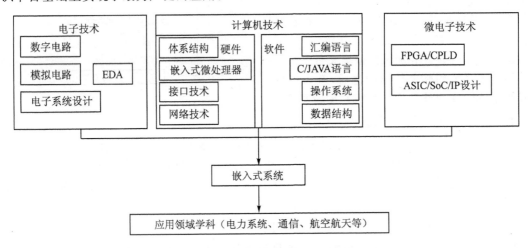

图 1-3 嵌入式系统知识体系结构

嵌入式系统知识平台的深度体现在对不同层次(专科、本科、研究生)的专业教育中所涉及的不同层面(8/16 位单片机、ARM、SoC……)的综合知识及开发能力的获取上。要完成一个含有嵌入式系统的应用产品的设计与实现,牵涉的硬件、软件、具体领域应用的知识非常广泛,仅通过一门或几门课程很难系统、全面地掌握嵌入式系统的开发。

为了更好地描述嵌入式系统的知识体系和结构,可以根据嵌入式系统组成体系结构设置相关课程。其主导思想是依据基本认知过程,建立起从基础到应用纵向相互依托、从软件到硬件横向支持、从器件到系统相互联系的课程体系,目的是让学生通过课程的学习,最终获得综合应用的能力。

1. 硬件知识体系

硬件层是整个嵌入式系统的根本,也是软件驱动层的基础,它提供了嵌入式系统软件运行的物理平台和通信接口。因此,嵌入式系统开发者需要掌握较细致的硬件知识结构,例如计算机体系结构和组成原理、嵌入式微处理器体系结构、接口技术、数字/模拟电路设计、硬件电路图设计、EDA 设计等。对于更复杂、灵活的系统设计,通常很难找到合适的逻辑电路,很多逻辑电路是依靠 FPGA/CPLD 半定制器件实现的,因此还需要掌握 FPGA/CPLD 的逻辑设计。

更为复杂的基于特定需求的嵌入式系统,往往需要以 ASIC 或 IP 设计来体现它的专用性。嵌入式系统开发最为复杂的是满足特定需求、基于系统具体应用出发的 SoC 设计。

因此,嵌入式系统开发需求的多样性,使得其硬件开发往往是基于不同层面的,从基于现成芯片(4/8/16 位单片机、ARM、SoC 等)的应用系统开发,到包含部分半定制逻辑设计的 FPGA/CPLD 开发,再到考虑全系统应用基于芯片级的 SoPC/SoC 开发。

而最为复杂的考虑全系统应用基于芯片级的 SoPC/SoC 开发,是软硬件协同开发与验证的全系统解决方案。一个 SoPC/SoC 芯片的设计及全面验证的结束,就是一个芯片完整解决方案的形成。一个 SoPC/SoC 芯片的各个层次的设计及全面验证,已经覆盖系统的各个功能,且在芯片的虚拟原型级和 FPGA 级就充分考虑了系统应用,并以典型应用程序为验证用例,充分地测试系统原型是否能够满足应用需求。这样流片结束,作为典型应用的系统软件,包括最为核心的基于嵌入式操作系统的移植和应用程序就已经具备。在 SoC 验证中,通过运行嵌入式操作系统及基于操作系统的应用程序,模拟真实的软件应用环境,通过验证平台的搭建,能够同时验证操作系统和各种实际应用软件,更加真实地模拟应用环境。操作系统的移植和运行能够更高效地覆盖硬件设计 IP 及互连的验证项,实现较高的验证覆盖率。可以在芯片的设计阶段发现操作系统是否能够对硬件资源和任务进行有效管理等方面的问题,能够对设计中各模块功能以及系统功能进行更为有效的验证,尽早地发现 SoC 硬件设计中的缺陷,确保设计的正确性和可靠性。同时,为流片后的芯片测试、应用工作提供一个良好的开发平台。

2. 软件知识体系

驱动程序是嵌入式操作系统中一个重要部分,它是外设和应用软件的接口。对于 PC 机,其开机后的初始化处理器配置、硬件初始化等操作是由 BIOS(Basic Input/Output System)完成的;但对于嵌入式系统来说,从经济性和价格方面考虑一般不配置 BIOS。因此,我们必须自行编写这些程序,即开机程序,在嵌入式系统中称之为 BootLoader 程序。板级支持包 BSP 一般包括硬件抽象层 HAL(Hardware Abstraction Layer)、Boot 和设备驱动程序。板级支持包通常使用汇编语言和 C 语言实现。

对于使用操作系统的嵌入式系统而言,操作系统一般以内核映像的形式下载到目标系统中。嵌入式操作系统是嵌入式应用软件的基础和开发平台,它是一段嵌入在目标代码中的软件,用户的其他应用程序都建立在操作系统之上。目前,操作系统层一般只能说是简单的移植,其涵盖的知识体系也相对复杂,其中包括操作系统的一些最基本功能,如多任务管理、中断处理、存储管理、应用程序接口 API(Application Programming Interface)等相关知识。

嵌入式系统应用软件实际上是建立在系统的主任务基础之上的。用户应用程序主要通过调用系统的 API 函数对系统进行操作,完成用户应用功能开发。在用户的应用程序中,用户也可创建自己的任务。在知识体系上,嵌入式应用软件与通用软件没有什么本质上的区别;但是由于应用软件应用平台的特殊性,使得软件开发具有很大的差别。开发应用层软件时,通常使用 C 语言或者JAVA语言等高级语言。设计时要结合嵌入式系统的特点及应用环境,尽可能使软件的体积小、效率高。应用层所涉及的知识体系含有软硬件开发环境和工具,软硬件协同设计,以及算法设计、数据结构、人机交互接口设计等方面。

3. 具体领域的应用知识体系

由于嵌入式系统应用范围广泛,在不同领域的应用都涉及相关领域学科的专业知识。例如在工业控制领域,一种最典型的控制算法就是PID控制,如果用嵌入式处理器运行控制算法软件,就需要对其算法原理进行深入剖析,就需要涉及诸如控制理论、计算机控制等学科。

又如在车载电子的导航领域,车载导航仪能够同步定位汽车行驶的地理位置、高程等,而且能够通过语音或地图的方式给驾驶者提供目的地的最优路径、有无道路限速及电子警察提示等功能,涉及的专业学科包括全球卫星定位系统、GIS(地理信息系统)、电子地图绘制及路径选择算法等。

再如在消费电子领域的手持多媒体播放器,能够播放MPEG4编码格式的视频文件,并且能够播放如MP3、WMA等多种格式的音频文件,还包括电子书、收音机、图片浏览等各种附加功能,涉及JPEG、GIF等格式的图形编解码,MPEG4、AVI等格式的图像编解码,MP3、WMA等格式的音频编解码。当然,业界已经成熟应用的编解码算法可以直接拿来使用,在一些嵌入式操作系统(如WinCE)中也自带各种编解码组件,以支持各种不同的应用。

1.2 嵌入式系统的硬件组成及开发

嵌入式系统的硬件是以嵌入式处理器或微处理器核为核心的SoC/SoPC,并配置必要的外围接口部件。在嵌入式系统设计中,应尽可能地选择能满足系统功能接口的SoC/SoPC芯片,以最少的外围部件构成一个满足应用需求的嵌入式系统。

本节首先介绍嵌入式微处理器、嵌入式SoC系统芯片SoPC,这些是嵌入式硬件系统的核心技术,并在此基础上讲述嵌入式外围接口电路和接口设备。

1.2.1 嵌入式微处理器

数字技术、计算机技术已渗透到各种应用领域。嵌入式应用已成为计算机应用的主流。嵌入到应用系统中的微处理器也称为嵌入式微处理器。嵌入式微处理器伴随着处理器技术、应用技术、微电子技术的发展而发展。普通意义上的嵌入式微处理器(Microprocessor)、微控制器MCU(Microcontroller Unit)、DSP(Digital Signal Processor)、SoC/SoPC的形成和发展恰恰反映了这种发展变化。

嵌入式微处理器就是与通用计算机的微处理器对应的CPU。在应用中,早期的嵌入式系统是将微处理器装配在专门设计的电路板上,并在电路板上设计了与嵌入式系统相关的存储器、总线、外设等功能模块,如STD-BUS、PC104等,这样可以满足嵌入式系统体积小和功耗低的要求。

随着控制领域的不断发展,产生了微控制器。微控制器的最大特点是单片化,片上外设资源比较丰富,适合于控制应用。

DSP处理器对系统结构和指令进行了特殊设计,编译效率较高,指令执行速度也较高,DSP专门用来满足对离散时间信号进行极快的处理计算的需求。在数字滤波、FFT、谱分析等方面的DSP算法正在大量进入嵌入式领域,DSP应用正在从通用微处理器中以普通指令实现DSP功能,过渡到采用DSP处理器实现DSP功能。

20世纪90年代后,嵌入式系统设计从以嵌入式微处理器/DSP为核心的"集成电路"级设计,转向"集成系统"级设计,提出了SoC的基本概念。嵌入式系统已进入基于SoC的开发阶段。SoC以处理器/DSP核为核心,集成了系统应用的基本资源,在单个芯片上实现了系统应用的主要功能,极大地提升了系统的功能密度、性能密度。

随着需求的不断发展,为了更好地满足系统需求,增加了支持DSP扩展指令、JAVA扩展指令、多媒体扩展功能的处理器核——可配置处理器核。处理器核+DSP核、处理器+FPGA、多处理器核的SoC,恰恰反映了嵌入式系统应用的多样性。

因此,嵌入式微处理器的发展是从以微处理器为核心的单板嵌入、单片微控制器基本资源嵌入,再到基于SoC/SoPC的单片应用系统嵌入,这恰恰反映了嵌入式系统的发展一直伴随着计算机、微电子和应用技术的发展,是一个追求更高的性能密度、功能密度以及更优的性价比的过程。

1.2.2 典型32位嵌入式微处理器介绍

嵌入式应用的多样性,造就了嵌入式微处理器的多样性,32位嵌入式RISC处理器产品主要有MIPS公司的MIPS、IBM公司的PowerPC系列、Sun公司的Sparc和ARM公司的基于ARM核系列。

与ARM、MIPS等处理器相比,可配置处理器具有极大的可编程性,可针对特定的应用优化处理逻辑;而且即便在开发后期需要更改功能,也能在最短的时间内修改其逻辑以满足最新要求,这可极大地满足嵌入式系统面向特定应用、硬件可定制裁剪的需求。因此,可配置处理器技术在一定程度上代表了复杂SoC设计的发展趋势,因而下面介绍嵌入式处理器时,也对可配置处理器技术的先驱企业——美国泰思立达公司(Tensilica)的Xtensa系列可配置处理器进行介绍。

1. MIPS 处理器

MIPS公司是一家设计制造高性能、高档次嵌入式32位和64位处理器的厂商,在RISC处理器方面占有重要地位。1984年,MIPS计算机公司成立。1992年,SGI收购了MIPS计算机公司。1998年,MIPS脱离SGI,成为MIPS技术公司。

MIPS的意思是"无内部互锁流水级的微处理器(Microprocessor without Interlocked Piped Stages)",最早是在20世纪80年代初期由美国斯坦福大学Hennessy教授领导的研究小组研制出来的。1986年推出R2000处理器,1988年推出R3000处理器,1991年推出第一款64位商用微处理器R4000。之后,又陆续推出R8000(1994年)、R10000(1996年)和R12000(1997年)等型号。而后,MIPS公司的战略发生变化,把重点放在嵌入式系统上。1999年,MIPS公司发布了MIPS 32和MIPS 64架构标准,为未来MIPS处理器的开发奠定了基础。新的架构集成了所有原来的MIPS指令集,并且增加了许多更强大的功能。MIPS公司陆续开发了高性能、低功耗的32位处理器内核(Core)MIPS 32 4Kc与高性能64位处理器内核MIPS 64 5Kc。2000年,MIPS公司发布了针对MIPS 32 4Kc的新版本,以及未来64位MIPS 64 20Kc处理器内核。MIPS公司推出的MIPS32 24K微架构,适合支持各种新一代嵌入式设计,例如视讯转换器与DTV等需要相当高的系统效能与应用设定弹性的数字消费性电子产品。此外,24K微架构能符合各种新兴的服务趋势,为宽频存取以及还在不断发展的网络基础设施、通信协议提供软件可编程的弹性。

在嵌入式方面,MIPS系列处理器是目前用量仅次于ARM的处理器之一(1999年以前MIPS是世界上用得最多的处理器),其应用覆盖游戏机、路由器、激光打印机、掌上电脑等各个领域。MIPS的系统结构及设计理念比较先进,强调软硬件协同提高性能,同时简化硬件设计。

2. PowerPC 处理器

PowerPC是1993年Motorola公司(其半导体部门已分拆为飞思卡尔半导体——Freescale

Semiconductor)和 IBM 公司联合为 Apple 公司的 MAC 机开发的 CPU 芯片。

PowerPC 的设计源自 IBM 的 POWER(Performance Optimized with Enhanced RISC)架构，它是一种 RISC 架构的 CPU，具有可伸缩性好、方便灵活的特点。PowerPC 中的"PC"代表 Performance Computing，即超强的高性能计算处理器。PowerPC 凭借其出色的性能和先进的技术特性，在网络通信、工业控制、家用电器数字化、网络存储、军工和电力系统控制等领域都具有非常广泛的应用，其用量仅次于 ARM 处理器。

飞思卡尔半导体基于 PowerPC 内核在全球推出了最为丰富的处理器系列产品：

> 面向网络领域的处理器系列：包括 MPC603e、MPC7xx、MPC7xxx、MPC8xx、MPC82xx、MPC83xx、MPC85xx、MPC86xx；
> 面向汽车工业的处理器系列：包括 MPC5xx、MPC52xx、MPC5554；
> 面向工业化控制的处理器系列：包括 MPC5xx、MPC52xx、MPC603e、MPC7xx、MPC7xxx。

其中 MPC7xx 属于 G3 系列，MPC7xxx 属于 G4 系列，这两个系列的性能均超过了 MPC6xx。MPC7410 是新一代 G4 处理器，G4 在 G3 的基础上性能有所提高，主要表现在支持对称多处理(SMP)结构，并引入了一流的 A1tiVec 技术来处理矢量运算。

A1tiVec 技术是一个 128 位的 SIMD 矢量处理引擎，为 Freescale 的第 4 代 PowerPC 提供了卓越的处理性能，使其数据处理能力有了数量级的提升。MPC7410 内部主频最高为 500 MHz，每个时钟周期最多可以执行 8 条指令，其中包括 4 条矢量运算(A1tiVec)指令和 2 条整型指令。通过加入 A1tiVec 技术，G4 系列处理能力达到了 4 GFLOPS。而 1.8 V 的低电压操作大大降低了芯片的功耗，容易散热，从而大大提高了系统的稳定性。

长期以来 Freescale 都专注于在性能、互连能力和集成度之间寻求最佳平衡，以提供最能满足客户需求的处理技术方案，提出了增强型 PowerPC 内核 e300、e500、e600 和 e700 的发展蓝图。

目前，IBM 开发的 3 种主要的 PowerPC 系列是嵌入式 PowerPC400 系列，以及独立的 PowerPC700 和 PowerPC900 系列。PowerPC 灵活性的体系结构可以实现很多专用系统，但 400 系列最灵活。从机顶盒到 IBM 的"蓝色基因"超级计算机，到处都可以看到它的身影。在这个系列的一端是 PowerPC405，每个嵌入式处理器只需要 1 W 的功耗就可以实现 200 MHz 的主频；而另一端是基于铜技术的 800 MHz 的 PowerPC440 系列，它可以提供业界最高端的嵌入式处理器。

PowerPC405、PowerPC440 处理器内核在实现上给予客户多种选择：支持在 IBM 以及联盟制造厂的 180 nm、130 nm 和 90 nm 工艺上实现性能优越的硬核。如果客户需要第 3 方代工厂合作，IBM 也可以根据第 3 方的库提供灵活的可综合软核以及综合 script 的范例，帮助客户在速度、功耗和面积上进行协调。IBM 甚至可以提供完全可综合的软核。

在 SoC 设计上，通过 IBM CoreConnect 总线架构，将 PowerPC405/440 与外设和功能 IP 整合构成完整的 SoC 解决方案，外设可以选择存储控制器、DMA 控制器、PCI 接口桥片等高速设备，也支持中断控制器及其他慢速接口。

尽管 IBM 和 Freescale 分别独自开发了自己的芯片，但从用户层来讲，所有的 PowerPC 处理器都运行相同的关键 PowerPC 指令集，这样可以确保在其上运行的所有软件产品都保持 ABI 兼容性。从 2000 年开始，Freescale 和 IBM 的 PowerPC 芯片都开始遵循 Book E 规范，这样可以提供一些增强特性，从而使得 PowerPC 对嵌入式微处理器应用(例如网络和存储设备，以及消费者设备)更具有吸引力。

3. Sparc 处理器

1987 年，Sun 公司和 TI 公司合作开发了 RISC 处理器——Sparc。Sun 公司以其性能优越的工作站闻名，这些工作站的心脏全都是采用 Sun 公司自己研发的 Sparc 芯片。Sparc 处理器最突出的特点就是它的可扩展性,这是业界出现的第一款有可扩展功能的微处理器。Sparc 的推出确立了当时 Sun 在高端微处理器市场的领先地位。

1999 年 6 月,UltraSparc Ⅲ 首次亮相。它采用先进的 $0.18\mu m$ 工艺制造,全部采用 64 位结构和 VIS 指令集,时钟频率从 600 MHz 起,可用于高达 1000 个处理器协同工作的系统上。UltraSparc Ⅲ 和 Solaris 操作系统的应用实现了百分之百的二进制兼容,完全支持客户的软件投资,得到了众多独立软件供应商的支持。

在 2004 年 Sun 公司发布了其微处理器的详细发展蓝图,该蓝图中描述的处理器包括现有的 UltraSparc Ⅲ、双核心的 UlteaSparc Ⅳ、基于 SMT 的 UltraSparc Ⅴ,以及高级多线程 Niagara 处理器。未来 UltraSparc(Niagara 与 Rock)的改变会相当大。在传统设计中,处理器投入资源与性能提升程度(例如一味地提升频率等)不符合效益要求;而 Niagara 与 Rock 将对处理器发展带来极大甚至根本的改变。Niagara 推出时有 8 个核心,每个核心含有 4 线程(Thread);而 Rock 推出时将内含 64 个核心。

根据 Sun 公司未来发展规划,64 位 UltraSparc 处理器主要有 3 个系列,首先是可扩展式 s 系列,主要用于高性能、易扩展的多处理器系统,UltraSparc Ⅲ 的频率已经达到 750 MHz。其次是集成式 i 系列,它将多种系统功能集成在一个处理器上,为单处理器系统提供了更高的效益,已经推出的 UltraSparc Ⅲ i 的频率达到 1.28 GHz。最后是嵌入式 e 系列,为用户提供理想的性能价格比,其嵌入式应用包括瘦客户机、电缆调制解调器和网络接口等。

4. ARM 处理器

ARM 系列处理器是英国先进 RISC 机器公司(Advanced RISC Machines,ARM)的产品。ARM 公司是业界领先的知识产权供应商,它与一般的 IT 公司不同,ARM 公司只采用 IP 授权的方式允许半导体公司生产基于 ARM 的处理器产品,提供基于 ARM 处理器内核的系统芯片解决方案和技术授权,不提供具体的芯片。

世界上几乎所有主要的半导体厂商都从 ARM 公司购买 ARM ISA 许可,利用 ARM 核开发面向各种应用的 SoC 芯片。目前 ARM 系列芯片已经被广泛应用于移动电话、手持式计算机以及各种各样的嵌入式应用领域,成为世界上销量最大的 32 位微处理器。

ARM 处理器的成功在于它极高的性能以及极低的能耗,这使得它能够与高端的 MIPS 和 PowerPC 嵌入式微处理器相抗衡。另外,及时根据市场需要进行功能的扩展,也是 ARM 取得成功的另一个重要因素。

ARM 公司是世界第一大 IP 知识产权厂商,可以说 ARM 公司引发了嵌入式领域的一场革命,目前它在低功耗、低成本的嵌入式应用领域确立了市场领导地位。ARM 公司从 1991 年开始大批量推出商业 RISC 内核,到 2007 年底,已经授权交付超过 100 多亿个 ARM 内核的处理器核。众多手机、PDA 等 OEM 厂商也比较喜欢采用 ARM 处理器,因为相关的操作系统、应用开发工具、支持和设计服务都相当丰富和成熟,可直接拿来使用,从而大大缩短了产品研发时间。ARM 公司已成为业界名副其实的龙头老大,如果说每个人口袋中都装着 ARM,也是毫不夸张的,因为几乎所有的手机、移动设备、PDA 都是用具有 ARM 核的系统芯片开发的。

5. Xtensa 系列可配置处理器

应用的发展对处理器的需求越来越多样化,性能需求的发展促进了可配置处理器技术的产生和发展。针对特殊应用设计的 SoC 能够灵活设计适于各种应用的最优化处理器:性能好、功耗低、面积小、I/O 带宽大等。

Tensilica 公司于 1997 年在美国加州硅谷创立,其主要产品为专业性应用程序微处理器。该公司率先研发出世界上第一款可以自由组装、弹性扩张的微处理器架构,并提供一个技术支援环境，让嵌入式系统工程师可以用最少的时间作出性能更好、集成度更高的单片系统。1998年后半年，Tensilica公司开始与初期客户密切合作，到1999年2月公开推出其标志性产品Xtensa系列可配置处理器——一系列可以自由组装、弹性扩张的处理器产品。

Xtensa系列可配置处理器是宽泛的平台，它针对大规模嵌入式应用而设计。设计人员能够配置并扩展处理器的存储、外围设备和特殊功能。通常，Xtensa系列可配置处理器可以替代RTL开发，并在设计中增加可编程能力和灵活性。

Tensilica公司提供两种Xtensa系列，即Xtensa V和Xtensa LX。其应用目标包括：与性能密切相关的音频、视频、安全、网络等产品，系统高度复杂、功能快速变化的产品，以及基于DSP环境的产品等。

未来的可配置处理器将会速度更快、性能更高、功耗更低、自动化生成更方便、多个处理器连接时更容易编程。

1.2.3　嵌入式SoC/SoPC

1. 嵌入式SoC

20世纪90年代后期，嵌入式系统设计从以嵌入式微处理器/DSP为核心的"集成电路"级设计转向"集成系统"级设计，提出了SoC的基本概念，嵌入式系统已进入基于SoC的开发阶段。

系统芯片出现的一方面原因是由于信息市场的快速变化和竞争的日益加剧，使得新产品在市场上的生命周期大为缩短，平均从36个月缩短为15～9个月，而具有原始创新思想的产品设计周期也大大缩短，这样Time-to-Market为基于IP复用的SoC技术提供了良好的发展空间。

系统芯片出现的另一原因是系统应用的需求。随着高性能信息处理与通信系统（如网络、多媒体、移动通信等）应用中，对系统复杂度、处理速度、功耗、成本、可靠性、功能多样化需求的增加，传统的通过多种芯片集成为系统的方法已很难满足要求，迫切需要开发高性能的SoC芯片。

随着微电子（纳电子）技术的高速发展、器件特征尺寸的不断缩小和集成度的不断提高、多种工艺及工艺集成技术的不断发展、设计方法和验证方法的不断完善以及EDA工具的不断发展，将一个应用系统融合为SoC从技术上成为可能，集成电路设计进入高度集成的SoC时代。

信息技术的高速发展和信息市场竞争的日益激烈都在不断地推动SoC技术的迅速发展。SoC技术的出现表明了集成电路设计由以往的IC（电路集成）向IS（系统集成）发展。采用SoC设计技术，可以大幅度地提高系统的可靠性，减少系统的面积和功耗，降低系统的成本，极大地提高系统的性价比。

SoC设计方法不是把系统所需用到的所有集成电路简单地二次集成到一个芯片上，如果这样实现，是不可能达到单片系统所要求的高密度、高速度、高性能、小体积、低电压、低功耗等指标的，特别是不可能满足低功耗要求。

SoC设计要从整个系统性能要求出发，把微处理器、模型算法、芯片结构、外围器件各层次电路直到器件的设计紧密结合起来，并通过建立在全新理念上的系统软件和硬件的协同设计，在单个芯片上完成整个系统的功能。有时也可能把系统做在几个芯片上，这是因为实际上并不是所有系统都能在一个芯片上实现；还可能是因为实现某种单片系统的工艺成本太高，而失去商业价值。SoC设计如果从零开始，既不现实也没必要。这是因为从零开始的设计不成熟，未经过时间考验，系统性能和质量得不到保证，还会因设计周期太长而失去商业价值。

为了缩短SoC设计周期和提高系统的可靠性，目前最有效的一个途径就是通过授权，使用已成熟且经过优化的IP内核模块来进行设计集成和二次开发，利用胶粘逻辑技术GLT（Glue Logic Technology），把这些IP内核模块嵌入到SoC中。IP内核模块是单片系统设计的基础，究竟购买哪一级 IP 内核模块，要根据现有基础、时间、资金和其他条件权衡确定。购买硬 IP 内核模块风险最小，但付出最大，这是必然的。但总的来说，通过购买 IP 内核模块不仅可以降低开发风险，还能节省开发费用，因为一般购买 IP 内核模块的费用要低于自己单独设计和验证的费用。当然，并不是所需要的任何 IP 内核模块都可以从市场上买得到。为了垄断市场，有一些公司开发出来的关键 IP 内核模块（至少暂时）是不愿意授权转让使用的。像这样的 IP 内核模块就不得不自己组织力量来开发。而 ARM 公司以 IP 提供者的身份向各大半导体制造商出售知识产权，自己却不介入芯片的生产和销售。ARM 核的卓越特性，使其成为 32 位嵌入式应用开发工程师的首选，基于 ARM 处理器核的 SoC 芯片的开发得到广泛的应用。SoC 芯片已经成为提高移动通信、网络、信息家电、高速计算、多媒体应用及军用电子系统性能的核心器件，是嵌入式系统的硬件核心。

2. 嵌入式 SoPC

可编程逻辑器件 PLD(Programmable Logic Device)的最大特点是使用灵活，目前应用最广泛的 PLD 当属现场可编程门阵列 FPGA 和复杂可编程逻辑器件 CPLD。它不仅开发周期较短，而且具有成本优势。随着 FPGA 技术的发展，为了降低 SoC 设计风险，缩短设计周期，出现了基于 FPGA 技术的 SoC 设计方案——SoPC(System on a Programmable Chip)，即可编程片上系统。基于 FPGA 的片上系统是目前相当一段时间内嵌入式系统的应用热点。

SoPC 是一种特殊的嵌入式系统。首先，它是 SoC，即由单个芯片完成整个系统的主要逻辑功能，具有一般 SoC 的基本属性；其次，它又具备软硬件在系统可编程的功能，是可编程系统，具有可裁剪、可扩充、可升级等灵活的设计方式。SoPC 技术是可编程逻辑器件在嵌入式应用中的完美体现。SoPC 结合了 SoC、PLD 和 FPGA 各自的优点，一般具备以下基本特征：

- 实现复杂系统功能的 VLSI；
- 采用超深亚微米工艺技术；
- 使用一个以上的嵌入式处理器/DSP；
- 可以在外部对芯片进行编程；
- 主要采用第 3 方 IP 进行设计；
- 具有足够的片上可编程逻辑资源；
- 具有处理器调试接口和 FPGA 编程接口；
- 可能包含部分可编程模拟电路；
- 单芯片、低功耗、微封装。

SoPC 这几年得到快速发展，应用日益广泛，其快速发展的技术基础为：

- 超大规模可编程逻辑器件及其开发工具的成熟，主要包括 FPGA 密度提高，FPGA 制造成本大大下降，FPGA 设计、综合、仿真、测试工具功能及性能快速发展；
- 微处理器/DSP 以 IP 核的形式方便地嵌入到 FPGA 中；
- 基于 IP 核的开发模式深入人心。

SoPC 设计技术涵盖了嵌入式系统设计技术的全部内容，除了以处理器和实时多任务操作系统(RTOS)为中心的软件设计技术、以 PCB 和信号完整性分析为基础的高速电路设计技术以外，SoPC 还涉及目前已引起普遍关注的软硬件协同设计技术。由于 SoPC 的主要逻辑设计是在可编程逻辑器件内部进行，而 BGA 封装已被广泛应用在微封装领域中，传统的调试设备，如逻辑分析仪和数字示波器，已很难进行直接测试分析。因此，必将对以仿真技术为基础的软硬件协同设计技术提出更高的要求。同时，新的调试技术也将不断涌现出来。

SoPC 是 PLD 和 SoC 技术融合的结果，具有设计费用低、风险小、开发周期短、灵活性好等优点。目前 SoPC 产品的设计、制造价格仍然相当昂贵;相反,信号处理算法模块、软件算法模块、控制逻辑等均可以 IP 核形式体现,并集成了硬核或软核 CPU、DSP、存储器、外围 I/O 及可编程逻辑的 SoPC 芯片,在应用的灵活性及价格上都具有极大的优势。因此,SoPC 被业界称为"半导体产业的未来",FPGA 厂商纷纷推出了 SoPC 解决方案。

(1) Altera

Altera 公司设计开发了基于其可编程逻辑器件的处理器内核——Nios 系列,目前其最新产品是 Nios II。Nios II 采用了基于 RISC 架构的 32 位指令集。由于处理器是软核形式,具有很大的灵活性,开发人员能够从多种系统配置中进行选择,挑选最合适的 CPU 内核以及外围控制电路。Nios II 处理器包括 3 种内核:快速型(Nios II/f)、标准型(Nios II/s)和经济型(Nios II/e),每种型号都针对价格和性能进行了优化。Nios II 采用 Avalon 交换架构,能够进行多路数据同时处理,提高了系统吞吐量。Nios II 的主要特性如下:

- 全 32 位指令集、数据通路和地址空间;
- 32 个通用寄存器;
- 32 个外部中断源;
- 单指令 32×32 乘法和除法;
- 单精度浮点运算指令;
- 单指令桶式移位器;
- 基于 GNU C/C++ 的软件开发环境;
- 性能超过 250 DMIPS。

Nois II 处理器可以方便地在所有 Altera 主流器件中实现。Altera 提供了完整的硬件和软件开发工具套件。Altera 和合作伙伴提供多种可进行 SoPC Builder 设计的 IP,能够在 Nios II 处理器中使用,例如,存储器接口、通信外设、DSP 功能、外围接口等。

当采用 SoPC 实现嵌入式系统,并经过验证且批量应用时,可以通过 Altera 公司的 Hard-Copy 技术方便地转为采用结构化 ASIC 实现,从而大大降低成本。

(2) Actel

Actel 公司的 CoreMP7 软 IP 核是专门为 Actel 公司的 FPGA 优化的 ARM7 系列处理器核,与 ARM7TDMI-S 兼容。其主要特性如下:

- 32 位/16 位 RISC 结构;
- 32 位 ARM 指令集;
- 32 位统一总线。

CoreMP7 可以在 Actel 公司的 ProASIC3、ProASIC3E 和 Fusion 系列 FPGA 上实现。这 3 个系列的 FPGA 都是基于 FLASH 结构,可在线重复编程。

(3) Xilinx

Xilinx 公司生产的 FPGA 中,将多达两个 PowerPC405/440、32 位 RSIC 处理器核整合到 Virtex4/5 系列芯片中,允许该硬 IP 核深入到 FPGA 架构的任何部位,可以实现高性能的嵌入式应用。集成的双 PowerPC 硬核系统同协处理能力组合在一起,可以实现宽范围的性能优化,为高端嵌入式 SoC 应用提供 FPGA 解决方案。

针对 Virtex-4 FPGA 的 PPC405 核,集成了 5 级标量流水线,包括取指、译码、执行、写回、加载写回,具有独立的指令缓存和数据缓存、一个 JTAG 接口、Trace FIFO、多个定时器和一个存储器管理单元(MMU)。PPC405 核速度可达 450 MHz、700 DMIPS。

Virtex-5 FPGA 中的 PPC440 核提供双指令执行、超标量、流水线处理单元,包含 7 级超流水微体系结构、3 个独立的 PLB 接口。嵌入式处理器提供可定制的协处理器和浮点运算功能,同时还具有存储器管理单元、独立的 32 KB 指令 Cache 和 32 KB 的数据 Cache、调试、跟踪逻辑和定时器等资源，支持大端和小端格式，还提供功耗管理功能。其嵌入式开发套件(EDK)中，硬件包括外设 IP 和根据需要配置的 CoreConnect 总线，软件包括 GNU 编译器/调试器和总线功能模型，以及对第 3 方工具的支持，非常适合于针对数据通信、网络、嵌入式和消费等市场的产品设计。

另外，Xilinx 公司还提供 PicoBlaze 和 MicroBlaze 软处理器解决方案。MicroBlaze 核是一个 32 位哈佛 RSIC 架构，具有丰富的针对嵌入式应用而优化的指令集，包含 32 个 32 位通用寄存器和一个可选的 32 位移位寄存器，时钟频率可达 150 MHz，在 Virtex4/5 以及更高系列的平台上，运行速度可达 120 DMIPS，占用资源不到 1 000 个 Slice，是业界最快的软处理器 IP 核解决方案。MicroBlaze 支持 CoreConnect 总线的标准外设集合，具有兼容性和重复可利用的特征，最精简的核只需要 400 个 Slice。软核处理器使用通用逻辑单元而非 FPGA 中的硬专用模块来实现。MicroBlaze 解决方案被设计得很灵活，能让用户控制很多特性，例如，缓存大小、接口和执行单元。其可配置性允许用户对面积大小进行折衷来换取性能。Xilinx 公司的 Spartan 和 Virtex 系列 FPGA 产品支持 MicroBlaze 软处理器，处理器的最高时钟频率由 FPGA 芯片提供，其性能随处理器配置、开发工具的实现结果、目标 FPGA 和器件的速度等级不同而有差异。

Xilinx 公司将计划推出基于 ARM11 的 SoPC。

1.2.4 嵌入式外围接口电路和设备接口

嵌入式外围设备，是指在一个嵌入式系统硬件构成中，除了核心控制部件嵌入式微处理器/DSP(或以嵌入式微处理器/DSP 为核心的微控制器、SoC)以外的各种存储器、输入/输出接口、通信接口、设备扩展接口以及供电电源等，各种外设通过数据线、地址线、控制信号线与微处理器/DSP 核心部件连接。在嵌入式系统中，存储器用于存储操作系统和应用程序，由于嵌入式系统要求体积小、成本低、执行任务相对固定，存储器容量不像普通 PC 机那样具有很大的容量；但是，嵌入式系统的实时性又需要系统能以较快的反应速度实现任务操作，因此，嵌入式系统的存储器通常选择成本低、功耗低、速度快的元器件。输入/输出设备是人机交互的界面，用户可以通过输入/输出设备检测系统运行状况，也可以对系统的运行进行实时控制。通信接口是系统与其他设备或系统进行数据交换的通道。设备扩展接口是系统根据实际应用环境需要或为了以后产品升级、维护等提供的接口。嵌入式系统是应用于特定环境的，因此，需要对系统提供可靠的供电系统，从而保证系统可靠、稳定地工作。

1. 存储器类型

存储器是嵌入式系统中存储数据和程序的功能部件。在嵌入式系统中，通常按照信息的易失性对存储器进行分类，可分为易失性存储器和非易失性存储器。易失性存储器是指当系统掉电后，存储器中的信息立即消失，不能持久保持。非易失性存储器则在系统掉电后仍能够持久保存信息。下面介绍目前常用的存储器。

(1) 易失性存储器

嵌入式系统中最常用的易失性存储器是随机存储器 RAM(Random Access Memory)。RAM 是一种依靠电路中电荷的存在来存储程序指令或数据的内存，可以随机存取任意一个存储单元所保存的数据。RAM 通常由存储矩阵、地址译码器、输入/输出控制电路组成。

按照存储机制的不同，RAM 又可以分为动态 RAM(Dynamic RAM, DRAM)和静态 RAM(Static RAM, SRAM)。

DRAM 中的每个存储单元都由一个晶体管和一个电容器组成，基于 MOS 管栅极电容的电荷存储效应，数据存储在电容器中。电容器会由于漏电而导致电荷丢失，因此电容存储的数据不能长久保存。为了将数据保存在存储器中,必须定期给电容补充电荷,以避免数据丢失,这一过程称为再生或刷新。DRAM 要不断地刷新,才能使数据不会丢失。虽然这一过程会影响处理器的使用效率,但是 DRAM 设计简单、容量大等优点使得它仍被作为嵌入式系统存储器内存的首选设备。

SRAM 与 DRAM 不同,只要系统供电,不需要刷新,SRAM 就可以保存数据,其存取速度非常快。但是,功耗大、容量小是 SRAM 的缺点。目前,SRAM 主要用于高速缓存。

DRAM 的改进型产品是 SDRAM,主要是引入同步时钟,要求对一个时钟沿引用事件,因而内部电路系统可以工作得更快。

随着嵌入式处理器主频的提高,SDRAM 的速度逐渐成为限制系统性能的瓶颈。SDRAM 通常只能工作在 133 MHz,但是很多处理器主频已达到 200 MHz 以上,因此需要使用新的存储器。DDRAM 是基于 SDRAM 技术的,它依靠一种叫做双倍预取($2n$-prefetch)技术,即内存芯片内部的数据宽度是外部数据宽度的 2 倍,使峰值的读/写速度达到输入时钟速率的 2 倍,并且 DDRAM 允许在时钟脉冲的上升沿和下降沿传输数据,从而提高了访问速度。

(2) 非易失性存储器

嵌入式系统中常用的非易失性存储器是只读存储器 ROM(Read Only Memory)、FLASH 和 NvRAM。

ROM 是一种对其内容只能读出不能写入的存储器,主要由地址译码器和存储单元组成。当地址译码器根据输入地址选择到某个存储单元时,通过读操作来驱动该单元的输出线,以便读出该单元存储的数据。通常,ROM 内的数据在厂家生产时就已经固化,不能更改,这不利于系统升级。因此,目前嵌入式系统更多使用的是内容可更改的非易失性存储器,如可编程只读存储器 PROM(Programmable ROM)、可擦写的可编程只读存储器 EPROM(Erasable Programmable ROM)、电可擦除只读存储器 EEPROM(Electrically Erasable Programmable ROM)、FLASH。

PROM 出厂时没有内容,由用户决定写入何种内容。向 PROM 中写入内容的过程称为编程。通常是先选中存储单元,然后在芯片特定引脚加上高电压。这样,被选中的熔丝烧断,数据就被写入相应单元,此后数据不能更改。EPROM 编程后可通过紫外线照射来擦除其内容,使其恢复到出厂状态,然后对其再次编程。虽然 EPROM 具有可重复擦写的特点,但是每次擦除时间较长,芯片焊接在 PCB 板上时不易离板擦除等也是它的缺陷。相对其他只读存储器,EEPROM 使用更方便,它是电可擦除的,当存储器的内容需要更新时,可以在芯片不离板的状态下通过执行一系列操作指令实现擦除。

只读存储器普遍存在体积庞大、功耗大、容量有限的缺点,而 FLASH 则以体积小、功耗低、质量小、容量大、存储速度快等特点广泛应用于嵌入式系统中。

FLASH 存储器是在 EEPROM 基础上发展起来的,基于电荷存储原理来保存数据,其最大特性是能在切断供电电源后仍保持所存储的数据,且保存时间很长。FLASH 存储器按内部存储矩阵结构的不同,可分为 NOR 型 FLASH 和 NAND 型 FLASH。NOR 型 FLASH 的存储矩阵采用"或非"结构的栅格实现,可按字节方式访问存储单元,读取速度快,可直接执行 FLASH 上的程序,不用将程序代码读到 RAM 中;但是其存储容量小,写入速度慢,擦除时间长。NAND 型 FLASH 的存储矩阵采用"与非"结构的栅格实现,通常以页面为单位写入,读取速度慢;但是存储容量大,写入速度快,擦除时间短,适合作为数据存储器使用。

2. 输入/输出设备

输入/输出设备是人机交互的界面。从计算机系统外部获取信息的部件称为输入设备。计算机系统向用户传送计算结果、处理信息结果的部件称为输出设备。

通常，输入设备可分为以下3类：
- 机械式输入设备：主要包括键盘、鼠标、手柄等，通过机械传送方式产生输入信号与系统进行交互。
- 触控式输入设备：典型产品为触摸屏。其主要原理为改变触摸点状态时，检测装置收集该位置信息并转为CPU可处理的数据信息。按照触摸屏的工作原理和传输信息介质，触摸屏可分为电阻式、电容感应式、红外线式和表面声波式。
- 声光式输入设备：该类输入设备可以通过收集声音信号或者光信号，再转换为CPU可处理的数字信号来完成数据输入。

嵌入式系统中的输出设备除了通用计算机系统中常见的显示器、打印机、绘图仪外，还包括LED指示灯、扬声器等。

显示器是最常见的输出设备，类型繁多，比如CRT、LCD、等离子显示(背投)、OLED显示等。目前，嵌入式系统中更多的是使用平板液晶显示器LCD(Liquid Crystal Display)。当需要改变一个像素时，就对控制液晶像素单元的三极管施加电压，利用液晶分子的旋光作用达到控制所显示的像素明暗的目的。

3. 通信接口

通信接口是嵌入式系统与其他设备或系统进行数据交换的通道。设计嵌入式系统时应根据应用环境确定通信接口。各通信接口的电气性能存在差异。下面介绍一些常用的通信接口。

① RS-232C串行接口：RS-232C是由美国电子工业协会EIA于1969年制定并采用的一种串行通信接口标准，后发展为国际通用的串行通信接口标准。RS-232C接口连接器有D型25引脚和9引脚两种。在25引脚中，定义第2引脚为数据发送，第3引脚为数据接收，第7引脚为数字地；而在9引脚中，定义第3引脚为数据发送，第2引脚为数据接收，第5引脚为数字地。RS-232C传输线采用双绞屏蔽线，增强型RS-232的传输距离最大为1000 m。

② RS-422串行通信接口：RS-422是由RS-232发展而来的。由于RS-232通信距离短、速率低，RS-422定义了一种新的平衡通信接口，允许在一条平衡总线上连接最多10个接收器。RS-422是一种单机发送、多机接收的单向、平衡传输规范。RS-422的数据信号采用差分传输方式，也称为平衡传输。它使用一对双绞线进行数据传输，最大传输距离为4 000 inch(约1 219 m)，最大传输速率为10 Mbps。RS-422需要在传输线终端连接端接电阻，要求阻值约等于传输电缆的特征阻抗。RS-422有4根信号线、2根传输线、2根接收线，可以同时进行收发(全双工)。

③ RS-485串行通信接口：为了扩展应用范围，EIA在RS-422基础上制定了RS-485标准，增加了多点、双向通信能力和发送器驱动能力。与RS-422电气规定相仿，RS-485采用平衡传输方式，在传输线终端需要接端接电阻，传输距离为几十米甚至上千米。RS-485有2根信号线，收发共用，因此不能同时收发(半双工)。

④ USB接口：USB(Universe Serial Bus)通用串行总线是由Intel等厂商共同制定的一种支持即插即用的新型外设接口标准，是一种支持USB外围设备连接到主机的外部总线结构。USB接口支持两种传输模式，在低速模式下，传输速率为1.5 Mbps；在全速模式下，传输速率为12 Mbps。在USB2.0版本中，传输速率高达480 Mbps。在USB系统中，必须有一个USB主控器，USB设备通过4根电缆(一对双绞信号线和一对电源线)与主控器连接。

⑤ IEEE1394接口：IEEE1394是美国Apple公司提出的一种高品质、高传输速率的串行总线技术，采用6线电缆传输(包括一对电源线和两对双绞信号线)，支持同步和异步传输方式。在IEEE1394a规范中，支持的速率为100 Mbps、200 Mbps、400 Mbps；IEEE1394b支持的速率更高，

为 800 Mbps、1 600 Mbps 和 3 200 Mbps。

⑥ 以太网接口：在嵌入式系统中，以太网（Ethernet）和 TCP/IP 协议被广泛应用，最常用的以太网协议是 IEEE802.3 标准。嵌入式系统设计以太网接口时，通常采用嵌入式处理器和网卡芯片（RTL8019AS、CS8900 等），以及选择带有以太网接口的嵌入式处理器两种方法。

⑦ 蓝牙接口：蓝牙（Bluetooth）是 Intel 等公司联合宣布的一种无线通信新技术，工作频率为 2.4 GHz，数据传输速率为 1 Mbps。蓝牙模块主要由无线收发单元、基频处理单元和数据传输接口组成。

⑧ IEEE802.11 无线接口：IEEE802.11 是在 1997 年通过的无线局域网标准，该标准定义了物理层和介质访问控制（MAC）规范，包括 802.11、802.11a、802.11b、802.11e 和 802.11g 等协议。802.11g 的最高传输速率由原来的 11 Mbps 提高到 20 Mbps 以上。

⑨ IrDA 接口：又称红外接口，是利用红外线进行数据传输的接口。红外线收发器模块主要由红外线发光二极管、硅晶光检二极管和控制电路组成。其通信速率范围基本为 9 600～115 200 bps。

⑩ JTAG 接口：测试接口中的一种，主要用于芯片内部测试。标准的 JTAG 接口有 5 根线：TMS、TCK、TDI、TDO 和 RST。

4．设备扩展接口

设备扩展接口主要用于系统升级或对现有通信接口扩展。随着嵌入式系统的广泛应用，传统的存储设备已经不能满足用户要求，对大容量、便携式扩展存储设备的使用越来越迫切。个人计算机存储卡国际协会 PCMCIA（Personal Computer Memory Card International Association）是为了开发出功耗低、体积小、扩展性高的一个卡片型工业存储标准扩展装置所设立的协会，它负责对广泛使用的存储卡和 I/O 卡的外形规范、电气特性、信号定义进行管理。根据这些规范和定义而生产出来的外形如信用卡大小的产品叫做 PCMCIA 卡，也称之为 PC - Card。按照卡的介质可分为：FLASH、SRAM、I/O 卡和硬盘卡，按照卡的厚度可分为：Ⅰ、Ⅱ、Ⅲ 和 Ⅳ 型卡。广泛使用的 PCMCIA 卡常被嵌入式系统当作对外的扩展装置应用于笔记本电脑、PDA、数码相机、数字电视以及机顶盒等设备中。

常用的扩展卡还有各种 CF 卡、TF 卡、SD 卡、Memory Stick 等。目前高端的嵌入式系统都留有一定的扩展卡接口。

5．电源及辅助设备

嵌入式系统力求外观小型化、重量轻以及电源使用寿命长。在便携式嵌入式系统的应用中，必须特别关注电源装置等辅助设备。

目前，嵌入式系统更多地要求使用低电压元器件，如＋3.3 V、2.5 V，甚至低于 1.0 V。一个嵌入式系统也可能存在多种电源，因此，采取可靠、有效的电源供电方式是保证系统稳定、长时间运行的基础。通常，嵌入式系统采用单一供电方式，即一路供电电源输入，在系统内对所需电源进行 DC - DC 变换，从而构成系统供电网络。选择 DC - DC 变换器时须结合系统要求来考虑，对电源纹波、输出电流、转换效率等参数均要仔细评估，确保转换后的电源符合系统供电要求。

通常的 DC - DC 变换器分为固定转换和可调节转换。固定转换 DC - DC 变换器的输出电压是根据器件决定的，选择器件不同，转换结果也不同。例如凌特公司（Linear Technology Corporation）的 LT1085 - 3.3 DC - DC 变换器，输出电压固定为 3.3 V，而 LT1085 - 3.6 DC - DC 变换器的输出电压固定为 3.6 V。可调节转换 DC - DC 变换器的输出电压则是根据器件调节端的电阻值比例决定输出电压的。

1.2.5 嵌入式系统的硬件开发

嵌入式系统的硬件开发通常采用的是自顶向下的开发方式,即从用户提出的需求出发,对需求和功能及技术要求进行分析,制定设计方案,逐步细化并实现的过程。

根据嵌入式系统的要求,在系统硬件设计时需要更多考虑的,除了功能如何实现之外,还包括系统的体积、功耗、散热、成本、调试,以及产品后续升级等一些与具体应用相适应的因素,根据这些因素来设计实现具体方案。硬件设计一般遵循下列步骤。

(1) 需求和功能分析

这是系统设计的首要任务,也是系统设计的依据。首先,设计人员要对系统需求和功能要求进行分析,明确系统设计时要实现的功能、技术指标以及系统的应用场合。然后再根据功能要求对系统进行接口定义,如人机接口、测试接口、外设接口等。最后则要对项目的技术力量、开发工具、设计工具、成本、进度等制定可行性分析报告,确定项目的实施方案,并在项目开发工程中作为约束条件指导项目的研发。

(2) 设计方案的规划

明确系统需求后,设计人员根据需求报告制定项目的设计方案,进入系统设计阶段。这一阶段主要实施的操作包括:

- 构造系统体系结构:根据系统需求和功能要求构建系统的体系结构,确定系统所需要的核心部件、主要部件和基础部件的类型,即明确系统是以控制器为核心还是以处理器为核心,都需要用到哪些主要部件和基础部件。
- 软硬件功能划分:明确系统中软硬件功能划分,使得设计人员可以清晰地知道哪一部分功能块由软件实现,哪一部分功能块由硬件实现,并明确软硬件接口定义。
- 性能指标评估:在设计方案中还需要对系统的性能指标作出评估,例如,功耗、散热、电磁兼容性 EMC(Electro Magnetic Compatibility)、元器件选用标准、系统适用的环境范围、系统外形结构、重量等。需要明确设计出的产品遵循和达到的标准(军用或民用、欧洲标准或美洲标准),同时还需要估算系统设计的成本。
- 可维护性、可测性和可靠性分析:为了保证产品能够得到很好的维护、测试,需要对产品进行可维护性、可测试性和可靠性分析,确保产品可以稳定、可靠、长时间地工作。

(3) 核心部件选型

核心部件通常指系统的处理器、微控制器或 DSP 等。在设计时需要根据系统内的功能需求选择系统核心部件。

(4) 主要部件选型

主要部件有存储器、测试接口、外设接口等。存储器包括 ROM、RAM、FLASH 等,在设计时需要针对系统应用环境和需求来选择存储器,同时还应考虑速度、容量、接口、成本等因素。测试接口是指在项目存在测量/控制要求时以及建立相应控制电路模型时,选用合适的元器件,然后设计相应的控制电路。通常测试接口电路包括模拟量测试、开关量测试、语音信号测试、图像信号测试、视频信号测试、A/D 转换测试等。外设接口通常包括并行接口、串行接口等,例如,RS-232、RS-422、RS-485、ARINC429、以太网、USB 等。

(5) 基础部件选型

基础部件指系统设计所需的电源电路、时钟电路、复位电路、低功耗电路等。

(6) 原理图设计

根据系统设计方案和部件选型要求完成系统功能架构设计和元器件的选型后,可以将相应的硬件设计电路绘制成电路原理图。电路原理图通常用于表达系统硬件体系的结构组成和工作原理，是印制电路板 PCB 设计的基础，也是设计人员的主要技术支持手段之一。在设计电路原理图时，设计人员设计的图纸要能够体现系统的结构组成和工作原理，并且尽量采用层次化设计思路，同时具备规范化，便于不同的设计人员阅读、交流。

目前常用的原理图设计工具有 OrCAD 公司的 OrCAD，Mentor Graphic 公司的 PADS，Altium 公司的 Protel、Altitum 等。各工具之间具有兼容性，可以方便设计人员交流。

(7) PCB 设计

电路原理图的直接体现形式就是 PCB。原理图设计完成后经确认无误即可开始 PCB 设计，首先提取相应设计中所需的元器件封装库；然后装载由电路原理图生成的元器件网络表，根据系统结构要求合理地进行元器件布局，并清晰地标注对应的丝印，再根据 PCB 设计原则进行印制线布线；最终将设计完成的文件转为光绘文档，由生产部门依据此文档完成 PCB 加工。

在 PCB 设计时，元器件布局、布线应遵循一定的设计原则，这样才能设计出质量好、性能稳定、抗干扰能力强的 PCB。布局时应遵循的设计原则如下：

- 合理地确定印制板的外形尺寸及特殊元件的位置，布局时应避免元器件重叠或影响其他元器件的装配、调试。
- 元器件布局时尽可能按照信号流方向排放，输入、输出信号尽量靠近连接器，存储器件和控制器件靠近处理器，外设则靠近印制板边缘。
- 高速器件的摆放位置要尽量靠近处理器，尽可能缩短高速器件之间的连线。
- 易受干扰的元器件不能距离太近，要防止相互间的电磁干扰。
- 模拟量和数字量器件布局时要独立区域。
- 主要器件尽量放置在同一板面内，避免不必要的过孔及跳线。
- 发热量大的器件周围要尽量预留一定的散热空间或考虑装配散热块，对温度敏感的元器件应远离发热元器件。
- 元器件位置尽量按同一方向平行排列，这不仅便于装焊，也便于调试。
- 元器件旁边配有去耦电容，以增强电路抗干扰性能。

布线时应遵循的设计原则如下：

- 设计时首先根据信号线的种类规划印制板层数，电源信号、模拟地、数字地做平板层，电流较大的信号走粗线。
- 确定设计中关键信号线的走线规则，例如，时钟线应尽可能短，且不被其他信号线干扰；差分信号线要平行并且等长，线间距尽可能小；关键信号线可采用底线包围方式进行屏蔽。
- 高速信号宜采用多层板布线，可以利用地线对高速信号设置屏蔽，尽量缩短信号传输长度，相邻层走线尽量避免平行线，多走垂直线。
- 高速信号布线时尽量走直线，减少引线弯折。
- 高速信号布线时尽量减少过孔，避免环路。
- 模拟信号和数字信号应在不同层走线，模拟地和数字地也应隔离，最后实施单点共地。
- 在不产生线间耦合而影响信号质量的前提下，线间距应尽可能小，但不能小于生产工艺规定的要求。

(8) 系统调试

印制板进行焊接完成后进入调试阶段，这一环节需要对产品需求、功能、性能进行充分验证。通常需要直流稳压电源、数字万用表、示波器、逻辑分析仪、仿真器等调试工具。

首次加电测试之前要对产品进行静态检查，包括外观检查、焊接检查、内阻检查等，查看是否存在错焊、漏焊、虚焊等问题，元器件型号与设计是否相符，电源地之间内阻是否正常等。同时根据产品供电要求调节直流稳压电源，确保产品供电电源稳定。然后依据"先核心，后外围"的原则进行调试,即首先调试系统能工作的最小功能块(包括电源电路、时钟电路、复位电路、处理器电路);然后调试处理器周边电路(包括存储器电路、控制电路);再调试人机接口(包括仿真口电路、串口通信或网口通信);其次调试外围接口(包括 A/D 转换、模拟量信号输入、开关量输出等);最后再根据系统运行的实际环境进行环境条件下的测试,确保产品满足设计需求。

(9) 产品维护和升级

产品调试完成后可以对其进行包装,包装时注意应采取防潮、防静电等措施,然后可以随同产品配件、技术说明书、使用说明书、质量保证卡等交付用户。在产品使用过程中一旦出现问题,维护人员应能及时进行产品维护,迅速对故障定位并排除,确保用户的正常使用。同时设计人员在设计初期还要对设计留有余地,充分考虑产品的后续升级问题,例如,存储容量扩展、外设接口扩展、软件版本升级等。

硬件设计一旦在物理上定型,就很少进行更改。这是由于硬件设计的周期长、成本高,所以在每一个设计环节中都要有严格的评审制度,以保证尽可能少地重复之前的工作。这是一个类似于瀑布模型的开发方式。

随着技术的不断进步,出现了 SoPC 这样可编程的片上系统,而且 FPGA 等可编程逻辑器件的集成度已经达到千万门级甚至更高,很多硬件也可以通过程序定制的方式予以实现。这使得硬件设计更具有灵活性,一定程度上改变了传统硬件的设计方式。在原理设计阶段引入逻辑可编程器件,用来代替一些在需求上没有明确指出由软件还是由硬件实现的功能(比如说对某些信号的编解码);或者用来实现一些现有硬件不具备的新功能。一旦调试通过,才对这些功能以专用集成电路 ASIC(Application Specific Integrated Circuit)的方式进行固化,再以独立芯片的形式对之前设计的原理图进行修订,最终形成产品。这样可大大节省开发成本,缩短硬件的开发时间。

1.3 嵌入式系统的软件组成及开发

嵌入式系统的软件是嵌入式系统的灵魂,在同样的硬件平台下,优秀的软件能更高效地完成系统功能,使系统具有更大的经济价值。

嵌入式软件是针对特定应用、基于相应的硬件平台、为完成用户预期任务而设计的计算机软件。用户的任务有时间、精度等方面的要求,同时嵌入式系统对于实现成本十分敏感。因此,在满足系统功能要求的前提下,就要最大限度地降低系统的成本,除了精简每个硬件单元的成本外,还应该对软件进行裁剪,以尽可能地减少嵌入式应用软件的代码量。这就要求嵌入式应用软件不但要保证准确性、安全性、稳定性以满足应用要求,还要尽可能地优化。

本节首先讲述嵌入式系统的软件层次结构,在此基础上简述嵌入式操作系统、嵌入式软件开发,涉及嵌入式软件开发的主要内容。

1.3.1 嵌入式系统的软件层次结构

本小节讲述具有操作系统的嵌入式软件层次结构。对于使用操作系统的嵌入式系统来说,嵌入式系统软件结构一般包含 4 个层面:板级支持包层、实时操作系统(RTOS)层、应用程序接口(API)层、应用程序层。有些资料将应用程序接口 API 归属于 OS 层,按 3 层划分的应用程序控制系统的运作和行为;操作系统与硬件无关,不同的嵌入式操作系统其组成结构也不尽相同。一般来讲,操作系统包含任务管理、文件系统、图形用户界面、设备管理、各种通信协议等模块。由于硬件电路的可裁剪性和嵌入式系统本身的特点,其软件部分也是可裁剪的,也就是通常所说的嵌入式操作系统的可定制性。板级支持包提供操作系统与硬件层之间的交互。

1.3.2 嵌入式操作系统

1. 操作系统与嵌入式操作系统

计算机由硬件和软件两部分组成。操作系统 OS(Operating System)是配置在计算机硬件上的第一层软件,在计算机系统中占据特殊的地位。操作系统可以解释或理解为补平硬件差异的界面,或者说隐藏了硬件,让应用程序可以在其上面运行。通过由操作系统统一提供的系统界面来编写应用程序,无须考虑不同硬件所造成的差异,让程序设计人员能够专注于所擅长领域的开发。从用户的观点来看,OS 是用户与计算机硬件系统之间的接口,用户在 OS 的帮助下能够方便、快捷、安全、可靠地操纵计算机硬件和运行自己的程序;从资源管理的观点来看,可以把 OS 视为计算机系统资源的管理者。

嵌入式操作系统 EOS(Embedded Operating System),是嵌入式应用软件的基础和开发平台,它是一段嵌入在目标硬件中的软件,用户的其他应用程序都建立在嵌入式操作系统之上。它在知识体系和技术本质上与通用操作系统没有太大的区别,一般用于比较复杂的嵌入式系统软件开发中。嵌入式操作系统负责嵌入式系统的全部软、硬件资源的分配和调度以及控制协调等活动,能够通过装卸模块进行功能配置,体现所在系统的特征。目前可供嵌入式应用的操作系统有很多,例如,Linux、μCLinux、WinCE、PalmOS、eCos、μC/OS-Ⅱ、VxWorks 等。嵌入式操作系统与桌面操作系统不同,它具有实时性高、可靠性好、可裁剪、体积小等特性。

嵌入式操作系统 EOS 是一种用途广泛的系统软件,过去它主要应用于工业控制和国防领域。随着 Internet 技术的发展、信息家电的普及应用及 EOS 的微型化和专业化,EOS 开始从单一的弱功能向高专业化的强功能方向发展。嵌入式操作系统在系统实时高效性、软件固态化以及应用的专用性等方面具有较为突出的特点。

嵌入式操作系统是嵌入式软件的灵魂,它的出现大大提高了嵌入式系统的开发效率,减少了系统开发的总工作量,而且提高了嵌入式应用软件的可移植性。为了满足嵌入式系统的需要,嵌入式操作系统必须包括操作系统的一些最基本的功能,如中断处理与进程调度,用户可以通过 API 来使用操作系统。嵌入式操作系统知识体系相对复杂,本小节仅对嵌入式操作系统基本知识进行介绍。

2. 嵌入式实时操作系统

嵌入式系统一般具有实时特点。所谓实时系统,是指一个能够在指定或者确定的时间内完成系统功能以及对外部或内部、同步或异步时间作出响应的系统。

嵌入式实时操作系统(Real Time Embedded Operating System)是一种实时的、支持嵌入式系统应用的操作系统,是嵌入式系统(包括硬、软件系统)极为重要的组成部分。

嵌入式操作系统大部分是实时操作系统(RTOS)。RTOS 嵌入在系统的目标代码中,系统复位并执行完 BootLoader 后执行它,用户的其他应用程序都建立在 RTOS 之上。RTOS 是一个可靠性很高的实时内核,将 CPU 时间、中断、I/O、定时器等资源都包装起来,留给用户一个标准的 API,并根据各个任务的优先级,合理地在不同任务之间分配 CPU 时间。RTOS 是针对不同处理器优化设计的高效率实时多任务内核,优秀商品化的 RTOS 可以面对几十个系列的嵌入式 MPU、MCU、DSP、SoC 等提供类同的 API 接口,这是 RTOS 基于设备独立的应用程序开发的基础。因此,基于 RTOS 上的 C 语言程序具有极大的可移植性。RTOS 的商品化,实现了操作系统软件和用户应用软件的分离,为工程技术人员开发嵌入式系统应用软件带来了极大便利,大大缩短了嵌入式系统软件的开发周期。

嵌入式操作系统和嵌入式实时操作系统是不同的概念,实时操作系统是嵌入式应用软件的基础和开发平台。一般操作系统只注重平均性能,例如,对于整个系统来说,所有任务的平均响应时间是关键,而对单个任务的响应时间不必关心。与之相比,嵌入式实时操作系统最主要的特征是性能上的"实时性",也就是说系统的正确性不仅依赖于计算的逻辑结果,也依赖于结果产生的时间。从这个角度上看,可以把实时系统定义为"一个能够在指定的或者确定的时间内,完成系统功能以及对外部或内部、同步或异步事件作出响应的系统"。

实时操作系统可以根据实际应用环境的要求对内核进行裁剪和重新配置,组成可根据实际的不同应用领域而有所不同。但以下几个重要组成部分变化不大:实时内核、网络组件、文件系统和图形接口等。RTOS 的结构如图 1-4 所示。

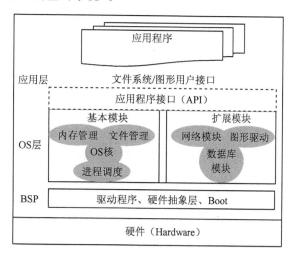

3. 嵌入式操作系统基本管理功能

嵌入式操作系统相对于一般操作系统而言,仅指操作系统的内核(或者微内核),其他诸如窗口系统界面或通信协议等模块,可以另外选择。目前大多数的嵌入式操作系统必须提供以下管理功能。

(1) 多任务管理

所有的嵌入式操作系统都是多任务的,

图 1-4 RTOS 体系结构图

目前所说的多任务大都是指多线程(Multi-Threads)方式或多进程(Multi-Processes)方式,这两者的运行机制不完全一样。这里以多进程为例来讨论,调度程序的好坏直接影响系统的性能。与一般的操作系统一样,嵌入式操作系统的作用也是决定在特定的某一时刻系统应该运行哪一个进程。现在许多 CPU 都已经提供多组寄存器来辅助执行模式的切换,有比较便捷的指令来记录每个执行程序的情况,因此记录每个执行程序的状态已经不成问题,操作系统主要是提供调度机制来控制这些执行程序的起始、执行、暂停和结束。嵌入式操作系统中的进程状态有如下 3 种:

- 运行状态(Running);
- 就绪状态(Ready);
- 等待状态(Waitting)。

3 种状态之间的关系见图 1-5。其中进程状态的转换条件与一般操作系统中的转换条件类似。

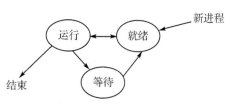

图 1-5 3 种状态关系图

一个可以运行的进程只是一个等待 CPU 的进程。调度程序选择系统中所有可以运行的进程中最有权运行的进程。一般操作系统中的调度程序所采用的调度算法有:先来先服务(FCFS)、轮询(Round Robin)、优先级(Priority)以及它们的各种组合。调度程序的调用是由一些特定的事件引起的。这种类型的事件有 3 种:进程创建、进程删除和时钟滴嗒。

(2) 存储管理

与一般操作系统的存储管理相比,嵌入式操作系统的存储管理相对较为简单一些。由于虚拟存储中经常要对页进行换入换出操作,所以内存中页命中率和换入、换出所耗费的时间严重破坏了整个系统的确定性。这种存储机制很难保证实时系统所要求的时间确定性,而且虚拟系统中需要地址转换表和其他一些数据结构,这样留给程序的内存空间就减少了。总之,虚拟内存管理占用了相当一部分系统资源。因此,在系统资源非常有限的嵌入式系统中一般不采用虚拟内存管理方式,而采用动态内存管理方式。当程序的某一部分需要使用内存时,利用操作系统提供的分配函数来处理,一旦使用完毕,可以通过释放函数来释放所占用的内存,这样内存可以重复使用。

(3) 外围资源管理

在一个嵌入式系统里,除了系统本身的中央处理器、内存之外,还有许多不同的外围系统,例如,输入/输出设备、通信端口或是外接的控制器等,操作系统中必须提供外围资源的驱动程序,以方便资源管理和应用程序使用。对于应用程序来说,则必须向操作系统注册一个请求机制,然后等待操作系统将资源安排给应用程序。

(4) 中断管理

因为查询方式需要占用大量 CPU 时间,因此,嵌入式操作系统与一般操作系统一样,一般都是用中断方式来处理外部事件和 I/O 请求。中断管理负责中断的初始化安装、现场的保存和恢复、中断栈的嵌套管理等。这里不作详细阐述。

4. 典型嵌入式操作系统介绍

嵌入式操作系统种类繁多,但大体可分为两种——商用型和免费型。目前商用型的操作系统主要有 VxWorks、Windows CE、pSOS、Palm OS、OS-9、LynxOS、QNX 和 LYNX 等,它们的优点是功能稳定、可靠,有完善的技术支持和售后服务,而且提供了如图形用户界面和网络支持等高端嵌入式系统要求的许多高级功能;缺点是价格昂贵且源代码具有封闭性,这大大限制了开发者的积极性。

目前免费型的操作系统主要有 Linux 和 μC/OS-II,它们在价格方面具有很大优势。例如,嵌入式 Linux 操作系统以价格低廉、功能强大、易于移植而且程序源码全部公开等优点正在被广泛采用,成为新兴的力量。

结合国内实情,嵌入式系统需要的是一套高度简练、界面友善、质量可靠、应用广泛、易开发、多任务,并且价格低廉的操作系统。

下面介绍几种常用的嵌入式操作系统。

(1) μC/OS-II 嵌入式操作系统

μC/OS-II 是"Micro-Controller Operating System 2"的简写,意为"微控制器操作系统 2",是一个完整的,源代码免费的,可移植、固化、裁剪的抢占式实时多任务内核,主要面向中小型嵌入式系统。μC/OS-II 由 ANSI 的 C 语言编写而成,包含一小部分与处理器相关的汇编代码,所有源代码约有 5 500 行,非常短小,现已成功移植到近 40 多种不同架构的微处理器上。

μC/OS-II 具有执行效率高、占用空间小、可移植性及扩展性强、实时性能优良、稳定性和可靠性良好等特点。其内核采用微内核结构,将基本功能(如进程管理、存储管理、中断处理)放在内核中,留给用户一个标准 API 函数,并根据各个任务的优先级分配 CPU 时间。而将那些不是非常重要的核心功能和服务,如输入/输出管理、文件系统、网络通信、设备管理等,作为内核之上可配置的部分,方便系统扩展。因此,用户可根据自己的需求添加各种服务。目前市场上已出现专门为 μC/OS-II 开发文件系统、TCP/IP 协议栈、用户显示接口等的第 3 方厂家。

μC/OS-II 是一个实时操作系统,具有免费公开源代码(见 http://www.Micrium.com)、抢占式内核,即它可以在低优先级任务执行过程中插入执行就绪条件下优先级更高的任务。在 μC/OS-II 中所有任务的优先级必须是惟一的,即使两个任务的重要性是相同的,它们也必须有优先级上的差异,这就意味着高优先级的任务在处理完成后,必须进入等待或挂起状态,否则低优先级的任务永远也不可能执行。最新的 μC/OS-II 版本可以支持 256 个任务,并且增添了时间管理功能。

现今，由于 μC/OS-II 结构小巧、源代码公开等特性,在工控、通信、信息家电等领域得到了广泛的应用。

(2) Windows CE 操作系统

由于早年掌上电脑在欧美的普及,微软公司内部开始了"Portable PC Solution"项目,该项目的名字曾经有多个,最后更名为 Windows CE。Windows CE 发展非常迅速,1996 年 11 月推出 1.0 版,1997 年 4 月推出 1.01 版,1997 年 11 月推出 2.0 版,1998 年 1 月推出 2.01 版,1998 年 8 月推出 2.1/2.11 版,1999 年 6 月推出 2.12 版,2000 年 4 月推出 3.0 版;2001 年 9 月推出 PoeketPC、PoeketPC 2002;2002 年 1 月推出 Windows CE.NET 4.0;现在已发展到 Windows CE 6.0。Windows CE 是一个全新的操作系统,最新版的 Windows CE 只需要 200 KB 的运行空间。Windows CE 是模块化的,OEM 厂家可以加入自己所需的任何模块。Windows CE 作业系统是 Windows 家族中最新的成员,专门设计给掌上型电脑(HPC)所使用的电脑环境。这样的作业系统可使完整的便携式技术与现有的 Windows 桌面技术整合工作。

Windows CE 轻而易举地主宰着嵌入式系统市场,面向从最基本的系统到高级的 32 位嵌入式系统。Windows CE 是一个小规模而又高度可定制的操作系统。它是一个全新的系统,以最现代的技术设计和优化,适用于现有的和下一代 32 位微处理器家族,包括基于 MIPS、PowerPC、ARM 和 Sparc 的功能强大的新型处理器。

Windows CE.NET 5.0 是 Windows CE 4.2 的后续产品,它不仅是一个功能强大的实时嵌入式操作系统,而且提供了众多强大的工具,允许用户利用它快速开发出下一代的智能化、小体积连接设备。借助于完善的操作系统功能和开发工具,Windows CE 5.0 为开发人员提供了构建、调试和部署基于 Windows CE 5.0 的定制设备所需的一切特性。平台开发工具 Platform Builder 是一个完全集成的开发环境(IDE),并且包括一个软件开发工具包(SDK)导出工具。Windows CE 5.0 支持 Microsoft Embedded Visual C++ 和 Microsoft Visual Studio.NET,为面向 Microsoft.NET Compact Framework(Microsoft.NET Framework 的一个子集)的 Web 服务和应用程序开发提供了一个完整的开发环境。利用这些工具,开发人员可以迅速开发出能够在最新硬件上运行各种应用程序的智能化设计。

Windows CE 5.0 对 Windows CE 先前版本的强大功能进行了进一步的扩充和丰富,它提供了下面 3 种功能。

① 增强操作系统功能。在硬件驱动方面,Windows CE 5.0 新增了对 USB 2.0 的支持,包括 USB 2.0 Host 和 USB 2.0 Client。在图形方面,Windows CE 5.0 新增加了对 Direct 3D Mobile 的支持。Direct 3D Mobile 可用来开发嵌入式设备上的 3D 图形应用程序。此外,Windows CE 5.0 还增加了对图片格式的支持,操作系统可处理 GIF 及 JPEG 等常见的图片文件格式。在内核层面,Windows CE 5.0 支持的系统中断(SYSINTR)从 32 个增加到 64 个。此外,还增加了可变的时钟滴嗒调度。这允许 OEM 按需产生时钟中断,而不是现在的每毫秒都需要产生一个中断。

② 统一的构建系统功能。Windows CE 5.0 把使用 Platform Builder 构建操作系统与使用命令行构建操作系统进行了统一。在以前的 Platform Builder 中,使用命令行构建与使用 Platfrom Builder 构建采用的是两套不同的机制,这给开发人员造成了一定的困难。在 Windows CE 5.0 中,Platform Builder 集成开发环境只是命令行界面的简单封装,使用 Platform Builder 与使用命令行构建操作系统没有任何功能上的区别。

③ 高质量的 BSP 功能。在 Windows CE 5.0 中,微软公司对板级支持包的构建进行了非常大的改变,将 BSP 的功能提炼为一些小的库文件,并且对 BSP 的目录及文件都进行了限定。这样不但简化了 BSP 的开发,而且相比以前的 BSP,更加模块化,结构更加清晰。此外,在 Windows CE 5.0 中,微软公司与开发人员共享了 250 万行的 Windows CE 操作系统源代码,占整个

Windows CE 源代码的 70%左右。开发人员可在微软 Shared Source License 协议的许可下使用这部分源代码。

(3) VxWorks 嵌入式实时操作系统

VxWorks 是 Wind River Systems 公司于 1987 年专门为实时嵌入式系统设计开发的一种实时操作系统。它为程序员提供了高效的实时任务调度、中断管理，实时的系统资源，以及实时的任务间通信。应用程序员可以将尽可能多的精力放在应用程序本身，而不必再去关心系统资源的管理。该系统主要应用在单片机、数据网络(以太网交换机、路由器)和通信等方面。它支持多种处理器，如 Sun Sparc、Freescale MC68xxx、MIPS RX000、PowerPC、ARM 等。

VxWorks 实时操作系统基于微内核结构，是可裁剪的高性能实时操作系统，在实时操作系统市场上处于领先地位。其卓越的性能使得它拥有超过 46%的市场占有率，在航空、广播、运输、医疗、自动化生产和科学研究等领域中有着广泛的应用(尤其是在国防和军事上一些高精尖技术及实时性要求极高的领域)。目前 VxWorks 操作系统的版本为 VxWorks 6.7，其核心功能主要有：

- 微内核 wind。
- 任务间通信机制。
- 网络支持。
- 文件系统和 I/O 管理。
- POSIX 标准实时扩展。
- C++以及其他标准支持。
- 支持对称多处理 SMP(Symmetric Multi-Processing)和非对称多处理 AMP(Asymmetric Multi-Processing)。
- FLASH 媒体管理。

VxWorks 的主要特点如下：

- VxWorks 具有高度可裁剪的微内核结构。它需要的存储器空间为 8～488 KB(ROM)、620B～29.3KB(RAM)。可见 VxWorks 有着极好的可伸缩性，用户可以利用工具或直接修改内核源文件来配置内核。开发者也许需要从 100 多个不同的选项中进行选择以产生上百种配置方式。许多独立模块都是在开发时使用而在产品中不再使用。这些配置选项可以通过 Tornado II 的项目工具图形接口来轻易地选择。开发者也可使用 Tornado II 的自动裁剪特性，自动地分析应用程序代码并合并合适的选项。
- VxWorks 能进行高效的多任务调度。它支持中断驱动的优先级抢占式调度和时间片轮转调度，并具有确定、快速的上下文切换能力，以及确定的、微秒级的中断延迟时间。这些特点使得其内核具有非常强的实时性。
- VxWorks 6.4 通过了 POSIX1003.13 PES52 标准认证，可应用于航天和国防电子领域。
- VxWorks 6.7 增加了对更多硬件构架(包括 ARM、PowerPC、Intel Allagash 等)的支持，以及对多核处理器 SMP、AMP 的支持。

VxWorks 嵌入式操作系统的集成开发环境也由风河公司自己研发，其历史悠久的 Tornado 开发环境在嵌入式领域中应用非常广泛。2005 年风河公司新一代 Workbench 开发平台继承了其原有 Tornado 集成开发平台的一贯优势，且功能更加强大。由于它新采用了先进的 Eclipse 软件框架结构，从而使整个系统更加开放和易于扩展。Workbench 开发套件和 Workbench、On-Chip Debugging Edition 可以实现多核调试和性能调控等高级功能，使开发人员能够利用风河公司的多核调试技术，进行快速错误定位和可视化行为监控。

Workbench 是对 Tornado 的一次脱胎换骨的升级，但目前并不能说 Workbench 就可以完全取代 Tornado。这是因为 Workbench 只对 VxWorks 6.0 以上的版本(具有"进程"的概念)进行支持。如果用户想使用 VxWorks 6.0 以下的版本(扁平地址空间,应用程序均在内核中运行),那只能用 Tornado 进行开发。

目前 Workbench 已升级到 3.0 版本,提供了对更多处理器的支持(包括 ARM CortexA8、Freescale iMX27、Marvell PXA 等新型处理器),并且增强了对移动中断的支持。

(4) Linux 操作系统

Linux 类似于 UNIX,是一种免费的、源代码完全开放的、符合 POSIX 标准规范的操作系统。Linux 的系统界面和编程接口与 UNIX 很相似,所以 UNIX 程序员可以很容易地从 UNIX 环境转移到 Linux 环境中来。Linux 拥有现代操作系统所具有的特点,例如,真正的抢占式多任务处理,支持多用户、内存保护、虚拟内存,支持对称多处理机 SMP(Symmetric Multi-Processing),符合 POSIX 标准,支持 TCP/IP,支持绝大多数的 32 位和 64 位 CPU。嵌入式 Linux 版本众多,如支持硬实时的 Linux-RT-Linux/RTAI、Embedix、Blue Cat Linux 和 Hard Hat Linux 等,这里仅简要介绍应用广泛的 μCLinux。

μCLinux 是 Micro-Control-Linux 的简写。它是 Lineo 公司的主打产品,同时也是开放源码的嵌入式 Linux 的典范之作。μCLinux 主要是针对目标处理器没有存储管理单元 MMU(Memory Management Unit)的嵌入式系统而设计的,已经被广泛使用在 ColdFire、ARM、MIPS、Sparc、SuperH 等没有 MMU 的微处理器上。由于没有 MMU,其多任务的实现需要一定技巧。μCLinux 是一种优秀的嵌入式 Linux 版本,它秉承了标准 Linux 的优良特性,经过各方面的小型化改造,形成了一个高度优化的、代码紧凑的嵌入式 Linux。虽然它的体积很小,却仍然保留了 Linux 的大多数优点:稳定、良好的移植性、优秀的网络功能,对各种文件系统完备的支持,以及标准丰富的 API。它专为嵌入式系统做了许多小型化的工作,目前已支持多款 CPU。其编译后目标文件可控制在几百 KB 数量级,并且已经被成功地移植到很多平台上。

μCLinux 同标准 Linux 的最大区别在于内存管理。标准 Linux 是针对有 MMU 的处理器设计的。在这种处理器上,虚拟地址被送到 MMU,虚拟地址被映射为物理地址,通过赋予每个任务不同的虚拟—物理地址转换映射,支持不同任务之间的保护。

对于 μCLinux 来说,其设计针对没有 MMU 的处理器,不能使用虚拟内存管理技术。μCLinux 对内存的访问是直接的,即它对地址的访问不需要经过 MMU,而是直接送到地址线上输出,所有程序中访问的地址都是实际的物理地址。μCLinux 对内存空间不提供保护,各个进程实际上共享一个运行空间。在实现上,μCLinux 仍采用存储器的分页管理,系统在启动时把实际存储器进行分页,在加载应用程序时,程序分页加载。但是由于没有 MMU 管理,所以 μCLinux 采用实存储器管理策略(Real Memory Management)。

这 4 种嵌入式实时操作系统的应用非常广泛,各自所具有的特点及适用领域如下:

① VxWorks 是一套类似于 UNIX 的实时操作系统,它内建了符合 POSIX 规范的内存管理,以及多处理器控制程序,并且具有简明易懂的用户接口,在核心方面甚至可以微缩到 8KB。它由 400 多个相对独立、短小精悍的目标模块组成,用户可根据需要选择适当模块来裁剪和配置系统,有效地保证了系统的安全性和可靠性。它被广泛地应用在通信、军事、航空、航天等高尖技术及实时性要求极高的领域,尤其是在许多关键应用方面 VxWorks 还是一枝独秀。例如,美国波音公司就在其最新的 787 客机中采用了此操作系统;而在外层空间探索领域,VxWorks 则一直是美国国家航空航天局 NASA 的最爱。

② μC/OS-II 是一个结构简单、功能完备和实时性很强的嵌入式操作系统内核,适合于广大嵌入式系统开发人员和爱好者入门学习以及高校教学和科研。μC/OS-II 很适合开发那些对系统要求不是很苛刻且 RAM 和 ROM 有限的各种小型嵌入式系统设备。

③ μCLinux 的最大特点在于它针对无 MMU 的处理器而设计,可以利用功能强大的 Linux 资源,因此适合开发对事件要求不高的小容量、低成本的各类产品,特别适用于开发与网络应用密切相关的嵌入式设备或者 PDA 设备。例如,CISCO 公司的 2500/3000/4000 路由器就是基于 μCLinux 操作系统开发的。

④ Windows CE 内核较小,能作为一种嵌入式操作系统应用到工业控制等领域。其优点是具有便携性、提供对微处理器的选择以及非强行的电源管理功能。内置的标准通信能力使 Windows CE 能够访问 Internet 并收发 E-mail 或浏览 Web。除此之外,Windows CE 特有的与 Windows 类似的用户界面使最终用户易于使用。

1.3.3 嵌入式系统的软件开发

嵌入式系统硬件是整个系统的躯体,软件则是整个系统的灵魂,在硬件和软件交替发展的双螺旋支撑下,嵌入式系统逐渐趋于稳定和成熟。

嵌入式软件开发技术不同于通用软件开发技术,它不仅需要开发人员具有广博而扎实的理论基础,更依赖于开发人员的实践经验,特别需要其熟悉底层硬件特性。近年来,随着嵌入式硬件复杂性的增加和对系统功能需求的大幅度提高,嵌入式软件的开发工作量可占到全部工作量的 70% 以上,这成为制约嵌入式系统开发的瓶颈。

嵌入式应用软件是实现系统各种功能的关键,好的应用软件能使同样的硬件平台更好、更高效地完成系统功能,使系统具有更大的经济价值。由于嵌入式系统对实现成本十分敏感,这就要求嵌入式应用软件不但要保证准确性、安全性、稳定性,还要尽可能地优化。

嵌入式系统应用的多样性,使其软件很难进行通用化设计。在嵌入式开发的实践中,我们发现,软件开发都要从硬件底层开始,导致大量重复的编码工作,严重影响开发效率。即使是非常相似的应用,由于环境变化、硬件平台的差异等种种原因,也面临代码移植问题。嵌入式操作系统的引入,使嵌入式软件的开发走向标准化。针对实际的应用,选择合适的操作系统来合理地调度多任务,合理地利用系统资源、系统函数,以及与专家库函数接口,这样不仅可保证程序执行的实时性、可靠性,而且也可提高软件的开发效率,保障软件质量。

需要嵌入式操作系统支持是高性能、复杂的嵌入式应用软件的基本特点,但对于简单应用功能的开发则不需要专门的操作系统。

虽然在知识体系和技术本质上,嵌入式应用软件与通用软件在开发上没有本质区别,但由于嵌入式应用软件应用平台的特殊性,使得其开发对象、开发工具和开发方法与普通应用软件相比具有很大差别。本小节将系统讲述嵌入式软件开发技术。

1. 嵌入式软件开发的特点和技术挑战

(1) 开发的复杂度增加

嵌入式软件正逐渐与网络技术、无线技术、SoC 技术、人工智能技术、跨平台技术融合发展,呈现集成化、构件化、可重用、标准化、开源以及开发技能归一化的趋势。随着开发对象复杂度的增加,硬件和软件设计比例发生了很大变化。软件开发的比重越来越大,复杂系统的硬件和软件设计已不可能由一个设计师独立完成,而必须由一个团队来分工合作完成。由此也推动了开发形式、手段和工具的发展,特别是硬件/软件协同设计和验证技术、设计管理技术(如软件版本管理软件)以及各种嵌入式系统设计工具软件的发展。

(2) 开发需要软硬件开发环境和工具

嵌入式应用系统的开发属于跨平台开发,即开发平台使用的处理器与开发对象的处理器往往不是同一类型,需要交叉的软件集成开发环境,即进行代码编写、编译、链接和调试应用程序的集成开发环境。例如,三星公司在推广 ARM7、ARM9 芯片的同时,还提供开发板和板级支持包(BSP),而 Windows CE 在主推系统时也提供 Embedded VC++作为开发工具。还有 VxWorks 的 Tornado 开发环境,DeltaOS 的 Limda 编译环境等,都是这一趋势的典型体现。嵌入式实时系统复杂性的增加给调试工具设计者带来了空前的挑战。例如,嵌入式系统微处理器中有多个同构核(如多个 ARM 核)或多个异构核(如兼有 ARM 核和 DSP 核)的设计已经非常普遍,各种核/微处理器与复杂的软件环境共用一个实时操作系统(RTOS),或共用一个平台操作系统(OS),因此需要一个能高速运行并提供各种特殊支持的调试工具。目前 ARM 工具设计者在工程界设置了一个完整的新工具链,它可以提供一个最强大的 ARM RealView 技术方案,既满足了现今客户的需求,也无性能损失。

(3) 嵌入式软硬件必须协同设计

这种方法不是简单地软硬件同时设计。首先必然是从系统的需求出发,实现系统级与电路级设计的融合,从确定所需的功能开始,形成功能描述精确的规范化描述模型,模型必须明确且完备,以便能够描述整个系统,通常使用模型将系统分解为许多对象,然后以一种选定的语言对各个对象加以描述,产生设计说明文档。其次是把系统功能转换成组织结构,组织结构通过确定系统中部件的数量、种类以及部件间的互连,来定义系统的实现方式。设计的过程或方法就是一组设计任务,将抽象的功能描述模型转换成组织结构模型。

传统的"硬件模块优先"的嵌入式系统设计,只能改善硬件和软件各自的性能,难以充分利用有限的软硬件资源,显然已经无法满足规模日益增加、系统功能日益复杂的嵌入式系统的设计要求。特别是 SoC 技术的发展,使得以软硬件协同设计为主要特征的系统级设计方法应运而生。嵌入式系统软硬件协同设计是一种现代嵌入式系统设计,即在系统功能指标的统管下,通过综合分析系统软硬件功能及现有资源,最大限度地挖掘系统软硬件之间的并发性,协同软硬件体系结构,找到软硬件的最佳结合点,从而使系统高效工作。这种系统级设计方法更有利于挖掘系统潜能、缩小产品体积、降低系统成本、缩短设计开发周期、提高系统整体性能,以达到系统设计的综合优化。软硬件协同设计的流程总体上可分为 4 个阶段:系统描述、软硬件功能划分、协同仿真、系统测试验证。通过协同设计,特别是协同验证技术,软件工程师能尽早在真实硬件上进行测试,而硬件工程师能尽早在原型设计周期中验证他们的设计。目前,业界已经开发出 Polis、Cosyma 及 Chinook 等多种方法和工具来支持集成式软硬件协同设计,目标是提供一种统一的软硬件开发方法,既支持设计空间探索,也可使系统功能跨越硬件和软件平台复用。

(4) 需要新的任务设计方法

嵌入式应用系统以任务为基本执行单元。在设计阶段,用多个并发的任务代替通用软件的多个模块,并定义了应用软件间的接口。嵌入式系统的设计通常采用 DARTS(Design and Analysis of Real-Time Systems)设计方法。该方法是结构化分析/结构化设计的扩展,它给出任务划分的方法,并提供定义任务间接口的机制。

(5) 需要转变观念,熟悉新的开发模式

嵌入式系统应用不再是过去单一的单片机应用模式,而是越来越多样化,这可为用户提供更多的不同层次的选择方案。嵌入式系统实现的最高形式是片上系统 SoC,而 SoC 的核心技术是重用和组合 IP 核构件。从单片机应用设计到片上系统设计及其中间的一系列变化,从底层大包大揽的设计到利用 FPGA 和 IP 模块进行功能组合的 PSoC/SoPC 设计,这是一个观念的转变。学习和熟悉新的开发模式将会事半功倍地构建功能强大和性能卓越的嵌入式系统,但同时也给系统的设计验证工作提出许多新的挑战。

(6) 需要固化应用软件并进行相关测试

嵌入式系统运行环境千差万别,甚至非常恶劣,这就要求应用软件在目标环境下必须存储在非易失性存储器中,以保证用户关机后下次还能正常使用;因此,在应用软件开发完成以后,应生成固化版本,将程序烧写到目标环境的 ROM 中运行。在开发调试阶段,利用开发环境中主机丰富的软硬件资源和调试软件,可以很方便地观察到软件运行的过程;但在实际的目标环境中没有这些额外的观察调试环境,所以为保证固化后的程序安全正确地运行,在程序固化完成以后还需要进行各种测试。

(7) 软件技术门槛提高,软件开发工作量和难度加大

软件技术门槛提高,导致工程技术人员需要学习全新的 RTOS 技术;软件的要求更高,导致开发工作量和难度更大。一方面,现代高端嵌入式系统都是建立在 RTOS 基础上的,这对于未受过计算机专业训练的各专业领域的工程技术人员来说,需要学习全新的 RTOS 技术,深入了解 RTOS 的工作机制和系统的资源配置,掌握底层软件、系统软件和应用软件的设计和调试方式。嵌入式系统开发的技术门槛,比各专业领域的工程技术人员所熟悉的开发方法要高得多,这对于未受过计算机专业训练开发者来说,也是一个新的挑战。

另一方面,嵌入式系统开发具有明确的开发目标,最终要构建一个具有特定功能的应用系统。绝大多数情况下,嵌入式系统对实时性有很高的要求,特别是在硬件实时系统中,这一点至关重要。要保证实时性要求,开发者就必须在系统设计和应用软件开发中充分考虑系统的实时性能。此外还有系统的功耗、体积、性能、软件稳定性、可靠性、抗干扰能力、开发成本,以及系统的构建时间、最终上市时间、生命周期、后续升级和维护、长期运行的可靠性等因素,这些都必须在软硬件设计开发的整个过程中充分考虑和体现。通常在考虑优化某种因素的同时会影响其他方面,这就必须将众多设计要点综合考虑,系统设计。系统的可测试性和系统的设计优化是嵌入式系统设计的关键要点和挑战。

嵌入式系统开发的这些特点,必然会加大嵌入式应用软件开发的工作量和难度。

2. 嵌入式软件开发环境

在讲述嵌入式系统开发应用之前,应该先了解嵌入式软件开发环境,这里主要对如何构造嵌入式软件开发环境等基本情况进行介绍。

嵌入式处理器从传统的 8 位单片机发展到如今的 32 位 ARM 处理器,随着处理器性能的提升,其开发、调试工具也发生了根本性的变革。

在单片机时代,软件开发工具 Keil C51 μVision2 集成开发环境是德国 Keil 公司开发的基于 8051 内核的微处理器软件开发平台,内嵌多种符合当前工业标准的开发工具,可以完成从工程建立到管理、编译、链接、目标代码生成等完善的开发流程。尤其是其 C 编译工具,在产生代码的准确性和效率方面达到了较高的水平,而且可以附加灵活的控制选项。一般情况下,单片机开发采用"宿主机/目标机"方式。首先,利用宿主机上丰富的资源及良好的开发环境来开发和仿真调试目标机上的软件。然后,通过串行口将编译生成的目标代码传输下载到目标板上,并用交叉调试器在调试软件支持下进行实时分析和在线仿真调试。最后,目标板在特定环境下编程脱机运行。

随着嵌入式技术跨入 32 位处理器时代,由于处理器外围及其内部资源成级数增长,传统的软件开发工具以及调试手段都不能满足需求。ARM、MIPS、PowerPC 等 32 位处理器出现了更新的开发调试工具及手段。比如下面讲到的几种处理器都支持 JTAG 调试接口、ARM 处理器的 ICD、PowerPC 处理器的 BDM 等。这些最新的调试开发技术不同于传统单片机的仿真调试环境,它们真正实现了电路级开发调试,能够在不占用片上资源的条件下,实时实现单步、断点、寄存器查看、变量查看等功能。

随着嵌入式操作系统的蓬勃发展,嵌入式软件开发环境也发生了质的变化。一般来讲,不同的嵌入式操作系统,都有其自身的开发工具,其系统开发方法也不完全一致。比如最典型的

Windows CE 与 Linux 之间开发区别就很大。Windows CE 使用微软开发的 Platform Builder 集成开发环境,该环境自带了代码的编辑、编译、链接、内核定制、注册表生成、数据库生成、镜像调试等诸多工具,开发者可以在这一开发环境下完成 Windows CE 操作系统的开发,并与目标板实现在线下载、跟踪与调试。嵌入式 Linux 使用 Linux 桌面操作系统提供的 GCC 编译工具对 Linux 内核代码进行编译,使用 GDB 调试工具与目标板完成下载、调试工作。

(1) 交叉开发环境

嵌入式系统应用软件的开发属于跨平台开发,因此需要一个交叉开发环境。

交叉开发是指在一台通用计算机上进行软件的编辑编译,然后下载到嵌入式设备中运行调试的开发方式,它通常采用宿主机/目标机模式。用来开发的通用计算机可以选用比较常见的 PC 机等,运行通用的 Windows 等操作系统。开发计算机一般称为宿主机,嵌入式设备称为目标机。在宿主机上编译好的程序,下载到目标机上运行,交叉开发环境提供调试工具对目标机上运行的程序进行调试。

交叉开发环境一般由运行于宿主机上的交叉开发软件、宿主机到目标机的调试通道组成。

运行于宿主机上的交叉开发软件最少必须包含编译调试模块,其编译器为交叉编译器。宿主机一般为基于 x86 体系的台式计算机,而编译出的代码必须在目标机处理器体系结构上运行,这就是所谓的交叉编译。在宿主机上编译好目标代码后,通过宿主机到目标机的调试通道将代码下载到目标机,然后由运行于宿主机的调试软件控制代码在目标机上运行调试。

为了方便调试开发,交叉开发软件一般为一个整合编辑、编译、汇编、链接、调试、工程管理及函数库等功能模块的集成开发环境 IDE(Intergrated Development Environment)。

组成嵌入式交叉开发环境的宿主机到目标机的调试通道一般有 4 种,下面逐一介绍。

① **在线调试 OCD(On-Chip Debugging)或在线仿真 OCE(On-Chip Emulator)**

片上调试是在处理器内部嵌入额外的控制模块,当满足一定的触发条件时 CPU 进入调试状态。在该状态下,被调试程序暂时停止运行,主机的调试器可以通过处理器外部特定的通信接口访问各种资源(寄存器、存储器等)并执行指令。为了实现主机通信端口与目标板调试通信接口各引脚信号的匹配,二者往往通过一块简单的信号转换电路板连接。下面对普遍使用的两种 OCD 接口进行介绍。

(a) 基于 JTAG 的 ICD(In-Circuit Debugger):JTAG 的 ICD 也称为 JTAG 仿真器,是通过 JTAG 边界扫描口进行调试的设备。JTAG 仿真器通过处理器特有的 JTAG 接口与目标机通信,通过并口或串口、网口、USB 口与宿主机通信。JTAG 仿真器较便宜,连接较方便,通过现有的 JTAG 边界扫描口与 CPU 核通信,属于完全非插入式(即不使用片上资源)调试,它无需目标存储器,不占用目标系统的任何端口。本书 2.7 节专门讲述基于 ARM 的嵌入式调试。

(b) 背景调试模式 BDM(Background Debug Monitor):BDM 是 Freescale 公司的专有调试接口。在一些高端微处理器内部已经包含了用于调试的代码,调试时仿真软件与目标板上 CPU 的调试微码通信,目标板上的 CPU 无需取出。由于软件调试指令无需经过一段扁平电缆来控制目标板,避免了高频操作限制、交流和直流的不匹配以及调试电缆的电阻影响等问题。实际上,BDM 相当于将 ICE 仿真器软件和硬件内置在处理器中,这使用户可以直接使用 PC 机的并口来调试软件,不再需要 ICE 硬件,大大节约了开发成本。对于用户来说,为了调试一些特定的问题,可以直接使用 BDM 命令来调试目标系统。BDM 接口有 8 根或 10 根信号线,调试软件通过 4 引脚使 CPU 进入背景调试模式,调试命令的串口信号则通过 8 引脚输入,同时 4 引脚输入信号同步信号时钟,而 CPU 中的微码在执行命令后会在 10 引脚输出调试结果指示信号。可见,BDM 接口引线由并口和 PC 机相连,调试命令则通过串行方式输入。

② **在线仿真器 ICE(In-Circuit Emulator)**

在线仿真器 ICE 也是一种在线仿真、模拟 CPU 的设备，它使用仿真头完全取代目标板上的 CPU，在不干扰处理器正常运行的情况下，实时地检测 CPU 的内部工作情况。ICE 可完全仿真 ARM 芯片的行为，提供更加深入的调试功能，例如，复杂的条件断点，先进的实时跟踪、性能分析和端口分析等功能。在线仿真器通过串行端口或并行端口、网口、USB 口等与宿主机连接。为了能够全速仿真时钟速度很高的嵌入式处理器，在线仿真器必须采用极其复杂的设计和工艺，故其价格比较昂贵。在线仿真器通常用在嵌入式硬件开发中，在软件开发中较少使用。

③ **ROM 监控器(ROM Monitor)**

ROM 监控器是一个小程序，驻留在嵌入式系统 ROM 中，通过串口、USB 口、网口等连接与调试软件通信。这是一种廉价、低端的技术，它除了要求一个通信端口和少量的内存空间外，不需要其他任何专门的硬件，并提供如下功能：下载代码、运行控制、断点、单步步进，以及观察、修改寄存器和内存。ROM 监控器是嵌入式系统软件的一部分，只有当应用程序运行时，它才会工作。若想检查 CPU 和应用程序的状态，就必须停下应用程序，再次进入 ROM 监控器。

④ **ROM 仿真器(ROM Emulator)**

ROM 仿真器通常被插入到目标机上的 ROM 插槽中，专门用于仿真目标机上的 ROM 芯片。调试时，被调试程序首先下载到 ROM 仿真器中，等效于下载到目标机中的 ROM 芯片上，然后在 ROM 仿真器中完成对目标程序的调试。

(2) 软件模拟环境

软件模拟环境也称为指令集模拟器 ISS(Instruction Set Simulator)。通常为保证项目进度，硬件和软件开发往往同时进行，这时作为目标机的硬件环境还没有建立起来，软件的开发就需要一个模拟环境来进行调试。模拟开发环境建立在交叉开发环境基础之上，是对交叉开发环境的补充。这时，除了宿主机和目标机之外，还需要提供一个在宿主机上模拟目标机的环境，使得开发好的程序直接在这个环境里运行调试。模拟硬件环境是非常复杂的，由于指令集模拟器与真实的硬件环境相差很大，即使用户使用指令集模拟器调试通过的程序，也有可能无法在真实的硬件环境下运行。因此，软件模拟不可能完全代替真正的硬件环境，这种模拟调试只能作为一种初步调试，主要是用作用户程序的模拟运行，用来检查语法、程序的结构等简单错误，用户最终还必须在真实的硬件环境中实际运行调试，完成整个应用的开发。

(3) 目标板与评估板

应用目标板是系统最终的电路板。嵌入式系统核心处理器芯片的厂家为了推广自己的芯片、加速用户产品开发，往往为用户提供基于核心处理器芯片基本功能和典型应用扩展的评估电路板(即评估板)。

评估板一般用做开发者使用的学习板、实验板，也可以作为应用目标板出来之前软件测试、硬件调试的电路板。尤其当应用系统的功能没有完全确定时，或对于初步进行嵌入式开发且没有相关开发经验的人员，评估板就非常重要。开发评估板并不是嵌入式应用开发必须的，有经验的工程师完全可以自行独立设计自己的应用电路板，并根据开发需要设计实验板。好的评估板一般文档齐全，对处理器的常用功能模块和主流应用都有硬件实现，并提供电路原理图和相关开发例程与源代码，以供用户设计自己的应用目标板和应用程序时作参考。选购适合于自己实际应用的开发评估板可以加快开发进度，减少自行设计开发的工作量。

图 1-6 为一套完整的 ARM 开发环境，包括 IDE 集成开发环境、JTAG 仿真器、嵌入式开发评估板、各种连接线、电源适配器。在实际嵌入式系统开发中，用户可以根据自己的需求灵活选择配置。

3. 嵌入式应用软件开发的基本流程

由于嵌入式系统是一个受资源限制的系统,因此直接在嵌入式系统硬件上进行编程显然是不合理的。嵌入式系统软件开发分为带嵌入式操作系统和不带嵌入式操作系统两种,两者的开发流程差异较大。但从源代码到生成镜像文件的过程来看,两者大同小异,都是从源代码文件生成目标镜像,将镜像固化到硬件平台中后,两者都可以启动运行。在嵌入式系统的开发过程中,一般采用的方法是先在通用 PC 机上编程;然后通过交叉编译链接,将程序做成目标平台上可以运行的二进制格式的代码;最后将程序下载到目标平台上的特定存储区域运行。图 1-7 为嵌入式软件开发流程图。

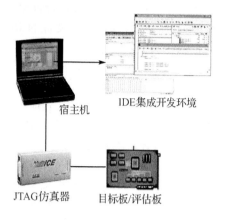

图 1-6 ARM 开发环境

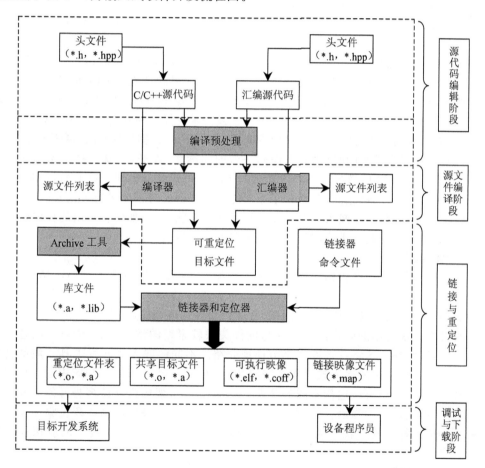

图 1-7 嵌入式软件开发流程图

整个过程中的部分工作在主机上完成,另一部分工作在目标板上完成。纯粹使用汇编代码编写源代码除了编写困难外,调试和维护也是难题;而 C 语言可以直接对硬件进行操作,且又有高级语言编程结构化、容易移植等优点,因而嵌入式系统源代码主要由汇编语言和 C 语言混合编写。以 ARM 为例,各种源文件经过 ARM 编译器编译后生成 ELF 格式的目标文件,这些目标文件和相应库函数经过 ARM 链接器处理后,生成 ELF 的映像文件(Image)。这种 ELF 格式的映像文件就可以被写入嵌入式设备的 ROM 中,被目标系统运行。谁也无法保证目标板一次就可以运行编译链接成功的程序,故而后期的调试排错工作特别重要。调试只能在运行状态完成,因此在主机和目标板之间通过连接,由主机控制目标板上程序的运行,可以达到调试内核或者嵌入式应用程序的目的。

基于交叉开发环境的嵌入式应用软件开发主要分如下几个步骤:开发环境的建立、源代码编辑、交叉编译和链接、联机调试、固化与测试。下面分别对 5 个阶段进行详细介绍。

(1) 开发环境的建立

建立交叉开发环境是嵌入式软件开发的第一步。按照发布的形式,交叉开发环境主要分为开放和商用两种类型。开放式交叉开发环境的实例主要有 GCC,它可以支持多种交叉平台的编译器,由 http://www.gnu.org 负责维护。使用 GCC 作为交叉开发平台要遵守 GPL(General Public License)的规定。商用的交叉开发环境主要有 Metrowerks Codewarrior、ARM Software Development Toolkit、SDS Cross Compiler、WindRiver Tornado 等。

按照使用方式,交叉开发工具主要分为使用 Makefile 和 IDE 开发环境两种类型。使用 Makefile 的开发环境需要编译 Makefile 来管理和控制项目的开发,可以用户自己手写,有时候也可以使用一些自动化的工具。这种开发工具是 GCC、SDS Cross Compiler 等。新类型的开发环境一般有一个用户友好的 IDE 界面,方便管理和控制项目的开发,如 Code Warrior 等。有些开发环境既可用 Makefile 管理项目,又可使用 IDE(如 Torand II),给使用者留有很大余地。

对交叉开发环境有了一定了解之后,即可根据开发需求选择一种开发环境进行代码编写。写程序要先进行程序的规划,将问题需求和程序功能很明确地写下来,依据规划好的函数逐个编写。

当嵌入式系统程序升级的时候,要考虑跨平台的问题。"跨平台"就是把原始程序拿到不同 CPU 的平台和编译环境中,仍然能够不用修改太多的代码就可以达到程序原始目的。因为嵌入式系统所用的硬件平台不尽相同,若是为了不同的硬件平台而对程序进行大幅修改的话,就会变得非常不经济,特别是在当前嵌入式系统硬件百家齐鸣的状况下,如何将写出的程序快速移植到各家不同的硬件上,成为嵌入式应用程序开发主要考虑因素之一。

(2) 源代码编辑

源程序的启动代码、硬件初始化代码要用汇编编写,这样可以发挥汇编短小精悍的优点,以提高代码的执行效率。汇编编写完成后,代码转向 C 语言的程序入口点执行 C 语言代码。C 语言在开发大型软件时具有易模块化、易调试、易维护和易移植等优点,所以应用广泛,是目前嵌入式大型软件开发中最常用的语言。但是在与硬件关联较紧密的编程中,C 语言要结合汇编进行混合编程,即内嵌汇编。这将在 3.6.2 小节详细介绍。不同的嵌入式开发工具一般都会带有源文件编辑器。如果是复杂的嵌入式操作系统的开发,BootLoader、BSP 包和应用程序可以在一个集成开发环境下完成,也可以选择不同的开发工具,如 eclips 架构就支持多种开发工具。针对不同的开发需求,所使用的编程语言、编程方式和调试方式也不尽相同,比如开发驱动程序和开发操作系统下的应用程序差别就很大,驱动程序与硬件联系紧密,操作系统下的应用程序只调用 API 接口就可以了。

(3) 交叉编译和链接

① 交叉编译

通常所说的翻译程序能够把某一种语言的程序(称为源程序)转换成另一种语言程序(称为目标语言程序),而后者与前者在逻辑上是等价的。如果源程序是诸如 Fortran、Pascal、C、Ada 或 Java 这样的高级语言程序,而目标语言程序是诸如汇编语言或机器语言之类的低级语言程序,这样的翻译程序称为编译程序。编译就是将"高级语言"转化为"低级语言"的过程。例如,在

ADS 环境下使用的 armcc 编译器,是 ARM 的 C 编译器,具有优化功能,兼容于 ANSI C;tcc 是 Thumb 的 C 编译器,同样具有优化功能,兼容于 ANSI C。而在 GNU 环境下,用的是 GCC 编译器。但并不是说对于一种体系结构只有一种编译和链接器,例如,对 M68K 体系结构的 GCC 编译器而言,就有多种不同的编译和链接器。但是它们的作用都是一样的,就是将高级语言转化为低级语言。

编译器主要负责的工作就是将源代码编译成特定的目标代码,顺便检查语法的错误,所产生的目标代码是不能执行的;不过我们可以从目标代码找出许多有用的信息。现在目标代码有两大类:COFF(Common Object File Format)和 ELF(Extended Linker Format)。在目标文件中规定了信息的组织方式,即目标文件格式。目标文件格式的规定是为了不同的供应商提供的开发工具(如编译器、汇编器和调试器)可以遵循很好的标准,以实现相互操作。

操作系统的开发工具都自带编译工具,其编译器集成在 IDE 环境中,有的通过命令行的方式调用,有的通过开发界面的控制按钮调用。

② 链　接

一个程序要想在内存中运行,除了编译之外还要经过链接的步骤。编译器只能在一个模块内部完成从符号名到地址的转换工作,不同模块间的符号解析需要由链接器完成。为了解决不同模块间的链接问题,链接器主要有两个工作要做。

➤ 符号解析。当一个模块使用了在该模块中没有定义过的函数或全局变量时,编译器生成的符号表会标记出所有这样的函数或全局变量;而链接器的责任就是要到别的模块中去查找它们的定义。如果没有找到合适的定义或者找到的定义不惟一,符号解析都无法正常完成。

➤ 重定位。编译器在编译生成目标文件时,通常都使用从零开始的相对地址。然而,在链接过程中,链接器将从一个指定的地址开始,根据输入目标文件的顺序以段为单位将它们一个接一个地拼装起来。除了目标文件的拼装之外,在重定位过程中还完成两个任务:一是生成最终的符号表;二是对代码段中的某些位置进行修改,所有需要修改的位置都由编译器生成的重定位表指出。

链接器将所有的目标代码及 Lib 里的数据区段,包括.text、.data 及.bss 区段的数据合并,而且会将所有尚未决定的函数及变量调用彼此对应起来。

在链接过程中,对于嵌入式系统的开发而言,都希望使用较小型的函数库,以使最后产生的可执行代码尽量少。因此,在编译中使用的一般是经过特殊定制的函数库,例如,使用 C 做嵌入式开发的人常使用的嵌入式函数库有:μClibc/μClibm、μC-libc/μC-libm 以及 newlib 等。

编写好的嵌入式软件经过交叉编译和交叉链接后,通常会生成两种类型的可执行文件,即用于调试的可执行文件和用于固化的可执行文件。

操作系统的集成开发环境自带链接器、重定位工具,它们比普通的工具要复杂一些,因为这些工具不仅可以对几个目标文件进行链接,还可以对几千、几万个文件而且包含操作系统可执行的内核一起进行链接、重定位,生成操作系统镜像文件。

(4) 联机调试

嵌入式软件经过编译和链接后即进入联机调试阶段。调试一个嵌入式系统与调试单片机有所不同,它通常采用的是宿主机和目标机之间进行的交叉调试(Cross Debug),也称为远程调试(Remote Debug),如图 1-8 所示。

调试器运行在宿主机的通用操作系统之上,被调试的进程运行在基于特定硬件平台的嵌入式操作系统中。调试器和被调试的程序通过串口或者网络进行通信,调试器可以控制、访问被调试进程,读取被调试进程的当前状态,并能够改变被调试进程的运行状态。在目标机上一般会具备某种形式的调试代理,它负责与调试器共同配合完成对目标机上运行的进程的调试。这种调试代理可能是某些支持调试功能的硬件设备(如DBI2000),也可能是某些专门的调试软件(如gdbserver)。

嵌入式系统的调试分为软件调试和硬件调试两种,软件调试是通过软件调试器调试嵌入式系统软件,硬件调试是通过仿真调试器完成调试过程。由于嵌入式系统特殊的开发环境,调试时必然需要目标运行平台和调试器两方面的支持。通常作为调试软件部分的调试器被集成安装在目标机上的嵌入式软件开发集成环境(IDE)中,例如,Embest IDE 中的Debugger。

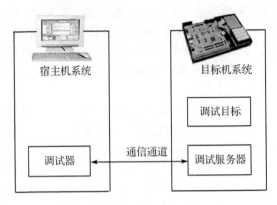

图 1-8 远程调试结构图

① **硬件调试**

相对于软件调试,使用硬件调试器可以获得比软件功能强大得多的调试性能。硬件调试器的原理一般是通过仿真硬件的真正执行过程,让开发者在调试过程中可以随时获得执行情况。硬件调试器主要有 ICE、ICD、ROM Monitor 和 ROM Emulator 四种。

(a) ICE。硬件调试器 ICE 主要用于完成仿真模拟的功能,用在嵌入式硬件开发中为完全仿造调试目标 CPU 的行为而设计。使用 ICE 和使用一般的目标硬件一样,只是在 ICE 上完成调试之后需要把调试好的程序代码下载到目标系统上而已。

(b) ICD。硬件调试器 ICD 使用硬件上的在线调试任务。每种 CPU 都需要一种与之对应的 ICE,这样会加大开发成本。比较流行的做法是 CPU 将调试功能直接在其内部实现,通过在开发板上引出调试端口的方法,直接从端口获得 CPU 中提供的调试信息。使用 ICD 与目标板的调试端口连接,发送调试命令和接收调试信息,就可以完成必要的调试功能。Freescale 嵌入式开发板上的调试是通过独创的 BDM 口,而 ARM 公司提供的一般调试是使用 JTAG 口。使用合适的工具可以利用这些调试口。例如,ARM 开发板可以使用 JTAG 调试器接在开发板的 JTAG 口上,通过 JTAG 口与 ARM CPU 进行通信;然后使用软件工具与 JTAG 调试器相连接,可获得与 ICE 调试类似的调试效果。

(c) ROM Monitor。采用 ROM Monitor 方式进行交叉调试时需要在宿主机上运行调试器,在目标机上运行 ROM 监视器(ROM Monitor)和被调试程序,宿主机通过调试器与目标机上的 ROM 监视器建立通信连接,它们之间遵循远程调试协议。

(d) ROM Emulator。采用 ROM Emulator 方式进行交叉调试时需要使用 ROM 仿真器。在使用这种调试方式时,被调试程序首先下载到 ROM 仿真器中,它等效于下载到目标机中的 ROM 芯片上,然后在 ROM 仿真器中完成对目标程序的调试。ROM Emulator 调试方式通过使用 ROM 仿真器,虽然避免了每次修改程序后都必须重新烧写到目标机 ROM 中这一费时、费力的操作,但是由于 ROM 仿真器本身比较昂贵,功能相对来讲又比较单一,因此只适应于某些特定场合。

② **软件调试**

在嵌入式系统开发过程中,软件调试通常在不同层次上进行,有时可能需要调试嵌入式操作系统的内核,而有时可能只需要调试嵌入式应用程序。不同层次上的软件需要不同的调试方法。

嵌入式操作系统的内核调试相对来讲比较困难,因为在内核中不便于增加一个调试器程序,只能通过远程调试的方法,通过串口和操作系统内置的"调试桩"(Debug Stub)进行通信,共同完成调试过程。调试桩可以看成是一个调试服务器,它通过操作系统获得一些必要的调试信息,并且负责处理宿主机发送来的调试命令。

嵌入式应用软件的调试可使用本地调试和远程调试两种方法,相对于操作系统的调试而言,这两种方式都比较简单。若采用的是本地调试,首先要将所需的调试器移植到目标系统中,然后即可直接在目标机上运行调试器来调试应用程序了;若采用的是远程调试,则需要移植一个调试服务器到目标系统中,并通过它与宿主机上的调试器共同完成应用程序的调试。

(5) 固化与测试

① 固 化

当软件调试完成以后,需要分析调试环境与固化环境之间的区别来修改软件,主要集中在代码定位不同和初始化部分不同,把修改后的软件生成可执行映像文件烧写到目标板的非易失性存储器中,一般可通过 JTAG 口、网口及串口等来进行。如本书开发实例中使用的 JTAG ICE 就具有通过 JTAG 对 FLASH 进行编程的功能,使用 CodeWarrior IDE 可将 ELF 转为 Bin 格式(二进制格式)用于下载,也可以通过其他方式下载调试好的代码。

现在有一些嵌入式微处理器提供方便的方法来加载映像文件,例如,DragonBall 特别提供一种称为 Bootstrap 的方式,就可以通过 RS-232 端口将可执行的程序映像文件下载到目标板的内存中,通过运行这个程序将可执行映像文件存到 FLASH 里。不过在烧写之前应该将 Boot-Loader 与待烧写的可执行映像文件一起烧写到 ROM 中,这样当烧写成功并重新启动系统时,BootLoader 就可以管理系统操作。

当可执行的程序映像文件下载完成后,就可以打开电源来运行系统。在嵌入式开发中,还需要对固化的软件进行进一步的测试。

② 测 试

测试嵌入式软件需要有相关测试技术和测试工具的支持,并要采用特定的测试策略。按阶段可分为单元测试、集成测试、系统测试、软件/硬件集成测试。硬件/软件集成测试阶段是嵌入式软件所特有的,目的是验证嵌入式软件与其所控制的硬件设备能否正确交互。根据测试时是否运行被测试的程序,软件测试技术还可分为静态测试方法和动态测试方法。嵌入式软件测试中经常用到的测试工具主要有内存分析、性能分析、覆盖分析、缺陷跟踪等工具。

在嵌入式软件测试中,常常要在基于目标机的测试和基于宿主机的测试之间做出折中,基于目标机的测试需要消耗较多的时间和经费,而基于宿主机的测试虽然代价较小,但毕竟是在仿真环境中进行的,因此难以完全反映软件运行时的实际情况。这两种环境下的测试可以发现不同的软件缺陷,关键是要对目标机环境和宿主机环境下的测试内容进行合理取舍。

4. 嵌入式软件开发的可移植性和可重用性

嵌入式软件与通用软件的不同在于其高度依赖于目标应用的软硬件环境,软件的部分任务功能函数由与处理器密切相关的汇编语言完成,可移植性差。一般嵌入式应用软件追求正确性、实时性,编译效率高的汇编语言有时是必须的。这会导致应用软件的可移植性大打折扣,因此必须关注嵌入式应用软件的可移植性和可重用性。

一个运行良好的嵌入式软件或其中的部分子程序可能在今后的开发中被应用于类似的应用领域。原有的代码已被反复应用和维护,具有更好的稳定性。在原有的代码上进行移植会减少开发周期,提高开发效率,节约开发成本,因此移植原有的代码非常必要。

在嵌入式软件的开发过程中,在确保软件的正确性、实时性的前提下,必须关注软件的可移植性和可重用性。

可移植性和可重用性的程度应该根据实际的应用情况来考虑,因为嵌入式应用软件有自身的许多特点。追求过高的可移植性和可重用性可能会恶化应用软件的实时性能,且增加软件的代码量,这对于资源有限的嵌入式应用环境是得不偿失的。但仍然可以在资源有限、满足系统需求的情况下,尽可能把可移植性和可重用性作为第二目标,致力于开发正确性、实时性、代码量少、可移植性和可重用性相对均衡的嵌入式应用软件。

采用下面的方法可以提高应用软件的可移植性和可重用性。

(1) 多用高级语言,少用汇编语言

在资源有限的嵌入式系统中,汇编语言的使用是必不可少的。例如,用高效、简捷的汇编语言编写的启动代码能大大减少程序的运行时间,并且节约程序的运行空间。汇编语言作为一种低级语言,可以很方便地完成对硬件的初始化操作,在与硬件联系紧密的嵌入式开发中,汇编语言还是很有优势的。但是,汇编语言不具有通用性、模块化,所以是高度不可移植的。在嵌入式软件开发中应该尽可能少地使用汇编语言,而改用移植性好的高级语言(如 C 语言)进行开发,能有效地提高应用软件的可移植性和可重用性。编译技术的进步使得用 C 和 GNU 的 GCC 编译器产生的可执行代码与汇编产生的代码在执行效率和代码量上都相差不大。现在用于嵌入式系统开发的高级语言编译器都提供灵活、高效的选项,以适应开发人员嵌入式开发代码编程和调试需求。

(2) 将不可移植部分局域化

对于想对软件进行移植的程序设计人员来说,如果应用软件的各个地方都散布着不可移植的代码,就必须从软件中一一找出它们然后修改,这将是一件非常费时、费力的事情,而且这种修改也非常容易导致新的问题。为了提高代码的可移植性与可重用性,提高移植效率,可以把不可移植的代码通过宏定义和函数的形式,分类集中于某几个特定的文件之中。这样对不可移植代码的使用就可以转换成对函数和宏定义的使用,在以后的移植过程中,既有利于迅速地对要修改的代码进行定位,又可以方便地进行修改,最后检查整个程序中修改的函数和宏对前后代码是否有影响。

(3) 提高代码的可重用性

进行嵌入式软件开发时应该把提高代码的可重用性作为一个目标,并为之花费时间和心血。聪明的程序设计人员在进行项目开发时,一般都不从零开始,而是首先找一个功能相似的程序进行研究,再考虑该程序部分代码是否能够重用。在嵌入式软件开发过程中,有意识地提高代码的可重用性,不断积累可重用的软件资源,这对开发人员今后的软件设计是非常有益的。

提高软件的可重用性有很多办法,例如可以更好地抽象软件的函数,使它更加模块化,功能更专一,接口更简捷明了,为比较常用的函数建立库等;开发人员应对软件开发过程中常用的设计方法和好的设计思路进行总结,形成良好的编程习惯并最终形成自己的软件设计模式。

1.4 嵌入式技术的发展趋势

嵌入式技术是基于特定需求、以硬件为基础、以软件为核心、以特定应用为实现目标的系统集成技术。原先基于芯片的系统开发方式已经发展成为由芯片设计商提供完整的系统解决方案。芯片设计商将所有技术知识最大化地集成在芯片解决方案之中,以开发套件形式提供给用户。这样在系统开发时,基于芯片系统解决方案的选择是关键,所有的基于芯片系统解决方案趋于一致,硬件成本也基本一致,差异就在于嵌入式应用软件的开发。

芯片技术发展到系统芯片 SoC 阶段后,基于软硬件协同设计的系统芯片 SoC,在一定程度上起着定义嵌入式计算机系统的作用,在 SoC 设计和验证过程中实现了系统需求、硬件及软件的价值链。

而芯片设计、嵌入式软件开发和系统产品应用三者相互依托、互补共赢的产业构架和商业模式,已经成为嵌入式技术发展的必然趋势;而这种趋势中,芯片是系统需求和软件运行的载体和基础,软件成为嵌入式系统发展的灵魂,需求是嵌入式技术不断进步和发展的动力。

1. 芯片技术是嵌入式系统发展的基础

纵观计算机技术的发展史,处理器芯片应当是计算机发展的转折点,处理器芯片的体系结构一定程度上起着定义、规范计算机产品的作用。处理器芯片的发明及广泛应用,使得计算机按照处理器芯片体系结构的发展而演变,使得计算机的指令集体系结构 ISA(Instruction Set Architecture)设计转移到了芯片设计。

芯片技术给电子系统带来了小型化、低功耗、低成本和高度智能化的优势,这些优势正是嵌入式系统永恒的追求。芯片技术决定了嵌入式系统升级换代的速度,决定了嵌入式系统小型化的实现程度,决定了嵌入式系统普及应用的深度以及智能化的程度。芯片技术极大地加速了嵌入式计算机的发展和普及,使得许多不可想象的领域都有嵌入式计算机的应用。因此,嵌入式技术的发展主要体现在芯片技术的进步上,以及在芯片技术的限制下算法和软件的进步上。

而系统芯片 SoC 的出现起着定义嵌入式计算机系统的作用,成为未来相当一段时间内嵌入式系统发展的核心技术。随着相关技术的发展,系统芯片本身已成为一部高技术整机系统的雏形,它几乎存在于所有现代工业部门,决定着一个国家的装备水平和核心竞争力。美国半导体咨询委员会在给布什总统的国情咨文中称其为"生死攸关的工业",韩国称其为"工业粮食"。

随着以 SoC 为发展方向的核心芯片集成度的提高,芯片在嵌入式整机中的价值已成为信息制造业产品的核心支撑。芯片技术是嵌入式整机技术水平的标志,SoC 的优点可能会引起嵌入式系统跨越式、平民化的发展。

2. 软件是嵌入式系统发展的灵魂

基于芯片系统的解决方案趋于一致,硬件成本也基本一致,差异在于嵌入式应用软件的开发。国内大量的厂家产品大部分采用芯片厂家提供的标准软硬件开发平台,产品同质化现象严重,缺乏核心"芯片",又不重视面向系统需求的应用软件开发,长期处于缺"芯"又少"魂"状态。中国目前只能称得上是一个世界级加工厂,是典型的"中国制造"而非"中国创造"。

遗憾的是,人们还没有真正理解集成电路芯片和嵌入式软件的关系,包括政府、投资人和企业都没有最大化地重视嵌入式软件,而是去研究集成电路设计价值链的构成,强调和推进应有的产业分工与合作,从而造成系统应用、嵌入式软件和芯片设计各自为战,定位不明晰,商业模式模糊,最优化的系统产业链难以实现,特别是嵌入式软件的商业价值难以实现,导致真正有竞争力的系统产品难以建立和脱颖而出。

没有芯片技术的苹果公司,作为全球优秀创意和设计的 iphone 手机,除了 ID(工业设计)/MD(结构设计)的创意外,更重要的来自于它的嵌入式软件设计。国内历来重硬轻软,芯片有价,硬件有价,但是软件无价,芯片产业的投资模式和商业价值已经形成,但是嵌入式软件企业还在狭缝中生存,高成本软件劳动的价值很难附加在芯片或系统上。同时,因为没有成熟的系统规划和软件支撑,不以应用为导向、以嵌入式软件为支撑的国内系统芯片厂商,也正在遭遇投资流失和企业倒闭的风险。

嵌入式数码产品的核心价值是核心芯片、嵌入式软件以及应用和外观创意,三者缺一不可,国内的"山寨手机"就是没有计入嵌入式软件技术成本的典型,最终,必然会受到没有考虑技术成本的惩罚。

3. 应用需求是嵌入式系统发展的动力

在此以大家熟悉的手机为例,功能非常丰富、待机时间长、价格低廉、外观新颖的国内"山寨手机"的出现和发展,就是紧紧以市场需求为导向的产物。市场上充斥着水货和翻修机,以及标有品牌的杂牌、贴牌手机,实际只是冒用部分品牌或者支付一定现金给部分品牌得到使用权的贴牌,后来出现了各种牌子的手机。

因为客观上存在这个市场,台湾芯片厂商联发科(Medialek,简称 MTK)开发出了手机芯片,使过去由大牌手机厂商所掌握的核心技术一下变成平民技术。于是"聪明的中国人"开始了手机的创造研发,逐渐成就了山寨手机,以山寨手机为代表的国产手机制造商正在迅速崛起,并且开始了和大品牌手机厂商的角逐。

山寨手机走的是农村包围城市、高性价比的市场策略,在市场定位和价格定位上有效避开了与诺基亚、三星、摩托罗拉等国际品牌之间的直接竞争,利用功能强大、价格低廉等优势对抗国产大厂,很快被学生、低收入打工者以及中小城市和农村消费者快速接纳;而外资大品牌厂商对农村市场的重视程度不够。与国产品牌竞争具有的功能优势和价格优势,注重手机的功能、外观,对品牌的诉求相对较低,造就了山寨手机广阔的市场空间,使得缺乏核心技术又缺乏低价位市场定位的国产手机高呼亏损。

山寨手机的智慧及商业成功,让一些缺乏创新精神的国产品牌无地自容。同时山寨手机也改变了中国手机的产业结构,实现了手机产业跨越式发展和平民化。

MTK 手机芯片及解决方案的极大成功,使我们清楚地认识到,芯片设计如果不能很好地针对系统应用目标,就不能与市场应用密切相关的嵌入式应用软件同步进行,系统应用产品也不会给予嵌入式软件核心价值的认可,最终结果只能是三败俱伤,在痛苦和困惑中随波逐流地发展。因此,未来嵌入式技术的发展模式一定是以技术领先、市场需求来推进,以系统应用为主导,以嵌入式软件为基础的芯片设计产业链的发展模式,在系统芯片设计链上有价值、有需求,但是也有风险,而且也很艰苦。

习 题

(1) 写出下列英文缩写的英文原文及中文含义:

RAM	DRAM	ROM	PROM	EPROM
FLASH	RTOS	SoC	SoPC	IP
OS	HAL	BSP	ICE	ICD
EEPROM	API	RISC	SPI	MMU
I^2S	I^2C	UART	ARM	LCD
AHB	APB	SP	SWI	FIQ
CAN	DMA	FPGA	DSP	GPIO

(2) 什么是嵌入式系统?与通用计算机系统相比,它有哪些特点?其应用范围包括哪些?

(3) 嵌入式系统组成结构包括哪几部分?根据图 1-1 说出你对嵌入式系统组成结构的理解。

(4) 简述嵌入式系统开发的基本流程,并画出相应的流程图。

(5) 简述嵌入式系统的知识体系架构。

(6) 简述嵌入式系统的硬件组成,并解释什么是嵌入式微处理器(Micro-Processor)、嵌入式微控制器 MCU(Micro-Controller Unit)、DSP(Digital Signal Processor)和 SoC/SoPC。

(7) ARM、MIPS、PowerPC、Sparc 微处理器及 Xtensa 系列可配置处理器结构有哪些相同和不同之处？各有什么特点？
(8) 简述 IP 核的基本概念，它与 SoC 的关系是什么？
(9) 什么是易失性存储器和非易失性存储器。
(10) 嵌入式系统中常用的通信接口包括哪些。
(11) 试述嵌入式系统硬件设计的基本流程。
(12) 简述嵌入式系统软件的组成和功能。
(13) 试分析通用操作系统与嵌入式操作系统的异同点，并解释什么是嵌入式实时操作系统。嵌入式操作系统和嵌入式实时操作系统的概念有哪些不同？
(14) 嵌入式操作系统具有哪些基本管理功能？
(15) 嵌入式操作系统中的进程通常有哪几种状态？简述它们之间的关系。
(16) 目前常用的嵌入式操作系统有哪些？试分析比较它们的优缺点。
(17) 如何建立一个嵌入式系统的开发环境？针对不同的用户需求可选择的开发环境有哪些？
(18) 简述嵌入式系统开发过程中所使用的目标板与评估板的作用。
(19) 试述嵌入式软件开发的特点及嵌入式应用软件开发的基本流程。
(20) 嵌入式系统开发中所使用的硬件调试器主要有哪几种？分别是什么？
(21) 怎样提高嵌入式应用软件的可移植性和可重用性？

第 2 章 ARM 技术概述

第一片 ARM 处理器从设计研发出来距今已有 20 多年,经过 20 多年的发展,ARM 已成为 32 位嵌入式应用领域全球范围内最为广泛使用的处理器(到 2007 年底,已经有 100 多亿个 ARM 处理器在应用)。本章对 ARM 技术进行了全面论述,通过本章的学习,希望读者对 ARM 技术有个基本的了解和掌握,建立起以 ARM 为基础的嵌入式系统应用技术基础。

本章的主要内容包括:
- ARM 体系结构及技术特征
- ARM 处理器工作状态及模式
- ARM 寄存器组成
- ARM 的异常中断
- ARM 存储器接口及协处理器接口
- ARM 片上总线 AMBA 概述
- 基于 JTAG 的 ARM 系统调试
- 基于 ARM 核的芯片选择简介

2.1 ARM 体系结构及技术特征

ARM 处理器核以其卓越的性能和显著的优点,得到众多半导体厂家和整机厂商的大力支持。几乎世界上所有的半导体公司都获得了 ARM 公司的授权,并结合各自产品的发展,开发具有自身特色的、基于 ARM 核的嵌入式 SoC 芯片。这极大地加速了基于 ARM 处理器面向各种应用的 SoC 的开发进度,使 ARM 技术获得了更加广泛的应用,进一步巩固了 ARM 在技术和市场上的领先地位。

现代 SoC 和处理器核设计的基本原理在基于 ARM 核的 SoC 设计和 ARM 系列处理器中得到使用,同时 ARM 自身也开创了一些如 Thumb 指令流的动态解压缩的新处理器设计概念。

本节全面介绍了 ARM 的发展历程、ARM 的体系结构及技术特征。通过对 ARM 技术的历史形成过程及 ARM 技术的全面介绍,使读者能够了解一个优良技术的发展与形成历史,对于从事相关研究也许有所借鉴。

2.1.1 ARM 的发展历程

第一片 ARM 处理器是 1983 年 10 月到 1985 年 4 月间在位于英国剑桥的 Acorn Computer 公司开发的,于 1985 年 4 月 26 日在 Acorn 公司进行首批 ARM 样片测试,并成功运行了测试程序。20 世纪 80 年代后期,ARM 处理器已发展为可支持 Acorn 公司的台式计算机产品,这些产品奠定了英国教育界计算机技术的基础,在当时 ARM 代表着 Acorn RISC Computer。

1990 年,为广泛推广 ARM 技术而成立了独立的公司 Advanced RISC Machine Limited,此时 ARM 代表着 Advanced RISC Machine。新公司成立于 1990 年 11 月,由苹果电脑、Acorn 电脑集团和 VLSI Technology 合资组建。在当时,Acorn Computers 推出了世界上首个商用的单芯片 RISC 处理器——ARM 处理器,而苹果电脑当时希望将 RISC 技术应用于计算机系统中。VLSI Technology 公司制造了由 Acorn Computers 公司设计的第一个 ARM 芯片,是 ARM 公司的第一个半导体合作伙伴。虽然公司的名称和组成及 ARM 的含义发生了变化,但 ARM 体系结构仍保持同原 Acorn 公司的设计相近。

20 世纪 90 年代,在 ARM 公司的精心经营下,优秀的体系结构设计以及 VLSI 器件实现的技术上的特点,使得 ARM 处理器可以与一些复杂得多的微处理器相抗衡,特别是在要求低功耗的嵌入式处理器应用场合。ARM 快速进入世界市场,并在高性能、低功耗和低价格的嵌入式应用领域中占据领先地位。ARM 公司作为一家设计公司处在半导体产业链上游的上游,面临极大的风险,走了一条没人走过但已被现实证明为正确的道路,即 chipless、fabless 生产模式。ARM 的成功带动了英国以及世界范围的 chipless、fabless 公司的发展。

在嵌入式领域,经过 20 多年的发展,ARM 已取得极大的成功,造就了 IP 核商业化、市场化的神话,迄今为止,还没有任何商业化的 IP 核交易和使用达到 ARM 的规模。据最新统计,全球有 103 家巨型 IT 公司在采用 ARM 技术,20 家最大的半导体厂商中有 19 家是 ARM 的用户,包括 TI、意法半导体、Philips、Intel 等。ARM 系列芯片已经被广泛地应用于移动电话、手持式计算机以及各种各样的嵌入式应用领域,成为世界上销量最大的 32 位微处理器。

2.1.2 RISC 体系结构概述

RISC 的概念对 ARM 处理器的设计有着重大影响,最成功的也是第一个商业化的 RISC 实例就是 ARM,因此大家公认 RISC 就是 ARM 的别名,而且 ARM 是当前使用最广、最为成功的基于 RISC 的处理器。在讲述 ARM 之前,对 RISC 体系结构、组织结构的基本情况进行介绍。

1. CISC 体系结构

从用户角度看到的计算机属性,以及计算机的指令集、可见寄存器、存储器管理单元和异常处理模式都是体系结构的一部分。

20 世纪 70 年代,先进的半导体加工工艺技术使得在单个芯片上集成的晶体管越来越多,微处理器性能的不断提高主要是依赖于在单个芯片上集成尽可能多的晶体管。半导体加工技术是 20 世纪 70 年代微处理器性能提高的主要因素,而计算机体系结构自身对性能的贡献不太明显。微处理器的设计在体系结构级上缺乏独创的思想,特别是体系结构对它的 VLSI 实现技术的需求方面。处理器的设计者大多是从小型计算机的发展中取得技术思路,在小型计算机的实现技术中,主要是全部复杂例程所需要的微码 ROM 占据了较多的芯片面积,而没有给其他能增强性能的部件留下较大的空间。20 世纪 70 年代晚期发展起来的大量带有小型计算机指令集的单片复杂指令集计算机 CISC(Complex Instruction Set Computer)就是一个例子。

CISC 指令集设计的主要趋势是增加指令集的复杂度。而复杂指令集的高性能是以宝贵、有限的芯片面积为代价的。RISC 正是诞生在这种指令集日益复杂的形式之下。

1975 年 IBM 公司率先组织力量,开始研究指令集的合理性问题。在 John Coche 的领导下,于 1979 年研制出一种用于电话交换系统的 32 位小型计算机 IBM 801,它有 120 条指令,工作速度为 10 MIPS,这是世界上第一台采用基本 RISC 思想的计算机系统。

1979 年,美国加州伯克利分校以 David Patterson 为首的研究小组开展了这方面的系统理论研究工作。他们指出了 CISC 存在的多方面缺点,并对所存在的缺点进行分析,从而为 RISC 体系的建立奠定了基础。

2. RISC 体系结构

1980 年,Patterson 和 Ditzel 完成了一篇题为"精简指令集计算机概述"的开创性论文,文中全面提出了 RISC 的设计思想。RISC 的中心思想是精简指令集的复杂度、简化指令实现的硬件设计,硬件只执行很有限且最常用的那部分指令,大部分复杂的操作则由简单指令合成。

随后美国加州伯克利分校的研究生完成的 RISC 处理器原型机(伯克利 RISC Ⅰ、RISC Ⅱ)性能显著,有力支持了 RISC 设计的论点。他们开发的 RISC 比当时的商业 CISC 处理器简单得多,投入的设计力量也呈数量级减少,但却达到了相似的实现性能。

RISC 思想大幅度提高了计算机的性价比,随后包括 ARM 在内的商业化 RISC 设计也极大证明了这个想法是成功的。RISC 出现的结果是使用相对较少的晶体管可设计出极快的微处理器,RISC 的指令集设计是既简单又有效的。

1980 年以来,所有新的处理器体系结构都或多或少地采用了 RISC 的概念。1986 年,IBM 正式推出采用 RISC 体系结构的工作站——IBM RT PC,并采用了新的虚拟存储技术,主要用来完成 CAE、CAD、CAM 等方面的任务。采用了 RISC 体系结构的还有 Sun 公司的 Sparc、Super-Sparc、UtraSparc,SGI 公司的 84000、R5000、R10000,IBM 公司的 Power、PowerPC,Intel 公司的 80860、80960,DEC 公司的 Alpha,Freescale 公司的 88100,HP 公司的 HP3000/930 系列、950 系列。另外,在有些典型的 CISC 处理机中也采用了 RISC 设计思想,如 Intel 公司的 80486、Pentium 系列等。而 RISC 思想最成功的应用在嵌入式方面的实例就是 ARM 系列处理器。

3. RISC 体系结构的特点

RISC 体系结构有如下特点:
- 指令格式和长度固定,且指令类型很少,指令功能简单,寻址方式少而简单,指令译码控制器采用硬布线逻辑,这样易于流水线的实现,进而获得高性能;而 CISC 处理器指令集的长度一般可变,指令类型也很多。
- RISC 指令系统强调对称、均匀、简单,使程序的优化编译效率更高。
- 大多数指令单周期完成。
- 具有分开的 Load/Store 结构的存取指令,也只有 Load/Store 结构的存取指令访问存储器,而数据处理指令只访问寄存器。CISC 处理器一般允许将存储器中的数据作为数据处理指令的操作数。
- 基于多个通用寄存器堆操作。虽然 CISC 寄存器组也加大了,但是没有 RISC 体系结构的大,而且大都是不同的寄存器用于不同的用途(例如,Freescale 的 MC68000 数据寄存器和地址寄存器)。

RISC 体系结构的这些特点极大地简化了处理器的设计,在体系结构的 VLSI 实现时更加有利于性能提高。对性能的提高主要表现在 RISC 组织结构方面。

4. RISC 组织结构的优点

RISC 组织结构比 CISC 组织结构有更显著的优点,主要表现在体系结构及 VLSI 实现上。
- 硬连线的指令译码逻辑。RISC 指令集的简单性使得指令译码可以采取规则的译码逻辑(而 CISC 处理器使用大的微码 ROM 进行指令译码),RISC 的这种硬布线控制逻辑可以加快指令执行速度,减少微程序码中的指令解释开销。
- 便于流水线执行。RISC 指令集的简单性也使得流水线实现更加有效。
- 大多数 RISC 指令为单周期执行。而 CISC 处理器执行一条指令一般需要多个时钟周期。

由于 CISC 处理器的指令格式长短不一,每条指令依据其复杂程度所需执行的周期数相差很大,难以实现流水线操作和指令级的并行性。而由于 RISC 的以上优点,译码逻辑和取数的设计非常简单直观,减少了译码等开销,可以满足对功能、可靠性、成本、体积、功耗有着严格要求的嵌入式系统。

5. RISC 处理器的优点

由于 RISC 体系结构简单,使得基于 RISC 设计的处理器有如下 3 个基本优点。

- 处理器管芯面积小：处理器的简单使得需要的晶体管和实现的硅片面积减小，省下的面积可以集成更多的功能部件，也使在以 RISC CPU 为核心的单芯片 SoC 上实现一个应用系统的基本功能成为可能。
- 开发时间缩短，开发成本降低。
- 容易实现高性能、低成本的处理器。

6. RISC 技术的历史贡献

在计算机设计技术的发展变化中，20 世纪 60 年代初引入的虚拟存储器、Cache 和流水线技术是计算机技术发展的里程碑。20 世纪 70 年代末、80 年代初发展起来的 RISC 思想是计算机发展历史上又一划时代的里程碑，它大幅度提高了计算机的性价比。目前 RISC 已经在处理器设计中被普遍接受，RISC 理论的发展极大地促进了计算机体系结构的发展，许多 CISC 处理器也采用了 RISC 设计思想。总结 RISC 体系结构对微处理器发展的贡献主要有两方面。

- 流水线。流水线是在处理器中实现指令并行操作的最简单方式，而且可以使速度大为提高。RISC 技术极大地简化了流水线的设计，使流水线技术更容易实现，以较低的成本实现了较高的性能。
- 高时钟频率和单周期执行。在 20 世纪 80 年代初，CISC 微处理器并没有完全发挥半导体存储器的性能，测试标准的半导体存储器(DRAM)在随机存取时可工作于 3 MHz，在顺序存取(页面模式)时可工作于 6 MHz。而当时的 CISC 微处理器最多仅能以 2 MHz 访问存储器。RISC 处理器结构简单，它可以工作在较高的时钟频率，也能充分发挥已有的存储器性能。

正是因为以 RISC 体系结构设计的处理器足够简单有效，从而使它的 VLSI 实现可以具有这些特性。RISC 体系结构的简单性，使设计者能够采用这些组织方面的技术。

7. RISC 体系结构的缺点

RISC 体系结构的处理器在实现性能中效果明显，设计成本又低；但 RISC 体系结构也存在以下缺点：

- 与 CISC 相比，通常 RISC 的代码密度低。CISC 中的一条指令在 RISC 中要用一段程序来实现，所以 RISC 的子程序库比 CISC 的要大得多。
- RISC 不能执行 x86 代码。
- RISC 给优化编译程序带来了困难。

优化编译器必须选择哪些变量放在通用寄存器中，哪些变量放在主存储器中，以便充分发挥通用寄存器的效率，减少访问主存储器的次数。为了调整指令的执行序列，优化编译器要进行数据和控制指令的相关性分析，并与硬件配合来实现指令延迟技术和指令取消技术。

尽管 RISC 架构与 CISC 架构相比有较多的优点，但 RISC 架构也不可以取代 CISC 架构。事实上，RISC 和 CISC 各有优势。现代的 CPU 往往采用 CISC 的外围，内部加入 RISC 的特性，如超长指令集 CPU 就是融合了 RISC 和 CISC 两者的优势，成为未来 CPU 发展的方向之一。

2.1.3 ARM 体系结构

在开发设计第一个 ARM 芯片时，RISC 惟一的例子仍然只有 Berkeley 的 RISC I 和 RISC II 以及 Stanford 的 MIPS(Microprocessor without Interlocking Pipeline Stages，无互锁流水线微处理器)，而它们仅仅应用于教学和研究。ARM 处理器是第一个为商业用途而开发的 RISC 微处理器。ARM 所采用的体系结构，对于当时的 RISC 体系结构来说，既有继承，也有抛弃，即完全根据实际设计的需要仔细研究。ARM 采用了若干 Berkeley RISC 处理器设计中的特征，但也放弃了其他若干特征。ARM 设计采用的 RISC 技术特征主要有：
> Load/Store 体系结构。
> 固定的 32 位指令。
> 3 地址指令格式。

ARM 设计放弃的 RISC 的技术特征有以下几方面：

① 寄存器窗口。在早期的 RISC 中，Berkeley RISC 处理器的寄存器堆中使用 32 个寄存器窗口，使得任何时候总有寄存器是可见的。寄存器窗口的机制密切地伴随着 RISC 的概念，成为一般 RISC 的一大特征。进程进入和退出都访问新的一组寄存器，因此减少了因寄存器的保存和恢复而导致的处理器和存储器之间的数据拥堵和时间开销。这是拥有寄存器窗口的优点。但寄存器窗口的存在是以占用较大的芯片资源为代价，使得芯片成本上升，因此在 ARM 处理器设计时未采用寄存器窗口。尽管在 ARM 中用来处理异常的影子(Shadow)寄存器和窗口寄存器在概念上基本相同，但在异常模式下对进程进行处理时，影子寄存器的数量却是很少的。

② 延迟转移。由于转移中断了指令流水线的平滑流动而造成流水线的"断流"问题，多数 RISC 处理器采用延迟转移来改善这一问题，即在后续指令执行后才进行转移。在原来的 ARM 中没有采用延迟转移，因为它使异常处理过程更加复杂。

③ 所有的指令单周期执行。ARM 被设计为使用最少的时钟周期来访问存储器，但不是所有的指令都单周期执行。如在低成本的 ARM 应用领域中普遍使用的 ARM7TDMI，数据和指令占有同一总线、使用同一个存储器时，即便是最简单的 Load 和 Store 指令，也最少需要访问两次存储器(一次取指令，一次数据读/写)。当访问存储器需要超过一个周期时，就多用一个周期。因此，并不是所有的 ARM 指令都是在单一时钟周期内执行的，有一少部分指令需要多个时钟周期。高性能的 ARM9TDMI 使用分开的数据和指令存储器才有可能使 Load 和 Store 指令访问存储器和数据访问存储器单周期执行。

最初的 ARM 设计所最关心的是必须保持设计的简单性。ARM 的简单性在 ARM 的硬件组织和实现上比指令集的结构上体现得更明显。把简单的硬件和指令集结合起来，这是 RISC 体系的思想基础，但 ARM 仍然保留一些 CISC 的特征，并且因此达到了比纯粹 RISC 更高的代码密度，使得 ARM 在开始设计时就获得较低的功耗和较小的核面积。

2.1.4 Thumb 技术介绍

CISC 复杂指令系统的核已经到达了它的性能极限，它需要大量的晶体管，体积大，功耗大，又比较难以集成，导致整个系统要花费高昂的代价。RISC 精简指令系统的核虽然为这些问题提供了很有潜力的解决方案，但是由于 RISC 代码密度低的问题(这需要比较大的存储器空间)，在 RISC 处理器发展初期，其性能还是要逊色于 CISC 处理器，成本价格上也不占什么优势。

在 ARM 技术发展的历程中，尤其是 ARM7 体系结构被广泛接受和使用时，嵌入式控制器的市场仍然大都由 8 位、16 位的处理器占领。然而，这些产品却不能满足高端应用(如移动电话、磁盘驱动器、调制解调器等设备)对处理器性能的要求。这些高端消费类产品需要 32 位 RISC 处理器的性能和优于 16 位 CISC 处理器的代码密度。这就要求要以更低的成本取得更好的性能和更优于 16 位 CISC 处理器的代码密度。

为了满足嵌入式技术不断发展的要求，ARM RISC 体系结构的发展中已经提供了低功耗、小体积、高性能的方案。而为了解决代码长度的问题，ARM 体系结构又增加了 T 变种，开发了一种新的指令体系，这就是 Thumb 指令集。Thumb 技术是 ARM 技术的一大特色，本小节以第一个支持 Thumb 的核 ARM7TDMI 为例对 Thumb 技术进行介绍。

Thumb 是 ARM 体系结构的扩展。它有从标准 32 位 ARM 指令集抽出来的 36 条指令格式,可以重新编成16位操作码,提高了代码密度。在运行时,这些16位Thumb指令又由处理器解压成32位ARM指令。ARM7TDMI是第一个支持Thumb的核,编译器既可以编译Thumb代码,又可以编译ARM代码。更高性能的未来的ARM核,也都能够支持Thumb。

支持Thumb的ARM体系结构的处理器状态可以方便地切换、运行到Thumb状态,在该状态下指令集是16位Thumb指令集。

Thumb不仅仅是另一个混合指令集的概念,因为支持Thumb的核有2套独立的指令集,它使设计者既能得到ARM 32位指令的性能,又能享有Thumb指令集产生的代码方面的优势。可以在性能和代码大小之间取得平衡,在需要较低的存储代码时采用Thumb指令系统,但又比纯粹的16位系统有较高的实现性能。因为实际执行的是32位指令,用Thumb指令编写最小代码量的程序,却取得以ARM代码执行的最好性能。拥有更优越的性能,而不需要付出额外的代价,这一点对使用着8或16位处理器,却一直在寻找更优越性能的用户来说,提供了一种解决方案。

与ARM指令集相比,Thumb指令集具有以下局限:
- 完成相同的操作时,Thumb指令集通常需要更多的指令,因此在对系统运行时间要求苛刻的应用场合,ARM指令集更为适合。
- Thumb指令集没有包含进行异常处理时需要的一些指令,因此在异常中断时,还需要使用ARM指令,这种限制决定了Thumb指令需要和ARM指令配合使用。

统计发现,同样的程序运行在16位Thumb状态下是运行在32位ARM状态下代码的60%～70%,即同样程序在Thumb状态下运行比在ARM状态下运行少30%～40%的代码。与使用32位ARM代码比较,使用16位Thumb代码时,系统存储器功耗约降低30%。

独立的两套指令集也使得解码逻辑极其简单,从而维持了较小的硅片面积,保证了领先的低功耗、高性能、小体积的技术要求,满足了对嵌入式系统的设计需求。

2.1.5 Thumb-2技术介绍

Thumb-2内核技术是ARM体系结构的新指令集,将为多种嵌入式应用产品提供更高的性能、更低的功耗和更简短的代码长度,从而为其合作伙伴们在注重成本的嵌入式应用系统开发中提供强大的发展潜能。

Thumb-2内核技术以ARM Thumb代码压缩技术为基础,延续了超高的代码压缩性能,并可与现有的ARM技术方案完全兼容,同时提高了压缩代码的性能,降低了功耗。它是一种新的混合型指令集,兼有16位及32位指令,能更好地平衡代码密度和性能。

Thumb-2技术对ARM架构是非常重要的扩展,它可以改善Thumb指令集的性能。Thumb-2指令集在现有Thumb指令的基础上做了如下扩充:
- 增加了一些新的16位Thumb指令来改进程序的执行流程。
- 增加了一些新的32位Thumb指令以实现一些ARM指令的专有功能。
- 32位ARM指令也得到扩充,增加了一些新指令来改善代码性能和数据处理效率。

Thumb-2指令集增加32位指令就解决了之前Thumb指令集不能访问协处理器、特权指令和特殊功能指令(例如SIMD)的局限。Thumb-2指令集现在可以实现所有的功能,这样就不需要在ARM/Thumb状态之间反复切换了,代码密度和性能得到显著提高。

Thumb-2技术可以带来很多好处:
- 可以实现ARM指令的所有功能。
- 增加了12条新指令,可以改进代码性能和代码密度之间的平衡。
- 代码性能达到了纯ARM代码性能的98%。
- Thumb-2代码的大小仅有ARM代码的74%。

➢ 代码密度比现有的 Thumb 指令集更高：代码大小平均降低 5%，代码速度平均提高 2%～3%。

对于如汽车、存储产品，特别是手持电子产品(手机、PDA)等嵌入式系统设计者来说，产品的性能、功耗、内存使用情况都是最为重要的设计因素。而如何权衡对系统功耗会产生影响的因素(如代码密度、功能和性能等)，是嵌入式软件系统设计中最难解决的问题之一。使用 Thumb-2 内核技术的系统相对于纯 32 位编码的系统，减少了 26% 的内存，降低了系统功耗；而相对于使用 16 位编码的系统，Thumb-2 内核技术通过减缓时钟速度、降低功耗，可提高 25% 的性能。因此，Thumb-2 内核技术可节约设计者的研发时间，降低设计的复杂度，优化设计成果。

2.1.6 ARM 核简述

ARM 公司自成立以来，在 32 位嵌入式处理器开发领域中不断取得新的突破，在高性能的 32 位嵌入式 SoC 设计中，几乎都是以 ARM 作为处理器核。ARM 核已是现在嵌入式 SoC 系统芯片的核心，也是现代嵌入式系统发展的方向。ARM 核及体系指令集功能形成了多种版本，同时，各版本中还发展了一些变种版本，这些变种定义了该版本指令集中不同的功能。这些体系结构应用于不同的处理器设计中。目前 ARM 处理器核有 ARM7TDMI、ARM9TDMI、ARM10TDMI、ARM11、SecurCore 和 Cortex。

根据发展需求，ARM 处理器核进一步集成了与处理器核密切相关的功能模块，如 Cache 存储器和存储器管理 MMU 硬件。这些基于微处理器核并集成这些 IP 核的标准配置的 ARM 核，都具有基本"CPU"的配置。这些内核称为 CPU 核。

ARM CPU 核作为单个 IP 核，它集成了 ARM 处理器核、Cache、MMU，通常它还集成有 AMBA 接口。目前已经发展起来的 ARM CPU 核包括：ARM710T/720T/740T、ARM920T/922T/940T、ARM1020E/ARM1020T/ARM1022E/ARM10200/ARM1026EJ-S、ARM1136JF-S/ARM1156T2F-S/ARM11 MPCore 等。

1998 年 Intel 基于 ARM 体系结构，设计了 StrongARM SA-110，后续 Intel 还开发了基于 ARMv5TE 体系结构的 Intel XScale 系列处理器核。

在此介绍 ARM7TDMI、ARM9TDMI、SecurCore、Cortex 处理器核，并对部分基于这些处理器核发展起来的 CPU 核等进行简述。

1. ARM7 系列核介绍

ARM7 系列核包括 ARM7TDMI(ARM7TDMI-S)处理器核和在此基础上发展起来的 ARM710T/720T/740T 等带 Cache 的 CPU 核。下面分别详细介绍。

(1) ARM7TDMI

ARM7TDMI 是 ARM 公司最早为业界普遍认可且得到最为广泛应用的处理器核。随着 ARM 技术的发展，它已是目前最低端的 ARM 核。ARM7TDMI 是从最早实现了 32 位地址空间编程模式的 ARM6 核发展而来的，可以稳定地在低于 5V 的电源电压下可靠工作。它增加了 64 位乘法指令，支持片上调试、Thumb 指令集以及 EmbeddedICE 片上断点和观察点。

ARM7TDMI 名称的具体含义如下：

➢ ARM7：32 位 ARM 体系结构 4T 版本。

➢ T：Thumb 16 位压缩指令集。

➢ D：支持片上 Debug(调试)，使处理器能够停止以响应调试请求。

➢ M：增强型 Multiplier，与前代相比具有较高的性能且产生 64 位的结果。

➢ I：EmbeddedICE 硬件以支持片上断点和观察点。

(2) ARM7TDMI 组织结构

ARM7TDMI 组织结构如图 2-1 所示。ARM7TDMI 的重要特性主要包括：

- 能实现 ARM 体系结构版本 4T，支持 64 位结果的乘法，半字、有符号字节存取。
- 支持 Thumb 指令集，可降低系统开销。
- 32×8 DSP 乘法器。
- 32 位寻址空间，4GB 线性地址空间。
- 包含 EmbeddedICE 模块以支持嵌入式系统调试。
- 调试硬件由 JTAG 测试访问端口访问，因此 JTAG 控制逻辑被认为是处理器核的一部分。
- 广泛的 ARM 和第 3 方支持，并与 ARM9 Thumb 系列、ARM10 Thumb 系列和 StrongARM 处理器相兼容。

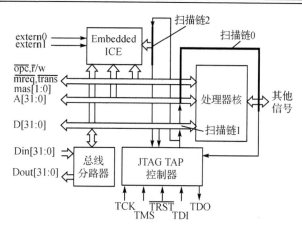

图 2-1　ARM7TDMI 的组织结构

(3) ARM7 3 级流水线介绍

到 ARM7 为止的 ARM 处理器使用简单的 3 级流水线：

- 取指级：完成程序存储器中指令的读取，并放入指令流水线中。
- 译码级：对指令进行译码，为下一周期准备数据路径需要的控制信号。在这一级指令"占有"译码逻辑，而不"占有"数据路径。
- 执行级：指令"占有"数据路径，寄存器堆被读取，操作数在桶式移位器中被移位，ALU 产生相应的运算结果并回写到目的寄存器中，ALU 结果根据指令需求更改状态寄存器的条件位。

在任意时刻，可能有 3 种不同的指令占用这 3 级中的一级，因此流水线正常的条件是在任意时刻，每一级中的硬件必须能够独立操作，而不能两级或多级占用同一硬件资源。

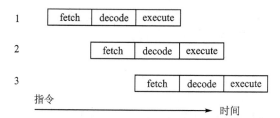

图 2-2　ARM7 单周期指令的 3 级流水线操作

当处理器执行简单的数据处理指令时，流水线使得每个时钟周期能完成一条指令。一条指令用 3 个时钟周期来完成，因此有 3 周期的执行时间(Latency)，但吞吐率(Throughput)是每个周期一条指令，ARM 单周期指令的 3 级流水线操作如图 2-2 所示。

当执行多周期指令时，指令的执行流程不规则，如图 2-3 所示。图中表示了一组单周期指令 ADD，而在第一个 ADD 指令的后面出现一个数据存储指令 STR。访问主存储器的周期用

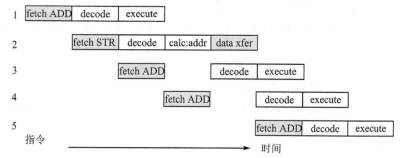

图 2-3　ARM7 多周期指令的 3 级流水线操作

浅阴影表示,因此可以看到在每一个周期中都使用了存储器。同样在每一个周期也使用了数据路径,这涉及所有的执行周期、地址计算和数据传送。译码逻辑总是产生数据路径在下一周期使用的控制信号,因此除译码周期外,在 STR 地址计算周期中也产生数据传送所需的控制信号。

这样,在这个指令序列中,处理器的所有部件在每个时钟周期中都要执行相应的操作。对于 ARM7,这样不可能同时占用冯·诺依曼存储器结构的端口,因而确定了不可能同时访问数据存储器和程序存储器。存储器是一个限制因素,造成 ARM 流水线间断。

(4) ARM7 3 级流水线下 PC 的行为

在 3 级流水线的执行过程中,当通过 R15 寄存器直接访问 PC 时,必须考虑此时流水线执行过程的真实情况。

流水线处理器的执行使得程序计数器 PC(R15) 必须在当前指令之前计数。从图 2-4 中可以看到,在以当前 PC 取得指令(即取得指令 1,PC+4 送到 PC)及其后续的以 PC+4 取得指令(即取得指令 2 时,当前

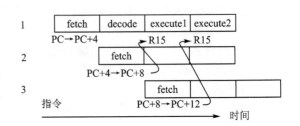

图 2-4 3 级流水线的 PC 行为

的 PC+4 送到 PC,当前的 PC 相对于第一条 PC 为 PC+4,即 PC+8)时,PC 值都要增加,因此,在第一条指令执行周期的开始即 execute1,得到 PC+8。第 2 条指令执行周期的开始即 execute2(也就是第 3 个指令 3 取指时),得到 PC+12。

(5) ARM7TDMI 应用

ARM7TDMI 处理器核在存储器配置较简单的系统中广泛应用,最为成功的典型例子是手机、PDA。在这些应用中,ARM7TDMI 已成为用于控制和用户接口的标准处理器。当需要实现高性能时,仅具有简单存储器系统的纯 ARM7TDMI 已不能满足要求,系统的复杂程度必然要增加,往往是在 ARM7TDMI 上增加 Cache 存储器,以 ARM CPU 核的形式提高软件从片外存储器读/写的性能。如果以上操作仍不能满足应用对性能的要求,就必须使用更复杂的能够在高性能水平上运行的核,如本小节后面要讲到的 ARM9TDMI 和 ARM10TDMI 等核。

(6) 其他 ARM7 系列核

标准的 ARM7TDMI 处理器核是以物理版图提供的"硬"IP 核,定制为某种 VLSI 实现工艺技术。而 ARM7TDMI-S 是 ARM7TDMI 的一个可综合的版本,它是以高级语言描述的"软"IP 核,可以根据用户选择的目标工艺单元库来进行逻辑综合和物理实现,它比硬的 IP 核更易于转移到新的工艺技术上实现。而综合出的整个核比硬核大 50%,电源效率降低 50%。同时 ARM7TDMI-S 在综合过程中存在支持关于处理器核功能的选项,这些选项会导致综合出的处理器核较小且功能有所下降。这些选项包括:

> 可省略的 EmbeddedICE 单元。
> 用仅支持产生 32 位结果 ARM 乘法指令的较小、较简单的乘法器来替代完全 64 位结果的乘法器。

ARM710T/720T/740T 在 ARM7TDMI 处理器核的基础上增加了一个 8KB 的指令和数据混合的 Cache。外部存储器和外围器件通过 AMBA 总线主控单元访问,同时还集成了写缓冲器以及 MMU(ARM710T/720T)或存储器保护单元(ARM740T)。ARM710T 和 ARM720T CPU 有相似的组织结构。

2. ARM9 系列核介绍

ARM8 核是 1993—1996 年开发的,并开发了具有片上 Cache 及存储器管理单元的高性能

ARM CPU 芯片,以满足比 ARM7 的 3 级流水线具有更高性能的 ARM 核的需求。它后来被 ARM9 系列取代,因此本书不作介绍。

ARM9TDMI 将流水线的级数从 ARM7TDMI 的 3 级增加到 5 级,并使用指令与数据存储器分开的 Harvard 体系结构。ARM9TDMI 的性能在相同工艺条件下近似达到 ARM7TDMI 的两倍,ARM9TDMI 的开发使得 ARM 核的性能有了极大的提高,使用范围增大,并以此为基础开发了 ARM9E、ARM920T 和 ARM940T 的 CPU 核。下面主要对 ARM9 系列核进行介绍。

(1) ARM9TDMI 的技术特点

ARM9TDMI 的技术特点为:
- 支持 Thumb 指令集。
- 含有 EmbeddedICE 模块,支持片上调试。
- 采用 5 级流水线以增加最高时钟速率。
- 采用分开的指令与数据存储器端口以改善 CPI,提高处理器性能。

(2) ARM9TDMI 的流水线操作

使用 5 级流水线的 ARM 处理器包含下面 5 个流水线级:
- 取指:指令从存储器中取出,放入指令流水线。
- 译码:指令译码,从寄存器堆中读取寄存器操作数。在寄存器堆中有 3 个操作数读端口,因此,大多数 ARM 指令能在一个周期内读取其操作数。
- 执行:把一个操作数移位,产生 ALU 的结果。如果指令是 Load 或 Store,在 ALU 中计算存储器的地址。
- 缓冲/数据:如果需要则访问数据存储器,否则 ALU 的结果只是简单地缓冲一个时钟周期,以便使所有的指令具有同样流水线流程。
- 回写:将指令产生的结果回写到寄存器堆,包括任何从存储器读取的数据。

5 级流水线技术在许多 RISC 处理器中被使用过,而且被认为是设计处理器的经典方法。尽管 ARM 指令集设计时并不是针对这样的流水线,但是将它映射过来还是相对简单的。在组织结构上,为了更好地和 ARM 指令集体系结构配合,它的寄存器堆有 3 个源操作数读端口和 2 个写端口(经典的 RISC 有两个读端口和一个写端口)以及在执行级包含了地址增值硬件,以支持多寄存器的 Load 和 Store 指令中地址的计算,而不用 ALU 计算地址。

(3) ARM9 5 级流水线下 PC 的行为

在 5 级流水线的执行过程中,当通过 R15 寄存器直接访问 PC 时,必须考虑此时流水线执行过程的真实情况。5 级流水线中 ARM 的 R15 的实际情况可参考 3 级流水线 PC 的情况进行分析。

ARM9TDMI 的 5 级流水线的操作见图 2-5,图中与 ARM7TDMI 的 3 级流水线做比较。该图显示出处理器的主要处理功能和如何在流水线级增加时重新分配执行,以便使时钟频率在

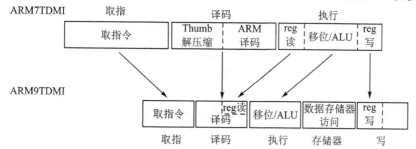

图 2-5 ARM7TDMI 与 ARM9TDMI 流水线比较

相同工艺技术的条件下能够加倍(近似)。重新分配执行功能(寄存器读、移位、ALU、寄存器写)并不是达到高时钟速率所需的全部。处理器还必须能够在 ARM7TDMI 所用的一半时间内访问指令存储器,并重新构造指令译码逻辑,使寄存器读与实际的译码同时进行。

(4) ARM9TDMI 应用

ARM9TDMI 核使用指令与数据分开的端口、5 级流水线,使得它支持的时钟速率也高于 ARM7TDMI 3 级流水线,因此在高性能的系统中得到广泛使用。在构建高速的嵌入式系统时高性能的存储器是必然的,最为常见的方式是基于 ARM9TDMI 核且使用分开的指令与数据 Cache 存储器构建各种标准 CPU 核。如下面要介绍的 ARM920T 和 ARM940T CPU 核。这些 CPU 核中的 Cache 能满足 ARM9TDMI 的大部分存储器带宽要求,并减少外部带宽要求,使用经单一 AMBA 总线连接的传统的统一存储器就能满足其带宽要求。

(5) 其他 ARM9 系列核

ARM920T 和 ARM940T 在 ARM9TDMI 的基础上增加了指令和数据 Cache。指令和数据端口通过 AMBA 总线主控单元合并在一起,片上还集成了写缓冲器和存储器管理单元(ARM920T)或存储器保护单元(ARM940T)。

ARM9E-S 是 ARM9TDMI 核的可综合版本。与硬核相比,它实现的是扩展的 ARM 指令集。除了 ARM9TDMI 支持的 ARM 体系结构 v4T 的指令,ARM9E-S 还支持完整的 ARM 体系结构 v5TE,包括信号处理指令集扩展。

ARM946E-S 使用 4 路组相联的 Cache。选择组相联而不是 ARM920T 和 ARM940T 的 CAM-RAM 组织主要是由于用标准 ASIC 库中的可综合 RAM 结构构造一个组相联 Cachc 比较容易。对于大多数设计系统,综合 CAM-RAM Cache 结构还是比较困难的。

指令和数据 Cache 的大小可以各为 4~64 KB,并且两个 Cache 的大小可以不同。两个 Cache 的行都为 8 个字,支持锁定,并且替换算法由软件选择,可以是伪随机或循环算法。写策略也由软件选择,可以是写直达或写回(Copy-Back)。ARM946E-S 集成了存储器保护单元,其整个组织与 ARM940T 相似。

ARM966E-S 中没有 Cache。这个可综合的宏单元集成了一个紧密耦合的 SRAM。这个 SRAM 映射到固定的存储器地址,存储器的大小可以变化。第 1 个存储器只连接到数据端口,而第 2 个存储器连接到指令和数据端口。通常第 2 个存储器由指令端口使用,但能够由数据端口访问也是非常重要的,原因主要有两个:

- 嵌入在代码中的常数(如地址)必须通过数据端口读取。
- 必须有一种手段能够在使用前对指令存储器进行初始化。指令端口是只读的,因此不能用于指令存储器初始化。

ARM966E-S 中还包含写缓冲器,以便提高对 AMBA 总线带宽的利用,同时 ARM966E-S 支持片上协处理器。

3. SecurCore 系列核

SecurCore 系列微处理器专为安全需要而设计,提供了完善的 32 位 RISC 技术的安全解决方案,因此,SecurCore 系列微处理器除了具有 ARM 体系结构的低功耗、高性能的特点外,还具有其独特的优势,即提供了对安全解决方案的支持,在系统安全方面具有如下特点:

- 带有灵活的保护单元,以确保操作系统和应用数据的安全。
- 采用软内核技术,防止外部对其进行扫描探测。
- 可集成用户自己的安全特性和其他协处理器。

SecurCore 系列微处理器主要应用于一些对安全性要求较高的应用产品及应用系统,如电子商务、电子政务、电子银行业务、网络和认证系统等领域。SecurCore 系列微处理器包含 SecurCore SC100、SecurCore SC110、SecurCore SC200 和 SecurCore SC210 四种类型,以适用于不同的应用场合。

4. Cortex 核

ARM Cortex 处理器包括 3 个系列,全部采用 ARMv7 架构和 Thumb-2 指令集,以解决不同市场的需求。

- ➢ ARM Cortex-A 系列是基于 v7A 的面向应用的处理器核,支持 ARM、Thumb 和 Thumb-2 指令集。此系列处理器目前包括 Cortex-A8 和 Cortex-A9 两个型号。它是针对日益增长的、运行包括 Linux、Windows CE 和 Symbian 操作系统在内的消费者娱乐和无线产品而设计的。
- ➢ ARM Cortex-R 系列是基于 v7R 的深度嵌入的微处理器核,支持 ARM、Thumb 和 Thumb-2 指令集。此系列处理器目前包括 Cortex-R4 和 Cortex-R4F 两个型号。它是针对需要运行实时操作系统来进行控制应用的系统(主要包括汽车电子、网络和影像系统)而设计的。
- ➢ ARM Cortex-M 系列是基于 v7M 的微控制核,仅支持 Thumb-2 指令集。此系列处理器目前包括 Cortex-M0、Cortex-M1 和 Cortex-M3 三个型号。它是为那些对开发费用非常敏感同时对性能要求不断增加的嵌入式应用(如微控制器、汽车车身控制系统和各种大型家电)而设计的。

为了适应市场的发展变化,基于 ARMv7 架构的 ARM 处理器系列将不断拓展自己的应用领域。

2.1.7 ARM 发展总结

表 2-1 从 ARM 核、核使用的体系结构版本以及技术特征对 ARM 发展进行了总结。

表 2-1 ARM 发展总结

版 本	ARM 核系列	特 点
ARMv1	ARM1	该版体系结构只在原型机 ARM1 出现过,未用于商业产品,基本性能包括: • 基本的数据处理指令(无乘法) • 26 位寻址
ARMv2	ARM2、ARM3	该版体系结构对 ARMv1 版进行了扩展,ARMv2a 是 v2 版的变种,ARM3 芯片采用了 ARMv2a。ARMv2 版增加了以下功能: • 32 位乘法和乘加指令 • 支持 32 位协处理器操作指令 • 快速中断模式
ARMv3 ARMv3M	ARM6、ARM7DI、ARM7M	ARMv3 版体系结构对 ARM 体系结构作了较大改动: • 寻址空间增至 32 位(4GB) • 独立的当前程序状态寄存器 CPSR 和程序状态保存寄存器 SPSR,保存程序异常中断时的程序状态,以便于对异常的处理 • 增加了异常中断(Abort)和未定义两种处理器模式 • 增加了 MMU 支持 • ARMv3M 增加了有符号和无符号长乘法指令
ARMv4 ARMv4T	ARM7TDMI、ARM710T ARM720T、ARM740T ARM9TDMI、ARM920T ARM940T、Strong ARM ARM8、ARM810	ARMv4 版体系结构是目前应用最广的 ARM 体系结构,在 v3 版本上作了进一步扩充,指令集中增加了以下功能: • 增加了系统模式 • 增加了 16 位 Thumb 指令集 • 完善了软件中断 SWI 指令的功能

续表 2-1

版本	ARM 核系列	特 点
ARMv5TE ARMv5TEJ	ARM9E(J)-S、ARM926EJ-S ARM968E-S、ARM946E-S ARM966E-S、ARM10TDMI ARM1020E、ARM1020T ARM1022E、ARM1026EJ-S ARM10200、XScale	ARMv5 版体系结构在 ARMv4 版基础上增加了一些新的指令,主要包括: • 增加了 ARM 与 Thumb 状态之间切换的指令 • 增加了乘法指令和快速乘累加指令 • 增加了数字信号处理指令(ARMv5TE 版) • 增加了 Java 加速功能(ARMv5TEJ 版)
ARMv6	ARM1136J(F)-S ARM1156T2(F)-S ARM1176JZ(F)-S ARM11MPCore	ARMv6 版体系结构首先在 ARM11 处理器中使用。此体系结构在 ARMv5 版基础上增加了以下功能: • Thumb-2 增强代码密度 • SIMD 增强媒体和数字处理功能 • TrustZone 提供增强的安全性能 • IEM 提供增强的功耗管理功能
ARMv7	Cortex 系列	ARMv7 版体系结构定义了 3 种不同的微处理器系列: • A 系列为面向应用微处理器核,支持复杂操作系统和用户应用 • R 系列为深度嵌入的微处理器核,针对实时系统应用 • M 系列为微控制核,针对成本敏感的嵌入式控制应用

2.2 ARM 处理器工作状态及模式

2.2.1 ARM 处理器工作状态

自从 ARM7TDMI 核以后,体系结构中具有 T 变种的 ARM 处理器核可工作在两种状态:
➢ ARM 状态。32 位,ARM 状态下执行字对准的 32 位 ARM 指令。
➢ Thumb 状态。16 位,Thumb 状态下执行半字对准的 16 位 Thumb 指令。在 Thumb 状态下,程序计数器 PC 使用位 1 选择另一个半字。

在程序执行过程中,处理器可以在两种状态下切换。需要强调的是:
➢ ARM 和 Thumb 之间状态的切换不影响处理器的模式或寄存器的内容。
➢ ARM 指令集和 Thumb 指令集都有相应的状态切换命令。
➢ ARM 处理器在开始执行代码时,只能处于 ARM 状态。

ARM 处理器在两种工作状态之间切换的方法如下:
➢ 进入 Thumb 状态。当操作数寄存器 Rm 的状态位 bit[0]为 1 时,执行"BX Rm"指令进入 Thumb 状态(指令详细介绍见第 3 章)。如果处理器在 Thumb 状态进入异常,则当异常处理(IRQ、FIQ、Undef、Abort 和 SWI)返回时,自动切换到 Thumb 状态。
➢ 进入 ARM 状态。当操作数寄存器 Rm 的状态位 bit[0]为 0 时,执行"BX Rm"指令进入 ARM 状态。若处理器进行异常处理(IRQ、FIQ、Undef、Abort 和 SWI),在此情况下,把 PC 放入异常模式链接寄存器 LR 中,从异常向量地址开始执行也可进入 ARM 状态。

2.2.2 ARM 处理器工作模式

ARM 处理器共支持表 2-2 所列的 7 种处理器模式,它是由当前程序状态寄存器 CPSR(参见图 2-8)的低 5 位定义的。表 2-2 中给出了 CPSR[4:0]与 7 种工作模式的关系以及各种模式的解释。

ARM 处理器 7 种模式的结构关系如图 2-6 所示。在软件控制、外部中断或异常处理下可以引起处理器工作模式的改变。

除用户模式外的其他 6 种模式称为特权模式。特权模式主要处理异常和监控调用(有时称为软件中断),它们可以自由地访问系统资源和切换模式。特权模式中除系统模式以外的 5 种模式又称为异常模式,因此也可以认为特权模式由异常模式和系统模式组成。

异常模式主要用于处理中断和异常,当应用程序发生异常中断时,处理器进入相应的异常模式。在每一种异常模式中都有某些附加的影子(Shadow)寄存器组(详细内容可参见 2.3.2 小节),供相应的异常处理程序使用,这样就可以保证在进入异常模式时,用户模式下的寄存器(保存了程序运行状态)不被破坏,以避免异常出现时用户模式的状态不可靠。

表 2-2 ARM 工作模式和寄存器使用

CPSR[4:0]	模式	用途	可访问的寄存器
0b10000	用户	正常用户模式,程序正常执行模式	PC、R14～R0、CPSR
0b10001	FIQ	处理快速中断,支持高速数据传送或通道处理	PC、R14_fiq～R8_fiq、R7～R0、CPSR、SPSR_fiq
0b10010	IRQ	处理普通中断	PC、R14_irq～R13_fiq、R12～R0、CPSR、SPSR_irq
0b10011	SVC	操作系统保护模式,处理软件中断(SWI)	PC、R14_svc～R13_svc、R12～R0、CPSR、SPSR_svc
0b10111	中止	处理存储器故障,实现虚拟存储和存储器保护	PC、R14_abt～R13_abt、R12～R0、CPSR、SPSR_abt
0b11011	未定义	处理未定义的指令陷阱,支持硬件协处理器的软件仿真	PC、R14_und～R13_und、R12～R0、CPSR、SPSR_und
0b11111	系统	运行特权操作系统任务	PC、R14～R0、CPSR

而系统模式仅在 ARM 体系结构 v4 及以上的版本存在,系统模式不是通过异常过程进入的,它与用户模式有完全相同的寄存器。这样操作系统的任务可以访问所有需要的系统资源,也可以使用用户模式的寄存器组,但不使用异常模式下相应的寄存器组,因此可避免使用与异常模式有关的附加寄存器,进而确保当任何异常出现时,都不会使任务的状态不可靠或被破坏。系统模式属于特权模式,因此不受用户模式的限制。

大多数的应用程序运行在用户模式下,这时应用程序不能访问一些受操作系统保护的系统资源,也不能直接进行处理器模式的切换。只有当异常发生时,应用程序产生异常处理,在异常处理的过程中进行处理器模式的切换,使处理器进入相应的异常模式。根据这种体系结构就可以使用操作系统来控制系统资源的使用。

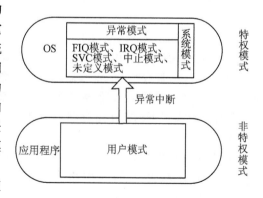

图 2-6 ARM 处理器模式

2.3 ARM 寄存器组成

2.3.1 ARM 寄存器组成概述

ARM 处理器总共有 37 个寄存器,这 37 个寄存器,按其在用户编程中的功能划分,可以分为以下两类寄存器:
- 31 个通用寄存器(包括程序计数器 PC)。这些寄存器都是 32 位的。它们的名称为:R0~R15;R13_svc,R14_svc;R13_abt,R14_abt;R13_und,R14_und;R13_irq,R14_irq;R8_fiq~R14_fiq。
- 6 个状态寄存器。它们的名称为:CPSR、SPSR_svc、SPSR_abt、SPSR_und、SPSR_irq 和 SPSR_fiq。6 个状态寄存器也是 32 位的,但目前只使用了其中的 12 位。这 12 位的含义将在状态寄存器中详细描述。

这些寄存器并不是在同一时间全都可以被程序员看到或访问。处理器工作状态和工作模式共同决定了程序员可以访问的寄存器。如前所述,ARM 处理器共有 7 种不同的处理器模式和两种工作状态,也就是说,ARM 处理器在每个时刻只能工作在 7 种模式中的任何一种和 ARM、Thumb 状态中的一种,因此程序员可以操作的寄存器因工作状态和工作模式不同而不同。

2.3.2 ARM 状态下的寄存器组织

1. ARM 状态下的寄存器概述

当 ARM 处理器工作在 ARM 状态下时,在寄存器的物理分配上,寄存器被安排成部分重叠的组。每种处理器模式使用的都是与自己模式对应的不同寄存器组,图 2-7 列出了每种模式下可见的寄存器。仔细分析图 2-7 可以看到,在所有的寄存器中,有些寄存器是各模式共用的同一个物理寄存器;有些寄存器是各模式自己拥有的独立的物理寄存器。除了系统模式与用户模式具有完全相同的一组寄存器外,在其他每一种处理器模式下都有一组相应的寄存器组。任意时刻处理器的工作模式决定了哪些寄存器是程序员可以访问的。

如图 2-7 所示,对于系统模式、用户模式可以访问的寄存器有 16 个通用寄存器(R0~R14、R15(PC))和 1 个 CPSR 状态寄存器。在 5 种异常模式下,可以访问的寄存器有 2 个状态寄存器 CPSR、SPSR 和 16 个通用寄存器。因此,16 个通用寄存器和 1 个或 2 个状态寄存器可在任何时候同时被访问,从而可以看出 31 个通用寄存器和 6 个状态寄存器是如何统计出来的。

图 2-7 中,带有"▲"的寄存器称为影子寄存器,它们是处理器在不同工作模式下特有的物理寄存器。在异常模式下,它们将代替用户或系统模式下使用的部分寄存器。在管理、中止、未定义、普通中断模式下的影子寄存器都为 2 个,而快速中断模式下为 7 个,这样更有利于快速中断处理进程。

按照寄存器的功能,ARM 寄存器分为通用寄存器和状态寄存器,下面将分别进行介绍。

2. ARM 状态下的通用寄存器

通用寄存器(R0~R15)可分为 3 类:
- 未分组寄存器(Unbanked Registers):R0~R7;
- 分组寄存器(Banked Registers):R8~R14;
- 程序计数器:R15(PC)。

(1) 未分组寄存器 R0~R7

R0~R7 是未分组寄存器。这意味着在所有处理器模式下,访问的是同一个物理寄存器。

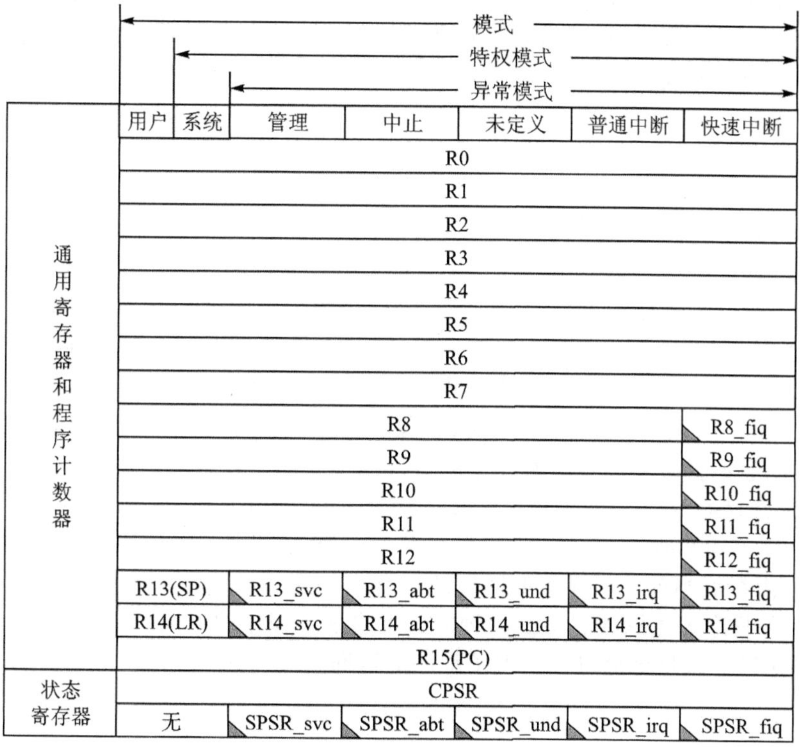

		模式					
			特权模式				
				异常模式			
	用户	系统	管理	中止	未定义	普通中断	快速中断
通用寄存器和程序计数器	R0						
	R1						
	R2						
	R3						
	R4						
	R5						
	R6						
	R7						
	R8						R8_fiq
	R9						R9_fiq
	R10						R10_fiq
	R11						R11_fiq
	R12						R12_fiq
	R13(SP)		R13_svc	R13_abt	R13_und	R13_irq	R13_fiq
	R14(LR)		R14_svc	R14_abt	R14_und	R14_irq	R14_fiq
	R15(PC)						
状态寄存器	CPSR						
	无		SPSR_svc	SPSR_abt	SPSR_und	SPSR_irq	SPSR_fiq

图 2-7　ARM 状态下的寄存器组织

它们是真正并且在每种状态下都统一的通用寄存器。在异常中断造成处理器模式切换时,在不同的异常处理模式下,如果使用的寄存器名称相同,也就意味着使用相同的一个物理寄存器,如果未加保护,模式变化后,有可能造成寄存器中存储的数据被破坏,这是特别需要注意的。未分组寄存器没有被系统用于特别的用途,任何可采用通用寄存器的应用场合,都可以使用未分组寄存器,但必须注意对同一寄存器在不同模式下使用时的数据进行保护。

(2) 分组寄存器 R8～R14

R8～R14 是分组寄存器。可以大致将其分为两组:一组为 R8～R12;另一组为 R13～R14。

① 分组寄存器 R8～R12

从图 2-7 中可以看出分组寄存器 R8～R12 各有两组物理寄存器:一组为 FIQ 模式;另一组为除 FIQ 以外的所有模式。

(a) FIQ 模式分组寄存器 R8～R12。在 FIQ 模式下使用 R8_fiq～R12_fiq,FIQ 处理程序可以不必保存和恢复中断现场,从而使 FIQ 中断的处理过程更加迅速。

(b) FIQ 以外的分组寄存器 R8～R12。在 FIQ 模式以外的其他 4 种异常模式下,可以访问 R8～R12 的寄存器与用户模式、系统模式下的 R8～R12 没有区别,是属于同一物理寄存器,也没有任何指定的特殊用途。

在 FIQ 模式以外的 4 种异常模式下,只使用 R8～R12 和这 4 种异常模式下的分组寄存器 R13、R14,足以简单地处理中断。显然在 FIQ 模式以外的中断处理中,如果要使用 R8～R12,使用前必须考虑这些寄存器的保护机制,以便中断处理完后恢复现场。而在 FIQ 模式下,由于可以使用 R8_fiq～R12_fiq,因此,比 FIQ 模式以外的其他 4 种异常模式提供较多的寄存器资源,更方便异常处理。

② 分组寄存器 R13 和 R14

寄存器 R13 和 R14 各有 6 个分组的物理寄存器。1 个用于用户模式和系统模式，而其他 5 个分别用于 5 种异常模式。异常模式下访问 R13、R14 时，需要特别明确指定其工作模式。寄存器名字构成规则如下：

R13_<mode>

R14_<mode>

其中，<mode>可以从 SVC、ABT、UND、IRQ 和 FIQ 这 5 种模式中选取一个。

(a) R13。寄存器 R13 通常用做堆栈指针 SP。在 ARM 指令集中，这只是一种习惯的用法，并没有任何指令强制性地使用 R13 作为堆栈指针，用户也可以使用其他寄存器作为栈指针。而在 Thumb 指令集中，有一些指令强制性地使用 R13 作为堆栈指针。每一种异常模式都拥有自己的物理 R13。应用程序在对每一种异常模式进行初始化时，都要初始化该模式下的 R13，使其指向相应的堆栈。当退出异常处理程序时，将保存在 R13 所指的堆栈中的寄存器值弹出，这样就使异常处理程序不会破坏被其中断程序的运行现场。

(b) R14。寄存器 R14 用做子程序链接寄存器，也称为 LR(Link Register)。当程序执行子程序调用指令 BL、BLX 时，当前的 PC 将保存在 R14 寄存器中。每一种异常模式都有自己的物理 R14，R14 用来存放当前子程序的返回地址。当执行完子程序后，只要把 R14 的值复制到程序计数器 PC 中，子程序即可返回。下面两种方式可实现子程序的返回。

执行下面任何一条指令都可以实现子程序的返回：

MOV　PC,LR

BX　LR

在子程序入口使用下面的指令将 PC 保存到栈中：

STMFD　SP!,{<registers>,LR}

相应地，下面的指令可以实现子程序返回：

LDMFD　SP!,{<registers>,PC}

R14 还用于异常处理的返回。当某种异常中断发生时，该异常模式下的寄存器 R14 将保存基于 PC(进入异常前的 PC)的返回地址。在不同的流水线下，R14 所保存的值会有所不同，3 级流水下的 R14 保存值为 PC−4。在一个处理器的异常返回过程中，R14 保存的返回地址可能与真正需要返回的地址有一个常数的偏移量，而且对于不同的异常模式这个偏移量会有所不同。异常中断返回的方式与上面的子程序返回方式基本相同。

当然，在其他情况下 R14 寄存器也可以作为通用寄存器使用。

(3) 程序计数器 R15

寄存器 R15 被用做程序计数器，也称为 PC。它虽然可以作为一般的通用寄存器使用，但是由于 R15 的特殊性，即 R15 值的改变将引起程序执行顺序的变化，这有可能引起程序执行中出现一些不可预料的结果，因此，对于 R15 的使用一定要慎重。当向 R15 中写入一个地址值时，程序将跳转到该地址执行。由于在 ARM 状态下指令总是字对齐的，所以 R15 值的第 0 位和第 1 位总为 0，PC[31∶2]用于保存地址。

需要注意的是，ARM 处理器采用多级流水线技术，因此保存在 R15 的程序地址并不是当前指令的地址。对于 3 级流水线，PC 总是指向下两条指令的地址，因此 PC 保存的是当前指令地址值加 8；对于 5 级流水线，PC 保存的是当前指令地址加 12。到底是哪种方式，取决于 ARM 核采用的几级流水线结构。但对于同一流水线结构的 ARM 处理器，所有的指令应该是统一的，即要么采用当前指令地址加 8，要么采用当前指令地址加 12。

有一些指令对于 R15 的用法有一些特殊的要求。例如，指令"BX Rm"利用 Rm 的 bit[0]来确定是跳转到 ARM 状态，还是 Thumb 状态。

3. ARM 程序状态寄存器

所有处理器模式下都可以访问当前的程序状态寄存器 CPSR。CPSR 包含条件码标志、中断禁止位、当前处理器模式以及其他状态和控制信息。ARM 程序状态寄存器如图 2-8 所示。

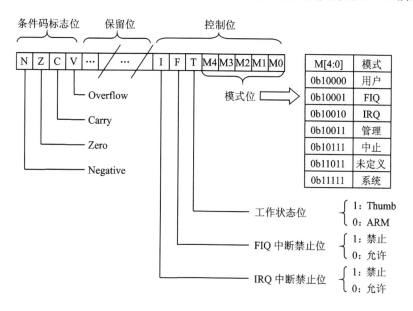

图 2-8 ARM 程序状态寄存器

在每种异常模式下都有一个对应的物理寄存器——程序状态保存寄存器 SPSR。当异常出现时，SPSR 用于保存 CPSR 的状态，以便异常返回后恢复异常发生时的工作状态。下面介绍 CPSR 和 SPSR 的格式。

(1) 条件码标志

N、Z、C、V 最高 4 位称为条件码标志。ARM 的大多数指令可以是条件执行的，即通过检测这些条件码标志以决定程序指令如何执行。在数据处理指令中，除了比较指令（CMP、CMN）和测试指令（TEQ、TST）可以设置状态寄存器的条件码外，大多数据指令都可以通过在指令助记符后加 S 来设置状态寄存器的条件码。各个条件码的含义如下：

N——在结果是带符号的二进制补码的情况下，如果结果为负数，则 N=1；如果结果为非负数，则 N=0。

Z——如果结果为 0，则 Z=1；如果结果为非 0，则 Z=0。

C——其设置分以下几种情况：

对于加法指令（包括比较指令 CMN），如果产生进位，则 C=1；否则 C=0。

对于减法指令（包括比较指令 CMP），如果产生借位，则 C=0；否则 C=1。

对于有移位操作的非加减法指令，C 为移位操作中最后移出位的值。

对于其他指令，C 通常不变。

V——其设置分为以下两种情况：对于加减法指令，在操作数和结果是带符号的整数时，如果发生溢出，则 V=1；否则 V=0。对于其他指令，V 通常不发生变化。

(2) 控制位

最低 8 位 I、F、T 和 M[4∶0]位用做控制位。当异常出现时改变控制位。当处理器在特权模式下时也可以由软件改变控制位。

➢ 中断禁止位。若 I＝1,则禁止 IRQ 中断;若 F＝1,则禁止 FIQ 中断。
➢ T 位。若 T＝0,则指示 ARM 执行;若 T＝1,则指示 Thumb 执行。
➢ M 模式位。M0、M1、M2、M3 和 M4(M[4∶0])是模式位,这些位决定处理器的工作模式,如图 2-8 所示。注意,M[4∶0]的其他组合结果是不可预知的。

(3) 其他位

程序状态寄存器的其他位保留用作以后的扩展。

2.3.3 Thumb 状态下的寄存器组织

1. Thumb 状态下的寄存器概述

Thumb 状态下的寄存器集是 ARM 状态下寄存器集的子集。程序员可直接访问 8 个通用寄存器(R0～R7)、程序计数器 PC、堆栈指针 SP、链接寄存器 LR 和当前状态寄存器 CPSP。每一种特权模式都各有一组 SP、LR 和 SPSR。图 2-9 为 Thumb 状态下的寄存器组织图。

用户	系统	管理	中止	未定义	普通中断	快速中断
R0						
R1						
R2						
R3						
R4						
R5						
R6						
R7						
R13(SP)	R13_svc	R13_abt	R13_und	R13_irq	R13_fiq	
R14(LR)	R14_svc	R14_abt	R14_und	R14_irq	R14_fiq	
R15 (PC)						
CPSR						
无	SPSR_svc	SPSR_abt	SPSR_und	SPSR_irq	SPSR_fiq	

图 2-9 Thumb 状态下的寄存器组织

2. Thumb 状态和 ARM 状态下的寄存器关系

➢ Thumb 状态的 R0～R7 与 ARM 状态的 R0～R7 是一致的。
➢ Thumb 状态的 CPSR 和 SPSR 与 ARM 状态的 CPSR 和 SPSR 是一致的。
➢ Thumb 状态的 SP 映射到 ARM 状态的 R13。
➢ Thumb 状态的 LR 映射到 ARM 状态的 R14。
➢ Thumb 状态的 PC 映射到 ARM 状态的 PC(R15)。

Thumb 状态下寄存器与 ARM 状态下寄存器的关系如图 2-10 所示。

由图 2-10 可以看出,高寄存器 R8～R15 并不是标准寄存器集的一部分,在使用它们时有一定的限制,具体用法见 3.2 节。

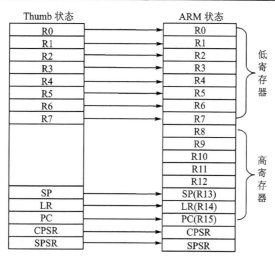

图 2-10 寄存器状态图

2.4 ARM 的异常中断

计算机通常是用异常来处理在执行程序时发生的意外事件,如中断、存储器故障等,它需要停止程序的执行流程。在正常的程序执行过程中,每执行一条 ARM 指令,程序计数器 PC 的值加 4;每执行一条 Thumb 指令,程序计数器 PC 的值加 2,整个过程按顺序执行。在程序执行过程中通过控制跳转类指令,程序可以跳转到特定的地址标号处执行,或者跳转到特定的子程序处执行。而当异常中断发生时,系统执行完当前指令后,将跳转到相应的异常中断处理程序处执行异常处理,异常中断处理完成后,程序返回。

异常中断事件改变了程序正常执行的顺序,是程序执行的非正常状态。在进入异常中断处理程序时,要保存被中断程序的执行现场。在从异常中断处理程序退出时,要恢复被中断程序的执行现场。每种异常中断都具有各自的备份寄存器组。对异常中断的了解是处理器应用必须掌握的基本知识。本节详细讨论 ARM 体系中的异常中断种类、异常处理机制。

ARM 异常按引起异常的事件不同可以分为 3 类:
- 指令执行引起的直接异常。软件中断、未定义指令(包括所要求协处理器不存在时的协处理器指令)和预取指中止(因为取指过程中存储器故障导致的无效指令)属于此类。
- 指令执行引起的间接异常。数据中止(在读取和存储数据时的存储器故障)属于此类。
- 外部产生的与指令流无关的异常。复位、IRQ 和 FIQ 属于此类。

表 2-3 给出了 ARM 体系结构支持的异常中断的类型、异常中断下的处理器工作模式、优先级和每种异常中断的含义。每种模式下可以访问的寄存器可参考表 2-2。当多个异常中断同时发生时,根据各异常中断的优先级选择响应优先级最高的异常中断。关于异常中断的优先级将在 2.4.4 小节进行详细的描述。

表 2-3 ARM 体系中的异常中断

异常类型	进入异常模式	优先级	异常中断含义
复位(Reset)	特权模式(SVC)	1	当处理器的复位引脚有效时,系统产生复位异常中断,程序跳转到复位异常中断处理程序处执行。复位异常通常发生在: • 系统加电时 • 系统复位时 • 跳转到复位中断向量处执行,称为软复位

续表 2-3

异常类型	进入异常模式	优先级	异常中断含义
未定义的指令 (Undefined Instruction)	未定义 (UND)	6	当 ARM 处理器或者是系统中的协处理器认为当前指令未定义时,产生未定义的指令异常中断。可通过该异常中断机制仿真浮点向量运算
软件中断 (SWI)	特权模式 (SVC)	6	这是一个由用户定义的中断指令,可用于用户模式下的程序调用特权操作
指令预取中止 (Prefech Abort)	中止 (ABT)	5	如果处理器预取指令的地址不存在,或者该地址不允许当前指令访问,当该被预取的指令执行时,处理器产生指令预取中止异常中断
数据访问中止 (Data Abort)	中止 (ABT)	2	如果数据访问指令的目标地址不存在,或者该地址不允许当前指令访问,处理器产生数据访问中止异常中断
外部中断请求 (IRQ)	外部中断模式 (IRQ)	4	当处理器的外部中断请求引脚有效,而且 CPSR 寄存器的 I 控制位被清除时,处理器产生外部中断请求(IRQ)异常中断。系统中各外设通常通过该异常中断请求处理器服务
快速中断请求 (FIQ)	快速中断模式 (FIQ)	3	当处理器的外部快速中断请求引脚有效,而且 CPSR 寄存器的 F 控制位被清除时,处理器产生外部中断请求(FIQ)

当发生异常中断时,ARM 处理器将进入相应的异常模式,然后从异常向量表中对应的异常向量地址开始执行中断处理程序。如图 2-11 所示为 ARM 异常向量表。有些 ARM 处理器核可实现将异常向量表由 32 位地址空间低端的正常地址范围 0x00000000~0x0000001C,移到接近于地址空间高端的另一地址范围 0xFFFF0000~0xFFFF001C,这些改变后的地址位置称为高端向量。嵌入式操作系统(如 Linux 和 Windows CE)的 0x00000000 地址处一般被内核空间占用,因此,可利用此特性将异常向量表放置在 0xFFFF0000 高端地址处。

2.4.1 ARM 的异常中断响应过程

当发生异常时,除了复位异常立即中止当前指令外,处理器尽量完成当前指令,然后脱离当前的指令处理序列去处理异常。ARM 处理器对异常中断的响应过程如下:

① 将 CPSR 的内容保存到将要执行的异常中断对应的 SPSR 中,以实现对处理器当前状态、中断屏蔽位以及各条件标志位的保存。各异常中断模式都有自己相应的物理 SPSR 寄存器。

② 设置当前状态寄存器 CPSR 中的相应位:
➤ 设置 CPSR 模式控制位 CPSR[4∶0],使处理器进入相应的执行模式。
➤ 当进入 Reset 或 FIQ 模式时,还要设置中断标志位(CPSR[6]=1)禁止 FIQ 中断,否则 CPSR[6]不变。
➤ 设置中断标志位(CPSR[7]=1),禁止 IRQ 中断。

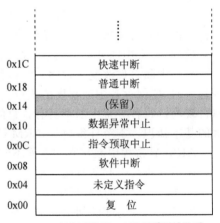

(ARM720T、ARM9 系列以及后续的 ARM 核,异常向量表可以被放置在 0xFFFF0000)

图 2-11 ARM 异常向量表

③ 将寄存器 LR_<mode> 设置成异常返回地址 return link(对于某些异常中断,保存在 LR_<mode> 的值可能与实际异常返回的地址有一个常数的偏移量),使异常处理程序执行完后能正确返回原程序。发生各异常中断时,return link 的值如表 2-4 所列。若异常是从 ARM 状态进入,LR 寄存器中保存的是下一条指令的地址(当前 PC+4 或 PC+8,与异常的类型有关);若异常是从 Thumb 状态进入,则在 LR 寄存器中保存的是当前 PC 的偏移量。这样,异常处理程序就不需要确定异常是从何种状态进入的。例如,在软件中断异常 SWI 下,指令"MOVS PC,R14_svc"总是返回到下一条指令,不管 SWI 是在 ARM 状态执行,还是在 Thumb 状态执行。

表 2-4 ARM 响应异常相关参数值

异常类型	return link 描述	设置 CPSR[4:0]	强制 PC 至向量地址	
			正常地址	高向量地址
复位(Reset)	不可预知的值	0b10000	0x00000000	0xFFFF0000
未定义的指令(Undefined Instruction)	指向未定义指令的下一条指令地址	0b10001	0x00000004	0xFFFF0004
软件中断(SWI)	指向 SWI 指令的下一条指令地址	0b10010	0x00000008	0xFFFF0008
指令预取中止(Prefech Abort)	指向导致指令预取中止异常的那条指令地址+4	0b10011	0x0000000C	0xFFFF000C
数据访问中止(Data Abort)	指向导致数据访问中止异常的那条指令地址+8	0b10111	0x00000010	0xFFFF0010
外部中断请求(IRQ)	指向发生 IRQ 中断时执行指令的下一条指令地址+4	0b11011	0x00000018	0xFFFF0018
快速中断请求(FIQ)	指向发生 FIQ 中断时执行指令的下一条指令地址+4	0b11111	0x0000001C	0xFFFF001C

④ 给程序计数器 PC 强制赋值,使程序从相应的向量地址开始执行中断处理程序。一般来说,向量地址处将包含一条指向相应程序的转移指令,从而可跳转到相应的异常中断处理程序处执行异常中断处理程序。

需要注意的是,异常是从 ARM 状态进入的,如果发生异常时,处理器处于 Thumb 状态,则当异常向量地址加载入 PC 时,处理器自动切换到 ARM 状态。

ARM 处理器对异常的响应过程可以用伪代码描述如下:

```
R14_<exception_mode> = return link
SPSR_<exception_mode> = CPSR
CPSR[4:0] = exception mode number
CPSR[5] = 0                              /* 切换到 ARM 状态 */
if<exception-mode> = Reset or FIQ then
    CPSR[6] = 1                          /* 当 Reset 或 FIQ 异常中断时,禁止新的 FIQ 中断 */
                                         /* 否则 CPSR[6] 不变 */
CPSR[7] = 1                              /* 禁止新的 IRQ 中断 */
PC = exception vector address
```

2.4.2 从异常中断处理程序中返回

复位异常处理程序执行完后不需要返回,因为系统复位后将开始整个用户程序的执行。复位异常之外的异常一旦处理完毕,便须恢复用户任务的正常执行,这就要求异常处理程序代码能精确恢复异常发生时的用户状态。从异常中断处理程序中返回时,需要执行以下操作:

① 所有修改过的用户寄存器必须从处理程序的保护堆栈中恢复(即出栈);
② 将 SPSR_mode 寄存器内容复制到 CPSR 中,使得 CPSR 从相应的 SPSR 中恢复,即恢复被中断程序的处理器工作状态;
③ 根据异常类型将 PC 变回到用户指令流中的相应指令处;
④ 最后清除 CPSR 中的中断禁止标志位 I/F。

需要强调的是第②、③步不能独立完成。这是因为假设如果先恢复 CPSR,则保存返回地址的当前异常模式的 R14 就不能再访问了;如果先恢复 PC,异常处理程序将失去对指令流的控制,使得 CPSR 不能恢复。

为确保指令总是按正确的操作模式读取,以保证存储器保护方案不被绕过,还有更加微妙的困难。因此,ARM 提供了两种返回处理机制,利用这些机制,可以使上述两步作为一条指令的一部分同时完成。当返回地址 return link 保存在当前异常模式的 R14 时,使用其中一种机制;当返回地址拷贝入堆栈时(例如,为了能够再次进入异常,在这种情况下 SPSR 也和 PC 一样必须保存)使用另一种机制。具体操作如表 2-5 所列。

表 2-5 ARM 异常返回

异常类型	异常返回地址	返回机制	
		返回地址保存在 LR_<mode>	返回地址拷贝入堆栈
复位 (Reset)	—	—	—
未定义的指令 (Undefined Instruction)	返回到未定义指令的下一条指令地址处	MOVS PC,LR	STMFD SP!,{reglist,lr} ⋮ LDMFD SP!,{reglist,pc}^
软件中断 (SWI)	返回到 SWI 指令的下一条指令地址处	MOVS PC,LR	STMFD SP!,{reglist,lr} ⋮ LDMFD SP!,{reglist,pc}^
指令预取中止 (Prefech Abort)	返回到导致指令预取中止异常的那条指令地址处	SUBS PC,LR,#4	SUBS LR,LR,#4 STMFD SP!,{reglist,lr} ⋮ LDMFD SP!,{reglist,pc}^
数据访问中止 (Data Abort)	返回到导致数据访问中止异常的那条指令地址处	SUBS PC,LR,#8	SUBS LR,LR,#8 STMFD SP!,{reglist,lr} ⋮ LDMFD SP!,{reglist,pc}^

续表 2-5

异常类型	异常返回地址	返回机制	
		返回地址保存在 LR_<mode>	返回地址拷贝入堆栈
外部中断请求 (IRQ)	返回到发生 IRQ 中断时执行指令的下一条指令地址处	SUBS PC,LR,#4	SUBS LR,LR,#4 STMFD SP!,{reglist,lr} ⋮ LDMFD SP!,{reglist,pc}^
快速中断请求 (FIQ)	返回到发生 FIQ 中断时执行指令的下一条指令地址处	SUBS PC,LR,#4	SUBS LR,LR,#4 STMFD SP!,{reglist,lr} ⋮ LDMFD SP!,{reglist,pc}^

在返回地址保存在 LR_<mode> 的返回机制中,使用的指令目的寄存器是 PC,操作码后面的 S 修饰符表示此指令为特殊形式的指令,执行此指令将会把当前处理器模式对应的 SPSR 值复制到 CPSR 寄存器中。

在返回地址拷贝入堆栈的返回机制中,reglist 是异常中断处理程序中使用的寄存器列表,标识符"^"指示将 SPSR_mode 寄存器内容复制到当前程序状态寄存器 CPSR 中,此指令只能在特权模式下使用。执行"LDMFD SP!,{reglist,pc}^"指令后,在从存储器中装入 PC 的同时,CPSR 也得到恢复。由于寄存器是按照升序装入的,所以 PC 是从存储器传送的最后一个数据。这里使用的堆栈指针 SP 是属于特权操作模式的寄存器,每个特权模式都可以有它自己的堆栈指针,这个堆栈指针必须在系统启动时进行初始化。显然,只有当 LR 的值在存入堆栈之前进行过调整,才可以使用堆栈的返回机制。

2.4.3 异常中断向量表

异常中断向量表中指定了各异常中断与其处理程序的对应关系。在 ARM 体系结构中,异常中断向量表的大小为 32 字节。其中,每个异常中断占据 4 个字节大小,保留了 4 个字节空间。ARM 异常向量表通常以存储器的低端 0x0 为起始地址。目前,除 7TDMI、740T 和 7TDMI-S 外,大多数 ARM 处理器核(ARM720T、ARM9 系列及以后的系列)也支持将异常向量表存放在以 0xFFFF0000 为起始地址的 32 字空间中,实际应用中可通过软硬件设计来设置异常向量表的基地址。硬件设计中当 ARM 核的 HIVECS 的复位值为 LOW 时,异常向量表的基地址为 0x0;当 HIVECS 的复位值为 HIGH 时,异常向量表的基地址为 0xFFFF0000。软件上可以通过 ARM 协处理器 CP15 的寄存器 C1 的 V(bit[13])来控制,当 V(bit[13])=0 时,选择异常向量表的基地址为 0x0;当 V(bit[13])=1 时,选择异常向量表的基地址为 0xFFFF0000。

每个异常中断对应中断向量表的 4 字节空间中,存放一个跳转指令或者一个向 PC 寄存器中赋值的数据访问指令 LDR。通过这两种指令,程序将跳转到相应的异常中断处理程序处执行。

在异常向量表中,存储器的前 8 个字中除地址 0x00000014 之外,全部被用做异常矢量地址。这是因为在早期的 26 位地址空间的 ARM 处理器中,曾使用地址 0x00000014 来捕获落在地址空间之外的 Load 和 Store 存储器地址。这些陷阱称为"地址异常",因为 32 位 ARM 不会产生落在它的 32 位地址空间之外的地址,所以地址异常在当前的体系结构中没有作用,0x00000014 的向量地址也就不再使用了。

2.4.4 异常中断的优先级

当几个异常中断同时发生时,就必须按照一定的次序来处理这些异常中断。在 ARM 中通过给各异常中断赋予一定的优先级来实现这种处理次序。优先级如下:① 复位(最高优先级);② 数据异常中止;③ FIQ;④ IRQ;⑤ 预取指异常中止;⑥ SWI、未定义指令(包括缺少协处理器)。这两者是互斥的指令编码,因此不可能同时发生。

处理器在执行某个特定异常中断的过程中,被称为处于特定的中断模式。

复位是优先级最高的异常中断,这是因为复位从确定的状态启动微处理器,使得所有其他未解决的异常都没有关系了。

最复杂的异常莫过于 FIQ、IRQ 和第 3 个异常(不是复位)同时发生的情形。FIQ 比 IRQ 的优先级高,会将 IRQ 屏蔽,所以 IRQ 将被忽略,直到 FIQ 处理程序明确地将 IRQ 使能或返回用户代码为止。

如果第 3 个异常是数据中止,则因为进入数据中止异常并未将 FIQ 屏蔽,所以处理器将在进入数据中止处理程序后立即进入 FIQ 处理程序。数据中止将"记"在返回路径中,当 FIQ 处理程序返回时进行处理。

如果第 3 个异常不是数据中止,将立即进入 FIQ 处理程序。当 FIQ 和 IRQ 两者都完成时,程序返回到产生第 3 个异常的指令,在余下的所有情况下异常将重现并进行相应处理。

ARM 有两级外部中断 IRQ 和 FIQ,可是大多数基于 ARM 的系统都有两个以上的中断源,对于某些中断优先级高的中断要抢先于任何正在处理的低优先级中断,因此需要一个中断控制器来控制中断是如何传递给 ARM 的。如图 2-12 所示为 ARM 外部异常处理过程。

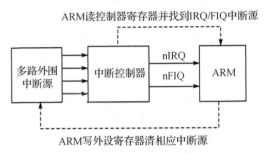

图 2-12 ARM 外部异常处理过程

注意:通常中断处理程序应该包含清除中断源的代码。

2.5 ARM 存储器接口及协处理器接口

现代 SoC 设计中,为了实现高性能,微处理器核必须连接一个容量大、速度高的存储器系统。如果存储器容量太小,就不能存储足够大的程序使处理器全力处理;如果存储器速度太慢,就不能以足够快的速度为处理器提供指令以适应其处理指令的速度。但一般存储器的容量和速度之间成反比关系,即容量越大,速度越慢。因此设计一个足够大又足够快的单一存储器使高性能处理器充分发挥其能力,是有一定困难的。一般的解决方法是构建一个复合的存储器系统,这就是普遍使用的多级存储器层次的概念。

多级存储器系统包括一个容量小但速度快的从存储器和一个容量大但速度慢的主存储器。根据典型程序的实验统计,该存储器系统的外部行为在绝大部分时间像一个既大又快的存储器,其中容量小但速度快的元件是 Cache,它自动保存处理器经常用到的指令和数据的拷贝。

两级存储器原理可以扩展为多级存储器层次。如通常所谓的 Cache、主存和硬盘构成 3 级存储层次,将硬盘作为存储器层次的一部分。

本节首先对 ARM 支持的存储数据类型和处理器中数据存储格式进行介绍,在此基础上介绍 ARM 存储器的接口设计,主要包括存储器接口、Cache、MMU 和保护单元,建立起 ARM 处理器整个存储体系的概念和设计方法。

2.5.1　ARM 存储数据类型和存储格式

1．ARM 支持的数据类型

ARM 处理器支持以下 6 种数据类型（较早的 ARM 处理器不支持半字和有符号字节）：
- 8 位有符号和无符号字节；
- 16 位有符号和无符号半字，它们以 2 字节的边界定位；
- 32 位有符号和无符号字，它们以 4 字节的边界定位。

ARM 指令全是 32 位的字并且必须是以字为单位边界对齐的。Thumb 指令是 16 位半字且必须是以 2 字节为单位边界对齐的。

在内部，所有的 ARM 操作都面向 32 位的操作数；只有数据传送指令支持较短的字节和半字的数据类型。当从存储器调入一个字节和半字时，根据指令对数据的操作类型，将其无符号的 0 或有符号的"符号位"扩展为 32 位，进而作为 32 位数据在内部进行处理。

ARM 协处理器可能支持其他数据类型，特别是定义了一些表示浮点数的数据类型。在 ARM 核内没有明确地支持这些数据类型，然而在没有浮点协处理器的情况下，这些类型可由软件用上述标准类型来解释。

2．存储器组织

在以字节为单位寻址的存储器中有"小端"和"大端"两种方式存储字，这两种方式是根据最低有效字节与相邻较高有效字节相比，是存放在较低的还是较高的地址来划分的。两种存储方式如图 2-13 所示。

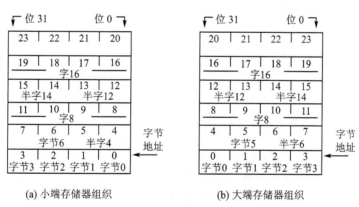

(a) 小端存储器组织　　　　　(b) 大端存储器组织

图 2-13　小端和大端存储器组织

- 小端格式：较高的有效字节存放在较高的存储器地址，较低的有效字节存放在较低的存储器地址。
- 大端格式：较高的有效字节存放在较低的存储器地址，较低的有效字节存放在较高的存储器地址。

ARM 处理器能方便地配置为其中任何一种存储器方式，但它们的缺省设置为小端格式。在本书中通篇采用小端格式，即较高的有效字节存放在较高存储器地址。

2.5.2　ARM 存储器层次简介

存储器层次对用户来讲是透明的。存储层次的管理是由计算机硬件和操作系统来完成的。

高速存储器的每位价格远高于低速存储器,因此采用层次存储的目的还在于以接近低速存储器的平均每位价格,得到接近高速存储器的性能。典型的计算机存储层次由多级构成,每级都有特定的容量及速度。

① 寄存器组。微处理器寄存器组可看作是存储器层次的顶层。典型的 RISC 微处理器大约有 32 个 32 位寄存器,总共 128 字节,其访问时间为几个 ns。

② 片上 RAM。如果微处理器要达到最佳性能,采用片上存储器是必需的。它和片上寄存器组具有同级的读/写速度。与片外存储器相比,它有较好的功耗效率,并减少了电磁干扰。许多嵌入式系统中采用简单的片上 RAM 而不是 Cache,因为它简单、便宜、功耗低。但片上 RAM 又不能太快(消耗太多功率)太大(占用太多芯片面积)。因为片上 RAM 和片上寄存器组具有较高的实现成本,所以一般片上集成 RAM 的容量是必须考虑的。

③ 片上 Cache。片上 Cache 存储器的容量在 8～32KB 之间,访问时间大概为 10ns。高性能 PC 机系统可能有第 2 级片外 Cache,其容量为几百 KB,访问速度为几十 ns。

④ 主存储器。主存储器可能是几 MB 到 1GB 的动态存储器,访问时间大概为 50ns。

⑤ 硬盘。硬盘作为后援存储器,容量可能从几百 MB 到几十 GB,访问时间为几十 ms。

注意:主存储器和硬盘之间的性能差别远大于其他相邻级之间的差别,即使系统中没有第 2 级 Cache。

保存在寄存器组中的数据可以由编译器或汇编语言直接控制,但其他存储器层次中的内容通常为自动管理。Cache 对于应用程序往往是不可见的,在硬件控制下,指令和数据以块或页的形式向上层级和下层级移动。主存和后援存储器之间的页映射由操作系统控制,对于应用程序是透明的。由于主存和后援存储器之间性能差异太大,决定了何时在这两级间移动数据的算法更为复杂。

嵌入式系统通常没有硬盘,因此也不采用页方式。但许多嵌入式系统采用 Cache,ARM CPU 芯片采用了多种 Cache 组织结构。

2.5.3 ARM 存储系统简介

与中低档单片机不同的是,ARM 处理器中一般都包含一个存储器管理部件,用于对存储器的管理。同时为了适应不同的嵌入式应用需求,ARM 存储系统的体系结构在构成上差别较大。简单的可以使用像单片机系统中使用的平板式地址映射机制,而一些复杂的系统中则可能包含多种现代计算机存储技术来构成功能更为强大的存储系统。因为 ARM 存储系统内部的结构非常复杂,本小节只对 ARM 存储系统基本内容和多种类型存储器件进行简单讲述。基于 ARM 核的嵌入式应用系统中可能包含多种类型存储器件,如 FLASH、ROM、SRAM 和 SDRAM 等,而且不同类型的存储器件具有不同的速度、数据宽度等。

1. Cache 及 Write Buffer

基于 ARM 核的 SoC 芯片通过使用容量小但非常快的 Cache 及 Write Buffer 技术来缩小处理器和存储系统的速度差,从而提高系统的整体性能。现在 Cache 通常与处理器在同一芯片上实现。Cache 有多种组织方式,在最高层次,微处理器可采用下列两种方式之一。

(1) 统一的 Cache

若一个存储系统中指令预取时使用的 Cache 和数据读/写时使用的 Cache 是同一个 Cache,则称系统使用了统一的 Cache,如图 2-14 所示。

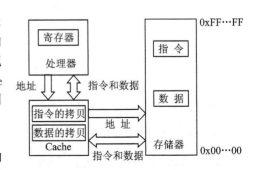

图 2-14 统一的指令和数据 Cache

(2) 指令 Cache 和数据 Cache 分开

如果一个存储系统中指令预取时使用的 Cache 和数据读/写时使用的 Cache 是各自独立的,则称系统使用了分开的 Cache。这种组织方式又称为改进的哈佛结构,如图 2-15 所示。这两种组织方式各有优点。统一的 Cache 能够根据当前程序的需要自动地调整指令在 Cache 存储器中的比例,比固定划分有更好的性能;而分开的 Cache 使 Load/Store 指令能够单周期执行。

2. MMU

内存管理部件使用内存映射技术实现虚拟空间到物理空间的映射,这种映射机制对于嵌入式系统非常重要。通常嵌入式系统的程序存放在 ROM/FLASH 中,这样系统断电后程序能够得到保存。但是通常 ROM/FLASH 与 SDRAM 相比,速度要慢很

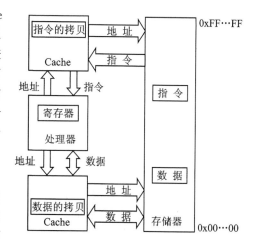

图 2-15 数据和指令分开的 Cache

多,而且嵌入式系统中通常把异常中断向量表存放在 RAM 中。利用内存映射机制可以解决这种需要。在系统加电时,将 ROM/FLASH 映射为地址 0,这样可以进行一些初始化处理。当这些初始化处理完成后,将 SDRAM 映射为地址 0,并把系统程序加载到 SDRAM 中运行,这样很好地解决了嵌入式系统的需要。在 ARM 系统中,存储器管理单元 MMU 主要完成以下工作:

- 虚拟存储空间到物理存储空间的映射。在 ARM 中采用页式虚拟存储管理。它把虚拟地址空间分成一个个固定大小的块,每一块称为一页,把物理内存的地址空间也分成同样大小的页。页的大小可以分为粗粒度和细粒度两种。MMU 就是要实现从虚拟地址到物理地址的转换。
- 存储器访问权限的控制。
- 设置虚拟存储空间的缓冲特性。

页表是实现上述功能的一个重要手段,它实际上是位于内存中的一个对照表。

3. 用于存储管理的系统控制协处理寄存器 CP15

在基于 ARM 的嵌入式系统中,存储系统通常使用 CP15 来完成存储器的大部分管理工作。除了 CP15 之外,在具体的存储管理机制中可能还会用到其他技术,如页表技术等。

CP15 可以包含 16 个 32 位寄存器,编号为 0~15。实际上某些编号的寄存器可能对应多个物理寄存器,在指令中指定特定的标志位来区分相应的寄存器。

4. 存储保护机制

引入一些机制保证将 I/O 操作映射成内存操作后,各种 I/O 操作能够得到正确的结果,以增强系统的安全性。这在简单的存储系统中不存在问题,而当系统引入了 Cache 及 Write Buffer 后,就需要一些特别的措施。

5. 快速上下文切换技术

快速上下文切换技术 FCSE(Fast Context Switch Extension),通过修改系统中不同进程的虚拟地址,避免在进行进程间切换时造成虚拟地址到物理地址的重映射,从而提高系统的性能。

如果两个进程占用的虚拟地址空间有重叠,系统在这两个进程之间进行切换时,必须进行虚拟地址到物理地址的重映射,包括重建 TLB、清除 Cache,整个工作会带来巨大的系统开销。而

快速上下文切换技术的引入避免了这种开销。

FCSE 位于 CPU 和 MMU 之间，它的责任就是将不同进程使用的相同的虚拟地址映射为不同的虚拟空间，使得在上下文切换时无需重建 TLB 等。

如果两个进程使用了同样的虚拟地址空间，则对 CPU 而言，FCSE 机构对各个进程的虚拟地址进行变换，这样系统中除了 CPU 之外的部分看到的是经过上下文切换机构变换后的虚拟地址。

6. 存储器映射的输入/输出

在 ARM 系统中，I/O 操作通常被映射成存储器操作，即输入/输出是通过存储器映射的可寻址外围寄存器和中断输入的组合来实现的。在 ARM 中，I/O 的输出操作可以通过存储器写入操作实现；I/O 的输入操作可以通过存储器读取操作实现。这样 I/O 空间就被映射成了存储空间。但这些存储器映射的 I/O 空间不满足 Cache 所要求的特性。例如，从一个普通的存储单元连续读取两次，会返回同样的结果。对于存储器映射的 I/O 空间，连续读取两次，返回的结果可能不同。这可能是由于第 1 次读操作有副作用或者其他的操作影响了该存储器映射的 I/O 单元内容。因而对于存储器映射的 I/O 空间的操作就不能使用 Cache 技术。有些 ARM 系统也可能有存储器直接访问(DMA)硬件。

2.5.4 ARM 协处理器

ARM 通过增加硬件协处理器来支持对其指令集的通用扩展，通过未定义指令陷阱支持这些协处理器的软件仿真。简单的 ARM 核提供板级协处理器接口，因此协处理器可以作为一个独立的元件接入。高速时钟使得板级接口非常困难，因此高性能的 ARM 协处理器接口仅限于片上使用。最常用的协处理器是用于控制片上功能的系统协处理器，例如，控制 ARM720 上的高速缓存 Cache 和存储器管理单元 MMU 等。

ARM 也开发了浮点协处理器，也可以支持其他的片上协处理器。ARM 体系结构支持通过增加协处理器来扩展指令集的机制。

2.6 ARM 片上总线 AMBA 概述

随着以 IP 核复用为基础的 SoC 设计技术的发展，当 IP 核作为一个元件集成到复杂的系统芯片上时，需要某种接口与片上其他 IP 核进行通信，此时可能有多种解决方案。如果在每一项设计中都专门选择一种互连结构，这将耗费设计资源，并制约外围 IP 核的复用。例如，设计中当集成采用不同互联方案的 IP 核时，用户必须自己增加许多附属逻辑单元，不仅麻烦而且容易产生问题。为了使 IP 核集成更快速、更方便，缩短进入市场的时间，迫切需要一种标准的互连方案。于是片上总线 OCB(On Chip Bus)技术就应运而生了，经过多年的发展，它已成为成熟的片上互连技术。

片上总线是现阶段 SoC 设计中广为使用的 IP 核互连方式，它的使用使得片上不同 IP 核的连接实现标准化。基于 IP 核互连标准技术的发展，目前形成较有影响力的 3 种总线标准：IBM 公司的 CoreConnect、ARM 公司的 AMBA(Advanced Microcontroller Bus Architecture)和 Silicore Corp 公司的 Wishbone。本节将对 ARM 公司公布的总线标准进行简介。

1. AMBA 总线标准概述

先进的微控制器总线体系结构 AMBA 是 ARM 公司公布的总线标准。AMBA 规范定义了 3 种总线：

➢ AHB(Advanced High-performance Bus)：用于连接高性能模块。
➢ ASB(Advanced System Bus)：用于连接系统模块。
➢ APB(Advance Peripheral Bus)：是一个简单接口支持低性能的外围接口。

一个典型的基于 AMBA 总线协议连接的微控制器，将同时集成 AHB（或 ASB）和 APB 接口，如图 2-16 所示。ASB 总线是较早的系统总线，而新版的 AHB 总线增强了对性能、综合及时序验证的支持。APB 总线通常用作局部的 2 级总线，用于 AHB 或 ASB 上的单个从属 IP 模块的连接。

AMBA 作为一种基本的 SoC 总线，根据需要，系统设计者必须选择连接 3 种总线中的一种。根据 AMBA 规范，连接 AHB/ASB 和 APB 的 APB 桥的惟一功能是提供更简单的接口。任何由低性能外围设备产生的延迟会由连接高性能（AHB/ASB）总线的桥反映出来。桥本身仿佛是一个简单的 APB 总线的主设备，它访问与之相连的从设备，并且通过高性能总线控制信号的子集控制它们。

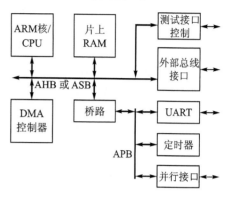

图 2-16 AMBA 总线的逻辑结构

2. AHB 简介

AHB 是先进的系统总线。它的主要目的就是连接高性能、高吞吐率的系统模块，例如，CPU、DMA 和 DSP。它支持突发数据传输方式及单个数据传输方式，所有时序都以单一时钟沿为基准。AHB 在高性能系统中（如在基于 ARM1020E 的系统芯片设计中）取代 ASB 总线。

3. ASB 简介

ASB 是通用系统总线，是一种微处理器和系统外设的高性能互连总线，也是目前使用比较普遍的总线协议。ASB 的主要特性与 AHB 类似，其不同点是 ASB 的读/写数据采用同一条数据总线，而 AHB 具有分离的输入/输出数据总线，因此在不需要 AHB 高速特性的场合，可选择 ASB 作为系统总线以简化设计。

4. APB 简介

APB 是外围互联总线，其特点是易于使用且功耗低。ASB 总线提供了相对性能较高的片上互连，适合于处理器、存储器和具有复杂内建接口的外围宏单元。而对于非常简单且性能较低的外围接口，如果采用 ASB 接口，相对而言开销太大。作为 ASB 总线的补充，APB 是一个简单的静态总线，为非常简单的外围宏单元提供最小的接口。APB 总线协议较简单，频率通常为 AHB/ASB 总线的一半，外设总线 APB 通过桥接器可连接在系统总线 AHB 或 ASB 上。桥接器提供 AHB/ASP 部件与 APB 部件间的访问代理与缓冲。

2.7 基于 JTAG 的 ARM 系统调试

传统的调试工具及方法存在过分依赖芯片引脚的特点，不能在处理器高速运行的情况下正常工作，并且占用系统资源，不能实时跟踪和设置硬件断点，而且价格过于昂贵。目前高度集成的嵌入式 SoC 的普遍使用，使得很多动作都从不在芯片的外部 I/O 上体现，一些内部模块的控制、存储器的总线信号也并不完全体现在芯片的外部 I/O 引脚上。这种深度嵌入、软件越来越复杂的发展趋势给传统的调试工具带来极大的挑战，使调试成为一个很大的难题，也给嵌入式开发工作带来不便，这就需要更先进的调试技术和调试工具相配套。

为解决这一问题,在硬件和软件上设置很多断点的最根本目的,是能够通过断点观察到所有的或是任何希望看到的内部状态。设置最大的断点数目等效于单步执行,即一次执行一条指令,并观察内部状态。嵌入在复杂SoC中、基于ARM核的调试系统代表当今片上调试技术的前沿。本节对于ARM的调试系统进行简述。

基于JTAG仿真器的调试是目前ARM开发中采用最多的一种方式。大多数ARM设计采用了片上JTAG接口,并将它作为其测试和调试方法的重要组成。JTAG仿真器,也称为JTAG的在线调试器ICD(In-Circuit Debugger),是通过ARM芯片的JTAG边界扫描口进行调试的设备。JTAG仿真器连接比较方便,实现价格比较便宜,通过现有的JTAG边界扫描口与ARM CPU核通信,实现了完全非插入式调试,连接比较方便,不使用片上资源,无需目标存储器,不占用目标系统的任何端口。由于JTAG调试的目标程序是在目标板上执行,仿真更加接近于目标硬件。JTAG仿真器通过ARM处理器特有的JTAG边界扫描接口与目标机通信进行调试,并可以通过并口或串口、USB口等与宿主机PC通信。

基于JTAG的ARM内核调试通道,具有典型的ICE(In-Circuit Emulator)功能,包含EmbeddedICE模块的基于ARM的SoC芯片通过JTAG调试端口与主计算机连接。通过配置,支持正常的断点、观察点以及处理器和系统状态访问,以完成调试。

为了对代码运行过程进行实时跟踪,ARM提供了跟踪宏单元ETM(Embedded Trace Macrocell),通过嵌入式实时跟踪系统,实时观察其操作过程,对应用程序的调试将更加全面、客观和真实。

ARM开发者通过EmbeddedICE和ETM获得了传统意义的在线仿真器ICE工具能够提供的各种功能。通过这些技术能够全面观察应用代码的实时行为,并且能够设置断点,检查并修改处理器寄存器和存储器单元,还总是能够严格地反链接到高级语言源代码,构成ARM完整的调试、实时跟踪的完整解决方案,并降低了开发成本。

2.7.1 基于JTAG仿真器的调试结构

嵌入式系统的调试如果使用如逻辑分析仪之类的测试仪器,只能从外部监视嵌入式系统运行调试的方法,无法准确反映系统内部的实际运行状态。功能强大的嵌入式调试工具支持单步执行、设置断点等功能,可以从内部运行观察系统。

当要调试的系统是一个运行于PC机上的程序时,所有用户接口模块已准备好,并且调试器本身是运行于这台机器上的另一个软件。设置断点时调用调试器来代替目标程序的指令,要记住原始指令,以便程序的执行越过断点时恢复这条指令。通常编译器有编译选项以产生扩展调试信息,如符号表。使用符号表,用户就可以在源代码级调试程序,用源代码中的名字对变量寻址而不是用存储器地址。源代码级调试非常有用,与目标代码级调试相比,只需要对机器环境有较少了解。本小节主要讲述ARM的调试结构。

1. 嵌入式调试

如果系统是嵌入式的,则调试变得更为困难。由于系统使用的是交叉开发环境,因此调试工具必须在远程主机"即宿主机"上运行,并通过某种通信方式与目标机连接。如果代码存放在ROM中,由于不能进行写操作,指令不能简单地由调试工具调用。

采用在线仿真器ICE是一个标准的嵌入式调试解决方案。在线仿真器使用仿真头完全取代目标板上的处理器,可以完全仿真ARM芯片的行为,提供更加深入的调试功能。仿真器上的处理器可以是一个相同的芯片,也可以是一个有更多引脚的变型芯片(对内部状态有更高的可观察性)。

2. 调试处理器核

ICE方法依赖于系统中确实有能够去除并由ICE代替的处理器芯片。显然,如果处理器是一个复杂系统芯片上许多IP核中的一个,那么这一点就是不可能的。尽管使用软件模型仿真在物理实现前可以去除许多设计错误,但通常在仿真时运行整个软件系统是不可能的,并且精确描述所有实时约束也是困难的。由此看来,对整个硬件和软件系统进行调试是很有必要的。ARM公司提出的方法很好地解决了这一问题。

3. ARM调试硬件

为了提供与ICE相似的调试工具,对于运行在ROM中和RAM中的代码,用户必须能够设置断点和观察点,检查并修改处理器和系统的状态,观察处理器在感兴趣点活动的轨迹,而且所有这些都应当在有着良好用户界面的PC系统上方便地做到。ARM系统使用的跟踪机制与其他调试系统不同,它很好地解决了断点、观察点及状态监视的资源。

目标系统与主机之间通过扩展JTAG测试端口的功能来实现通信。为了方便板级测试,大多数芯片中都有JTAG测试引脚。通过这些引脚访问测试硬件不需要额外的专用引脚,节省了芯片的宝贵资源以备将来使用。JTAG扫描链用于访问断点及观察点寄存器,并向处理器施加指令来访问处理器及系统的状态。

实现设置断点和观察点的硬件代价非常小,一般是产品所能够接受的。主机系统运行标准的ARM开发工具,并通过一个串行口和/或并行口与目标系统通信。在主机串行口与目标的JTAG端口之间有专用的协议实现通信。

除了断点和观察点事件,当系统级事件发生时也可能希望处理器停止。

4. EmbeddedICE

ARM的EmbeddedICE调试结构是一种基于JTAG的ARM内核调试通道,提供了传统的在线仿真系统的大部分功能,可以调试一个复杂系统中的ARM核。

EmbeddedICE是基于JTAG测试端口的扩展,引入了附加的断点和观测点寄存器。这些数据寄存器可以通过专用JTAG指令来访问,一个跟踪缓冲器也可用相似的方法来访问。ARM核周围的扫描路径可以将指令加入ARM流水线,并且不会干扰系统的其他部分。这些指令可以访问并修改ARM和系统的状态。ARM的EmbeddedICE具有典型的ICE功能,例如,条件断点、单步运行。由于这些功能的实现是基于片上JTAG测试访问端口进行调试,芯片不需要增加额外的引脚,同时也可避免使用笨重、不可靠的探针接插设备进行调试;且芯片中的调试模块与外部的系统时序分开,它可以直接在芯片内部以独立的时钟速度运行。

EmbeddedICE模块包括两个观察点寄存器以及控制寄存器和状态寄存器。当地址、数据和控制信号与观察点寄存器的编程数据相匹配时,也就是触发条件满足时,观察点寄存器可以中止处理器。由于比较是在屏蔽控制下进行的,因此当ROM或RAM中的一条指令执行时,任何一个观察点寄存器都可配置为能够中止处理器的断点寄存器。

基于ARM的包括EmbeddedICE模块的系统芯片通过JTAG端口和协议转换器与主计算机连接。这种配置支持正常的断点、观察点以及处理器和系统状态访问,这是程序设计人员在本地或基于ICE的调试中习惯采用的方式。采用适当的主机调试软件,以较小的硬件代价得到完全的源代码级调试功能。

2.7.2 ARM的嵌入式跟踪

在ARM开发调试时,观察系统的实时操作对应用程序的调试是非常重要的。EmbeddedICE提供的断点及观察点将使处理器偏离正常执行序列,破坏了软件的实时行为,因此它不能完成上述功能。ARM 结构的处理器采用嵌入式跟踪宏单元 ETM 很好地解决了系统实时调试的问题。由调试软件配置并通过标准 JTAG 接口传输到 ETM 上。在程序执行时，ETM 可以通过产生对处理器地址、数据及控制总线活动的追踪（Trace）来获得处理器的全速操作情况。利用已有的可编程跟踪器，追踪可配置为 4 位、8 位或 16 位数据总线宽度端口。在实时仿真时外设和中断程序依然能够继续运行。

在程序执行时，通过对处理器地址、数据及控制总线活动的追踪来获得观察处理器全速操作情况，需要巨大的数据带宽。例如，一个以 100 MHz 运行的 ARM 处理器产生的接口信息超过 1 GB/s。将这些信息从芯片取出需要大量的引脚，具有这种能力的芯片是不经济的。但是专用设备的开发必然导致成本上升，我们可以采用数据压缩技术。

通过使用一系列相关数据压缩技术，ETM 可将跟踪信息压缩到必要的长度，使这些信息依配置的不同通过不同的引脚传送到片外。当不需要输出跟踪时，这些引脚还可用于其他目的。

ARM 实时调试的完整解决方案如图 2-17 所示。EmbeddedICE 单元支持断点和观察点功能并提供主机和目标软件的通信通道。ETM 单元压缩处理器接口信息并通过跟踪端口送到片外。这两个单元都由 JTAG 端口控制。SoC 外部的 EmbeddedICE 控制器用于将主机系统连接到 JTAG 端口，跟踪端口分析器使主机系统与跟踪端口对接。主机通过一个网络可以与跟踪端口分析器和 EmbeddedICE 二者连接。

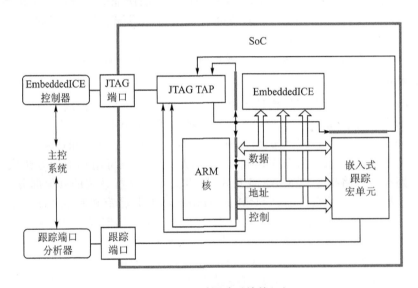

图 2-17 实时调试系统的组织

用户可控制断点和观察点的设置，并可以配置各种跟踪功能。可以跟踪所有应用软件，也可以跟踪某一特定程序。跟踪触发条件可以指定，跟踪采集可以在触发之前、之后，或以触发为中心选择跟踪是否包括数据访问。跟踪采集可以是数据访问的地址、数据本身，也可以是两者兼有。

ETM 是使用软件通过 JTAG 端口进行配置的，所使用的软件是 ARM 软件开发工具的一个扩展。跟踪数据从跟踪端口分析仪下载并解压，最终反链接到源代码。

有了 EmbeddedICE 和 ETM，ARM SoC 开发者在低成本前提下获得了传统的在线仿真器工具能够提供的所有功能。通过这些技术能够全面观察应用代码的实时操作，且能够设置断点，检查并修改处理器寄存器和存储器单元，能够真实、实时地严格反链接到高级语言源代码。

2.8 基于 ARM 核的芯片选择简介

基于 ARM 核的 SoC 芯片是我们从实际应用角度开发嵌入式应用系统的基础。本节从实际应用的角度介绍 ARM 芯片的选择原则。

1. 从应用角度选择 ARM 芯片的原则

下面从应用的角度,讲述 ARM 芯片选择的一般原则。

① MMU。MMU 指的是内存管理控制器。如果希望使用 Windows CE 或 Linux 等操作系统来减少软件开发时间,就需要选择 ARM720T 以上带有 MMU 功能的 ARM 芯片,例如,ARM720T、ARM920T、ARM922T 和 ARM946T 都带有 MMU 功能。而 ARM7TDMI 没有 MMU,不支持 Windows CE 和大部分的 Linux,但目前也有 μCLinux 等少数几种 Linux 不需要 MMU 的支持。

② 处理器速度。ARM7 芯片的工作频率通常为 20~100 MHz,速度为 0.9 MIPS/MHz;ARM9 芯片的工作频率一般为 200 MHz 左右,处理速度是 1.1 MIPS/MHz。如果系统需要进行图像处理等对速度要求比较高的应用,就应该尽量选择高版本的 ARM 内核芯片。

③ 内置存储器容量。如果系统不需要大容量的存储器,而且一些产品对 PCB 面积的要求非常严格,要求所设计的 PCB 面积很小,则可以考虑选择带有内置存储器的芯片来开发产品。OKI、Atmel、Philips、Hynix 等厂家都推出了带有内置存储器的芯片,如 OKI 的 ML67Q4001,内部含有 256 KB 的 FLASH;Atmel 的 AT91FR40162,内部含有 2 MB 的 FLASH、256 KB 的 ROM 和 4 KB 的 SRAM。

④ USB 接口。USB 有 1.1 版本的,也有 2.0 版本的,还有主 USB 和从 USB 之分。有内置 USB 模块的,也有自己在系统中外扩的。用户可根据产品具体应用来适当选择。许多 ARM 芯片内置有 USB 控制器,有些芯片甚至同时集成有 USB Host 和 USB Slave 控制器。

⑤ GPIO 数量。在有些芯片供应商提供的说明书中,往往声明的是最大可能的 GPIO 数量,但是有许多引脚是与地址线、数据线、串口线等复用的。这样在系统设计时,就需要计算实际可以使用的 GPIO 数量。

⑥ 中断控制器。ARM 内核只提供快速中断(FIQ)和标准中断(IRQ)两个中断向量。但各个半导体厂家在设计芯片时加入了自己不同的中断控制器,来支持串口中断、外部中断、时钟中断等硬件中断。外部中断控制是选择芯片必须考虑的重要因素,选择具有合适的外部中断控制芯片可以很大程度地减少任务调度的工作量。例如,Philips 公司的 SAA7750,所有 GPIO 都可以设置成 FIQ 或 IRQ,并且可以选择上升沿、下降沿、高电平、低电平 4 种中断方式。这使得红外线遥控接收和键盘等任务都可以作为背景程序运行。而 Cirrus Logic 公司的 EP7312 芯片,只有 4 个外部中断源,并且每个中断源都只能是低电平或高电平中断,这样在用于接收红外线信号的场合,就必须用查询方式,因而会浪费大量的 CPU 时间。

⑦ I^2S(Integrate Interface of Sound)音频接口。如果设计者开发音频应用产品,则 I^2S 总线接口是必需的。

⑧ nWAIT 信号。nWAIT 即为外部总线速度控制信号。并不是每个 ARM 芯片都提供这个信号引脚,利用 nWAIT 信号与廉价的 GAL 芯片就可以实现与符合 PCMCIA 标准的 WLAN 卡和 Bluetooth 卡的接口,而不需要外加高成本的 PCMCIA 专用控制芯片。另外,当需要扩展外部 DSP 协处理器时,此信号也是必需的。

⑨ RTC(Real Time Clock)。很多 ARM 芯片都提供实时时钟功能以满足用户实时时钟功

能的需求,如 SAA7750 和 S3C2410 等 ARM 芯片的 RTC 直接提供了年月日时分秒格式。

⑩ LCD 控制器。一些 ARM 芯片内置 LCD 控制器,可以方便 LCD 应用。

⑪ PWM 输出。用户可以根据应用选择带有 PWM 输出的 ARM 芯片,用于电机控制或语音输出等场合。

⑫ ADC 和 DAC。有些 ARM 芯片内置 2~8 通道的 8~12 位通用 ADC,可以用于电量检测、触摸屏和温度监测等。Philips 公司的 SAA7750 内置了一个 16 位立体声音频 ADC 和 DAC,并且带耳机驱动。

⑬ PS2。PS2 接口设备应用最多的是键盘、鼠标,需要时可选择具有 PS2 接口的 ARM 芯片。

⑭ CAN 总线。CAN 总线作为国际上应用最广泛的现场总线之一,普遍使用在工业控制领域。现代公司的 HMS30C7202 就集成两路 CAN 总线接口。用户可根据应用需求,在需要时选择具有 CAN 总线接口的 ARM 芯片。

⑮ 扩展总线。大部分 ARM 芯片具有外部 SDRAM 和 SRAM 扩展接口,不同的 ARM 芯片可以扩展的芯片数量(即片选线数量)不同,外部数据总线有 8 位、16 位或 32 位。

⑯ UART。几乎所有的 ARM 芯片都具有一个或多个 UART 接口,可以用于与 PC 机等设备通信。

⑰ 时钟计数器和看门狗。一般 ARM 芯片都有一个或多个时钟计数器和看门狗计数器。

⑱ 电源管理功能。ARM 芯片的耗电量与工作频率成正比,ARM 芯片一般都有低功耗模式、睡眠模式和关闭模式。

⑲ DMA 控制器。有些 ARM 芯片内部集成有 DMA(Direct Memory Access),可以和硬盘等外部设备进行高速数据交换,以减少数据交换时对 CPU 资源的占用。

可以选择的内部功能部件还有 HDLC、SDLC、CD-ROM Decoder、Ethernet MAC 和 VGA Controller。可以选择的内置接口还有 I^2C、SPI、PCI 和 PCMCIA。用户可以根据自己的需求灵活选择。

基于 ARM 芯片的主要封装有 QFP、TQFP、PQFP、LQFP、BGA 和 LBGA 等形式,其中 BGA 封装应用较多。但使用时需要专用的焊接设备,无法手工焊接。一般 BGA 封装的 ARM 芯片无法用双面板设计完成 PCB 布线,需要多层 PCB 板布线,这一点须特别注意。

2. 多内核 ARM 芯片选择

随着电子应用产品的不断升级,在许多场合下对 CPU 提出了更高的要求,为了满足这种需求,许多大的半导体公司相继推出带有多内核的芯片。主要有下面 3 种。

① ARM+DSP。ARM 内核的优势在于控制方面,可是在某些应用中却需要大量的数值运算,这时往往需要在系统中增加一个 DSP 芯片。此时如果选择 ARM+DSP 双内核的芯片,其优势是很明显的,即可以降低成本,提高系统的稳定性;由于是内部集成,还可以降低功耗。通常加入的 DSP 核有 ARM 公司的 Piccolo DSP 核、TI 公司和 Freescale 公司的 DSP 核。

② ARM+FPGA。ARM+FPGA 内核的芯片主要是为了提高产品设计的灵活性,通过对芯片内部的 FPGA 编程,可给产品加密,灵活配置所需硬件,提高系统硬件的在线升级能力。

③ 多 ARM 核。许多复杂的应用系统中,单 CPU 无法完成所有的功能,这时最好的办法就是采用多 ARM 核的芯片,它可以增强多任务处理能力和多媒体处理能力。

例如 Portal Player 公司的 PP5002 片内部集成了两个 ARM7TDMI 内核,可以应用于便携式 MP3 播放器的编码器或解码器。MinSpeed 公司就在其多款高速通信芯片中集成了 2~4 个 ARM7TDMI 内核。

3. 国内常用 ARM 芯片及供应商简介

几乎所有著名半导体公司(例如,Intel、TI、Samsun、Freescale、NXP、ST、ADI、Atmel、Intersil、Alcatel、Altera、Cirrus Logic 等),都提供满足不同领域应用基于 ARM 核的芯片,用户可根据自己产品的功能需求进行选择。在此仅对国内常用 ARM 芯片供应商产品进行简单讲述。

① Atmel 公司的 ARM 系列芯片。Atmel 公司推出的 ARM 芯片大部分都是基于 ARM7 内核,主要分为 40、55、63 等系列,并且推出了相应的评估板。其中 40 系列通常都含有内部存储器;55 系列集成了内部的 A/D、D/A 模块,比较适合于类似数据采集系统的应用;63 系列有对处理器的接口,可用于多处理器领域。Atmel 公司的 ARM 芯片定位非常明确,就是工业领域。它所推出的所有芯片都是工业级芯片,非常适合做工业控制产品和工业设备。

② Hynix 现代公司的 ARM 系列芯片。Hynix 现代公司的 ARM 系列芯片,其典型代表是 HMS30C7202。7202 是 ARM720T 内核,是 ARM 芯片中集成功能模块较全的一款芯片,通常都用于做 POS 机、医疗设备或者工业设备。Hynix 的芯片也是工业级芯片。

③ 三星公司的 ARM 芯片。三星公司的 ARM 芯片是目前国内用的最多的 ARM 芯片,可能很多学习 ARM 的人都是从三星公司芯片开始的。它的应用领域很广,主要是民用产品,包括手持设备、网络应用、打印机产品等。其中最常用的芯片是 S3C4510 和 S3C44B0X。S3C4510 内部集成了以太网控制器,适合做网关、路由器、HUB 交换机等。S3C44B0X 内部集成了 LCD 控制器,适合做手持设备。

④ Cirrus Logic 公司的 ARM 芯片。Cirrus Logic 公司的 ARM 芯片主要应用领域是手持计算、个人数字音频播放器和 Internet 电器设备。其中用的比较多的是 EP7312 和 EP9312。EP7312 是 ARM720T 内核,EP9312 是 ARM920T 内核。它们主要用来做 MP3、音频处理类的产品。

⑤ Triscend 公司的 ARM 芯片。Triscend 公司的 ARM 芯片最主要的特点是:该芯片是 ARM+FPGA 内核结构的现场可配置系统芯片。这使得 Triscend 公司的芯片应用非常灵活,产品加密也很方便。

习 题

(1) 试比较 CISC 体系结构和 RISC 体系结构的特点。ARM 为何采用 RISC 结构?
(2) 简述 ARM 体系结构的特点。
(3) 什么是 Thumb 技术?其优点是什么?与 ARM 指令集相比,Thumb 指令集具有哪些局限?
(4) 什么是 Thumb-2 内核技术?它有哪些特点?
(5) 目前 ARM 处理器核有哪几种?简述 ARM7TDMI 内核的重要特性。
(6) 分别以 ARM7TDMI 和 ARM9TDMI 为例,介绍 3 级流水线和 5 级流水线的执行过程,并进行相应的比较。
(7) ARM Cortex 处理器包括哪几个系列?各有什么特点?
(8) ARM 微处理器支持哪几种工作模式?各个工作模式有什么特点?
(9) ARM 处理器共有多少个寄存器?这些寄存器在用户编程中的功能是如何划分的?ARM 状态下的通用寄存器可分为哪几类?
(10) 简述 ARM 状态下分组寄存器 R13、R14、R15 的功能及 R15 的使用注意事项。
(11) 简述 ARM 程序状态寄存器各位的功能。
(12) 试分析 Thumb 状态与 ARM 状态的寄存器关系。
(13) ARM 体系结构支持哪几种类型的异常?它们之间的优先级关系如何?各种异常与处理模式有何关系?
(14) 简述 ARM 处理对异常中断的响应过程。

(15) ARM 如何从异常中断处理程序中返回？需要注意哪些问题？
(16) 什么是 ARM 异常中断向量表？它有何作用？存储在什么地方？
(17) 如果 FIQ、IRQ 和第 3 个异常(不是复位)同时发生，ARM 应如何处理？
(18) ARM 支持中断嵌套吗？如何实现 ARM 处理器的中断嵌套？
(19) ARM 处理器支持哪些数据类型？
(20) 大端存储与小端存储有何不同？它们对存储数据有什么要求与影响？
(21) 简述 ARM 的存储器层次。
(22) 简述存储器管理单元 MMU 的作用。MMU 与 MPU 有何异同？
(23) 统一的 Cache 与分开的 Cache 有什么区别？它们各自的优点是什么？
(24) 简述 ARM 协处理器的作用。
(25) AMBA 规范定义了几种总线？各自有什么特点？
(26) 简述基于 JTAG 仿真器的 ARM 系统调试结构。
(27) 简述基于 EmbeddedICE 的 ARM 调试结构。
(28) 试分析 ARM 实时调试的完整解决方案。
(29) 从应用的角度分析，ARM 芯片选择的原则是什么？

第 3 章 基于 ARM 的嵌入式软件开发基础

嵌入式程序一般都采用汇编语言、C(或 C++)语言,或汇编语言与 C 语言的混合编程。为了更好地进行基于 ARM 的嵌入式软件开发,本章密切结合具体开发例程,对基于 ARM 的嵌入式软件开发中所涉及的基础内容进行了简述。通过对本章的学习,读者能够掌握基于 ARM 嵌入式程序设计的基本知识。

本章的主要内容为:
- ARM 指令集
- Thumb 指令集
- 基于 ARM 的汇编语言程序设计基础
- 基于 ARM 的嵌入式 C 语言程序设计基础
- 基于 ARM 的嵌入式 C 语言程序设计技巧
- C 语言与汇编语言混合编程

3.1 ARM 指令集

本节通过对 ARM 指令集概述、ARM 寻址方式以及 ARM 指令的详细介绍,使读者了解 ARM 指令集及其具体的使用方法。

3.1.1 ARM 指令集概述

ARM 指令集具有如下特点:
- 由于 ARM 处理器是基于精简指令集原理设计的,其指令集及译码机制相对较简单。
- ARM 指令集是 32 位的,程序的启动都是从 ARM 指令集开始,包括所有的异常中断都自动转化为 ARM 状态。
- 所有的 ARM 指令集都可以是有条件执行的。

本小节从指令集编码、条件执行、指令分类及指令格式 3 个方面对 ARM 指令集进行概述。

1. ARM 指令集编码

ARM 指令集编码特点如下:
- ARM 指令集是以 32 位二进制编码方式给出的。
- 大部分指令编码中定义了第 1 操作数、第 2 操作数、目的操作数、条件标志影响位,以及每条指令所对应的不同功能实现的二进制位。
- 每条 32 位 ARM 指令都具有不同的二进制编码方式来与不同的指令功能相对应。

图 3-1 列出了 ARM 指令集编码。

2. 条件执行

在 ARM 的指令编码表中,统一占用编码的最高 4 位[31:28]来表示"条件码"(即 cond)。每种条件码用两个英文缩写字符表示其含义,可以将其添加在指令助记符的后面表示指令执行时必须要满足的条件。

ARM 指令根据 CPSR 中的条件位自动判断是否执行指令,在条件满足时,指令执行;否则指令被忽略(可以认为执行了一条 NOP 伪指令)。

31 30 29 28	27 26 25	24	23	22	21	20	19 18 17 16	15 14 13 12	11 10 9 8	7	6 5	4	3 2 1 0	
cond	0 0 1	opcode				S	Rn	Rd	operand 2					数据处理/PSR状态转换
cond	0 0 0	0	0	0	A	S	Rd	Rn	Rs	1	0 0	1	Rm	乘法
cond	0 0 0	0	0	1	U	A S	RdHi	RdLo	Rn	1	0 0	1	Rm	长乘
cond	0 0 0	1	0	B	0	0	Rn	Rd	0 0 0 0	1	0 0	1	Rm	数据交换
cond	0 0 0	1	0	0	1	0	1 1 1 1	1 1 1 1	1 1 1 1	0	0 0	1	Rn	分支与交换
cond	0 0 0	P	U	0	W	L	Rn	Rd	0 0 0 0	1	S H	1	Rm	半字存取寄存器偏移
cond	0 0 0	P	U	1	W	L	Rn	Rd	Offset	1	S H	1	Offset	半字存取立即数偏移
cond	0 1 1	P	U	B	W	L	Rn	Rd	Offset					单数据存取
cond	0 1 1									1				未定义
cond	1 0 0	P	U	S	W	L	Rn	寄存器列表						数据块存取
cond	1 0 1	L					Offset							分支
cond	1 1 0	P	U	N	W	L	Rn	CRd	CP#	Offset				协处理器数据存取
cond	1 1 1 0			CP Opc			CRn	CRd	CP#	CP		0	GRm	协处理器数据操作
cond	1 1 1 0			CP Opc		L	CRn	Rd	CP#	CP		1	GRm	协处理器寄存器传送
cond	1 1 1 1						被处理器忽略							软中断

图 3-1 ARM 指令集编码图

例如,数据传送指令 MOV 加上条件后缀 EQ 后成为 MOVEQ,表示"相等则执行传送","不相等则本条指令不执行",即只有当 CPRS 中的 Z 标志为 1 时,才会发生数据传送。

表 3-1 列举了 4 位条件码 cond 的 16 种编码中能为用户所使用的 15 种,而编码 1111 为系统暂不使用的保留编码。

表 3-1 ARM 指令的条件码表

操作码 [31:28]	助记符 扩展	解 释	用于执行的标志位状态
0000	EQ	相等/等于 0	Z 置位
0001	NE	不等	Z 清 0
0010	CS/HS	进位/无符号数高于或等于	C 置位
0011	CC/LO	无进位/无符号数小于	C 清 0
0100	MI	负数	N 置位
0101	PL	正数或 0	N 清 0
0110	VS	溢出	V 置位
0111	VC	未溢出	V 清 0
1000	HI	无符号数高于	C 置位 Z 清 0
1001	LS	无符号数小于或等于	C 清 0 Z 置位
1010	GE	有符号数大于或等于	N 等于 V
1011	LT	有符号数小于	N 不等于 V
1100	GT	有符号数大于	Z 清 0 且 N 等于 V
1101	LE	有符号数小于或等于	Z 置位且 N 不等于 V
1110	AL	总是	任何状态
1111	NV	从不(未使用)	无

3. 指令分类及指令格式

(1) 指令分类简述

ARM 指令集是 Load/Store 型的,只能通过 Load/Store 指令实现对系统存储器的访问,而其他类型的指令是基于处理器内部寄存器完成操作的。ARM 指令集可以分为 6 大类:数据处理指令、Load/Store 指令、跳转指令、程序状态寄存器处理指令、协处理器指令和异常产生指令。具体指令集的详细介绍参见 3.1.3 小节。

(2) 指令格式

ARM 指令使用的基本格式如下:

⟨opcode⟩{⟨cond⟩}{S}　⟨Rd⟩,⟨Rn⟩{,⟨operand2⟩}

(3) 基本指令格式说明

指令格式中所用的英文缩写符号说明如下:

opcode	操作码;指令助记符,如 LDR、STR 等。
cond	可选的条件码;执行条件,如 EQ、NE 等。
S	可选后缀。若指定 S,则根据指令执行结果更新 CPSR 中的条件码。
Rd	目标寄存器。
Rn	存放第 1 个操作数的寄存器。
operand2	第 2 个操作数。

指令基本格式中"⟨⟩"和"{}"的说明:

"⟨⟩"　符号内的项是必需的。例如,⟨opcode⟩是指令助记符,这是必须书写的。

"{}"　符号内的项是可选的。例如,{⟨cond⟩}为指令执行条件,是可选项。若不书写,则使用默认条件 AL(无条件执行)。

(4) 指令格式使用举例

指令格式举例如下:

```
LDR     R0,[R1]         ;读取 R1 地址上的存储单元内容给 R0,执行条件 AL
BEQ     DATAEVEN        ;条件执行分支指令,执行条件 EQ,即相等则跳转到 DATAEVEN
ADDS    R2,R1,#1        ;加法指令,R2 <- R1 + 1,影响 CPSR 寄存器(S)
SUBNES  R2,R1,#0x20     ;条件执行的减法运算,执行条件 NE,R1 - 0x20 ->R2,影响 CPSR 寄存器(S)
```

3.1.2　ARM 寻址方式

寻址方式是根据指令编码中给出的地址码字段来寻找真实操作数的方式。ARM 处理器支持的基本寻址方式有以下 7 种。

1. 立即寻址

立即寻址也称为立即数寻址,操作数是通过指令直接给出的,数据就包含在指令的 32 位编码中,只要取出指令就可以在指令执行时得到立即操作数。例如:

```
ADD     R0,R0,#1        ;R0 <- R0 + 1
AND     R8,R7,#0xFF     ;R8 <- R7 AND"0xFF"
```

第 1 条指令完成寄存器 R0 的内容与立即数 1 相加,结果放回 R0 中。第 2 条指令完成 R7 的 32 位值与立即数 0xFF 相"与",将相"与"的结果送到 R8 中。

源操作数若为立即数则以"#"为前缀,在"#"后加"0x"或"&"表示十六进制数;在"#"后"0b"表示二进制数;在"#"后加"0d"或缺省表示十进制数。

在 ARM 指令编码中,32 位有效立即数是通过循环右移偶数位而间接得到的。需要注意的是,如果一个 32 位立即数直接用在 32 位指令编码中,就有可能完全占据 32 位编码空间,而使指令的操作码等无法在编码中体现。

在 ARM 数据处理指令中(参见 3.1.3 小节),当参与操作的第 2 操作数为立即数时,每个立即数都是采用一个 8 位的常数循环右移偶数位而间接得到。其中循环右移的位数由一个 4 位二进制数的两倍表示,如果立即数记作<immediate>,8 位常数记作 immed_8,则 4 位的循环右移值记作 rotate_imm。

因此,有效立即数 immediate 可以表示成:

<immediate>=immed_8 循环右移(2×rotate_imm)

这样一个 32 位立即数在指令编码时,只需要用 12 位编码(4 位 rotate_imm,8 位 immed_8)表示。但这样编码的缺点是:并不是每一个 32 位常数都是合法的立即数,只有通过上面的构造方法得到的才是合法的立即数,因此使用立即数时要特别注意。

例如,常数 0x0000F200、0x00110000、0x00012800 是合法的立即数,能通过上述构造方法得到。应用在例子(ADS 环境下)中如下所示:

```
         AREA    axample,CODE,READONLY
         ENTRY                          ;标识程序入口点
         MOV     R0,#0x0000F200         ;(1)
         MOV     R1,#0x00110000         ;(2)
         MOV     R4,#0x00012800         ;(3)
         ADD     R2,R1,R0
         BGE     Here
stop
         B       stop
Here     SUB     R3,R4,R1
         END
```

其中,带有 3 个有立即数的 MOV 指令的二进制编码为:

```
8000: E3A00CF2    /* MOV    R0,0xF200 */
8004: E3A01944    /* MOV    R1,0x110000 */
8008: E3A04B4A    /* MOV    R4,0x12800 */
```

由此可以看出:指令(1)中立即数 0xF200 是由 E3A00CF2 中的后 12 位 0xCF2 间接表示,即由 8 位的 0xF2 循环右移 24(2×12)位得到。指令(2)中立即数 0x110000 是由 E3A01944 中的后 12 位 0x811 间接表示,即由 8 位的 0x11 循环右移 16(2×8)位得到。指令(3)中立即数 0x12800 是由 E3A04B4A 中的后 12 位 0xB4A 间接表示,即由 8 位的 0x4A 循环右移 22(2×11)位得到。而常数 0x1010、0x00102、0xFF1000 不是合法的立即数,不能通过合法的构造方法得到,请读者验证。显然,对于 8 位立即数,不需要经过移位间接表示,而可以直接表示。

2. 寄存器寻址

寄存器寻址利用寄存器中的数值作为操作数,指令中地址码给出的是寄存器编号。例如:

```
ADD   R0,R1,R2              ;R0 <- R1 + R2
```

本指令将两个寄存器(R1 和 R2)的内容相加,结果放入第 3 个寄存器 R0 中。必须注意写操作数的顺序,第 1 个是结果寄存器,然后是第 1 操作数寄存器,最后是第 2 操作数寄存器。

(1) 第 2 操作数为寄存器型的移位操作

在 ARM 指令的数据处理指令中,参与操作的第 2 操作数为寄存器型时(详见 3.1.3 小节),

在执行寄存器寻址操作时,可以选择是否对第 2 操作数进行移位,即"Rm,{<shift>}",其中 Rm 称为第 2 操作数寄存器,<shift>用来指定移位类型(LSL、LSR、ASL、ASR、ROR 或 RRX)和移位位数。移位位数可以是 5 位立即数(#<#shift>)或寄存器(Rs)。在指令执行时将移位后的内容作为第 2 操作数参与运算。需要注意的是,第 2 操作数必须是寄存器,而且指令执行完毕后第 2 操作数寄存器的内容不变,对于第 2 操作数不是寄存器的情况不允许有移位操作。例如指令:

```
ADD    R3,R2,R1,LSR  #2            ;R3 <- R2 + R1÷4
```

寄存器 R1 的内容逻辑右移 2 位,再与寄存器 R2 的内容相加,结果放入 R3 中。指令执行结束后,第 2 操作数寄存器 R1 的内容不变,参与操作的第 2 操作数为 R1 逻辑右移 2 位的结果。

(2) 第 2 操作数移位方式

ARM 可以采用的移位操作有:

LSL　　逻辑左移(Logical Shift Left)。空出的最低有效位用 0 填充。

LSR　　逻辑右移(Logical Shift Right)。空出的最高有效位用 0 填充。

ASL　　算术左移(Arithmetic Shift Left)。由于左移空出的有效位用 0 填充,因此它与 LSL 同义。

ASR　　算术右移(Arithmetic Shift Right)。算术移位的对象是带符号数,移位过程中必须保持操作数的符号不变。如果源操作数是正数,空出的最高有效位用 0 填充;如果是负数则用 1 填充。

ROR　　循环右移(Rotate Right)。移出字的最低有效位依次填入空出的最高有效位。

RRX　　带扩展的循环右移(Rotate Right Extended by 1 Place)。将寄存器的内容循环右移 1 位,空位用原来 C 标志位填充。只有当移位的类型为 RRX 时不需指定移位位数。

这些移位操作如图 3-2 所示。

(3) 第 2 操作数的移位位数

移位位数可以用立即数方式或者寄存器方式给出。例如,下面两条指令分别以立即数和寄存器方式给出了移位位数:

```
ADD    R3,R2,R1,LSR  #2    ;R3 <- R2 + R1÷4
ADD    R3,R2,R1,LSR  R4    ;R3 <- R2 + R1÷2^{R4}
```

寄存器 R1 的内容分别逻辑右移 2 位、R4 位(即 $R1÷4$、$R1÷2^{R4}$),再与寄存器 R2 的内容相加,结果放入 R3 中。

3. 寄存器间接寻址

前面已经提到,ARM 的数据传送指令都是基于寄存器间接寻址,即通过 Load/Store 完成对数据的传送操作。寄存器间接寻址利用一个寄存器的值(这个寄存器相当于指针的作用,在基址加变址的寻址方式中,它作为基址寄存器来存放基址地址)作为存储器地址,在指定的寄存器中存放有效地址,而操作数则放在存储单元中。例如指令:

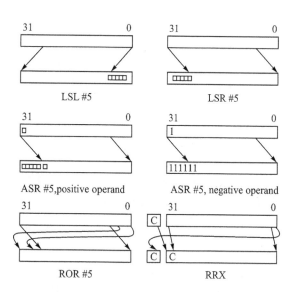

图 3-2　ARM 移位操作

```
LDR    R0,[R1]              ;R0 <- mem_{32}[R1]
STR    R0,[R1]              ;mem_{32}[R1] <- R0
```

第 1 条指令将寄存器 R1 指向的地址存储器单元的内容加载到寄存器 R0 中。第 2 条指令将寄存器 R0 的内容存入寄存器 R1 指向的地址存储器单元中。

4. 基址加偏址寻址

基址加偏址寻址也称为变址寻址,就是将基址寄存器的内容与指令中给出的偏移量相加,形成存储器的有效地址,用于访问基址附近的存储器单元。寄存器间接寻址实质是偏移量为 0 的基址加偏移寻址,这种寻址方式有很高的执行效率且编程技巧很高,如果结合条件标志码,可以编出短小但功能强大的汇编程序。

指令可以在系统存储器合理范围内的基址上加上不超过 4KB 的偏移量(指令编码中偏移 offset 为 12 位)来计算传送地址。

变址寻址方式可分为前变址(Pre-indexed)、自动变址(Auto-indexed)和后变址(Post-indexed)寻址方式。

(1) 前变址模式

```
LDR    R0,[R1,#4]        ;R0 <- mem32[R1+4]
```

这是一个前变址的模式,也就是说 R1(基址寄存器)存放的地址先变化,然后执行指令的操作。采用这种模式可以使用一个基址寄存器来访问位于同一区域的多个存储器单元。这条指令把基址 R1 的内容加上位移量 4 后所指向的存储单元的内容送到寄存器 R0。

(2) 自动变址模式

有时为了修改基址寄存器的内容使之指向数据传送地址,可以使用带有自动变址的前变址寻址来实现基址寄存器自动修改,这样可以让程序追踪一个数据表,例如:

```
LDR    R0,[R1,#4]!       ;R0 <- mem32[R1+4]
                         ;R1 <- R1+4
```

感叹号"!"表示在完成数据传送后将更新基址寄存器,更新的方式是每执行完一次操作,基址寄存器自动加上前变址的字节数。在本例中是每执行完一次操作,R1 的内容加 4。在 ARM 中自动变址并不花费额外的时间,因为这个过程是在数据从存储器中取出的同时在处理器的数据路径中完成的。它严格等效于先执行一条简单的寄存器间接取数指令,再执行一条数据处理指令向基址寄存器加一个偏移量,但避免了额外的指令时间和代码空间开销,即 ARM 的这种自动变址不消耗额外的时间。

(3) 后变址模式

后变址寻址模式是基址寄存器的内容在完成操作后发生变化。实质是基址寄存器不加偏移作为传送地址使用,完成操作后再加上立即数偏移量来变化基址寄存器内容。

```
LDR    R0,[R1],#4        ;R0 <- mem32[R1]
                         ;R1 <- R1+4
```

在此不再需要感叹号,因为立即数偏移量的惟一用途是作为基址寄存器修改量。执行上面的指令先将 R1 中内容所对应的存储器中的内容读到 R0 中,然后 R1 加 4,预备下一次的数据读/写。这种形式的指令完成的功能等效于简单的寄存器间接寻址取数,再加一条改变地址的数据处理指令,显然它具有较高的实现效率。

以下是使用后变址寻址形式来完成表拷贝的程序实例:

```
COPY   ADR    R1,TABLE1         ;R1 指向 TABLE1
       ADR    R2,TABLE2         ;R2 指向 TABLE2
```

```
LOOP    LDR    R0,[R1],#4           ;取 TABLE1 第一个数据
        STR    R0,[R2],#4           ;拷贝到 TABLE2
                                     ;若拷贝多字,返回 LOOP
          ⋮
TABLE1                                ;<数据源>
  ⋮
TABLE2                                ;<目标>
  ⋮
```

(4) 偏移地址

在以上的例子中基址寄存器的地址偏移一直是一个立即数。它同样可以是另一个寄存器,并且在加到基址寄存器前还可以经过移位操作。例如:

```
LDR     R0,[R1,R2]                   ;R0 <- mem₃₂[R1 + R2]
LDR     R0,[R1,R2,LSL #2]            ;R0 <- [R1 + R2 * 4]
```

但常用的是立即数偏移的形式,地址偏移为寄存器形式的指令很少使用。

(5) 传送数据类型

ARM 处理器支持的传送数据类型可以是有符号和无符号的 8 位字节、16 位半字和 32 位字,最高位表示该值是作为正数处理还是作为负数处理。对于字节操作,在指令中增加一个字母 B 选择字节操作,增加一个字母 H 选择半字操作,不加则选择字操作。例如:

```
LDRB    R0,[R1]                      ;R0 <- mem₈[R1]
                                     ;加载 8 位字节到寄存器 R0,零扩展到 32 位
LDRH    R1,[R0,#20]                  ;R1 <- mem₁₆[R0 + 20]
                                     ;加载 16 位半字到寄存器 R1,零扩展到 32 位
```

在这种情况下,传送的地址可以对准任意字节、半字,而不限于 4 字节的字分界处,详见 3.1.3 小节相关内容。

5. 堆栈寻址

从内存管理角度看,堆栈是一块用于保存数据的连续内存,也就是一种按特定顺序进行数据存取的存储区,这种特定的顺序可以归结为"后进先出(LIFO)"或"先进后出(FILO)"。指向堆栈的地址寄存器称为堆栈指针(SP),堆栈的访问是通过堆栈指针(R13,ARM 处理器的不同工作模式对应的物理寄存器各不相同)指向一块存储器区域(堆栈)来实现的。

堆栈既可以向下增长(向内存低地址),也可以向上增长,这就是堆栈的两种生长方式。
- 向上生长:即访问存储器时,存储器的地址向高地址方向生长,称为递增堆栈(Ascending Stack)。
- 向下生长:即访问存储器时,存储器的地址向低地址方向生长,称为递减堆栈(Descending Stack)。

根据堆栈指针指向的数据位置不同,它又可以分为:
- 满堆栈(Full Stack):堆栈指针指向最后压入堆栈的数据,或者指向第一个要读出的数据。
- 空堆栈(Empty Stack):堆栈指针指向最后压入堆栈数据的上或下一个空位置,或者指向第一个要读出数据的上或下一个空位置(根据堆栈的生长方向而定)。

根据以上描述说明,堆栈有 4 种形式,分别是由递增、递减、满栈、空栈组成的所有组合。ARM 处理器支持这 4 种形式的堆栈:

- 满递增：堆栈随着存储器地址的增大而向上增长，基址寄存器指向存储有效数据的最高地址，或者指向第一个要读出数据的位置。
- 空递增：堆栈随着存储器地址的增大而向上增长，基址寄存器指向存储有效数据的最高地址的上一个空位置，或者指向将要读出的第一个数据位置的上一个空位置。
- 满递减：堆栈随着存储器地址的减小而向下增长，基址寄存器指向存储有效数据的最低地址，或者指向第一个要读出的数据位置。
- 空递减：堆栈随着存储器地址的减小而向下增长，基址寄存器指向最后压入堆栈的数据的下一个空位置，或者指向将要读出的第一个数据位置的下一个空位置。

在 ARM 指令中，堆栈寻址通过 Load/Store 指令来实现（详见 3.1.3 小节），例如：

```
STMFD    SP!{R1-R7,LR}        ;将 R1～R7,LR 入栈
LDMFD    SP!{R1-R7,LR}        ;数据出栈，放入 R1～R7,LR 寄存器
```

在 Thumb 指令中，堆栈寻址通过 PUSH/POP 指令来实现（详见 3.2 节），例如：

```
PUSH     {R1-R7,LR}           ;将 R1～R7,LR 入栈
POP      {R1-R7,PC}           ;数据出栈，放入 R1～R7,PC 寄存器
```

6. 块拷贝寻址

块拷贝寻址是多寄存器传送指令 LDM/STM 的寻址方式。LDM/STM 指令可以把存储器中的一个数据块加载到多个寄存器中，也可以把多个寄存器中的内容保存到存储器中。寻址操作中的寄存器可以是 R0～R15 这 16 个寄存器的子集，或是所有寄存器。

LDM/STM 指令依据其后缀名（例如 IA、DB）的不同，其寻址的方式也有很大不同。这些后缀可以定义存储器地址的生长是向上还是向下，以及地址的增减与指令操作的先后顺序（即操作先进行还是地址的增减先进行）。具体的的寻址方式见表 3-2。

表 3-2　多寄存器 Load 和 Store 指令的堆栈和块拷贝对照

		递 增		递 减	
		满	空	满	空
增 值	先 增		STMIB STMFA		LDMIB LDMED
	后 增	STMIA STMEA		LDMIA LDMFD	
减 值	先 减	LDMDB LDMEA		STMDB STMFD	
	后 减		LDMDA LDMFA		STMDA STMED

从表 3-2 中可以看出，指令分为两组：一组用于数据的存储与读取，对应指令后缀为 IA、IB、DA、DB；一组用于堆栈操作，即进行压栈与出栈操作，对应指令后缀为 FD、ED、FA、EA。两组中对应指令的含义是相同的。例如指令 STMIB 与指令 STMFA 含义相同，只是 STMFA 针对堆栈进行操作。对堆栈进行操作时，必须先对堆栈进行初始化。

表中对应符号的含义如下：

IA(Increment After)　　　操作完成后地址递增
IB(Increment Before)　　地址先增而后完成操作
DA(Decrement After)　　操作完成后地址递减

DB(Decrement Before)　　　　　　　地址先减而后完成操作
FD(Full Decrement)　　　　　　　　满递减堆栈
ED(Empty Decrement)　　　　　　　空递减堆栈
FA(Full Aggrandizement)　　　　　　满递增堆栈
EA(Empty Aggrandizement)　　　　　空递增堆栈

下面以图的形式举例说明 LDM/STM 指令是怎样寻址的。

图 3-3 给出了块拷贝的用法，从图中可看出每条指令是如何将 3 个寄存器的数据存入存储器的，以及在使用自动变址的情况下基址寄存器是如何改变的。执行指令之前基址寄存器为 R9，自动变址之后为 R9′。需要注意的是，在递增方式下（即图中的 IA、IB 方式），寄存器存储的顺序是 R0、R1、R5；而在递减方式下（即图中的 DA、DB 方式），寄存器存储的顺序是 R5、R1、R0。在这里有一个约定：编号低的寄存器在存储数据或者是加载数据时对应于存储器的低地址。也就是说，编号最低的寄存器保存到存储器的最低地址，或从最低地址取数；其次是其他寄存器按照寄存器编号的次序，保存到第一个地址后面的相邻地址或从中取数。

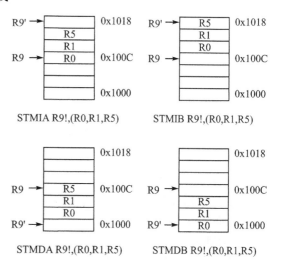

图 3-3　多寄存器存取寻址模式

下面用两条指令来说明这类指令的用途，它们把 8 个字从 R0 指向的位置拷贝到 R1 指向的位置。

```
LDMIA    R0!,{R2-R9}           ;将数据加载到 R2～R9
STMIA    R1,{R2-R9}            ;将数据存入到存储器
```

指令执行后，R0 的内容增加了 32 字节，这是由于"!"使之自动变址 8 个字，而 R1 没有改变。可见由于"!"的存在，使基址寄存器自动变址，基址寄存器的内容保持更新。但是如果没有"!"，当指令执行完后基址寄存器的值还是初始值。如果 R2～R9 含有有用的数据，则可以把它们压入堆栈，从而在操作过程中把它们保存起来：

```
STMFD    R13!,{ R2-R9}         ;将下面要用到的寄存器内容存入堆栈
LDMIA    R0 !,{ R2-R9}         ;加载数据到 R2～R9，寄存器中原有的数据遭到破坏
STMIA    R1,{ R2-R9}           ;保存数据到 R1 指向的地址
LDMFD    R13!,{ R2-R9}         ;从堆栈中恢复
```

这里第一行和最后一行指令的后缀 FD 表示前面所述的满递减堆栈地址模式。注意，在堆栈操作中总是要指定自动变址，否则以前保存的内容会因为堆栈寄存器的基址不变将在下一次堆栈操作时遭到破坏。

多寄存器的存取指令为保存和恢复处理器状态以及在存储器中移动数据块提供了一种很有效的方式。它节省代码空间，使操作的速度比顺序执行等效的单寄存器存取指令快达 4 倍（因改善后续行为而提高两倍，因减少指令数提高将近两倍）。

7．相对寻址

相对寻址可以认为是基地址为程序计数器 PC 的变址寻址，偏移量指出了目的地址与现行

指令之间的相对位置,偏移量与 PC 提供的基地址相加后得到有效的目的地址。例如指令:

```
         BL    SUBR                ;转移到 SUBR
                                   ;返回到此
SUBR                               ;子程序入口地址
         MOV   PC,R14              ;返回
```

3.1.3 ARM 指令详细介绍

ARM 指令集总体分为 6 类:数据处理指令、程序状态寄存器与通用寄存器之间的传送指令、Load/Store 指令、转移指令、异常中断指令、协处理器指令。

对于 ARM 为以后增加指令的升级保留的指令格式本小节在最后也进行了简单介绍。

1. 数据处理指令

ARM 的数据处理指令主要完成寄存器中数据的算术和逻辑运算操作。ARM 数据处理指令的基本原则如下:

- 所有操作数都是 32 位宽,或是来自寄存器,或是在指令中定义的立即数(符号或 0 扩展)。
- 如果数据操作有结果,则结果为 32 位宽,放在一个寄存器中(有一个例外,即长乘指令产生的结果是 64 位)。
- ARM 指令中使用"3 地址模式",即每一个操作数寄存器和结果寄存器在指令中分别指定。

数据处理指令根据指令实现处理功能可分为以下 6 类:算术运算指令、逻辑运算指令、数据传送指令、比较指令、测试指令、乘法指令。

◆ **二进制编码**

前 5 类指令编码格式如图 3-4 所示,乘法指令与这 5 类指令编码不同,在乘法指令功能介绍中将单独进行讲述。

◆ **说　明**

ARM 数据处理指令使用 2 个源操作数和 1 个目的寄存器(Rd)的"3 地址模式"。一个源操作数(Rn)总是寄存器,另一个源操作数被称为"灵活的第 2 操作数 operand2",它可以是寄存器、移位后的寄存器或立即数。如果第 2 操作数是寄存器 Rm,它的移位可能是逻辑移位、算术移位或是循环移位,移位的位数可以是立即数,也可以是寄存器的内容。

当指令为仅需要一个源操作数的指令(如 MOV、MVN)时,省略 Rn;当指令为仅产生条件码输出的比较测试指令(CMP、CMN、TST、TEQ)时,省略 Rd。这些指令中不需要全部的

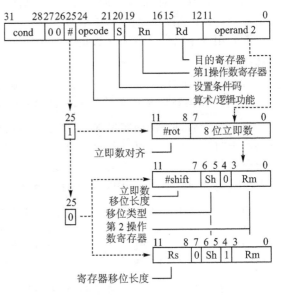

图 3-4　数据处理指令的二进制编码

可用操作数,这种不用的寄存器在二进制编码中的寄存器域中应该设置为 0。

通过设置 S 位(第 20 位),直接控制这些指令的执行是否影响处理器的条件码。若 S 位为 0,则条件码不改变;若 S 位置 1(并且 Rd 不是 R15(PC)),则:

- 如果结果为负,N 标志位置 1;否则清 0(也就是说,N 等于结果的 31 位)。
- 如果结果为 0,Z 标志位置 1;否则清 0。

> 当操作定义为算术操作(ADD、ADC、SUB、SBC、RSB、RSC、CMP 或 CMN)时,C 标志位设置为 ALU 的进位输出;否则设置为移位器的进位输出。如果不需要移位,C 保持不变。
> 在非算术的操作中 V 标志位保持原值。在算术操作中,如果有从 30 位到 31 位的溢出,则 V 标志位置 1,否则清 0。

◆ 第 2 操作数 operand2

第 2 操作数 operand2 有两种形式:

① 立即数型——♯<32 位立即数>。♯<32 位立即数>是取值为数字常量的表达式。但是并不是所有的 32 位立即数都是有效的,有效的立即数必须是可以由一个 8 位立即数循环右移偶数位得到的。这个问题在 3.1.2 小节的立即数寻址中已详细介绍。

② 寄存器型——Rm,{♯<shift>}。Rm 是第 2 操作数寄存器,可以对它进行移位或循环移位。<shift>用来指定移位类型(LSL、LSR、ASL、ASR、ROR 或 RRX)和移位位数。移位位数可以是 5 位立即数(♯shift)或寄存器(Rs)。这些细节问题在 3.1.2 小节的寄存器寻址中已经详细介绍。

◆ 汇编格式

根据第 2 操作数的类型,其汇编格式分为以下两种:

<op> {<cond>} {S} Rd,Rn,♯<32 位立即数>
<op> {<cond>} {S} Rd,Rn,Rm,{<shift>}

◆ 数据处理中 R15 的使用

R15(PC)作为特殊的寄存器,控制程序的运行地址;同时它也可以作为一般寄存器,但使用时必须注意细节问题。寄存器 R15 可以用作源操作数,但是不能用来指定移位位数。在使用寄存器指定移位位数的情况下,3 个源操作数都不能是 R15。当 R15 用作源操作数时,3 级流水线操作使得真实 PC 值为当前指令的地址加 8 字节。

R15 用作目的寄存器时,指令的功能相当于某种形式的转移指令,执行转移到结果对应的地址执行程序,常用来作为子程序返回。

若 R15 作为目的寄存器且使用了后缀 S,即设置了 S 位,则将当前模式的 SPSR 拷贝到 CPSR,这可能影响到中断使能标志位和处理器操作模式。这种机制自动恢复 PC 和 CPSR,是实现异常返回的标准方式。因为在用户及系统模式下没有 SPSR,在这两种模式下这种形式的指令无效,如果使用,则指令执行的结果是不可预知的,但汇编器在汇编时并不发出警告。

数据处理指令表见表 3-3。

表 3-3 数据处理指令表

操作码[24:21]	助记符	意 义	效 果
0000	AND	逻辑位"与"	Rd = Rn AND Op2
0001	EOR	逻辑位"异或"	Rd = Rn EOR Op2
0010	SUB	减	Rd = Rn — Op2
0011	RSB	反向减	Rd = Op2 — Rn
0100	ADD	加	Rd = Rn + Op2
0101	ADC	带进位加	Rd = Rn + Op2 + C
0110	SBC	带进位减	Rd = Rn — Op2 + C —1
0111	RSC	反向带进位减	Rd = Op2 — Rn + C —1
1000	TST	测试	根据 Rn AND Op2 设置条件码

续表 3-3

操作码[24:21]	助记符	意 义	效 果
1001	TEQ	测试相等	根据 Rn EOR Op2 设置条件
1010	CMP	比较	根据 Rn − Op2 设置条件码
1011	CMN	负数比较	根据 Rn + Op2 设置条件码
1100	ORR	逻辑位"或"	Rd = Rn OR Op2
1101	MOV	传送	Rd = Op2
1110	BIC	位清 0	Rd = Rn AND NOT Op2
1111	MVN	求反	Rd = NOT Op2

(1) ADD、ADC、SUB、RSB、SBC 和 RSC

◆ 用 法

ADD 和 SUB 是最简单的加减运算。

ADC 和 SBC 是带进位标志的加减运算。对于 SBC,若进位标志为 0,则结果减 1。

RSB 是反减,即用第 2 操作数减去源操作数。由于第 2 操作数可选的范围宽,所以这条指令很有用。

RSC 是带进位标志的反减。若进位标志为 0,则结果减 1。

◆ 注意事项

若设置 S 位,则这些指令根据结果更新标志 N、Z、C 和 V。

ADC、SBC 和 RSC 用于多个字的算术运算。

例如,下面的两条指令完成 64 位整数的加法:

```
ADDS    R4,R0,R2            ;加低有效位
ADC     R5,R1,R3            ;加高有效位
```

下面这些指令完成 96 位减法:

```
SUBS    R3,R6,R9
SBCS    R4,R7,R10
SBC     R5,R8,R11
```

◆ 举 例

```
ADD     R2,R1,R3
SUBS    R8,R6,#240          ;根据结果设置标志
RSB     R4,R4,#1280         ;1280 − R4
ADCHI   R11,R0,R3           ;只有标志 C 置位且标志 Z 清 0 时才执行
RSCLES  R0,R5,R0,LSL R4     ;有条件执行,设置标志
```

(2) AND、ORR、EOR 和 BIC

◆ 用 法

AND、EOR 和 ORR 分别完成"与"、"异或"、"或"的按位操作。AND 常用于提取寄存器中某些位的值。ORR 常用于将寄存器中某些位的值设置为 1。EOR 常用于将寄存器中某些位的值取反。

BIC 用于将源操作数的各位与第 2 操作数中相应位的反码进行"与"操作。BIC 可用于将寄存器中某些位的值设置为 0。

◆ 注意事项

若设置 S 位,那么这些指令根据结果更新标志 N 和 Z,在计算第 2 操作数时更新标志 C,不影响标志 V。

◆ 举　例

```
AND     R9,R2,#0xFF00
ORREQ   R2,R0,R5
EOR     R0,R0,R3,ROR R6
BICNES  R8,R10,R0,RRX
```

(3) MOV 和 MVN

◆ 用　法

MOV 用于将第 2 操作数的值拷贝到结果寄存器中。

MVN 表示"取反传送",它把第 2 操作数的每一位取反,再将得到的值置入结果寄存器。

◆ 注意事项

若设置 S 位,那么这些指令根据结果更新标志 N 和 Z,在计算第 2 操作数时更新标志 C,不影响标志 V。

◆ 举　例

```
MOV     R9,R2,
MVNNE   R0,#0xFF00
MOVS    R0,R0,ROR R6
```

(4) CMP 和 CMN

◆ 用　法

CMP 表示"比较",用目的操作数减去源操作数,根据结果更新条件码标志。除了将结果丢弃外,CMP 指令与 SUBS 指令完成的操作一样。

CMN 表示"取反比较",将目的操作数和源操作数相加,根据结果更新条件码标志。除了将结果丢弃外,CMN 指令与 ADDS 指令完成的操作一样。

◆ 注意事项

这些指令根据结果更新标志 N、Z、C 和 V,但是结果不放到任何寄存器中。

◆ 举　例

```
CMPGT   R13,R7,LSL #2
CMN     R0,#6400
```

(5) TST 和 TEQ

◆ 用　法

TST 表示"(位)测试",对两个操作数进行位"与"操作,根据结果更新条件码标志。除了将结果丢弃外,TST 指令与 ANDS 指令完成的操作一样。TST 通常用于测试寄存器中某些位是 1 还是 0。

TEQ 表示"测试相等",对两个操作数进行按位"异或"操作,根据结果更新条件码标志。除了将结果丢弃外,TEQ 指令与 EORS 指令完成的操作一样。TEQ 通常用于比较两个操作数是否相等,这种比较一般不影响 CPSR 的 V 和 C。它也可用于比较两个操作数符号是否相同。

◆ 注意事项

这些指令根据结果更新标志 N、Z、C 和 V,但是结果不放到任何寄存器中。

◆ 举 例

```
TST     R0,#0x3F8
TEQEQ   R10,R9
TSTNE   R1,R5,ASR R1
```

(6) 乘法指令

ARM乘法指令完成两个寄存器中数据的乘法。按产生结果的位宽一般分为两类：一类是2个32位二进制数相乘，结果是64位；另一类是2个32位二进制数相乘，仅保留最低有效32位。

这两种类型都有"乘法—累加"的变形，即将乘积连续相加成为总和，而且有符号和无符号操作数都能使用。两种类型的指令共有6条，如表3-4所列。

```
MLA     R4,R3,R2,R1        ;R4 <-(R3 × R2 + R1)[31:0]
```

对于有符号和无符号操作数，结果的最低有效32位是一样的，所以对于只保留32位结果的乘法指令，不需要区分有符号数和无符号数两种指令格式。

表3-4 乘法指令

操作码[23:21]	助记符	意义	效果
000	MUL	乘(32位结果)	Rd<-(Rm×Rs)[31:0]
001	MLA	乘—累加(32位结果)	Rd<-(Rm×Rs+Rn)[31:0]
100	UMULL	无符号数长乘	RdHi:RdLo<-Rm×Rs
101	UMLAL	无符号长乘—累加	RdHi:RdLo+=Rm×Rs
110	SMULL	有符号数长乘	RdHi:RdLo<-Rm×Rs
111	SMLAL	有符号数长乘—累加	RdHi:RdLo+=Rm×Rs

◆ 二进制编码

乘法指令的二进制编码见图3-5。

31	28 27	24 23	21 20 19	16 15	12 11	8 7	4 3	0
cond	0000	mul	S Rd/RdHi	Rn/RdLo	Rs	1001	Rm	

图3-5 乘法指令的二进制编码

◆ 说 明

表3-4列出了各种形式的乘法功能，对指令编码及表中使用的寄存器表示符号解释如下：

➤ 对于32位乘积结果指令，Rd为结果寄存器，Rm、Rs、Rn为操作数寄存器。R15不能用做Rd、Rm、Rs或Rn，且Rd不能与Rm相同。

➤ 对于64位乘积结果指令，RdLo、RdHi为结果寄存器，"RdHi:RdLo"是由RdHi(最高有效32位)和RdLo(最低有效32位)连接形成64位乘积结果，Rm、Rs为操作数寄存器。R15不能用做RdLo、RdHi、Rm或Rs，且RdLo、RdHi不能与Rm相同。

➤ 选择[31:0]意指只选取乘积结果的最低有效32位。

➤ 简单的赋值由"<—"表示。

➤ 累加(将右边加到左边)由"+="表示。

与其他数据处理指令一样，S位控制条件码的设置。当在指令中设置了S位时：

➤ 根据结果更新标志N和Z，对于产生32位结果的指令形式，标志N设置为Rd的第31位的值；对于产生64位结果的指令形式，标志N设置的是RdHi的第31位的值。如果Rd

或 RdHi 和 RdLo 为 0,则标志 Z 置位。
- 在 ARMv4 及以前版本中标志 C 和 V 不可靠。
- 在 ARMv5 及以后版本中不影响标志 C 和 V。

◆ 汇编格式

产生最低有效 32 位乘积的指令如下:

MUL{<cond>}{S}　　Rd,Rm,Rs
MULA{<cond>}{S}　　Rd,Rm,Rs,Rn

产生 64 位乘积的指令如下:

<mul>{<cond>}{S} RdHi,RdLo,Rm,Rs

在此<mul>是 64 位乘法类型(UMULL、UMLAL、SMULL、SMLAL)。

◆ 举　例

形成两个矢量的标量积:

```
        MOV   R11,#20              ;初始化循环计数
        MOV   R10,#0               ;初始化总和
LOOP    LDR   R0,[R8],#4           ;读取第 1 分量
        LDR   R1,[R9],#4           ;读取第 2 分量
        MLA   R10,R0,R1,R10        ;乘积累加
        SUBS  R11,R11,#1           ;减循环计数
        BNE   LOOP
```

乘以一个常数可以通过调一个常数到寄存器,然后使用这些指令中的一种来实现。但是使用移位和加法或减法构成一小段数据处理指令通常更加有效。例如,将 R0 乘以 35:

```
ADD   R0,R0,R0,LSL#2    ;R0'<-5×R0
RSB   R0,R0,R0,LSL#3    ;R0"<-7×R0'
```

◆ 注意事项

- 它与其他的数据处理指令的重要区别为:不支持第 2 操作数为立即数;结果寄存器不能同时作为第 1 源寄存器,即 Rd、RdHi 和 RdLo 不能与 Rm 为同一寄存器,RdHi 和 RdLo 不能为同一寄存器。
- 应该避免 R15 定义为任一操作数或结果寄存器。
- 早期的 ARM 处理器仅支持 32 位乘法指令(MUL 和 MLA)。ARM7 版本(ARM7DM、ARM7TM 等)和后续的在名字中具有 M 的处理器才支持 64 位乘法指令。

2. Load/Store 指令

ARM 处理器是 Load/Store 型的,即它对数据的操作是通过将数据从存储器加载到片内寄存器中进行处理的,处理完成后的结果经寄存器存回到存储器中,以加快对片外存储器进行数据处理的执行速度。ARM 的数据存取指令 Load/Store 是惟一用于寄存器和存储器之间进行数据传送的指令。

在 ARM 系统中,输入/输出功能是通过存储器映射的可寻址外围寄存器和中断输入的组合来实现的。外围设备中有一些寄存器,在存储器映射系统中,这些寄存器映射为存储器的地址(也就是外设寄存器与存储器统一编址),对这些寄存器的操作(如读/写)可以像对存储器的操作一样。处理器对于外设的操作也是使用 Load/Store 指令通过类似存储器操作一样进行。

ARM 指令集中有 3 种基本的数据存取指令:

① 单寄存器存取指令(LDR、STR)。单寄存器的存取指令提供 ARM 寄存器和存储器间最灵活的单数据项传送方式,传送的数据可以是 8 位字节、16 位半字或 32 位字。

② 多寄存器存取指令(LDM、STM)。虽然与单寄存器的存取指令相比,这些指令的灵活性要差一些,但它们可以更有效地用于大批数据的传送。一般这些指令用于进程的进入和退出、保存和恢复工作寄存器以及拷贝存储器中一块数据。

③ 单寄存器交换指令(SWP)。信号量是最早出现的用来解决进程同步与互斥问题的机制,包括一个称为信号量的变量及对它进行的两个原语操作。通过 PV 原语对信号量的操作可以完成进程间的同步和互斥,对信号量的操作要求在一条指令中完成读取和修改(具体解释请参见专业书籍)。ARM 提供了此指令完成信号量的操作。该指令用于寄存器和存储器中的数据交换,在一个指令中有效地完成存取操作。

下面我们详细介绍以上各种数据传送指令。

(1) 单寄存器存取指令

单寄存器存取指令是 ARM 在寄存器和存储器间传送单个字节和字的最灵活方式。只要寄存器已被初始化并指向接近(通常在 4KB 内)所需的存储器地址的某处,这些指令就可提供有效的存储器存取机制。它支持的寻址模式包括:立即数和寄存器偏移、自动变址和相对 PC 的寻址。

根据传送数据的类型不同,单个寄存器存取指令又可以分为单字和无符号字节的数据传送指令、半字和有符号字节的数据传送指令两种形式,这两种形式的数据传送指令构成完整的各种数据(字、有符号和无符号的半字、有符号和无符号的字节)传送。

① 单字和无符号字节的数据传送指令

LDR 从内存中取 32 位字或 8 位无符号字节数据放入寄存器,STR 将寄存器中的 32 位字或 8 位无符号字节数据保存到内存中。字节传送时用 0 将 8 位的操作数扩展到 32 位。

◆ 二进制编码

单字和无符号字节数据传送指令的二进制编码见图 3-6。

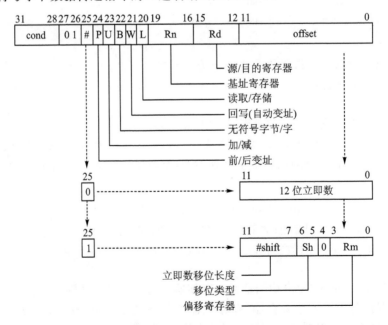

图 3-6 单字和无符号字节数据传送指令的二进制编码

◆ 说　明

图 3-6 中 Rn 是基址寄存器，Rd 是源/目的寄存器，offset 是无符号立即数或寄存器偏移量。P=1，表示使用前变址的寻址模式进行存取操作；P=0，表示使用后变址的寻址模式进行存取操作。U=1，表示基址寄存器加上偏移量；U=0，表示基址寄存器减去偏移量。B=1，表示传送的是无符号字节；B=0，表示传送的是无符号字。W=1，表示要求回写，即自动变址；W=0，表示不要求回写。L=1，表示从存储器中读取数据；L=0，表示向存储器中写入数据。

指令构造的地址是基址寄存器加上或减去一个无符号立即数或寄存器偏移量。基址或计算出的地址用于从存储器读取一个无符号字节或字，或者向存储器写入一个无符号字节或字。当一个字节读取到寄存器，需要用 0 将它扩展到 32 位。当一个字节存入到存储器，寄存器的低 8 位写到地址指向的位置。

前变址的寻址模式使用计算出的地址作为存储器的地址进行数据存取操作，然后当要求回写时(W=1)，将基址寄存器更新为计算出的地址值。后变址的寻址模式是用未修改的基址寄存器来传送数据，然后将基址寄存器更新为计算出的地址，而不管 W 位如何(因为偏移除了作为基址寄存器的修改量之外已没有其他意义，但是如果希望基址寄存器的值不变，可将偏移量设置为立即数 0)。由于在这种情况下 W 位是不使用的，所以它有一个不运行在用户模式而仅在代码上相关的替换功能：设置 W=1，使处理器以用户模式访问存储器，这样使操作系统采用用户角度(User View)来看待存储器变换和保护方案。

◆ 汇编格式

前变址的指令形式为：

LDR|STR {<cond>} {B} Rd,[Rn,<offset>] {!}

后变址的指令形式为：

LDR|STR {<cond>} {B} {T} Rd,[Rn],<offset>

相对 PC 的形式(汇编器自动计算所需偏移量——立即数)为：

LDR|STR {<cond>} {B} Rd,LABEL

其中：

(a) LDR 指令是将存储器中的数据读入到寄存器中，STR 指令是将寄存器中的数据存储到存储器中。

(b) 选择项 B 用来控制是传送无符号字节还是字，缺省时 B=0，即传送字。

(c) <offeset>可能是♯±<12 位立即数>或±Rm{<shift>}，其中 Rm{<shift>}用于移位偏移地址的计算，Rm 是第 2 操作数寄存器，可以对它进行移位或循环移位产生偏移地址。<shift>用来指定移位类型(LSL、LSR、ASL、ASR、ROR 或 RRX)和移位位数。在此与前面寄存器寻址中已经详细讲述的不同在于，移位位数只能是 5 位立即数(♯shift)，而不存在寄存器(Rs)指定移位位数的形式。用法与寄存器寻址和数据处理指令中寄存器的移位操作的用法相同。

(d) 在前变址寻址方式下，根据"!"的有无来选择是否回写(自动变址)。

(e) T 标志位只能在非用户模式(即特权模式)下使用，作用是选择用户角度的存储器变换保护系统。当在特权级的处理器模式下使用带 T 的指令时，内存系统将该操作当做一般的内存访问操作。

◆ 举　例

LDR　　　R8,[R10]　　　　　　　　　　　　;R8 <-[R10]

```
LDRNE   R1,[R5,#960]!          ;(有条件地)R1 <-[R5 + 960],R5 <- R5 + 960
STR     R2,[R9,#consta-struc]  ;consta-struc 是常量表达式,范围 -4095~4095
STRB    R0,[R3,-R8,ASR #2]     ;R0 -> [R3 - R8÷4],存储 R0 的最低有效字节
                               ;但 R3 和 R8 的内容不变
LDR     R1,localdata           ;加载一个字,该字位于标号 localdata 所在地址
LDR     R0,[R1],R2,LSL #2      ;将地址为 R1 的内存单元数据读取到 R0 中,然
                               ;后 R1 <- R1 + R2×4
LDRB    R0,[R2,#3]             ;将内存单元(R2 + 3)中的字节数据读到 R0 中
                               ;R0 中的高 24 位被设置成 0
LDR     R1,[R0,-R2,LSL #2]     ;将 R0 - R2×4 地址处的数据读出,保存到 R1 中
                               ;(R0、R2 的值不变)
STR     R0,[R7],#-8            ;将 R0 的内容存到 R7 中地址对应的内存中
                               ;R7 <- R7 - 8
```

在编程中常使用相对 PC 的形式将 R0 中的一个字存到外设 UART:

```
LDR     R1,UARTADD             ;UART 地址装入 R1 中
STR     R0,[R1]                ;存数据到 UART 中
⋮
UARTADD & 1000000              ;地址字符
```

在编程中常使用相对 PC 的形式将外设 UART 数据读到 R0 中:

```
LDR     R1,UARTADD             ;UART 地址装入 R1 中
LDR     R0,[R1]                ;UART 数据存到 R0 中
⋮
UARTADD & 1000000              ;地址字符
```

汇编器将使用前变址的 PC 相对寻址模式把地址装入 R1。要做到这一点,字符必须限定在一定的范围内(即 Load 指令附近 4KB 范围之内)。

◆ **注意事项**
➢ 使用 PC 作为基址时得到的传送地址为当前指令地址加 8 字节。PC 不能用做偏移寄存器,也不能用于任何自动变址寻址模式(包括任何后变址模式)。
➢ 可以把一个字读取到 PC,将使程序转移到所读取的地址执行,从而实现程序跳转。但是应当避免将一个字节读取到 PC。
➢ 应尽可能避免把 PC 存到存储器的操作,因为在不同体系结构的处理器中这样的操作会产生不同的结果。
➢ 只要同一指令中不使用自动变址,则 Rd = Rn 是可以的。但是在一般情况下,Rd、Rn 和 Rm 应当是不同的寄存器。
➢ 当从非字对齐的地址读取一个字时,所读取的数据是包含所寻址字节的字对齐的字。通过循环移位使寻址字节处于目的寄存器最低有效字节。对于这些情况(由 CP15 寄存器 1 中第 1 位的 A 标志位控制),一些 ARM 可能产生异常。
➢ 当一个字存入到非字对齐的地址时,地址的低两位被忽略,存入这个字时把这两位当做 0。对于这些情况(也是由 CP15 寄存器 1 中的 A 标志位控制),一些 ARM 系统可能产生异常。

② **半字和有符号字节的数据传送指令**

ARM 提供了专门的半字(有符号和无符号)、有符号字节的数据传送指令。LDR 从内存中

取半字(有符号和无符号)、有符号字节数据放入寄存器,STR 将寄存器中的半字(有符号和无符号)、有符号字节数据保存到内存中。有符号字节或有符号半字的传送是用符号位扩展到 32 位。无符号半字的传送是用 0 扩展到 32 位。

这些指令使用的寻址模式是无符号字节和字的指令所用寻址模式的子集。

◆ 二进制编码

半字和有符号字节数据传送指令的二进制编码如图 3-7 所示。

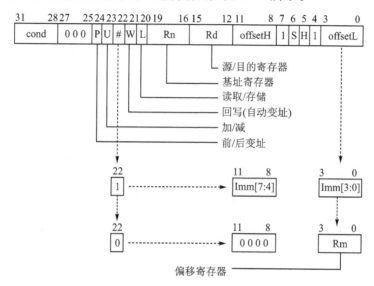

图 3-7 半字和有符号字节数据传送指令的二进制编码

◆ 说 明

这些指令与上面的字和无符号字节的指令形式类似,不同之处在于在这些指令中立即数偏移量限定在 8 位,寄存器偏移量也不可以经过移位得到。

在图 3-7 中,P、U、W 和 L 位的作用与图 3-6 中 P、U、W 和 L 位的作用相同。S 和 H 位用来定义所传送操作数的类型,如表 3-5 所列。

注意:这些位的第 4 种组合在这种格式中没有使用,它对应于无符号字节的数据类型。无符号字节的传送应当使用上面的格式。因为在存入有符号数据和无符号数据间没有差别,这条指令惟一的相关形式是:

➢ 读取有符号字节、有符号半字或无符号半字。
➢ 存入有符号字节、有符号半字或无符号半字。
➢ 无符号数在读取时用 0 扩展到 32 位;有符号数读取时则用其符号扩展到 32 位。

◆ 汇编格式

前变址格式为:

LDR|STR{<cond>} H|SH|SB Rd,[Rn,<offest>]{!}

后变址格式为:

LDR|STR {<cond>} H|SH|SB Rd,[Rn],<offest>

表 3-5 数据类型编码

S	H	数据类型
1	0	有符号字节
0	1	无符号半字
1	1	有符号半字

其中,<offset>是#±<8位立即数>或#±Rm;H|SH|SB 选择传送数据类型;其他部分的汇编器格式与传送字和无符号字节相同。

◆ 举 例

LDREQSH	R11,[R6]	;(有条件的)R11 <-[R6],加载 16 位半字,有符号扩展到 32 位
LDRH	R1,[R0,#20]	;R1 <-[R0+20],加载 16 位半字,0 扩展到 32 位
STRH	R4,[R3,R2]!	;R4 <-[R3+R2],存储最低的有效半字到 R3+R2
		;地址开始的 2 字节,地址写回到 R3
LDRSB	R0,constf	;加载位于标号 constf 地址的字节,有符号扩展
LDRH	R6,[R2],#2	;将 R2 地址上的半字数据读出到 R6,高 16 位用 0 扩展 R2 = R2 + 2
LDRSH	R1,[R9]	;将 R9 地址上的半字数据读出到 R1,高 16 位用符号位扩展
STRH	R0,[R1,R2,LSL#2]	;将 R0 的内容送到(R1 + R2×4)对应的内存中
STRNEH	R0,[R2,#960]!	;(有条件的)将 R0 的内容送到(R2 + 960)的内存中 R2 + 960

◆ 注意事项

➢ 与前面所讲的字和无符号字节传送指令的情况相同,对使用 R15 和寄存器操作数也有一定的限制。

➢ 所有的半字传送应当使用半字对齐的地址。

(2) 多寄存器数据存取

当需要存取大量数据时,通常希望能同时存取多个寄存器。多寄存器传送指令可以用一条指令将 16 个可见寄存器(R0～R15)的任意子集合(或全部)存储到存储器或从存储器中读取数据到该寄存器集合中。此外,这种指令还有两个特殊用法:一种形式可以允许操作系统加载或存储用户模式寄存器来恢复或保存用户处理状态;另一种形式可以作为从异常处理返回的一部分,完成从 SPSR 中恢复 CPSR。例如,可以将寄存器列表保存到堆栈,也可以将寄存器列表从堆栈中恢复。但是与单寄存器存取指令相比,多寄存器数据存取可用的寻址模式更加有限。

◆ 二进制编码

多寄存器数据存取指令的二进制编码见图 3-8。

◆ 说 明

图 3-8 中,指令的二进制编码的低 16 位为寄存器列表,每一位对应一个可见寄存器。例如,第 0 位控制是否传送 R0,第 1 位控制 R1,依次类推。P、U、W 和 L 位的作用与前面单寄存器数据存取指令中的相同。

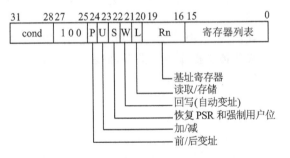

图 3-8 多寄存器数据存取指令的二进制编码

寄存器从存储器读取连续字或将连续的字块存入到存储器中可以通过基址寄存器和寻址模式的定义来实现。在传送每一个字之前或之后,基址将增加或减少。如果 W=1,即支持自动变址,则当指令完成时,基址寄存器将增加或减少所传送的字节数。

S 位(位[22])用于该指令的特殊用法。如果 PC 在读取多寄存器的寄存器列表中,且 S 位置位,则当前模式的 SPSR 将被拷贝到 CPSR,成为一个原子(Atomic)的返回和恢复状态的指令。但应注意这种形式不能在用户模式的代码中使用,因为在用户模式下没有 SPSR。如果 PC 不在寄存器列表中,且 S 位置位,则在非用户模式下执行读取和存入多寄存器指令将传送用户模式下寄存器(虽然使用当前模式的基址寄存器)。这使得操作系统可以保存和恢复用户处理状态。

◆ 汇编格式

指令的一般形式为:

LDM/STM{<cond>}<add mode>　Rn{!},<registers>

其中,<add mode>指定一种寻址模式,表明地址的变化是操作执行前还是执行后,是在基址的基础上增加还是减少。"!"表示是自动变址(W=1)。<registers>是寄存器列表,用大括弧将寄存器组括起来,如{R0,R3-R7,PC}。

寄存器列表可以包含 16 个可见寄存器(从 R0~R15)的任意集合或全部寄存器。列表中寄存器的次序是不重要的,它不影响存取的次序和指令执行后寄存器中的值,因为这里有个约定:编号低的寄存器在存储数据或者是加载数据时对应于存储器的低地址。也就是说,编号最低的寄存器保存到存储器的最低地址或从最低地址取数;其次是其他寄存器按照寄存器编号的次序保存到第一个地址后面的相邻地址或从中取数。但是一般的习惯是在列表中按递增的次序设定寄存器。

注意:如果在列表中含有 R15 将引起控制流的变化,因为 R15 是 PC。

在非用户模式下,而且寄存器列表包含 PC 时,CPSR 可以由如下方式恢复:

LDM {<cond>}<add mode>　Rn{!},<registers+pc>^

在非用户模式下,并且寄存器列表不得包含 PC,不允许回写时,用户寄存器可以通过如下方式保存和恢复:

LDM|STM{<cond>}<add mode>　Rn,<registers-pc>^

◆ 举　例

```
LDMIA    R1,{R0,R2,R5}           ;R0 <- mem32[ R1 ]
                                 ;R2 <- mem32[ R1 + 4 ]
                                 ;R5 <- mem32[ R1 + 8 ]
STMDB    R1!,{R3-R6,R11,R12}     ;mem32[ R1 - 4 ] <- R12
                                 ;mem32[ R1 - 8 ] <- R11
                                 ;mem32[ R1 - 12 ] <- R6
                                 ;mem32[ R1 - 16 ] <- R5
                                 ;mem32[ R1 - 20 ] <- R4
                                 ;mem32[ R1 - 24 ] <- R3
                                 ;R1 <- R1 - 24
STMED    SP!,{R0-R7,LR}          ;现场保存,将 R0~R7、LR 入栈
                                 ;mem32[R13] <- R14
                                 ;mem32[R13 - 4] <- R7
                                 ;…
                                 ;mem32[R13 - 36] <- R0
                                 ;R13 <- R13 - 36
```

因为存取数据项总是 32 位字,基址地址(R1)应是字对齐的。

这类指令的一般特征是:最低的寄存器保存到最低地址或从最低地址取数;其他寄存器按照寄存器号的次序保存到第一个地址后面的相邻地址或从中取数。然而依第 1 个地址形成的方式会产生几种变形,而且还可以使用自动变址(也是在基址寄存器后加"!")。

在进入子程序前,保存 3 个工作寄存器和返回地址:

```
STMFD    R13!,{R0-R2,R14}
```

这里假设 R13 已被初始化用做堆栈指针。恢复工作寄存器和返回:

```
LDMFD    R13!,{R0-R2,PC}
```

◆ 注意事项
➢ 如果在保存多寄存器指令的寄存器列表里指定了 PC,保存的值与体系结构实现方式有关。因此,一般应当避免在 STM 指令中指定 PC。(向 PC 读取会得到预期的结果,这是从过程返回的标准方法。)
➢ 如果在读取或存入多寄存器指令的传送列表中包含基址寄存器,则在该指令中不能使用回写模式,因为这样做的结果是不可预测的。
➢ 如果基址寄存器包含的地址不是字对齐的,则忽略最低两位。一些 ARM 系统可能产生异常。
➢ 只有在 v5T 体系结构中,读取到 PC 的最低位才会更新 Thumb 位。

(3) 存储器与寄存器交换指令 SWP

交换指令把字或无符号字节的读取和存入组合在一条指令中。通常都把这两种传送结合成为一个不能被外部存储器的访问(例如来自 DMA 控制器的访问)分隔开的基本的存储器操作,因此,本指令一般用于处理器之间或处理器与 DMA 控制器之间共享的信号量、数据结构进行互斥的访问。

◆ 二进制编码

存储器与寄存器交换的二进制编码见图 3-9。

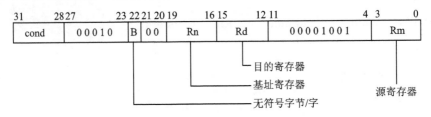

图 3-9　存储器与寄存器交换指令的二进制编码

◆ 说　明

本指令将存储器中地址为寄存器 Rn 处的字(B=0)或无符号字节(B=1)读入寄存器 Rd,又将 Rm 中同样类型的数据存入存储器中同样的地址。Rd 和 Rm 可以是同一寄存器,但两者应与 Rn 不同。在这种情况下,寄存器和存储器中的值交换。ARM 对存储器的读/写周期是分开的,但应产生一个"锁"信号向存储器系统指明两个周期不应分离。

◆ 汇编格式

SWP{<cond>}{B} Rd,Rm,[Rn]

◆ 举　例

```
ADR    R0,SEMAPHORE
SWPB   R1,R1,[R0]    ;交换字节,将存储器单元[R0]中的字节数据读取到 R1 中
                     ;同时将 R1 中的数据写入到存储器单元[R3]中
SWP    R1,R2,[R3]    ;交换字数据,将存储器单元[R3]中的字数据读取到 R1 中
                     ;同时将 R2 中的数据写入到存储器单元[R3]中
```

◆ 注意事项
➢ PC 不能用做指令中的任何寄存器。
➢ 基址寄存器(Rn)不应与源寄存器(Rm)或目的寄存器(Rd)相同,但 Rd 与 Rm 可相同。

3. 状态寄存器与通用寄存器之间的传送指令

ARM 指令中有两条指令 MSR 和 MRS,用于在状态寄存器和通用寄存器之间传送数据。

修改状态寄存器一般是通过"读取—修改—写回"3个步骤的操作来实现的。需要注意的是,不能通过该指令直接修改 CPSR 中的 T 控制位来直接将程序状态切换到 Thumb 状态,必须通过 BX 等指令来完成程序状态的切换。

(1) 状态寄存器到通用寄存器的传送指令 MRS

MRS 指令用于将状态寄存器的内容传到通用寄存器中,它主要用于以下 3 种场合:

- 通过"读取—修改—写回"操作序列修改状态寄存器的内容。MRS 指令用于将状态寄存器的内容读到通用寄存器中。
- 当异常中断允许嵌套时,需要在进入异常中断之后,嵌套中断发生之前,保存当前处理器模式对应的 SPSR。这时需要先通过 MRS 指令读出 SPSR 的值,再用其他指令将 SPSR 值保存起来。
- 当进程切换时也需要保存当前寄存器值。

◆ 二进制编码

状态寄存器向通用寄存器传送指令的二进制编码如图 3-10 所示。

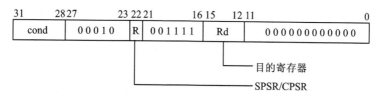

图 3-10 状态寄存器向通用寄存器传送指令的二进制编码

◆ 说　明

图 3-10 的 R 位用来区分是将 CPSR 还是当前模式的 SPSR 拷贝到目的寄存器(Rd),全部 32 位都被拷贝。MRS 和 MSR 配合使用,作为更新 PSR 的"读取—修改—写回"序列的一部分。

◆ 汇编格式

MRS{<cond>} Rd,CPSR|SPSR

◆ 举　例

```
MRS    R0,CPSR          ;将 CPSR 传送到 R0
MRS    R3,SPSR          ;将 SPSR 传送到 R3
```

◆ 注意事项

- 在用户或系统模式下没有可访问的 SPSR,所以 SPSR 形式在这些模式下不能用。
- 当修改 CPSR 或 SPSR 时,必须注意保存所有未使用位的值,这将使这些位在将来使用时兼容的可能性最大。使用这两条指令将状态寄存器传送到一般寄存器,只修改必要的位,再将结果传送回状态寄存器,这样做可以最好地完成对 CPSR 或 SPSR 的修改。
- 这条指令不影响条件标志码。

(2) 通用寄存器到状态寄存器的传送指令 MSR

当需要保存或修改当前模式下 CPSR 或 SPSR 的内容时,这些内容首先必须传送到通用寄存器中,再对选择的位进行修改,然后将数据回写到状态寄存器。这里讲述的 MSR 指令完成这一过程的最后一步,即将立即数常量或通用寄存器的内容加载 CPSR 或 SPSR 的指定区域。

◆ 二进制编码

通用寄存器到状态寄存器传送指令的二进制编码见图 3-11。

◆ 说　明

图 3-11 中的操作数,可以是一个寄存器(Rm),也可以是循环移位 8 位有效立即数(指定的

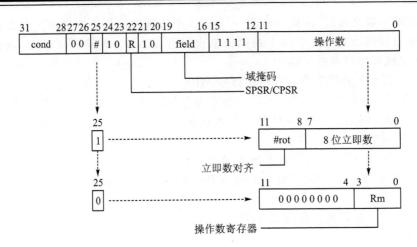

图 3-11 通用寄存器到状态寄存器传送指令的二进制编码

方式与数据处理指令中第 2 操作数的立即数相同),在域屏蔽(Field Mask)控制下传送到 CPSR 或当前模式的 SPSR。

域屏蔽控制 PSR 寄存器内 4 字节的更新。指令的第 16 位决定 PSR[7:0]是否更新,第 17 位控制 PSR[15:8],第 18 位控制 PSR[23:16],第 19 位控制 PSR[31:24]。

当使用立即数操作数时,只有标志位(PSR[31:24])可以选择更新。

MRS 和 MSR 配合使用,作为更新 PSR 的"读取—修改—写回"序列的一部分。

◆ 汇编格式

MSR{<cond>} CPSR_f | SPSR_f,#<32-bit immediate>

MSR{<cond>} CPSR_<field> | SPSR_<field>,Rm

这里<field>表示下列情况之一:

c——控制域,即 PSR[7:0]。

x——扩展域,即 PSR[15:8](在当前 ARM 中未使用)。

s——状态域,即 PSR[23:16](在当前 ARM 中未使用)。

f——标志位域,即 PSR[31:24]。

◆ 举 例

设置 N、Z、C 和 V 标志位:

```
MSR    CPSR_f,#&f0000000          ;设置所有的标志位
```

仅设置 C 标志位,保存 N、Z 和 V:

```
MRS    R0,CPSR                    ;将 CPSR 传送到 R0
ORR    R0,R0,#&20000000           ;设置 R0 的 29 位
MSR    CPSR_f,R0                  ;传送回 CPSR
```

从监控模式切换到 IRQ 模式(例如,启动时初始化 IRQ 堆栈指针):

```
MRS    R0,CPSR                    ;将 CPSR 传送到 R0
BIC    R0,R0,#&1F                 ;低 5 位清 0
ORR    R0,R0,#&12                 ;设置为 IRQ 模式
MSR    CPSR_c,R0                  ;传送回 CPSR
```

在这种情况下,需要拷贝原来 CPSR 的值以便不改变中断使能设置。上面的代码可以用来

在任何两个非用户模式之间或从非用户模式到用户模式的切换。只有在 MSR 完成后,模式的改变才起作用(在将结果拷贝回 CPSR 之前,中间的工作对模式没有影响)。

◆ 注意事项
➢ 在用户模式下不能对 CPSR[23:0]进行任何修改。
➢ 因为在用户或系统模式下没有 SPSR,所以应尽量避免在这些模式下访问 SPSR。
➢ 在嵌套的异常中断处理中,当退出中断处理程序时,通常通过 MSR 指令将事先保存了的程序状态保存寄存器(SPSR)内容恢复到当前程序状态寄存器(CPSR)中。
➢ 在修改的状态寄存器位域中包括未分配的位时,应避免使用立即数方式的 MSR 指令。

4. 转移指令

在 ARM 中有两种方法可以实现程序的转移:一种是用前面讲过的传送指令直接向 PC 寄存器(R15)中写入转移的目标地址值,通过改变 PC 的值实现程序的跳转;另一种是下面要讲的转移指令。ARM 的转移指令可以从当前指令向前或向后的 32 MB 地址空间跳转,根据完成的功能它可以分为以下 4 种:

B   转移指令;
BL   带链接的转移指令;
BX   带状态切换的转移指令;
BLX 带链接和状态切换的转移指令。

(1) 转移和转移链接指令(B、BL)

转移指令 B 在程序中完成简单的跳转指令,可以跳转到指令中指定的目的地址。

在一个程序中通常需要转移到子程序,并且当子程序执行完毕时能确保恢复到原来的代码位置。这就需要把执行转移前的程序计数器 PC 的值保存下来。ARM 使用转移链接指令 BL 来提供这一功能。BL 指令完全像转移指令一样地执行转移,同时把转移后面紧接的一条指令的地址保存到链接寄存器 LR(R14)。

◆ 二进制编码

转移和转移链接指令的二进制编码见图 3-12。

图 3-12 转移和转移链接指令的二进制编码

◆ 说　明

转移和转移链接指令跳转的目标地址计算方法是:先对指令中定义的有符号的 24 位偏移量用符号扩展为 32 位,并将该 32 位数左移两位形成字的偏移,然后将它加到程序计数器 PC 中(相加前程序计数器的内容为转移指令地址加 8 字节),即得到跳转的目标地址。一般情况下汇编器将会计算正确的偏移。

转移指令的范围为±32 MB。

转移指令的 L 位(第 24 位)置 1 时,表示是转移链接指令,它在执行跳转的同时,将转移指令后下一条指令的地址传送到当前处理器模式下的链接寄存器 LR(R14)。这一般用于实现子程序调用,返回时只需将链接寄存器 LR 的内容拷贝回 PC。

两种形式指令都可以条件执行或无条件执行。

◆ 汇编格式

B{L}{<cond>}   <target address>

其中，L 指定转移与链接属性，如果不包含 L，便产生没有链接的转移。＜cond＞是条件执行的助记符扩展，缺省时为 AL，即无条件转移。＜target address＞一般是汇编代码中的标号，是转移的目标地址。

◆ 举　例

无条件跳转：

```
        B    LABEL              ;无条件跳转…
        …
LABEL   …                       ;…到这里
```

执行 10 次循环：

```
        MOV  R0,#10             ;初始化循环计数器
LOOP    …
        SUBS R0,#1              ;计数器减 1，设置条件码
        BNE  LOOP               ;如果计数器 R0≠0，重复循环…
        …                       ;…否则中止循环
```

调用子程序：

```
        …
        BL   SUB                ;转移链接到子程序 SUB
        …                       ;返回到这里
        …
SUB     …                       ;子程序入口
        MOV  PC,R14             ;返回
```

条件子程序调用：

```
        …
        CMP  R0,#5              ;如果 R0＜5
        BLLT SUB1               ;然后调用 SUB1
        BLGE SUB2               ;否则调用 SUB2
        …
```

注意：只有 SUB1 不改变条件码，本例才能正确工作。因为如果 BLLT 执行了转移，执行完子程序后，将返回到 BLGE。如果条件码被 SUB1 改变，SUB2 可能又会被执行。

例如：

```
        BL   SUBR               ;转移到 SUBR
        …                       ;返回到这里
SUBR    …                       ;子程序入口
        MOV  PC,R14             ;返回
```

注意：由于返回地址保存在寄存器里，在保存 R14 之前子程序不应再调用下一级嵌套子程序，否则，新的返回地址将覆盖原来的返回地址，就无法返回到原来的调用位置。这时一般是把 R14 压入存储器中的堆栈。由于子程序经常还需要一些工作寄存器，所以可以使用多寄存器存储指令把这些寄存器中原有的数据一起存储。

```
        BL   SUB1
        …
```

```
SUB1    STMFD   R13!,{R0-R2,R14}          ;保存工作和链接寄存器
BL      SUB2
        ...
SUB2    ...
```

不调用其他子程序的子程序(叶子程序)不需要存储 R14,因为它不会被覆盖。
◆ 注意事项
➤ 在上面第一个例子中,对于其他的 RISC 处理器,可能将采用延迟转移模式,即在转移到标号 LABEL 之前会执行转移指令之后的指令。但是在 ARM 中将不会出现这种情况,因为 ARM 不使用转移延迟机制。
➤ 当转移指令转移到 32 MB 地址空间的范围之外时,将产生不可预测的结果。
(2) 转移交换和转移链接交换指令(BX、BLX)
这些指令用于支持 Thumb(16 位)指令集的 ARM 芯片,程序可以通过这些指令完成处理器从 ARM 状态到 Thumb 状态的切换。类似的 Thumb 指令可以使处理器切换回 32 位 ARM 指令。
◆ 二进制编码
转移交换和转移链接交换指令的二进制编码见图 3-13。
◆ 说　明
在第 1 种格式中,寄存器 Rm 的值是转移目标,Rm 的第 0 位拷贝到 CPSR 中的 T 位(它决定了是切换到 Thumb 指令还是继续执行 ARM 指令),位[31:1]移入 PC:

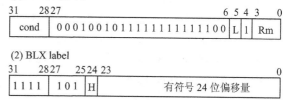

图 3-13　转移交换和转移链接交换指令的二进制编码

➤ 如果 Rm[0] 是 1,处理器切换执行 Thumb 指令,并在 Rm 中的地址处开始执行,但须将最低位清 0,使之以半字的边界对齐;
➤ 如果 Rm[0] 是 0,处理器继续执行 ARM 指令,并在 Rm 中的地址处开始执行,但须将 Rm[1] 清 0,使之以字的边界对齐。

在第 2 种格式中,转移指令跳转的目标地址的计算方法是:先对指令中定义的有符号的 24 位偏移量用符号扩展为 32 位,并将该 32 位数左移两位形成字的偏移,然后将它加到程序计数器 PC 中(相加前程序计数器的内容为转移指令地址加 8 字节),H 位(第 24 位)也加到目标地址的第 1 位,使得可以为目标指令选择奇数的半字地址,而这目标指令将总是 Thumb 指令。一般情况下汇编器将会计算正确的偏移。

转移指令的范围也是 ±32 MB。

如果在格式(1)中将 L 位(第 5 位)置位,那么这 2 种转移指令具有链接的属性(BLX 仅用于 v5T 处理器),也将转移指令后的下一条指令的地址传送到当前处理器模式的链接寄存器 (R14)。当 ARM 指令调用 Thumb 子程序时,一般用这种指令来保存返回地址,通过 BLX 指令来实现程序调用和程序状态的切换。如果用 BX 作为子程序返回机制,调用程序的指令集状态能连同返回地址一起保存,因此,可使用同样的返回机制从 ARM 或 Thumb 子程序对称地返回到 ARM 或 Thumb 的调用程序。

注意:格式(1)指令可以条件或无条件执行,但格式(2)指令是无条件执行。
◆ 汇编格式
(1) B{L}X{<cond>} Rm

(2) BLX ＜target address＞

＜target address＞一般是汇编代码中的一个标号,表示目标地址。汇编器将产生偏移(它将是目标的字地址和转移指令地址加 8 的差值),并在适当时设置 H 位。

◆ 举　例

无条件跳转:

  BX R0   ;转移到 R0 中的地址
                ;如果 R0[0]=1,则进入 Thumb 状态

调用 Thumb 子程序:

  CODE32   ;以下是 ARM 代码
  …
  BLX TSUB   ;调用 Thumb 子程序
  …
  CODE16   ;开始 Thumb 代码
TSUB …   ;Thumb 子程序
  BX R14   ;返回到 ARM 代码

◆ 注意事项

➢ 一些不支持 Thumb 指令集的 ARM 处理器将捕获这些指令,允许软件仿真 Thumb 指令。

➢ BLX ＜target address＞始终引起处理器切换到 Thumb 状态,而且不能转移到当前指令 ±32 MB 范围之外的地址,它是无条件执行的。

➢ 只有实现 v5T ARM 体系结构的处理器才支持 BLX 指令的任意形式。

5. 异常中断产生指令

软件中断指令 SWI 用于产生 SWI 异常中断,用来实现在用户模式下对操作系统中特权模式的程序调用;断点中断指令 BKPT 主要用于产生软件断点,在调试程序时使用。

(1) 软件中断指令 SWI

SWI(SoftWare Interrupt)代表"软件中断",用于用户调用操作系统的系统例程,常称为"监控调用"。它将处理器置于监控(SVC)模式,从地址 0x08 开始执行指令。

如果存储器的这部分区域被适当保护,就有可能在 ARM 上构建一个全面防止恶意用户的操作系统。但是由于 ARM 很少用于多用户应用环境,因此通常不要求这种级别的保护。

◆ 二进制编码

软件中断指令的二进制编码见图 3-14。

图 3-14　软件中断指令的二进制编码

◆ 说　明

SWI 指令用于产生软件中断。图 3-14 中的 24 位立即数域并不影响指令的操作,它被操作系统用来判断用户程序调用系统例程的类型,相关参数通过通用寄存器来传递。

如果条件通过,指令使用标准的 ARM 异常入口程序进入监控(SVC)模式。具体地说,处理器的行为是:

➢ 将 SWI 指令下一条指令地址保存到 R14_svc;

➢ 将 CPSR 保存到 SPSR_svc;

- 进入监控模式,将 CPSR[4:0] 设置为 0b10011 和将 CPSR[7] 设置为 1,以便禁止 IRQ(但不是 FIQ);
- 将 PC 设置为 0x08,并且开始执行那里的指令。

为了返回到 SWI 后的下一条指令,系统的程序不但必须将 R14_svc 拷贝到 PC,而且必须由 SPSR_svc 恢复 CPSR。这需要使用一种特殊形式的数据处理指令,在前面介绍数据处理指令时已提及。

监控程序调用是在系统软件中实现的,因此,监控程序调用从一个 ARM 系统到另一个系统可能会完全不同。尽管如此,大多数 ARM 系统在实现特定应用所需的专门调用之外还实现了一个共同的调用子集。其中最有用的是把 R0 底部字节中的字符送到用户器件一端显示的程序:

```
SWI     SWI_WritrC          ;输出 R0[7:0]
```

另一个有用的调用是控制从用户程序返回到监视程序:

```
SWI     SWI_Exit            ;返回到监视程序
```

◆ 汇编格式

SWI {<cond>}   <24 位立即数>

◆ 举 例

输出字符 A:

```
MOV     R0,#'A'             ;将"A"调入到 R0 中…
SWI     SWI_WriteC          ;…打印
```

输出调用语句之后的文本串子程序:

```
        …
        BL      STROUT              ;输出下列信息
        ="Hello World",&0A,&0D,0
        …                           ;返回这里
STROUT  LDRB    R0,[R14],#1         ;取字符
        CMP     R0,#0               ;检查结束标志
        SWINE   SWI_WriteC          ;如果没有结束,打印…
        BNE     STROUT              ;…并循环
        MOV     PC,R14              ;返回
```

为结束执行用户程序,返回到监控程序:

```
        SWI     SWI_Exit            ;返回监控
```

◆ 注意事项

- 当处理器已经处于监控模式时,只要原来的返回地址(在 R14_svc)和 SPSR_svc 已保存,就可以执行 SWI;否则当执行 SWI 时,这些寄存器将被覆盖。
- 24 位立即数代表的服务类型依赖于系统,但大多数系统支持一个标准的子集用于字符输入/输出及类似的基本功能。立即数可以指定为常数表达式,但是通常最好是在程序的开始处为所需要的调用进行声明并设置它们的值,或者导入一个文件,该文件为局部操作系统声明它们的值,然后在代码中使用它们的名字。
- 在监控模式下执行的第 1 条指令位于 0x08,一般是一条指向 SWI 处理程序的转移指令,而 SWI 处理程序则位于存储器内附近某处。因为存储器中位于 0x0C 的下一个字正是指

令预取异常处理程序的入口,所以不能在 0x08 处开始写 SWI 处理程序。

(2) 断点指令 BKPT

断点指令 BKPT(仅用于 v5T 体系)用于软件调试,它使处理器停止执行正常指令而进入相应的调试程序。

◆ 二进制编码

断点指令的二进制编码见图 3-15。

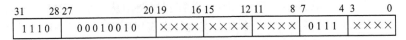

图 3-15 断点指令的二进制编码

◆ 说　明

当适当配置调试的硬件单元时,本指令使处理器中止预取指。

◆ 汇编格式

BKPT　{immed_16}

其中,immed_16 为表达式,其值为 0~65 536 范围内的整数(16 位整数)。该立即数被调试软件用来保存额外的断点信息。

◆ 举　例

BKPT

BKPT　0xF02C

◆ 注意事项

➢ 只有实现 v5T 体系结构的微处理器支持 BKPT 指令。

➢ BKPT 指令是无条件的。

(3) 前导 0 计数指令 CLZ

与使用其他 ARM 指令相比,前导 0 计数指令 CLZ(Count Leading Zeros,仅用于 v5T 体系)能更有效地实现数字归一化的功能。

◆ 二进制编码

前导 0 计数指令的二进制编码见图 3-16。

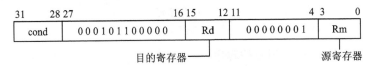

图 3-16 前导 0 计数指令的二进制编码

◆ 说　明

对 Rm 中的前导 0 的个数进行计数,结果放到 Rd 中。若 Rm[31]=0,则 Rd=32;若 Rm[31]=1,则 Rd=0。

◆ 汇编格式

CLZ { <cond> } Rd,Rm

◆ 举　例

MOV　R2,#0x17F00　　　　　;R2 = 0b00000000000000010111111100000000

CLZ　R3,R2　　　　　　　　;R3 = 15

◆ 注意事项
➢ 只有实现 v5T 体系结构的微处理器支持 CLZ 指令。
➢ Rd 不允许是 R15(PC)。

6. 协处理器指令

ARM 支持 16 个协处理器,用于各种协处理器操作。最常使用的协处理器是用于控制片上功能的系统协处理器,例如,控制 ARM720 上的高速缓存和存储器管理单元等,也开发了浮点 ARM 协处理器,还可以开发专用的协处理器。在程序执行过程中,每个协处理器忽略属于 ARM 处理器和其他协处理器的指令。当一个协处理器硬件不能执行属于它的协处理器指令时,将产生未定义指令异常中断。在该异常中断处理程序时,可通过软件模拟该硬件操作。例如,若系统中不包含向量浮点运算器,则可选择浮点运算软件模拟包来支持向量浮点运算。

ARM 协处理器指令根据其用途主要分为以下 3 类:
➢ 用于 ARM 处理器初始化 ARM 协处理器的数据操作指令。
➢ 用于 ARM 处理器的寄存器和 ARM 协处理器间的数据传送指令。
➢ 用于 ARM 协处理器的寄存器和内存单元之间的传送数据。

(1) 协处理器数据操作指令

协处理器数据操作完全是协处理器内部的操作,它完成协处理器寄存器的状态改变。一个例子是浮点加法,在浮点协处理器中两个寄存器相加,结果放在第 3 个寄存器中。这些指令用于控制数据在协处理器寄存器内部的操作。其标准格式遵循 ARM 整数数据处理指令的 3 地址形式,但是对所有协处理器域可能会有其他的解释。

◆ 二进制编码

协处理器数据处理指令的二进制编码见图 3-17。

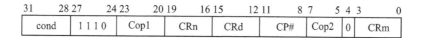

图 3-17 协处理器数据处理指令的二进制编码

◆ 说　明

ARM 对可能存在的任何协处理器提供这条指令。如果它被一个协处理器接受,ARM 继续执行下一指令;如果它没有被接受,ARM 将产生未定义中止的陷阱(可以用来实现"协处理器丢失"的软件仿真)。

通常,与协处理器编号 CP# 一致的协处理器将接受指令,执行由 Cop1 和 Cop2 域定义的操作,使用 CRn 和 CRm 作为源操作数,并将结果放到 CRd。其中,Cop1 和 Cop2 为协处理器操作码,CRn、CRm 和 CRd 均为协处理器的寄存器,指令中不涉及 ARM 处理器的寄存器和存储器。

◆ 汇编格式

CDP{<cond>} <CP#>,<Cop1>,CRd,CRn,CRm{,<Cop2>}

◆ 举　例

```
CDP   p5,2,C12,C10,C3,4   ;协处理器 p5 的操作初始化
                          ;其中操作码 1 为 2,操作码 2 为 4
                          ;目标寄存器为 C12,源操作寄存器为 C10 和 C3
```

◆ 注意事项

对于 Cop1、Crn、CRd、Cop2 和 CRm 域的解释与协处理器有关。以上的解释是推荐用法,它

最大程度地与 ARM 开发工具兼容。

(2) 协处理器数据存取指令

协处理器数据传送指令从存储器读取数据装入协处理器寄存器,或将协处理器寄存器的数据存入存储器。因为协处理器可以支持它自己的数据类型,所以每个寄存器传送的字数与协处理器有关。ARM 产生存储器地址,但协处理器控制传送的字数。协处理器可能执行一些类型转换作为传送的一部分(例如,浮点协处理器将读取的值转换成它的 80 位内部表示形式)。协处理器数据存取指令类似于前面讲述的字和无符号字节数据存取指令的立即数偏移格式,但偏移量限于 8 位而不是 12 位。可使用自动变址,以及前变址和后变址寻址。

◆ 二进制编码

协处理器数据存取指令的二进制编码见图 3-18。

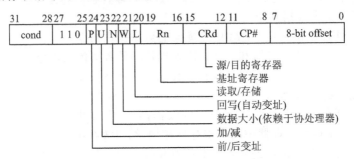

图 3-18 协处理器数据存取指令的二进制编码

◆ 说 明

本指令可用于任何可能存在的协处理器。如果没有一个协处理器接受它,ARM 将产生未定义指令陷阱,可以使用软件仿真协处理器。一般情况下,具有协处理器编号 CP♯ 的协处理器(如果存在)将接受这条指令。

地址计算将在 ARM 内进行,使用 ARM 基址寄存器(Rn)和 8 位立即数偏移量进行计算,8 位立即数偏移应当左移两位产生字偏移。寻址模式和自动变址则以 ARM 字和无符号字节存取指令相同的方式来控制。这样定义了第一个存取地址,随后的字则存储到递增的字地址或从递增的字地址读取。

数据由协处理器寄存器(CRd)提供或由协处理器寄存器接受,由协处理器来控制存取的字数,N 位从 2 种可能的长度中选择一种。

◆ 汇编格式

前变址的格式为:

LDC|STC{<cond>}{L} <CP♯>,CRd,[Rn,<offset>]{!}

后变址的格式为:

LDC|STC{<cond>}{L} <CP♯>,CRd,[Rn],<offset>

在这两种情况下,LDC 选择从存储器中读取数据并装入协处理器寄存器,STC 选择将协处理器寄存器的数据存放到存储器。L 标志如果存在,则选择长数据类型(N=1)。<offset>是 ♯±<8 位立即数>。

◆ 举 例

```
LDC     p6,C0,[R1]
STCEQL  p5,C1,[R0],♯4
```

◆ 注意事项

➢ N 和 CRd 域的解释与协处理器有关，以上用法是推荐的用法，且最大限度地与 ARM 开发工具兼容。
➢ 若地址不是字对齐的，则最低两位有效位将被忽略，但一些 ARM 系统可能产生异常。
➢ 字的存取数目由协处理器控制。ARM 将连续产生后续地址，直到协处理器指示存取应该结束。在数据存取过程中 ARM 将不响应中断请求，所以协处理器设计者应该注意存取非常长的数据将会损害系统中断响应时间。将最大存取长度限制到 16 个字将确保协处理器数据存取的时间不会长于存取多寄存器指令的最坏情况。

（3）协处理器寄存器传送指令

在 ARM 和协处理器寄存器之间传送数据有时是有用的。这些协处理寄存器传送指令使得协处理器中产生的整数能直接传送到 ARM 寄存器，或者影响 ARM 条件码标志位。典型的使用是：

➢ 浮点 FIX 操作，它把整数返回到 ARM 的一个寄存器。
➢ 浮点比较，它把比较的结果直接返回到 ARM 条件码标志位，此标志位将确定控制流。
➢ FLOAT 操作，它从 ARM 寄存器中取得一个整数，并传送给协处理器，在那里整数被转换成浮点表示并装入协处理器寄存器。

在一些较复杂的 ARM CPU（中央处理单元）中，常使用系统控制协处理器来控制 Cache 和存储器管理功能。这类协处理器一般使用这些指令来访问和修改片上的控制寄存器。

◆ 二进制编码

协处理器寄存器传送指令的二进制编码见图 3-19。

图 3-19 协处理器寄存器传送指令的二进制编码

◆ 说　明

本指令可用于任何可能存在的协处理器。通常，具有协处理器编号 CP# 的协处理器将接受这条指令。如果没有一个协处理器接受这条指令，ARM 将产生未定义指令陷阱。

如果协处理器接受了从协处理器中读取数据的指令，一般它将执行由 Cop1 和 Cop2 定义的对于源操作数 CRn 和 CRm 的操作，并将 32 位整数结果返回到 ARM，ARM 再把它装入 Rd。如果在从协处理器读取数据的指令中将 PC 定义为目的寄存器 Rd，则由协处理器产生 32 位整数的最高 4 位将被放在 CPSR 中的 N、Z、C 和 V 标志位。

◆ 汇编格式

从协处理器传送到 ARM 寄存器：

MRC{<cond>} <CP#>,<Cop1>,Rd,CRn,CRm{,<Cop2>}

从 ARM 寄存器传送到协处理器：

MCR{<cond>} <CP#>,<Cop1>,Rd,CRn,CRm{,<Cop2>}

◆ 举　例

MCR　　　p14,3,R0,C1,C2
MRCCS　　p2,4,R3,C3,C4,6

◆ 注意事项

➢ Cop1、CRn、Cop2 和 CRm 域由协处理器解释,推荐使用以上解释以最大限度地与 ARM 开发工具兼容。

➢ 若协处理器必须完成一些内部工作来准备一个 32 位的数据向 ARM 传送(例如,浮点 FIX 操作必须将浮点值转换为等效的定点值),这些工作必须在协处理器提交传送前进行。因此,在准备数据时经常需要协处理器握手信号处于"忙—等待"状态。ARM 可以在"忙—等待"时间内产生中断,如果它确实得以中断,它将暂停握手并开始中断服务。当它从中断服务程序返回时,将可能重试协处理器指令,但也可能不重试,例如,中断使任务切换。在任一情况下,协处理器必须给出一致的结果,因此在握手提交阶段之前进行的准备工作不许改变处理器的可见状态。

➢ 从 ARM 到协处理器的传送一般比较简单,因为任何数据转换工作都可以在传送完成后在协处理器中进行。

7. 未使用的指令空间

前文已经提到的全部 2^{32} 种指令位编码并不是都指定了含义。迄今为止,还未使用的编码可用于未来指令集的扩展。每个未使用的指令编码都处于使用的编码所留下的特定间隙中,可以从它们所处的位置推断它们未来可能的用途。

(1) 未使用的算术指令

未使用的算术指令扩展空间见图 3-20。这些指令看起来非常像乘法指令。这将是一种可能的编码,例如,对于整数除法指令就是如此。

31 28	27 22	21 20 19 16	15 12	11 8	7 4	3 0
cond	000001	op	Rn	Rd	Rs	1 0 0 1	Rm

图 3-20 未使用的算术指令扩展空间

(2) 未使用的控制指令

未使用的控制指令扩展空间见图 3-21。这些指令包括转移、交换指令和状态寄存器传送指令,这里的间隙可以用于影响处理器操作模式的其他指令编码。

31 28	27 23	22 21 20	19	16 15	12 11	8	7 6	5 4	3 0
cond	00010	op1	0	Rn	Rd	Rs	op2	0	Rm
cond	00010	op1	0	Rn	Rd	Rs	0	op2 1	Rm
cond	00010	op1	0	Rn	Rd	Rs	8 位立即数		

图 3-21 未使用的控制指令扩展空间

(3) 未使用的 Load/Store 指令

未使用的 Load/Store 指令扩展空间见图 3-22。这些是由 SWAP 指令及 Load 和 Store 半字和有符号字节指令占据的区域中未使用的编码。如果将来需要增加数据存取指令,就可以使用这些指令。

31 28	27 25	24 23 22 21 20	19 16	15 12	11 8	7	6 5	4	3 0
cond	000	P U B W L	Rn	Rd	Rs	1	op1	1	Rm

图 3-22 未使用的 Load/Store 指令扩展空间

(4) 未使用的协处理器指令

未使用的协处理器指令扩展空间见图 3-23。这些指令格式类似于数据传送指令,可能用来支持所有可能需要增加的协处理器指令。

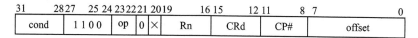

图 3-23 未使用的协处理器指令扩展空间

（5）未定义的指令空间

未定义的指令空间见图 3-24。最大未定义指令的区域看起来像字和无符号字节数据存取指令，然而未来对于这一空间的选用完全保持开放。

图 3-24 未定义的指令空间

（6）未使用指令的行为

若试图执行一条指令，它符合图 3-24 所示的编码，即在未定义指令空间，则所有当前的 ARM 处理器将产生未定义指令的陷阱。若执行任何未使用的操作码，最新的 ARM 处理器产生未定义指令的陷阱，但早先版本（包括 ARM6 和 ARM7）的行为无法预测，故应避免使用这些指令。

3.2 Thumb 指令集

3.2.1 Thumb 指令集概述

ARM 开发工具完全支持 Thumb 指令，应用程序可以灵活地将 ARM 和 Thumb 子程序混合编程以便在例程的基础上提高性能或代码密度。在编写 Thumb 指令时，先要用伪指令 CODE16 声明（ADS 的编译环境下），而且在 ARM 指令中要使用 BX 指令跳转到 Thumb 指令，以切换处理器状态。编写 ARM 指令时，可使用伪指令 CODE32 声明（ADS 的编译环境下）。与 ARM 指令集相比，Thumb 指令集有如下特点：

- Thumb 指令采用 16 位二进制编码，而 ARM 指令是 32 位的。
- 由于是压缩的指令，在 ARM 指令流水线中实现 Thumb 指令时，先动态解压缩，然后再作为标准的 ARM 指令来执行。
- 如何区分指令流取决于 CPSR 的第 5 位（位 T）。若 T 置 1，则认为是 16 位的 Thumb 指令；若 T 置 0，则认为是 32 位的 ARM 指令。
- 由 ARM 模式进入 Thumb 模式时，是显式的进入。由 Thumb 模式进入 ARM 模式时，可以是隐式的进入，也可以是显式的进入。所谓"隐式的进入"是指不执行交换转移指令，直接进入另一种模式。例如，在异常状态下，由于 Thumb 指令不能处理异常，所以处理器自动转到 ARM 模式下执行。而"显式的进入"是指使用交换转移指令来实现处理器模式的转换。
- Thumb 指令集没有协处理器指令、信号量（Semaphore）指令、乘加指令、64 位乘法指令以及访问 CPSR 或 SPSR 的指令，而且指令的第 2 操作数受到限制。
- 除了分支指令 B 有条件执行功能外，其他指令均为无条件执行。
- 大多数的 Thumb 数据处理指令采用 2 地址格式。

1. Thumb 指令集编码

Thumb 指令集编码如图 3-25 所示。

	15	14	13	12	11	10	9	8	7	6	5	4	3	2	1	0	
1	0	0	0	OP		offset5					Rs			Rd			偏移寄存器移动
2	0	0	0	1	1	1	CP	Rn/offset3			Rs			Rd			加/减
3	0	0	1	OP		Rd			offset8								移动/比较/加/减立即数
4	0	1	0	0	0	0	OP				Rs			Rd			ALU操作
5	0	1	0	0	0	1	OP		H1	H2	Rs/Hs			Rd/Hd			高寄存器操作/转移交换
6	0	1	0	0	1	Rd			words								PC 相关的加载
7	0	1	0	1	L	B	0	Ro			Rb			Rd			寄存器偏移的加载/存储
8	0	1	0	1	H	S	1	Ro			Rb			Rd			有符号字节/半字加载/存储
9	0	1	1	B	L	offset5					Rb			Rd			立即数偏移的加载/存储
10	1	0	0	0	L	offset5					Rb			Rd			加载/存储半字
11	1	0	0	1	L	Rd			word8								SP 相关的加载/存储
12	1	0	1	0	SP	Rd			word8								加载地址
13	1	0	1	1	0	0	0	0	S	Sword7							堆栈指针加偏移
14	1	0	1	1	L	1	0	R	Rlist								压栈/出栈寄存器
15	1	1	0	0	L	Rb			Rlist								多字节加载/存储
16	1	1	0	1	cond				Soffset8								条件转移
17	1	1	0	1	1	1	1	1	value8								软中断
18	1	1	1	0	0	offset11											无条件转移
19	1	1	1	1	H	offset											带链接的长转移
	15	14	13	12	11	10	9	8	7	6	5	4	3	2	1	0	

图 3-25 Thumb 指令集编码

2. Thumb 状态切换

支持 Thumb 指令的 ARM 微处理器都可以执行标准的 32 位 ARM 指令集。在任何时刻，CPSR 的第 5 位(位 T)都决定 ARM 微处理器执行的是 ARM 指令流还是 Thumb 指令流。若 T 置 1，则认为是 16 位的 Thumb 指令流；若 T 置 0，则认为是 32 位的 ARM 指令流。

(1) 进入 Thumb 模式

当系统复位后，ARM 启动并执行 ARM 指令。进入 Thumb 指令模式有 2 种方法。一种是执行一条交换转移指令 BX，将指令中的目标地址寄存器的最低位置 1，并将其他位的值放入程序计数器 PC，则可以进入 Thumb 指令。在此过程中由于指令引起了转移，流水线将被刷新，对已在流水线上的指令予以抛弃，不去执行它。例如：

```
BX    R0              ;若 R0 内容最低位为 1，则转入 Thumb 状态
```

另一种方法是利用异常返回，也可把微处理器从 ARM 模式转换为 Thumb 模式。在这个过程中，ARM 提供了 2 种机制：当返回地址保存在当前异常模式的 R14(LR)时，采用传送指令；当返回地址保存在堆栈时，使用多寄存器加载和存储(Load/Store)指令。值得注意的是，这两条指令用于返回到进入异常前所执行的指令流，而不是特地用于转换到 Thumb 模式。显然这两条指令也改变程序计数器，并因此而刷新指令流水线。例如：

```
MOV    PC,R14                        ;用于子程序的返回
STMFD  SP!,{<registers>,LR}          ;进入异常后将 R14 入栈，假设异常前执行的是 Thumb 指令
                                     ;且 PC 保存于 R14 中
LDMFD  SP!,{<registers>,PC}          ;与以上指令相匹配的返回指令
```

(2) 退出 Thumb 模式

退出 Thumb 指令模式也有 2 种方法：一种是执行 Thumb 指令中的交换转移 BX 指令可以显式地返回到 ARM 指令流；另一种是利用异常进入 ARM 指令流，因为异常总是在 ARM 模式下进行，所以，任何时候发生异常都能隐式地返回到 ARM 指令流。

3．编程模型

Thumb 指令集是 ARM 指令集的一个子集，并只能对限定的 ARM 寄存器进行操作。其编程模型如图 3-26 所示。

- Thumb 指令集对低(Lo)8 个通用寄存器 R0～R7 具有全部访问权限，对寄存器 R13～R15 进行扩展以做特殊应用。
- R13 用做堆栈指针 SP，R14 用做链接寄存器 LR，R15 用做程序计数器 PC。
- CPSR 的条件标志位由算术和逻辑操作设置并控制转移。图 3-26 中有阴影的寄存器(R8～R12)访问受到限制。除 MOV 或 ADD 指令访问寄存器 R8～R15 外，数据处理指令总是更新 CPSR 中的 ALU 状态标志。除 CMP 指令外，访问寄存器 R8～R15 的 Thumb 数据处理指令不能更新标志。

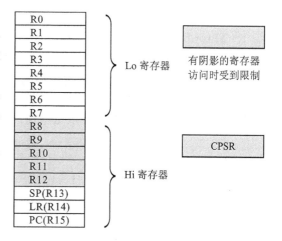

图 3-26 Thumb 编程模型

- 作为堆栈指针的 R13 在 ARM 代码中是纯粹的软约定，而在 Thumb 代码中是某种硬件连接。

4．Thumb 指令集的特点

Thumb 指令的显著特点有如下几个方面。

① Thumb 指令继承了 ARM 指令集的许多特点：Thumb 指令也是采用 Load/Store 结构，有数据处理、数据传送及流控制指令。支持 8 位字节、16 位半字和 32 位字数据类型，半字以 2 字节边界对齐，字以 4 字节边界对齐，都存储在 32 位无分段存储器中。

② Thumb 指令集丢弃了 ARM 指令集的一些特性：大多数 Thumb 指令是无条件执行的(除了转移指令 B)，而所有 ARM 指令都是条件执行的。许多 Thumb 数据处理指令采用 2 地址格式，即目的寄存器与一个源寄存器相同，而大多数 ARM 数据处理指令采用 3 地址格式(除了 64 位乘法指令外)。由于采用高密度编码，Thumb 指令格式没有 ARM 指令格式规则。

③ Thumb 异常时表现的一些特点：所有异常都会使微处理器返回到 ARM 模式状态，并在 ARM 的编程模式中处理。由于位 T 驻留在 CPSR 中，它在进入异常时被保存到相应的 SPSR 中。从异常指令返回时将恢复微处理器状态，并按照发生异常时处理器的状态继续执行 ARM 或 Thumb 指令。

由于 ARM 微处理器字传送地址必须可被 4 整除(即字对齐)，半字传送地址必须可被 2 整除(即半字对齐)。而 Thumb 指令是 2 字节长，而不是 4 字节长，所以，由 Thumb 执行状态进入异常时其自然偏移与 ARM 不同。因此 Thumb 结构就要求链接寄存器 LR 的值能自动调整以便于与返回偏移匹配，使得在两种模式下可以使用同样的返回指令。

由于 Thumb 指令集是 ARM 指令集的子集，因此 Thumb 指令的寻址方式也几乎对等于 ARM 指令的寻址方式。ARM 指令的寻址方式在 3.1.2 小节有详细的介绍，在此不再赘述。

3.2.2 Thumb 指令详细介绍

16 位 Thumb 指令集是从 32 位 ARM 指令集提取的指令格式,每条 Thumb 指令都有相同处理器模型所对应的 32 位 ARM 指令。根据完成的功能,Thumb 指令可以分为 4 类:数据处理指令、转移指令、Load/Store 指令、异常中断指令。

1. Thumb 数据处理指令

Thumb 数据处理指令包括一组高度优化且相当复杂的指令,范围涵盖编译器通常需要的大多数操作。ARM 指令支持在单条指令中完成一个操作数的移位及一个 ALU 操作,但 Thumb 指令集将移位操作和 ALU 操作分离为不同的指令。因此,Thumb 指令集中移位操作是作为操作符出现,而不是作为操作数的修改量出现。表 3-6 为 Thumb 数据处理指令列表。

表 3-6 Thumb 数据处理指令列表

助记符		说明	操作	影响标志
MOV	Rd, #expr	数据传送	Rd←expr, Rd 为 R0~R7	影响 N、Z
MOV	Rd, Rm	数据传送	Rd←Rm, Rd、Rm 均为 R0~R15	Rd 和 Rm 均为 R0~R7 时,影响 N、Z,清零 C、V
MVN	Rd, Rm	数据非传送指令	Rd←(~Rm), Rd、Rm 均为 R0~R7	影响 N、Z
NEG	Rd, Rm	数据取负传送	Rd←(-Rm), Rd、Rm 均为 R0~R7	影响 N、Z、C、V
ADD	Rd, Rn, Rm	加法运算指令	Rd←Rn+Rm, Rd、Rn、Rm 均为 R0~R7	影响 N、Z、C、V
ADD	Rd, Rn, #expr3	加法运算指令	Rd←Rn+expr3, Rd、Rn 均为 R0~R7	影响 N、Z、C、V
ADD	Rd, #expr8	加法运算指令	Rd←Rd+expr8, Rd 为 R0~R7	影响 N、Z、C、V
ADD	Rd, Rm	加法运算指令	Rd←Rd+Rm, Rd、Rm 均为 R0~R15	Rd 和 Rm 均为 R0~R7 时,影响 N、Z、C、V
ADD	Rd, SP, #expr	SP/PC 加法运算指令	Rd←SP+expr 或 PC+expr, Rd 为 R0~R7	无
ADD	SP, #expr	SP 加法运算指令	SP←SP+expr	无
SUB	Rd, Rn, Rm	减法运算指令	Rd←Rn-Rm, Rd、Rn、Rm 均为 R0~R7	影响 N、Z、C、V
SUB	Rd, Rn, #expr3	减法运算指令	Rd←Rn-expr3, Rd、Rn 均为 R0~R7	影响 N、Z、C、V
SUB	Rd, #expr8	减法运算指令	Rd←Rd-expr8, Rd 为 R0~R7	影响 N、Z、C、V
SUB	SP, #expr	SP 减法运算指令	SP←SP-expr	无
ADC	Rd, Rm	带进位加法指令	Rd←Rd+Rm+Carry, Rd、Rm 均为 R0~R7	影响 N、Z、C、V
SBC	Rd, Rm	带进位减法指令	Rd←Rd-Rm-(NOT)Carry, Rd、Rm 均为 R0~R7	影响 N、Z、C、V
MUL	Rd, Rm	乘法运算指令	Rd←Rd*Rm, Rd、Rm 均为 R0~R7	影响 N、Z
AND	Rd, Rm	逻辑"与"操作指令	Rd←Rd&Rm, Rd、Rm 均为 R0~R7	影响 N、Z
ORR	Rd, Rm	逻辑"或"操作指令	Rd←Rd|Rm, Rd、Rm 均为 R0~R7	影响 N、Z
EOR	Rd, Rm	逻辑"异或"操作指令	Rd←Rd⁀Rm, Rd、Rm 均为 R0~R7	影响 N、Z
BIC	Rd, Rm	位清除指令	Rd←Rd&(~Rm), Rd、Rm 均为 R0~R7	影响 N、Z
ASR	Rd, Rs	算术右移指令	Rd←Rd 算术右移 Rs 位, Rd、Rs 均为 R0~R7	影响 N、Z、C

续表 3-6

助记符	说 明	操 作	影响标志
ASR Rd, Rm, #expr	算术右移指令	Rd←Rm 算术右移 expr 位，Rd、Rm 均为 R0～R7	影响 N、Z、C
LSL Rd, Rs	逻辑左移指令	Rd←Rd<<Rs，Rd、Rs 均为 R0～R7	影响 N、Z、C
LSL Rd, Rm, #expr	逻辑左移指令	Rd←Rm<<expr，Rd、Rm 均为 R0～R7	影响 N、Z、C
LSR Rd, Rs	逻辑右移指令	Rd←Rd>>Rs，Rd、Rs 均为 R0～R7	影响 N、Z、C
LSR Rd, Rm, #expr	逻辑右移指令	Rd←Rm>>expr，Rd、Rm 均为 R0～R7	影响 N、Z、C
ROR Rd, Rs	循环右移指令	Rd←Rm 循环右移 Rs 位，Rd、Rs 均为 R0～R7	影响 N、Z、C
CMP Rn, Rm	比较指令	状态位←Rn−Rm，Rn、Rm 均为 R0～R15	影响 N、Z、C、V
CMP Rn, #expr	比较指令	状态位←Rn−expr，Rn 为 R0～R7	影响 N、Z、C、V
CMN Rn, Rm	负数比较指令	状态位←Rn+Rm，Rn、Rm 均为 R0～R7	影响 N、Z、C、V
TST Rn, Rm	位测试指令	状态位←Rn&Rm，Rn、Rm 均为 R0～R7	影响 N、Z、C、V

2. Thumb 转移指令

在 ARM 指令集中已介绍过多种形式的转移指令和转移链接指令，以及用于 ARM 和 Thumb 状态切换的跳转指令，下面讲述 Thumb 指令集的转移指令和转移链接指令，着重介绍二者的不同之处。ARM 指令有一个大的（24 位）偏移域（Offset Field），这不可能在 16 位 Thumb 指令格式中表示。为此 Thumb 指令集有多种方法实现其子功能。Thumb 转移指令二进制编码如图 3-27 所示。

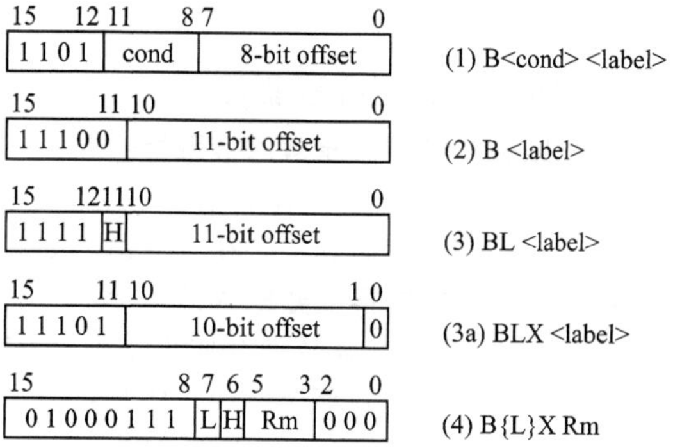

转移指令的典型用法有：
- 短距离的条件转移指令可用于控制循环的退出。
- 中等距离的无条件转移指令用于实现 goto 功能。
- 长距离的转移指令用于子程序调用。

图 3-27 Thumb 指令二进制编码

Thumb 指令集对每种情况采用不同的指令模式，分别如图 3-27 所示。前 2 种转移格式是条件域和偏移长度的折中。第 1 种格式中的条件域与 ARM 指令的相同。前 2 种格式的偏移值都左移 1 位，以实现半字对齐，且符号扩展到 32 位。第 3 种格式 BL 指令中，Thumb 采用 2 条这样格式的指令组合成 22 位半字偏移且符号扩展为 32 位，使指令转移范围为±4MB。这是因为转移链接子程序通常需要一个大的范围，很难用 16 位指令格式实现。为了使这 2 条转移指令相互独立，使它们之间也能响应中断等，将链接寄存器 LR 作为暂存器使用。LR 在这 2 条指令执行完成后会被覆盖，因此 LR 中不能装有有效内容。这个指令对的操作为：

第 1 步：(H=0)   LR←PC +（偏移量左移 12 后符号扩展至 32 位）。
第 2 步：(H=1)   PC←LR +（偏移量左移 1 位）；LR←oldPC + 3。

这里，oldPC 是第 2 条指令的地址；加 3 使产生的地址指向下一条指令，并且使最低位置位，以指示这是一个 Thumb 程序。用 3a 格式的指令代替上面的第 2 步就可以实现 BLX 指令。格式 3a 只在 v5T 结构中有效。它使用与图 3-27 中 BL 指令同样的第 1 步：

(BL,H=0)　　LR<－PC＋(偏移量左移 12 后符号扩展至 32 位)。
(BLX)　　　 PC<－LR＋(偏移量左移 1 位)&0xFFFF_FFFC；LR<－oldPC＋3,清 Thumb 指示位。

应注意该形式指令转移的目标是 ARM 指令,偏移地址只需要 10 位,而且必须对 PC 值的位 1(PC[1])进行清 0 操作。第 4 种格式直接对应 ARM 指令 B{L}X,不同之处是 BLX(仅在 v5T 结构中有效)指令中 R14 值为后续指令地址加 1,以指示是被 Thumb 代码调用。指令中"H"置 1 时选择高 8 个寄存器(R8～R15)。

◆ 汇编格式

B	<cond> <label>	;格式 1	目标为 Thumb 代码
B	<label>	;格式 2	目标为 Thumb 代码
BL	<label>	;格式 3	目标为 Thumb 代码
BLX	<label>	;格式 3a	目标为 ARM 代码
B{L}X	Rm	;格式 4	目标为 ARM 或 Thumb 代码

转移链接产生两条格式 3 指令。格式 3 指令必须成对出现而不能单独使用。同样 BLX 产生一条格式 3 指令和一条格式 3a 指令。汇编器根据当前指令地址、目标指令标识符的地址以及对流水线行为的微调,计算出应插入指令中相应的偏移量。若转移目标不在寻址范围内,则给出错误信息。

3. Thumb 数据存取指令

(1) Thumb 单寄存器数据存取指令

Thumb 单寄存器数据存取指令 LDR 和 STR 是从存储器中取值放到一个寄存器中,或把一个寄存器值存储到存储器中。在 Thumb 状态下,这些指令只能访问低寄存器 R0～R7。

(2) Thumb 多寄存器数据存取指令

在 Thumb 多寄存器数据存取指令中,LDM 和 STM 将任何范围为 R0～R7 的寄存器子集从存储器加载以及存储到存储器中。PUSH 和 POP 指令使用堆栈指针(SP)作为基址实现满递减堆栈。除了可以传送 R0～R7 外,PUSH 还可以用于存储链接寄存器 LR(R14),并且 POP 可以用于加载程序指针 PC(R15)。与 ARM 指令相同,Thumb 多寄存器数据存取指令可以用于过程调用与返回,以及存储器块拷贝。但为了编码的紧凑性,这两种用法由分开的指令实现,其寻址方式的数量也有所限制。在其他方面这些指令的性质与等价的 ARM 指令相同。表 3-7 给出了 Thumb 数据存取指令表。

表 3-7　Thumb 数据存取指令

助记符		说明	操作	影响标志
LDR	Rd,[Rn,#immed_5×4]	加载字数据	Rd<－[Rn,#immed_5×4],Rd、Rn 为 R0～R7	无
LDRH	Rd,[Rn,#immed_5×2]	加载无符号半字数据	Rd<－[Rn,#immed_5×2],Rd、Rn 为 R0～R7	无
LDRB	Rd,[Rn,#immed_5×1]	加载无符号字节数据	Rd<－[Rn,#immed_5×1],Rd、Rn 为 R0～R7	无
STR	Rd,[Rn,#immed_5×4]	存储字数据	[Rn,#immed_5×4]<－Rd,Rd、Rn 为 R0～R7	无
STRH	Rd,[Rn,#immed_5×2]	存储无符号半字数据	[Rn,#immed_5×2]<－Rd,Rd、Rn 为 R0～R7	无
STRB	Rd,[Rn,#immed_5×1]	存储无符号字节数据	[Rn,#immed_5×1]<－Rd,Rd、Rn 为 R0～R7	无
LDR	Rd,[Rn,Rm]	加载字数据	Rd<－[Rn,Rm],Rd、Rn、Rm 为 R0～R7	无

续表 3-7

助记符		说明	操作	影响标志
LDRH	Rd,[Rn,Rm]	加载无符号半字数据	Rd<—[Rn,Rm],Rd、Rn、Rm 为 R0~R7	无
LDRB	Rd,[Rn,Rm]	加载无符号字节数据	Rd<—[Rn,Rm],Rd、Rn、Rm 为 R0~R7	无
LDRSH	Rd,[Rn,Rm]	加载有符号半字数据	Rd<—[Rn,Rm],Rd、Rn、Rm 为 R0~R7	无
LDRSB	Rd,[Rn,Rm]	加载有符号字节数据	Rd<—[Rn,Rm],Rd、Rn、Rm 为 R0~R7	无
STR	Rd,[Rn,Rm]	存储字数据	[Rn,Rm]<—Rd,Rd、Rn、Rm 为 R0~R7	无
STRH	Rd,[Rn,Rm]	存储无符号半字数据	[Rn,Rm]<—Rd,Rd、Rn、Rm 为 R0~R7	无
STRB	Rd,[Rn,Rm]	存储无符号字节数据	[Rn,Rm]<—Rd,Rd、Rn、Rm 为 R0~R7	无
LDR	Rd,[PC,#immed_8×4]	基于 PC 加载字数据	Rd<—[PC,#immed_8×4], Rd 为 R0~R7	无
LDR	Rd,lable	基于 PC 加载字数据	Rd<—[lable], Rd 为 R0~R7	无
LDR	Rd,[SP,#immed_8×4]	基于 SP 加载字数据	Rd<—[SP,#immed_8×4], Rd 为 R0~R7	无
STR	Rd,[SP,#immed_8×4]	基于 SP 存储字数据	[SP,#immed_8×4]<—Rd, Rd 为 R0~R7	无
LDMIA	Rn{!},reglist	批量(寄存器)加载	reglist<—[Rn…]	无
STMIA	Rn{!},reglist	批量(寄存器)存储	[Rn…]<—reglist	无
PUSH	{reglist,LR}	寄存器入栈指令	[sp…]<—{reglist,LR}	无
POP	{reglist,PC}	寄存器出栈指令	{reglist,PC}<—[sp…]	无

4. Thumb 异常中断指令

(1) Thumb 软件中断指令

Thumb 软中断指令的行为与 ARM 等价指令完全相同。进入异常的指令使微处理器进入 ARM 执行状态。

◆ 二进制编码

Thumb 软中断指令的二进制编码见图 3-28。

◆ 说 明

SWI 指令引起 SWI 异常。这意味着处理器状态切换到 ARM 状态;处理器模式切换到管理模式;CPSR 保存到管理模式下的 SPSR 中;执行转移

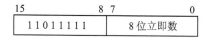

图 3-28 Thumb 软中断指令的二进制编码

到 SWI 向量地址。处理器忽略 immed_8,但 immed_8 出现在指令操作码的位[7:0]中,而异常处理程序用它来确定正在请求何种服务。这条指令不影响条件码标志。该指令将引起下列动作:

> 将下一条 Thumb 指令的地址保存到 R14_svc。
> 将 CPSR 寄存器保存到 SPSR_svc。
> 微处理器关闭 IRQ,清 Thumb 位,并通过修改 CPSR 的相关位进入监控模式。
> 强制将 PC 值置为地址 0x08,然后进入 ARM 指令 SWI 的处理程序。正常的返回指令将恢复 Thumb 执行状态。

◆ 汇编格式

SWI <8 位立即数>

其中:<8 位立即数>为数字表达式,其取值为 0~255 范围内的整数。

(2) Thumb 断点指令

Thumb 断点指令的行为与等价的 ARM 指令完全相同。断点指令用于软件调试,可以使微

处理器中断正常指令执行,进入相应的调试程序。
  ◆ 二进制编码
  Thumb 断点指令的二进制编码见图 3-29。
  ◆ 说 明
  当硬件调试单元作适当配置时,断点指令会使微处理器放弃指令预取。BKPT 指令引起处理器进入调试模式,调试工具利用 BKPT 指令来调查到达特定地址时的系统状态。处理器忽略 immed_8,但 immed_8 出现在指令操作码的位[7:0]中。调试器用它来保存断点信息。

图 3-29 Thumb 断点指令的二进制编码

  ◆ 汇编格式
  BKPT   immed_8

  ◆ 注意事项
  等价的 ARM 指令与 Thumb 指令有完全相同的汇编语法。只有实现了 v5T 结构的 ARM 处理器才支持 BKPT 指令。

3.3 基于 ARM 的汇编语言程序设计基础

3.3.1 ARM 汇编语言的伪操作、宏指令与伪指令

ARM 汇编语言源程序中语句一般由指令、伪操作、宏指令和伪指令组成。ARM 基本指令格式在 3.1 节和 3.2 节已经介绍,本小节主要介绍伪操作、宏指令及伪指令,这些是汇编语言程序设计的基础。

伪操作是 ARM 汇编语言程序里的一些特殊指令助记符,它的作用主要是为完成汇编程序做各种准备工作,在源程序进行汇编时由汇编程序处理,而不是在计算机运行期间由机器执行。也就是说,这些伪操作只在汇编过程中起作用,一旦汇编结束,伪操作的使命也就随之结束了。

宏指令是一段独立的程序代码,可以插在源程序中,它通过伪操作来定义。宏在被使用之前必须提前定义好。宏之间可以互相调用,也可以自己递归调用。通过直接书写宏名来使用宏,并根据宏指令的格式设置相应的输入参数。宏定义本身不会产生代码,只是在调用它时把宏体插入到源程序中。宏与 C 语言中的子函数形参与实参的传递很相似,调用宏时通过实际的指令来代替宏体实现相关的一段代码,但是宏的调用与子程序调用有本质不同,即宏并不会节省程序空间,它的优点是,可简化程序代码,提高程序的可读性,并且宏内容可同步修改。

伪操作、宏指令一般与编译程序有关。因此,ARM 汇编语言的伪操作、宏指令在不同的编译环境下有不同的编写形式和规则,目前常用的 ARM 编译开发环境有两种,本小节首先介绍两种开发环境,在此基础上对 ADS 开发环境下伪操作和宏指令进行详细介绍。

伪指令也是 ARM 汇编语言程序里的特殊指令助记符,也不在处理器运行期间由机器执行,它们在汇编时将合适的机器指令代替成 ARM 或 Thumb 指令从而实现真正指令操作。本小节最后对 ARM 伪指令进行详细介绍。

1. 两种编译模式的集成开发环境 IDE 简介

开发基于 ARM 的嵌入式系统时,选择合适的开发工具可以加快开发进度,节省开发成本。目前世界上有几十家公司提供不同类别的 ARM 开发工具和产品。一般来说,一套包含编译等最基本功能的集成开发环境 IDE 是嵌入式系统开发所必不可少的。

常见的 ARM 编译开发环境有以下 2 种：
- ADS/SDT IDE 开发环境：它由 ARM 公司开发，使用了 CodeWarrior 公司的编译器。
- 集成了 GNU 开发工具的 IDE 开发环境：它由 GNU 的汇编器 AS、交叉编译器 GCC 和链接器 ID 等组成。

选择 ADS/SDT 开发环境时，用户的工程、源程序文件应符合 SDT/ADS 的语法和规则。选择集成 GNU 开发工具的集成开发环境时，用户的工程、源程序文件应符合 GNU 的语法和规则。由于 GNU 源码的公开性和免费性，GNU 的用户群在急速增长；同时由于 GNU 对 Linux 的支持以及所做的大量工作（准确地说，Linux 应该叫做 GNU/Linux），对 GNU 用户以后的 Linux 开发也有极大的帮助。读者可根据自己的开发工具，选择学习不同编译环境下的伪操作和宏指令的使用规则。由于本书的篇幅有限，下面仅分别介绍在 ADS 编译环境下的伪操作，对于 GNU 环境下可以参考相关资料。

2. ADS 编译环境下的 ARM 伪操作

ADS 编译环境下的伪操作有如下几种：
- 符号定义（Symbol Definition）伪操作；
- 数据定义（Data Definition）伪操作；
- 汇编控制（Assembly Control）伪操作；
- 框架描述（Frame Description）伪操作；
- 信息报告（Reporting）伪操作；
- 其他（Miscellaneous）伪操作。

(1) 符号定义伪操作

符号定义伪操作用于定义 ARM 汇编程序中的变量，对变量进行赋值及定义寄存器名称。

① **GBLA、GBLL 及 GBLS**

GBLA、GBLL 及 GBLS 伪操作用于声明一个 ARM 程序中的全局变量，并在默认情况下将其初始化。

GBLA 伪操作声明一个全局的算术变量，并将其初始化成 0。

GBLL 伪操作声明一个全局的逻辑变量，并将其初始化成{FALSE}。

GBLS 伪操作声明一个全局的字符串变量，并将其初始化成空串" "。

语法格式：

\<GBLX\>　　Variable

其中：\<GBLX\>是 GBLA、GBLL 或 GBLS 3 种伪操作之一；Variable 是全局变量的名称，在其作用范围内必须惟一，即同一个变量名只能在作用范围内出现一次。

使用说明：如果用这些伪操作重新声明已经声明过的变量，则变量的值将被初始化成第 2 次声明语句中的值。全局变量的作用范围为包含该变量的源程序。

例 1　变量定义举例。

```
GBLA       arithmetic           ;声明一个全局的算术变量
Arithmatic SETA    0xEF         ;向该变量赋值
SPACE      arithmetic           ;使用该变量
GBLL       logical              ;声明一个全局的逻辑变量 logical
Logical    SETL{TRUE}           ;向该变量赋值
```

② **LCLA、LCLL 及 LCLS**

LCLA、LCLL 及 LCLS 伪操作用于声明一个 ARM 程序中的局部变量，并在默认情况下将其初始化。

LCLA 伪操作声明一个局部的算术变量,并将其初始化成 0。
LCLL 伪操作声明一个局部的逻辑变量,并将其初始化成{FALSE}。
LCLS 伪操作声明一个局部的串变量,并将其初始化成空串""。

语法格式:

<LCLX> Variable

其中:<LCLX>是 LCLA、LCLL 或 LCLS 3 种伪操作之一;Variable 是局部变量的名称,在其作用范围内必须惟一,即同一个变量名只能在作用范围内出现一次。

使用说明: 如果用这些伪操作重新声明已经声明过的变量,则变量的值将被初始化成第 2 次声明语句中的值。局部变量的作用范围为包含该局部变量的宏代码的一个实例,即局部变量一般只用于宏代码中。

例 2 局部变量定义举例。

```
MACRO                              ;声明一个宏
$label message $a                  ;宏的原型,宏的名称为 message,有一个参数 $a
LCLS     string                    ;声明一个局部串变量 string
string   SETS "error"              ;向该变量赋值
$label                             ;代码
INFO     0,"string":CC::STR:$a     ;使用该串变量(指令的具体含义参见后面的 INFO 伪操作)
MEND                               ;宏定义结束
```

③ **SETA、SETL 及 SETS**

SETA、SETL 及 SETS 伪操作用于给一个 ARM 程序中的全局或局部变量赋值。
SETA 伪操作给一个全局或局部算术变量赋值。
SETL 伪操作给一个全局或局部逻辑变量赋值。
SETS 伪操作给一个全局或局部字符串变量赋值。

语法格式:

<SETX> Variable expr

其中:<SETX>是 SETA、SETL 或 SETS 3 种伪操作之一;Variable 是使用 GBLA、GBLL、GBLS、LCLA、LCLL 或 LCLS 定义的变量的名称,在其作用范围内必须惟一;expr 为表达式,即赋予变量的值。

使用说明: 在向变量赋值前,必须先声明该变量。

例 3 变量赋值举例。

```
GBLA      arithmetic               ;声明一个全局算术变量
arithmetic SETA 0xEF                ;向该算术变量赋值
SPACE     arithmetic               ;引用该算术变量
GBLL      logical                  ;声明一个全局逻辑变量 logical
logical   SETL{TRUE}               ;向该变逻辑量赋值
```

④ **RLIST**

RLIST 为一个通用寄存器列表定义名称。

语法格式:

name RLIST{list of registers}

其中:name 是将要定义的寄存器列表的名称;{list of registers}为通用寄存器列表。

使用说明:RLIST 伪操作用于给一个通用寄存器列表定义名称。定义的名称可以在 LDM/STM 指令中使用,即这个名称代表了一个通用寄存器列表。在 LDM/STM 指令中,寄存器列表中的寄存器的访问次序总是先访问编号较低的寄存器,再访问编号较高的寄存器。也可以说,编号低的寄存器对应存储器的低地址,而不管寄存器列表中各寄存器的排列顺序。但为了编程的统一性,寄存器列表中各寄存器一般按编号由低到高排列。

例 4 RLIST 伪操作举例。

```
List    RLIST{R0~R3}      ;将寄存器列表{R0~R3}的名称定义为 List
STMDF   SP! List          ;保存寄存器列表 List
```

⑤ **CN**

CN 为一个协处理器的寄存器定义名称。

语法格式:

name CN expr

其中:name 是该寄存器的名称;expr 为协处理器的寄存器编号,数值范围为 0~15。

使用说明:CN 伪操作用于给一个协处理器的寄存器定义名称,方便程序员记忆该寄存器的功能,为该寄存器取的名称一般与该寄存器的功能有关。

例 5 CN 伪操作举例。

```
Power   CN  6             ;将协处理器的寄存器 6 名称定义为 Power
```

⑥ **CP**

CP 为一个协处理器定义名称。

语法格式:

name CP expr

其中:name 是该协处理器的名称;expr 为协处理器的编号,数值范围为 0~15。

使用说明:CP 伪操作用于给一个协处理器定义名称,方便程序员记忆该协处理器的功能,该寄存器取的名称一般与该寄存器的功能有关。

例 6 CP 伪操作举例。

```
Dzx   CP  6               ;将协处理器 6 名称定义为 Dzx
```

⑦ **DN 和 SN**

DN 为一个双精度的 VFP 寄存器定义名称。

SN 为一个单精度的 VFP 寄存器定义名称。

语法格式:

name DN expr

name SN expr

其中:name 是将要定义的 VFP 寄存器的名称;expr 为 VFP 双精度寄存器编号(0~15)或者 VFP 单精度寄存器编号(0~31)。

使用说明:DN 和 SN 伪操作用于给一个 VFP 寄存器定义名称,为方便程序员记忆该寄存器的功能,该寄存器取的名称一般与该寄存器的功能有关。

例 7 DN、SN 伪操作举例。

```
height    DN    6          ;将 VFP 双精度寄存器 6 名称定义为 height
width     SN    20         ;将 VFP 单精度寄存器 20 名称定义为 width
```

⑧ FN

FN 为一个 FPA 浮点寄存器定义名称。

语法格式：

name FN expr

其中：name 是将要定义的浮点寄存器的名称；expr 为浮点寄存器的编号，数值范围为 0~7。

使用说明： FN 伪操作用于给一个浮点寄存器定义名称，为方便程序员记忆该浮点寄存器的功能，该寄存器取的名称一般与该寄存器的功能有关。

例 8 FN 伪操作举例。

```
Length    FN    6          ;将浮点寄存器 6 名称定义为 Length
```

(2) 数据定义伪操作

数据定义（Data Definition）伪操作用于数据缓冲池定义、数据表定义、数据空间分配等，主要包括以下伪操作。

① LTORG

LTORG 用于声明一个数据缓冲池（也称为文字池）的开始。在使用伪指令 LDR 时，常常需要在适当的地方加入 LTORG 声明数据缓冲池，LDR 加载的数据暂时放于数据缓冲池。

语法格式：

LTORG

使用说明： 当程序中使用 LDR 之类的指令时，数据缓冲池的使用可能越界。为防止越界发生，可以使用 LTORG 伪操作定义数据缓冲池。通常大的代码段可以使用多个数据缓冲池。ARM 汇编编译器一般把数据缓冲池放在代码段的最后面，即下一个代码段开始之前，或者 END 伪操作之前。LTORG 伪操作通常放在无条件跳转指令之后，或者子程序返回指令之后，这样处理器就不会错误地将数据缓冲池中的数据当作指令来执行了。

例 9 用 LTORG 伪操作定义数据缓冲池举例。

```
    AREA    Example,CODE,READONLY   ;声明一个代码段,名称为 Example,属性为只读
    start BL    func1
          ...
    func1                           ;子程序
          LDR   R1, = 0x8000        ;将 0x8000 加载到 R1
                                    ;在后面介绍伪指令 LDR 时详细解释
          MOV   PC,1R               ;子程序结束
          LTORG                     ;定义数据缓冲池,存放 8000
          Data  SPACE 40            ;从当前位置开始分配 40 字节的内存单元并初始化为 0
    END                             ;程序结束
```

② MAP

MAP 用于定义一个结构化内存表（Storage Map）的首地址。此时，内存表的位置计数器 {VAR}（汇编器的内置变量）设置成该地址值。MAP 可以用"^"代替。

语法格式：

```
MAP    expr{,base-register}
```

其中：expr 为数字表达式或者是程序中已经定义过的标号；base-register 为一个寄存器。当指令中没有 base-register 时，expr 即为结构化内存表的首地址。此时，内存表的位置计数器 {VAR} 设置成该地址值。当指令中包含这一项时，结构化内存表的首地址为 expr 和 base-register 寄存器内容的和。

使用说明：MAP 伪操作和 FIELD 伪操作配合使用来定义结构化的内存表结构，具体使用方法将在 FIELD 伪操作中详细介绍。

例 10 MAP 伪操作举例。

```
MAP    fun                 ;fun 就是内存表的首地址
MAP    0x100,R9            ;内存表的首地址为 R9 + 0x100
```

③ **FIELD**

FIELD 用于定义一个结构化内存表中的数据域，FIELD 可以用"♯"代替。

语法格式：

{label} FIELD   expr

其中：{label} 为可选项。当指令中包含这一项时，label 的值为当前内存表的位置计数器 {VAR} 的值。汇编编译器处理了这条 FIELD 伪操作后，内存表计数器的值将加上 expr。expr 表示本数据域在内存表中所占的字节数。

使用说明：MAP 伪操作和 FIELD 伪操作配合使用来定义结构化的内存表结构。MAP 伪操作定义内存表的首地址；FIELD 伪操作定义内存表中各数据域的字节长度，并可以为每一个数据域指定一个标号，其他指令可以引用该标号。

MAP 伪操作中的 base-register 寄存器值对于其后所有的 FIELD 伪操作定义的数据域是默认使用的，直到遇到新的包含 base-register 项的 MAP 伪操作。需要特别注意的是，MAP 伪操作和 FIELD 伪操作仅仅是定义数据结构，它们并不实际分配内存单元。由 MAP 伪操作和 FIELD 伪操作配合定义的内存表有 3 种：基于绝对地址的内存表、基于相对地址的内存表和基于 PC 的内存表。下面通过举例逐一介绍。

例 11 基于绝对地址的内存表举例。下面的伪操作序列定义一个基于绝对地址的内存表，其首地址为固定地址 8192(0x2000)。该内存表中包含 5 个数据域：consta 长度为 4 字节，constb 长度为 4 字节，x 长度为 8 字节，y 长度为 8 字节，string 长度为 16 字节。

```
MAP     8192              ;内存表的首地址为 8192(0x2000)
consta  FIELD   4         ;consta 长度为 4 字节,相对位置为 0
constb  FIELD   4         ;constb 长度为 4 字节,相对位置为 4
x       FIELD   8         ;x 长度为 8 字节,相对位置为 8
y       FIELD   8         ;y 长度为 8 字节,相对位置为 16
string  FIELD   16        ;string 长度为 16 字节,相对位置为 24
```

在指令中可以这样引用内存表中的数据域：

```
LDR     R0,consta         ;将 consta 地址处对应的内容加载到 R0
```

上面的指令仅仅可以访问 LDR 指令前后 4KB 地址范围的数据域。

例 12 基于相对地址的内存表举例。下面的伪操作序列定义一个基于相对地址的内存表，其首地址为 0 与 R9 寄存器值的和，该内存表包含 5 个数据域(与例 11 相同)。

```
MAP       0,R9              ;内存表的首地址为 R9 寄存器的值
consta    FIELD    4        ;consta 长度为 4 字节,相对位置为 0
constb    FIELD    4        ;constb 长度为 4 字节,相对位置为 4
x         FIELD    8        ;x 长度为 8 字节,相对位置为 8
y         FIELD    8        ;y 长度为 8 字节,相对位置为 16
String    FIELD    16       ;String 长度为 16 字节,相对位置为 24
```

可以通过下面的指令访问地址范围超过 4KB 的数据:

```
ADR       R9,FIELD          ;伪指令,将在后面介绍
LDR       R5,constb         ;相当于 LDR R5,[R9,#4]
```

在这里,内存表中各数据域的实际内存地址是基于 R9 寄存器中的内容,而不是基于一个固定的地址。通过在 LDR 指令中指定不同的基址寄存器值,定义的内存表结构可以在程序中有多个实例。可以多次使用 LDR 指令,用以实现不同的程序实例。

例 13   基于 PC 的内存表举例。下面的伪操作序列定义一个基于 PC 的内存表,其首地址为 PC 寄存器的值,该内存表中包含 5 个数据域(与例 11 中的相同)。

```
Data      SPACE    100      ;分配 100 字节的内存单元,并初始化为 0
MAP       Data              ;内存表的首地址为 Datastruc 内存单元
consta    FIELD    4        ;consta 长度为 4 字节,相对位置为 0
constb    FIELD    4        ;constb 长度为 4 字节,相对位置为 4
x         FIELD    8        ;x 长度为 8 字节,相对位置为 8
y         FIELD    8        ;y 长度为 8 字节,相对位置为 16
String    FIELD    16       ;String 长度为 16 字节,相对位置为 24
```

可以通过下面的指令访问地址范围不超过 4KB 的数据:

```
LDR       R5,constb         ;相当于 LDR R5,[PC,offset]
```

在这里,内存表中各数据域的实际内存地址是基于 PC 寄存器的值,而不是基于一个固定的地址。PC 的值不是固定的,但是分配的内存单元是固定的,也就是说 PC 的值加上 offset 的值才是内存单元的值,这样 offset 的值肯定不是固定的。在使用 LDR 指令访问内存表中的数据域时,不必使用基址寄存器。

例 14   特殊内存表举例。当 FIELD 伪操作中的操作数为 0 时,其中的标号即为当前内存单元的地址,由于其中操作数为 0,汇编编译器处理该条伪操作后,内存表的位置计数器的值并不改变。可以利用这项技术来判断当前内存的使用是否超过程序分配的可用内存。下面的伪操作序列定义一个内存表,其首地址为 PC 寄存器的值。该内存表中包含 5 个数据域:consta 长度为 4 字节;constb 长度为 4 字节;x 长度为 8 字节;y 长度为 8 字节;string 长度为 maxlen 个字节。未防止 rnaxlen 的取值会使内存使用越界,可以利用 endofstru 监视内存的使用情况,保证其不超过 endofmem。

```
start     EQU      0x1000   ;分配的内存首地址
End       EQU      0x2000   ;分配的内存末地址
MAP       start             ;内存表的首地址为 start 内存单元
consta    FIELD    4        ;consta 长度为 4 字节,相对位置为 0
constb    FIELD    4        ;constb 长度为 4 字节,相对位置为 4
x         FIELD    8        ;x 长度为 4 字节,相对位置为 8
```

```
y         FIELD    8           ;y 长度为 4 字节,相对位置为 16
string    FIELD    maxlen      ;string 长度为 maxlen 字节,相对位置为 24
endalert  FIELD    0           ;endalert 用于检测内存是否越界
ASSERT    endalert <= end      ;ASSERT 伪操作将在后面介绍
End
```

④ SPACE

SPACE 用于分配一块连续内存单元,并用 0 初始化。SPACE 可以用"%"代替。

语法格式:

{label} SPACE expr

其中:{label}是一个标号,是可选项;expr 表示本伪操作分配的内存字节数。

例 15 用 SPACE 伪操作分配内存单元举例。

```
Data    SPACE    100          ;分配 100 字节的内存单元,并将内存单元内容初始化成 0
```

⑤ DCB

DCB 用于分配一段字节内存单元,并用伪操作中的 expr 初始化。DCB 可以用"="代替。

语法格式:

{label} DCB expr{,expr}

其中:{label}为可选项;expr 可以为 −128~255 的数值或者为字符串。

例 16 用 DCB 伪操作分配内存单元举例。

```
string  DCB     "student"    ;构造一个字符串,并以字节为单位分配内存
```

⑥ DCD 及 DCDU

DCD 用于分配一段字内存单元(分配的内存都是字对齐的),并用伪操作中的 expr 初始化。DCDU 与 DCD 的不同之处在于 DCDU 分配的内存单元并不严格为字对齐。DCD 和 DCDU 一般用来定义数据表格或其他常数。DCD 可以用"&"代替。

语法格式:

{label}   DCD expr {,expr}…
{label}   DCDU expr {,expr}…

其中:{label}为可选的标号;expr 可以为数字表达式或程序中的标号,内存分配的字节数由 expr 的个数决定。

使用说明:DCD 伪操作分配的内存都是字对齐的,为了保证分配的内存是字对齐的,可能在分配的第一个内存单元前插入填补字节(Padding)。DCDU 分配的内存单元则不需要字对齐。

例 17 用 DCD 伪操作分配内存单元举例。

```
Data1   DCD     1,5,10       ;分配一个字单元,且是字对齐的,其值分别为 1、5 和 10
Data2   DCD     addr + 4     ;分配一个字单元,其值为程序中标号 addr 加 4
                             ;这里的标号作为一个内存地址值
```

⑦ DCDO

DCDO 用于分配一段字对齐的字内存单元,并将每个字单元的内容初始化为该单元相对于静态基址寄存器 R9 内容的偏移量。

语法格式：

{label} DCDO   expr{,expr}…

其中：{label}为可选的标号；expr可以为数字表达式或为程序中的标号，内存分配的字节数由expr的个数决定。

使用说明： DCDO伪操作为基于静态基址寄存器R9的偏移量分配内存单元。

例18 用DCDO伪操作分配内存单元举例。

```
IMPORT    sign              ;IMPORT伪操作将在后面详细介绍
DCDO      sign              ;32位的字单元，其值为标号sign基于R9的偏移量
```

⑧ **DCFD 及 DCFDU**

DCFD用于为双精度的浮点数分配字对齐的内存单元，并将字单元的内容初始化为双精度浮点数。每个双精度浮点数占据两个字单元。DCFD与DCFDU的不同之处在于DCFDU分配的内存单元并不严格为字对齐。

语法格式：

{label}   DCFD{U}fpliteral{,fpliteral}…

其中：{label}为可选项；fpliteral为双精度的浮点数。

使用说明： DCFD伪操作分配的内存都是字对齐的。为了保证分配的内存是字对齐，DCFD可能在分配的第一个内存单元前插入填补字节。DCFDU分配的内存单元则不需要字对齐。如何将fpliteral转换成内存单元的内部表示形式是由浮点运算单元控制的。

例19 用DCFD、DCFDU伪操作分配内存单元举例。

```
DCFD      1E308,-4E-100     ;定义双精度浮点数，字对齐
DCFDU     10000,-0.1,3.1E26 ;定义双精度浮点数，字不对齐
```

⑨ **DCFS 及 DCFSU**

DCFS用于为单精度的浮点数分配字对齐的内存单元，并将各字单元的内容初始化成fpliteral表示的单精度浮点数。每个单精度的浮点数占据1个字单元。DCFS与DCFSU的不同之处在于DCFSU分配的内存单元并不严格为字对齐。

语法格式：

{label}   DCFS{U} fpliteral{,fpliteral}…

其中：{label}为可选的标号；fpliteral为单精度的浮点数。

使用说明： DCFS伪操作为了保证分配的内存是字对齐的，在分配的第一个内存单元前插入填补字节。DCFSU分配的内存单元则不需要字对齐。

例20 用DCFS、DCFSU伪操作分配内存单元举例。

```
DCFS      E3,-4E-9          ;定义单精度浮点数，字对齐
DCFSU     1.0,-1,3.1E6      ;定义单精度浮点数，字不对齐
```

⑩ **DCI**

在ARM代码中，DCI用于分配一段字对齐的内存单元，并用伪操作中的expr将其初始化；在Thumb代码中，DCI用于分配一段半字对齐的半字内存单元，并用伪操作中的expr将其初始化。

语法格式：

{label}   DCI expr{,expr}…

其中：{label}为可选的标号；expr 可以为数字表达式。

使用说明：DCI 伪操作和 DCD 伪操作非常类似，不同之处在于 DCI 分配的内存中数据被标示为指令，可用于通过宏指令来定义处理器指令系统不支持的指令。

在 ARM 代码中，DCI 为了保证分配的内存是字对齐，可能在分配的第一个内存单元前插入最多 3 字节的填补字节。在 Thumb 代码中，DCI 为了保证分配的内存是半字对齐，可能在分配的第一个内存单元前插入 1 字节的填补字节。

例 21 用 DCI 伪操作分配内存单元举例。

```
MACRO                                              ;宏指令
Newinstr   $Rd,$Rm
DCI        0xE16F0F10:OR:($Rd:SHL:12):OR:$Rm       ;这里存放的是指令
MEND
```

⑪ DCQ 及 DCQU

DCQ 用于分配一段以双字（8 字节）为单位的内存，分配的内存要求必须字对齐，并用伪操作中的 64 位整数数据初始化。DCQU 与 DCQ 的不同之处在于 DCQU 分配的内存单元并不严格为字对齐。

语法格式：

{label}   DCQ{U}{-}literal{,{-}literal}…

其中：{label}是一个标号，是可选项；literal 为 64 位的数字表达式，可以选正负号，其取值范围为 $0 \sim 2^{64}-1$。当在 literal 前加上"-"时，literal 的取值范围为 $-2^{63} \sim -1$。在内存中，$2^{64}-n$ 与 $-n$ 具有相同的表达形式，这是因为数据在内存中都是以补码形式表示的。

使用说明：DCQ 伪操作为了保证分配的内存是字对齐，可能在分配的第一个内存单元前插入多达 3 字节的填补字节。DCQU 分配的内存单元则不需要字对齐。

例 22 用 DCQ、DCQU 伪操作分配内存单元举例。

```
AREA    MiscData,DATA,READWRITE    ;定义数据段，属性为可读/写
Data0   DCQ -100,2_101              ;2_101 指的是二进制的 101
Data1   DCQU 1000,-100000000
DCQU    number+4                    ;number 必须是已定义过的数字表达式
```

⑫ DCW 及 DCWU

DCW 用于分配一段半字对齐的半字内存单元，并用伪操作中的 expr 初始化。DCWU 与 DCW 的不同之处在于 DCWU 分配的内存单元并不严格为半字对齐。

语法格式：

{label}   DCW{U}expr{,expr}…

其中：{label}为可选的标号；expr 为数字表达式，其取值范围为 $-32768 \sim 65535$。

使用说明：DCW 伪操作为了保证分配的内存是半字对齐，可能在分配的第一个内存单元前插入 1 字节的填补字节。DCWU 分配的内存单元则不需要半字对齐。

例 23 用 DCW 伪操作分配内存单元举例。

```
Data   DCW -235,748,2446
DCW    num+8
```

（3）汇编控制伪操作

汇编控制伪操作用于条件汇编、宏定义、重复汇编控制等。

① **IF、ELSE 及 ENDIF**

IF、ELSE 及 ENDIF 伪操作能够根据条件把一段源代码包括在汇编语言程序内,或者将其排除在程序之外。它与 C 语言中 if 语句的功能很相似。

语法格式:

IF logical expression
　　⋮　　　　　　　　　　　　　　;指令或伪指令代码段 1
{ELSE
　　⋮　　　　　　　　　　　　　　;指令或伪指令代码段 2
}
ENDIF

其中:logical expression 是用于控制选择的逻辑表达式;ELSE 伪操作为可选项。

使用说明:IF、ELSE 及 ENDIF 伪操作可以嵌套使用。

例 24　IF 条件编译伪操作举例。

```
IF      Variable = 16            ;如果 Variable = 16 成立,则编译下面的代码
        BNE     SUB1
        LDR     R0, = SUB0
        BX      R0
ELSE                             ;否则编译下面的代码
        BNE     SUB0
         ⋮
ENDIF
```

② **WHILE 及 WEND**

WHILE 及 WEND 伪操作能够根据条件重复汇编相同的一段源代码。它与 C 语言中的 while 语句很相似。只要满足条件,将重复汇编语法格式中的指令或伪指令。

语法格式:

WHILE logical expression
　　⋮　　　　　　　　　　　　　　;指令或伪指令代码段
WEND

使用说明:WHILE 和 WEND 伪操作可以嵌套使用。

例 25　WHILE 条件编译伪操作举例。

```
count   SETA    1                ;设置循环计数变量 count 初始值为 1
WHILE   count <= 4               ;由 count 控制循环执行的次数
        count   SETA count + 1   ;将循环计数变量加 1
         ⋮                       ;代码
WEND
```

③ **MACRO、MEND 及 MEXIT**

MACRO 伪操作标示宏定义的开始,MEND 标示宏定义的结束。MERIT 用于从宏中跳转出去。用 MACRO 和 MEND 定义的一段代码,称为宏定义体,这样在程序中就可以通过宏名多次调用该代码段来完成相应的功能。

语法格式:

```
MACRO
{$label}    macroname{$parameter{,$parameter}…}
 ⋮                         ;宏代码
MEND
```

其中：macroname 为所定义宏的名称；$label 在宏指令被展开时，label 可被替换成相应的符号，通常是一个标号（在一个符号前使用"$"表示程序被汇编时，将使用相应的值来替代"$"后的符号）；$parameter 为宏指令的参数，当宏指令被展开时将被替换成相应的值，类似于函数中的形式参数。可以在宏定义时为参数指定相应的默认值。

使用说明：在子程序比较短，且需要传递的参数比较多的情况下，可以使用宏汇编技术。首先使用 MACRO 和 MEND 等伪操作定义宏，包含在 MACRO 和 MEND 之间的代码段称为宏定义体。在 MACRO 伪操作之后的一行声明宏的原型，其中包含了该宏定义的名称和需要的参数。MERIT 用于从宏中跳转出去。在汇编程序中通过该宏名称来调用宏。当源程序被汇编时，汇编编译器将展开每个宏体，用实际的参数值代替宏定义时的形式参数。宏定义可以嵌套。宏定义中的 $label 是一个可选参数。当宏定义体中用到多个标号时，可以使用类似于 $label、$internallabel 的标号命名规则使程序易读。下面的例 26 说明了这种用法。

例 26 宏伪操作举例。在下面的例子中，宏定义体包括两个循环操作和一个子程序调用。

```
    MACRO                       ;宏定义开始
    $label   jump    $a1,$a2    ;宏的名称为 jump,有两个参数 a1,a2
     ⋮
    $label.loop1                ;$label.loop1 为宏体的内部标号
     ⋮
    BGE      $label.loop1
    $label.loop2                ;$label.loop2 为宏体的内部标号
    BL       $a1                ;参数 $p1 为一个子程序的名称
    BGT      $label.loop2
     ⋮
    ADR      $a2
     ⋮
    MEND                        ;宏定义结束
```

在程序中调用该宏：

```
    exam    jump    sub,det     ;调用宏 jump,宏的标号为 exam
                                ;参数 1 为 sub,参数 2 为 det
```

程序被汇编后，宏展开的结果：

```
     ⋮
    examloop1                   ;用 exam 代替 $label 构成标号 examloop1
     ⋮
    BGE      examloop1
    examloop2
    BL       sub                ;参数 1 的实际值为 sub
    BGT      examloop2
    ADR      det                ;参数 2 的实际值为 det
```

例 27 用宏伪操作完成"测试—跳转"举例。在 ARM 中完成"测试—跳转"操作需要 2 条指令,下面定义一条宏指令完成"测试—跳转"的操作。

```
     MACRO                            ;宏定义开始
$ label   TestAndBranch   $ ds,$ re,$ aa    ;宏的名称为 TestAndBranch
                                     ;有 3 个参数
$ label   CMP             $ re,#0
     B$ aa   $ ds
     MEND                             ;宏定义结束
```

在程序中调用该宏:

```
test    TestAndBranch   nzero,R0,NE    ;调用宏
```

程序被汇编后,宏展开的结果为:

```
test    CMP     R0,#0
        BNE     nzero
```

(4) 信息报告伪操作

信息报告(Reporting)伪操作用于汇编报告指示,下面分别进行介绍。

① ASSERT

断言错误伪操作。在汇编编译器对汇编程序的第 2 遍扫描中,如果其中 ASSERT 中条件不成立,则 ASSERT 伪操作将报告该错误信息。

语法格式:

ASSERT logical expression

其中:logical expression 为一个逻辑表达式。

使用说明: ASSERT 伪操作用于保证源程序被汇编时满足相关的条件,如果条件不满足,ASSERT 伪操作报告错误类型,并终止汇编。

例 28 ASSERT 伪操作举例。

```
ASSERT    Top <>Temp           ;断言 Top 不等于 Temp
```

② INFO

汇编诊断信息显示伪操作。在汇编处理过程的第 1 遍扫描或者第 2 遍扫描时,INFO 伪操作报告诊断信息。

语法格式:

INFO numeric-expression,string-expression

其中:string-expression 为一个字符串表达式,即诊断信息;numeric-expression 为一个数字表达式。如果 numeric-expression 的值为 0,则在汇编处理第 2 遍扫描时,伪操作打印 string-expression;如果 numeric-expression 的值不为 0,则在汇编处理第 1 遍扫描时,伪操作打印 string-expression,并终止汇编。

使用说明: INFO 伪操作用于显示用户自定义的错误信息。

例 29 INFO 伪操作举例。

```
INFO    0,"Version 1.0"         ;在第 2 遍扫描时,报告版本信息
IF      label1 <= label2
```

```
        INFO    4,"Data overrun"           ;如果label1 <= label2成立在第1遍扫描时报告
                                            ;错误信息,并终止汇编
        ENDIF
```

③ OPT

设置列表选项伪操作,通过 OPT 伪操作可以在源程序中设置列表选项。

语法格式:

OPT   n

其中:n 为所设置选项的编码,具体含义如表 3-8 所列。

表 3-8 选项编码

选项编码 n	选项含义	选项编码 n	选项含义
1	设置常规列表选项	256	设置选项,显示宏调用
2	关闭常规列表选项	512	设置选项,不显示宏调用
4	设置分页符,在新的一页开始显示	1024	设置选项,显示第1遍扫描列表
8	将行号重新设置为 0	2048	设置选项,不显示第1遍扫描列表
16	设置选项,显示 SET、GBL、LCL 伪操作	4096	设置选项,显示条件汇编伪操作
32	设置选项,不显示 SET、GBL、LCL 伪操作	8192	设置选项,不显示条件汇编伪操作
64	设置选项,显示宏展开	16384	设置选项,显示 MEND 伪操作
128	设置选项,不显示宏展开	32768	设置选项,不显示 MEND 伪操作

使用说明:使用编译选项-list 将使编译器产生常规的列表文件。默认情况下,-list 选项生成常规的列表文件,包括变量声明、宏展开、条件汇编伪操作以及 MEND 伪操作,而且列表文件只是在第 2 遍扫描时给出。通过 OPT 伪操作,可以在源程序中改变默认的选项。

例 30 OPT 伪操作举例。在 func 前插入 OPT 4 伪操作,func 将在新的一页中显示。

```
        AREA Example,CODE,READONLY
        start                              ;代码开始
        BL func
        OPT 4                              ;在 func 前插入新的一页
        func
```

④ TTL 及 SUBT

TTL 伪操作在列表文件每一页的开头插入一个标题。该 TTL 伪操作将作用在其后的每一页,直到遇到新的 TTL 伪操作。SUBT 伪操作在列表文件每一页的开头插入一个子标题。该 SUBT 伪操作将作用在其后的每一页,直到遇到新的 SUBT 伪操作。

语法格式:

```
        TTL     title
        SUBT    subtitle
```

其中:title 为标题;subtitle 为子标题。

使用说明:TTL 伪操作在列表文件的页顶部显示一个标题。SUBT 伪操作在列表文件页标题的下面显示一个子标题。如果要在列表文件的第 1 页显示标题或子标题,TTL 伪操作或 SUBT 伪操作要放在源程序的第 1 行。当使用 TTL 伪操作或 SUBT 伪操作改变页标题时,新的

标题将在下一页开始起作用。

例 31 TTL、SUBT 伪操作举例。

```
TTL    Title           ;在列表文件的第 1 页及后面的各页显示标题
SUBT   Subtitle        ;在列表文件的第 1 页及后面的各页显示子标题
```

(5) 其他伪操作
① CODE16 及 CODE32

CODE16 伪操作告诉汇编编译器，后面的指令序列为 16 位的 Thumb 指令；CODE32 伪操作告诉汇编编译器，后面的指令序列为 32 位的 ARM 指令。

语法格式：

CODE16

CODE32

使用说明： 当汇编源程序中同时包含 ARM 指令和 Thumb 指令时，使用 CODE16 伪操作告诉汇编编译器后面的指令序列为 16 位的 Thumb 指令；使用 CODE32 伪操作告诉汇编编译器后面的指令序列为 32 位的 ARM 指令。但是，CODE16 伪操作和 CODE32 伪操作只是告诉编译器后面指令的类型，该伪操作本身并不进行程序状态的切换。

例 32 CODE16、CODE32 伪操作举例。在下面的例子中，程序先在 ARM 状态下执行，然后通过 BX 指令切换到 Thumb 状态，并跳转到相应的 Thumb 指令处执行。在 Thumb 程序入口处用 CODE16 伪操作标示下面的指令为 Thumb 指令。

```
       AREA   ChangeState,CODE,READONLY
CODE32                         ;指示下面的指令为 ARM 指令
       LDR    R0, = start + 1
       BX     R0               ;切换到 Thumb 状态,并跳转到 start 处执行
CODE16                         ;指示下面的指令为 Thumb 指令
start  MOV    R1, #10
       ⋮
```

② EQU

EQU 伪操作为数字常量、基于寄存器的值和程序中的标号（基于 PC 的值）定义一个字符名称。

语法格式：

name EQU expr{,type}

其中：expr 为基于寄存器的地址值、程序中的标号、32 位的地址常量或者 32 位的常量；name 为 EQU 伪操作为 expr 定义的字符名称；对于 type，当 expr 为 32 位常量时，可以使用 type 指示 expr 表示的数据类型，type 有下面 3 种取值：

```
CODE16     表明该地址处为 Thumb 指令；
CODE32     表明该地址处为 ARM 指令；
DATA       表明该地址处为数据区。
```

使用说明： EQU 伪操作的作用类似于 C 语言中的 #define，用于为一个常量定义字符名称。EQU 可以用"*"代替。

例 33 EQU 伪操作举例。

X	EQU	10	;定义 X 符号的值为 10
Y	EQU	label+100	;定义 Y 符号的值(label+100)
Z	EQU	0x10,CODE32	;定义 Z 符号值为绝对地址值 0x10,而且该处为 ARM 指令
reg	EQU	0xE01FC080	;定义寄存器 reg,地址为 0xE01FC080

这里的寄存器是除 ARM 中寄存器以外的寄存器,例如,外设中的寄存器,因为 I/O 与存储器是统一编址的。

③ **AREA**

AREA 伪操作用于定义一个代码段或者数据段。ARM 汇编程序中一般采用分段式设计,一个 ARM 源程序至少有一个代码段。

语法格式:

AREA   sectionname{,attr}{,attr}…

其中:sectionname 为所定义的代码段或者数据段的名称。如果该名称是以数字开头的,则该名称必须用"|"括起来,如|1_datasec|。还有一些代码段具有约定的名称,如|.text|表示 C 语言编译器产生的代码段或者是与 C 语言库相关的代码段。

attr 是该段的属性。在 AREA 伪操作中,各属性间用逗号隔开。下面列举所有可能的属性:

- ALIGN=expression。默认情况下,ELF(可执行链接文件,由链接器生成)的代码段和数据段是 4 字节对齐的。expression 可以取 0～31 的数值,相应的对齐方式为($2^{expression}$)字节对齐,如 expression=4 时为 16 字节对齐。
- ASSOC=section。指定与本段相连的 ELF 段。任何时候连接 section 段也必须包括 sectionname 段。
- CODE 定义代码段。默认属性为 READONLY。
- COMDEF 定义一个通用的段。该段可以包含代码或者数据。在其他源文件中,同名的 COMDEF 段必须相同。
- COMMON 定义一个公用的段。该段不包含任何用户代码和数据,链接器将其初始化为 0。各源文件中同名的 COMMON 段公用同样的内存单元,链接器为其分配合适的尺寸。
- DATA 定义数据段。默认属性为 READWRITE。
- NOINIT 指定本数据段仅仅保留了内存单元,而没有将各初始值写入内存单元,或者将各内存单元值初始化为 0。
- READONLY 指定本段为只读,代码段的默认属性为 READONLY。
- READWRITE 指定本段为可读/写,数据段的默认属性为 READWRITE。

使用说明:通常可以用 AREA 伪操作将程序分为多个 ELF 格式的段。一个大的程序可以包括多个代码段和数据段。一个汇编程序至少包含一个代码段。

例 34 AREA 伪操作举例。下面的伪操作定义一个代码段,代码段名称为 Example,属性为 READONLY。

```
AREA Example,CODE,READONLY
```

④ **ENTRY**

ENTRY 伪操作指定程序的入口点。

语法格式:

ENTRY

使用说明:一个程序可以包含多个源文件,而一个源文件中最多只能有一个 ENTRY(也可以没有 ENTRY),所以一个程序可以有多个 ENTRY,但至少要有一个 ENTRY。

例 35　ENTRY 伪操作举例。

```
AREA Example CODE,READONLY
ENTRY                  ;应用程序的入口点
CODE32
START   MOV R1,#0x53
```

⑤ **END**

END 伪操作告诉编译器已经到了源程序结尾。

语法格式:

END

使用说明: 每一个汇编源程序都包含 END 伪操作,来表示本源程序结束。

例 36　END 伪操作举例。

```
AREA Example CODE,READONLY
    ⋮
END
```

⑥ **ALIGN**

ALIGN 伪操作通过添加补丁字节使当前位置满足一定的对齐方式。

语法格式:

ALIGN{expr{,offset}}

其中:expr 为指定对齐方式,可能的取值为 2 的 n 次幂,如 1、2、4、8 等。如果伪操作中没有指定 expr,则默认当前位置对齐到下一个字边界处。不指定 offset 表示将当前位置对齐到以 expr 为单位的起始位置,例如"ALIGN 8"表示将当前位置以两个字的方式对齐。如果指定 offset,例如"ALIGN 4,3",此时,如果原始位置在 0x0001(字节),那么使用"ALIGN 4,3"以后,当前位置会转到 0x0007(0x0004 + 3),如图 3-30 所示。

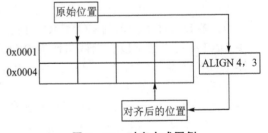

图 3-30　对齐方式图例

在下面的情况中,需要特定的地址对齐方式:

➤ Thumb 的伪指令 ADR 要求地址是字对齐的,而 Thumb 代码中地址标号可能不是字对齐的。这时就要使用伪操作"ALIGN 4"使 Thumb 代码中的地址标号字对齐。

➤ 由于有些 ARM 处理器的 Cache 采用了其他对齐方式,如 16 字节的对齐方式,这时使用 ALIGN 伪操作指定合适的对齐方式可以充分发挥该 Cache 的性能优势。

➤ LDRD 及 STRD 指令要求内存单元是 8 字节对齐的。这样在为 LDRD/STRD 指令分配的内存单元前要使用 ALIGN 8 实现 8 字节对齐方式。

➤ 地址标号通常自身没有对齐要求。而在 ARM 代码中要求地址标号是字对齐的,在 Thumb 代码中要求半字对齐。这样需要使用合适的 ALIGN 伪操作来调整对齐方式。

例 37　ALIGN 伪操作举例。在 AREA 伪操作中使用 ALIGN 与单独使用 ALIGN 时,伪操

作中 expr 含义是不同的,例如:

```
AREA    Cache,CODE,ALIGN = 3      ;指定该代码段的指令是 8 字节对齐的
  ⋮
MOV     PC,LR                     ;程序跳转后变成 4 字节对齐的,不再是 8 字节对齐
                                  ;所以需要用 ALIGN 伪操作添加补丁字节使当前
                                  ;位置再次满足 8 字节对齐
ALIGN   8                         ;指定下面的指令是 8 字节对齐的
  ⋮
```

例 38　ALIGN 伪操作举例。将 2 字节数据放在同一个字的第 1 个字节和第 4 个字节中。

```
AREA    Example,CODE,READONLY
DCB     0x11                      ;第 1 个字节保存 0x11
ALIGN   4,3                       ;字对齐
DCB     0x24                      ;第 4 个字节保存 0x24
```

例 39　ALIGN 伪操作举例。在下面例子中通过 ALIGN 伪操作使程序中地址标号字对齐。

```
AREA    Example,CODE,READONLY
start   LDR R6, = label
  ⋮
MOV     PC,1R
label   DCB 0x48                  ;本伪操作使字对齐被破坏
ALIGN                             ;重新使数据字对齐
  ⋮
```

⑦ EXPORT 及 GLOBAL

EXPORT 声明一个符号可以被其他文件引用,相当于声明了一个全局变量。GLOBAL 是 EXPORT 的同义词。

语法格式:

EXPORT symbol{[WEAK]}

GLOBAL symbol{[WEAK]}

其中:symbol 为声明符号名称,它是区分大小写的;[WEAK]选项声明其他的同名符号优先于本符号被引用。

使用说明:使用 EXPORT 伪操作声明一个源文件中的符号,使得该符号可以被其他源文件引用。

例 40　EXPORT、GLOBAL 伪操作举例。

```
AREA    Example,CODE,READONLY
EXPORT  fun                       ;表明下面的函数名称 fun 可以被其他源文件引用
fun     ADD R0,R0,R1
```

⑧ IMPORT

IMPORT 伪操作告诉编译器当前的符号不是在本源文件中定义的,而是在其他源文件中定义的,在本源文件中可能引用该符号,而且不论本源文件是否实际引用该符号,该符号都将被加入到本源文件的符号表中。

语法格式:

IMPORT symbol{[WEAK]}

其中：symbol 为声明符号的名称，它是区分大小写的。[WEAK]指定这个选项后，如果 symbol 在所有的源文件中都没有被定义，编译器也不会产生任何错误信息，同时编译器也不会到当前没有被 INCLUDE 进来的库中去查找该符号。

使用说明：使用 IMPORT 伪操作声明一个符号是在其他源文件中定义的。如果链接器在链接处理时不能解析该符号，而且 IMPORT 伪操作中没有指定[WEAK]选项，则链接器将会报告错误。如果链接器在链接处理时不能解析该符号，而 IMPORT 伪操作中指定了[WEAK]选项，则链接器将不会报告错误，而是进行下面的操作：

➢ 如果该符号被 B 或者 BL 指令引用，则该符号被设置成下一条指令的地址，此时 B 或者 BL 指令相当于一条 NOP 指令。例如"B sign"，sign 不能被解析，则该指令被忽略为 NOP 指令，继续执行下面地址的指令，也就是将 sign 理解为下一条指令的地址。

➢ 其他情况下该符号被设置为 0。

⑨ **EXTERN**

EXTERN 伪操作告诉编译器当前的符号不是在本源文件中定义的，而是在其他源文件中定义的，在本源文件中可能引用该符号。这与 IMPORT 伪操作的作用相同，不同之处在于，如果本源文件没有实际引用该符号，该符号都将不会被加入到本源文件的符号表中。

语法格式：

EXTERN symbol{[WEAK]}

其中：symbol 为声明符号的名称，它是区分大小写的。[WEAK]指定该选项后，如果 symbol 在所有的源文件中都没有被定义，编译器也不会产生任何错误信息，同时编译器也不会到当前没有被 INCLUDE 进来的库中去查找该符号。

使用说明：使用 EXTERN 伪操作声明一个符号是在其他源文件中定义的。如果链接器在链接处理时不能解析该符号，而 EXTERN 伪操作中没有指定[WEAK]选项，则链接器将会报告错误。如果链接器在链接处理时不能解析该符号，而 EXTERN 伪操作中指定了[WEAK]选项，则链接器将不会报告错误，而是进行下面的操作：

➢ 如果该符号被 B 或者 BL 指令引用，则该符号被设置成下一条指令的地址，此时 B 或者 BL 指令相当于一条 NOP 指令。

➢ 其他情况下该符号被设置为 0。

⑩ **GET 及 INCLUDE**

GET 伪操作将一个源文件包含到当前源文件中，并将被包含的文件在其当前位置进行汇编处理。INCLUDE 是 GET 的同义词。

语法格式：

GET   filename
INCLUDE filename

其中：filename 为被包含源文件的名称。这里可以使用路径信息。注意，路径信息中可以包含空格。

使用说明：通常可以在一个源文件中定义宏，用 EQU 定义常量的符号名称，用 MAP 和 FIELD 定义结构化的数据类型，这样的源文件类似于 C 语言中的.h 文件。然后用 GET 伪操作将这个源文件包含到它们的源文件中，类似于在 C 源程序中的"include ∗.h"。

编译器通常在当前目录中查找被包含的源文件。可以使用编译选项"-I"添加其他的查找目录。同时，被包含的源文件中也可以使用 GET 伪操作，即 GET 伪操作可以嵌套使用。如在源文件 A 中包含了源文件 B，而在源文件 B 中包含了源文件 C，编译器在查找 C 源文件时将把源文件 B 所在的目录作为当前目录。

GET 伪操作不能用来包含目标文件。包含目标文件需要使用 INCBIN 伪操作。

例 41　GET 伪操作举例。

```
    AREA    Example,CODE,READONLY
    GET     file1.s                      ;包含源文件 file1.s
    GET     c:\project\file2.s           ;包含源文件 file2.s,可以包含路径信息
    GET     c:\windows project\file3.s   ;包含源文件 file3.s,路径信息中可以包含空格
```

⑪ INCBIN

INCBIN 伪操作将一个文件包含到当前源文件中，被包含的文件不进行汇编处理。

语法格式：

INCBIN filename

其中：filename 为被包含文件的名称。这里可以使用路径信息。

注意： 这里所包含的文件名称及其路径信息中都不能有空格。

使用说明： 通常可以使用 INCBIN 将一个可执行文件或者任意的数据包含到当前文件中。被包含的执行文件或数据将被原封不动地放到当前文件中。编译器从 INCBIN 伪操作后面开始继续处理。

例 42　INCBIN 伪操作举例。

```
    AREA    Example,CODE,READONLY
    INCBIN  file1.dat                    ;包含文件 file1.dat
    INCBIN  c:\windows\file2.txt         ;包含文件 file2.txt,路径信息中不可以包含空格
    INCBIN  c:\my project\file3.obj      ;此用法是错误的,因为路径信息中包含空格
```

⑫ KEEP

KEEP 伪操作告诉编译器将局部符号包含在目标文件的符号表中。

语法格式：

KEEP{symbol}

其中：symbol 为要保留的局部标号。如果没有指定 symbol，则除了基于寄存器外的所有符号都将被包含在目标文件的符号表中。

使用说明： 默认情况下，编译器仅将下面的符号包含到目标文件的符号表中：

➢ 被输出的符号；

➢ 将会被重定位的符号。

使用 KEEP 伪操作可以将局部符号也包含到目标文件的符号表中，从而使得调试工作更加方便。

例 43　KEEP 伪操作举例。

```
label   CMP R0,R1
KEEP    label                            ;将标号 label 包含到目标文件的符号表中
```

⑬ NOFP

使用 NOFP 伪操作禁止源程序中包含浮点运算指令。

语法格式：

NOFP

使用说明： 当系统中没有硬件或软件仿真代码支持浮点运算指令时，使用 NOFP 伪操作禁止在源程序中使用浮点运算指令。这时如果源程序中包含浮点运算指令或者在浮点运算指令的后面使用 NOFP 伪操作，编译器将会报告错误。

⑭ **REQUIRE**

REQUIRE 伪操作用于指定段之间的相互依赖关系。

语法格式：

REQUIRE   lable

其中：label 为所需要标号的名称。

使用说明： 当进行链接处理包含有"REQUIRE lable"伪操作的源文件时，定义 label 的源文件也将被包含。

⑮ **REQUIRE8 及 PRESERVE8**

REQUIRE8 伪操作指示当前代码中要求数据栈是 8 字节对齐。

PRESERVE8 伪操作表示当前代码中数据栈是 8 字节对齐。

语法格式：

REQUIRE8

PRESERVE8

使用说明： LDRD 及 STRD 指令要求内存单元地址是 8 字节对齐的。当在程序中使用这些指令在数据栈中传送数据时，要求该数据栈是 8 字节对齐的，这时就需要用 REQUIRE8 伪操作来说明。

链接器要保证要求 8 字节对齐的数据栈代码只能被数据栈是 8 字节对齐的代码调用。

⑯ **RN**

RN 伪操作为一个特定的寄存器定义名称。

语法格式：

name RN expr

其中：expr 为某个寄存器的编码；name 为本伪操作给寄存器 expr 定义的名称。

使用说明： RN 伪操作用于给一个寄存器定义名称，方便记忆该寄存器的功能。

例 44   RN 伪操作举例。

```
COUNT    RN    6          ;定义寄存器 R6 为 COUNT
CHOOSE   RN    9          ;定义寄存器 R9 为 CHOOSE
```

⑰ **ROUT**

ROUT 伪操作用于定义局部变量的有效范围。

语法格式：

{name} ROUT

其中：name 为所定义的作用范围的名称。

使用说明： 当没有使用 ROUT 伪操作定义局部变量的作用范围时，局部变量的作用范围为其所在的段。ROUT 伪操作的作用范围为本 ROUT 伪操作和下一个 ROUT（指同一个段中的

ROUT 伪操作)伪操作之间。若只有一个 ROUT 则局部标号的作用范围在 ROUT 与段结束伪操作(END)之间。例 45 说明了 ROUT 的用法,其中所涉及的局部标号的概念将在 3.3.2 小节中的 ARM 汇编语言语句格式中进行介绍。

例 45 ROUT 伪操作举例。

```
routine        ROUT                    ;定义局部标号的有效范围,名称为 routine
                ⋮
1 routine                              ;routine 范围内的局部标号 1
                ⋮
               BEQ      %2 routine    ;若条件成立,则跳转到 routine 范围内的局部标号 2
                ⋮
               BGE      %1 routine    ;若条件成立,则跳转到 routine 范围内的局部标号 1
2 routine       ⋯                      ;routine 范围内的局部标号 2
                ⋮
otherroutine   ROUT                    ;定义新的局部标号的有效范围
```

3. ARM 汇编语言的伪指令

ARM 中伪指令不是真正的 ARM 指令或者 Thumb 指令,这些伪指令在编译器对源程序进行汇编处理时被替换成相应的 ARM 或者 Thumb 指令序列。ARM 伪指令包括 ADR、ADRL、LDR 和 NOP;Thumb 伪指令和 ARM 伪指令相似,包括 ADR、LDR 和 NOP,只是它不支持 ADRL。下面主要介绍 ARM 伪指令。

(1) 小范围的地址读取伪指令 ADR

该指令将基于 PC 的地址值或基于寄存器的地址值读取到寄存器中。

语法格式:

ADR{cond} register,expr

其中:cond 为可选的指令执行条件;register 为目标寄存器;expr 为基于 PC 或者基于寄存器的地址表达式,其取值范围如下:

➢ 当地址值不是字对齐时,其取值范围为 −255~255 字节。
➢ 当地址值是字对齐时,其取值范围为 −1020~1020 字节。
➢ 当地址值是 16 字节对齐时,其取值范围将更大。

使用说明: 在处理源程序时,ADR 伪指令通常被编译器替换成一条 ADD 指令或 SUB 指令来实现该 ADR 伪指令的功能。如果不能用一条指令来替换,编译器将报告错误。

因为 ADR 伪指令中的地址是基于 PC 或者基于寄存器的相对偏移,所以 ADR 读取到的地址为位置无关的地址。当 ADR 伪指令中 expr 是基于 PC 的偏移地址时,该地址与 ADR 伪指令必须在同一个代码段中。

例 46 ADR 伪指令举例。

```
start    MOV    R0,#10
         ADR    R1,start       ;因为 PC 值为当前指令地址值加 8 字节,所以本
                                ;ADR 伪指令将被编译器替换成 SUB R1,PC,0xC
```

(2) 中等范围的地址读取伪指令 ADRL

该指令将基于 PC 或基于寄存器的地址值读取到寄存器中。ADRL 伪指令与 ADR 伪指令

的不同之处在于它可以读取更大范围的地址。ADRL 伪指令在汇编时被编译器替换成两条数据处理指令。

语法格式：

ADRL {cond} register,expr

其中：cond 为可选的指令执行条件；register 为目标寄存器；expr 为基于 PC 或者基于寄存器的地址表达式，其取值范围如下：
- 当地址值不是字对齐时，其取值范围为 −64~64 KB。
- 当地址值是字对齐时，其取值范围为 −256~256 KB。
- 当地址值是 16 字节对齐时，其取值范围将更大。

使用说明： 在处理源程序时，ADRL 伪指令被编译器替换成两条合适的数据处理指令，即使一条指令可以完成该伪指令的功能，编译器也将用两条指令来替换该 ADRL 伪指令。如果不能用两条指令来实现 ADRL 伪指令的功能，编译器将报告错误。

因为 ADRL 伪指令中的地址是基于 PC 或者寄存器的相对偏移，所以 ADRL 读取到的地址为位置无关的地址。当 ADRL 伪指令中的地址是基于 PC 时，该地址与 ADRL 伪指令必须在同一个代码段中，否则链接后可能超出范围。

注意： 在汇编 Thumb 指令时 ADRL 无效，ADRL 仅用在 ARM 代码中。

例 47 ADRL 伪指令举例。

```
start    MOV R0,#10              ;因为 PC 值为当前指令地址值加 8 字节
         ADRL R4,start+60000
```

本 ADRL 伪指令将被编译器替换成下面 2 条指令（在 ADS 环境下）：

```
ADD      R4,PC,#0xE800
ADD      R4,R4,#0x254
```

(3) 大范围的地址读取伪指令 LDR

LDR 伪指令将一个 32 位的立即数或者一个地址值读取到寄存器中。

语法格式：

LDR {cond} register,=[expr| label-expr]

其中：cond 为可选的指令执行条件；register 为目标寄存器；expr 为 32 位常量。编译器将根据 expr 的取值情况，对 LDR 伪指令作如下处理：
- 当 expr 表示的地址值在 MOV 或 MVN 指令中地址的取值范围以内时，编译器用合适的 MOV 或者 MVN 指令代替该 LDR 伪指令。
- 当 expr 表示的地址值超过 MOV 或 MVN 指令中地址的取值范围时，编译器一般将该常数放在数据缓冲区（也称为文字池）中，同时用一条基于 PC 的 LDR 指令读取该常数。
- label-expr 为基于 PC 的地址表达式或者是外部表达式。
- 当 label-expr 为基于 PC 的地址表达式时，编译器将 label-expr 表示的数值放在数据缓冲区中，同时用一条 LDR 指令读取该数值。
- 当 label-expr 为外部表达式，或者非当前段的表达式时，汇编编译器将在目标文件中插入链接重定位伪操作，这样链接器将在链接时生成该地址。

使用说明： LDR 伪指令主要有以下两种用途：
- 当需要读取到寄存器中的数据超过 MOV 及 MVN 指令可以操作的范围时，可以使用

LDR 伪指令将该数据读取到寄存器中。
- 将一个基于 PC 的地址值或者外部的地址值读取到寄存器中。注意,LDR 伪指令处的 PC 值到数据缓冲区中的目标数据所在的地址偏移量要小于 4 KB,还必须确保在指令范围内有一个文字池。由于这种地址值在连接时是确定的,所以这种代码不是位置无关的。(有一些伪指令得到的是当前 PC 与标号的相对偏移,所以是位置无关的,例如,指令"LDR R5,constb"是位置无关的。)

例 48 LDR 伪指令举例。将 0xFF 读取到 R1 中。

```
LDR    R1,=0xFF
```

汇编后将得到:

```
MOV    R1,0xFF
```

例 49 LDR 伪指令举例。将 0xFFF 读取到 R1 中。

```
LDR    R1,=0xFFF
```

汇编后将得到:

```
LDR       R1,[PC,OFFSET_TO_LPOOL]
  ⋮
LTORG                          ;声明数据缓冲池
LPOOL     DCD 0xFFF             ;0xFFF 放在数据缓冲池中
```

例 50 LDR 伪指令举例。将外部地址 ADDR1 读取到 R1 中。

```
LDR    R1,=ADDR1
```

汇编后将得到:

```
LDR       R1,[PC,OFFSET_TO_LPOOL]
  ⋮
LTORG                          ;声明数据缓冲池
LPOOL     DCD ADDR1             ;ADDR1 是标号,作为一个地址放在数据缓冲池
                                ;中(这里的 DCD 用的是 ADS 下的伪指令)
```

(4) NOP 空操作伪指令

NOP 伪指令在汇编时将被替换成 ARM 中的空操作,比如可能为"MOV R0,R0"等。

语法格式:

NOP

使用说明: NOP 伪指令不影响 CPSR 中的条件标志位。NOP 伪指令在汇编时将会被替代成 ARM 的空操作,例如"MOV R0,R0"。NOP 不能有条件使用。执行和不执行空操作指令对结果都是一样的,因而不需要有条件执行。

3.3.2 ARM 汇编语言程序设计

在 ARM 嵌入式系统中,一般用 C 语言等高级语言实现对各个应用接口模块功能的程序设计,但是在有些地方用汇编语言更方便、简单,而且有些地方则必须用汇编语言来编写。例如,用来初始化电路以及用来为高级语言编写的软件做好运行前准备的启动代码必须用汇编语言来编写。ARM 嵌入式系统程序设计可以分为 ARM 汇编语言程序设计、嵌入式 C 语言程序设计以及

C语言与汇编语言的混合编程。

汇编语言的代码效率很高,一般用于对硬件的直接控制。因此,ARM汇编程序设计是嵌入式编程中的一个重要的,也是必不可少的组成部分。

1. ARM汇编中的文件格式

ARM源程序文件(可简称为源文件)可以由任意一种文本编辑器来编写程序代码,它一般为文本格式。在ARM程序设计中,常用的源文件可简单分为以下几种,不同种类的文件有不同的后缀名,见表3-9。

表3-9 ARM源程序的文件后缀名

源程序文件	文件名	说　明
汇编程序文件	*.S	用ARM汇编语言编写的ARM程序或Thumb程序
C程序文件	*.C	用C语言编写的程序代码
头文件	*.H	为了简化源程序,把程序中常用到的常量命名、宏定义、数据结构定义等单独放在一个文件中,一般称为头文件

在ARM的一个工程中,可以包含多个汇编源文件或多个C程序文件,或汇编源文件与C程序文件的组合,但至少要包含一个汇编源文件或C语言源文件。

2. ARM汇编语言语句格式

ARM汇编语言语句格式如下:

{symbol}{instruction| directive| pseudo-instruction}　{;comment}

其中:
- instruction 为指令。在ARM汇编语言中,指令不能从一行的行头开始。在一行语句中,指令的前面必须有空格或者符号。
- directive 为伪操作。
- pseudo-instruction 为伪指令。
- symbol 为符号。在ARM汇编语言中,符号必须从一行的行头开始,且符号中不能包含空格。在指令和伪指令中符号用做地址标号;在有些伪操作中,符号用做变量或常量。
- comment 为语句的注释。在ARM汇编语言中注释以分号";"开头。注释的结尾即为一行的结尾。注释也可以单独占用一行。

注意:
- 在ARM汇编语言中,指令、伪指令及伪操作的助记符可以全部用大写字母,也可以全部用小写字母,但不能在一个助记符中既有大写字母又有小写字母。
- 源程序中,在语句之间适当地插入空行,可以提高源代码的可读性。
- 如果一条语句很长,为了提高可读性,可以使用"\"将该长语句分成若干行来写。在"\"之后不能再有其他字符,包括空格和制表符。

(1) ARM汇编语言中的符号

在ARM汇编语言中,符号可以代表地址、变量和数字常量。当符号代表地址时又称为标号。符号包括变量、数字常量、标号和局部标号。符号的命名规则如下:
- 符号由大小写字母、数字以及下划线组成。
- 局部标号(例如,在ADS编译环境下,ROUT之间的标号为局部标号)以数字开头,其他的符号都不能以数字开头。

> 符号是区分大小写的。
> 符号在其作用范围内必须惟一,即在其作用范围内不可有同名的符号。
> 程序中的符号不能与系统内部变量或者系统预定义的符号同名。
> 程序中的符号通常不要与指令助记符或者伪操作同名。

① 变 量

在 ARM 汇编语言中,变量有数字变量、逻辑变量和串变量 3 种类型。变量的类型在程序中是不能改变的。数字变量的取值范围为数字常量和数字表达式所能表示的数值范围。逻辑变量的取值范围为{true}和{false}。串变量的取值范围为串表达式可以表示的范围。

在 ARM 汇编语言中,使用 GBLA、GBLL 及 GBLS 伪操作声明全局变量;使用 LCLA、LCLL 及 LCLS 伪操作声明局部变量;使用 SETA、SETL 及 SETS 伪操作为这些变量赋值。

② 数字常量

数字常量一般有 3 种表示方式:十进制数,如 43、6、112;十六进制数,如 0x3425、0xFE、0x1;n 进制数,用 n_xxx 表示,其中 n 为 2~9,xxx 为具体数,如 2_01001101、8_4326。

若数字常量是 32 位的整数,当做无符号整数时,其取值范围为 $0 \sim 2^{32}-1$;当做有符号整数时,其取值范围为 $-2^{31} \sim 2^{31}-1$。

汇编编译器并不区分一个数是无符号的还是有符号的,事实上 $-n$ 与 $2^{32}-n$ 在内存中是同一个数(因为在计算机内部正负数都是用补码表示的)。

在 ARM 汇编语言中,使用 EQU 伪操作来定义数字常量。

注意:数字常量一经定义,其数值就不能再修改。

③ 标 号

在 ARM 汇编语言中,标号是表示程序中的指令或者数据地址的符号,一般它代表一个地址。标号的生成方式有以下 3 种:

> 基于 PC 的标号:是位于(将要跳转到的)目标指令前或者程序中数据定义伪操作前的标号,在汇编时将被处理成 PC 值加上(或减去)一个数字常量。它常用于表示跳转指令的目标地址,或者代码段中所嵌入的少量数据。
> 基于寄存器的标号:通常用 MAP 和 FILED 伪操作定义该标号,也可以用 EQU 伪操作定义。这种标号在汇编时将被处理成寄存器的值加上(或减去)一个数字常量。它常用于访问位于数据段中的数据。
> 绝对地址:是一个 32 位的数字量,寻址范围为 $0 \sim 2^{32}-1$,即直接可寻址整个内存空间。

④ 局部标号

局部标号主要用于局部范围代码。它由一个 0~99 之间的数字和一个通常表示该局部标号作用范围的符号组成,可以重复定义。局部标号的作用范围通常为当前段,也可用伪操作 ROUT 来定义局部标号的作用范围。局部标号定义的语法格式如下:

N{routname}

其中:N 为 0~99 之间的数字;routname 为符号,通常为该标号作用范围的名称(用 ROUT 伪操作定义的)。

局部标号引用的语法格式如下:

%{F| B}{A| T}　N{routname}

其中:%表示引用操作;F 指示编译器只向前搜索;B 指示编译器只向后搜索;A 指示编译器搜索宏的所有嵌套层次;T 指示编译器搜索宏的当前层次。

如果 F 和 B 都没有指定,编译器先向前搜索,再向后搜索;如果 A 和 T 都没有指定,编译器搜索所有从当前层次到宏的最高层次,比当前层次低的层次不再搜索;如果指定了 routname,编译器向前搜索最近的 ROUT 伪操作。若 routname 与该 ROUT 伪操作定义的名称不匹配,编译器报告错误,汇编失败。

(2) ARM 汇编语言中的表达式

表达式是由符号、数值、单目或多目操作符以及括号组成的。在一个表达式中各种元素的优先级如下:

➢ 括号内的表达式优先级最高。
➢ 各种操作符有一定的优先级。
➢ 相邻的单目操作符的执行顺序为由右到左,单目操作符优先级高于其他操作符。
➢ 优先级相同的双目操作符执行顺序为由左到右。

① 字符串表达式

字符串表达式由字符串、字符串变量、操作符以及括号组成。字符串由包含在双引号内的一系列字符组成。字符串的长度受到 ARM 汇编语言语句长度的限制。当在字符串中包含美元符号 $ 或者引号"时,用 $$ 表示一个 $,用""表示一个"。字符串变量用伪操作 GBLS 或者 LCLS 声明,用 SETS 赋值。下面介绍与字符串表达式相关的操作符。

(a) LEN——LEN 操作符返回字符串的长度。其语法格式如下:

:LEN:A

其中:A 为字符串变量。

例 51 LEN 操作符举例。

```
GBLS    STR
STR     SETS    "AAA"
:LEN:   STR             ;LEN = 3
```

(b) CHR——CHR 可以将 0~255 之间的整数作为含一个 ASCII 字符的字符串。当有些 ASCII 字符不方便放在字符串中时(比如由于输入的限制),可以使用 CHR 将其放在字符串表达式中。其语法格式如下:

:CHR:A

其中:A 为某一字符的 ASCII 值。

(c) STR——STR 将一个数字量或者逻辑表达式转换成串。对于 32 位的数字量而言,STR 将其转换成 8 个十六进制数组成的串;对于逻辑表达式而言,STR 将其转换成字符串 T(True) 或者 F(False)。其语法格式如下:

:STR:A

其中:A 为数字量或者逻辑表达式。

例 52 STR 操作符举例。

```
GLBA    A1
SETA    A1    15
:STR:   A1            ;将 A1 转换为"0000000F"
```

(d) LEFT——LEFT 返回一个字符串最左端一定长度的子串。其语法格式如下:

第 3 章　基于 ARM 的嵌入式软件开发基础

A:LEFT:B

其中:A 为源字符串;B 为数字量,表示 LEFT 将返回的字符个数。

例 53　LEFT 操作符举例。

```
GBLS    STR1
GBLS    STR2
SETS    STR1    "AAABBB"
SETS    STR2    STR1:LEFT:3
```

程序运行完后,STR2 为"AAA"。

(e) RIGHT——RIGHT 返回一个字符串最右端一定长度的子串。其语法格式如下:

A:RIGHT:B

其中:A 为源字符串;B 为数字量,表示 RIGHT 将返回的字符个数。

例 54　RIGHT 操作符举例。

```
GBLS    STR1
GBLS    STR2
SETS    STR1    "AAABBB"
SETS    STR2    STR1:RIGHT:3
```

程序运行完后,STR2 为"BBB"。

(f) CC——CC 用于连接两个字符串。其语法格式如下:

A:CC:B

其中:A 为第 1 个源字符串;B 为第 2 个源字符串;CC 操作符将字符串 B 连接在字符串 A 的后面。

例 55　CC 操作符举例。

```
GBLS    STR1                    ;声明字符串变量 STR1
GBLS    STR2                    ;声明字符串变量 STR2
STR1    SETS    "AAACCC"        ;变量 STRING1 赋值为"AAACCC"
STR2    SETS    "BBB":CC:(STR1:LEFT:3)
```

程序运行完后,STR2 为"BBBAAA"。

② 数字表达式

数字表达式由数字常量、数字变量、操作符和括号组成。数字表达式表示的是一个 32 位整数。当作为无符号整数时,其取值范围为 $0 \sim 2^{32}-1$;当作为有符号整数时,其取值范围为 $-2^{31} \sim 2^{31}-1$。汇编编译器并不区分一个数是无符号的还是有符号的,事实上 $-n$ 与 $2^{32}-n$ 在内存中是同一个数。

(a) 整数数字量。在 ARM 汇编语言中,整数数字量有 3 种格式:十进制数;十六进制数,以 0x 或 & 开头;n 进制数,形式为 n_base-n-digits。当使用 DCQ 或 DCQU 伪操作声明时,该数字量表示的数的范围为 $0 \sim 2^{64}-1$。其他情况下数字量表示的数的范围为 $0 \sim 2^{32}-1$。

例 56　整数数字量举例。

```
A    SETA    10000       ;10000 为十进制数
B    DCD     0xABC       ;0xABC 表示为十六进制数
C    SETA    8_74007     ;8_74007 表示为八进制数
```

```
DCD     2_11001010                  ;2_11001010 表示为二进制数
LDR     R4,&F000000F                ;&F000000F 表示为十六进制数
DCQ     0x0123456789ABCDEF          ;0x0123456789ABCDEF 表示为十六进制数
```

(b) 浮点数字量。浮点数字量有3种格式：
- {-} digits E{-}digits；
- {-} {digits}.digits {E{-}digits}；
- 以 0x 或 & 开头的十六进制数。

其中：digits 为十进制数字。单精度浮点数表示范围为：最大值为 $3.40282347e+3.8$；最小值为 $1.17549435e-38$。双精度浮点数表示范围为：最大值为 $1.79769313486231571e+308$；最小值为 $2.22507385850720138e-308$。

例 57 浮点数字量举例。

```
DCFD    1E308,-4E-100
DCFS    1.0
DCFD    3.725e15
```

(c) 数字变量。数字变量用伪操作 GBLA 或者 LCLA 声明，用 SETA 赋值，它代表一个 32 位的数字量。与数字表达式相关的操作符有下面几种。

- NOT 按位取反。其语法格式如下：

:NOT:A

其中：A 为一个32位数字量。

- +、-、×、/及 MOD 算术操作符。其语法格式如下：

A+B   表示 A、B 的和。
A-B   表示 A、B 的差。
A×B   表示 A、B 的积。
A/B   表示 A 除以 B 的商。
A:MOD:B   表示 A 除以 B 的余数。

其中：A 和 B 均为数字表达式。

- ROL、ROR、SHL 及 SHR 移位（循环移位操作）。其语法格式如下：

A:ROL:B   将整数 A 循环左移 B 位。
A:ROR:B   将整数 A 循环右移 B 位。
A:SHL:B   将整数 A 左移 B 位，空位用 0 填充。
A:SHR:B   将整数 A 右移 B 位，这里为逻辑右移，空出的位用 0 填充。

其中：A 和 B 为数字表达式。

例 58 移位操作符举例。在 ADS 编译环境下，"A:SHL:B"和"A:SHR:B"可用"<<"和">>"代替，例如：

x EQU 0x00000001<<0x00000001

汇编后，x 的值为2，说明逻辑左移空位用 0 填充。

y EQU 0x80000000>>0x00000001

汇编后，y 的值为 $1073741824(2^{30})$，说明逻辑右移空位用 0 填充。

- AND、OR 及 EOR 按位逻辑操作符。其语法格式如下：

A:AND:B	将数字表达式 A 和 B 按位进行逻辑"与"操作。
A:OR:B	将数字表达式 A 和 B 按位进行逻辑"或"操作。
A:EOR:B	将数字表达式 A 和 B 按位进行逻辑"异或"操作。

其中：A 和 B 为数字表达式。

③ **基于寄存器和基于 PC 的表达式**

基于寄存器的表达式表示某个寄存器的值加上（或减去）一个数字表达式。基于 PC 的表达式表示 PC 寄存器的值加上（或减去）一个数字表达式。基于 PC 的表达式通常由程序中的标号与一个数字表达式组成。相关的操作符有以下几种：

(a) BASE——BASE 操作符返回基于寄存器的表达式中的寄存器编号。其语法格式如下：

:BASE:A

其中：A 为基于寄存器的表达式。

(b) INDEX——INDEX 操作符返回基于寄存器的表达式相对于其基址寄存器的偏移量。其语法格式如下：

:INDEX:A

其中：A 为基于寄存器的表达式。

(c) ＋、－——＋、－为正负号。它们可以放在数字表达式或者基于 PC 的表达式前面。其语法格式如下：

＋A
－A

其中：A 为基于 PC 的表达式或者数字表达式。

④ **逻辑表达式**

逻辑表达式由逻辑量、逻辑操作符、关系操作符以及括号组成，其取值范围为{FALSE}和{TURF}。

(a) 关系操作符。关系操作符用于表示两个同类表达式之间的关系。关系操作符一般与两个操作数组成一个逻辑表达式。操作数类型可以是数字表达式、字符串表达式、基于寄存器的表达式及基于 PC 的表达式。注意，数字表达式都看作无符号数，字符串比较是根据串中对应字符的 ASCII 值进行比较的。关系操作符及格式如下：

A＝B	表示 A 等于 B。
A＞B	表示 A 大于 B。
A＞＝B	表示 A 大于或者等于 B。
A＜B	表示 A 小于 B。
A＜＝B	表示 A 小于或者等于 B。
A/＝B	表示 A 不等于 B。
A＜＞B	表示 A 不等于 B。

(b) 逻辑操作符。逻辑操作符用于进行两个逻辑表达式之间的基本逻辑操作。其语法格式如下：

| :LNOT:A | 逻辑表达式 A 的值取反。 |
| A:LAND:B | 逻辑表达式 A 和 B 的逻辑"与"。 |

A：LOR：B　　　　　逻辑表达式 A 和 B 的逻辑"或"。
A：LEOR：B　　　　逻辑表达式 A 和 B 的逻辑"异或"。

其中：A 和 B 是两个逻辑表达式。

⑤ **其他操作符**

(a) ?——? 操作符的语法格式及含义如下：

? A

其中：A 为一个符号，返回定义符号 A 的代码行所生成的可执行代码的字节数。

(b) DEF——DEF 操作符判断某个符号是否已定义。其语法格式及含义如下：

：DEF：A

其中：A 为一个符号，如果符号 A 已经定义，上述结果为{TURE}，否则上述结果为{FALSE}。

(c) SB OFFSET _19 _12——SB OFFSET _19 _12 的语法格式及含义如下：

：SB OFFSET_19 _12：label

其中：label 为一个标号，返回(label - SB)的位[19：12]。

(d) SB OFFSET _11 _0——SB OFFSET _11_0 的语法格式及含义如下：

：SB OFFSET_11_ 0：label

其中：label 为一个标号，返回(label - SB)的位[11：0]。

(3) ARM 汇编语言程序格式

以 ADS 编译器下汇编语言程序设计的格式为例，来介绍 ARM 汇编语言程序的基本格式，并详细描述 ARM 汇编语言编程的几个重点。

ARM 汇编语言是以段(Section)为单位来组织源文件的。段是相对独立的、具有特定名称的、不可分割的指令或者数据序列。段又可以分为代码段和数据段，代码段存放执行代码，数据段存放代码运行时需要用到的数据。一个 ARM 源程序至少需要一个代码段，大的程序可以包含多个代码段和数据段。ARM 汇编语言源程序经过汇编处理后生成一个可执行的映像文件，它通常包括下面 3 部分：

➢ 一个或多个代码段。代码段通常是只读的。
➢ 0 个或多个包含初始值的数据段。这些数据段通常是可读/写的。
➢ 0 个或多个不包含初始值的数据段。这些数据段被初始化为 0，通常是可读/写的。

链接器根据一定的规则将各个段安排到内存中的相应位置。源程序中段之间的相邻关系与执行的映像文件中段之间的相邻关系并不一定相同。

下面通过一个简单的例子，说明 ARM 汇编语言源程序的基本结构。

```
AREA EXAMPLE,CODE,READONLY
ENTRY
start
    MOV   R0,#10
    MOV   R1,#3
    ADD   R0,R0,R1
    END
```

在 ARM 汇编语言源程序中，使用伪操作 AREA 定义一个段。AREA 伪操作表示一个段的开始,同时定义了这个段的名称及相关属性。在本例中定义了一个只读的代码段,其名称为 EX-AMPLE。ENTRY 伪操作标示了程序执行的第 1 条指令,即程序的入口点。一个 ARM 程序中至少要有一个 ENTRY,也可以有多个 ENTRY。初始化部分的代码以及异常中断处理程序中都应包含 ENTRY。如果程序包含了 C 代码,C 语言库文件的初始化部分也包含了 ENTRY。END 伪操作告诉汇编编译器源文件的结束。每一个汇编模块必须包含一个 END 伪操作,指示本模块的结束。本程序的程序体部分实现了一个简单的加法运算。

3.3.3 ARM 汇编语言编程的重点

1. ARM 数据处理操作

(1) 简单的寄存器操作

典型的 ARM 数据处理指令的格式如下:

ADD   R0,R1,R2   ;R0=R1+R2

分号后面是注释语句,应该被汇编器忽略。加入注释语句使汇编源代码更加易读和易理解。这个例子只是简单地取 2 个寄存器(R1 和 R2)值的和,并将结果放在第 3 个寄存器(R0)。寄存器的值都是 32 位。在写汇编语言源代码时,必须注意操作数的正确顺序,第 1 个是结果寄存器,然后是第 1 操作数,最后是第 2 操作数(对于交换操作,第 1 和第 2 操作数都是寄存器,它们的次序并不重要)。当这些指令执行时,对系统状态而言,惟一的变化是目的寄存器 R0 的值。当然,如果指定 S,CPSR 中的标志位 N、Z、C 和 V 的值也会有选择地变化。

(2) 立即数操作

在数据处理指令中,第 2 操作数除了可以是寄存器,还可以是一个立即数。如果只是希望把一个常数加到寄存器,而不是 2 个寄存器相加,则可以用立即数值取代第 2 操作数。如下面例子,立即数用前面加一个"#"的数值常量来表示:

ADD   R3,R3,#1   ;R3 = R3 + 1
AND   R8,R7,#&FF   ;R8 = R7[7:0]

由第 1 个例子可以说明,允许源和目的操作数使用同一个寄存器。第 2 个例子中,"&"表示该立即数是十六进制的立即数。

虽然立即数的值是在 32 位指令字内编码,但不可能将所有可能的 32 位值都作为有效立即数,有效立即数是由一个 8 位立即数循环右移 $2n$ 位得到的。汇编器也会用 MVN 代替 MOV,用 SUB 代替 ADD 等,这样可以把立即数置于可以设置的范围之内。

(3) 寄存器移位操作

在 ARM 数据处理指令中,第 2 操作数还有一种特有的形式——寄存器移位操作,即允许第 2 个寄存器操作数在同第一操作数运算之前完成移位操作,例如:

ADD   R3,R2,R1,LSL #3   ;R3 = R2 + 8 × R1

注意:它是一条 ARM 指令,在一个时钟周期内执行。许多处理器采用独立的指令提供移位操作,但 ARM 将它们和基本的 ALU 操作合并在一个指令中。

上例中,在 R1 和 R2 相加之前,先将 R1 逻辑左移 3 位,然后再与 R2 相加,在这里用立即数 #3 表示移位的位数。可以得到的移位操作有 LSL、LSR、ASL、ASR、ROR 和 RRX,这些移位操作与移位寻址中的移位操作是相同的。

第 2 操作数的移位位数除了可以用立即数定义外,还可以使用寄存器值定义,例如:

```
ADD    R5,R5,R3,LSL   R2           ;R5 = R5 + R3 × 2R2
```

这是 4 地址指令。只有 R2 的低 8 位是有意义的,但由于移位超过 32 位不是非常有用,所以这种限制对于许多用途是不重要的。

2. 设置条件码

若需要,ARM 的任何数据处理指令都能通过增加 S 操作码来设置条件码(N、Z、C 和 V)。对于比较、测试指令操作,其主要作用就是设置条件码,因此可不用增加 S 操作码,但对所有的其他数据处理指令必须通过增加 S 操作码来指明。例如,下面代码完成两个数的 64 位加法,一个数存于[R1,R0],另一个数存于[R3,R2],用 C 条件码标志位存立即数进位:

```
ADDS   R2,R2,R0               ;32 位进位输出→C
ADC    R3,R3,R1               ;再加到高位字中
```

由于操作码的 S 扩展能控制指令是否修改条件码,所以适当的时候,需要在指令序列中把条件代码保护起来(比如在中断的情况下)。

数据处理指令加了 S 后,算术操作(在此包含 CMP 和 CMN)根据算术运算的结果设置所有标志位。逻辑"或"传送操作不产生有意义的 C 或 V 值,它们根据结果设置 N 和 Z,保留 V。

(1) 条件执行

ARM 指令集不同寻常的特征是每条指令(除了有些 v5T 指令)都可以是条件执行的。条件转移是绝大多数指令集的标准特征,但 ARM 将条件执行扩展到所有的指令,包括监控调用和协处理器指令。条件域 cond 占据 32 位指令域的高 4 位,如图 3-31 所示。

```
 31    28 27                                              0
┌────────┬───────────────────────────────────────────────┐
│  cond  │                                               │
└────────┴───────────────────────────────────────────────┘
```

图 3-31 ARM 的条件代码域

条件域共有 16 个值,每个值都根据 CPSR 中 N、Z、C 和 V 的标志位的值来确定指令执行还是跳过,详见图 3-1。

一条转移指令本来是用于跳过其后的几条指令的,但如果利用 ARM 指令集所有的 ARM 指令都可以条件执行这一特点,给予转移指令后的 ARM 指令以相反的条件,转移将被忽略。例如:

```
        CMP    R0,#5
        BEQ    BYPASS              ;如果 R0≠5
        ADD    R1,R1,R0            ;则 R1 = R1 + R0 - R2
        SUB    R1,R1,R2
BYPASS  …
```

这可以替代为:

```
        CMP    R0,#5               ;如果 R0≠5
        ADDNE  R1,R1,R0            ;则 R1 = R1 + R0 - R2
        SUBNE  R1,R1,R2
        …
```

新的指令序列比原先的既短小又快速。如果被跳过的指令序列并不进行什么复杂的操作,则使用条件执行要比使用转移好。因为 ARM 转移指令一般要用 3 个周期来执行,所以上面例子中采取 3 条指令的方针。如果代码充分优化,那么是使用条件执行还是转移,需要根据代码动

态行为的测量来决定。有时巧妙地使用条件,可以写出非常简练的代码,例如:

```
        ; if((a == b)&&(c == d))   e++
CMP     R0,R1
CMPEQ   R2,R3
ADDEQ   R4,R4,#1
```

注意:如果第 1 个比较指令发现操作数不同,第 2 个比较指令和后面加 1 指令也将跳过。由于第 2 个比较指令使用了条件执行,从而实现了 if 句中的逻辑"与"。

(2) 条件转移

在程序中可以通过条件码的使用让微处理器决定是否进行转移。例如,为了实现循环操作,往往需要转移回到循环的开始,但是这种转移应该仅发生在执行到所需的循环次数之前,这以后转移则应被跳过。这时,在转移指令后加上合适的条件就可以很容易地实现该功能。条件转移还可用来控制循环的退出。这时,转移与条件码紧密相连,只有当条件码的值满足条件时,相应的转移才被执行。一种典型的循环控制指令序列如下:

```
        MOV     R0,#0           ;计数器初始化
LOOP    ...
        ADD     R0,R0,#1        ;循环计数器加 1
        CMP     R0,#10          ;与循环的限制比较
        BNE     LOOP            ;如果不相等则返回
        ...                     ;否则循环中止
```

该例中给出了条件转移 BNE,即"不等则转移"。条件转移的形式共有十几种,如表 3-10 所列。表中同一栏内的一对条件(如 BCC 和 BLO)的涵义相同,二进制代码也相同,但两者都是有用的,因为在特定环境中每一种条件都可能使得汇编语言源代码的编译更加容易。在表中提到有符号数或无符号数的比较时,并不是说指令可以区分有符号数和无符号数,只是说明本条指令可以对有(无)符号数进行大小比较,而当超出了作用范围时,指令就不适用了。例如,指令 BLO 当操作数是无符号数时比较的结果是正确的,当操作数是有符号数时结果不一定正确。

表 3-10 条件转移

转 移	解 释	一 般 应 用
B BAL	无条件的 总是	总是执行转移 总是执行转移
BEQ BNE	相等 不等	比较的结果为相等或零 比较的结果为不等或非零
BPL BMI	正 负	结果为正数或零 结果为负数
BCC BLO	无进位 低于	算术操作未得到进位 无符号数比较,结果为低于
BCS BHS	有进位 高于或相等	算术操作得到了进位 无符号数比较,结果为高于或相等
BVC BVS	无溢出 有溢出	有符号整数操作,未出现溢出 有符号整数操作,出现溢出
BGT BGE	大于 大于或相等	有符号整数比较,结果为大于 有符号整数比较,结果为大于或相等
BLT BLE	小于 小于或相等	有符号整数比较,结果为小于 有符号整数比较,结果为小于或相等
BHI BLS	高于 低于或相等	无符号数比较,结果为高于 无符号数比较,结果为低于或相等

3. 汇编语言子程序调用及返回

在 ARM 汇编语言中,子程序调用是通过 BL 指令来完成的。BL 指令的语法格式如下:

    BL   subname

其中:subname 是被调用子程序的

名称。BL 指令完成两个操作，即将子程序的返回地址放在 LR 寄存器(R14)中，同时将 PC 寄存器值设置成目标子程序的第一条指令地址。

在返回调用子程序时，转移链接指令保存到 LR 寄存器中的值需要拷贝回程序寄存器 PC (R15)。对于最简单的子程序（即不再调用其他子程序的子程序），一条 MOV 指令就可以完成子程序的返回，例如：

```
SUB2    …
        MOV    PC,R14              ;把 R14 拷贝到 R15 来返回
```

其实任何数据处理指令都可以用来计算返回地址，但是 MOV 指令是至今最常用的形式。对于在子程序中出现嵌套调用时，链接寄存器 LR 中的返回地址可能会在第 2 次调用时被覆盖，所以需要将返回地址压入堆栈来进行保存。在子程序返回时，返回地址和保存的工作寄存器都可用多寄存器存取指令恢复，例如：

```
SUB1    STMFD  R13!,{R0-R2,R14}    ;保存工作寄存器和链接
        BL     SUB2
        …
        LDMFD  R13!,{R0-R2,PC}     ;恢复工作寄存器并返回
```

需要注意的是，返回地址是直接恢复到程序计数器 PC，而不是链接寄存器 LR。这种单条恢复和返回指令是非常有用的。下面是一个子程序调用的简单例子。子程序 Doadd 完成加法运算，操作数放在 R0 和 R1 寄存器中，结果放在 R0 中。

```
        AREA   EXAMPLE,CODE,READONLY
        ENTRY
Start   MOV    R0,#10              ;设置输入参数 R0
        MOV    R1,#3               ;设置输入参数 R1
        BL     Doadd               ;调用子程序 Doadd
        ⋮
Doadd   ADD    R0,R0,R1            ;子程序
        MOV    PC,LR               ;从子程序中返回
        END                        ;结束汇编
```

4．跳转表

程序员在程序设计中，有时为使程序完成一定的功能，需要调用一系列子程序中的一个，而究竟调用哪一个由程序的计算值确定。当然也可以利用已有的指令来完成这件事，例如（假设这个计算值在 R0 中）：

```
        BL     JUMPTAB
        ⋮
JUMPTAB CMP    R0,#0
        BEQ    SUB0
        CMP    R0,#1
        BEQ    SUB1
        CMP    R0,#2
        BEQ    SUB2
```

然而当子程序列表很长时，这种解决方案变得非常慢，一般这是不希望的。为了解决这个问

题,程序员提出了跳转表的有效解决方案。跳转表是利用程序计数器 PC 在通用寄存器文件中的可见性实现的,例如:

```
            BL      JUMPTAB
            ⋮
JUMPTAB     ADR     R1,SUBTAB           ;R1 = SUBTAB
            CMP     R0,#SUBMAX          ;检查超限
            LDRLS   PC,[R1,R0,LSL #2]   ;如果 OK,跳转到表中
            B       ERROR               ;否则,发出错误信息
SUBTAB      DCD     SUB0                ;子程序表入口
            DCD     SUB1
            DCD     SUB2
```

DCD 指示汇编器保留一个存储字,将它初始化为右边表达式的值,这在伪操作中已经介绍过了,在这种情况下存储字中保存的只是标号的地址。

不管表中有多少子程序,以及它们使用的频繁度如何互不相关,这种方法的性能不变。但是要注意,读跳转表时不能超出表的末端,检查越限是必须的。越限检查是通过有条件地向 PC 置数实现的,所以越限时读取指令被跳过,并转移到错误处理。越限检查惟一的性能代价是执行同最大值进行比较的指令。更直接的代码可以是:

```
CMP     R0,#SUBMAX          ;检查越限
BHI     ERROR               ;如果越限,调用出错处理
LDR     PC,[R1,R0,LSL #2]   ;否则跳转到表中
```

但是要注意,每次使用跳转表都要承受有条件地跳过转移的代价,所以还是上面的程序更有效一些。

5. ARM 与 Thumb 之间的状态转换及函数的互相调用

在 3.1 节、3.2 节已经详细介绍了 ARM 指令和 Thumb 指令。由于 Thumb 指令在有些特殊情况下可能比 ARM 指令更有效,所以它在很多方面得到了广泛应用。但是 Thumb 只是 ARM 指令集的一个子集,它不能独立地组成一个应用系统,所以在很多情况下应用程序需要二者的混合编程,这必然就存在 ARM 跟 Thumb 状态之间相互切换的问题,以及 ARM 与 Thumb 之间函数调用的问题。下面将分别详细介绍。

(1) 状态切换的实现

在介绍转移指令时已介绍过,ARM/Thumb 之间的状态切换是通过一条专用的转移交换指令 BX 来实现的。BX 指令以通用寄存器(R0～R15)为操作数,通过拷贝 Rn 到 PC 来实现 4GB 空间范围内的一个绝对跳转。BX 利用 Rn 寄存器中目的地址值的最后一位来判断跳转后的状态。当最后一位为 0 时,表示转移到 ARM 状态;当最后一位为 1 时,表示转移到 Thumb 状态,如图 3-32 所示。

无论 ARM 还是 Thumb,其指令在存储器中都是边界对齐的(4 字节或 2 字节对齐)。因此,在执行跳转过程中,PC 寄存器中的最低位肯定被舍弃,不起作用。在 BX 指令的执行过程中,最低位正好被用做状态判断的标志,不会造成存储器访问不对齐的错误。

下面是一段直接进行状态切换的例程:

```
                                ;从 ARM 状态开始
CODE32                          ;表明以下是 ARM 指令
        ADR     R0,Into_Thumb+1 ;得到目标地址,末位置1,表示转移到 Thumb
```

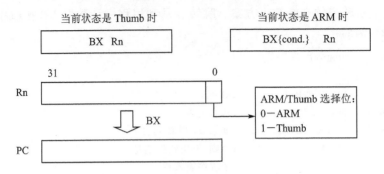

图 3-32 ARM 与 Thumb 状态转换图

```
        BX      R0              ;转向 Thumb
         :                      ;执行其他代码
CODE16                          ;表明以下是 Thumb 指令 Into_Thumb
         :                      ;Thumb 代码
        ADR     R5,Back_to_ARM  ;得到目标地址,末位缺省为 0,转移到 ARM
        BX      R5              ;转向 ARM
         :                      ;执行其他代码
CODE32                          ;表明以下是 ARM 指令
Back_to_ARM                     ;ARM 代码段起始地址
```

ARM 的状态寄存器 CPSR 中的状态控制位 T(位[5])决定了当前处理器的运行状态,因此,可以通过 MSR 和 MRS 指令来直接修改 CPSR 的状态位,也能够改变处理器运行状态。但由于 ARM 采用多级流水线结构,这样做会造成流水线上预取指令的执行错误,而如果用 BX 指令,则不会出现这样的问题。

(2) ARM 与 Thumb 之间的函数调用

在同一状态下的子程序调用中,由于它不需要状态切换,所以其过程相对比较简单,通常只需要一条指令实现调用:

```
        BL      function
```

实现返回也只需要从 LR 恢复 PC 即可:

```
        MOV     PC,LR
```

函数的调用过程如图 3-33 所示。

在不同状态下的子程序调用中,就需要进行状态之间的切换,所以其过程相对复杂一些,需要考虑到以下几点:

➢ 需要由 BX 来切换状态,因为 BL 不能完成状态切换。
➢ 需要在 BX 之前先保存好 LR,BX 不能自动保存返回地址到 LR。
➢ 需要用"BX LR"来返回,不能使用"MOV PC,LR",返回时要仔细考虑保存在 LR 中最低位的内容是否正确。

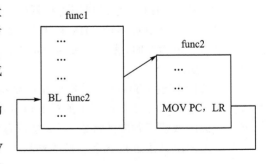

图 3-33 函数简单调用图

图 3-34 中给出了在不同状态下的两个函数 func1( )和 func2( )之间的调用。

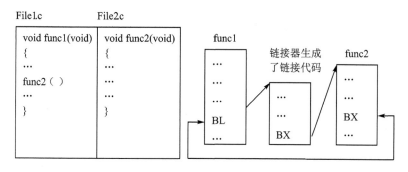

图 3-34 不同状态间的函数调用

在这里需要注意的是：
- 函数 func1( )和 func2( )位于两个不同的源文件中。
- 在图 3-34 中,func1( )使用 BL 指令调用 func2( ),而返回时直接使用"BX LR"。这是因为当执行 BL 指令对 LR 进行保存时,其最低位会被自动设置,以满足返回时状态切换的需要。
- 编译时必须告诉编译器和链接器足够的信息,一方面让编译器能够使用正确的指令码进行编译;另一方面,当在不同状态之间发生函数调用时,链接器插入一段链接代码(Veneers)来实现状态转换。

3.3.4 ARM 汇编程序实例

本小节列举了几个 ARM 汇编程序的简单实例,给出了详细的说明。程序是在 ADS 编译环境下编写的。

例 59 简单的 ARM 指令程序。在 ADS 编译环境下,程序如下：

```
AREA    ARMex,CODE,READONLY    ;设置本段程序的名称及属性,代码段的名称为 ARMex
ENTRY                          ;标记要执行的第一条指令
start   MOV  R0,#10            ;设置参数
        MOV  R1,#3
        ADD  R0,R0,R1          ;R0 = R0 + R1
stop    MOV  R0,#&18           ;软中断参数设置
        LDR  R1,=&20026        ;软中断参数设置
        SWI  0x123456          ;将 CPU 的控制权交给调试器
END                            ;文件的结束标志
```

说明：

行 1：AREA 指示符定义本程序段为代码段,名字是 ARMex,属性为只读。通常一个汇编程序可以包括多个段,如代码段、可读/写的数据段等。代码段中也可以定义数据。该行中的信息将供链接器使用。

行 2：ENTRY 指示符标记程序中被执行的第一条指令,即标志入口地址。在一个 ARM 程序中可以有多个 ENTRY,但是至少要有一个 ENTRY。

行 3：start 是一个标号,表示代码的开始,其值是一个地址。其后是 ARM 指令,利用 MOV 指令将立即数 10 赋给寄存器 R0。

行 4：利用 MOV 指令将立即数 3 赋给寄存器 R1。

行 5：计算 R0=R0+R1。

行6～行8：这3条指令将系统控制权交还给调试器,结束程序运行。此处是通过向Angel发送一个软中断实现的。Angel的软中断号是0x123456,实现该功能的中断参数是R0＝0x18,R1＝0x20026。

例60 数据块复制。本程序将数据从源数据区src复制到目标数据区dst,复制时以8个字为单位进行。对于最后所剩不足8个字的数据,以字为单位进行复制,这时程序跳转到copywords处执行。在进行以8个字为单位的数据复制时,保存了所用的8个工作寄存器。在ADS编译环境下,程序如下：

```
        AREA    Block,CODE,READONLY     ;设置本段程序的名称及属性
        NUM     EQU     20              ;设置将要复制的字数
                ENTRY                   ;标示程序入口点
                LDR     R0,= src        ;R0 寄存器指向源数据区 src
                LDR     R1,= dst        ;R1 寄存器指向目标数据区 dst
                MOV     R2,#NUM         ;R2 指定将要复制的字数
                MOV     SP,#&400        ;设置数据栈指针,用于保存工作寄存器数值
Bcopy           MOVS    R3,R2,LSR#3     ;需要进行的以8个字为单位的复制次数
                BEQ     Cword           ;对于剩下不足8个字的数据,跳转到 Cword
                                        ;以字为单位复制
                STMFD   SP!,{R4 - R11}  ;保存工作寄存器
Ocopy           LDMIA   R0!,{R4 - R11}  ;从源数据区读取8个字的数据,放到8个寄存器中
                                        ;并更新目标数据区指针 R0
                STMIA   R1!,{R4 - R11}  ;将这8个字数据写入到目标数据区中,并更新
                                        ;目标数据区指针 R1
                SUBS    R3,R3,#1        ;将块复制次数减1
                BNE     Ocopy           ;循环,直到完成以8个字为单位的块复制
                LTMFD   SP!,{R4 - R11}  ;恢复工作寄存器值
Cword           ANDS    R2,R2,#7        ;剩下不足8个字的数据字数
                BEQ     stop            ;数据复制完成
Wcopy           LDR     R3,[R0],#4      ;从源数据区读取18个字的数据,放到R3寄存器中
                                        ;并更新目标数据区指针 R0
                STR     R3,[R1],#4      ;将这 R3 中数据写入到目标数据区中
                                        ;并更新目标数据区指针 R1
                SUBS    R2,R2,#1        ;将字数减1
                BNE     Wcopy           ;循环,直到完成以字为单位的数据复制
Stop                                    ;程序结束处理
                MOV     R0,#0x18        ;本条与下条指令的作用是参数传递
                LDR     R1,=&20026
                SWI     0x123456        ;将 CPU 的控制权交给调试器
        AREA    Bdata,DATA,READWRITE    ;定义数据区 Bdata
        src     DCD     1,2,3,4,5,6,7,8,1,2,3,4,5,6,7,8,1,2,3,4
        dst     DCD     0,0,0,0,0,0,0,0,0,0,0,0,0,0,0,0,0,0,0,0
                                        ;这里的 DCD 定义源数据区 src 及目标数据区 dst
        END                             ;结束汇编
```

例61 利用跳转表实现程序跳转。在程序中常常需要根据一定的参数选择执行不同的子程序。本例演示通过跳转表实现程序跳转。跳转表中存放的是各子函数的地址,选择不同子程

序的参数是该子程序在跳转表中的偏移量。在本实例中,R3 寄存器中存放的是跳转表的基地址(首地址,其中存放的是第一个子程序的地址),R0 寄存器的值用于选择不同的子程序。当 R0 为 0 时,选择的是子程序 DoAdd;当 R0 为 1 时,选择的是子程序 DoSub。在 ADS 编译环境下,程序如下:

```
        AREA    Jump,CODE,READONLY      ;设置本段程序的名称及属性
        NUM     EQU     2               ;跳转表中的子程序个数
                ENTRY                   ;程序执行的入口点
Start   MOV     R0,#0                   ;设置3个参数,R0 选择调用哪个子程序
        MOV     R1,#3                   ;R1 为子程序要用的参数
        MOV     R2,#2                   ;R2 为子程序要用的参数
        BL      Func                    ;调用子程序 Func,进行算术运算
Stop    MOV     R0,#0x18                ;本条与下条指令的作用是参数传递
        LDR     R1,=&20026
        SWI     0x123456                ;将 CPU 的控制权交给调试器
Func    CMP     R0,#NUM                 ;判断 R0 是否在有效范围之内
        MOVHS   PC,1R                   ;如果超出范围则程序返回
        ADR     R3,JTable               ;读取跳转表的基地址
        LDR     PC,[R3,R0,LSL #2]       ;根据参数 R0 的值跳转到相应的子程序
JTable  DCD     DoAdd                   ;当参数 R0 为 0 时上面的代码将选择 DoAdd
        DCD     DoSub                   ;当参数 R0 为 1 时上面的代码将选择 DoSub
DoAdd   ADD     R0,R1,R2                ;子程序 DoAdd 执行加法操作
        MOV     PC,1R                   ;子程序返回
DoSub   SUB     R0,R1,R2                ;子程序 DoSub 执行减法操作
        MOV     PC,1R                   ;子程序返回
        END                             ;结束汇编
```

通过以上例子可以总结出,ADS 编译环境下的汇编代码与 GNU 编译环境下(Embest IDE 内部集成 GNU 的开发工具)有较多不同点,主要是符号及伪操作的不同。

➤ 注释行以"/ * … * /"或"#"代替";"。
➤ 伪操作符替换(见表 3 - 11)。
➤ 操作数及运算符替换(见表 3 - 12)。

表 3 - 11 伪操作符替换

ADS 下的伪操作符	GNU 下的伪操作符	ADS 下的伪操作符	GNU 下的伪操作符
INCLUDE	.include	BUSWIDTH SETA 16	.equ BUSWIDTH,16
TCLK2 EQU PB25	.equ TCLK2 ,PB25	MACRO	.macro
EXPORT	.global	MEND	.endm
IMPORT	.extern	END	.end
DCD	.long	AREA Word,CODE,READONLY	.text
IF:DEF:	.ifdef	AREA Block,DATA,READWRITE	.data
ELSE	.else	CODE32	.arm 或 .CODE[32]
ENDIF	.endif	CODE16	.thumb 或 .CODE[16]
:OR:	|	LTORG	.ltorg
:SHL:	<<	%	.fill
RN	.req	Entry	Entry:
GBLA	.global		

表 3-12 操作数及运算符替换

ADS 下的操作数及运算符	GNU 下的操作数及运算符
LDR PC,[PC,#&18]	LDR PC,[PC,#+0x18]
LDR PC,[PC,#-&18]	LDR PC,[PC,#-0x18]

"&"表示十六进制,在 ADS 编译环境下"&"与"0x"的含义是一样的。

3.4 基于 ARM 的嵌入式 C 语言程序设计基础

C 语言是一种结构化的程序设计语言,它的优点是运行速度快、编译效率高、移植性好且可读性强。C 语言具有简单的语法结构和强大的处理功能,可方便地实现对系统硬件的直接操作。C 语言支持模块化程序设计结构,支持自顶向下的结构化程序设计方法。因此,用 C 语言编写的应用软件,可以大大提高软件的可读性,缩短开发周期,便于系统的改进和扩充,这为开发大规模、高性能和高可靠性的应用系统提供了基本保证。

嵌入式 C 语言程序设计是利用基本的 C 语言知识,面向嵌入式工程实际应用进行程序设计。嵌入式 C 语言程序设计首先是 C 语言程序设计,必须符合 C 语言基本语法;嵌入式 C 语言程序设计又是面向嵌入式应用的,因此要利用 C 语言基本知识开发出面向嵌入式系统的应用程序。如何能够在嵌入式系统开发中熟练、正确地运用 C 语言开发出高质量的应用程序,是学习嵌入式程序设计的关键。

本节讲述嵌入式 C 语言程序设计基础,通过大量与实际应用密切结合的嵌入式程序设计实例来讲述这些知识。

在嵌入式 C 语言程序设计基础的讲述中,密切结合基于 S3C44B0X 开发板上各个功能模块的应用开发,使得 C 语言基本知识能够融合到实际的嵌入式开发中,一方面加强了面向嵌入式 C 语言程序设计的基本知识,另一方面使得读者为理解、学习后面的开发实例奠定了一定的基础。这些实例来源于实际工程,对于嵌入式开发具有典型的指导意义,也可以应用在其他嵌入式系统开发中。通过本节学习,读者能将 C 语言灵活应用到嵌入式软件开发中。

3.4.1 C 语言的预处理伪指令在嵌入式程序设计中的应用

在 C 语言源程序中加入一些预处理命令,可以改进程序设计的环境,提高编程效率。它虽然写在源程序中,但不产生程序代码,因此也称为预处理伪指令。它不是 C 语言本身的组成部分,因此不能直接进行编译,而必须在编译前预先对这些特殊的命令进行预处理。在预处理时用预处理命令定义的实际内容代替该命令,因此也称为"编译预处理命令"或"编译预处理伪指令"。

本小节首先对预处理伪指令的基本概念进行讲述,分别介绍 3 种预处理伪指令的使用方法。这些内容的讲述密切结合嵌入式实际例程,以使读者能将 C 语言的预处理器伪指令概念应用到实际开发中。

预处理伪指令有 3 种:文件包含、宏定义和条件编译。预处理伪指令有以下特点:
- 把文件包含的正文替换进来。
- 对宏定义进行宏扩展,减少了编程量,改进了源程序的可读性,参数宏更是减少了函数调用的开销。
- 条件编译改善了编程的灵活性,也改善了程序的可移植性。
- 所有的预处理器伪指令行都以"#"号开头,以区别于源文件中的语句行与说明行。

下面对预处理伪指令进行详细讲述。

1. 文件包含伪指令

文件包含伪指令可将头文件包含到程序中。头文件中定义的内容包括符号常量、复合变量原型、用户定义的变量类型原型和函数的原型说明等。编译器编译预处理时用文件包含的正文内容替换到实际程序中。

(1) 文件包含伪指令的格式

＃include＜头文件名.h＞　　　　；标准头文件

＃include"头文件名.h"　　　　　；自定义头文件

＃include 宏标识符

(2) 包含文件伪指令的说明

- 习惯上头文件名后用".h"作为扩展名,可以带或不带路径。
- 头文件可分为标准头文件与自定义头文件。
- 尖括号＜＞内的头文件为标准头文件。标准头文件按 DOS 系统的环境变量 include 所指定的目录顺序搜索头文件。
- 双引号""内的头文件为用户自定义头文件。搜索时,首先在当前目录(通常为源文件所在目录)中搜索,其次按环境变量 include 指定的目录顺序搜索。
- 搜索到头文件后,就将该伪指令直接用头文件中全内容替换。
- 第 3 种格式中的宏标识符预处理器首先对它进行宏扩展。宏扩展后得到的可能是括号内的头文件名或双引号内的头文件名。其后,就可以按前 2 种格式之一来处理。

2. 宏定义伪指令

宏定义伪指令分为: 简单宏、参数宏、条件宏及宏释放。

(1) 简单宏

简单宏伪指令格式如下:

＃define　宏标识符　宏体

其中:

- 宏体是由单词序列组成。宏体超长时,允许使用续行符"\"进行续行,续行符和其后的换行符"\n"都不会进入宏体中。
- 在定义宏时,应尽量避免使用 C 语言的关键字和预处理器的预定义宏,以免引起灾难性的后果。
- 在源文件中,用预处理器伪指令定义了宏标识符之后,就可以用宏标识符编写程序。当源文件被预处理器处理时,每遇到该宏标识符,预处理器便在宏的所在处将宏展为宏体。

例 62　8 段数码管简单宏定义。

```
/* 定义 8 段数码管控制寄存器地址 */
#define  LED8ADDR  (*(volatile unsigned char *)(0x2140000))
void Digit_Led_Symbol(int value)
{
    if((value >= 0)&& (value < 16))      /* 符号显示 */
        LED8ADDR = ~Symbol[value];       /* 预处理器将 LED8ADDR 替换为地址 */
                                          /* 0x2140000 的内存单元 */
```

}

(2) 参数宏

参数宏伪指令格式如下：

＃define　宏标识符(形式参数表)　宏体

其中：
- 形式参数表为逗号分割的形式参数。
- 宏体是由单词序列组成。有些单词包含参数表的形式参数。宏体超长时，允许使用续行符"\"进行续行，续行符和其后的换行符"\n"都不会进入宏体中。
- 使用参数宏时，形式参数表应换为同样个数的实参数表，这一点类似于函数的调用。事实上，许多库函数都是用参数宏编写的。参数宏和函数的区别：一是形式参数表中没有类型说明符；二是参数宏在时空的开销上比函数都要少。
- 预处理器在处理参数宏时使用两遍宏展开。第1遍展开宏体，第2遍对展开后的宏体用实参数替换形式参数。

例63　用带参数宏进行数学运算及比较大小。

```
# define SQR(x,y)sqrt((x)*(x)+(y)*(y))
z = SQR(a+b,a-b);/* 替换为 sqrt((a+b)*(a+b)+(a-b)*(a-b));*/
#define   min(x1,x2)   ((x1 < x2)? x1: x2)
#define   max(x1,x2)   ((x1 > x2)? x1: x2)
```

(3) 条件宏

先测试是否定义过某宏标识符，然后决定如何处理。

条件宏伪指令格式如下：

＃ifdef　宏标识符	＃ifndef　宏标识符
＃undef　宏标识符	＃define　宏标识符　宏体
＃define　宏标识符　宏体	＃else
＃else	＃undef　宏标识符
＃define　宏标识符　宏体	＃define　宏标识符　宏体
＃endif	＃endif

其中：
- 左边格式是测试存在，右边是测试不存在。
- 左边格式和右边格式的else部分可以没有，有与没有意义不同。

例64　用条件宏实现大、小端模式的选择。

```
#ifdef __BIG_ENDIAN
#define rUTXH0      (*(volatile unsigned char *)0x1D00023)
#define rUTXH1      (*(volatile unsigned char *)0x1D04023)
 ⋮
#define URXH0       (0x1D00024+3)
#define URXH1       (0x1D04024+3)

#else                //小端模式
#define rUTXH0      (*(volatile unsigned char *)0x1D00020)
```

```
#define rUTXH1      (*(volatile unsigned char *)0x1D04020)
⋮
#define URXH0       (0x1D00024)
#define URXH1       (0x1D04024)
#endif
```

(4) 宏释放

用于释放原先定义的宏标识符。经释放后的宏标识符可以再次用于定义其他宏体。宏释放在例 64 中已经出现过，读者可以将例 64 与下面的例子结合起来以加深理解。

宏释放伪指令格式如下：

#undef   宏标识符

例 65   用宏释放实现块大小定义。

```
#define BLOCK-SIZE   512
⋮
buf = BLOCK-SIZE * blks;      /*宏扩展为 buf = 512 * blks; */
⋮
#undef BLOCK-SIZE
#define BLOCK-SIZE 128
⋮
buf = BLOCK-SIZE * blks;      /*宏扩展为 buf = 128 * blks; */
```

3. 条件编译伪指令

条件编译伪指令是写给编译器的，指示编译器在满足某一条件时仅编译源文件中与之相应的部分。预处理器对它的作用仅是扫描其中的宏并进行宏扩展，其他内容不动，留给编译器对它进行处理。条件编译伪指令格式如下：

```
#if(条件表达式 1)
⋮
#elif(条件表达式 2)
⋮
#elif(条件表达式 n)
⋮
#else
⋮
#endif
```

其中：

➢ 条件表达式允许使用宏标识符。
➢ 编译时，编译器仅对 #if() 与 #endif 之间满足某一条件表达式的源文件部分进行编译。

例 66   在 Flash.h 头文件中，条件预编译用来定义 Bank0 的数据总线宽度。

```
#if _BOSIZE == BOSIZE_BYTE
typedef unsigned char pBOSIZE;
#elif _BOSIZE == BOSIZE_SHORT
typedef unsigned short pBOSIZE;
```

```
#elif _BOSIZE == BOSIZE_WORD
typedef unsigned long pBOSIZE;
#endif
```

3.4.2 嵌入式 C 语言程序设计中的函数及函数库

函数是 C 语言程序设计的核心。一个较大的 C 语言程序一般是由一个主函数和若干个子函数组成,每个函数完成一个特定的功能。主函数可以调用其他函数,其他函数之间也可以相互调用。函数库是为了减少编程工作量,将一些常用的功能函数放在函数库中供公共使用。好的程序要尽量使用函数和函数库,函数和函数库是基于 C 语言编程的基本单元。本小节将对嵌入式程序设计中的函数及函数库进行讲述。下面给出函数的定义性说明和原型说明。

1. 定义性说明格式

[存储类说明符]类型说明符[修饰符]标识符(参数表){函数体}

其中:
- 存储类说明符有 static 和 extern 2 种。
- 类型说明符有 char、unsigned char、int、unsigned、long、unsigned long、float、double、long double、struct、union、void 等几种。
- 标识符有函数名、*函数名、(*函数名)、*(*函数名)等几种。
- 修饰符有 interrupt、near、far、huge 等几种。

2. 原型说明格式

extern 类型说明符[修饰符]标识符(参数表){函数体}

其中:
- 类型说明符、标识符、参数表、函数体这几项是函数定义性说明中必不可少的部分。可以在程序源文件的任意处进行函数的定义性说明,并分配内存。
- 类型说明符部分用以说明函数返回值的类型。有简单类型(char、unsigned char、int、unsigned、long、unsigned long、float、double、long double)、复合类型(struct、union)和 void (无类型)。为说明函数返回的是指针,在函数名前加"*"。
- 标识符部分用以说明函数名。但函数名前加分割符"*"时,说明返回值是指针。被圆括号括起如"(*函数名)",则标识符是函数指针。如果括号外再加分割符"*",如"*(*函数名)",则标识符是函数指针,且函数返回指针类型。
- 参数表是传入函数的形式参数表。形式参数表格式如下:

    (类型说明符 变量名[,类型说明符变量名]…)或(void)或()

    其中:"(void)"说明无参数传入。允许用空格代替 void 作为参数表,即"()"。
- 函数体部分由复合语句构成。
- 存储类说明符部分:

    extern——C 语言的函数都是全程序存在的,在不加任何存储类说明的情况下都是全程序可见的。但是,如果程序为多源文件,则非定义函数的文件要调用该函数时,需要加原型说明。另外,即使在定义函数的源文件中,如果在函数定义之前超前调用,也需要加原型说明,而且原型说明中必须加存储类说明符 extern。

    static——为了提高函数的安全性,在进行函数的定义性说明时,加上 static 存储类说明符,表示在本文件定义前和非本函数定义文件中,该函数将不能被调用。它可以定义需要具有内部链接的全局变量或者函数,即它们应该在一个单一的编译单元里是可见的,但在外部则不可见。使用 static 关键词限制变量的范围。

> 修饰符对函数起修饰作用:

interrupt——为最重要的修饰符。它将函数修饰为中断函数。中断函数的最大特点是返回类型和参数均必须为 void。函数经过 interrupt 修饰后,程序员只写中断服务程序的主体部分,中断服务程序中的保护现场的前缀段和恢复现场的后缀段,均由编译程序完成。另外,编译程序还将 ret 指令改成 reti 指令。

near、far、huge——规定函数的地址类型。它将覆盖存储模式规定的函数缺省地址类型。它指明函数和被调用函数之间距离的远近。near 为近调用(16 位段内地址),far 为远调用(32 位段间地址),huge 为规范化远调用(32 位段间规范地址)。

例 67 本函数为 LED 灯亮、灭显示的控制程序段,是带参数的函数。

```
void Led_Display(int LedStatus)      /* 函数定义,参数为 int LedStatus,用于表示 LED 状态,根据
                                        参数点亮熄灭 LED1 或 LED2 */
{
    led_state = LedStatus;            /* 将传递来的参数值赋给 LED 状态全局变量 */
    if((LedStatus&0x01) == 0x01)
    rPDATB = rPDATB&0x5FF;            /* LED1 亮 */
    else
    rPDATB = rPDATB|0x200;            /* LED1 灭 */
    if((LedStatus&0x02) == 0x02)
    rPDATB = rPDATB&0x3FF;            /* LED2 亮 */
    else
    rPDATB = rPDATB|0x400;            /* LED2 灭 */
}
```

例 68 本函数为键盘初始化程序,该函数不需要参数。

```
void KeyboardInt(void)
{
    int value;
    rI_ISPC = BIT_EINT2;              // 清除中断挂起位
    rEXTINTPND = 0xF;                 // 设置 EXTINTPND 寄存器
    value = key_read();
    if(value > -1)
        Digit_Led_Symbol(value);
    rI_ISPC = BIT_EINT2;              //清除中断挂起位
    rINTCON = 0x1;
}
```

例 69 函数库介绍。图 3-35 是 44blib.c 文件的代码结构图。参考该图可以了解如何来建立一个完整的自定义函数库,也可以根据自己开发板的硬件及功能模块来编写自己的函数库。

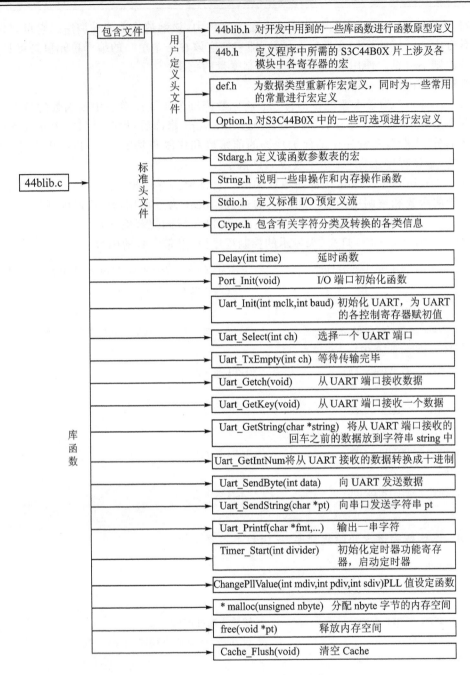

图 3-35　44blib.c 文件的代码结构图

3.4.3　嵌入式程序设计中常用的 C 语言语句

语句是 C 语言程序设计的基本单位,本小节对嵌入式程序设计中常用的 C 语言语句进行介绍。C 语言语句格式为:

　　[标号:]　语句[;]

其中:标号部分可有可无,标号由有效标识符后跟冒号组成。语句结束部分一般用分号做结束符。

C语言的语句有10种：表达式语句、复合语句、条件语句、循环语句、switch语句、break语句、continue语句、返回语句等，其中用得最多的是条件语句、switch语句和循环语句，下面将重点介绍。

1. 条件语句

条件语句的格式如下：

两重选择：

if(条件表达式)
  语句1；
else
  语句2；

多重选择：

if(条件表达式1)
  语句1；
else if(条件表达式2)
  语句2；
⋮
else if(条件表达式n)
  语句n；

说明：if-else语句可以嵌套使用。如果每个条件下需要执行多个语句，那么这些语句需要用{ }括起来。

在此以I/O端口应用为例进行说明，端口C的8和9引脚、端口F的3和4引脚控制LED灯，函数Led_Display根据参数将指定的发光管点亮，详细见4.5.3小节中S3C44B0X I/O端口应用程序中的void Led_Display(int LedStatus)函数。

2. switch语句

switch语句格式如下：

switch(开关表达式)
{ case 常量表达式1：[语句1；]
  case 常量表达式2：[语句2；]
  ⋮
  case 常量表达式n：[语句n；]
  default：   [语句$n+1$；]
}

说明：开关表达式的值必须是int整数。语句可以是复合语句，也可以是空（即没有语句）。在switch语句中，可以通过break语句和goto语句跳出。

在此以输入键值识别功能软件的一部分为例进行说明，当有系统软件获取键值后，利用switch语句根据当前的键值做相应的处理。(详见4.6.2小节中电子词典系统应用软件各功能模块设计实现部分的输入键值识别功能软件程序。)

3. 循环语句

在 C 语言中有 3 种循环语句：for、while 和 do while。

(1) for 循环语句

for 循环语句格式如下：

for(表达式 1;表达式 2;表达式 3)
　　语句；

其中：表达式 1 是对循环量赋初值；表达式 2 是循环量的控制语句；表达式 3 是对循环量进行增减变化。

注意：当语句为复合语句时，需要用{ }括起来。for 循环语句可以嵌套使用。

可以使用 for 循环语句实现翻译功能，详细见 4.6.2 小节中的英译汉功能软件程序中的 U8 translate (S8 * word,U8 Position,U8 No)函数。

(2) while 循环语句

while 循环语句的格式如下：

while(条件表达式)
　　语句；

注意：当语句为复合语句时，需要用{ }括起来。

可以使用 while 循环语句利用串口发送字符串，详细见 4.5.5 小节的 S3C44B0X UART 在电子词典中的应用程序中的 Uart_SendString(char * pt)函数。

(3) do while 循环语句

do while 循环语句语法格式如下：

do
　　语句；
while(条件表达式)；

注意：当语句为复合语句时，需要用{ }括起来。它与 while 语句的区别在于：控制循环结束的条件表达式在循环体后面，所以它至少执行一次循环体。

3.4.4　嵌入式程序设计中 C 语言的变量、数组、结构、联合

1. 变　量

格式如下：

［存储类型］　类型说明符　［修饰符］　标识符［＝初值］［,标识符［＝初值］］…；

(1) 类型说明符

- 对于数字与字符，其类型共有 9 种：char、unsigned char、int、unsigned、long、unsigned long、float、double 和 long double。
- void 类型(抽象型)，在具体化时可以用类型强制来指定类型说明符中的任意一类。
- 通过 typedef 定义的类型别名。为了增加程序可读性和移植程序时方便，C 语言允许用户为 C 语言固有的类型用 typedef 起别名。格式如下：

　　typedef　C 固有的简单类型或复合类型　别名标识符；

用别名代替原来的类型，在说明中用做类型说明符。别名一般用大写字符，例如：

```
typedef long BIG
BIG x = 80000;
```

(2) 标识符
- 变量：为不带"*"的标识符。编译器为变量自动分配内存。
- 指针：为带有"*"的标识符。指针的内容必须是地址。编译器为指针自动分配内存。注意，指针标识符是不带"*"的标识符部分。指针说明中的类型说明符、存储类型和修饰符是指针指向对象的类型。一般来说，指针是变量，即指针指向的对象是变量。变量指针的类型可以是 void。例如：

```
extern int const * count        ;count 是指针，而且是外部存储类型的整型常量
```

(3) 存储类型
存储类型用于指定被说明对象所在内存区域的属性。
① auto——自动存储类型，是局部变量，是在函数内定义的变量且仅在该函数内是可见的（可以是变量、指针以及函数的实参），放在内存的栈中。其存储区随着函数的进入而建立，随着函数的退出而自动地被放弃。在函数中说明的内部变量，凡未加其他存储类说明的都是 auto 类型。每次调用该函数时都需要重新在堆栈中分配空间。
② register——寄存器存储类型，将使用频繁的变量放在 CPU 的寄存器中，需要时直接从寄存器取值，而不必再到内存中去存取，以求处理的高速。
③ extern——外部存储类型，表明该变量是外部变量(也称为全局变量)，是在函数外部定义的变量，它的作用域是为从变量的定义开始到本程序文件的末尾。在作用范围内，外部变量可以被程序中的各个函数所用。编译时外部变量被分配在静态存储区。外部变量能否被存取由该外部变量定义性说明与使用它的函数之间的位置关系来决定。如果程序中只有一个文件，在定义了外部变量之后，使用该外部变量的函数则可直接存取；如果程序中有多个文件，在非该变量的定义文件中要使用它时，必须先加引用性说明，然后才能使用。

其引用性说明格式如下：

```
extern  类型说明符 [修饰符] 变量名[,变量名]…;
```

在 C 语言中，与外部变量对应的还有内部变量，在函数内部作定义性说明的变量都是内部变量，如前面所讲的 auto 和 register 存储类型变量。内部变量只能在函数内部进行存取。
④ static——静态存储类型，分为内部静态和外部静态 2 种。在函数内部定义变量并说明为静态存储类的是内部静态变量，在离开这个函数到下次调用之间内部静态变量的值保持不变。内部静态变量在程序全程内存在，但只能在本函数内可存取。在函数外部定义变量并说明为静态存储类型的是外部静态变量。外部静态变量在程序全程内存在，但在定义它的范围以外，也是隐蔽起来的，是不可用的。对于只有一个源文件的程序来说，如果在文件开始定义的外部变量，加与不加 static 是一样的。

(4) 赋初值部分
若初值缺省，auto 存储类型和 register 存储类型的变量为随机值；static 存储类型的变量被编译器自动清 0；对于指针，无论什么存储类型，一律置为空指针(Null)。

使用等号为变量赋初值。须注意的是，指针必须用地址量作为初值，字符可用其编码值(例如 ASCII 码)或单引号括起的字符作为初值。对于静态变量，只在定义说明时赋初值一次。

(5) 修饰符
用于对变量进行特殊的修饰。修饰符包括以下 3 类：

① const——常量修饰符,指示被修饰的变量或变量指针是常量。C语言在内存中单独开辟一个常量区用于存放 const 变量。注意变量被 const 修饰后就不能再变了。对于指针有 2 种修饰方法,它们的意义是不同的,例如:

```
const      int      * ptr = &a      /* 说明指针指向的对象是常量,是常量指针 */
int        * const  prt = &b        /* 说明指针本身是常量,是指针常量 */
const      int      * const pi      /* 说明指针是指向常量的指针常量 */
```

② volatile——易失性修饰符,说明所定义的变量或指针,是可以被多种原因所修改的。比如有的变量在中断服务程序中会被修改,有的会被 I/O 口修改,这种修改带有随机性,防止丢失任何一次这种修改,故要把它修饰为易失性的变量。注意,禁止把它作为寄存器变量处理,也禁止对它进行任何形式的优化。

③ near、far——近、远修饰符,用于说明访问内存中变量在位置上的远近。

(6) 几点说明

➢ 格式中带有[]的是可选项,可有可无,不带[]的是必须有的(以下格式与此相同)。

➢ 在一个说明语句中可以同时说明多个同类型的变量。这些变量之间要用逗号隔开,每个变量是否赋初值是任选的。

➢ 说明语句一定要用终止符";"结束。

例 70   变量定义。

```
extern char Image_RW_Limit[]              ;声明一个字符型的外部变量
volatile unsigned char * downPt           ;定义一个易失性无符号字符型的指针变量
unsigned int fileSize                     ;定义一个无符号整型变量,表示文件大小
void * mallocPt = Image_RW_Limit          ;定义一个指针变量并赋初值
static int delayLoopCount = 400           ;定义一个静态整型变量并赋初值,用于延时计数
unsigned long   * ptr  = 0x0C010200       ;定义一个长整型的指针,并赋初值
unsigned short  * ptrh = 0x0C010200       ;定义一个短整型的指针,并赋初值
unsigned char   * ptrb = 0x0C010200       ;定义一个字符整型的指针,并赋初值
```

2. 数组说明

格式如下:

[存储类型]   类型说明符 [修饰符]标识符[=初值符][,标识符[=初值]]…;

(1) 一维数组

格式如下:

类型说明符   标识符 [常量表达式][={初值,初值,…}];
char 标识符[] = "字符串";

标识符后跟方括号[]是一个一维数组的特征(注意在这里[]是必须的)。定义时若数组未赋初值,则当方括号用于数组时,其括号内必须有常量表达式,表示为数组分配内存的大小。初值缺省时数组各元素为随机值;需要赋初值时,使用等号实现,后面跟花括号,花括号内是用逗号分隔的初值表。初值的个数要小于或等于常量表达式的值,初值为 0 的元素可以只用逗号占位而不写初值。若初值的个数少于常量表达式值,其后的缺省项由编译器自动以 0 值补之。

字符型数组是例外,它允许标识符后跟的方括号内为空,但必须赋初值。赋初值用等号,初值是双引号括起的字符串。字符数组的长度由编译器自动完成,其值为串中字符数加 1(多结尾

符"\0")。

例71 本例定义了 8 段数码管显示 0～F 的符号数组，以及两个用于 UART 操作中的字符型数组。

```
int Symbol[] = {DIGIT_0,DIGIT_1,DIGIT_2,DIGIT_3,DIGIT_4,DIGIT_5,DIGIT_6,DIGIT_7,
                DIGIT_8,DIGIT_9,DIGIT_A,DIGIT_B,DIGIT_C,DIGIT_D,DIGIT_E,DIGIT_F};
char str[30];
char string[] = {"china"};
```

(2) 一维指针数组和一维数组指针

格式如下：

类型说明符　＊标志符[常量表达式][={地址,地址,…}]；

类型说明符　(＊标志符)[ ][＝数组标识符]；

前者是一维指针数组，本质上是一个数组，只是它的元素是指针，也就是说数组中存放的是其变量的地址，它在字符串排序中特别有用；后者是一维数组指针（或叫数组指针），它本质上是一个指针，只是该指针指向的是一个数组。指针指向数组的首地址，但是指针不能指向数组中除首地址外的其他元素地址。也可以将数组指针理解为行指针，指针变化后可以指向二维数组不同的行。数组指针不需要指明所指向的数组有多少元素，所以下标方括号内可以是空的。在 C 语言中，数组标识符并不代表整个数组，它只作为数组的首地址，即数组第一个元素的地址。虽然指针变量的值是地址，但是指针和地址是有区别的。指针是个对象，在内存中被分配有空间，只不过该对象的内容不是变量而是可变的地址。而数组标识符是已分配过内存的数组的首地址。

(3) 二维数组

格式如下：

类型说明符　标识符[m][n][={{初值表},{初值表}…}]；

上述格式是 $m \times n$ 个元素的二维数组。标识符独立使用时，它代表的是二维数组在内存中的首地址，它与"& 标识符[0][0]"意义相同。数组标识符是一个地址常量，不能用做左值，可用在表达式中，而不可用于赋值运算符的左侧。在 C 语言中，二维数组在内存中的排列次序是先放第一行的 n 列，再放第二行的 n 列，直到第 m 行的 n 列。赋初值也是按同样顺序。初始化时，有些元素的初值可以省略，缺省初值被清 0。

(4) 二维指针数组

格式如下：

类型说明符　＊标识符[m][n][={{地址表},{地址表…}}]；

上述格式是 $m \times n$ 个元素的二维指针数组。标识符单独使用时，代表的是指针数组的首地址。由于这个首地址的内容是指针，它指向的内容才是变量（地址变量）。因此，指针数组标识符具有二重指针性质，是一个指针的指针。指针数组标识符是一个地址常量，不可以用做左值，但可以为二维指针赋初值。

(5) 二维数组指针

格式如下：

类型说明符(＊标识符)[ ][n][＝数组标识符]；

上述格式是一个二维数组的指针。这个指针指向的是一个二维数组，如前面一维数组指针的介绍,只是二维数组指针所指向的数组是二维的。为了使这个指针能指向二维数组的任一个元素,说明时应给出第二个方括号中的下标常量,至于第一个方括号中的下标量无需给出,给出也不为错。

(6) 多重指针

格式如下:

类型说明符　***标识符[=& 指针];

上述格式定义了一个多重指针变量,即指针的指针,可以用一个二维指针数组的标识符为它赋初值。

3. 结构说明

结构说明有原型法和类型别名法两种定义方法。

(1) 原型法

① 声明结构类型的同时定义变量名。格式如下:

[存储类说明符]　struct　[结构原型名]
{类型说明标识符[,标识符…];
　类型说明标识符[,标识符…];
　　︙
}标识符[={初值表}][,标识符[={初值表}]…];

其中:存储类说明符有 static、extern;结构原型名有结构名、*结构指针名。

② 先声明结构类型再定义变量名。格式如下:

struct 结构原型名
{类型说明标识符[,标识符…];
　　︙
}

[存储类说明符]　struct　结构原型名　标识符[={初值表}][,标识符[={初值表}]…];

其中:存储类说明符有 static、extern;结构原型名有结构名、*结构指针名。

(2) 类型别名法

先为结构原型名起别名,再用别名进行定义说明。格式如下:

typedef　struct[结构原型名]
　　　　{类型说明符　标识符[,标识符…];
　　　　　类型说明符　标识符[,标识符…];
　　　　　　︙
　　　　}结构别名

[存储类说明符]　结构别名　标识符[={初值表}][,标识符[={初值表}]…];

其中:存储类说明符有 static、extern;结构原型名有结构名、*结构指针名。结构别名习惯上用大写字符。[结构原型名]可用可不用,习惯上不用,因为一般说来,别名更具特色。

说明:

➢ 结构由各种数据类型的成员组成。成员之间没有次序关系,访问成员不按次序,而用结构成员名。

➢ 成员可以是各种简单变量类型和复合变量类型,也可以是数组,数组的元素可以是结构,即结构和数组可以互为嵌套。
- 只有在定义性说明时,才可以整体性地为结构赋初值。在程序中,不能用语句整体性地给结构赋值,但可以对成员个别地进行赋值和取存操作。
- 存取成员的方法有 2 种:结构名.成员名;结构指针名->成员名。前者是结构首地址加偏移法,后者是指针值加偏移法。只要结构指针指在结构的首地址上,二者即可访问同一成员。
- 对结构只能进行 2 种运算:一是对结构成员的访问;二是取结构的地址(& 结构名)。

4. 联合说明

联合是在内存中定义的一段多种类型数据所共享的空间,空间的大小以最长的类型为准。联合说明的格式与结构完全相同。

① 声明联合类型的同时定义变量名。格式如下:

[存储类说明符] union [联合原型名]
       {类型说明符   标识符[,标识符…];
        类型说明符   标识符[,标识符…];
        ⋮
       }标识符 ={初值表}[,标识符[={初值表}]…];

其中:存储类说明符有 static、extern;联合原型名有联合名、联合指针名。

② 先声明联合类型再定义变量名。格式如下:

union 结构原型名
{类型说明标识符[,标识符…];
  ⋮
}
[存储类说明符]   union 结构原型名标识符[={初值表}][,标识符[={初值表}]…];

说明:
- 联合的操作与结构一样,只有成员存取和取地址操作。存取包括联合.成员名和联合指针->成员名;取地址包括 & 联合名。
- 只有对被赋过值的成员进行存取操作才是正确的。但是,这也并不是说,非赋值的成员一定是不能用的。联合可以用于数组和结构之中,数组和结构也可用于联合之中。
- 联合不能作为向函数传递的参数,也不能从函数返回联合。但是联合的指针可向函数传入或被返回。

3.5 基于 ARM 的嵌入式 C 语言程序设计技巧

开发高效率的程序涉及很多方面,包括编程风格、算法实现、针对目标的特殊优化等。尤其是嵌入式高级语言的编程要结合具体的硬件开发环境、软件开发环境,并在一些高级引用中结合操作系统进行开发。本节着重介绍基于 ARM 的嵌入式 C 语言编程中的技巧和注意事项。

3.5.1 变量定义

先看下面一个例子:

```
char    a;      char    a;
short   b;      char    c;
```

```
char      c;     short    b;
int       d;     int      d;
```

这里定义的 4 个变量形式都一样,只是次序不同,却导致了在最终映像中不同的数据布局,如图 3-36 所示。显然,第 2 种方式节约了更多的存储空间(pad 为无意义的填充数据)。

由此可见,在变量声明时,最好把所有相同

图 3-36 变量在数据区里的布局

类型的变量放在一起定义,这样可以优化存储器布局。

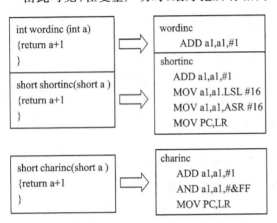

图 3-37 不同类型局部变量的编译结果

对于局部变量类型的定义,一般情况下,人们总是设法使用 short 或 char 来定义变量以节省存储空间;但是,当一个函数的局部变量数目有限时,其结果恰恰相反。因为编译器会把局部变量分配给内部寄存器,每个变量占用一个寄存器,如图 3-37 所示。假定 a1 是任意可能的寄存器存储函数的局部变量。同样完成加 1 操作,32 位的 int 型变量最快,只用一条加法指令。而 8 位和 16 位变量,完成加法操作后,还需要在 32 位寄存器中进行符号扩展,其中带符号的变量,要用逻辑左移(LSL)和算术右移(ASR)两条指令才能完成符号扩展;无符号的变量,要使用一条逻辑"与"(AND)指令对符号位进行清 0。因此,使用 32 位 int 或 unsinged int 局部变量最有效率。

变量定义中,为了精简程序,程序员总是竭力避免使用冗余变量。通常情况下这是正确的,但是也有例外。

例 72 冗余变量的使用与否比较。

```
int f(void);
int g(void);
int errs;
void test1(void)
{
  errs += f();
  errs += g();
}
void test2(void)
{
  int localerrs = errs;
  localerrs += f();
  localerrs += g();
  errs = localerrs;
}
```

在第 1 种情况 test1()里,每次访问全局变量 errs 时,都要先从相应的存储器 Load 到寄存器里,经 f()或 g()函数调用后再 Store 回原来的存储区里面。在这个例子里,一共要进行 2 次这样的 Loda/Store 操作(第 1 次是 Load,第 2 次是 Store)。而在第 2 种情况 test2()里,局部变量

localerrs被分配以寄存器,这样一来,整个函数就只需要 1 次 Load/Store 访问全局变量存储器。减少存储器访问的次数对于系统性能的提高是非常有好处的。

3.5.2 参数传递

为了使单独编译的 C 语言程序和汇编程序能够互相调用,定义了统一的函数过程调用标准 ATPCS(ARM-Thumb Procedure Call Standard)。ATPCS 定义了寄存器组中的{R0~R3}作为参数传递和结果返回寄存器,如果参数数目超过 4 个,则使用堆栈进行传递,这在后面会有详细介绍。我们知道内部寄存器的访问速度远远大于存储器,所以要尽量使参数传递在寄存器里面进行,即应尽量把函数的参数控制在 4 个以下。

例 73 汇编函数调用的参数传递。从 C 中直接调用汇编函数:

```
extern void strcopy(char * d,const char * s);
int main(void){
    const char src = "Source";
    char dest[10];
    ⋮
    strcopy(dest,src);
    ⋮
}
        AREA    StrCopy,CODE,READONLY
        EXPORT  strcopy
strcopy
        LDRB    R2,[R1],#1
        STRB    R2,[R0],#1
        CMP     R2,#0
        BNE     strcopy
        MOV     PC,LR
        END
```

这个例子中的函数 strcopy(dest,src)用汇编来实现,根据 ATPCS 的定义,函数参数从左到右由寄存器进行传递,所以在汇编中可以直接由 R0 和 R1 进行引用。这样,在 C 和汇编之间进行相互调用就容易实现了。

3.5.3 循环条件

计数循环是程序中十分常用的流程控制结构。在 C 语言中,常用下面累加计数的循环形式:

```
for (loop = 1;loop <= limit;loop ++)
```

而这种累加计数的方法符合一般的自然思维习惯,所以下面这种递减计数方法很少使用:

```
for (loop = limit;loop!= 0;loop --)
```

这 2 种循环形式在逻辑上并没有效率差异,但是映射到具体的体系结构中,就产生了很大的不同,如图 3-38 所示。

从图 3-38 中可以看出,累加法比递减法多用了 1 条指令,当循环次数比较大时,这两段代码就会在性能上产生明显的差异。其本质原因是:当进行一个非 0 常数比较时,必须用专门的 CMP 指令来执行;而当一个变量与 0 进行比较时,ARM 指令则可以直接利用条件执行的特性(NE)来进行判别。因此,在 ARM 的体系结构下编程,建议采用递减至 0 的方法来设置循环条件。

```
int fact1 (int limit)              int fact2 (int limit)
{                                  {
  for (i=1; i<=limit; i++)           for (i=limit; i!=0; i--)
  {                                  {
    fact=fact*i;                       fact=fact*i;
  }                                  }
  ⋮                                  ⋮
}                                  }

fact1                              fact2
0x000010: MUL R2, R1, R2           0x000010: MUL R0, R1, R0
0x000014: ADD R1, R1, #1           0x000014: SUBS R1, R1, #1
0x000018: CMP R2, R0               0x000018: BNE 0x10
0x00001C: BLE 0x10                 ⋮
⋮
0x000024: MOV PC, LR
```

图 3-38 不同的循环条件设置比较

3.6 C语言与汇编语言混合编程

在嵌入式程序设计中，C语言编程和 ARM 汇编语言编程都是必需的，在有些情况下，还需要 C 语言与汇编语言的混合编程。灵活运用 C 和汇编之间的关系进行嵌入式编程有利于对嵌入式系统以及相关模块的编程开发。在需要 C 和汇编混合编程时，如果汇编代码比较简单，则可以直接利用内嵌汇编来进行混合编程。如果汇编代码比较复杂，则可以将汇编程序和 C 语言程序分别以文件的形式加到一个工程里，通过 ATPCS 来完成汇编程序与 C 语言程序之间的调用。

本节详细介绍 ATPCS 规定、内嵌汇编和汇编与 C 之间的相互调用，并给出了相应的例子。

3.6.1 ATPCS 介绍

ATPCS(ARM-Thumb Produce Call Standard)是 ARM 程序和 Thumb 程序中子程序调用的基本规则，目的是为了使单独编译的 C 语言程序和汇编程序之间能够相互调用。这些基本规则包括子程序调用过程中寄存器的使用规则、数据栈的使用规则和参数的传递规则。下面将详细介绍各个规则。

1. 寄存器的使用规则

寄存器的使用必须满足下面的规则：

➢ 子程序间通过寄存器 R0~R3 来传递参数，这时，寄存器 R0~R3 可以记作 A1~A4。被调用的子程序在返回前无需恢复寄存器 R0~R3 的内容。

➢ 在子程序中，使用寄存器 R4~R11 来保存局部变量。这时，寄存器 R4~R11 可以记作 V1~V8。如果在子程序中使用到了寄存器 V1~V8 中的某些寄存器，子程序进入时必须保存这些寄存器的值，在返回前必须恢复这些寄存器的值，对于子程序中没有用到的寄存器则不必进行这些操作。在 Thumb 程序中，通常只能使用寄存器 R4~R7 来保存局部变量。

➢ 寄存器 R12 用做子程序间的 scratch 寄存器(用于保存 SP，在函数返回时使用该寄存器出栈)，记作 IP。在子程序间的连接代码段中常有这种使用规则。

> 寄存器 R13 用做数据栈指针,记作 SP。在子程序中寄存器 R13 不能用于其他用途。寄存器 SP 在进入子程序时的值和退出子程序时的值必须相等。
> 寄存器 R14 称为链接寄存器,记作 LR。它用于保存子程序的返回地址。如果在子程序中保存了返回地址,寄存器 R14 则可以用于其他用途。
> 寄存器 R15 是程序计数器,记作 PC。它不能用于其他用途。

表 3-13 总结了在 ATPCS 中各寄存器的使用规则及其名称。这些名称在编译器和汇编器中都是预定义的。

表 3-13 寄存器的名称及使用规则

寄存器	别　名	特殊名	使用规则
R0	A1		参数/结果/scratch 寄存器 1
R1	A2		参数/结果/scratch 寄存器 2
R2	A3		参数/结果/scratch 寄存器 3
R3	A4		参数/结果/scratch 寄存器 4
R4	V1		ARM 状态局部变量寄存器 1
R5	V2		ARM 状态局部变量寄存器 2
R6	V3		ARM 状态局部变量寄存器 3
R7	V4	WR	ARM 状态局部变量寄存器 4 Thumb 状态工作寄存器
R8	V5		ARM 状态局部变量寄存器 5
R9	V6	SB	ARM 状态局部变量寄存器 6,在支持 RWPI 的 ATPCS 中为静态基址寄存器
R10	V7	SL	ARM 状态局部变量寄存器 7,在支持数据栈检查的 ATPCS 中为数据栈限制指针
R11	V8	FP	ARM 状态局部变量寄存器 8/帧指针
R12		IP	子程序内部调用的 scratch 寄存器
R13		SP	数据栈指针
R14		LR	链接寄存器
R15		PC	程序计数器

2. 数据栈使用规则

根据堆栈指针指向位置的不同,堆栈可以分为满栈和空栈两种。当堆栈指针指向栈顶元素,即指向最后一个入栈的数据元素时,称为满(Full)栈;当堆栈指针指向与栈顶元素相邻的一个可用数据单元时,称为空(Empty)栈。

根据数据栈增长方向的不同也可以分为递增堆栈和递减堆栈两种。当数据栈向内存地址减小的方向增长时,称为递减(Descending)堆栈;当数据栈向内存地址增加的方向增长时,称为递增(Ascending)堆栈。

综合这两种特点则可以有以下 4 种数据栈:FD(Full Descending),满递减;ED(Empty Descending),空递减;FA(Full Ascending),满递增;EA(Empty Ascending),空递增。

ATPCS 规定数据栈为 FD(满递减)类型,并且对数据栈的操作是 8 字节对齐的。异常中断的处理程序可以使用中断程序的数据栈,但是要保证中断程序的数据栈足够大。以下是与数据栈相关的名词。

- 数据栈指针(Stack Point):最后一个写入栈的数据内存地址。
- 数据栈的基地址(Stack Base):数据栈的最高地址。由于 ATPSC 中的数据栈是 FD 型的,所以最早入栈的数据所占的内存单元是基地址的下一个内存单元。
- 数据栈界限(Stack Limit):数据栈中可以使用的最低内存单元地址。
- 已用的数据栈(Used Stack):数据栈的基地址和数据栈的栈指针之间的内存区域,包括栈指针对应的内存单元,但不包括基地址对应的内存单元。
- 未用的数据栈(Unused Stack):数据栈指针和数据栈界限之间的内存区域,包括数据栈界限对应的内存单元,但不包括栈指针对应的内存单元。
- 数据栈中的数据帧(Stack Frames):数据栈中为子程序分配的用来保存寄存器和局部变量的区域。

3. 参数传递规则

根据参数个数是否固定可以将子程序分为参数个数固定的子程序和参数个数可变的子程序。这两种子程序的参数传递规则是不同的,下面将分别详细介绍。

(1) 参数个数固定的子程序参数传递规则

对于参数个数固定的子程序,参数传递与参数个数可变的子程序参数传递规则不同。如果系统包含浮点运算的硬件部件,浮点参数将按照下面的规则传递:

- 各个浮点参数按顺序处理。
- 为每个浮点参数分配 FP 寄存器。分配的方法是,满足该浮点参数需要的且编号最小的一组连续的 FP 寄存器。

第一个整数参数通过寄存器 R0~R3 来传递。其他参数通过数据栈传递。

(2) 参数个数可变的子程序参数传递规则

- 对于参数个数可变的子程序,当参数不超过 4 个时,可以使用寄存器 R0~R3 来传递参数;当参数超过 4 个时,可以使用数据栈来传递参数。
- 在参数传递时,将所有参数看作是存放在连续的内存字单元中的字数据。然后,依次将各字数据传送到寄存器 R0、R1、R2、R3 中。如果参数多于 4 个,将剩余的字数据传送到数据栈中,入栈的顺序与参数顺序相反,即最后一个字数据先入栈。

按照以上传递规则,对于一个浮点数参数可以通过寄存器传递,也可以通过数据栈传递,也可能一半通过寄存器传递,一半通过数据栈传递。

(3) 子程序结果返回规则

- 结果为一个 32 位整数时,可以通过寄存器 R0 返回。
- 结果为一个 64 位整数时,可以通过寄存器 R0 和 R1 返回,依次类推。
- 结果为一个浮点数时,可以通过浮点运算部件的寄存器 F0、D0 或者 S0 来返回。
- 结果为复合型的浮点数(如复数)时,可以通过寄存器 F0~Fn 或者 D0~Dn 来返回。
- 对于位数更多的结果,需要通过内存来传递。

4. ARM 程序和 Thumb 程序混合使用的 ATPCS

为了适应一些特殊需要,对 ATPCS 规定的子程序间调用的基本规则进行修改,得到了几种不同的子程序调用规则,主要包括:

- 支持数据栈限制检查的 ATPCS。
- 支持只读段位置无关(ROPI)的 ATPCS。

- 支持可读/写段位置无关(RWPI)的 ATPCS。
- 支持 ARM 程序和 Thumb 程序混合使用的 ATPCS。
- 支持处理器浮点运算的 ATPCS。

在这里只简单介绍支持 ARM 程序和 Thumb 程序混合使用的 ATPCS。在编译和汇编时，通过使用"/interwork"告诉编译器生成的目标代码遵守支持 ARM 程序和 Thumb 程序混合使用的 ATPCS。它一般用于以下场合：
- 程序中存在 ARM 程序调用 Thumb 程序的情况。
- 程序中存在 Thumb 程序调用 ARM 程序的情况。
- 需要链接器来进行 ARM 状态和 Thumb 状态切换的情况。
- 在下述情况下，使用选项"/nointerwork"。
  - 程序中不包含 Thumb 程序。
  - 用户自己进行 ARM 状态和 Thumb 状态切换。

其中：选项"/nointerwork"是默认的选项。

注意：在同一个 C 源程序中不能同时包含 ARM 指令和 Thumb 指令，但汇编可以。

如果程序遵守支持 ARM 程序和 Thumb 程序混合使用的 ATPCS，则程序中 ARM 子程序和 Thumb 子程序可以相互调用。对于 C 源程序，只要在编译时指定 apcs/interwork 选项，编译器生成的代码会自动遵守支持 ARM 程序和 Thumb 程序混合使用的 ATPCS。而对于汇编源程序，必须保证编写的代码遵守支持 ARM 程序和 Thumb 程序混合使用的 ATPCS。

当链接器发现有 ARM 子程序与 Thumb 子程序相互调用时，链接器将修改相应的调用和返回代码，或者添加一段 veneers 代码(通常将链接器生成的用于程序状态切换的代码段称为 veneers 代码)来完成程序状态的切换。

3.6.2 内嵌汇编

在 C 语言程序中嵌入汇编语言程序可以实现一些高级语言没有的功能，并可以提高执行效率。armcc 和 armcpp 内嵌汇编器支持完整的 ARM 指令集，tcc 和 tcpp 用于 Thumb 指令集。但是内嵌汇编器并不支持诸如直接修改 PC 实现跳转的底层功能。

内嵌的汇编指令包括大部分的 ARM 指令和 Thumb 指令，但是不能直接引用 C 的变量定义，数据交换必须通过 ATPCS 进行。嵌入式汇编在形式上表现为独立定义的函数体。

1. 内嵌汇编指令的语法格式

内嵌汇编指令的语法格式如下：

__asm("指令[;指令]")；

ARM C 汇编器使用关键字"__asm"。如果有多条汇编指令需要嵌入，可以用"{}"将它们归为一条语句。例如：

__asm
{
  指令[;指令]
  ⋮
  [指令]
}

各指令用";"分隔。如果一条指令占据多行，除最后一行外都要使用连字符"\"。在汇编指令段中可以使用 C 语言的注释语句。需要特别注意的是，__asm 前面是两个下划线。

2. 内嵌汇编指令的特点

(1) 操作数

在内嵌的汇编指令中，操作数可以是寄存器、常量或 C 语言表达式。它们可以是 char、short 或 int 类型，而且都是作为无符号数进行操作，如果需要有符号数，用户需要自己处理与符号有关的操作。编译器将计算这些表达式的值，并为其分配寄存器。当汇编指令中同时用到了物理寄存器和 C 的表达式时，要注意使用的表达式不要过于复杂。

(2) 物理寄存器

在内嵌的汇编指令中使用物理寄存器有以下限制：

➢ 不能直接向 PC 寄存器中赋值，程序的跳转只能通过 B 指令和 BL 指令实现。

➢ 在使用物理寄存器的内嵌汇编指令中，不要使用过于复杂的 C 表达式。因为当表达式过于复杂时，将会需要较多的物理寄存器，这些寄存器可能与指令中的物理寄存器的使用冲突。当编译器发现了寄存器的分配冲突时，会产生相应的错误信息，报告寄存器分配冲突。

➢ 编译器可能会使用 R12 寄存器或者 R13 寄存器存放编译的中间结果，在计算表达式值时可能会将寄存器 R0~R3、R12 以及 R14 用于子程序调用。因此在内嵌的汇编指令中，不要将这些寄存器同时指定为指令中的物理寄存器。

➢ 在内嵌的汇编指令中使用物理寄存器时，如果有 C 变量使用了该物理寄存器，编译器将在合适的时候保存并恢复该变量的值。需要注意的是，当寄存器 SP、S1、FP 以及 SB 用作特定的用途时，编译器不能恢复这些寄存器的值。

➢ 通常在内嵌的汇编指令中不要指定物理寄存器，因为这可能会影响编译器分配寄存器，进而可能影响代码的效率。

(3) 常 量

在内嵌的汇编指令中，常量前的符号"#"可以省略。如果在一个表达式中使用符号"#"，该表达式必须是一个常量。

(4) 标 号

C 程序中的标号可以被内嵌的汇编指令使用。但是只有指令 B 可以使用 C 程序中的标号，指令 BL 不能使用 C 程序中的标号。指令 B 使用 C 程序中的标号时语法格式如下：

B{cond}label

(5) 内存单元的分配

内嵌汇编器不支持汇编语言中用于内存分配的伪操作。所用的内存单元的分配都是通过 C 语言程序完成的，分配的内存单元通过变量供内嵌的汇编器使用。

(6) 指令展开

内嵌的汇编指令中如果包含常量操作数，该指令可能会被汇编器展开成几条指令。

例如指令"ADD R0,R0,#1023"可能会被展开成下面的指令序列：

ADD　　R0,R0,#1024
SUB　　R0,R0,#01

乘法指令 MUL 可能会被展开成一系列的加法操作和移位操作。事实上，除了与协处理器相关的指令外，大部分的 ARM 指令和 Thumb 指令中包含常量操作数都可能被展开成多条指令。各展开的指令对于 CPSR 寄存器中的各条件标志位有影响：

- 算术指令可以正确地设置 CPSR 寄存器中的 N、Z、C、V 条件标志位。
- 逻辑指令可以正确地设置 CPSR 寄存器中的 N、Z 条件标志位；不影响 V 条件标志位；破坏 C 条件标志位（使 C 标志位变得不准确）。

(7) SWI 和 BL 指令的使用

在内嵌的 SWI 和 BL 指令中，除了正常的操作数域外，还须增加下面 3 个可选寄存器列表。
- 第 1 个寄存器列表中的寄存器用于存放输入的参数。
- 第 2 个寄存器列表中的寄存器用于存放返回的结果。
- 第 3 个寄存器列表中的寄存器供被调用的子程序作为工作寄存器，这些寄存器的内容可能被调用的子程序破坏。

(8) 内嵌汇编器与 armasm 汇编器的区别

内嵌汇编器与 armasm 汇编器的区别如下：
- 内嵌汇编器不支持通过"·"指示符或 PC 获取当前指令地址。
- 不支持"LDR Rn, = expression"伪指令，而使用"MOV Rn, expression"指令向寄存器赋值。
- 不支持标号表达式。
- 不支持 ADR 和 ADRL 伪指令。
- 不支持 BX 和 BLX 指令。
- 不可以向 PC 赋值。
- 使用 0x 前缀替代"&"表示十六进制数。当使用 8 位移位常量导致 CPSR 中的 ALU 标志位需要更新时，N、Z、C、V 标志中的 C 不具有真实意义。

3. 内嵌汇编注意事项

① 必须小心使用物理寄存器，如 R0～R3、LR 和 PC。计算汇编代码中的 C 表达式时，会使用这些物理寄存器，并会修改 CPSR 中的 N、Z、C、V 标志位。例如：

```
__asm
{
    MOV R0,x
    ADD y,R0,x/y              /*(x/y)的结果覆盖 R0 */
}
```

当计算 x/y 时，R0 会被修改，从而影响 R0＋x/y 的结果。用一个 C 变量代替 R0 就可以解决这个问题。例如：

```
__asm
{
    MOV var,x
    ADD y,var,x/y
}
```

汇编器检测到隐含的寄存器冲突就会报错。

② 不要使用寄存器寻址变量。尽管有时寄存器明显对应某个变量，但不能直接使用寄存器代替变量。例如：

```
int bad_f(int x)            /* x 存放在 R0 中 */
{
    __asm
    {
```

```
        ADD R0,R0,#1           /*发生寄存器冲突,且在 R0 中保存的 x 值不变*/
   }
   return x;                   /**x 存放在 R0 中*/
}
```

尽管根据编译器编译规则似乎可以确定 R0 对应 x,但这样的代码会使汇编器认为发生了寄存器冲突。用其他寄存器代替 R0 存放参数 x,则使得该函数将 x 原封不动地返回。

上面代码正确的写法如下:

```
int bad_f(int x)
{
   __asm
   {
        ADD x,x,#1
   }
   return x;
}
```

③ 使用内嵌汇编时,编译器自己会保存和恢复它可能用到的寄存器,用户无须保存和恢复寄存器。事实上,除了 CPSR 和 SPSR 寄存器,对物理寄存器没写就读都会引起汇编器报错。例如:

```
int f(int x)
{
   __asm
   {
        STMFD   SP,{R0}        ;对 R0 的保存是非法的,因为发生了写之前读
        ADD     R0,x,#1
        EOR     x,R0,x
        LDMFD   SP!,{R0}       ;对 R0 的恢复是不需要的
   }
   return x;
}
```

④ LDM 和 STM 指令的寄存器列表只允许物理寄存器。内嵌汇编可以修改处理器模式、协处理器状态和 FP、SL 及 SB 等 ATPCS 寄存器。但是编译器在编译时并不了解这些变化,所以必须保证在执行 C 代码前恢复相应被修改的处理器模式。

⑤ 汇编语言用",", 作为操作数分隔符。如果有带","的 C 表达式作为操作数,必须用"()"将其归为一个汇编操作数。例如:

```
__asm{ADD x,y,(f( ),z)}
```

其中:(f( ),z)为 C\C++表达式。

4. 内嵌汇编指令的应用举例

下面是在 C 程序中嵌入汇编程序的例子。通过这几个例子,可以帮助用户更好地理解内嵌汇编的特点及用法。

(1) 字符串复制

本例主要介绍如何使用指令 BL 调用子程序。注意,前面在介绍内嵌汇编的特点时曾经讲到,在内嵌的 SWI 和 BL 指令中,除了正常的操作数域外,还必须增加下面 3 个可选的寄存器列表。在这个程序里就能体现这一点。

例 74 使用指令 BL 调用子程序。

```
#include <stdio.h>
void my_strcpy(char * src,const char * dst)
{
    int ch;
    __asm
    {
        loop:
        #ifndef _arm                    /* ARM 版本 */
        LDRB    ch,[src],#1
        STRB    ch,[dst],#1
        #else                           /* Thumb 版本 */
        LDRB    ch,[src]
        ADD     src,#1
        STRB    ch,[dst]
        ADD     dst,#1
        #endif
        CMP     ch,#0
        BNE     loop
    }
}
int main(void)
{
    const char * a = "Hello world!";
    char b[20];
    __asm
    {
        MOV   R0,a                     /* 设置入口参数 */
        MOV   R1,b
        BL    my_strcpy,{R0,R1}        /* 调用 my_strcpy()函数 */
    }
    printf("Original string: %s\n",a); /* 显示字符串复制结果 */
    printf("Copied string: %s\n",b);
    return 0;
}
```

在这个例子中,主函数 main() 中 "BL my_strcpy,{R0,R1}" 指令的输入寄存器列表为 {R0,R1},没有输出寄存器列表。子程序使用的工作寄存器为 ATPCS 默认工作寄存器 R0~R3、R12、LR 以及 PSR。

(2) 使能和禁止中断

本例主要介绍如何利用内嵌汇编程序来使能和禁止中断。使能和禁止中断是通过修改 CPSR 寄存器中的位 7 完成的。这些操作必须在特权模式下进行,因为在用户模式下不能修改 CPSR 寄存器中的控制位。

例 75 中断的使能和禁止。

```
__inline void enable_IRQ(void)
{
    int tmp;
    __asm
```

```
        {
            MRS tmp,CPSR
            BIC tmp,tmp,#0x80
            MSR CPSR_c,tmp
        }
    }
    __inline void disable_IRQ(void)
    {
        int tmp;
        __asm
        {
            MRS tmp,CPSR
            ORR tmp,tmp,#0x80
            MSR CPSR_c,tmp
        }
    }
    int main(void)
    {
        disable_IRQ();
        enable_IRQ();
    }
```

3.6.3 C语言和ARM汇编语言程序间相互调用

在C语言和ARM汇编语言程序之间相互调用必须遵守ATPCS规则。C语言和汇编语言之间的相互调用可以从汇编语言程序对C语言全局变量的访问、在C语言程序中调用汇编语言程序以及在汇编语言程序中调用C语言程序这3方面来介绍，下面分别给出了具体实例。

1. 汇编语言程序访问C语言变量全局

汇编语言程序可以通过地址间接访问在C语言程序中声明的全局变量。通过使用IMPORT关键词引入全局变量，并利用LDR和STR指令根据全局变量的地址可以访问它们。对于不同类型的变量，需要采用不同选项的LDR和STR指令，例如：

```
unsigned char      LDRB/STRB
unsigned short     LDRH/STRH
unsigned int       LDR/STR
char               LDRSB/STRSB
short              LDRSH/STRSH
```

对于结构，如果知道各个成员的偏移量，则可以通过加载和存储指令进行访问。如果结构所占空间小于8个字，可以用LDM和STM一次性读/写。

下面是一个在汇编语言程序中访问C语言程序全局变量的例子，它读取全局变量globvar，并将其加2后写回。程序中变量globvar是在C语言程序中声明的全局变量。

例76 C语言程序全局变量在汇编语言程序中的访问。

```
    AREA    globals,CODE,READONLY
    EXPORT  asmsubroutine          ;用EXPORT伪操作声明该变量可以被其他文件引用
                                   ;相当于声明了一个全局变量
    IMPORT  globvar                ;用IMPORT伪操作声明该变量是在其他文件中定义的
                                   ;在本文件中可能要用到该变量
```

```
asmsubroutine
    LDR     R1,= globvar        ;从文字池读 globvar 的地址,并将其保存到 R1
    LDR     R0,[R1]             ;再将其值读入到寄存器 R0 中
    ADD     R0,R0,#2
    STR     R0,[R1]             ;修改后再将寄存器 R0 的值赋予变量 globvar
    MOV     PC,LR
    END
```

2. C 语言程序调用汇编语言程序

为了保证程序调用时参数的正确传递,汇编语言程序的设计要遵守 ATPCS。在汇编语言程序中需要使用 EXPORT 伪操作来声明,使得本程序可以被其他程序调用。同时,在 C 语言程序调用该汇编语言程序之前需要在 C 语言程序中使用 extern 关键词来声明该汇编语言程序。下面例子中,汇编语言程序 strcopy 完成字符串复制功能,C 语言程序调用 strcopy 完成字符串的复制工作。

例 77 C 语言程序调用汇编语言程序完成字符串拷贝。C 语言源程序如下:

```
#include <stdio.h>
extern void strcopy(char * d,const char * s)   ;用 extern 声明一个函数为外部函数
                                               ;可以被其他文件中的函数调用
int main()
{   const char * srcstr = "First string - source";
    char * dststr = "Second string - destination";
    printf("Before copying:\n");
    printf("%s\n %s\n",srcstr,dststr);
    strcopy(dststr,srcstr);                    ;调用汇编函数 strcopy()
    printf("After copying:\n");
    printf("%s\n %s\n",srcstr,dststr);
    return(0);
}
```

汇编语言源程序如下:

```
    AREA    SCopy,CODE,READONLY
    EXPORT  strcopy             ;用 EXPORT 伪操作声明该变量可以被其他文件引
                                ;用,相当于声明了一个全局变量
Strcopy                         ;R0 指向目标字符串,R1 指向源字符串
    LDRB    R2,[R1],#1          ;字节加载,并更新地址
    STRB    R2,[R0],#1          ;字节保存,并更新地址
    CMP     R2,#0               ;检测 R2 是否等于 0
    BNE     strcopy             ;若条件不成立则继续执行
    MOV     PC,LR               ;从子程序返回
    END
```

根据 ATPCS,函数的前 4 个参数在 R0~R3 中。C 语言代码源程序可以保存为 strtest.c,汇编程序是 scopy.s。

3. 汇编语言程序调用 C 语言程序

为了保证程序调用时参数的正确传递,汇编语言程序的设计要遵守 ATPCS。在 C 语言程序中不需要使用任何关键字来声明将被汇编语言调用的 C 语言程序,但是在汇编语言程序调用该 C 语言程序之前,需要在汇编语言程序中使用 IMPORT 伪操作来声明该 C 语言程序。在汇编语

言程序中通过 BL 指令来调用子程序。下面例子中,汇编语言程序完成调用 C 语言程序 g() 计算 5 个整数的和。

例 78 汇编程序调用 C 程序。C 语言函数原型如下:

```
int g(int a,int b,int c,int d,int e)
{
    return a+b+c+d+e;
}
```

汇编语言程序调用 C 语言程序 g() 计算 5 个整数 i、2×i、3×i、4×i、5×i 的和。

汇编语言源程序如下:

```
EXPORT  f
AREA    f,CODE,READONLY
IMPORT  g                ;i 在 R0 中
STR     LR,[SP,#-4]!     ;预先保存 LR
ADD     R1,R0,R0         ;计算 2×i(第 2 个参数)
ADD     R2,R1,R0         ;计算 3×i(第 3 个参数)
ADD     R3,R1,R2         ;计算 5×i(第 5 个参数)
STR     R3,[SP,#-4]!     ;将第 5 个参数压入堆栈
ADD     R3,R1,R1         ;计算 4×i(第 4 个参数)
BL      g                ;调用 C 语言程序 g( )
ADD     SP,SP,#4         ;调整数据栈指针,准备返回
LDR     PC,[SP],#4       ;从子程序返回
END
```

习 题

1. 简答题

(1) ARM 寻址方式有几种?举例说明 ARM 如何进行不同方式的寻址。

(2) 简述 ARM 指令分类及指令格式形式。

(3) 假设 R0 的内容为 0x8000,寄存器 R1、R2 的内容分别为 0x01 与 0x10,存储器内容为空。执行下述指令后,说明 PC 如何变化。存储器及寄存器的内容如何变化。

```
STMFD sp!,{R0,R2}
LDMFD sp!,{R0,R2}
```

(4) 试比较 ARM 指令集与 Thumb 指令集的异同,并简述各自的特点。

(5) 简述 Load 指令与 Store 指令的功能。

(6) ARM 处理器如何进入和退出 Thumb 指令模式?

(7) 简述 ARM 协处理器指令的分类。

(8) 简述 ARM 汇编语言中伪操作、宏指令和伪指令的含义,伪操作和伪指令都分为哪几类?

(9) 如何在汇编语言中定义和使用宏?

(10) ARM 指令与 Thumb 指令有何异同?

(11) 简述 IRQ/FIQ 异常中断处理程序中所使用的__irq 的作用。

(12) 简述 #include<头文件名.h> 与 #include"头文件名.h" 的区别。

(13) 简述局部变量和全局变量的区别。

(14) 函数的存储类说明符有几种?各自的作用是什么?

(15) 变量的存储类型有几种？各自的作用是什么？
(16) 变量在内存中存储方式有几种？分别是什么？
(17) 函数的参数传递方式有几种？分别是什么？
(18) 简述字符串与字符数组的存储区别。
(19) 修饰符 const、volatile、near、far 的作用是什么？用在什么地方？
(20) 定义指针变量时如果不进行初始化，可能出现什么问题？
(21) 简述 const int * 与 int * const 的区别。
(22) char a、int b、shot c、int d 与 char a、shot c、int b、int d 各自占用的存储空间有何区别？
(23) ATPCS 包括哪些规则？分别是什么？
(24) 如何使用内嵌汇编编程？使用内嵌汇编时需要注意什么？
(25) 如何在 ADS 开发环境下使用 malloc 和 free？使用时需要注意什么？
(26) 简述结构类型与联合类型的异同。
(27) 结构类型中存取成员有几种方法？简述它们的区别。
(28) ARM 嵌入式软件设计中，如何在汇编程序中实现子程序调用？

2. 程序设计

(1) 在完成以下操作后，R0 的内容是什么？

```
MOV R1,#5
ADD R0,R1,R1,LSL #3
```

(2) 请将下面 C 语言代码转换成汇编语言。

```
if(a==0 || b==1)
c = d+e;
```

(3) 编写一段程序实现在 C 语言程序中调用汇编语言程序，实现将 1KB 大小的内存块以字的形式复制到另一内存地址。
(4) 编写一段程序，用内嵌汇编指令实现中断的使能和禁止。
(5) 编写一段汇编语言程序，实现从 Thumb 到 ARM 状态的切换。
(6) 编写一段汇编语言程序，实现从 ARM 到 Thumb 状态的切换。
(7) 编写一段程序，实现在汇编语言程序中访问 C 语言程序中的变量。
(8) 编写一段程序，利用跳转表实现程序跳转(在程序中常常需要根据一定的参数选择执行不同的子程序)。
(9) 编写以字节为单位的字符串拷贝子程序，要求从存储器某处拷贝到另一处。源字符串的起始地址放入 R1，长度(以字节为单位)放入 R2，目的字符串的起始地址放入 R3。
(10) 编写一段 C 语言与汇编语言的混合编程代码，在 C 语言程序中调用汇编语言代码，完成字符串 STR1 与字符串 STR2 内容的互换。

第 4 章　基于 S3C44B0X 嵌入式系统应用开发实例

Samsung 公司的 S3C44B0X 是国内应用广泛的基于 ARM7TDMI 内核的 SoC。该芯片功能强大，片上资源丰富，是 Samsung 公司为手持设备等应用提供的高性价比解决方案。本书基于 S3C44B0X，在第 4、5、6 章中以一个简易型电子词典开发为实例，讲述电子词典软硬件开发的过程。本章首先对 S3C44B0X 处理器进行简要介绍，然后围绕基于 S3C44B0X 的简易电子词典的开发进行讲解。主要介绍基于 S3C44B0X 电子词典的硬件开发、基于 S3C44B0X 电子词典无操作系统的软件开发。对于基于嵌入式操作系统 μC/OS‐II 和 μCLinux 电子词典软件开发将在第 5 章和第 6 章进行讲述。

本章主要内容有：
- S3C44B0X 处理器介绍
- 基于 S3C44B0X 电子词典开发概述
- 基于 S3C44B0X 电子词典的硬件开发
- 基于 S3C44B0X 电子词典软件开发环境的建立
- 基于 S3C44B0X 电子词典功能模块及应用开发介绍
- 基于 S3C44B0X 电子词典的软件开发

4.1　S3C44B0X 处理器介绍

本节对 S3C44B0X 进行全面介绍，通过本节的介绍，可使读者建立起基于 S3C44B0X 开发嵌入式系统的基础。

4.1.1　S3C44B0X 简介

S3C44B0X 微处理器片内集成 ARM7TDMI 核，采用 0.25 μm CMOS 工艺制造，并在 ARM7TDMI 核的基础上集成了丰富的外围功能模块，便于低成本设计嵌入式应用系统。片上集成的主要功能如下：
- 在 ARM7TDMI 基础上增加至 8KB 的 Cache。
- 外部扩充存储器控制器（FP/EDO/SDRAM 控制，片选逻辑）。
- LCD 控制器（最大支持 256 色的 DSTN），并带有 1 个 LCD 专用 DMA 通道。
- 2 个通用 DMA 通道/2 个带外部请求引脚的 DMA 通道。
- 2 个带有握手协议的 UART，1 个 SIO。
- 1 个多主的 I^2C 总线控制器。
- 1 个 I^2S 总线控制器。
- 5 个 PWM 定时器及 1 个内部定时器。
- 看门狗定时器。

- 71 个通用可编程 I/O 口,8 个外部中断源。
- 功耗控制模式:正常、低速、休眠和停止。
- 8 路 10 位 ADC。
- 具有日历功能的 RTC(实时时钟)。
- PLL 时钟发生器。

4.1.2 S3C44B0X 特点

1. S3C44B0X 体系结构

S3C44B0X 是基于 ARM7TDMI 体系结构的 SoC,ARM7TDMI 是 ARM 公司最早为业界普遍认可且赢得了最为广泛应用的处理器核。

2. 系统(存储)管理

- 支持大、小端模式(通过外部引脚来选择)。
- 地址空间:包含 8 个地址空间,每个地址空间的大小为 32 MB,共有 256 MB。
- 所有地址空间都可以通过编程设置为 8 位、16 位或 32 位宽数据对齐访问。
- 8 个地址空间中,6 个地址空间可以用于 ROM、SRAM 等存储器,2 个用于 ROM、SRAM、FP/EDO/SDRAM 等存储器。
- 7 个起始地址固定及大小可编程的地址空间。
- 1 个起始地址及大小可变的地址空间。
- 所有存储器空间的访问周期都可以通过编程配置。
- 提供外部扩展总线的等待周期。
- 在低功耗的情况下支持 DRAM/SDARM 自动刷新。
- 支持地址对称或非地址对称的 DRAM。

3. Cache 和片内 SRAM

- 4 路组相联统一的 8 KB 指令/数据 Cache。
- 未作为 Cache 使用的 4/8 KB Cache 存储空间可作为片内 SRAM 使用。
- Cache 伪 LRU(最近很少使用)的替换算法。
- 通过在主内存和缓冲区内容之间保持一致的方式写内存。
- 具有 4 级深度的写缓冲。
- 当缓冲区出错时,请求数据填充。

4. 时钟和功耗管理

- 低功耗。
- 片上 PLL 使得 MCU 的工作时钟最高频率为 66 MHz。
- 时钟可以通过软件选择性地反馈回每个功能块。
- 功耗管理模式为:
  - 正常模式   正常运行模式;
  - 低速模式   不带 PLL 的低频时钟;
  - 休眠模式   只使 CPU 的时钟停止;
  - SL 空闲模式   LCD 控制器工作;

- 停止模式　　　所有时钟都停止。
- EINT[7:0]或 RTC 警告中断可使功耗管理从停止模式中唤醒。

5. 中断控制器

- 30 个中断源(1 个看门狗定时器中断,6 个定时器中断,6 个 UART 中断,8 个外部中断,4 个 DMA 中断,2 个 RTC 中断,1 个 ADC 中断,1 个 I^{2}C 中断,1 个 SIO 中断)。
- 向量 IRQ 中断模式减少中断响应周期。
- 外部中断源的电平/边沿模式。
- 可编程的电平/边沿极性。
- 支持紧急中断请求的 FIQ(快速中断请求)。

6. 带 PWM 的定时器(脉宽可调制)

- 5 个 16 位带 PWM 的定时器,1 个 16 位基于 DMA 或基于中断的内部定时器。
- 可编程的工作周期、频率和极性。
- 死区(Dead-Zone)产生器。
- 支持外部时钟源。

7. 实时时钟 RTC

- 全时钟特点:毫秒、秒、分、时、日、星期、月、年。
- 输入时钟频率为 32.768 kHz。
- CPU 唤醒的告警中断。
- 时钟滴嗒(Time Tick)中断。

8. 通用输入/输出端口

- 8 个外部中断端口。
- 71 个(多功能)复用输入/输出端口。

9. UART

- 2 个基于 DMA 或基于中断的 UART。
- 支持 5 位、6 位、7 位、8 位串行数据传送/接收。
- 在传送/接收时支持硬件握手。
- 波特率可编程。
- 支持 IrDA 1.0(115.2 kbps)。
- 用于回环测试模式。
- 每个通道有 2 个用于接收和发送的内部 32 字节 FIFO。

10. DMA 控制器

- 2 路通用的无 CPU 干涉的 DMA 控制器。
- 2 路桥式 DMA(外设 DMA)控制器。
- 支持 I/O 到内存、内存到 I/O、I/O 到 I/O 的桥式 DMA 传送,有 6 种 DMA 请求方式:软件、4 个内部功能块(UART、SIO、实时器、I^{2}S)和外部引脚。
- DMA 之间优先级次序可编程。
- 突发传送模式提高了 FPDRAM、EDODRAM 和 SDRAM 的传送速率。

> 支持内存到外围设备的 fly-by 模式和外围设备到内存的传送模式。

11. A/D 转换
> 8 通道多路 ADC。
> 最大转换速率为 100 ksps/10 位。

12. LCD 控制器
> 支持彩色/单色/灰度 LCD。
> 支持单扫描和双扫描显示。
> 支持虚拟显示功能。
> 系统内存可作为显示内存。
> 专用 DMA 用于从系统内存中提取图像数据。
> 可编程屏幕大小。
> 灰度：16 级。
> 彩色模式：256 色。

13. 看门狗定时器
> 16 位看门狗定时器。
> 定时中断请求或系统超时复位。

14. I²C 总线接口
> 1 个基于中断操作的多主的 I²C 总线。
> 8 位双向串行数据传送器,能够工作于 100 kbps 的标准模式和 400 kbps 的快速模式。

15. I²S 总线接口
> 1 路基于 DMA 操作的音频 I²S 总线接口。
> 每通道 8/16 位串行数据传送。
> 支持最高有效位 MSB(Most Significant Bit)可调整的数据格式。

16. SIO(同步串行 I/O)
> 1 路基于 DMA 或基于中断的 SIO。
> 波特率可编程。
> 支持 8 位 SIO 的串行数据传送/接收操作。

17. 操作电压范围
> 内核：+2.5 V。
> I/O：+3.0~+3.6 V。

18. 运行频率
最高达 66 MHz。

19. 封　装
160LQFP/160FBGA。

4.1.3　S3C44B0X 功能结构框图

S3C44B0X 的体系结构功能框图如图 4-1 所示。

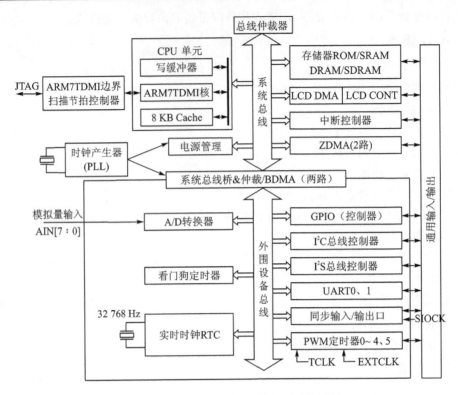

图 4-1　S3C44B0X 微处理器体系结构框图

4.1.4　S3C44B0X 引脚信号描述

对 S3C44B0X 引脚信号按 15 种功能详细列表描述,分别如表 4-1～表 4-15 所列。

表 4-1　S3C44B0X 总线控制信号引脚

信　号	类　型	描　述
OM[1:0]	I	设置 S3C44B0X 在 TEST 模式以及决定 nGCS0 的总线宽度： 00：8 位；01：16 位；10：32 位；11：Test 模式
ADDR[24:0]	O	地址总线
DATA[31:0]	I/O	数据总线,在存储器读时输入数据,在存储器写时输出数据,总线宽度可以编程改变。8/16/32 位
nGCS[7:0]	O	通用片选,当存储器地址在每个 Bank 的地址区域时,其片选信号被激活,访问周期的数量以及 Bank 宽度可以编程改变
nWE	O	写使能,指示当前总线周期是写周期
nWBE[3:0]	O	写字节使能,当对存储器进行写操作时,该信号控制存储器的写使能
nBE[3:0]	O	高字节/低字节使能,SRAM 使用
nOE	O	输出使能,指示当前总线周期是读周期
nXBREQ	I	总线保持请求,允许另一个总线主控器请求本地总线的控制,BACK 信号激活表示总线控制请求已被批准
nXBACK	O	总线保持应答,指示 S3C44B0X 已放弃本地总线的控制并转移到另外一个总线主控器

续表 4-1

信 号	类 型	描 述
nWAIT	I	请求延长一个当前总线周期,只要 nWAIT 为低电平,当前总线周期就不能结束
ENDIAN	I	决定数据类型是大端还是小端: 0:小端(Little Endian);1:大端(Big Endian)

表 4-2 S3C44B0X 的 DRAM/SDRAM/SRAM 信号引脚

信 号	类 型	描 述	信 号	类 型	描 述
nRAS[1:0]	O	行地址锁存信号	DOM[3:0]	O	SDRAM 数据输入/输出的屏蔽信号
nCAS[3:0]	O	列地址锁存信号			
nSRAS	O	SDRAM 行地址锁存信号	SCLK	O	SDRAM 时钟
nSCAS	O	SDRAM 列地址锁存信号	SCKE	O	SDRAM 时钟使能信号
nSCS[1:0]	O	SDRAM 片选信号			

表 4-3 S3C44B0X 的 LCD 控制信号引脚

信 号	类 型	描 述	信 号	类 型	描 述
VD[7:0]	O	LCD 数据总线	VLINE	O	LCD 行信号
VFRAME	O	LCD 帧信号	VCLK	O	LCD 时钟信号
VM	O	交替改变行、列电压的极性			

表 4-4 S3C44B0X 的 TIMER/PWM 控制信号引脚

信 号	类 型	描 述
TOUT[4:0]	O	定时器输出[4:0]
TCLK	I	外部时钟输入

表 4-5 S3C44B0X 的中断控制信号引脚

信 号	类 型	描 述
EINT[7:0]	I	外部中断请求信号

表 4-6 S3C44B0X 的 DMA 控制信号引脚

信 号	类 型	描 述	信 号	类 型	描 述
nXDREO[1:0]	I	外部 DMA 请求信号	nXDACK[1:0]	O	外部 DMA 请求应答信号

表 4-7 S3C44B0X 的 UART 控制信号引脚

信 号	类 型	描 述	信 号	类 型	描 述
RxD[1:0]	I	UART 接收数据信号线	nCTS[1:0]	I	清除发送
TxD[1:0]	O	UART 发送数据信号线	nRTS[1:0]	O	请求发送

表 4-8 S3C44B0X 的 I^2C-BUS 控制信号引脚

信 号	类 型	描 述	信 号	类 型	描 述
IICSDA	I/O	I^2C 总线数据	IICSCL	I/O	I^2C 总线时钟

表 4-9　S3C44B0X 的 I²S-BUS 控制信号引脚

信　号	类　型	描　述	信　号	类　型	描　述
IISLRCK	I/O	I²S 总线通道选择时钟	IISCLK	I/O	I²S 总线串行时钟
IISDO	O	I²S 总线串行数据输出	CODECLK	O	CODEC 系统时钟
IISDI	I	I²S 总线串行数据输入			

表 4-10　S3C44B0X 的 SIO 控制信号引脚

信　号	类　型	描　述	信　号	类　型	描　述
SIORXD	I	SIO 接收数据信号线	SIOCK	I/O	SIO 时钟
SIOTXD	O	SIO 发送数据信号线	SIORDY	I/O	当 DMA 完成 SIO 操作时 SIO 的握手信号

表 4-11　S3C44B0X 的 ADC 控制信号引脚

信　号	类　型	描　述	信　号	类　型	描　述
AIN[7:0]	AI	ADC 输入[7:0]	AREFB	AI	ADC · Bottom · V_{ref}
AREFT	AI	ADC · Top · V_{ref}	AVCOM	AI	ADC · Common · V_{ref}

表 4-12　S3C44B0X 的 GPIO 控制信号引脚

信　号	类　型	描　述
P[70:0]	I/O	通用输入/输出端口,一些端口仅仅用于输出模式

表 4-13　S3C44B0X 的复位和时钟信号引脚

信　号	类　型	描　述
nRESET	ST	复位信号,必须保持至少 4 个 MCLK 的低电平,以进行复位
OM[3:2]	I	决定时钟怎样产生: 00: 由晶振的 XTAL0、EXTAL0 和 PLL on 决定 01: 由 EXTCLK 和 PLL on 决定 10、11: 芯片测试模式
EXTCLK	I	当 OM[3:2]=01b 时,为外部时钟源,如果没有使用,则必须设置为高电平(3.3 V)
XTAL0	AI	系统时钟晶体电路的输入信号,如果没有使用,则必须设置为高电平(3.3 V)
EXTAL0	AO	系统时钟晶体电路的输出信号,它是 XTAL0 的反向输出。如果没有使用,则必须设置为浮动电平
PLLCAP	AI	系统时钟 PLL 的滤波电容(700 pF)
XTAL1	AI	实时时钟的 32 kHz 晶体输入
EXTAL1	AO	实时时钟的 32 kHz 晶体输出。它是 XTAL1 的反向输出
CLKout	O	f_{out} 或 f_{pllo} 时钟

表 4-14 S3C44B0X 的 JTAG 测试逻辑控制信号引脚

信号	类型	描述
nTRST	I	TAP 控制器复位信号,用于复位 TAP 控制器,必须连接一个 10 kΩ 的上拉电阻。如果不使用调试器,则该信号必须保持为 L 或者低激活脉冲
TMS	I	TAP 控制器模式选择,控制 TAP 控制器状态的顺序,必须连接一个 10 kΩ 的上拉电阻
TCK	I	TAP 控制器时钟,提供 JTAG 逻辑的时钟输入,必须连接一个 10 kΩ 的上拉电阻
TDI	I	TAP 控制器数据输入,是 JTAG 测试指令和数据的串行输入,必须连接一个 10 kΩ 的上拉电阻
TDO	O	TAP 控制器数据输出,是 JTAG 测试指令和数据串行输出

表 4-15 S3C44B0X 的电源引脚

信号	类型	描述	信号	类型	描述
V_{DD}	P	内核逻辑 V_{DD}(2.5 V)	RTCVDD	P	RTCVDD(2.5 V 或者 3.0 V,不支持 3.3 V)
V_{SS}	P	内核逻辑 V_{SS}			
VDDIO	P	I/O 端口 V_{DD}(3.3 V)	VDDADC	P	ADCVDD(2.5 V)
VSSIO	P	I/O 端口 V_{SS}	VSSADC	P	ADCVSS

4.2 基于 S3C44B0X 电子词典开发概述

嵌入式系统以其体积小、性能好、功耗低、可靠性高以及面向行业应用的特点已被广泛应用于各个领域。其中电子词典是嵌入式系统在消费电子领域典型的应用实例,它具有完整的输入/输出设备。本书将以简易电子词典的开发为例,使读者从应用实现的角度对嵌入式系统具有更深的理解。按照嵌入式系统开发流程的基本规则,电子词典的开发流程如图 4-2 所示。

4.2.1 电子词典系统定义与需求分析

电子词典系统应具备以下功能要求:

① 能够通过键盘输入英文。键盘作为本系统中最主要的输入设备,需要完成 26 个英文字母的输入,并且需要上翻页、下翻页、上一行、下一行、翻译、退格等功能。要求键盘至少要有 32 个按键,每个按键都可以被处理器及时、准确地读入。键盘具体布局设计如图 4-3 所示。

按键分别具有如下功能:

➢ a~z:实现字母输入;

➢ Page up/down:显示上/下一个被查询过的单词;

➢ Line up/down:光标移至上/下一行,在单

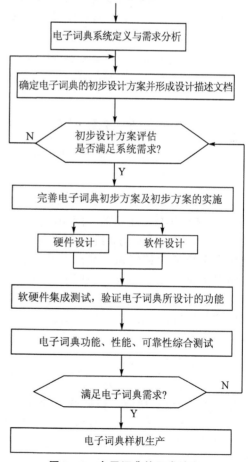

图 4-2 电子词典的开发流程

a	b	c	d	e	f	g	h
i	j	k	l	m	n	o	p
q	r	s	t	u	v	w	x
y	z	Back space	Page up	Line up	Enter	Line down	Page down

图 4-3 键盘布局图

词输入过程中,在单词翻译区会有拼写相近单词显示,用 Line up/down 按键可以上下选择这些单词;

➤ Enter:翻译,将当前单词与词库中内容相比较,若一致则显示其内容,否则给出提示;

➤ Back space:退格,删除单词最末尾的字母并将光标前移一位。

本电子词典系统还需要提供触摸屏输入,在触摸屏上划分出 6 个区域,分别对应键盘上的 6 个功能键。

② 提供友好的人机界面,将输入的内容和翻译的结果显示在 LCD 的相应区域内。LCD 显示窗口布局如图 4-4 所示。

最上面输入框内为单词输入区,中间区域为翻译区,最下面 6 个方框是触摸屏按键区。单词输入过程中,翻译区会有相近单词显示,按下翻译键后会在此区域内显示翻译内容。

③ 对输入的单词即时翻译。

④ 可以记忆 3 个已经查询过的单词。

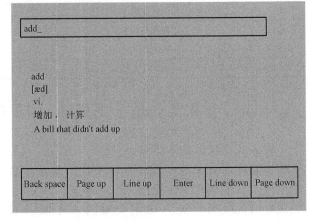

图 4-4 LCD 显示窗口布局图

4.2.2 电子词典方案设计

为实现电子词典功能需求,结合嵌入式系统软硬件协同设计技术,采取以下设计方案。

1. 硬件设计方案

根据 2.8 节介绍的 ARM 芯片的选择原则,此处选择集成了丰富的外围功能模块、便于低成本设计嵌入式应用系统的 S3C44B0X 处理器作为系统的主控制器。利用其内置的 LCD 控制器实现 LCD 控制接口;利用 I²C 总线控制器实现键盘控制接口;利用 A/D 转换器实现触摸屏控制接口;利用 UART 实现调试接口;利用 GPIO 连接 LED 灯显示有关状态。

2. 软件设计方案

本电子词典软件主要完成键盘操作、菜单操作及 LCD 显示功能。根据软件模块化设计方法将系统软件分为 3 个模块:词库编写、功能控制软件设计、人机交互接口功能设计。软件总体设计如图 4-5 所示。

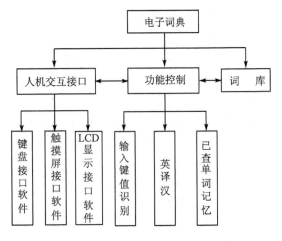

图 4-5 电子词典软件功能总体设计图

嵌入式硬件平台的正确性、可靠性是系统应用软件稳定正常运行的重要保障。因此,嵌入式系统开发中的软件设计包括：开发测试各硬件模块功能正确性、稳定性的测试软件；开发实现系统功能的应用软件。

实例中所涉及硬件模块包括电源模块、时钟模块、复位模块、存储器模块、UART 模块、LCD 模块、键盘模块和触摸屏模块。软件设计时须开发相应模块测试软件。

为适合初学者的教学需要,本书所讲电子词典系统实现的功能并不是很复杂,为实现其功能,应用软件既可以采用无操作系统的环境,也可以采用有操作系统的环境。本章 4.6 节主要讲述在无操作系统环境下电子词典系统软件的开发,对于引入操作系统的开发将在第 5、6 章中介绍。

4.3 基于 S3C44B0X 电子词典的硬件开发

嵌入式系统硬件开发时通常首先构建最小系统。在最小系统基础上,根据系统设计方案要求,增加系统其他功能单元,如输入/输出设备、A/D 和 D/A 转换等,最终形成完整、符合需求的系统。在电子词典硬件开发过程中,首先需要设计基于 S3C44B0X 的最小系统,然后增加信息输入设备(触摸屏及键盘模块)和输出设备(显示模块),最终形成完整的电子词典硬件系统。

4.3.1 基于 S3C44B0X 的最小系统设计

嵌入式最小系统是指由保证嵌入式微处理器可靠工作所必需的基本电路组成的系统,通常包括处理器单元、时钟单元、复位单元、存储器单元、供电电源和调试接口。基于 ARM 的嵌入式最小系统基本组成主要包括：基于 ARM 核的微处理器、电源电路、复位电路、时钟电路、存储器电路(FLASH 和 SDRAM)、UART 接口电路和 JTAG 调试接口。

在电子词典系统中,基于 S3C44B0X 最小系统的构成如图 4-6 所示。

1. 电源电路

在本系统中,由于 S3C44B0X 内核采用 +2.5V 供电,I/O 接口采用 +3.3V 供电,因此需要将系统输入电压 +5V 转换成 +2.5V 和 +3.3V。设计时采用高质量的 DC-DC 电源转换芯片 LT1085 完成。LT1085 是一个可调节输出的 DC-DC 转换芯片,输出电压可以根据调节端电阻阻值的不同而配置,转换后的输出电压与阻值关系为 $V_{out}=1.25\times(1+R_2/R_1)$。图 4-7 为使用 LT1085 电源转换芯片把 +5V 转成 +3.3V 的转换电路。+5V 转成 +2.5V 的电路与此相同,只是需要把 R1 电阻的阻值 R_1 变为 200Ω。在电源电路设计时还需要考虑低频和高频滤波。

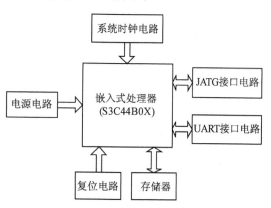

图 4-6 基于 S3C44B0X 的最小系统构成

2. 系统时钟电路

时钟电路用于向处理器及其他电路提供工作时钟。本系统中,S3C44B0X 使用有源晶振。不同于常用的无源晶振,有源晶振的接法略有不同。图 4-8 为电子词典系统时钟电路图。系统 RTC 单元时钟源直接由晶体(32.768kHz)提供,XTAL1 为实时时钟(32.768kHz 晶体)输入；EXTAL1 为实时时钟(32.786kHz 晶体)输出,它是 XTAL1 的反向输入。

根据 S3C44B0X 的最高工作频率以及 PLL 电路的工作方式,选择 8MHz 有源晶振。8MHz

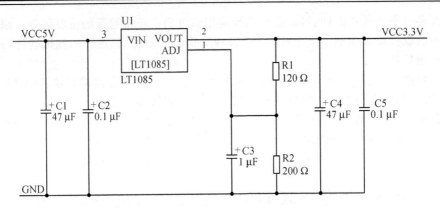

图 4-7 +5 V 转成 +3.3 V 的转换电路

晶振频率经过 S3C44B0X 片内的 PLL 电路倍频后,最高频率可以达到 66 MHz。片内的 PLL 电路兼有频率放大和信号提纯的功能,因此,系统可以较低频率的外部时钟信号获得较高的工作频率,以降低因高速开关时钟所造成的高频噪声。XTAL0 为系统时钟电路的输入信号。有源晶振的第 4 引脚接 +3.3 V 电源,第 1 引脚悬空,第 2 引脚接地,第 3 引脚为晶振输出。

3. 复位电路

复位电路主要是完成系统上电复位和系统运行时按键手动复位功能。复位电路的选择可以是简单的 RC 电路,也可以是相对复杂的电路。复位系统的质量也关系到系统是否可以稳定运行,所以建议采用相对复杂但功能更加完善的复位电路,如复位芯片。这里选取专门的系统监视复位芯片 IMP811S。该芯片性能优良,可以通过手动控制系统复位,同时还可以实时监控系统的电源,一旦系统电源低于系统复位的阀值(2.9 V),IMP811S 将会自动输出低电平复位信号,对系统进行复位。图 4-9 为复位电路图。

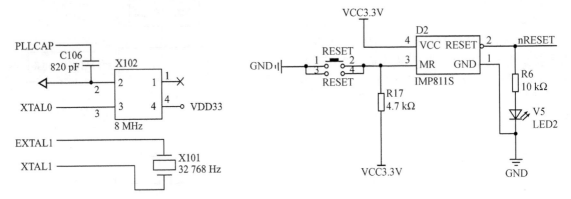

图 4-8 电子词典系统时钟电路图   图 4-9 复位电路图

4. 存储器

FLASH 存储器用于存放系统程序,设计时采用 AMD 公司的 NOR FLASH 芯片,型号为 AM29LV160DB。该芯片容量为 2 MB,采用 +3.3 V 供电,输出数据宽度为 16 位,片选信号直接连接 S3C44B0X 的 nGCS0 信号。电路图如图 4-10 所示。

系统中还有 1 个 SDRAM 芯片,设计时选用现代公司的 HY57V651620B 芯片。该芯片容量为 8 MB(4 Banks×1M×16Bit),采用 +3.3 V 供电,输出数据宽度为 16 位,片选信号直接连接 S3C44B0X 的 nGCS6 信号。电路图如图 4-11 所示。

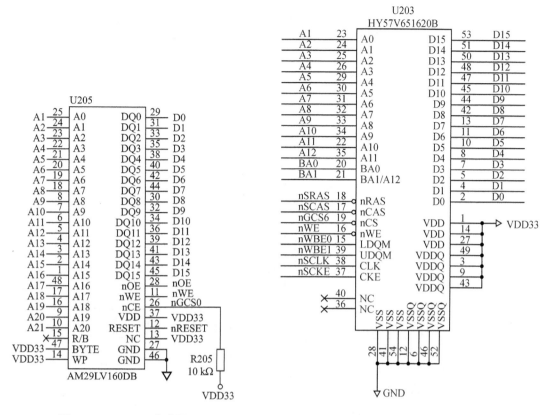

图 4 – 10　FLASH 电路图　　　　　图 4 – 11　SDRAM 电路图

5. UART 接口电路

最小系统带有两个 RS - 232 串行接口,用于系统调试,分别是 UART0 和 UART1。设计时使用 MAX3232 实现 TTL 和 RS - 232 的电平转换,连接器使用 D 型 9 引脚连接器。串口电路图如图 4 - 12 所示。

6. JATG 接口电路

JTAG(Joint Test Action Group,联合测试行动小组)是 IEEE 的标准规范,主要用于芯片内部测试及对系统进行仿真、调试。ARM 内部提供了 JTAG 型的扫描链,可以进行调试和配置嵌入式的 ICE - RT 逻辑。JTAG 仿真器通过 ARM 芯片上的 JTAG 边界扫描链与 ARM 内核进行通信,属于完全插入式(不占用片上资源)调试。通过 JTAG 接口,可对芯片内部的所有部件进行访问,因而是开发调试嵌入式系统的一种简洁高效的手段。目前 JTAG 接口的连接有两种标准,即 14 引脚接口和 20 引脚接口。本系统采用 ARM 公司提供的标准 20 引脚 JTAG 仿真调试接口电路,芯片内部有 JTAG CORE,因此,可以通过外部的 JTAG 调试电缆或仿真器和开发系统连接调试。JTAG 接口电路图见图 4 - 13。

4.3.2　显示模块

本设计中的输出设备为液晶显示屏(LCD)。LCD 屏主要用于显示文本及图形信息,具有轻薄、体积小、功耗低、无辐射危险、平面直角显示以及影像稳定不闪烁等特点,因此,在许多电子应用系统中,常使用液晶屏作为显示界面。

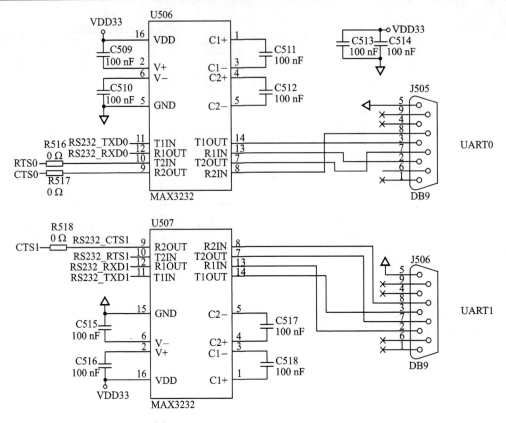

图 4-12 RS-232 串行接口电路图

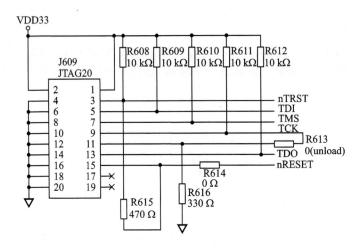

图 4-13 JTAG 接口电路

液晶(Liquid Crystal)是一种介于固态和液态之间的具有规则性分子排列以及晶体光学各向异性的有机化合物,液晶在受热到一定温度时会呈现透明状的液体状态,而冷却时则会出现结晶颗粒的混浊固体状态,因为物理上具有液体与晶体的特性,故称为"液晶"。

LCD 屏是一种新型平板显示器件。显示器中液晶体并不发光,而是控制外部光的通过量。当外部光线通过液晶分子时,液晶分子的排列扭曲状态不同,使光线通过的多少就不同,实现了明暗变化,可重现图像。液晶分子扭曲的大小由加在液晶分子两边电压差的大小决定,因而可实现电到光的转换,即用电压的高低控制光的通过量,从而把电信号转换成光信号。

液晶显示屏按显示原理可分为 STN 和 TFT 两种。

① 超扭曲向列 STN(Super Twisted Nematic)液晶屏。STN 液晶显示屏与液晶材料、光线的干涉现象有关,因此显示的色调以淡绿色与橘色为主。STN 液晶显示屏中,使用 X、Y 轴交叉的单纯电极驱动方式,即 X、Y 轴由垂直与水平方向的驱动电极构成,水平方向驱动电压控制显示部分为亮或暗,垂直方向的电极则负责驱动液晶分子的显示。STN 液晶显示屏加上彩色滤光片,并将单色显示矩阵中的每一像素分成 3 个子像素,分别通过彩色滤光片显示红、绿、蓝 3 原色,也可以显示出色彩。单色液晶屏及灰度液晶屏都是 STN 液晶屏。

② 薄膜晶体管 TFT(Thin Film Transistor)彩色液晶屏。随着液晶显示技术的不断发展和进步,TFT 液晶显示屏被广泛用于电脑中的显示设备。TFT 液晶显示屏既可以在笔记本电脑上应用(现在大多数笔记本电脑都使用 TFT 显示屏),也可用于主流台式显示器。TFT 液晶显示屏即通常所说的真彩 LCD,指每个液晶像素点都是由集成在像素点后面的薄膜晶体管来驱动,从而可以做到高速度、高亮度、高对比度显示屏幕信息。

使用液晶显示屏时,主要考虑的参数包括外形尺寸、分辨率、点宽、色彩模式。电子词典系统设计时使用 Samsung 公司 320×240 像素 STN 液晶屏 LRH9J515XA。表 4-16 为 LRH9J515XA 液晶屏主要技术参数。

表 4-16 LRH9J515XA STN/BW 液晶屏主要技术参数

型 号	LRH9J515XA
像 素	320×240
电 压	21.5 V(25 ℃)
外形尺寸	(93.8×75.1×5)mm³
画面尺寸	9.6 cm (3.8 inch)
点 宽	0.24 mm/dot
质 量	45 g
色 彩	16 级灰度
电 阻	$X: 590\,\Omega, Y: 440\,\Omega$

液晶屏的显示要求设计专门的驱动与显示控制电路。驱动电路包括提供液晶屏的驱动电源和液晶分子偏置电压,以及液晶显示屏的驱动逻辑。显示控制部分可由专门的硬件电路组成,也可以采用集成电路(IC)模块,比如 EPSON 的视频驱动器等;还可以使用处理器外围 LCD 控制模块。电子词典的驱动与显示系统包括 S3C44B0X 片内外设 LCD 控制器、液晶显示屏的驱动逻辑以及外围驱动电路。

1. 液晶屏电路结构框图

进行液晶屏控制电路设计时必须提供电源驱动、偏压驱动以及 LCD 显示控制器。由于 S3C44B0X 处理器本身自带 LCD 控制器,而且可以驱动电子词典系统所选用的液晶屏,所以控制电路的设计可以省去显示控制电路,只需进行电源驱动和偏压驱动的电路设计即可。图 4-14 为 LRH9J515XA 显示屏结构框图。

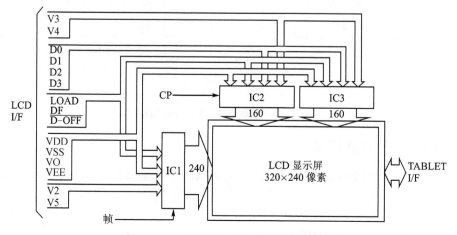

图 4-14 LRH9J515XA 显示屏结构框图

2. 引脚说明

LRH9J515XA 显示屏引脚定义见表 4-17。

表 4-17 LRH9J515XA 显示屏引脚定义

引脚号	功能说明	引脚号	功能说明	引脚号	功能说明	引脚号	功能说明
1	V5 偏压 5	5	FRAME	9	DF 驱动交流信号	13	V3 偏压 3
2	V2 偏压 2	6	VO 电源地	10	$\overline{D-OFF}$ 像素开关	14~17	D3~D0 数据
3	VEE 驱动电压	7	LOAD 逻辑控制(内部)	11	CP 时钟宽度	18	NC 未定义
4	VDD 逻辑电压	8	VSS 信号地	12	V4 偏压 4		

3. 电源驱动和偏压驱动

由于电子词典系统所选用的液晶屏的驱动电源是 21.5 V,因此直接使用系统的+3.3 V 或+5 V 电源时需要电压升压控制,设计时采用 MAX629 电源管理模块,以提供液晶屏的驱动电源。偏压电源可由系统升压后的电源分压得到。图 4-15 是电源驱动和偏压驱动参考电路。

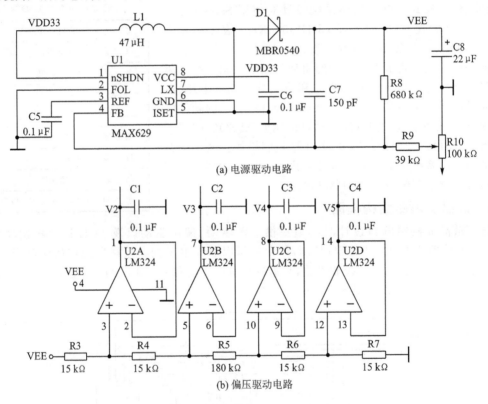

图 4-15 电源驱动与偏压驱动电路

4.3.3 触摸屏及键盘模块

输入设备是将外界信息以某种形式输入到系统内部的设备,通常包括键盘、鼠标、麦克风、触摸屏、传感器、摄像头等。由于适用场合的不同,输入设备可分为以下 4 大类:
- ➤ 字符信息采集设备:如键盘、鼠标、触摸屏等;
- ➤ 音频信息采集设备:如麦克风;

- 图像信息采集设备：如摄像头；
- 感知系统周边环境的设备：如温度传感器、湿度传感器、加速度传感器等。

电子词典需要采集的外部信息主要是 26 个英文字母，以及相关的控制动作，如删除输入字母，告诉系统将输入字母进行翻译等，所以可以选择字符录入设备作为本系统的输入设备。由于采集信息的类型不同，输入设备又可分为模拟信号输入设备和数字信号输入设备。以上列举的各种输入设备中除了键盘和鼠标外，都可归于模拟信号输入设备。从字符采集设备中挑选一个数字设备和一个模拟设备（键盘和触摸屏），作为电子词典的输入。下面分别介绍这两个设备的工作原理和设计方法。

1. 键 盘

通过按键的开/关状态可以把二值信号（即 0/1 数字信号）传递给系统，键盘是若干个这样按键的集合。键盘是很好的输入设备，已经被广泛应用在很多嵌入式产品中。

(1) 键盘的分类及其工作原理

键盘按其连接方式可分为 3 大类。

① **直连式键盘**

直连式键盘具体结构如图 4-16 所示。每个按键占用一个 GPIO(通用输入/输出)端口，另一端可以接地或接高电平。当按键闭合时，可以在处理器的 GPIO 上读取到 0 或 1 的信号。通常这样的键盘可以采用查询或中断的方式来获取键值。这类键盘设计简单、使用方便；缺点是占用资源过多，适用于只有几个按键的小型键盘。

② **矩阵式键盘**

矩阵式键盘结构如图 4-17 所示。按键值由行、列两组信号确定，行列矩阵中每个节点都可代表一个按键。矩阵式键盘可表示的按键个数等于行数与列数之积。通过对行列的不同操作可获取具体的按键值，通常矩阵式键盘处理键值形式可分为以下 3 种：

- 中断式：在键盘按下时产生一个外部中断通知处理器，并由中断处理程序通过不同的地址读取数据线上的状态，判断哪个按键被按下。
- 扫描式：对键盘上的某一行送低电平，其他为高电平，然后读取列值。若列值中有一位是低，表明该行与低电平对应列的键被按下；否则扫描下一行。
- 反转式：先将所有行扫描线输出低电平，读列值，若列值有一位是低，表明有键按下；接着所有列扫描线输出低电平，再读行值，根据读到的值组合就可以查表得到键码。

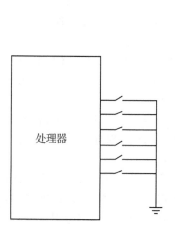

图 4-16 直连式键盘

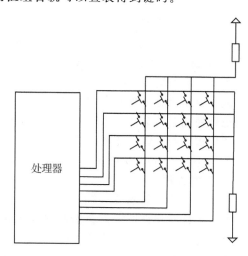

图 4-17 矩阵式键盘

③ I²C 式键盘

这种键盘是在矩阵式键盘和处理器之间加入了一颗专用的驱动 IC,大体结构如图 4-18 所示。高亮部分的结构与矩阵键盘类似,驱动 IC 主要负责采集键值信息并将其通过 I²C 总线发送给处理器。I²C 式键盘与之前的两种键盘相比最大的优点就是,不占用处理器的 GPIO 资源,降低了系统软硬件设计的复杂性,提高了按键信息采集的可靠性。

(2) 键盘的硬件实现

本系统采用的 S3C44B0X 处理器内部集成了 I²C 总线接口,所以电子词典可以采用第 3 种键盘作为其输入设备。驱动 IC 选用 ZLG7290 芯片。

① **ZLG7290 概述**

ZLG7290 是一个专用于 I²C 键盘的驱动器,具有以下特点:
- I²C 串行接口提供键盘中断信号,方便与处理器接口的连接;
- 可驱动多达 64 个按键的键盘;
- 提供 8 个功能键,并可检测任一键的连击次数;
- 提供工业级器件多种封装形式(PDIP24、SO24)。

本系统采用 24 引脚封装(SO24),引脚图如图 4-19 所示。

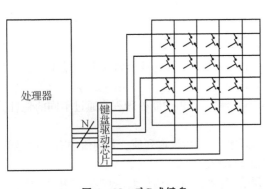
图 4-18　I²C 式键盘

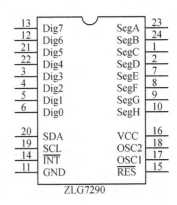
图 4-19　ZLG7290 引脚图

与处理器相连的是其中的第 20、19、14 引脚。第 20、19 引脚是 I²C 总线信号;第 14 引脚为中断源,当有按键按下时会产生一个中断触发电平用以通知处理器有按键动作发生。

② **键盘控制电路**

本系统需要完成 26 个英文字母的输入,并且需要上翻页、下翻页、上一行、下一行、翻译、退格功能。要求键盘至少要有 32 个按键,每个按键信息都可以被处理器及时、准确地读入。键盘控制电路使用芯片 ZLG7290 控制,具体控制电路如图 4-20 所示。

图中键值与按键功能对应关系为:S1~S26 对应字母 a~z;S27 对应 Page up;S28 对应 Line up;S29 对应 Enter;S30 对应 Page down;S31 对应 Line down;S32 对应 Back space。

③ **工作过程**

由图 4-20 可以看出,键盘是通过芯片 ZLG7290 实现与 S3C44B0X 处理器之间的相互通信。键盘上任意键被按下都会引起 ZLG7290 相应引脚上电平的变化;ZLG7290 检测到该变化后就会在其内部启动按键处理过程,去除按键抖动,产生键值,INT引脚产生中断触发电平通知 S3C44B0X 处理器有按键动作发生;处理器接到通知后启动 I²C 总线的读过程,最终得到正确的按键值。

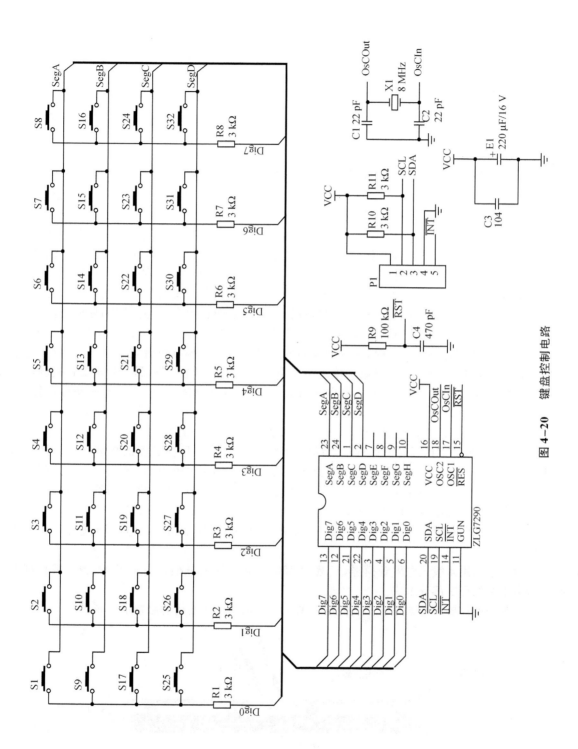

图 4-20 键盘控制电路

2. 触摸屏

(1) 触摸屏的分类

触摸屏 TSP(Touch Screen Panel)按其技术原理可分为5类：矢量压力传感式、电阻式、电容式、红外线式和表面声波式，其中电阻式触摸屏在嵌入式系统中用得较多，而矢量压力传感式触摸屏因为其技术落后已退出历史舞台，所以在此不介绍。

① 表面声波触摸屏。表面声波触摸屏的边角有 X、Y 轴声波发射器和接收器，表面有 X、Y 轴横竖交叉的超声波传输。当触摸屏幕时，从触摸点开始的部分被吸收，控制器根据到达 X、Y 轴的声波变化情况和声波传输速度计算出声波变化的起点，即触摸点。

② 电容感应触摸屏。给屏幕表面通上一个很低的电压，当用户触摸屏幕时，手指头吸收走一个很小的电流，这个电流分别从触摸屏 4 个角或 4 条边上的电极中流出。理论上讲流经这 4 个电极的电流与手指到 4 角的距离成比例，控制器通过对这 4 个电流比例的计算，得出触摸点的位置。

③ 红外线触摸屏。红外线触摸屏是在显示器屏幕前面安装一个外框，外框里有电路板，在 X、Y 方向排布红外发射管和红外接收管，一一对应形成横竖交叉的红外线矩阵。当有触摸时，手指或其他物体就会挡住经过该处的横竖红外线，由控制器判断触摸点在屏幕的位置。

④ 电阻触摸屏。电阻触摸屏是一个多层的复合膜，由一层玻璃或有机玻璃作为基层，表面涂有一层透明的导电层，上面再盖有一层塑料层，它的内表面也涂有一层透明的导电层，在两层导电层之间有许多细小的透明隔离点把它们隔开绝缘。工业中常用 ITO(Indium Tin Oxide,氧化锡)导电层。当手指触摸屏幕时，平常绝缘的两层导电层在触摸点位置就有了一个接触，控制器检测到这个接触后，其中一面导电层接通 Y 轴方向的 5V 均匀电压场，另一导电层将接触点的电压引至控制电路进行 A/D 转换，得到电压值后与 5V 相比即可得触摸点的 Y 轴坐标，同理得出 X 轴的坐标。这是所有电阻技术触摸屏共同的基本原理。电阻式触摸屏根据信号线数又分为 4 线、5 线、6 线等类型，信号线数越多，技术越复杂，坐标定位也越精确。

4 线电阻触摸屏采用国际上评价很高的电阻专利技术，包括压模成型的玻璃屏和一层透明的防刮塑料，或经过硬化、清洗或抗眩光处理的尼龙，内层是透明的导体层，表层与底层之间夹着拥有专利技术的分离点(Separator Dots)。这类触摸屏适合于需要相对固定人员触摸的高精度触摸屏的应用场合，精度超过 4096×4096，有良好的清晰度和极微小的视差。主要优点还表现在不漂移、精度高、响应快、可以用手指或其他物体触摸、防尘、防油污等，主要用于专业工程或工业现场。

本设计中采用 4 线式电阻触摸屏，点数为 320×240。触摸屏模块由触摸屏、触摸屏控制电路和数据采集处理 3 部分组成。

被按下的触摸屏状态如图 4-21 所示。图 4-22 是本设计使用的触摸屏外形图。

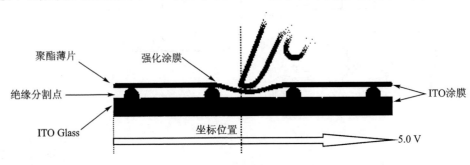

图 4-21　被按下的触摸屏状态

(2) 触摸屏的工作原理

① 触摸屏的等效电路结构

电阻触摸屏采用一块带统一电阻外表面的玻璃板,聚酯表层紧贴在玻璃面上,通过小的透明的绝缘颗粒与玻璃面分开,聚酯层外表面坚硬耐用,内表面有一个传导层。当屏幕被触摸时,传导层与玻璃面表层进行电子接触。产生的电压就是所触摸位置的模拟表示。图4-23(a)是触摸屏等效结构示意图。它们相当于两个纵向交叉的电阻,其等效图如图4-23(b)所示。

② 触摸屏原点

电阻式触摸屏是通过电压的变化范围来判定按下触摸屏的位置,所以其原点就在触

图4-22 LRH9J515XA STN/BW 触摸屏

摸屏 X 电阻面和 Y 电阻面接通产生最小电压处。随着电阻的增大,A/D 转换所产生数值不断增加,形成坐标范围。触摸原点的确定有很多种方法,比如常用的对角定位法、4点定位法、实验室法等。

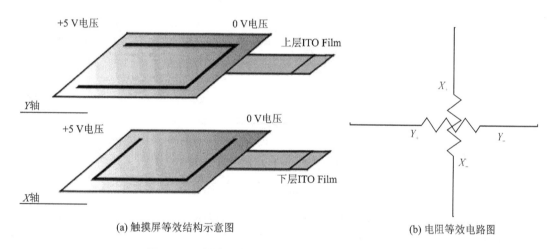

图4-23 触摸屏等效结构图及电阻等效电路图

> 对角定位法。系统先对触摸屏的对角坐标进行采样,根据数值确定坐标范围,可采样一条对角线或两条对角线的顶点坐标。这种方法简单易用,但是需要多次采样操作并进行比较,以取得定位的准确性。电子词典系统采用这种定位方法。

> 4点定位法。同对角定位法一样,需要进行数据采样,只是需要采样4个顶点坐标以确定有效坐标范围,程序根据4个采样值的大小关系进行坐标定位。这种方法的定位比对角定位法可靠,所以被现在许多带触摸屏的设备终端使用。

> 实验室法。触摸屏的坐标原点、坐标范围由生产厂家在出厂前根据硬件定义好。定位方法是按照触摸屏和硬件电路的系统参数,对批量硬件进行最优处理定义取得。这种方法适用于触摸屏构成的电路系统有较好的电气特性,且不同产品有较大相似性的场合。

③ 触摸屏的坐标

触摸屏坐标值可以采用多种不同的计算方式。常用的有多次采样取平均值法、二次平方处

理法等。本系统的触摸屏坐标值计算采用取平均值法,首先从触摸屏的4个顶角得到两个最大值和两个最小值,分别标示为 X_{max}、Y_{max} 和 X_{min}、Y_{min}。X、Y 方向的确定见表 4-18。

TSP 包括两个面电阻,即 X 轴面电阻,Y 轴面电阻。每个面电阻有两个连接端(正端和负端),如 4-23(b)图中的 X_+ 和 X_-,Y_+ 和 Y_-。在这 4 个端上分别连有一个用于控制电路通断的 MOSFET,即 Q1、Q2、Q3 和 Q4。在不需要进行 A/D 转换时,系统需要把 Q1、Q2、Q4 置于截止状

表 4-18 X、Y 方向的确定

方向	A/D 通道	N-MOS	P-MOS
X	AIN5	Q3=0;Q4=1	Q1=0;Q2=1
Y	AIN7	Q3=1;Q4=0	Q1=1;Q2=0

态,Q3 置于导通状态。这样一旦触摸屏被按下,X 轴面与 Y 轴面的电阻就会被导通,在 X_+ 和 Y_- 之间形成回路,TPS_INT 处的电平就会降低,从而引发系统外部中断。系统收到中断后,通过对 I/O 口的控制,使 Q1、Q4 导通,Q2、Q3 截止,AIN5 读取 X 轴坐标。然后关闭 Q1、Q4,使 Q2、Q3 导通,AIN7 读取 Y 轴坐标;系统得到坐标值后,关闭 Q1、Q2、Q4,打开 Q3,回到初始状态,等待下一次点触。触摸屏理论上可以识别 1 个单位点的变化。建议使用 10 个单位作为识别单位。确定 X、Y 方向后坐标值的计算可通过以下方式求得:

$$X=(X_{max}-X_a)\times 240/(X_{max}-X_{min}) \qquad X_a=[X_1+X_2+\cdots+X_n]/n$$
$$Y=(Y_{max}-Y_a)\times 320/(Y_{max}-Y_{min}) \qquad Y_a=[Y_1+Y_2+\cdots+Y_n]/n$$

(3) A/D 转换器(ADC)

A/D 转换器是将模拟信号转化为数字信号的器件,可以说它是连接数字世界和模拟世界的重要桥梁。在本系统中,A/D 转换器负责将触摸屏传来的连续电压信号转换为系统可识别的数字信号。下面对 A/D 转换器的一些基本知识进行简单介绍。

① **A/D 转换器的类型**

A/D 转换器种类繁多,分类方法也很多。其中常见的包括以下分类。

- 按照工作原理可分为:计数式、逐次逼近式、双积分式和并行 A/D 转换式。
- 按转换方法可分为:直接 A/D 转换器和间接 A/D 转换器。直接转换是指将模拟量转换成数字量;而间接转换则是指将模拟量转换成中间量,再将中间量转换成数字量。
- 按分辨率可分为:二进制的 4 位、6 位、8 位、10 位、12 位、14 位、16 位,以及 BCD 码的 3 位半、4 位半、5 位半等。
- 按转换速度可分为:低速(转换时间$\geqslant$1s)、中速(转换时间$\leqslant$1ms)、高速(转换时间$\geqslant$1μs)和超高速(转换时间$\leqslant$1ns)。
- 按输出方式可分为:并行、串行、串并行等。

② **A/D 转换器的工作原理**

A/D 转换的方法很多,下面介绍两种常用的 A/D 转换原理。

(a) 计数式

这种 A/D 转换原理最简单直观,它由 D/A 转换器、计数器和比较器组成,如图 4-24 所示。计数器由 0 开始计数,将其计数值送往 D/A 转换器进行转换,将生成的模拟信号与输入模拟信号在比较器内进行比较,若前者小于后者,则计数值加 1,重复 D/A 转换及比较过程。因为计数值是递增的,所以 D/A 输出的模拟信号是一个逐步增加的量,当这个信号值与输出模拟量比较相等时(在允许的误差范围内),比较器产生停止计数信号,计数器立即停止计数。此时 D/A 转换器输出的模拟量就为模拟输入值,计数器的值就是转换成的相应的数字量值。这种 A/D 转换器结构简单、原理清楚,但是转换速度与精度之间存在严重矛盾,即若要提高转换速度,则转换器输出与输入的误差就越大,反之亦然,所以在实际中很少使用。

(b) 逐次逼近式

逐次逼近式 A/D 转换器是由一个比较器、D/A 转换器、寄存器及控制逻辑电路组成,如图 4-25 所示。与计数式 A/D 转换器相同,逐次逼近式也要进行比较,以得到转换数字值。但在逐次逼近式中,是用一个寄存器控制 D/A 转换器。逐次逼近式是从高位到低位依次开始逐位试探比较。S3C44B0X 处理器集成了这种 A/D 转换器。

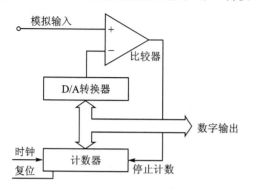
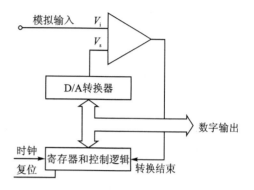

图 4-24 计数式 A/D 转换图　　　　图 4-25 逐次逼近式 A/D 转换图

逐次逼近式转换过程为:初始时寄存器各位清 0,转换时,先将最高位置 1,送入 D/A 转换器,经 D/A 转换后生成的模拟量送入比较器中与输入模拟量进行比较,若 $V_s<V_i$,该位的 1 被保留,否则被清除;然后次高位置为 1,将寄存器中新的数字量送入 D/A 转换器,输出的 V_s 再与 V_i 比较,若 $V_s<V_i$,保留该位的 1,否则清除,重复上述过程,直至最低位。最后寄存器中的内容即为输入模拟值转换成的数字量。

对于 n 位逐次逼近式 A/D 转换器,要比较 n 次才能完成一次转换。因此,逐次逼近式 A/D 转换器的转换时间取决于位数和时钟周期,转换精度取决于 D/A 转换器和比较器的精度,一般可达 0.01%,转换结果也可串行输出。逐次逼近式 A/D 转换器可应用于许多场合,是应用最为广泛的一种 A/D 转换器。

③ A/D 转换器主要性能指标

(a) 分辨率(Resolution)。分辨率是指 A/D 转换器能分辨的最小模拟输入量。通常用能转换成的数字量的位数来表示,如 8 位、10 位、12 位、16 位等。位数越高,分辨率越高。如分辨率为 10 位,表示 A/D 转换器能分辨满量程的 1/1024 的模拟增量,此增量亦可称为 1 LSB 或最低有效位的电压当量。分辨率反映了 A/D 转换器对输入模拟量发生微小变化时的响应能力,通常用数字输出最低位(LSB)所对应的模拟输入的电平值表示,n 位 A/D 能反应 $1/2n$ 满量程的模拟输入电平。由于分辨率直接与转换器的位数有关,所以一般也可以简单地用数字量的位数来表示分辨率,即 n 位二进制最低位所具有的权值,就是它的分辨率。值得注意的是,分辨率与精度是两个不同的概念,不要把两者混淆,即使分辨率很高,也可能由于温度漂移、线性度等原因而使其精度不够高。

(b) 转换时间 (Conversion Time)。转换时间是 A/D 转换器完成一次转换所需的时间。即从启动信号开始到转换结束并得到稳定数字输出量为止的时间。一般来说,转换时间越短则转换速度就越快。不同的 A/D 转换器转换时间差别较大,通常为微秒数量级。转换时间的倒数称为转换率。例如 AD570 的转换时间为 25 μs,其转换速率为 40 kHz。

(c) 量程。量程是指所能转换的模拟输入电压范围,分单极性、双极性两种类型。例如,单极性的量程为 0～+5 V,0～+10 V,0～+20 V;双极性的量程为 -5～+5 V,-10～+10 V 等。

(d) 绝对精度(Absolute Accuracy)。A/D 转换器的绝对精度是指在输出端产生给定的数字代码的情况下,实际需要的模拟输入值与理论上要求的模拟输入值之差。在一个转换器中,对应于一个数字量的实际模拟输入电压和理想的模拟输入电压之差并非是一个常数。把它们之间差的最大值定义为"绝对误差"。通常用数字量的最小有效位(LSB)的分数值来表示绝对误差,例如,1 LSB 等。绝对误差包括量化误差和其他所有误差。

(e) 相对精度(Relative Accuracy)。相对精度是指 A/D 转换器的满刻度值校准以后,任意数字输出所对应的实际模拟输入值(中间值)与理论值(中间值)之差。线性 A/D 转换器的相对精度就是它的线性度。精度代表电气或工艺精度,其绝对值应小于分辨率,因此常用 1LSB 的分数形式来表示。例如,满量程为 10 V,10 位 A/D 芯片,若其绝对精度为 1/2 LSB,则其最小有效位的量化单位为 9.77 mV,其绝对精度为 4.88 mV,其相对精度为 0.048%。

(f) 输出逻辑电平。多数 A/D 转换器的输出逻辑电平与 TTL 电平兼容。在考虑数字量输出与微处理器的数据总线接口时,应注意是否要 3 态逻辑输出,是否要对数据进行锁存等。

(g) 电源灵敏度(Power Supply Sensitivity)。电源灵敏度是指 A/D 转换芯片的供电电源的电压发生变化时所产生的转换误差,一般用与电源电压变化 1% 时相当的模拟量变化的百分数来表示。

(h) 工作温度范围。由于温度会对比较器、运算放大器、电阻网络等产生影响,故只在一定温度范围内才能保证额定精度指标。一般 A/D 转换器的工作温度范围为 0~70℃,军用品的工作温度范围为 -55~+125℃。

(4) 触摸屏的硬件实现

① 触摸屏控制电路

S3C44B0X 处理器内部集成了一个 8 通道 10 位逐次逼近式 A/D 转换控制器,所以在设计触摸屏部分的硬件时,可以不用外加单独的 A/D 控制器,直接与处理器相连即可,这样能够有效地减少系统成本。连接关系如图 4-26 所示,等效电路图如图 4-27 所示。在本例中选用 S3C44B0X 处理器的外部中断 0(INT0) 来连接 TSP_INT,XMON、YMON、nYPON、nXPON 这 4 个控制引脚分别与处理器 PORTC 端口中的第 0~3 引脚相连,在处理器的 8 路 A/D 转换通路中选择 AIN5 采集 X 轴坐标值,AIN7 采集 Y 轴坐标值。

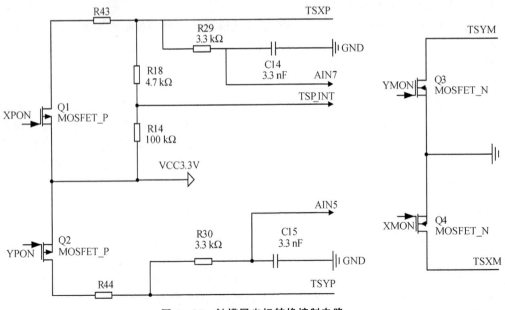

图 4-26 触摸屏坐标转换控制电路

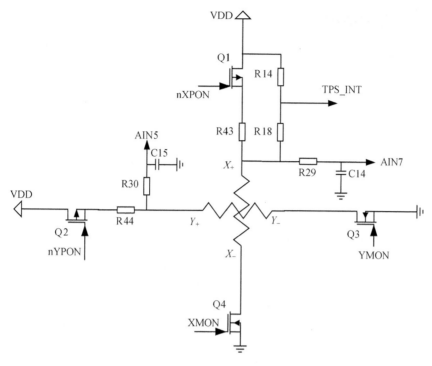

图 4-27 等效电路图

② 触摸屏的工作过程

TSP 包括两个面电阻,即 X 轴面电阻、Y 轴面电阻。每个面电阻有两个连接端——正端和负端,如 4-27 图中的 X_+ 和 X_-,Y_+ 和 Y_-。在这 4 个端上分别连有一个用于控制电路通断的 MOSFET,即 Q1、Q2、Q3 和 Q4。在不需要进行 A/D 转换时,系统需要把 Q1、Q2、Q4 置于截止状态,Q3 置于导通状态。这样一旦触摸屏被按下,X 轴面与 Y 轴面的电阻就会被导通,在 X_+ 和 Y_- 之间形成回路,TPS_INT 处的电平就会降低,从而引发系统外部中断;系统收到中断后,通过对 I/O 口的控制,使 Q1、Q4 导通,Q2、Q3 截止,AIN5 读取 X 轴坐标。然后关闭 Q1、Q4,使 Q2、Q3 导通,AEN7 读取 Y 轴坐标;系统得到坐标值后,关闭 Q1、Q2、Q4 打开 Q3,回到初始状态,等待下一次点触。

4.3.4 I/O 端口设计

电子词典系统用 LED 的状态来测试系统正常启动。图 4-28 为系统 I/O 接口硬件设计电路图。发光二极管 LED1~LED4 的正极与 VDD33 连接,负极通过限流电阻分别与 S3C44B0X 的 I/O 端口连接。其中,LED1 的负极与芯片的 GPC8 连接(S3C44B0X 的第 108 引脚),LED2 的负极与芯片的 GPC9 连接(S3C44B0X 的第 107 引脚),LED3 的负极与芯片的 GPF4 连接(S3C44B0X 的第 31 引脚),LED4 的负极与芯片的 GPF3 连接(S3C44B0X 的第 30 引脚)。

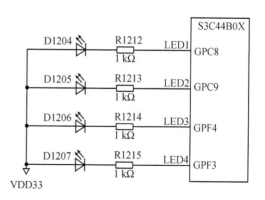

图 4-28 I/O 接口硬件电路

4.3.5 硬件资源分配

外围器件地址分配、中断分配、I/O 端口 A~F 的分配见表 4-19~表 4-27。

表 4-19 外围器件地址分配表

片选信号	选择的接口或器件	片选控制寄存器	S3C44B0X 的地址范围
nGCS0	FLASH	BANKCON0	0x00000000~0x01BFFFFF
nGCS6	SDRAM	BANKCON6	0x0C000000~0x0DFFFFFF

表 4-20 中断分配表

中断信号	功能	中断信号	功能
INT0	触摸屏中断源	INT2	键盘中断源

表 4-21 I/O 端口 A 分配表

端口 A	引脚功能	端口 A	引脚功能	端口 A	引脚功能
PA0	ADDR0	PA4	ADDR19	PA7	ADDR22
PA1	ADDR16	PA5	ADDR20	PA8	ADDR23
PA2	ADDR17	PA6	ADDR21	PA9	ADDR24
PA3	ADDR18				

注：PCONA 寄存器地址：0x01D20000；PDATA 寄存器地址：0x01D20004；
PCONA 复位默认值：0x3FF。

表 4-22 I/O 端口 B 分配表

端口 B	引脚功能	端口 B	引脚功能	端口 B	引脚功能
PB0	SCKE	PB4	ALE	PB8	nGCS3
PB1	SCLK	PB5	CLE	PB9	nGCS4
PB2	$\overline{SCAS}$	PB6	nGCS1	PB10	nGCS5
PB3	$\overline{SRAS}$	PB7	nGCS2		

注：PCONB 寄存器地址：0x01D20008；PDATB 寄存器地址：0x01D2000C；
PCONB 复位默认值：0x7FF。

表 4-23 I/O 端口 C 分配表

端口 C	引脚功能	端口 C	引脚功能	端口 C	引脚功能
PC0	XMON	PC6	VD5	PC12	TXD1
PC1	YPON	PC7	VD4	PC13	RXD1
PC2	XMON	PC8	LED1	PC14	RTS0
PC3	YPON	PC9	LED2	PC15	CTS0
PC4	VD7	PC10	RTS1		
PC5	VD6	PC11	CTS1		

注：PCONC 寄存器地址：0x01D20010；PDATC 寄存器地址：0x01D20014；
PUPC 寄存器地址：0x01D20018；PCONC 复位默认值：0x0FF0FFFF。

表4-24 I/O端口D分配表

端口D	引脚功能	端口D	引脚功能	端口D	引脚功能
PD0	VD0	PD3	VD0	PD6	VM
PD1	VD0	PD4	VCLK	PD7	VFRAME
PD2	VD0	PD5	VLINE		

注：PCOND寄存器地址：0x01D2001C；PDATD寄存器地址：0x01D20020；
PUPD寄存器地址：0x01D20024；PCOND复位默认值：0x0AAAA。

表4-25 I/O端口E分配表

端口E	引脚功能	端口E	引脚功能	端口E	引脚功能
PE0	OUT	PE3	OUT	PE6	OUT
PE1	TXD0	PE4	OUT	PE7	OUT
PE2	RXD0	PE5	OUT	PE8	CODECLK

注：PCONE寄存器地址：0x01D20028；PDATE寄存器地址：0x01D2002C；
PUPE寄存器地址：0x01D20030；PCONE复位默认值：0x25529。

表4-26 I/O端口F分配表

端口F	引脚功能	端口F	引脚功能	端口F	引脚功能
PF0	IICSCL	PF3	LED4	PF6	IISSDO
PF1	IICSDA	PF4	LED3	PF7	IISSDI
PF2	nWAIT	PF5	IISLRCLK	PF8	IISSCLK

注：PCONF寄存器地址：0x01D20034；PDATF寄存器地址：0x01D20038；
PUPF寄存器地址：0x01D2003C；PCONF复位默认值：0x00252A。

表4-27 I/O端口G分配表

端口G	引脚功能	端口G	引脚功能	端口G	引脚功能
PG0	EXINT0	PG3	EXINT3	PG6	EXINT6
PG1	EXINT1	PG4	EXINT4	PG7	EXINT7
PG2	EXINT2	PG5	EXINT5		

注：PCONG寄存器地址：0x01D20040；PDATG寄存器地址：0x01D20044；
PUPG寄存器地址：0x01D20048；PCONG复位默认值：0x0FFFF。

4.4 基于S3C44B0X电子词典软件开发环境的建立

本设计中电子词典硬件模块测试软件和无操作系统电子词典应用软件的开发采用了相同的交叉开发环境，如图4-29所示，对于采用μC/OS-II操作系统和μCLiunx操作系统的软件开发环境将在第5章、第6章中讲述。图4-29中，宿主机PC机上运行ARM公司为方便用户在基于ARM内核处理器上进行软件开发而推出的集成开发工具ARM ADS(ARM Developer Suite)最新版本1.2，

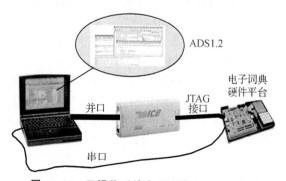

图4-29 无操作系统电子词典交叉开发环境

在 Codewarrior IDE(Integrate Development Environment)集成开发环境中编辑电子词典软件程序,通过交叉编译器和交叉链接器对软件进行编译、链接,最终生成可执行文件;通过在线仿真器 Multi-ICE 将此可执行文件下载到目标板运行。在线仿真器通过并口连接宿主机,通过 JTAG 接口连接目标机。串口线直接连接宿主机和目标板,在宿主机 PC 机上显示调试信息。为加快软件开发的进度,在电子词典硬件平台未建立起来以前先使用 Embest EDUKIT-III 试验板作为目标板调试各功能模块软件。

4.5 基于 S3C44B0X 电子词典功能模块及应用开发介绍

基于 S3C44B0X 电子词典的设计中涉及 S3C44B0X 的一些基本功能及扩展模块功能开发,主要包括:时钟电源管理、存储器控制器、GPIO、中断控制器、UART、I^2C 总线、A/D 转换、LCD 和看门狗。下面重点介绍各模块的基本功能及其扩展应用。

4.5.1 S3C44B0X 时钟电源管理器的功能及应用开发

S3C44B0X 的时钟电源管理模块集中管理时钟脉冲发生与电源。时钟源可以来自晶振,也可以是外部时钟,电源管理具有 5 种模式,对 CPU 核周边的基本模块及外围模块的功耗得到优化与配置。本小节主要是对 S3C44B0X 的时钟电源管理模块进行介绍。

1. S3C44B0X 时钟电源管理器概述

(1) 时钟电源管理器在嵌入式系统中的功能概述

对于绝大多数便携式设备而言,低功耗和节能设计都是最重要的设计指标。例如,笔记本电脑依靠电池供电时,就会进入低功耗工作模式;PDA(个人数字助理)停止一段时间后显示屏将变暗,设备甚至进入睡眠状态。便携式设备的低功耗设计是通过电源管理技术实现的。

在实践中,大量功率被周边设备所消耗,这些周边设备可能是片上器件,也可能是外部设备。存储器也会消耗大量功率,任何电源管理方法都应该具备管理外设功耗的支持,这是至关重要的。此外,电压与功耗之间的平方关系意味着理想高效的方法是要求在较低电压的较低时钟速率上执行代码,而不是先以较高的时钟速率执行然后再转为空闲。嵌入式系统中常用的电源管理技术有系统上电行为、空闲模式、断电、电压与频率缩放。

系统上电行为指微处理器及片上外设一般均以最高时钟速率上电启动。正常模式指通过关闭不需要的时钟,来消除不必要的有效功耗。断电指某个模块不必随时供电,那么就可以让系统仅在需要时才为子系统上电,从而减少功耗。电压与频率缩放指频率与系统上可用的更低操作电压兼容,那么就可以通过降低电压来大大节约电能。

(2) S3C44B0X 电源管理器的功能及作用概述

S3C44B0X 内部的时钟发生器可以产生 CPU 和外设所需要的时钟信号。时钟发生器可以在软件的控制下向外设提供时钟信号,也可以断开时钟同每个外设的连接以降低功耗。与这种软件控制类似的是,对一个给定的任务,S3C44B0X 有多种电源管理方案以保持最佳的功耗。

S3C44B0X 的电源管理方案有 5 种:正常模式(Normal Mode)、低速模式(Slow Mode)、空闲模式(Idle Mode)、停止模式(Stop Mode)和处于 LCD 工作状态的 SL 空闲模式(Idle Mode)。

在正常模式下,时钟向 S3C44B0X 的 CPU 和外设提供时钟信号。当所有外设都被打开时,功耗达到最大值。用户可以通过软件来控制外设的动作。例如,当一个定时器和 DMA 不再需要时,用户可以断开时钟同定时器和 DMA 的连接以降低功耗。

低速模式是非 PLL 模式,与正常模式不同的是,低速模式直接使用外部时钟(而不是 PLL)

作为 S3C44B0X 的主时钟。在这种情况下,功耗仅依赖于外部时钟的频率,PLL 自身的功耗将被排除在外。

在空闲模式下,时钟断开与 CPU 的连接,但仍然向所有的外设提供时钟信号。通过使用这种模式,可以降低由 CPU 引起的功耗。任何向 CPU 发出的中断请求都可以将 CPU 从这种模式下唤醒。

在停止模式下,通过禁止 PLL 来冻结时钟向 CPU 和外设提供时钟信号。此时的功耗仅依赖 S3C44B0X 的漏电流,通常小于 $10\,\mu\text{A}$。停止模式的唤醒可以通过外部中断实现。

SL 空闲模式促使 LCD 控制器工作,在这种情况下,CPU 和除 LCD 控制器外的所有外设的时钟都被禁止,因此,在这种模式下的功耗要小于空闲模式。

2. S3C44B0X 时钟电源管理器功能及应用描述

(1) 基本功能

S3C44B0X 时钟电源管理器分为系统时钟控制和电源管理两部分,它们分别为 CPU 和外设提供所需的时钟,并使 S3C44B0X 的电源功耗达到最佳。下面介绍 S3C44B0X 时钟发生器与电源管理特殊功能寄存器。S3C44B0X 时钟电源管理器的访问地址见表 4-28。

表 4-28 时钟电源管理器的访问地址

寄存器名	访问地址	访问方式	复位值	描述
PLLCON	0x01D80000	R/W	0x38080	PLL 控制寄存器 PLLCON
CLKCON	0x01D80004	R/W	0x7FF8	时钟控制寄存器
CLKSLOW	0x01D80008	R/W	0x9	时钟低速控制寄存器
LOCKTIME	0x01D8000C	R/W	0xFFF	锁时计数寄存器

① PLL 控制寄存器 PLLCON

$$f_{\text{pllo}} = (m \times f_{\text{in}})/(p \times 2^s)$$

$$m = (\text{MDIV}+8), \quad p = (\text{PDIV}+2), \quad s = \text{SDIV}$$

注意:f_{pllo} 必须大于 20 MHz,小于 66 MHz。

举例:如果 $f_{\text{in}} = 14.318\,\text{MHz}$,$f_{\text{out}} = 60\,\text{MHz}$,则计算出的参数值如下:

MDIV=59,PDIV=6,SDIV=1。

PLL 值选择向导如下:

➢ $f_{\text{pllo}} \times 2^s$ 必须小于 170 MHz;

➢ s 值应尽可能大;

➢ 建议 $f_{\text{in}}/p \geq 1\,\text{MHz}$,但必须满足 $f_{\text{in}}/p < 2\,\text{MHz}$。

PLL 控制寄存器 PLLCON 如表 4-29 所列。

表 4-29 PLL 控制寄存器 PLLCON

PLLCON		地址:0x01D80000		访问方式:R/W		初始值:0x38080	
位	位名称	描述		位	位名称	描述	
[19:12]	MDIV	主分频控制,初始值:0x38		[1:0]	SDIV	分频后控制,初始值:0x00	
[9:4]	PDIV	预分频控制,初始值:0x08					

② 时钟控制寄存器 CLKCON

时钟控制寄存器 CLKCON 见表 4-30,它主要用于控制各个模块的时钟。

表 4-30 时钟控制寄存器 CLKCON

CLKCON	地址:0x01D80004	访问方式:R/W	初始值:0x7FF8

位	位名称	描述
[14]	I²S	控制 I²S 模块的钟控。0=禁止,1=使能
[13]	I²C	控制 I²C 模块的钟控。0=禁止,1=使能
[12]	ADC	控制 ADC 模块的钟控。0=禁止,1=使能
[11]	RTC	控制 RTC 模块的钟控,即使该位为 0,RTC 定时器仍工作 0=禁止,1=使能
[10]	GPIO	控制 GPIO 模块的钟控,设置为 1,允许使用 EINT[4:7]的中断 0=禁止,1=使能
[9]	UART1	控制 UART1 模块的钟控。0=禁止,1=使能
[8]	UART0	控制 UART0 模块的钟控。0=禁止,1=使能
[7]	BDMA0、1	控制 BDMA 模块的钟控,如果 BDMA 关断,则在外设总线上的外设不能存取。0=禁止,1=使能
[6]	LCDC	控制 LCDC 模块的钟控。0=禁止,1=使能
[5]	SIO	控制 SIO 模块的钟控。0=禁止,1=使能
[4]	ZDMA0、1	控制 ZDMA 模块的钟控。0=禁止,1=使能
[3]	PWMTIMER	控制 PWMTIMER 模块的钟控。0=禁止,1=使能
[2]	IDLE BIT	进入 IDLE 模式,该位不能自动清除。0=禁止,1=进入 IDLE 模式
[1]	SL_IDLE	进入 SL_IDLE 模式,该位不能自动清除 为了进入 SL_IDLE 模式,CLKCON 寄存器必须设置为 0x460=禁止,1=SL_IDLE模式
[0]	STOP	进入 STOP 模式,该位不能自动清除 0=禁止,1=进入 STOP 模式

③ 时钟低速控制寄存器 CLKSLOW

时钟低速控制寄存器 CLKSLOW 如表 4-31 所列,主要用于时钟低速模式下各种控制。

表 4-31 时钟低速控制寄存器 CLKSLOW

CLKSLOW	地址:0x01D80008	访问方式:R/W	初始值:0x9

位	位名称	描述
[5]	PLL_OFF	0=PLL 打开,PLL 仅能在 SLOW_BIT=1 时打开,在 PLL 稳定后(150 μs),SLOW_BIT 位可被清除 1=PLL 关闭,PLL 仅能在 SLOW_BIT=1 时关闭
[4]	SLOW_BIT	0: $f_{out}=f_{pllo}$ (PLL Output) 1: $f_{out}=f_{in}/(2\times SLOW\_VAL)$ SLOW_VAL>0 $f_{out}=f_{in}$ SLOW_VAL=0
[3:0]	SLOW_VAL	该 4 位是在 SLOW_BIT 位打开时 Slow Clock 的分频值

④ 锁时计数寄存器 LOCKTIME

锁时计数寄存器 LOCKTIME 如表 4-32 所列,它用于存放 PLL 锁时计数值。

表 4-32 锁时计数寄存器 LOCKTIME

LOCKTIME	地址:0x01D8000C	访问方式:R/W	初始值:0x9
位	位名称	描 述	
[11:0]	LTIME CNT	PLL 锁时计数值	

(2) 功能实现及控制

① 时钟发生器(Clock Generation)

时钟发生器的功能框图如图 4-30 所示。从功能结构图可以看出主时钟来源可以是外部的晶振或外部时钟。时钟发生器有一个振荡器(振荡放大)连接到外部晶体上,同时还有一个锁相环路 PLL 把低频振荡器的输出当做自己的输入,产生 S3C44B0X 所需的高频信号。时钟发生模块有一个逻辑电路用来在复位后或停止模式下产生稳定的时钟频率。

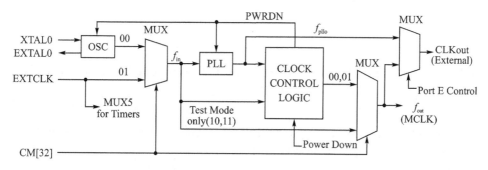

图 4-30 时钟发生器框图

② 时钟源选择(Clock Source Selection)

表 4-33 所列是控制引脚(OM3 和 OM2)的组合模式和 S3C44B0X 时钟源选择的关系。OM[3:2]状态通过控制引脚 OM3 和 OM2 在 nRESET 的上升沿锁定。若 S3C44B0X 使用来自 XTAL0 和 EXTAL0 的 PLL 输出信号工作,EXTCLK 可专用于定时器 5 的 TCLK。

表 4-33 时钟源选择

模式 OM[3:2]	时钟源	晶振驱动	PLL 启动状态	f_{out}
00	晶振时钟	使 能	使 能	PLL 输出
01	外部时钟	禁 止	使 能	PLL 输出
其他(10,11)	测试模式			

注:虽然 PLL 在复位后开始运行,但直到软件向 PLLCON 寄存器中写入有效的设置时,PLL 输出才能用做 f_{out}。正确设置前,来自晶振或外部时钟源的时钟信号可直接用做 f_{out} 输出。即使用户想保持 PLLCON 寄存器的默认设置,也只需向 PLLCON 寄存器中写入相同的值。

③ 锁相环路 PLL

时钟发生器内部的 PLL 是一种参考输入信号在频率和相位上产生同步输出信号的电路。对应于 PLL 的功能,包括以下基本模块(见图 4-31)。其中压控振荡器 VCO(Voltage Controlled Oscillator)用于产生随着输入直流电压的变化而成比例变化的输出频率;分频器 P (Divider P)将输入的时钟频率(f_{in})除以 p;分频器 M(Divider M)将 VCO 的输出频率除以 m,作为相位频率检测器 PFD(Phase Frequency Detector);分频器 S(Divider S)将输出频率除以 s,便可得到 f_{pllo}(PLL 模块输出的时钟频率)。输出频率 f_{pllo} 和输入频率 f_{in} 的关系公式为:

$$f_{pllo}=(m\times f_{in})/(p\times 2^s)$$

$m=M$(分频器 M 的分频值)$+8$, $p=P$(分频器 P 的分频值)$+2$

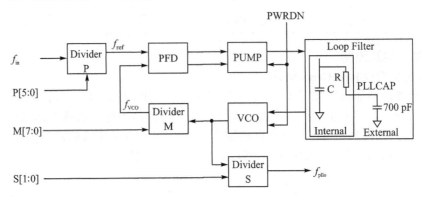

图 4-31 PLL 锁相环路框图

下面讲述 PLL 的操作,包括相位差检测器、充电泵、回环滤波器以及压控振荡器 VCO。如果 PLL 处于工作状态,那么 f_{pllo} 与 f_{out} 的信号就是一样的。

- 相位差检测器 PDD(Phase Difference Detector)。PDD 监视 f_{ref}(参考频率,如图 4-31 所示)和 f_{vco}(VCO 和分频器 M 块的输出频率)之间的相位差。当它检测到两者相位之间有差别时,就产生一个控制信号(跟踪信号)。
- 充电泵(Charge Pump)。充电泵通过外部的滤波器驱动 VCO 将 PFD 的控制信号转换成与其成比例的充电电压。
- 回环滤波器(Loop Pump)。PFD 为充电泵产生控制信号,每次当 f_{vco} 输出与 f_{ref} 输出相比较时,该控制信号就可能会产生较大的偏移。为了避免 VCO 过载,一个低通滤波器用来滤掉控制信号中的高频部分。该滤波器是一个典型的单极 RC 滤波器,由一个电阻和电容组成。外部回环滤波器的电容推荐值为 700 pF,如图 4-31 所示。
- 压控振荡器 VCO(Voltage Controlled Oscillator)。回环滤波器的输出电压驱动 VCO,作为平均电压变动函数而引起它的振荡频率线性升高或降低。当 f_{vco} 的输出在频率上及在相位上与 f_{ref} 相匹配时,PFD 将停止向充电泵发送控制信号,便于稳定回环滤波器的输入电压。要求 VCO 的频率保持为常数,PLL 将锁定系统时钟。
- PLL 的通用条件。表 4-34 列出了 PLL 常用的通用条件。

表 4-34 PLL 的通用条件

项 目	参考值	项 目	参考值
回环滤波电容	700~820 pF	外部 XTAL 频率	6~20 MHz
外部反馈电阻	1 MΩ	用于 XTAL 的外部电容	15~22 pF

④ 时钟控制逻辑

时钟控制逻辑决定使用哪个时钟源,是 PLL 时钟还是振荡器 OSC 输出。当 PLL 被配置为一个新频率值时,时钟控制逻辑在 PLL 输出稳定之前禁止输出 f_{out},直到 PLL 锁定系统时钟后,取消对 f_{out} 输出禁止。时钟控制逻辑同时还在电源重启动和从掉电模式唤醒时起作用。

(a) PLL 锁时(PLL Lock Time)

锁定时间实际上是 PLL 输出稳定所需要的时间,这个时间应长于 208 μs。重启以及从 STOP 模式和 SL_IDLE 模式唤醒后,锁定时间是被内部的逻辑电路通过锁定计数寄存器分别在各自的情况下自动插入。这个被自动插入的锁定值按如下公式计算:

$$t_{lock} = (1/f_{in}) \times n \quad (n = \text{LTIMECNT 值})$$

式中:t_{lock} 是由硬件 H/W 逻辑得到的锁定时间。

(b) 加电重启(Power-On Reset)

图 4-32 描述的是在加电重启顺序期间的时钟动作。石英晶体振荡器在数毫秒内开始振荡。在 OSC 时钟稳定后释放 nRESET,PLL 根据默认的配置值开始操作。然而 PLL 通常在加电重启后是不稳定的,因此 f_{in} 在最新的软件配置 PLLCON 寄存器之前先代替 f_{pllo} 直接送给 f_{out}。即使用户在重启后想使用 PLLCON 寄存器中的默认值,也必须通过软件把相同的值写进 PLLCON 寄存器,只有在软件为 PLL 配置一个新的频率后,PLL 才重新对新的频率开始锁定序列。经过锁定时间之后,f_{out} 即可被配置成 PLL 的输出。

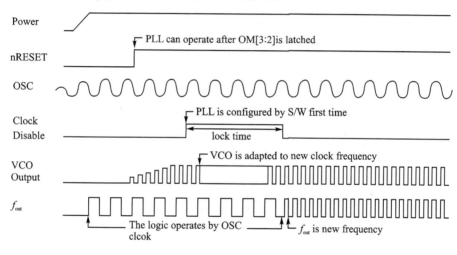

图 4-32 加电重启的时序图

(c) 在普通操作模式下改变 PLL 设置

在 S3C44B0X 正常模式的操作期间,如果想通过写 PMS 的值来改变频率,PLL 的锁时会自动被插入。在锁定时间内,时钟并没有向 S3C440X 内部的模块提供信号。

⑤ 电源管理

电源管理模块通过软件来控制系统时钟,以此降低 S3C44B0X 耗电量。这些方案与 PLL、时钟控制逻辑、外设的时钟控制以及唤醒信号相关。S3C44B0X 电源管理有下面 5 种模式。

(a) 正常模式(Normal Mode)

在正常工作模式下,所有的外设(UART、DMA、定时器等)和基础模块(CPU 核、总线控制器、存储器控制器、中断控制器和电源管理模块)都完全正常工作。但是,除基础模块外,可以通过使用软件,对各个外设的时钟进行选择性的停止,以降低功耗。

(b) 空闲模式(Idle Mode)

在空闲模式下,停止为 CPU 提供时钟信号,只对总线控制器、存储控制器、中断控制器和电源管理模块等外设提供时钟。若要退出空闲模式,EINT[7:0]或 RTC 告警中断或其他中断必须处于活动状态(若用户想使用 EINT[7:0],则 GPIO 模块在启动前必须是开启的)。

(c) 停止模式(Stop Mode)

在停止模式下,所有模块都被停止以达到最低的功耗。因此,PLL 和振荡器电路也会停止。在刚退出停止模式时,仅 THAW 模式是可使用的。换言之,用户不能从停止模式直接返回到正常模式。若要从停止模式退出,EINT[7:0]或 RTC 告警中断必须处于活动状态。

在刚进入停止模式时,时钟控制逻辑在 16 个 $f_{\text{in-clock}}$ 期间从 f_{out} 输出 $f_{\text{in-clock}}$,而不是 $f_{\text{pllo-clock}}$。在 16 个 $f_{\text{in-clock}}$ 后,f_{out} 停止,S3C44B0X 完全进入停止模式。从停止模式发出断电(Power Down)命令到真正进入断电模式的延时按如下公式计算:

$$\text{断电延时} = \text{输入时钟周期(晶体振荡器时钟或外部时钟)} \times 16$$

如果 S3C44B0X 正处于 SLOW 模式,那么 S3C44B0X 可以立即进入停止模式,因为在停止模式下时钟频率要比 f_{in} 低。S3C44B0X 可以通过外部的中断或 RTC 告警中断从停止模式下退出。在唤醒期间,石英晶体振荡器和 PLL 可能开始操作,同时用来稳定 f_{out} 的锁定时间也是必需的。锁定时间被自动插入并且由电源管理逻辑保持。在锁定期间是不提供时钟的,仅仅在唤醒序列后,才被要求唤醒中断。图 4-33 描述了停止模式的进入和退出。

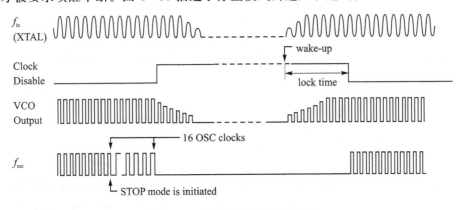

图 4-33　停止模式的进入和退出

(d) SL_IDLE 模式(SL_IDLE Mode)

在 SL_IDLE 模式,各个基本模块的时钟是停止的,仅有 LCD 控制器处于工作状态以维持 LCD 屏。处于 SL_ILDE 模式下要比处于 IDLE 模式下功耗低。在进入 SL_ILDE 模式前,必须先进入 SLOW 模式且 PLL 是关闭的。在进入 SLOW 模式且关闭 PLL 后,0x46(LCDC 使能、IDLE 使能和 SL_IDLE 使能)应被写入 CLKCON 寄存器以进入 SL_IDLE 模式。

要退出 SL_IDLE 模式,EINT[7:0] 或 RTC 警告中断必须处于活动状态。在这种情况下,处理器将自动变更为 SLOW 模式。若要返回到正常模式,则需等到锁定结束,接着禁止 SLOW 模式并且清除 SL_IDLE 位。在 PLL 锁定期间,提供 SLOW 时钟。在 SL_IDLE 模式期间,为了保持数据的有效性,DRAM 必须处于自刷新状态。

(e) 低速模式(Slow Mode)

在低速模式(非 PLL 模式),可以通过采用一个低速时钟以及把 PLL 自身的耗电排除在外的方法,来降低电源损耗。f_{out} 是在无 PLL 情况下把 f_{in} 进行 N 等分后的频率。分频率是通过 CLKSLOW 控制寄存器中的 SLOW_VAL 决定的。

$$f_{\text{out}} = \begin{cases} f_{\text{in}}/(2 \times \text{SLOW\_VAL}) & (\text{当 SLOW\_VAL} > 0 \text{ 时}) \\ f_{\text{in}} & (\text{当 SLOW\_VAL} = 0 \text{ 时}) \end{cases}$$

在低速模式中,为了减少 PLL 的电源损耗 PLL 将被关闭。当 PLL 被关闭且用户将电源管理模式从低速模式变为正常模式时,PLL 需要一段时钟稳定时间。而 PLL 稳定时间由内部逻辑电路通过锁时计数寄存器自动插入。在 PLL 打开之后,所需的稳定时间为 $400\,\mu s$。在 PLL 锁定的过程中,f_{out} 是 SLOW 时钟。

3. S3C44B0X 时钟与电源管理器应用编程

不论在什么样的系统中,时钟和电源管理都是必不可少的。下面以电子词典为例,给出时钟与电源管理器程序,使读者对时钟与电源的应用编程能够有进一步的理解,并能举一反三,写出不同实例下的时钟与电源管理器应用程序。

(1) 基本应用

```
;/*************************************************
;* *               该函数输入掉电模式                * *
;*************************************************/
;//void EnterPWDN(int CLKCON);
EnterPWDN
    MOV     R2,R0                   ;//R0 = CLKCON
    LDR     R0, = REFRESH
    LDR     R3,[R0]
    MOV     R1,R3
    ORR     R1,R1,#0x400000         ;//打开自更新
    STR     R1,[R0]
    NOP                             ;//等待直到自更新开始,也许不需要
    NOP
    NOP
    NOP
    NOP
    NOP
    NOP
;//输入 POWERDN 模式
    LDR     R0, = CLKCON
    STR     R2,[R0]
;//等待,直到进入 SL_IDLE,STOP 模式,直到唤醒
    MOV     R0,#0xFF
    SUBS    R0,R0,#1
    BNE     %B0
;//从 DRAM/SDRAM 自更新模式中退出
    LDR     R0, = REFRESH
    STR     R3,[R0]
    MOV     PC,LR
    LTORG
```

(2) S3C44B0X 时钟与电源管理器在电子词典中的应用

在电子词典中,时钟与电源管理器的编程包括时钟 PLL 和低速模式下的时钟程序。通过下面两个例子,使读者对时钟与电源管理器的应用编程有一定的理解。

① 锁相环程序

以下程序分别是启动时钟 PLL 和设置锁相环的频率。

```
/*********************锁相环倍频启动配置*********************/
    GBLL        PLLONSTART
PLLONSTART      SETL        {TRUE}
/*********************锁相环倍频配置*************************/
    GBLA        PLLCLK
PLLCLK          SETA        64000000                ;//系统时钟
[ PLLCLK = 40000000                                 ;//输入频率 = 8MHz,输出频率 = 40MHz
    M_DIV       EQU         0x2A
    P_DIV       EQU         0x3
    S_DIV       EQU         0x1
]
[ PLLCLK = 64000000                                 ;//输入频率 = 8MHz,输出频率 = 60MHz
    M_DIV       EQU         0x38
    P_DIV       EQU         0x2
    S_DIV       EQU         0x1
]
[ PLLCLK = 66000000                                 ;//输入频率 = 8MHz,输出频率 = 66MHz
    M_DIV       EQU         0x50
    P_DIV       EQU         0x4
    S_DIV       EQU         0x1
]
/************************************************************/
```

② **特殊功能寄存器程序**

在电子词典中,首先要对时钟与电源管理特殊功能寄存器定义地址,接着对控制寄存器进行配置。具体程序如下:

```
/*********************特殊功能控制寄存器的地址定义*************/
PLLCON      EQU     0x01D80000          ;//PLL 控制寄存器地址定义
CLKCON      EQU     0x01D80004          ;//时钟控制寄存器地址定义
LOCKTIME    EQU     0x01D8000C          ;//锁时计数寄存器地址定义
/*********************特殊功能控制寄存器配置*******************/
LDR     R0, = LOCKTIME          ;//把上锁时间定时器地址给 R0
LDR     R1, = 0x8FC             ;//赋初值 count = t_lock × f_in = 230μs × 10MHz = 2300
STR     R1,[R0]                 ;//写入上锁时间定时器,PLL 稳定时间为 230μs

[ PLLONSTART
LDR     R0, = PLLCON            ;//PLL 控制寄存器地址给 R0
LDR     R1, = ((M_DIV << 12) + (P_DIV << 4) + S_DIV)    ;//设定锁相环 f_in = 10MHz, f_out = 40MHz
STR     R1,[R0]                 ;//写入 PLL 控制寄存器
]

LDR     R0, = CLKCON            ;//把时钟控制器地址给 R0
LDR     R1, = 0x7FF8            ;//给所有外设单元的时钟打开赋值
STR     R1,[R0]
```

4.5.2 S3C44B0X 存储控制器的功能及应用开发

嵌入式系统中片内存储资源一般不能满足系统开发的需求,构建一个高效的存储系统是嵌入式开发的基本工作。本小节全面介绍 S3C44B0X 的存储控制器,这是基于 S3C44B0X 嵌入式系统开发的基础。

1. S3C44B0X 存储控制器概述

(1) 存储控制器在嵌入式系统中的功能概述

在基于 ARM 核的嵌入式应用系统中可能包含多种类型的存储器件,如 FLASH、ROM、SRAM 和 SDRAM 等。

FLASH 存储器又称闪存,它结合了 ROM 和 RAM 的长处,具备电子可擦除可编程(EEPROM)的性能,掉电保持数据,同时可以快速读取数据(NVRAM 的优势)。目前 FLASH 主要分 NOR FLASH 和 NADN FLASH 两种。NOR FLASH 的读取与常见 SDRAM 的读取是一样的,用户可以直接运行装载在 NOR FLASH 里面的代码;NAND FLASH 没有采取内存的随机读取技术,它的读取是以一次读取一块的形式来进行的,用户不能直接运行 NAND FLASH 上的代码。

ROM(Read Only Memory)和 RAM(Random Access Memory)指的都是半导体存储器。ROM 在系统停止供电时仍然可以保持数据,而 RAM 通常都是在掉电之后就丢失数据。RAM 有两大类,一类称为静态 RAM(SRAM),其速度非常快,是目前读/写最快的存储设备;另一类称为动态 RAM(DRAM),其保留数据的时间很短,速度也比 SRAM 慢,但它比任何 ROM 都要快。SDRAM 是同步动态随机存取内存,属于基于 DRAM 技术发展出来的内存,拥有 DRAM 所有的特点,属于比较成熟的内存技术。

由于这些不同类型的存储器件要求不同的速度、数据宽度等,为了实现对这些不同速度、类型、总线宽度的存储器进行管理,存储器管理控制器是必不可少的。

(2) S3C44B0X 存储控制器的功能及作用概述

在基于 S3C44B0X 处理器的嵌入式系统开发中,也是通过存储控制器为片外存储器访问提供必要的控制信号,管理片外存储部件。图 4-34 为 S3C44B0X 复位后的存储器地址分配图。从图中可以看出:

> 特殊功能寄存器位于 0x01C00000~0x02000000 的 4MB 空间内;
> Bank0~Bank5 的起始地址和空间大小都是固定的;
> Bank6 的起始地址是固定的,空间可以配置为 2/4/8/16/32 MB;
> Bank7 的空间大小和 Bank6 一样是可变的,也可以配置为 2/4/8/16/32 MB。

Bank6 和 Bank7 的详细地址与空间大小的关系可参考表 4-35。

表 4-35 Bank6/Bank7 地址

地址/MB	2	4	8	16	32
Bank6					
起始地址	0x0C000000	0x0C000000	0x0C000000	0x0C000000	0x0C000000
结束地址	0x0C1FFFFF	0x0C3FFFFF	0x0C7FFFFF	0x0CFFFFFF	0x0DFFFFFF
Bank7					
起始地址	0x0C200000	0x0C400000	0x0C800000	0x0D000000	0x0E000000
结束地址	0x0C3FFFFF	0x0C7FFFFF	0x0CFFFFFF	0x0DFFFFFF	0x0FFFFFFF

注:Bank6 和 Bank7 的存储空间大小必须相同。

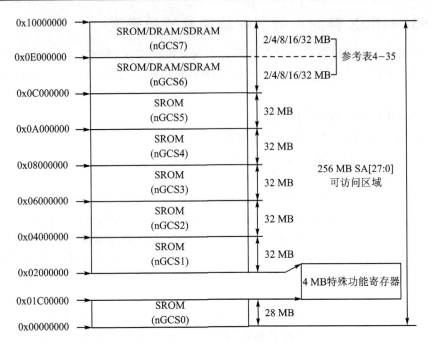

图 4-34 S3C44B0X 复位后的存储器地址分配

2. S3C44B0X 存储控制器功能及应用描述

(1) 基本功能

S3C44B0X 存储控制器支持大小端选择、Bank0 总线宽度选择和存储器地址线连接。S3C44B0X 存储控制器的访问地址如表 4-36 所列。

表 4-36 存储控制器的访问地址

寄存器名	访问地址	访问方式	复位值	描述
BWSCON	0x01C80000	R/W	0x000000	总线宽度/等待控制寄存器
BANKCON0	0x01C80004	R/W	0x0700	Bank0 控制寄存器
BANKCON1	0x01C80008	R/W	0x0700	Bank1 控制寄存器
BANKCON2	0x01C8000C	R/W	0x0700	Bank2 控制寄存器
BANKCON3	0x01C80010	R/W	0x0700	Bank3 控制寄存器
BANKCON4	0x01C80014	R/W	0x0700	Bank4 控制寄存器
BANKCON5	0x01C80018	R/W	0x0700	Bank5 控制寄存器
BANKCON6	0x01C8001C	R/W	0x18008	Bank6 控制寄存器
BANKCON7	0x01C80020	R/W	0x18008	Bank7 控制寄存器
REFRESH	0x01C80024	R/W	0xAC0000	DRAM/SDRAM 刷新控制寄存器
BANKSIZE	0x01C80028	R/W	0x0	Bank 大小寄存器
MRSRB6	0x01C8002C	R/W	xxx	Bank6 模式设置寄存器
MRSRB7	0x01C80030	R/W	xxx	Bank7 模式设置寄存器

下面介绍 S3C44B0X 存储控制器的特殊功能寄存器。

① **总线宽度/等待控制寄存器**

总线宽度/等待控制寄存器(BWSCON)如表4-37所列,它的设置决定了Bank＊(Bank＊表示Bank0~Bank7)上的SRAM是否使用UB/LB(写高/低字节使能),以及Bank7上SRAM存储器的等待状态、Bank7的数据总线宽度、Bank0的数据总线宽度和存储模式。

表4-37 总线宽度/等待控制寄存器

BWSCON	地址：0x01C80000	访问方式：R/W	初始值：0x000000

位	位名称	描述
[7]、[11]、[15]、[19]、[23]、[27]、[31]	ST1~ST7	确定Bank＊上的SRAM是否使用UB/LB： 0=否(PIN[14：11]作为nWBE[3：0]) 1=是(PIN[14：11]作为nBE[3：0])
[6]、[10]、[14]、[18]、[22]、[26]、[30]	WS1~WS7	确定Bank＊上的SRAM存储器的等待状态(不支持DRAM或SDRAM)： 0=等待禁止　1=等待使能
[5：4]、[9：8]、[13：12]、[17：16]、[21：20]、[25：24]、[29：28]	DW1~DW7	确定Bank＊的数据总线宽度： 00=8位　01=16位　10=32位
[2：1]	DW0	指示Bank0的数据总线宽度(只读),由OM[1：0]引脚确定： 00=8位　01=16位　10=32位
[0]	ENDIAN	确定存储模式(只读),由引脚电平确定： 0=小端模式　1=大端模式

② **Bank控制寄存器(BANKCONn：nGCS0~nGCS5)**

Bank控制寄存器如表4-38和表4-39所列,其各位的设置决定在nGCSn有效之前地址建立时间和在nOE上芯片选择建立时间等。

表4-38 Bank0~Bank5控制寄存器

BANKCON0	地址：0x01C80004	访问方式：R/W	初始值：0x0700
BANKCON1	地址：0x01C80008	访问方式：R/W	初始值：0x0700
BANKCON2	地址：0x01C8000C	访问方式：R/W	初始值：0x0700
BANKCON3	地址：0x01C80010	访问方式：R/W	初始值：0x0700
BANKCON4	地址：0x01C80014	访问方式：R/W	初始值：0x0700
BANKCON5	地址：0x01C80018	访问方式：R/W	初始值：0x0700

位	位名称	描述
[14：13]	Tacs	在nGCSn有效之前地址建立时间： 00=0 clock　01=1 clock　10=2 clocks　11=4 clocks
[12：11]	Tcos	在nOE上芯片选择建立时间： 00=0 clock　01=1 clock　10=2 clocks　11=4 clocks
[10：8]	Tacc	存取周期： 000=1 clock　001=2 clocks　010=3 clocks 011=4 clocks　100=6 clocks　101=8 clocks 110=10 clocks　111=14 clocks
[7：6]	Toch	在nOE上芯片选择保持时间： 00=0 clock　01=1 clock　10=2 clocks　11=4 clocks

续表 4-38

位	位名称	描述
[5:4]	Tcah	在 nGCSn 有效之前地址保持时间： 00＝0 clock　01＝1 clock　10＝2 clocks　11＝4 clocks
[3:2]	Tpac	页模式存取周期： 00＝2 clocks　01＝3 clocks　10＝4 clocks　11＝6 clocks
[1:0]	PMC	页模式配置： 00＝正常(1 data)　01＝4 data　10＝8 data　11＝16 data

表 4-39　Bank6 和 Bank7 控制寄存器

BANKCON6　　　　　地址：0x01C8001C　　　访问方式：R/W　　　初始值：0x18008
BANKCON7　　　　　地址：0x01C80020　　　访问方式：R/W　　　初始值：0x18008

位	位名称	描述	
[16:15]	MT	这两位确定 Bank6 和 Bank7 存储器的类型： 00＝ROM 或 SRAM　　01＝FP DRAM 10＝EDO DRAM　　　11＝Sync DRAM	存储器 类型
[14:13]	Tacs	在 nGCSn 有效之前地址建立时间： 00＝0 clock　01＝1 clock　10＝2 clocks　11＝4 clocks	ROM 和 SRAM 类型
[12:11]	Tcos	在 nOE 上芯片选择建立时间： 00＝0 clock　01＝1 clock　10＝2 clocks　11＝4 clocks	
[10:8]	Tacc	存取周期： 000＝1 clock　　001＝2 clocks　　010＝3 clocks 011＝4 clocks　　100＝6 clocks　　101＝8 clocks 110＝10 clocks　111＝14 clocks	
[7:6]	Toch	在 nOE 上芯片选择保持时间： 00＝0 clock　01＝1 clock　10＝2 clocks　11＝4 clocks	
[5:4]	Tcah	在 nGCSn 有效时地址保持时间： 00＝0 clock　01＝1 clock　10＝2 clocks　11＝4 clocks	
[3:2]	Tpac	页模式存取周期： 00＝2 clocks　01＝3 clocks　10＝4 clocks　11＝6 clocks	
[1:0]	PMC	页模式配置： 00＝正常(1 data)　　01＝4 数据连续存取 10＝8 数据连续存取　11＝16 数据连续存取	
[5:4]	Trcd	RAS 到 CAS 延时： 00＝1 clock　01＝2 clocks　10＝3 clocks　11＝4 clocks	FPDRAM 和 EDO DRAM 类型
[3]	Tcas	CAS 脉冲宽度：0＝1 clock　1＝2 clocks	
[2]	Tcp	CAS 预充电周期：0＝1 clock　1＝2 clocks	
[1:0]	CAN	列地址数目： 00＝8 位　01＝9 位　10＝10 位　11＝11 位	
[3:2]	Trcd	RAS 到 CAS 延时： 00＝2 clocks　01＝3 clocks　10＝4 clocks	SDRAM 类型
[1:0]	SCAN	列地址数目： 00＝8 位　01＝9 位　10＝10 位　11＝11 位	

③ DRAM/SDRAM 刷新控制寄存器(REFRESH)

DRAM/SDRAM 刷新控制寄存器如表 4-40 所列,其设置决定 DRAM/SDRAM 刷新是否允许,以及刷新模式、RAS 预充电时间、RAS 和 CAS 最小时间、CAS 保持时间和刷新计数值。

表 4-40 DRAM/SDRAM 刷新控制寄存器

REFRESH　　地址:0x01C80024　　访问方式:R/W　　初始值:0xAC0000

位	位名称	描述
[23]	REFEN	DRAM/SDRAM 刷新使能:0=禁止　1=使能
[22]	TREFMD	DRAM/SDRAM 刷新模式: 0=CBR/Auto 刷新　1=自动刷新
[21:20]	Trp	DRAM/SDRAM RAS 预充电时间: DRAM: 00=1.5 clocks　01=2.5 clocks 　　　　10=3.5 clocks　11=4.5 clocks SDRAM: 00=2 clocks　01=3 clocks 　　　　10=4 clocks　11=不支持
[19:18]	Trc	SDRAM RC 最短时间: 00=4 clocks　01=5 clocks　10=6 clocks　11=7 clocks
[17:16]	Tchr	DRAM 的 CAS 保持时间: 00=1 clock　01=2 clocks　10=3 clocks　11=4 clocks
[15:11]	Reserved	保留未使用
[10:0]	Refresh Counter	DRAM/SDRAM 刷新计数值: 刷新周期=(2^{11}+1-刷新计数值)/时钟频率

④ Bank 大小寄存器(BANKSIZE)

Bank 大小寄存器如表 4-41 所列,其设置主要决定 Bank6 和 Bank7 的存储区大小。

表 4-41 Bank 大小寄存器

BANKSIZE　　地址:0x01C80028　　访问方式:R/W　　初始值:0x0

位	位名称	描述
[4]	SCLKEN	若为1,则 SCLK 仅在 SDRAM 存取周期产生,这个特征将使功耗降低,推荐设置为1: 0=普通 SCLK　1=低功耗 SCLK
[3]	Reserved	保留
[2:0]	BK76MAP	Bank6/7 存储器映射: 000=32 MB/32 MB　100=2 MB/2 MB　101=4 MB/4 MB 110=8 MB/8 MB　111=16 MB/16 MB

⑤ Bank6 和 Bank7 模式设置寄存器(MRSR)

Bank6 和 Bank7 模式设置寄存器如表 4-42 所列,其设置主要决定 Bank6 和 Bank7 的存储模式。

表 4-43　Bank6 和 Bank7 模式设置寄存器

| MRSRB6 | 地址：0x01C8002C | 访问方式：R/W | 初始值：xxx |
| MRSRB7 | 地址：0x01C80030 | 访问方式：R/W | 初始值：xxx |

位	位名称	描述
[9]	WBL	写突发脉冲长度：0 是推荐值
[8:7]	TM	测试模式：00＝测试模式　01、10、11＝保留
[6:4]	CL	CAS 突发响应时间： 000＝1 clock　010＝2 clocks　011＝3 clocks　其他＝保留
[3]	BT	突发类型：0＝连续（推荐）　1＝未使用
[2:0]	BL	突发长度：000＝1　其他＝未使用

注：1　当程序在 SDRAM 运行时,该寄存器不必重新配置；
　　2　所有的存储控制寄存器必须使用 STMIA 指令设置；
　　3　在停止和 SL_IDLE 模式下,DRAM/SDRAM 必须进入自刷新模式。

(2) 功能实现及控制

存储器控制器所完成的功能主要是通过对其特殊功能寄存器的设置来进行的。

① 大/小端模式选择

为什么会有大小端模式之分呢？这是因为在计算机系统中是以字节为单位的,每个地址单元都对应一个字节,一个字节为 8 位。但是在 C 语言中除了 8 位的 char 型之外,还有 16 位的 short 型,32 位的 int 型（要看具体的编译器）。另外,对于位数大于 8 位的处理器,例如 16 位或者 32 位的处理器,由于寄存器宽度大于一个字节,那么必然存在如何安排多个字节的问题。因此,就导致了大端存储模式和小端存储模式。很多 ARM、DSP 处理器默认为小端模式。有些 ARM 处理器还可以由硬件来选择是大端模式还是小端模式。

所谓大端模式,是指数据的低位(就是权值较小的位)保存在内存的高地址中,而数据的高位保存在内存的低地址中。这样的存储模式有点类似于把数据当做字符串顺序处理,即地址由小向大增加,而数据从高位往低位放。所谓小端模式,是指数据的低位保存在内存的低地址中,而数据的高位保存在内存的高地址中。这种存储模式将地址的高低和数据位权有效地结合起来,高地址部分权值高,低地址部分权值低,这与普通的逻辑思维方法一致。

处理器复位时（nRESET 为低）,通过 ENDIAN 引脚选择所使用的端（Endian）模式。ENDIAN 引脚通过下拉电阻与 VSS 连接时,定义为小端（Little Endian）模式；ENDIAN 引脚通过上拉电阻和 VDD 连接时,则定义为大端（Big Endian）模式,如表 4-43 所列。上拉电阻是指将不确定的信号通过一个电阻钳位在高电平,电阻同时起限流作用。下拉同理。上拉是对器件注入电流,下拉是输出电流；弱强只是上拉电阻的阻值不同,没有什么严格区分。对于非集电极（或漏极）开路输出型电路（如普通门电路）,提升电流和电压的能力是有限的,上拉电阻的功能主要是为集电极开路输出型电路输出电流通道。

表 4-43　大/小端模式

Endian 输入@复位	端模式
0	小　端
1	大　端

② Bank0 总线宽度

Bank0(nGCS0)的数据总线宽度可以配置为 8 位、16 位或 32 位。因为 Bank0 为启动 ROM（映射地址为 0x00000000）所在的空间,所以必须在第一次访问 ROM 前设置 Bank0 的数据宽度。该数据宽度是由复位后 OM[1∶0]的逻辑电平决定的,如表 4-44 所列。

表 4-44 数据宽度选择

OM1(操作方式 1)	OM0(操作方式 0)	ROM 数据宽度	OM1(操作方式 1)	OM0(操作方式 0)	ROM 数据宽度
0	0	8 位	1	0	32 位
0	1	16 位	1	1	测试模式

③ 存储器(SROM/DRAM/SDRAM)地址线连接

如表 4-45 所列,数据宽度不同,连接方式也不同。

表 4-45 存储器地址线连接

存储器地址引脚	S3C44B0X 地址 @8 位数据总线	S3C44B0X 地址 @16 位数据总线	S3C44B0X 地址 @32 位数据总线
A0	A0	A1	A2
A1	A1	A2	A3
A2	A2	A3	A4
A3	A3	A4	A5
…	…	…	…

3. S3C44B0X 存储控制器应用编程

(1) 基本应用

存储器控制器的应用主要是根据目标板提供的资源以及具体的应用情况,通过对其特殊功能寄存器的设置来进行的。

```
/ *****************************************
* 函数名称:c_ram_test
* 函数说明:字、半字和字节访问存储器
* 输入参数:无
* 输出参数:无
*****************************************/
void c_ram_test(void)
{
    int i,nStep;
    //字长读/写
    nStep = sizeof(int);
    for(i = 0; i < RW_NUM/nStep; i ++ )
    {
        ( * (int * )(RW_BASE + i * nStep)) = 0x45563430; //字长写
        ( * (int * )(RW_TARGET + i * nStep)) = ( * (int * )(RW_BASE + i * nStep));
                                            //字长读
    }
    uart_printf(" Access Memory (Word) Times : % d\n",i);
    //半字读/写
    nStep = sizeof(short);
    for(i = 0; i < RW_NUM/nStep; i ++ )
```

```
        {
            ( * ( short  * )(RW_BASE + i * nStep)) = 0x4B4F;  //半字写
            ( * ( short  * )(RW_TARGET + i * nStep)) = ( * ( short  * )(RW_BASE + i * nStep));
                                                                //-读
        }
        uart_printf(" Access Memory (half Word) Times : % d\n",i);
        //字节读/写
        nStep = sizeof(char);
        for(i = 0; i < RW_NUM/nStep; i++)
        {
            ( * (char * )(RW_BASE + i * nStep)) = 0x59;     //字节读
            ( * (char * )(RW_TARGET + i * nStep)) = ( * (char * )(RW_BASE + i * nStep));
                                                                //字节写
        }
        uart_printf(" Access Memory (Byte) Times : % d\n",i);
}
```

(2) S3C44B0X 存储控制器在电子词典中的应用

下面给出存储器应用程序,包括电子词典存储控制寄存器的配置编程实例。在此基础上又扩充了存储器的读/写。通过这几个简单实例,使读者对存储器的应用编程有一定了解。

存储器控制器的 13 个控制寄存器分布在从 0x01C80000 开始的连续地址空间,所以以下程序先将各个寄存器需要配置的值从起始地址为 SMRDATA 的区域取出来,然后可以利用指令"STMIA R0!,{R1-R13}"实现将配置好的寄存器的值依次写入到相应的寄存器中。这就完成了对存储器 13 个控制寄存器的配置。13 个存储控制寄存器的配置示例如下:

```
        LDR      R0, = SMRDATA           ;//把配置数据的存放地址送入
        LDMIA    R0!,{R1-R13}            ;//存入寄存器
        MOV      R0,#0x01C80000          ;//加载总线控制器地址
        STMIA    R0!,{R1-R13}            ;//送入控制字到总线控制器 SMRDATA
        SMRDATA DATA
        ;//Bank0      16 位 BOOT ROM SST39VF160/SST39VF320
        ;//Bank1      16 位 USB1.1 PDIUSBD12
        ;//Bank2      8 位 NAND FLASH K9F2808U0A/K9F5608U0A
        ;//Bank3      RTL8019
        ;//Bank4      未用
        ;//Bank5      未用
        ;//Bank6      16 位 SDRAM
        ;//Bank7      16 位 SDRAM
        [ BUSWIDTH = 16
        DCD 0x11001002    ;//Bank0 = 16 位 BootFlash SST39VF160/SST39VF320)
        ;//         | | | | | | |-     Bank1      = 8 位 PDIUSBD12
        ;//         | | | | | |---     Bank2      = 8 位 NAND FLSH
        ;//         | | | | |-----     Bank3      = 16 位 RTL8019
        ;//         | | | |-------     Bank4～5    = 8 位未用
        ;//         | | |---------     Bank6～7    = 16 位 SDRAM
        |                              ;//BUSWIDTH = 32
```

```
        DCD 0x22222220          ;Bank0 = OM[1:0],Bank1～Bank7 = 32 位
    ]
        DCD ((B0_Tacs << 13) + (B0_Tcos << 11) + (B0_Tacc << 8) + (B0_Tcoh << 6) + (B0_Tah << 4) +
            (B0_Tacp << 2) + (B0_PMC))          ;//GCS0
        DCD ((B1_Tacs << 13) + (B1_Tcos << 11) + (B1_Tacc << 8) + (B1_Tcoh << 6) + (B1_Tah << 4) +
            (B1_Tacp << 2) + (B1_PMC))          ;//GCS1
        DCD ((B2_Tacs << 13) + (B2_Tcos << 11) + (B2_Tacc << 8) + (B2_Tcoh << 6) + (B2_Tah << 4) +
            (B2_Tacp << 2) + (B2_PMC))          ;//GCS2
        DCD ((B3_Tacs << 13) + (B3_Tcos << 11) + (B3_Tacc << 8) + (B3_Tcoh << 6) + (B3_Tah << 4) +
            (B3_Tacp << 2) + (B3_PMC))          ;//GCS3
        DCD ((B4_Tacs << 13) + (B4_Tcos << 11) + (B4_Tacc << 8) + (B4_Tcoh << 6) + (B4_Tah << 4) +
            (B4_Tacp << 2) + (B4_PMC))          ;//GCS4
        DCD ((B5_Tacs << 13) + (B5_Tcos << 11) + (B5_Tacc << 8) + (B5_Tcoh << 6) + (B5_Tah << 4) +
            (B5_Tacp << 2) + (B5_PMC))          ;//GCS5
    [ BDRAMTYPE = "DRAM"
        DCD ((B6_MT << 15) + (B6_Trcd << 4) + (B6_Tcas << 3) + (B6_Tcp << 2) + (B6_CAN))
                                                ;//GCS6
        DCD ((B7_MT << 15) + (B7_Trcd << 4) + (B7_Tcas << 3) + (B7_Tcp << 2) + (B7_CAN))    ;//GCS7
    |                                                                                       ;//"SDRAM"
        DCD ((B6_MT << 15) + (B6_Trcd << 2) + (B6_SCAN))                ;//GCS6
        DCD ((B7_MT << 15) + (B7_Trcd << 2) + (B7_SCAN))                ;//GCS7
    ]
        DCD ((REFEN << 23) + (TREFMD << 22) + (Trp << 20) + (Trc << 18) + (Tchr << 16) + REFCNT)
                        ;//REFRESH RFEN = 1,TREFMD = 0,trp = 3clk,trc = 5clk,tchr = 3clk,count = 1113
        DCD 0x10        ;//低功耗 SCLK 模式,BANKSIZE:32 MB/32 MB
        DCD 0x20        ;//MRSR6 CL = 2clk
        DCD 0x20        ;//MRSR7
        ALIGN
```

对存储器的读/写代码可以用汇编语言来写,也可以用 C 语言来写,如下所示:

```
;************************************************************
;* 名称:sRWramtest
;* 功能:使用汇编语言读/写已初始化的 RAM 区,即向一个存储器地址写一个字、
;*      半字、字节或者从一个存储器地址处读取一个字、半字、字节,分别用
;*      相应的 LDR 和 STR 指令,这在第 3 章中有详细介绍
;************************************************************/
sRWramtest:
    LDR     R2, = 0x0C010000
    LDR     R3, = 0x55AA55AA
    STR     R3,[R2]             /* 将一个字 0x55AA55AA 写入地址 0x0C010000 处 */
    LDR     R3,[R2]             /* 从地址 0x0C010000 处读取一个字 */


    LDR     R2, = 0x0C010000
    LDRH    R3,[R2]             /* 从地址 0x0C010000 处读取一个半字 */
    STRH    R3,[R2],#2          /* 地址加 2 后,半字 */
```

```
    LDR     R2,=0x0C010000
    LDRB    R3,[R2]           /* 从地址 0x0C010000 处读取一个字节 */
    STRB    R3,[R2],#1        /* 地址加 1 后,向该地址写入一个字节 */
/*****************************************************************
 * 名称: cRWramtest
 * 功能: 使用高级语言 C 读/写 RAM 区,即向已定义的指针变量赋值,或将指针变量值赋给其他变量,
        这需要提前定义指针变量并赋值,并且也要定义相应的普通变量
 *****************************************************************/
#define RWram   (*(unsigned long *)0x0C010200)
void cRWramtest(void)
{
    unsigned long   *ptr  = (unsigned long  *)0x0C010200;  //定义一个长指针并赋初值
    unsigned short  *ptrh = (unsigned short *)0x0C010200;  //定义一个短指针并赋初值
    unsigned char   *ptrb = (unsigned char  *)0x0C010200;  //定义一个字符指针并赋初值

    unsigned char   tmpb;                                  //定义一个字符变量
    unsigned short  tmph;                                  //定义一个短整型变量
    unsigned long   tmpw;                                  //定义一个长整型变量

    *ptr = 0xAA55AA55;

    tmpw = *ptr;                                           //字长读
    *ptr = tmpw + 1;                                       //字长写

    tmph = *ptrh;                                          //半字
    *ptrh = tmph + 1;                                      //半字

    tmpb = *ptrb;                                          //字节
    *ptrb = tmpb + 1;                                      //字节
}
```

4.5.3　S3C44B0X I/O 端口的功能及应用开发

处理器通过 I/O 口与外围硬件连接。ARM 芯片的 I/O 口通常都与其他引脚复用,要熟悉 ARM 芯片 I/O 口的编程配置方法,就要熟悉 S3C44B0X 芯片 I/O 口的功能配置和特殊功能寄存器的配置。本小节主要讲述 S3C44B0X 芯片 I/O 端口的功能配置及应用。

1. S3C44B0X I/O 功能概述

(1) I/O 端口在嵌入式系统中的功能概述

I/O 接口是主机与外围设备之间交换信息的连接部件,它在主机和外围设备之间的信息交换中起着桥梁和纽带作用。I/O 接口有两种编址方式: I/O 接口独立编址和 I/O 接口与存储器统一编址方式。

① I/O 接口独立编址。这种编址方式是将存储器地址空间和 I/O 接口地址空间分开设置,互不影响。这种编址方式设有专门的输入指令(IN)和输出指令(OUT)来完成 I/O 操作。部分单片机和 DSP 芯片采用这种编址方式。

② I/O 接口与存储器统一编址方式。这种编址方式不区分存储器地址空间和 I/O 接口地址空间,把所有的 I/O 接口都当做存储器的一个单元对待,每个接口芯片都安排一个或几个与存储器统一编号的地址。这种编址方式不设专门的输入/输出指令,所有传送和访问存储器的指令都可用来对 I/O 接口操作。S3C44B0X 就采用这种方式。

两种编址方式有各自的优缺点。独立编址方式的主要优点是,内存地址空间与 I/O 接口地址空间分开,互不影响,译码电路较简单,并设有专门的 I/O 指令,所以编出的程序易于区分,且执行时间短,快速性好;其缺点是,只能用 I/O 指令访问 I/O 端口,功能有限且要采用专用 I/O 周期和专用 I/O 控制线,使微处理器复杂化。统一编址方式的主要优点是,访问内存的指令都可用于 I/O 操作,数据处理功能强,同时 I/O 接口可与存储器部分共用译码和控制电路;其缺点是,I/O 接口要占用存储器地址空间的一部分,并且由于不用专门的 I/O 指令,程序较难区分 I/O 操作。

(2) S3C44B0X I/O 端口的功能概述

S3C44B0X 有 71 个通用可编程多功能输入/输出引脚,可分为以下 7 类端口:

➢ 2 个 9 位输入/输出端口(PortE 和 PortF);
➢ 2 个 8 位输入/输出端口(PortD 和 PortG);
➢ 1 个 16 位输入/输出端口(PortC);
➢ 1 个 10 位输出端口(PortA);
➢ 1 个 11 位的输出端口(PortB)。

每个端口都可以通过软件设置来满足各种各样的系统设置和设计要求。每个端口的功能通常都要在主程序开始前被定义。如果一个引脚的多功能没有使用,那么这个引脚将被设置为 I/O 端口。在引脚配置以前,需要对引脚的初始化状态进行设定来避免一些问题的出现。表 4 – 46 是 S3C44B0X I/O 端口总的设置情况。

表 4 – 46 S3C44B0X I/O 端口设置

端 口		功能 1	功能 2	功能 3	功能 4
PortA	PA9~PA1	Output only	ADDR24~ADDR16		
	PA0	Output only	ADDR0		
PortB	PB10~PB6	Output only	nGCS5~nGCS1		
	PB5	Output only	nWBE3;nBE3;DQM3		
	PB4	Output only	nWBE2;nBE2;DQM2		
	PB3	Output only	nSRAS;nCAS3		
	PB2	Output only	nSCAS;nCAS2		
	PB1	Output only	SCLK		
	PB0	Output only	SCKE		
PortC	PC15	Input/Output	DATA31	nCTS0	
	PC14	Input/Output	DATA30	nRTS0	
	PC13	Input/Output	DATA29	RxD1	
	PC12	Input/Output	DATA28	TxD1	
	PC11	Input/Output	DATA27	nCTS1	
	PC10	Input/Output	DATA26	nRTS1	
	PC9	Input/Output	DATA25	nXDREQ1	
	PC8	Input/Output	DATA24	nXDACK1	
	PC7~PC4	Input/Output	DATA23~DATA20	VD4~VD7	
	PC3	Input/Output	DATA19	IISCLK	
	PC2	Input/Output	DATA18	IISDI	
	PC1	Input/Output	DATA17	IISDO	
	PC0	Input/Output	DATA16	IISLRCK	

续表 4-46

端口		功能1	功能2	功能3	功能4
PortD	PD7	Input/Output	VFRAME		
	PD6	Input/Output	VM		
	PD5	Input/Output	VLINE		
	PD4	Input/Output	VCLK		
	PD3~PD0	Input/Output	VD3~VD0		
PortE	PE8	Endian	CODECLK	Input/Output	
	PE7	Input/Output	TOUT4	VD7	
	PE6	Input/Output	TOUT3	VD6	
	PE5	Input/Output	TOUT2	TCLK	
	PE4	Input/Output	TOUT1	TCLK	
	PE3	Input/Output	TOUT0		
	PE2	Input/Output	RxD0		
	PE1	Input/Output	TxD0		
	PE0	Input/Output	Fpllo	Fout	
PortF	PF8	Input/Output	nCTS1	SIOCK	IISCLK
	PF7	Input/Output	RxD1	SIORxD	IISDI
	PF6	Input/Output	TxD1	SIORDY	IISDO
	PF5	Input/Output	nRTS1	SIOTxD	IISLRCK
	PF4	Input/Output	nXBREQ	nXDREQ0	
	PF3	Input/Output	nXBACK	nXDACK0	
	PF2	Input/Output	nWAIT		
	PF1	Input/Output	IICSDA		
	PF0	Input/Output	IICSCL		
PortG	PG7	Input/Output	IISLRCK	EINT7	
	PG6	Input/Output	IISDO	EINT6	
	PG5	Input/Output	IISDI	EINT5	
	PG4	Input/Output	IISCLK	EINT4	
	PG3	Input/Output	nRTS0	EINT3	
	PG2	Input/Output	nCTS0	EINT2	
	PG1	Input/Output	VD5	EINT1	
	PG0	Input/Output	VD4	EINT0	

注：1 有下划线的功能只是在复位后才可被选择。只有当 nRESET 电平为 L 时，Endian(PE8) 才会被使用。
 2 IICSDA 和 IICSCL 引脚是开放的输出引脚，因此，需要上拉电阻才能被当做输出端口（PF[1：0]）。

2. S3C44B0X I/O 端口功能及应用描述

I/O 端口的各种功能主要是通过对端口各个寄存器进行设置而实现的。下面通过对各个寄存器的说明来分别介绍 I/O 端口所能完成的功能。

① 端口配置寄存器（PCONA~G）：在 S3C44B0X 中，大多数引脚都是多功能引脚。因此，应当为每个引脚选择功能。端口控制寄存器（PCONn）决定了每一个引脚的功能。如果 PG0~

PG7 在掉电模式下被用做唤醒信号,则在中断模式下这些端口必须被设定。

② 端口数据寄存器(PDATA~G):若这些端口被设定为输出端口,输出数据可以被写入到 PDATn 相应位;若被设定为输入端口,输入数据可以被读到 PDATn 相应位。

③ 端口上拉寄存器(PUPC~G):端口上拉寄存器控制每个端口组上拉寄存器的使能端。当相应位被设为 0 时,引脚接上拉电阻;当相应位被设为 1 时,引脚不接上拉电阻。

④ 特殊的上拉电阻控制寄存器(SPUCR):数据线 D[15:0]引脚的上拉电阻能够通过 SPUPCR 寄存器控制。在 STOP/SL-IDLE 模式,数据线(D[31:0]或 D[15:0])处于高阻状态(Hi-Z State)。由于 I/O 端口的特征,在 STOP/SL-IDLE 模式,数据线上拉电阻可以降低功耗。D[31:16]引脚的上拉电阻能够通过 PUPC 寄存器来控制;D[15:0]引脚上拉电阻能够通过 SPUCR 寄存器来控制。在 STOP 模式,为了保护存储器不出现错误功能(Mal-function),存储器控制信号通过在特殊的上拉电阻控制寄存器里设置 HZ@STOP 区域来选择高阻状态或先前的状态。

⑤ 外部中断控制寄存器(EXTINT):8 个外部中断可以用各种信号触发方式请求。外部中断寄存器为外部中断设置了信号触发方法选择位,也设置了触发信号的极性选择位。外部中断请求信号触发的方法有:低电平触发、高电平触发、下降沿触发、上升沿触发及双沿触发。8 个外部中断寄存器的具体设置情况请详见 I/O 特殊功能寄存器。因为每个外部中断引脚都有一个数字滤波器,这让中断控制器能够识别长于 3 个时钟周期的请求信号。

⑥ 外部中断挂起寄存器(EXTINTPND):外部中断请求(4/5/6/7)对于中断控制器来说是"或"的关系。EINT4、EINT5、EINT6、EINT7 共享在中断控制器里同一个中断请求队列。如果外部中断请求的 4 位中的任何一位被激活,那么 EXTINTPND 将会被设置为 1。外部挂起条件清除以后,中断服务程序必须清除中断挂起状态。通过 EXTINTPND 对应位写 1 来清除挂起条件。因为在 ARM 芯片中,I/O 引脚一般都是多功能的,所以在使用 I/O 端口之前,需要对 I/O 端口各个特殊功能寄存器进行设置。下面将对 S3C44B0X I/O 端口的各个特殊功能寄存器进行介绍。

(1) 端口 A 控制寄存器(PCONA、PDATA)

表 4-47 是端口 A 控制寄存器,包括端口 A 的配置寄存器 PCONA 和数据寄存器 PDATA。

表 4-47 端口 A 控制寄存器

端口 A 配置寄存器 PCONA	地址:0x01D20000	访问方式:R/W	初始值:0x3FF
端口 A 数据寄存器 PDATA	地址:0x01D20004	访问方式:R/W	初始值:未定义

寄存器	位	位名称	描述
配置寄存器	[9]~[1]	PA9~PA1	0=Output 1=ADDR24~ADDR16
	[0]	PA0	0=Output 1=ADDR0
数据寄存器	[9:0]	PA9~PA0	当端口配置为输出口时,对应引脚的状态和该位的值相同;当端口配置为功能引脚时,如果读该位的值,将是一个不确定的值

(2) 端口 B 控制寄存器(PCONB、PDATB)

表 4-48 是端口 B 控制寄存器,包括端口 B 的配置寄存器 PCONB 和数据寄存器 PDATB。

(3) 端口 C 控制寄存器(PCONC、PDATC、PUPC)

表 4-49 是端口 C 控制寄存器,包括端口 C 的配置寄存器 PCONC、数据寄存器 PDATC 和上拉电阻配置 PUPC。

表 4-48　端口 B 控制寄存器

端口 B 配置寄存器 PCONB　　地址：0x01D20008　　访问方式：R/W　　初始值：0x7FF
端口 B 数据寄存器 PDATB　　地址：0x01D2000C　　访问方式：R/W　　初始值：未定义

寄存器	位	位名称	描述
配置寄存器	[10]	PB10	0=Output　1=nGCS5
	[9]	PB9	0=Output　1=nGCS4
	[8]	PB8	0=Output　1=nGCS3
	[7]	PB7	0=Output　1=nGCS2
	[6]	PB6	0=Output　1=nGCS1
	[5]	PB5	0=Output　1=nWBE3/nBE3/DQM3
	[4]	PB4	0=Output　1=nWBE2/nBE2/DQM2
	[3]	PB3	0=Output　1=nSRAS/nCAS3
	[2]	PB2	0=Output　1=nSCAS/nCAS2
	[1]	PB1	0=Output　1=SCLK
	[0]	PB0	0=Output　1=SCKE
数据寄存器	[10：0]	PB10～PB0	当端口配置为输出口时，对应引脚的状态和该位的值相同；当端口配置为功能引脚时，如果读该位的值，将是一个不确定的值

表 4-49　端口 C 控制寄存器

端口 C 配置寄存器 PCONC　　地址：0x01D20010　　访问方式：R/W　　初始值：0xAAAAAAAA
端口 C 数据寄存器 PDATC　　地址：0x01D20014　　访问方式：R/W　　初始值：未定义
端口 C 上拉电阻配置 PUPC　　地址：0x01D20018　　访问方式：R/W　　初始值：0x0

寄存器	位	位名称	描述
配置寄存器	[31：30]	PC15	00=Input　01=Output　10=DATA31　11=nCTS0
	[29：28]	PC14	00=Input　01=Output　10=DATA30　11=nRTS0
	[27：26]	PC13	00=Input　01=Output　10=DATA29　11=RxD1
	[25：24]	PC12	00=Input　01=Output　10=DATA28　11=TxD1
	[23：22]	PC11	00=Input　01=Output　10=DATA27　11=nCTS1
	[21：20]	PC10	00=Input　01=Output　10=DATA26　11=nRTS1
	[19：18]	PC9	00=Input　01=Output 10=DATA25　11=nXDREQ1
	[17：16]	PC8	00=Input　01=Output 10=DATA24　11=nXDACK1
	[15：14]	PC7	00=Input　01=Output　10=DATA23　11=VD4
	[13：12]	PC6	00=Input　01=Output　10=DATA22　11=VD5
	[11：10]	PC5	00=Input　01=Output　10=DATA21　11=VD6
	[9：8]	PC4	00=Input　01=Output　10=DATA20　11=VD7
	[7：6]	PC3	00=Input　01=Output　10=DATA19　11=IISCLK
	[5：4]	PC2	00=Input　01=Output　10=DATA18　11=IISDI
	[3：2]	PC1	00=Input　01=Output　10=DATA17　11=IISDO
	[1：0]	PC0	00=Input　01=Output 10=DATA16　11=IISLRCK
数据寄存器	[15：0]	PC15～PC0	当端口配置为输入口时，该位的值是对应引脚的状态；当端口配置为输出口时，对应引脚的状态和该位的值相同；当端口配置为功能引脚时，如果读该位的值，将是一个不确定的值
上拉电阻配置	[15：0]	PC15～PC0	0=允许上拉电阻连接到对应引脚； 1=禁止上拉电阻连接到对应引脚

(4) 端口 D 控制寄存器(PCOND、PDATD、PUPD)

表 4-50 是端口 D 控制寄存器,包括端口 D 的配置寄存器 PCOND、数据寄存器 PDATD 和上拉电阻配置 PUPD。

表 4-50 端口 D 控制寄存器

端口 D 配置寄存器 PCOND　　地址:0x01D2001C　　访问方式:R/W　　初始值:0x0000
端口 D 数据寄存器 PDATD　　地址:0x01D20020　　访问方式:R/W　　初始值:未定义
端口 D 上拉电阻配置 PUPD　　地址:0x01D20024　　访问方式:R/W　　初始值:0x0

寄存器	位	位名称	描述
配置寄存器	[15:14]	PD7	00=Input　01=Output　10=VFRAME　11=保留
	[13:12]	PD6	00=Input　01=Output　10=VM　11=保留
	[11:10]	PD5	00=Input　01=Output　10=VLINE　11=保留
	[9:8]	PD4	00=Input　01=Output　10=VCLK　11=保留
	[7:6]	PD3	00=Input　01=Output　10=VD3　11=保留
	[5:4]	PD2	00=Input　01=Output　10=VD2　11=保留
	[3:2]	PD1	00=Input　01=Output　10=VD1　11=保留
	[1:0]	PD0	00=Input　01=Output　10=VD0　11=保留
数据寄存器	[7:0]	PD7~PD0	当端口配置为输入口时,该位的值是对应引脚的状态; 当端口配置为输出口时,对应引脚的状态和该位的值相同; 当端口配置为功能引脚时,如果读该位的值,将是一个不确定的值
上拉电阻配置	[7:0]	PD7~PD0	0=允许上拉电阻连接到对应引脚;1=禁止上拉电阻连接到对应引脚

(5) 端口 E 控制寄存器(PCONE、PDTAE、PUPE)

表 4-51 是端口 E 控制寄存器,包括端口 E 的配置寄存器 PCONE、数据寄存器 PDATE 和上拉电阻配置 PUPE。

表 4-51 端口 E 控制寄存器

端口 E 配置寄存器 PCONE　　地址:0x01D20028　　访问方式:R/W　　初始值:0x00
端口 E 数据寄存器 PDATE　　地址:0x01D2002C　　访问方式:R/W　　初始值:未定义
端口 E 上拉电阻配置 PUPE　　地址:0x01D20030　　访问方式:R/W　　初始值:0x00

寄存器	位	位名称	描述
配置寄存器	[17:16]	PE8	00=保留　01=Output 10=CODECLK　11=保留
	[15:14]	PE7	00=Input　01=Output　10=TOUT4　11=VD7
	[13:12]	PE6	00=Input　01=Output　10=TOUT3　11=VD6
	[11:10]	PE5	00=Input　01=Output　10=TOUT2　11=TCLK in
	[9:8]	PE4	00=Input　01=Output　10=TOUT1　11=TCLK in
	[7:6]	PE3	00=Input　01=Output　10=TOUT0　11=保留
	[5:4]	PE2	00=Input　01=Output　10=RxD0　11=保留
	[3:2]	PE1	00=Input　01=Output　10=TxD0　11=保留
	[1:0]	PE0	00=Input　01=Output　10=Fpllo out　11=Fout out
数据寄存器	[8:0]	PE8~PE0	当端口配置为输出口时,对应引脚的状态和该位的值相同; 当端口配置为功能引脚时,如果读该位的值,将是一个不确定的值
上拉电阻配置	[7:0]	PE7~PE0	0=允许上拉电阻连接到对应引脚;1=禁止上拉电阻连接到对应引脚 PE8 没有可编程的上拉电阻

(6) 端口 F 控制寄存器(PCONF、PDTAF、PUPF)

表 4-52 是端口 F 控制寄存器,包括端口 F 的配置寄存器 PCONF、数据寄存器 PDATF 和上拉电阻配置 PUPF。

表 4-52 端口 F 控制寄存器

端口 F 配置寄存器 PCONF　　　地址:0x01D20034　　访问方式:R/W　　初始值:0x0000
端口 F 数据寄存器 PDATF　　　 地址:0x01D20038　　访问方式:R/W　　初始值:未定义
端口 F 上拉电阻配置 PUPF　　　地址:0x01D2003C　　访问方式:R/W　　初始值:0x000

寄存器	位	位名称	描述
配置寄存器	[21:19]	PF8	000=Input　001=Output　010=nCTS1 011=SIOCLK　100=IISCLK　其他=保留
	[18:16]	PF7	000=Input　001=Output　010=RxD1 011=SIORxD　100=IISDI　其他=保留
	[15:13]	PF6	000=Input　001=Output　010=TxD1 011=SIORDY　100=IISDO　其他=保留
	[12:10]	PF5	000=Input　001=Output　010=nRTS1 011=SIOTxD　100=IISLRCK　其他=保留
	[9:8]	PF4	00=Input　01=Output　10=nXBREQ　11=nXDREQ0
	[7:6]	PF3	00=Input　01=Output　10=nXBACK　11=nXDACK0
	[5:4]	PF2	00=Input　01=Output　10=nWAIT　11=保留
	[3:2]	PF1	00=Input　01=Output　10=IICSDA　11=保留
	[1:0]	PF0	00=Input　01=Output　10=IICSCL　11=保留
数据寄存器	[8:0]	PF8~PF0	当端口配置为输入时,该位的值是对应引脚的状态; 当端口配置为输出时,对应引脚的状态和该位的值相同; 当端口配置为功能引脚时,如果读该位的值,将是一个不确定的值
上拉电阻配置	[8:0]	PF8~PF0	0=允许上拉电阻连接到对应引脚;1=禁止上拉电阻连接到对应引脚

(7) 端口 G 控制寄存器(PCONG、PDATG、PUPG)

表 4-53 是端口 G 控制寄存器,包括端口 G 的配置寄存器 PCONG、数据寄存器 PDATG 和上拉电阻配置 PUPG。

表 4-53 端口 G 控制寄存器

端口 G 配置寄存器 PCONG　　　地址:0x01D20040　　访问方式:R/W　　初始值:0x0
端口 G 数据寄存器 PDATG　　　 地址:0x01D20044　　访问方式:R/W　　初始值:未定义
端口 G 上拉电阻配置 PUPG　　　地址:0x01D20048　　访问方式:R/W　　初始值:0x0

寄存器	位	位名称	描述
配置寄存器	[15:14]	PG7	00=Input　01=Output　10=IISLRCK　11=EINT7
	[13:12]	PG6	00=Input　01=Output　10=IISDO　11=EINT6
	[11:10]	PG5	00=Input　01=Output　10=IISDI　11=EINT5
	[9:8]	PG4	00=Input　01=Output　10=IISCLK　11=EINT4
	[7:6]	PG3	00=Input　01=Output　10=nRTS0　11=EINT3
	[5:4]	PG2	00=Input　01=Output　10=nCTS0　11=EINT2
	[3:2]	PG1	00=Input　01=Output　10=VD5　11=EINT1
	[1:0]	PG0	00=Input　01=Output　10=VD4　11=EINT0

续表 4-53

寄存器	位	位名称	描 述
数据寄存器	[7:0]	PG7～PG0	当端口配置为输入口时,该位的值是对应引脚的状态; 当端口配置为输出口时,对应引脚的状态和该位的值相同; 当端口配置为功能引脚时,如果读该位的值,将是一个不确定的值
上拉电阻配置	[7:0]	PG7～PG0	0＝允许上拉电阻连接到对应引脚;1＝禁止上拉电阻连接到对应引脚

(8) 上拉电阻控制寄存器(SPUCR)

表 4-54 是上拉电阻控制寄存器,设置它所完成的功能如表中所列。

表 4-54 上拉电阻控制寄存器

SPUCR　　地址:0x01D2004C　　访问方式:R/W　　初始值:0x4

位	位名称	描 述
[2]	HZ@STOP	0＝在停止模式,存储器的控制信号保持先前的状态; 1＝控制信号保持高阻状态
[1]	SPUCR1	0＝DATA[15:8]上拉电阻允许;1＝DATA[15:8]上拉电阻禁止
[0]	SPUCR0	0＝DATA[7:0]上拉电阻允许;1＝DATA[7:0]上拉电阻禁止

(9) 外部中断控制寄存器(EXTINT)

外部中断寄存器如表 4-55 所列,它为外部中断设置了信号触发的方法,主要有:低电平触发、高电平触发、下降沿触发、上升沿触发和双沿触发。

表 4-55 外部中断控制寄存器

EXTINT　　地址:0x01D20050　　访问方式:R/W　　初始值:0x000000

位	位名称	描 述
[30:28]	EINT7	
[26:24]	EINT6	
[22:20]	EINT5	
[18:16]	EINT4	000＝低电平触发　　001＝高电平中断
[14:12]	EINT3	01x＝下降沿触发　　10x＝上升沿触发
[10:8]	EINT2	11x＝双沿触发
[6:4]	EINT1	
[2:0]	EINT0	

(10) 外部中断挂起寄存器(EXTINTPND)

外部中断请求(4/5/6/7)共用在中断控制器里的一个相同的中断请求队列。外部中断挂起寄存器如表 4-56 所列,它以各个位设置为 1 来清除外部中断(4/5/6/7)的挂起位。

表 4-56 外部中断挂起寄存器

EXTINTPND　　地址:0x01D20054　　访问方式:R/W　　初始值:0x00

位	位名称	描 述
[3]	EXTINTPND3	如果 EINT7 激活,则 EXTINTPND3 设置为 1,INTPND[21]也设置为 1
[2]	EXTINTPND2	如果 EINT6 激活,则 EXTINTPND2 设置为 1,INTPND[21]也设置为 1
[1]	EXTINTPND1	如果 EINT5 激活,则 EXTINTPND1 设置为 1,INTPND[21]也设置为 1
[0]	EXTINTPND0	如果 EINT4 激活,则 EXTINTPND0 设置为 1,INTPND[21]也设置为 1

3. S3C44B0X I/O 端口应用编程
(1) I/O 端口应用
① 基本函数

```
void Port_Init(void)                    //设置端口 C 和 F 的 I/O 状态
{
    rPDATC   = 0xFC00;
    rPCONC   = 0x0FF5FF55;
    rPUPC    = 0x30FF;

    rPUPE    = 0x6;
    rPDATF   = 0xE7;
    rPCONF   = 0x24914A;
}

void Led_Display(int LedStatus)         //用端口 C 的 8 和 9,端口 F 的 3 和 4 引脚控制 LED 灯
void Led_Display(int nLedStatus)
{
    f_nLedState = nLedStatus;
    // 改变 LED 的当前状态
    if((nLedStatus&0x01) == 0x01)
        rPDATC &= 0xFEFF;               //GPC8：LED1 (D1204)亮
    else
        rPDATC |= (1 << 8);             //灭
    if((nLedStatus&0x02) == 0x02)
        rPDATC &= 0xFDFF;               // GPC9：LED2 (D1205)亮
    else
        rPDATC |= (1 << 9);             //灭
    if((nLedStatus&0x04) == 0x04)
        rPDATF &= 0xEF;                 // GPF4：LED3 (D1206)亮
    else
        rPDATF |= (1 << 4);             //灭

    if((nLedStatus&0x08) == 0x08)
        rPDATF &= 0xF7;                 // GPF3：LED4 (D1207)亮
    else
        rPDATF |= (1 << 3);             //灭
```

② 函数应用

```
void Main(void)
{
    Port_Init();
    while(1)
    {
        Led_Display(0xF);
        Delay(1000);
        Led_Display(0x0);
```

```
        Delay(1000);
    }
}
```

(2) S3C44B0X I/O 端口在电子词典中的应用

在电子词典中,使用 GPIO 来控制 LED 的点亮或熄灭以测试系统是否正常启动。如果系统正常启动,LED1～LED4 依次点亮,接着 LED4～LED1 依次熄灭。以下是软件的具体实现部分。

① I/O 端口的初始化代码

对每个 I/O 端口的配置一般按照以下步骤进行:(a)首先根据具体应用对端口数据寄存器设置相应的值;(b)根据应用需要设置控制寄存器,确定各个端口的具体功能;(c)根据需要设置上拉电阻寄存器。具体程序代码如下:

```
void Port_Init(void)
{
    // PORT A GROUP
    rPCONA = 0x1FF;              //写端口 A 的配置寄存器

    // PORT B GROUP
    rPDATB = 0x7FF;              //写端口 B 的数据寄存器
    rPCONB = 0x1CF;              //写端口 B 的配置寄存器
    // PORT C GROUP
    rPDATC = 0xFC00;             //写端口 C 的数据寄存器
    rPCONC = 0x0FF5FF55;         //写端口 C 的配置寄存器
    rPUPC = 0x30FF;              //使能/禁止(0 使能/1 禁止)端口 C 相应引脚上拉电阻

    // PORT D GROUP
    rPDATD = 0xBF;               //写端口 D 的数据寄存器
    rPCOND = 0x9AAA;             //写端口 D 的配置寄存器
    rPUPD = 0x0;                 //使能/禁止(0 使能/1 禁止)端口 D 相应引脚上拉电阻

    // PORT E GROUP
    rPDATE = 0x1FF;              //写端口 E 的数据寄存器
    rPCONE = 0x25668;            //写端口 E 的配置寄存器
    rPUPE = 0x6;                 //使能/禁止(0 使能/1 禁止)端口 E 相应引脚上拉电阻

    // PORT F GROUP
    rPDATF = 0xE7;               //写端口 F 的数据寄存器
    rPCONF = 0x24914A;           //写端口 F 的配置寄存器
    rPUPF = 0x0;                 //使能/禁止(0 使能/1 禁止)端口 F 相应引脚上拉电阻

    // PORT G GROUP
    rPDATG = 0xFF;               //写端口 G 的数据寄存器
    rPCONG = 0xFFFF;             //写端口 G 的配置寄存器
    rPUPG = 0x0;                 //使能/禁止(0 使能/1 禁止)端口 G 相应引脚上拉电阻

    rSPUCR = 0x7;                //使能数据线上拉电阻
```

```
    rEXTINT = 0x0;              //设置低电平触发中断
}
```

② I/O 端口的读/写代码

对 I/O 口进行读/写控制 LED 点亮或熄灭,具体代码如下:

```
void led1_on(void)
{
    rPDATC &= 0xFEFF;           //写 C 口数据寄存器的第 8 位为 0,C 口其余位保留状态,LED1 亮
}
void led1_off()
{
    rPDATC |= (1 << 8);         //写 C 口数据寄存器的第 8 位为 1,B 口其余位保留状态,LED1 灭
}
void led2_on()
{
    rPDATC &= 0xFDFF;           //写 C 口数据寄存器的第 9 位为 0,C 口其余位保留状态,LED2 亮
}
void led2_off()
{
    rPDATC |= (1 << 9);         //写 C 口数据寄存器的第 9 位为 1,C 口其余位保留状态,LED2 灭
}
void led3_on()
{
    rPDATF &= 0xEF;             //LED3 亮
}
void led3_off()
{
    rPDATF |= (1 << 4);         //灭
}
void led4_on()
{
    rPDATF &= 0xF7;             //LED4 亮
}
void led4_off()
{
    rPDATF |= (1 << 3);         //灭
}
```

4.5.4 S3C44B0X 中断控制器的功能及应用开发

嵌入式系统的实时性是非常重要的特性。中断使得处理器可以在事件发生时才予以处理,而不必连续不断地查询(Polling)是否有事件发生,从而提高了系统运行效率。本小节主要介绍中断的基本概念及在 S3C44B0X 中中断功能的配置和应用方法。

1. S3C44B0X 中断控制器概述

(1) 中断控制器在嵌入式系统中的功能概述

中断是一种硬件机制,用于通知处理器有异步事件发生。中断一旦被识别,处理器就保存中

点处的部分或全部寄存器值,跳转到专门的子程序,称为中断服务子程序(ISR)。中断服务子程序完成事件处理后,程序重新返回到断点处。中断响应恢复过程如图4-35所示。

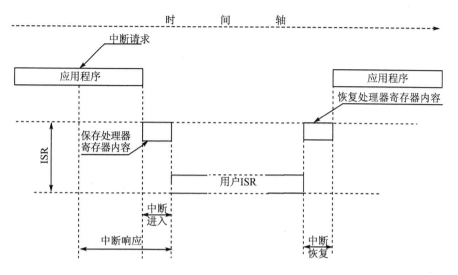

图 4-35 中断响应、恢复过程

通常情况下,有向量中断和非向量中断两种中断。所有非向量 IRQ 中断都具有一个入口地址和一样的优先级。当一个非向量 IRQ 中断在服务时,会屏蔽其他非向量 IRQ 中断。但若在一次 CPU 响应非向量 IRQ 中断的同时有多个非向量 IRQ 申请,则需要软件来判断服务顺序。向量中断使用硬件方式完成中断源及 ISR 入口地址的确定,而所有非向量 IRQ 中断在中断发生后都进入一个统一的入口地址,通过读取 IRQ 状态寄存器,判断是哪个中断源在进入相应的中断服务程序。若同时有多个中断源申请,则要通过软件来决定服务的顺序。

向量地址寄存器中存放当前优先级最高的 IRQ 中断的中断服务程序的入口地址,软件通过读取该寄存器获得 ISR 的入口地址。在退出中断服务程序之前,如果是电平中断,则首先要清掉中断源的中断申请,然后对向量地址寄存器写一个任意数,来表示当前中断被服务结束;如果是沿中断,则只需对原始中断状态寄存器的相应位写 1,再对向量地址寄存器写一个任意数即可。图 4-36 是处理器响应中断的流程图。

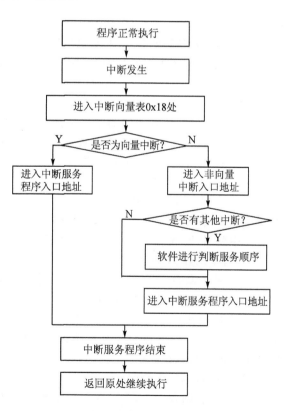

图 4-36 处理器响应中断流程图

(2) S3C44B0X 中断控制器的功能及作用概述

S3C44B0X 的中断控制器可以接收来自 30 个中断源的中断请求。这些中断源由 DMA、UART、GPIO 控制器等内部的非处理单元提供。在这些中断源中,外部中断 EINT4/5/6/7 通过逻辑"或"关系提供给中断控制器,它们共用一条中断请求线。UART0 和 UART1 的错误中断也是如此。

中断控制器的任务是在片内外围和外部中断源组成的多重中断发生时,经过优先级判断选择其中一个中断,然后通过 FIQ(快速中断请求)或 IRQ(通用中断请求)向 ARM7TDMI 内核发出 FIQ 或 IRQ 中断请求。最初 ARM7TDMI 内核只有 FIQ 和 IRQ 两种中断,中断优先级的判别通过软件来实现。其他中断都是各个芯片厂家在设计芯片时定义的。例如,如果定义所有的中断源为 IRQ 中断(通过中断模式设置),当同时有 10 个中断发出请求时,可以通过读中断优先级寄存器来确定哪一个中断将被优先执行。

这样的中断处理方法会引起一定时间的中断延迟,即在中断发生的一段时间之后才会跳转到实际的中断服务子程序中。为了解决这个问题,S3C44B0X 提供了一种新的中断模式,叫做向量中断模式,它具有 CISC 结构微控制器的特征,能够减少中断响应时间。换句话说,在 S3C44B0X 中断控制器内部的硬件直接提供了对向量中断服务的支持。

当多个中断源同时发出中断请求时,硬件优先级逻辑会判断哪一个中断将被执行。同时,硬件逻辑自动执行由 0x18(或 0x1C)地址到各个中断源向量地址的跳转指令,然后再由中断源向量进入到相应的中断处理程序。与原来的软件实现方式相比,这种方法可以显著地减少中断响应时间。

2. S3C44B0X 中断控制器的功能及应用描述

(1) S3C44B0X 中断控制器的操作

① 程序状态寄存器的 F 位和 I 位。如果 CPSR 程序状态寄存器的 F 位被设置为 1,那么 CPU 将不接收来自中断控制器的 FIQ;如果 CPSR 程序状态寄存器的 I 位被设置为 1,那么 CPU 将不接收来自中断控制器的 IRQ。因此,为了使能 FIQ 和 IRQ,必须先将 CPSR 程序状态寄存器的 F 位和 I 位清 0,并且中断屏蔽寄存器 INTMSK 中相应的位也要清 0。

② 中断模式(INTMOD)。ARM7TDMI 提供了 2 种中断模式:FIQ 模式和 IRQ 模式。所有的中断源在请求中断时都要确定使用哪一种中断模式。

③ 中断挂起寄存器(INTPND)。中断挂起寄存器用于指示相应的中断是否被激活。当中断挂起位被设置时,只要中断控制寄存器中的标志 I 或标志 F 被清 0,就会开始相应的中断服务过程。中断挂起寄存器是只读寄存器,所以在中断服务程序中必须加入对 I_ISPC 和 F_ISPC 写 1 的操作来清除挂起条件。

④ 中断屏蔽寄存器(INTMSK)。当中断屏蔽寄存器(INTMSK)的屏蔽位为 1 时,对应的中断被禁止;当 INTMSK 寄存器的屏蔽位为 0 时,则对应的中断正常执行。如果一个中断的屏蔽位为 1,在该中断发出请求时挂起位还是会被设置为 1,但是并不执行。如果中断屏蔽寄存器的全局屏蔽位(Global Bit)设置为 1,那么在中断发出请求时相应的中断挂起位会被设置,但所有的中断请求都不被执行。

(2) S3C44B0X 中断源

在 30 个中断源中,对于中断控制器来说有 26 个中断源是单独的,4 个外部中断(EINT4/5/6/7)是逻辑"或"的关系。它们共用同一个中断源,另外两个 UART 错误中断(UERROR0/1)也是共用同一个中断控制器。表 4-57 为 S3C44B0X 的中断源及其向量地址。

表 4-57 S3C44B0X 的中断源及其向量地址

中断源	向量地址	描述	中断源	向量地址	描述
EINT0	0x00000020	外部中断 0	INT_TIMER1	0x00000060	定时器 1 中断
EINT1	0x00000024	外部中断 1	INT_TIMER2	0x00000064	定时器 2 中断
EINT2	0x00000024	外部中断 2	INT_TIMER3	0x00000068	定时器 3 中断
EINT3	0x0000002C	外部中断 3	INT_TIMER4	0x0000006C	定时器 4 中断
EINT4/5/6/7	0x00000030	外部中断 4/5/6/7	INT_TIMER5	0x00000070	定时器 5 中断
INT_TICK	0x00000030	RTC 时间滴嗒中断	INT_URXD0	0x00000080	UART 接收中断 0
INT_ZDMA0	0x00000034	通用 DMA 中断 0	INT_URXD1	0x00000084	UART 接收中断 1
INT_ZDMA1	0x00000040	通用 DMA 中断 1	INT_IIC	0x00000088	I^2C 中断
INT_BDMA0	0x00000044	桥梁 DMA 中断 0	INT_SIO	0x0000008C	SIO 中断
INT_BDMA1	0x00000048	桥梁 DMA 中断 1	INT_UTXD0	0x00000090	UART 发送中断 0
INT_WDT	0x0000004C	看门狗定时器中断	INT_UTXD1	0x00000094	UART 发送中断 1
INT_UERR0/1	0x00000050	UART 错误中断 0/1	INT_RTC	0x000000A0	RTC 告警中断
INT_TIMER0	0x00000054	定时器 0 中断	INT_ADC	0x000000C0	ADC EOC 中断

注：EINT4、EINT5、EINT6 和 EINT7 共享同一个中断请求线，因此 ISR(中断服务程序)通过读 EXTINTPND[3：0]来区别这 4 种中断源。在 ISR 完成之后，ISR 中的 EXTINTPND[3：0]必须通过写一个 1 来清除。

① **中断优先级产生模块**

中断优先级产生模块(见图 4-37)只为 IRQ 中断服务。如果应用向量模式并且中断源在 INTMOD 寄存器中被配置为 IRQ 模式，则这个中断将被中断优先级产生模块处理。

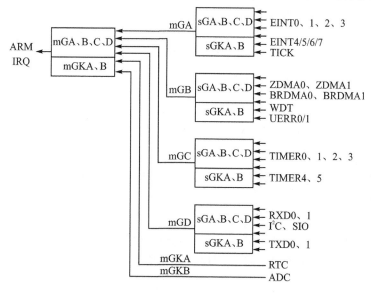

图 4-37 优先级产生模块

主优先级产生模块包括 5 个单元(1 个主单元和 4 个从单元)。每个从优先级产生单元管理 6 个中断源。主优先级产生单元管理 4 个从单元和 2 个中断源。

每个从单元都有 4 个可编程优先级中断源(sGn)和 2 个固定的优先级中断源(sGKn)。在每个从单元中都有 4 个中断源的优先级是可编程的，其余 2 个固定优先级的中断源在 6 个中断源中优先级最低。主优先级产生单元决定了4个从优先级单元和2个中断源的优先级。这2个中断源 INT_RTC 和 INT_ADC 在 26 个中断源中优先级最低。

② 中断优先级

如果中断源 A 设置为 FIQ,中断源 B 设置为 IRQ,则中断源 A 的优先级高于中断源 B 的优先级,因为 FIQ 中断的优先级总是高于 IRQ 中断的优先级。当中断源 A 和 B 都设置为 IRQ 中断时,如果中断源 A 和中断源 B 处于不同的主群中,并且中断源 A 所在主群的优先级高于中断源 B 所在主群的优先级,则中断源 A 的优先级高于中断源 B 的优先级。如果中断源 A 和中断源 B 处于相同的主群中,并且中断源 A 的优先级高于中断源 B 的优先级,则中断源 A 拥有较高的优先级。

sGA、sGB、sGC 和 sGD 的优先级总是高于 sGKA 和 sGKB 的优先级。sGA、sGB、sGC 和 sGD 的优先级都是可编程的,或可以由轮询(Round-Robin)方法来决定。在 sGKA 和 sGKB 中,sGKA 的优先级高。

mGA、mGB、mGC 和 mGD 的优先级总是高于 mGKA 和 mGKB 的优先级,所以 mGKA 和 mGKB 的优先级在其他中断源中是最低的。mGA、mGB、mGC 和 mGD 的优先级都是可编程的,或可以由 Round-Robin 方法来决定。在 mGKA 和 mGKB 中,mGKA 的优先级高。

(3) S3C44B0X 向量中断模式(仅针对 IRQ)

S3C44B0X 支持向量中断模式,可以减少中断的响应时间。如果 ARM7TDMI 内核收到来自中断控制器的 IRQ 中断请求,ARM7TDMI 会执行在 0x00000018 地址处的一条指令。在向量中断模式下,当 ARM7TDMI 从 0x00000018 地址处取指令时,中断控制器将会直接在数据总线上加载分支指令,这条分支指令使程序计数器能够对应到每一个中断源的向量地址。这些跳转到每一个中断源向量地址的分支指令的机器码是由中断控制器所产生的。例如,假设 EINT0 是 IRQ 中断,EINT0 的向量地址为 0x20,中断控制器肯定会产生从 0x18~0x20 的分支指令。因此,中断控制器产生的机器码为 0xEA000000。

在各个中断源对应的中断向量地址中,存放着跳转到相应中断服务程序的程序代码。在相应向量地址处分支指令的机器代码计算方式如下:

向量中断模式的指令机器代码=0xEA000000 +[(<目标地址>-<向量地址>-0x8)>>2]

例如,如果 Timer 0 中断采用向量中断模式,则跳转到对应中断服务程序的分支指令应该存放在向量地址 0x00000060 处。中断服务程序的起始地址为 0x10000。下面就是计算出来放在 0x00000060 处的机器代码:

0xEA000000+[(0x10000-0x60-0x8)>>2]=0xEA000000+0x3FE6=0xEA003FE6

通常机器码都是由汇编器自动产生的,因此不必真正像上面这样去计算。

(4) S3C44B0X 向量中断模式的程序举例

在向量中断模式下,当中断请求产生时,程序会自动进入相应的中断源向量地址;因此,在中断源向量地址处,必须有一条分支指令使程序进入相应的中断服务程序,例如:

```
ENTRY
    b ResetHandler          ;0x00
    b HandlerUndef          ;0x04
    b HandlerSWI            ;0x08
    b HandlerPabort         ;0x0C
    b HandlerDabort         ;0x10
```

```
        b                       ;0x14
        sub PC,PC,#4            ;0x18
        sub PC,PC,#4            ;0x1C
VECTOR_BRANCH
        ldr pc,=HandlerEINT0    ;0x20
        ldr pc,=HandlerEINT1
        ldr pc,=HandlerEINT2
        ldr pc,=HandlerEINT3
        ldr pc,=HandlerEINT4567
        ldr pc,=HandlerTICK     ;0x34
        b .
        b .
        ldr pc,=HandlerZDMA0    ;0x40
        ldr pc,=HandlerZDMA1
        ldr pc,=HandlerBDMA0
        ldr pc,=HandlerBDMA1
        ldr pc,=HandlerWDT
        ldr pc,=HandlerUERR01   ;0x54
        b .
        b .
        ldr pc,=HandlerTIMER0   ;0x60
        ldr pc,=HandlerTIMER1
        ldr pc,=HandlerTIMER2
        ldr pc,=HandlerTIMER3
        ldr pc,=HandlerTIMER4
        ldr pc,=HandlerTIMER5   ;0x74
        b .
        b .
        ldr pc,=HandlerURXD0    ;0x80
        ldr pc,=HandlerURXD1
        ldr pc,=HandlerIIC
        ldr pc,=HandlerSIO
        ldr pc,=HandlerUTXD0
        ldr pc,=HandlerUTXD1    ;0x94
        b .
        b .
        ldr pc,=HandlerRTC      ;0xA0
        b .
        b .
        b .
        b .
        b .
        b .
        b .
        ldr pc,=HandlerADC      ;0xC0
```

(5) S3C44B0X 非向量中断模式程序举例

在非向量中断模式下,通过分析 I_ISPR/F_ISPR 寄存器,IRQ/FIQ 处理器将移动 PC 到相应的 ISR。HandleXXX 地址包含每个相应 ISR 程序的起始地址。IRQ 中断源代码如下:

```
    ENTRY
        b  ResetHandler          ; for debug
        b  HandlerUndef          ; handlerUndef
        b  HandlerSWI            ; SWI interrupt handler
        b  HandlerPabort         ; handlerPAbort
        b  HandlerDabort         ; handlerDAbort
        b                        ; handlerReserved
        b  IsrIRQ
        b  HandlerFIQ
        ⋮
    IsrIRQ
        sub    sp,sp,#4          ; reserved for PC
        stmfd  sp!,{R8-R9}
        ldr    R9,=I_ISPR
        ldr    R9,[R9]
        mov    R8,#0x0
0   movs   R9,R9,lsr #1
        bcs    %F1
        add    R8,R8,#4
        b      %B0
1   ldr    R9,=HandleADC
        add    R9,R9,R8
        ldr    R9,[R9]
        str    R9,[sp,#8]
        ldmfd  sp!,{R8-R9,pc}
        ⋮
    HandleADC      #    4
    HandleRTC      #    4
    HandleUTXD1    #    4
    HandleUTXD0    #    4
        ⋮
    HandleEINT3    #    4
    HandleEINT2    #    4
    HandleEINT1    #    4
    HandleEINT0    #    4        ; 0xC1(C7)FFF84
```

(6) S3C44B0X 中断控制器的特殊功能寄存器

中断控制器一般是通过对其特殊功能寄存器的设置来完成相应的中断功能,包括是否使能中断,选择什么样的中断方式,是否中断挂起,是否屏蔽某个中断以及如何设定中断优先级等。下面将分别对各个特殊功能寄存器进行介绍。

① 中断控制寄存器 INTCON

中断控制器如表 4-58 所列,从表中可以看出,INTCON 寄存器的位[0]为 FIQ 中断使能位,位[1]为 IRQ 中断使能位,位[2]用于选择 IRQ 中断为向量中断或非向量中断模式。

② 中断挂起寄存器 INTPND

中断挂起寄存器 INTPND 如表 4-59 所列,共有 26 位,每一位对应一个中断源。当中断请求产生时,相应的位会被设置为 1。中断服务程序中必须加入对 I_ISPC 和 F_ISPC 写 1 的操作来清除挂起条件。如果有几个中断源同时发出中断请求,那么不管它们有没有被屏蔽,它们相应的挂起位都会置 1。INTPND 将会指出所有请求中断的中断源,然而是否响应则由中断屏蔽寄存器决定。中断的优先级则决定了中断响应的先后顺序。

表 4-58 中断控制寄存器 INTCON

INTCON	地址:0x01E00000		访问方式:R/W	初始值:0x7
位	位名称	描 述		
[3]	保留			
[2]	V	该位允许 IRQ 使用向量模式: 0=向量中断模式　1=非向量中断模式		
[1]	I	该位允许 IRQ 中断:0=允许 IRQ 中断;1=保留 注:在使用 IRQ 中断之前,该位必须清 0		
[0]	F	该位允许 FIQ 中断: 0=允许 FIQ 中断(FIQ 中断不支持向量中断模式);1=保留 注:在使用 FIQ 中断之前,该位必须清 0		

表 4-59 中断挂起寄存器 INTPND

INTPND	地址:0x01E00004		访问方式:R	初始值:0x0000000
位	位名称	位	位名称	描 述
[25]	EINT0	[12]	INT_TIMER1	
[24]	EINT1	[11]	INT_TIMER2	
[23]	EINT2	[10]	INT_TIMER3	
[22]	EINT3	[9]	INT_TIMER4	
[21]	EINT4/5/6/7	[8]	INT_TIMER5	
[20]	INT_TICK	[7]	INT_URXD0	
[19]	INT_ZDMA0	[6]	INT_URXD1	0=无请求
[18]	INT_ZDMA1	[5]	INT_IIC	1=请求
[17]	INT_BDMA0	[4]	INT_SIO	
[16]	INT_BDMA1	[3]	INT_UTXD0	
[15]	INT_WDT	[2]	INT_UTXD1	
[14]	INT_UERR0/1	[1]	INT_RTC	
[13]	INT_TIMER0	[0]	INT_ADC	

③ 中断模式寄存器 INTMOD

中断模式寄存器 INTMOD 如表 4-60 所列,共有 26 位,每一位对应一个中断源。当中断源的模式位设置为 1 时,对应的中断会由 ARM7TDMI 内核以 FIQ 模式来处理;相反,当模式位设置为 0 时,中断会以 IRQ 模式来处理。

④ 中断屏蔽寄存器 INTMSK

在中断屏蔽寄存器 INTMSK 中,除了全局屏蔽位(Global Mask)外,其余的 26 位都分别对应一个中断源,如表 4-61 所列。当屏蔽位为 1 时,对应的中断被屏蔽;当屏蔽位为 0 时,该中断

表 4-60 中断模式寄存器 INTMOD

INTMOD		地址:0x01E00008		访问方式:R/W	初始值:0x0000000
位	位名称	位	位名称	描述	
[25]	EINT0	[12]	INT_TIMER1	0=IRQ 模式 1=FIQ 模式	
[24]	EINT1	[11]	INT_TIMER2		
[23]	EINT2	[10]	INT_TIMER3		
[22]	EINT3	[9]	INT_TIMER4		
[21]	EINT4/5/6/7	[8]	INT_TIMER5		
[20]	INT_TICK	[7]	INT_URXD0		
[19]	INT_ZDMA0	[6]	INT_URXD1		
[18]	INT_ZDMA1	[5]	INT_IIC		
[17]	INT_BDMA0	[4]	INT_SIO		
[16]	INT_BDMA1	[3]	INT_UTXD0		
[15]	INT_WDT	[2]	INT_UTXD1		
[14]	INT_UERR0/1	[1]	INT_RTC		
[13]	INT_TIMER0	[0]	INT_ADC		

表 4-61 中断屏蔽寄存器 INTMSK

INTMSK		地址:0x01E0000C		访问方式:R/W	初始值:0x07FFFFFF
位	位名称	位	位名称	描述	
[26]	Global	[12]	INT_TIMER1	0=服务允许 1=屏蔽	
[25]	EINT0	[11]	INT_TIMER2		
[24]	EINT1	[10]	INT_TIMER3		
[23]	EINT2	[9]	INT_TIMER4		
[22]	EINT3	[8]	INT_TIMER5		
[21]	EINT4/5/6/7	[7]	INT_URXD0		
[20]	INT_TICK	[6]	INT_URXD1		
[19]	INT_ZDMA0	[5]	INT_IIC		
[18]	INT_ZDMA1	[4]	INT_SIO		
[17]	INT_BDMA0	[3]	INT_UTXD0		
[16]	INT_BDMA1	[2]	INT_UTXD1		
[15]	INT_WDT	[1]	INT_RTC		
[14]	INT_UERR0/1	[0]	INT_ADC		
[13]	INT_TIMER0	[27]	Reserved		

注:1 只有当相应的中断没有发出请求时,INTMSK 寄存器才能被屏蔽。
2 如果需要屏蔽所有的中断,则可应用 MSR 指令来设置 CPSR 中的 I/F 位。即使中断发生时,也可以通过这样的方法来屏蔽所有中断源。

可以正常执行。若全局屏蔽位被设置为 1,则所有的中断都不执行。若使用了向量中断模式,在中断服务程序中改变了中断屏蔽寄存器 INTMSK 的值,这时并不能屏蔽相应的中断过程,因为该中断在中断屏蔽寄存器之前已经被中断挂起寄存器 INTPND 锁定。要解决这个问题,必须在改变中断屏蔽寄存器后再清除相应的挂起位(INTPND)。

⑤ **IRQ 向量模式相关寄存器**

S3C44B0X 中的优先级产生模块包含 5 个单元,1 个主单元和 4 个从单元。每个从优先级产生单元管理 6 个中断源。主优先级产生单元管理 4 个从单元和 2 个中断源。

每一个从单元有 4 个可编程优先级中断源(sGn)和 2 个固定优先级中断源(sGKn)。这 4 个中断源的优先级是由 I_PSLV 寄存器决定的。另外 2 个固定优先级中断源在这 6 个中断源中的优先级最低。主单元可以通过 I_PMST 寄存器来决定 4 个从单元和 2 个中断源的优先级,如表 4-62 所列。这 2 个中断源 INT_RTC 和 INT_ADC 在 26 个中断源中的优先级最低。如果几个中断源同时发出中断请求,这时 I_ISPR 寄存器可以显示当前具有最高优先级的中断源。

表 4-62 IRQ 向量模式相关寄存器

寄存器	地址	访问方式	描述	初始值
I_PSLV	0x01E00010	R/W	确定从群的 IRQ 优先级	0x1B1B1B1B
I_PMST	0x01E00014	R/W	主寄存器的 IRQ 优先级	0x00001F1B
I_CSLV	0x01E00018	R	当前从寄存器的 IRQ 优先级	0x1B1B1B1B
I_CMST	0x01E0001C	R	当前主寄存器的 IRQ 优先级	0x0000xx1B
I_ISPR	0x01E00020	R	中断服务挂起寄存器(同时仅能有一个服务位被设置)	0x00000000
I_ISPC	0x01E00024	W	IRQ 中断服务清除寄存器	不确定
F_ISPC	0x01E0003C	W	FIQ 中断服务清除寄存器	不确定

⑥ **IRQ 从群优先级寄存器 I_PSLV**

IRQ 从群优先级寄存器 I_PSLV 如表 4-63 所列,它决定在每个从群中 4 个可编程中断源的中断优先级。例如:设置 mGA 中 sGA、B、C、D 的优先级,如表 4-64 所列。

表 4-63 IRQ 从群优先级寄存器 I_PSLV

I_PSLV 地址:0x01E00010 访问方式:R/W 初始值:0x1B1B1B1B

位	位名称	描述	初始值
[31:24]	PSLAVE@mGA	确定 mGA 中的 sGA、B、C、D 的优先级	0x1B
[23:16]	PSLAVE@mGB	确定 mGB 中的 sGA、B、C、D 的优先级	0x1B
[15:8]	PSLAVE@mGC	确定 mGC 中的 sGA、B、C、D 的优先级	0x1B
[7:0]	PSLAVE@mGD	确定 mGD 中的 sGA、B、C、D 的优先级	0x1B
注意:每个 sGn 必须有不同的优先级			

注:即使相应的中断源没有用到,I_PSLV 中的各项也必须配置不同的优先级。

表 4-64 mGA 的优先级设置

位	PSLAVE@mGA	描述	初始值
[31:30]	sGA (EINT0)	00:1st 01:2nd 10:3rd 11:4th	00
[29:28]	sGB (EINT1)	00:1st 01:2nd 10:3rd 11:4th	01
[27:26]	sGC (EINT2)	00:1st 01:2nd 10:3rd 11:4th	10
[25:24]	sGD (EINT3)	00:1st 01:2nd 10:3rd 11:4th	11

⑦ **IRQ 主群优先级寄存器 I_PMST**

IRQ 主群优先级寄存器 I_PMST 如表 4-65 所列,决定了 4 个从群的中断优先级。

表 4-65　IRQ 主群优先级寄存器 I_PMST

I_PMST　　地址：0x01E00014　　访问方式：R/W　　初始值：0x00001F1B

位	位名称	描述	初始值
[15:13]	Reserved	保留	000
[12]	M	操作模式：0＝Round Robin　1＝Fix Mode	1
[11:8]	FxSLV[A:D]	在 mGA～D 单元中从操作模式：0＝Round Robin 1＝Fix Mode	1111
[7:0]	PMASTER	确定 4 个主单元的优先级	0x1B

注：即使相应的中断源没有用到，I_PMST 中的各项也必须配置不同的优先级。

例如：设置 mGA～D 的优先级如表 4-66 所列。

表 4-66　mGA～D 的优先级设置

位	PMASTER	描述	初始值
[7:6]	mGA	00：1st　01：2nd　10：3rd　11：4th	00
[5:4]	mGB	00：1st　01：2nd　10：3rd　11：4th	01
[3:2]	mGC	00：1st　01：2nd　10：3rd　11：4th	10
[1:0]	mGD	00：1st　01：2nd　10：3rd　11：4th	11

⑧ 当前 IRQ 从群优先级寄存器 I_CSLV

当前 IRQ 从群优先级寄存器 I_CSLV 如表 4-67 所列，表示在从群中各中断源当前的优先级状态。如果应用轮询（Round-Robin）模式，I_CSLV 可能不同于 I_PSLV。

表 4-67　当前 IRQ 从群优先级寄存器 I_CSLV

I_CSLV　　地址：0x01E00018　　访问方式：R　　初始值：0x1B1B1B1B

位	位名称	描述	初始值
[31:24]	CSLAVE@mGA	指示 mGA 中的 sGA、B、C、D 的当前优先级	0x1B
[23:16]	CSLAVE@mGB	指示 mGB 中的 sGA、B、C、D 的当前优先级	0x1B
[15:8]	CSLAVE@mGC	指示 mGC 中的 sGA、B、C、D 的当前优先级	0x1B
[7:0]	CSLAVE@mGD	指示 mGD 中的 sGA、B、C、D 的当前优先级	0x1B

这里 CSLAVE@mGx 的表示方法与 I_PSLV 中 PSLAVE@mGx 设置方法相同，x 代表 A、B、C、D 中的任意一个。

⑨ 当前 IRQ 主群优先级寄存器 I_CMST

当前 IRQ 主群优先级寄存器 I_CMST 如表 4-68 所列，表示各从群当前的优先级状态。

表 4-68　当前 IRQ 主群优先级寄存器 I_CMST

I_CMST　　地址：0x01E0001C　　访问方式：R　　初始值：0x0000xx1B

位	位名称	描述	初始值
[15:14]	Reserved	保留	0
[13:8]	VECTOR	对应分支机器代码的低 6 位	不确定
[7:0]	CMASTER	Master 的当前优先级	00011011

⑩ IRQ 中断服务挂起寄存器 I_ISPR

IRQ 中断服务挂起寄存器 I_ISPR 如表 4-69 所列，表示当前正在被响应的中断。虽然有多个中断挂起位都被打开，但只有 1 位发生作用。

⑪ IRQ/FIQ 中断挂起清 0 寄存器 I_ISPC/F_ISPC

IRQ/FIQ 中断挂起清 0 寄存器 I_ISPC/F_ISPC 如表 4-70 所列，主要用来清除中断挂起位 INTPND。I_ISPC/F_ISPC 用来通知中断控制器相应的 ISR 即将结束。在 ISR（中断服务程序）的末尾部分，相应的挂起位必须被清除。当向 I_ISPC/F_ISPC 相应的位写 1 时，相应的 INTPND 位会被 I_ISPC/F_ISPC 自动清除。INTPND 寄存器不能直接被清除。

表 4-69   IRQ 中断服务挂起寄存器 I_ISPR

I_ISPR   地址：0x01E00020   访问方式：R   初始值：0x00000000

位	位名称	位	位名称	描述
[25]	EINT0	[12]	INT_TIMER1	
[24]	EINT1	[11]	INT_TIMER2	
[23]	EINT2	[10]	INT_TIMER3	
[22]	EINT3	[9]	INT_TIMER4	
[21]	EINT4/5/6/7	[8]	INT_TIMER5	
[20]	INT_TICK	[7]	INT_URXD0	0=不响应
[19]	INT_ZDMA0	[6]	INT_URXD1	1=现在响应
[18]	INT_ZDMA1	[5]	INT_IIC	初始值：0
[17]	INT_BDMA0	[4]	INT_SIO	
[16]	INT_BDMA1	[3]	INT_UTXD0	
[15]	INT_WDT	[2]	INT_UTXD1	
[14]	INT_UERR0/1	[1]	INT_RTC	
[13]	INT_TIMER0	[0]	INT_ADC	

表 4-70   IRQ/FIQ 中断挂起清 0 寄存器 I_ISPC/F_ISPC

I_ISPC   地址：0x01E00024   访问方式：W   初始值：未定义
F_ISPC   地址：0x01E0003C   访问方式：W   初始值：未定义

位	位名称	位	位名称	描述
[25]	EINT0	[12]	INT_TIMER1	
[24]	EINT1	[11]	INT_TIMER2	
[23]	EINT2	[10]	INT_TIMER3	
[22]	EINT3	[9]	INT_TIMER4	
[21]	EINT4/5/6/7	[8]	INT_TIMER5	
[20]	INT_TICK	[7]	INT_URXD0	0=不变
[19]	INT_ZDMA0	[6]	INT_URXD1	1=清除未响应中断请求
[18]	INT_ZDMA1	[5]	INT_IIC	初始值：0
[17]	INT_BDMA0	[4]	INT_SIO	
[16]	INT_BDMA1	[3]	INT_UTXD0	
[15]	INT_WDT	[2]	INT_UTXD1	
[14]	INT_UERR0/1	[1]	INT_RTC	
[13]	INT_TIMER0	[0]	INT_ADC	

注：为了清除 I_ISPC/F_ISPC，须遵循以下 2 条原则：

1. 在 ISR（中断服务程序）中，I_ISPC/F_ISPC 寄存器的存取只能进行一次；
2. I_ISPR/INTPND 寄存器中的挂起位应通过写 I_ISPC 寄存器来清除。

如果不遵循以上这 2 个原则，则即使中断已经发出请求，I_ISPR 和 INTPND 寄存器也可能是 0。

3. S3C44B0X 中断控制器应用编程

(1) 中断系统应用

中断源向 CPU 发出中断请求时，若优先级别最高，CPU 在满足一定条件下，可以中断当前程序的运行，保护好被中断的主程序断点及现场信息；然后，根据中断源提供的信息，找到中断服务子程序的入口地址（中断向量），转去执行新的程序段（中断服务程序 ISR）。

对中断系统的应用主要是对中断控制器初始化、设置中断向量表以及编写中断服务程序。

① 中断控制器初始化

中断控制器初始化就是根据具体应用对相应中断特殊控制寄存器进行配置。参考程序如下：

```
void init_Ext(void)
{
    /* 使能中断 */
    rINTMOD = 0x0;
    rINTCON = 0x01;
    /* 配置外部中断 4567 的中断服务程序 */
    rINTMSK = ~(BIT_GLOBAL|BIT_EINT4567);
    pISR_EINT4567 = (int)Eint_lsr;
    /* 对端口 G 的配置 */
    rPCONG = 0xFFFF;
    rPUPG = 0x0;                              //上拉电阻使能
    rEXTINT = rEXTINT|0x22220000;             //EINT4567 下降沿模式
    rI_ISPC = BIT_EINT4567;                   //清除挂起位
    rEXTINTPND = 0xF;                         //清除 EXTINTPND 寄存器
}
```

② 设置中断向量表

设置中断向量表的参考程序如下：

```
ENTRY:
    B    ResetHandler            ;复位向量 = 0x00000000
    B    HandlerUndef            ;handlerUndef = 0x00000004
    B    HandlerSWI              ;SWI interrupt handler = 0x00000008
    B    HandlerPabort           ;handlerPabort = 0x0000000C
    B    HandlerDabort           ;handlerDabort = 0x00000010
    B.                           ;保留 0x00000014
    LDR  pc, = HandlerIRQ        ;0x00000018
    B    HandlerFIQ              ;0x0000001C
```

③ 中断服务程序

中断服务程序要做的工作因需要不同而完全不一样，但清除寄存器 EXTINTPND 的内容及清除挂起位是必须做的工作。根据需要一般在进入中断服务程序后先进行现场保护，将重要寄存器的内容压入堆栈，再进行中断处理，最后返回前再恢复现场。中断服务的参考程序如下：

```
void Eint_lsr(void)
{
```

```
    unsigned char which_int;
    Which_int = rEXTINTPND;
    rEXTINTPND = 0xF;              //清除 EXTINTPND 寄存器
    rl_lSPC = BIT_EINT4567;        //清除挂起位
    //中断服务程序主体开始
        ⋮
    //中断服务程序主体结束
}
```

(2) S3C44B0X 中断控制器在电子词典中的应用

在电子词典中用 IRQ 中断来响应外部事件键盘以及触摸屏的操作。外部中断 INT0 和 INT2 分别对应的是触摸屏和键盘。每当触摸屏或者键盘被触发时,都会给处理器发出中断信息。处理器根据初始化时配置的中断模式对中断作出相应处理。

触摸屏和键盘的中断引脚与处理的 INT0、INT2 相连,通知是否有外部输入事件发生,处理器接到中断后,根据中断源不同作出点亮或熄灭 LED 的动作。关于触摸屏和键盘如何触发中断的相关内容请参考 4.5.7 小节和 4.5.6 小节,键盘和触摸屏内部电路在 4.3.3 小节有详细介绍。这里先介绍电子词典中中断的连接关系,如图 4-38 所示。

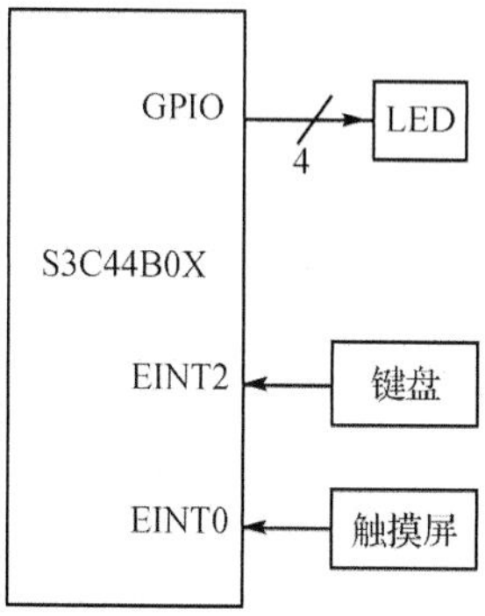

下面给出中断控制器的两个简单实例,包括外部中断的初始化,及利用中断来点亮 LED 的实例。通过这两个例子,可以使读者对中断控制器的应用编程有一定了解。

图 4-38 电子词典中断连接关系

① 在启动程序内安装中断

由于本应用使用的是向量中断,当 IRQ 中断被触发时,程序计数器 PC 会自动指向 0x00000018 地址处。当 ARM7TDMI 从 0x00000018 地址处取指令时,中断控制器将会直接在数据总线上加载分支指令。这条分支指令使程序计数器 PC 能够对应到每个中断源的向量地址。这些跳转到每一个中断源向量地址的分支指令的机器码是由中断控制器所产生的。例如:

```
VECTOR_BRANCH
    ldr pc, = HandlerEINT0       ;0x20
    ldr pc, = HandlerEINT1
    ldr pc, = HandlerEINT2
    ldr pc, = HandlerEINT3
        ⋮
```

在向量表中使用数据读取指令 LDR 向程序计数器 PC 中直接赋值,但此时所赋给 PC 的值并不是实际的用户中断服务程序地址,在进入中断服务程序之前还要进行一次跳转,例如:

```
    ⋮
HandlerEINT4567    VHANDLER    HandleEINT4567
HandlerEINT3       VHANDLER    HandleEINT3
HandlerEINT2       VHANDLER    HandleEINT2
HandlerEINT1       VHANDLER    HandleEINT1
HandlerEINT0       VHANDLER    HandleEINT0
```

这是因为在进入用户的中断服务程序之前还要进行断点保护。这一功能由下面这个带参数的宏来实现：

```
MACRO
$HandleLabel VHANDLER $HandlerLabel
$HandleLabel
    STMDB   SP!,{R0-R11,IP,LR}          ;/* 保存寄存器 R0~R11,IP,LR */
    LDR     R0,=$HandlerLabel
    LDR     R1,[R0]
    MOV     LR,PC
    BX      R1                          ;/* 调用中断服务程序 */
    LDMIA   SP!,{R0-R11,IP,LR}          ;/* 恢复 R0~R11,IP,LR */
    SUBS    PC,R14,#4                   ;/* 中断返回 */
MEND
```

② 外部中断的初始化

中断初始化就是根据具体应用对相应的中断特殊控制寄存器进行配置，例如：

```
void init_Ext(void)
{
    rINTMOD = 0x0;                          //设置中断为 IRQ 模式 */
    rINTCON = 0x1;                          //设置中断为向量中断 */
    pISR_EINT2 = (S32)INT2_int;             //设置中断服务程序的入口地址 */
    pISR_EINT0 = (S32)INT0_int;
    rPCONG = 0xFFFF;                        //将端口 G 配置为中断输入
    rPDATG = 0x00;
    rPUPG = 0x0;                            //上拉电阻使能
    rEXTINT = 0x22222222;                   //所有的外部硬件中断为低电平触发
    rI_ISPC| = (BIT_INT2|BIT_INT0);         //清除挂起位
    /* 使能外部中断 BIT_INT0 和 BIT_INT2 */
    rINTMSK &= (~(BIT_GLOBAL|BIT_INT2|BIT_INT0));
}
```

③ 中断服务程序举例

在电子词典中利用外部中断 INT0 响应触摸屏，INT2 响应键盘。这里设计如下实验来了解这两个中断的响应过程。当触摸屏按下时，触发 INT0 中断，点亮 LED 灯；当键盘按下时，触发 INT2 中断，熄灭 LED 灯。这里点亮和熄灭 LED 灯的程序与 I/O 端口实验中的相同。下面分别给出两个中断服务程序的主要部分。

```
void INT0_int (void)
{
    rINTMSK = rINTMSK | BIT_EINT0;                  //禁止 EINT0
    rI_ISPC = BIT_EINT0;                            //清除挂起位
    LED_off();                                      //熄灭 LED
    rINTMSK &= (~(BIT_GLOBAL | BIT_EINT0));         //重新使能 EINT0
}
void INT2_int (void)
{
```

```
    rINTMSK = rINTMSK | BIT_EINT2;              //禁止 EINT2
    rI_ISPC = BIT_EINT2;                         //清除挂起位
    LED_on();                                    //点亮 LED
    rINTMSK &= (~(BIT_GLOBAL|BIT_EINT2));        //重新使能 EINT2
}
```

4.5.5 S3C44B0X UART 接口的功能及应用开发

UART(Universal Asynchronous Receiver/Transmitter)通用异步收发器是用于控制计算机与串行设备的接口,它提供了 RS-232C 数据终端设备接口,这样计算机就可以与调制解调器或其他使用 RS-232C 接口的串行设备通信了。作为接口的一部分,UART 还提供以下功能:将由计算机内部传送过来的并行数据转换为输出的串行数据流;将计算机外部来的串行数据转换为字节,供计算机内部使用并行数据的器件使用;在输出的串行数据流中加入奇偶校验位,并对从外部接收的数据流进行奇偶校验;在输出数据流中加入启/停标记,并从接收数据流中删除启/停标记;处理由键盘或鼠标发出的中断信号(键盘和鼠标也是串行设备);可以处理计算机与外部串行设备的同步管理问题。

1. UART 概述

(1) UART 在嵌入式系统中的功能概述

通过学习单片机编程可知,异步串行方式是将传输数据的每个字符一位接一位(例如先低位、后高位)地传送。数据的各不同位可以分时使用同一传输通道,因此串行 I/O 可以减少信号连线,最少用一对线即可进行。接收方对于同一根线上一连串的数字信号,首先要分割成位,再按位组成字符。为了恢复发送的信息,双方必须协调工作。在嵌入式系统中大量使用异步串行 I/O 方式,双方使用各自的时钟信号,而且允许时钟频率有一定误差,因此实现较容易。但是由于每个字符都要独立确定起始和结束(即每个字符都要重新同步),字符和字符间还可能有长度不定的空闲时间,因此异步串口数据传输的效率较低。

UART 通用异步收发器在通信、控制等领域得到了广泛应用。UART 作为微机系统 I/O 接口中的重要组成部分,主要进行串行和并行数据流间的转换,它与微机处理器的总线接口是并行连接的,与外界是串行连接的。

RS-232 被定义为一种在低速率串行通信中增加通信距离的单端标准(由于采取不平衡传输方式,即所谓单端通信)。ARM 系统需要通过串口进行程序调试,目前它是 PC 机与通信工业中应用最广泛的一种串行接口。

① **UART 通信原理**

串行通信是指将构成字符的每个二进制数据位依据一定的顺序逐位进行传送的通信方法。在串行通信中,有两种基本的通信方式:异步通信和同步通信,这里采用的是异步通信。

所谓串行通信是指在外设与计算机之间使用一根数据信号线,数据在传输过程中是通过一位一位地在一个数据信号线传输实现通信的,每一位数据都占有一个固定的时间长度。在 UART 中,数据位是以字符为传送单位的,数据的前、后要有起始位、停止位来实现字符的同步,另外可以在停止位的前面加上一个比特的校验位来对所传输的字符加以确认,所以收发双方采取异步通信措施。

当发送一个字符代码时,字符前面都要加一个起始信号,其长度为一个码元,极性为 0,即空号极性;字符后面要加一个终止符号,其长度为 1~2 个码元,极性为 1,即传号极性。加上起始、终止信号后,可以区分出其要传输的字符,传送时可以连续发送,也可以单独发送。其数据格式

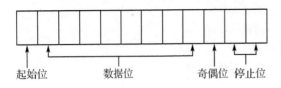

| 起始位 | 数据位 | 奇偶位 | 停止位 |

图 4-39 异步串行通信的数据格式

如图 4-39 所示。

当接收设备收到起始位后,紧接着就会收到数据位。数据位的个数可以是 5、6、7 或 8 位的数据。在字符数据传送过程中,数据位从最低位开始传输。

数据发送完之后,可以发送奇偶校验位,奇偶校验位用于有限差错检测。如果选择偶校验,则数据位和奇偶位的逻辑 1 的个数为偶数;若选择奇校验,则逻辑 1 的个数为奇数。在奇偶位或者数据位(此时没有奇偶校验)之后发送停止位,可以是 1 位、1.5 位或 2 位的低电平。接收设备收到停止位后,通信线路便恢复逻辑 1 状态,直到下一个字符数据的起始位到来。停止位是一个数据的结束标志。

② **RS-232C 接口**

RS 是英文"推荐标准"的缩写,232 为标识号,C 表示修改次数。RS-232C 总线标准设有 25 条信号线,有一个主通道和一个辅助通道,在大多数情况下主要是用主通道。对于一般双工通信,仅需几条信号线就可以实现,如一条发送线、一条接收线和一条地线。

RS-232C 串行接口总线适用于设备之间的通信距离不大于 15 m,传输速率最大为 20 kbps,规定的数据传输速率为 50、75、100、150、300、600、1200、2400、4800、9600、19200 bps。RS-232C 采用负逻辑,即逻辑"1"表示 -5~15 V;逻辑"0"表示 +5~+15 V。

一个完整的 RS-232C 接口有 22 根线,采用标准的 25 芯插头座。它规定连接电缆和机械、电气特性、信号功能及传送过程等,这些都是物理层的。图 4-40 左边是微机串行接口电路中的主芯片 UART,它是 TTL 器件。右面的 DB25 是 RS-232C 连接器,RS-232C 所有的输入、输出信号都要分别经过 MC1488 和 MC1498 转换器,进行电平转换后才能送到连接器上去,或从连接器上送进来,如图 4-40 所示。

串行通信接口的基本任务主要有下面 4 项。

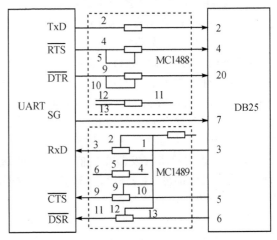

图 4-40 UART 与连接器示意图

> 实现数据格式化:来自 CPU 的是普通的并行数据,接口电路应具有实现不同串行通信方式下数据格式化的任务。在异步通信方式下,接口自动生成起止式的帧数据格式。在面向字符的同步方式下,接口要在待传送的数据块前加上同步字符。

> 进行串/并转换:串行传送,数据是一位一位串行送的,而计算机处理的数据是并行数据。当数据由计算机送至数据发送器时,首先把串行数据转换为并行数据才能送入计算机处理。串/并转换是串行接口电路的重要任务。

> 控制数据传输速率:串行通信接口电路应具有对数据传输速率——波特率进行选择和控制的能力。

> 进行错误检测:在发送时接口电路对传送的字符数据自动生成奇偶校验位或其他校验码。在接收时,接口电路检查字符的奇偶校验或其他校验码,确定是否发送传送错误。

(2) S3C44B0X UART 的功能及作用概述

S3C44B0X 的 UART 单元提供两个独立的异步串行 I/O 口(Asynchronous Serial I/O)

UART0 和 UART1,每个通信口均可工作于中断或 DMA 模式,即 UART 能产生内部中断请求或 DMA 请求,在 CPU 和串行 I/O 口之间传送数据。它支持高达 115.2 kbps 的传输速率,每个 UART 通道包含两个 16 字节分别用于接收和发送信号的 FIFO(先进先出)通道。

S3C44B0X 的 UART 单元特性包括:
- 基于 DMA 或中断操作的 RxD0、RxD1、TxD0、TxD1;
- UART 通道 0 支持红外发送与接收;
- UART 通道 1 支持红外发送与接收;
- 支持握手方式传输与发送。

S3C44B0X UART 功能包括可编程波特率,红外发送/接收(IrDA 1.0 版本协议),可加入一个或两个停止位,5/6/7/8 位的数据宽度和奇偶校验。每个 UART 单元包含一个波特率发生器、接收器、发送器和控制单元,如图 4-41 所示。波特率发生器的时钟由 MCLK 系统时钟提供,收发器包含 16 字节的 FIFO 缓冲区和数据移位寄存器。将要传输的数据写进 FIFO,然后复制到发送移位器,最后通过发送数据引脚(TxDn)逐位移位发送出去。从接收数据引脚(RxDn)逐位移位接收数据,然后从数据移位器复制到 FIFO 中。控制单元控制数据的接收和发送。

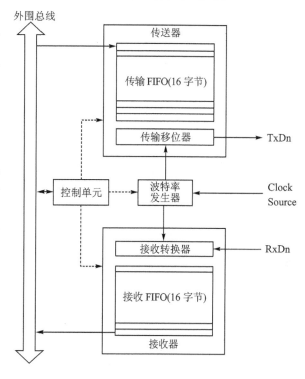

图 4-41 UART 框图(带 FIFO)

2. S3C44B0X UART 功能及应用描述

(1) 基本功能

在 UART 操作中,主要是通过对 UART 特殊功能寄存器进行设置来对 UART 操作进行控制。UART 的特殊功能寄存器包括 UART 的控制寄存器、状态寄存器、保持寄存器、波特率分频寄存器等。下面对这些特殊功能寄存器进行介绍。

① **UART 的行控制寄存器(ULCONn)**

UART 模块中有 2 个 UART 行控制寄存器:ULCON0 和 ULCON1,如表 4-71 所列。

表 4-71 UART 行控制寄存器

| UART0 行控制寄存器 ULCON0 | 地址:0x01D00000 | 访问方式:R/W | 初始值:0x00 |
| UART1 行控制寄存器 ULCON1 | 地址:0x01D04000 | 访问方式:R/W | 初始值:0x00 |

位	位名称	描 述
[7]		保 留
[6]	红外模式	该位确定是否使用红外模式: 0=普通操作模式　1=红外发送/接收模式

续表 4-71

位	位名称	描述
[5:3]	奇偶模式	该位确定奇偶如何产生和校验： 0xx＝无　　　　　100＝奇校验 101＝偶校验　　　110＝强制为 1 111＝强制为 0
[2]	停止位	该位确定停止位的个数： 0＝每帧 1 位停止位　1＝每帧 2 位停止位
[1:0]	字　长	该位确定数据位的个数： 00＝5 位　01＝6 位　11＝7 位　11＝8 位

② UART 控制寄存器（UCONn）

在 UART 模块中有 2 个 UART 控制寄存器：UCON0 和 UCON1，如表 4-72 所列。

表 4-72　UART 控制寄存器

UART0 控制寄存器 UCON0　　地址：0x01D00004　　访问方式：R/W　　初始值：0x00
UART1 控制寄存器 UCON1　　地址：0x01D04004　　访问方式：R/W　　初始值：0x00

位	位名称	描述
[9]	Tx Interrupt Type	发送中断请求类型： 0＝脉冲　1＝电平
[8]	Rx Interrupt Type	接收中断请求类型： 0＝脉冲　1＝电平
[7]	Rx Timeout Enable	当 UART FIFO 使能时是否允许 Rx 超时中断： 0＝禁止　1＝允许
[6]	Interrupt Enable	是否允许产生 UART 错误中断： 0＝禁止　1＝允许
[5]	Loop-back Mode	该位为 1 使 UART 进入回环模式： 0＝普通运行　1＝回环模式
[4]	Send Break Signal	该位为 1 使 UART 发送一个暂停条件，该位在发送一个暂停信号后自动清除： 0＝正常传送　1＝发送暂停条件
[3:2]	Transmit Mode	这两位确定哪个模式可写 Tx 数据到 UART 发送保持寄存器： 00＝禁止 01＝中断请求或 polling 模式 10＝BDMA0 请求（仅用于 UART0） 11＝BDMA1 请求（仅用于 UART1）
[1:0]	Receive Mode	这两位确定哪个模式可从 UART 接收缓冲寄存器读数据： 00＝禁止 01＝中断请求或 polling 模式 10＝BDMA0 请求（仅用于 UART0） 11＝BDMA1 请求（仅用于 UART1）

③ UART FIFO 控制寄存器（UFCONn）

UART 模块中有 2 个 UART FIFO 控制寄存器：UFCON0 和 UFCON1，如表 4-73 所列。

表 4-73 UART FIFO 控制寄存器

UART0 FIFO 控制寄存器 UFCON0　　地址：0x01D00008　　访问方式：R/W　　初始值：0x00
UART1 FIFO 控制寄存器 UFCON1　　地址：0x01D04008　　访问方式：R/W　　初始值：0x00

位	位名称	描述
[7:6]	Tx FIFO Trigger Level	这两位确定发送 FIFO 的触发条件： 00＝空　　01＝4 字节 10＝8 字节　11＝12 字节
[5:4]	Rx FIFO Trigger Level	这两位确定接收 FIFO 的触发条件： 00＝4 字节　　01＝8 字节 10＝12 字节　11＝16 字节
[3]		保留
[2]	Tx FIFO Reset	Tx FIFO 复位位，该位在 FIFO 复位后自动清除： 0＝正常　1＝Tx FIFO 复位
[1]	Rx FIFO Reset	Rx FIFO 复位位，该位在 FIFO 复位后自动清除： 0＝正常　1＝Rx FIFO 复位
[0]	FIFO Enable	0＝FIFO 禁止　1＝FIFO 模式

④ **UART MODEM 控制寄存器（UMCONn）**

UART 模块中有 2 个 UART MODEM 控制寄存器：UMCON0 和 UMCON1，如表 4-74 所列。

表 4-74 UART MODEM 控制寄存器

UART0 MODEM 控制寄存器 UMCON0　　地址：0x01D0000C　　访问方式：R/W　　初始值：0x00
UART1 MODEM 控制寄存器 UMCON1　　地址：0x01D0400C　　访问方式：R/W　　初始值：0x00

位	位名称	描述
[7:5]		保留。这 3 位必须为 0
[4]	AFC	AFC 是否允许： 0＝禁止　1＝允许
[3:1]		这 3 位必须为 0
[0]	Request to Send	如果 AFC 允许，则该位忽略： 0＝高电平（nRTS 无效）　1＝低电平（nRTS 有效） 此时 S3C44B0X 自动控制 nRTS。如果 AFC 禁止，则必须用软件来控制 nRTS

⑤ **UART Tx/Rx 状态寄存器（UTRSTATn）**

UART 模块中有 2 个 UART Tx/Rx 状态寄存器：UTRSTAT 0 和 UTRSTAT 1，如表 4-75 所列。

表 4-75 UART Tx/Rx 状态寄存器

UART0 Tx/Rx 状态寄存器 UTRSTAT0　　地址：0x01D00010　　访问方式：R　　初始值：0x6
UART1 Tx/Rx 状态寄存器 UTRSTAT1　　地址：0x01D04010　　访问方式：R　　初始值：0x6

位	位名称	描述
[2]	Transmit Shifter Empty	该位在发送移位寄存器没有有效数据或发送移位寄存器为空时自动为 1： 0＝发送移位寄存器不空　1＝发送移位寄存器为空

续表 4-75

位	位名称	描 述
[1]	Transmit Buffer Empty	该位在发送缓冲寄存器没有包含有效的数据时为 1： 0＝发送缓冲寄存器不空　1＝发送缓冲寄存器为空 如果 UART 使用 FIFO，则用户可通过检查 UFSTAT 寄存器的 Tx FIFO 计数位和 Tx FIFO 满标志位，来代替检查该位
[0]	Receive Buffer Data Ready	无论何时接收缓冲寄存器包含有效数据，该位均为 1： 0＝空　1＝接收缓冲寄存器中有接收数据 如果 UART 使用 FIFO，则用户可通过检查 UFSTAT 寄存器的 Rx FIFO 计数位，来代替检查该位

⑥ **UART 错误状态寄存器（UERSTATn）**

UART 模块中有 2 个 UART 错误状态寄存器：UERSTAT 0 和 UERSTAT 1，如表 4-76 所列。

表 4-76　UART 错误状态寄存器

UART0 错误状态寄存器 UERSTAT0　地址：0x01D00014　访问方式：R　初始值：0x0
UART1 错误状态寄存器 UERSTAT1　地址：0x01D04014　访问方式：R　初始值：0x0

位	位名称	描 述
[3]	Break Detect	该位为 1 指示一个暂停信号已接收到： 0＝无暂停信号接收　1＝暂停信号已接收到
[2]	Frame Error	该位为 1 指示一个帧错误发生
[1]	Parity Error	该位为 1 指示在接收时一个奇偶错误发生
[0]	Overrun Error	该位为 1 指示一个溢出错误发生

⑦ **UART FIFO 状态寄存器（UFSTATn）**

UARTn 有 1 个 16 字节的接收 FIFO 和 1 个 16 字节的发送 FIFO。在 UART 模块中有 2 个 UART FIFO 状态寄存器：UFSTAT0 和 UFSTAT1，如表 4-77 所列。

表 4-77　UART FIFO 状态寄存器

UART0 FIFO 状态寄存器 UFSTAT0　地址：0x01D00018　访问方式：R　初始值：0x0
UART1 FIFO 状态寄存器 UFSTAT1　地址：0x01D04018　访问方式：R　初始值：0x0

位	位名称	描 述
[15:10]		保　留
[9]	Tx FIFO Full	当发送 FIFO 为满时，该位为 1 当 0≤Tx FIFO 中的数据≤15 字节时，该位为 0 当 Tx FIFO 中的数据为满时，该位为 1
[8]	Rx FIFO Full	当接收 FIFO 为满时，该位为 1 当 0≤Rx FIFO 中的数据≤15 字节时，该位为 0 当 Rx FIFO 中的数据为满时，该位为 1
[7:4]	Tx FIFO Count	Tx FIFO 中的数据数量
[3:0]	Rx FIFO Count	Rx FIFO 中的数据数量

⑧ **UART MODEM 状态寄存器（UMSTATn）**

UART 模块中有 2 个 UART MODEM 状态寄存器：UMSTAT 0 和 UMSTAT 1，如表 4-78 所列。

表 4-78 UART MODEM 状态寄存器

| UART0 MODEM 状态寄存器 UMSTAT0 | 地址：0x01D0001C | 访问方式：R | 初始值：0x0 |
| UART1 MODEM 状态寄存器 UMSTAT1 | 地址：0x01D0401C | 访问方式：R | 初始值：0x0 |

位	位名称	描述
[4]	Delta CTS	该位指示输入到 S3C44B0X 的 nCTS 信号自从上次读后是否已改变状态： 0＝未变 1＝改变
[3:1]		保留
[0]	Clear to Send	0＝CTS 信号没有改变(nCTS 引脚为高电平) 1＝CTS 信号改变(nCTS 引脚为低电平)

⑨ **UART 发送保持寄存器(UTXHn)**

UART 模块中有 2 个 UART 发送保持寄存器：UTXH0 和 UTXH1，如表 4-79 所列。

表 4-79 UART 发送保持寄存器

| UART0 发送保持寄存器 UTXH0 | 地址：0x01D00020(小端模式)
0x01D00023(大端模式) | 访问方式：W | 初始值：未定义 |
| UART1 发送保持寄存器 UTXH1 | 地址：0x01D04020(小端模式)
0x01D04023(大端模式) | 访问方式：W | 初始值：未定义 |

位	位名称	描述
[7:0]	TXDATAn	向 UARTn 传输的数据

⑩ **UART 接收保持寄存器(URXHn)**

UART 模块中有 2 个 UART 接收保持寄存器，URXH0 和 URXH1，如表 4-80 所列。

表 4-80 UART 接收保持寄存器

| UART0 接收保持寄存器 URXH0 | 地址：0x01D00024(小端模式)
0x01D00027(大端模式) | 访问方式：R | 初始值：未定义 |
| UART1 接收保持寄存器 URXH0 | 地址：0x01D00024(小端模式)
0x01D00027(大端模式) | 访问方式：R | 初始值：未定义 |

位	位名称	描述
[7:0]	TXDATAn	UARTn 上接收到的数据

注：当一个溢出错误发生后，URXHn 必须被读出；否则，即使 USTATn 的溢出位已经被清 0，下一个接收到的数据也将产生溢出错误。

⑪ **UART 波特率分频寄存器(UBRDIVn)**

UART 波特率分频寄存器如表 4-81 所列，UBRDIVn 的值通过下式来决定 Tx/Rx 的时钟频率(波特率)：

$$UBRDIVn = (四舍五入取整)[MCLK / (波特率 \times 16)] - 1$$

式中：约数因子范围为 $1 \sim 2^{16} - 1$。例如，若想使波特率为 115 200 bps，MCLK 是 40 MHz，则 UBRDIVn 应为：

$$\begin{aligned} UBRDIVn &= (取整)[40\,000\,000 / (115\,200 \times 16) + 0.5] - 1 \\ &= (取整)(21.7 + 0.5) - 1 \\ &= 22 - 1 \\ &= 21 \end{aligned}$$

表 4 - 81　UART 波特率分频寄存器

UART0 波特率分频寄存器 UBRDIV0		地址：0x01D00028	访问方式：R/W	初始值：未定义
UART0 波特率分频寄存器 UBRDIV1		地址：0x01D04028	访问方式：R/W	初始值：未定义
位	位名称	描述		
[15:0]	UBRDIV	波特率的分频值 UBRDIVn>0		

(2) 功能实现及控制

下面描述 UART 的数据传输、数据接收、自动流控制和非自动流控制、中断/DMA 请求的产生、UART 错误状态 FIFO、波特率的产生、回环模式以及红外模式。

① 数据传输

UART 所传送的数据帧是可编程的,它包含 1 个开始位、5~8 个数据位、一个可选奇偶校验位和 1~2 个停止位,具体由行控制寄存器(ULCONn)来定义。发送器也可以产生断点条件(Break Condition)。断点条件迫使串行输出口连续输出大于输出一帧数据所用时间的逻辑 0 状态。这个块在完整地传输完当前信息后,传输断点信号输出。在断点传输后,继续传输数据给 TxFIFO(在 Non-FIFO 模式下的 Tx 保持寄存器)。

② 数据接收

与数据传送一样,接收的数据帧也是可编程的。行控制寄存器定义了起始位、5~8 个数据位、1 个可选的奇偶位和 1~2 个停止位。接收器可以发现数据溢出、奇偶错误、帧错误和断点条件,其中每一个错误都可以在相应寄存器中置一个错误标志位:

➢ 溢出错误表明新的数据在旧数据没有被读取的情况下,覆盖了旧的数据。

➢ 奇偶错误表明接收器发现一个不希望出现的奇偶错误。

➢ 帧错误表明接收到的数据没有一个有效的停止位。

➢ 断点条件表明接收器收到的输入保持了长于传输一帧数据时间的逻辑 0 状态。

如果接收 3 个字的时间内没有接收到数据且 Rx FIFO 是非空的,那么接收超时(在 FIFO 模式下)。

③ 自动流控制

S3C44B0X 中的 UART 用 nRTS(发送请求信号)和 nCTS(清除发送信号)来支持自动流控制 AFC(Auto Flow Control),以此解决 UART 之间的互连。若用户把 UART 连在 Modem 上,则须将 UMCONn 寄存器的自动控制流位设为禁止,而由软件来控制发送请求信号。

在自动流控制中,nRTS 被接收器的当前状态所控制,而发送器的操作被 nCTS 信号所控制。只有在 nCTS 信号有效的情况下,UART 发送器才会将数据传输到 FIFO(在自动流控制中,nCTS 信号的有效表示另外一个 UART 的 FIFO 准备接收数据)。在 UART 接收数据前,如果接收数据的 FIFO 有超过 2 字节的空间,那么 nRTS 有效;如果接收数据的 FIFO 剩余空间在 1 字节以下,则 nRTS 无效(在 AFC 中,nRTS 信号的有效表示接收器的 FIFO 已经准备好接收数据)。UART 的 AFC 接口如图 4-42 所示。

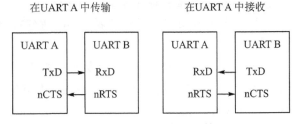

图 4-42　UART 的 AFC 接口

④ 非自动流控制(nRTS 和 nCTS 由软件所控制)

➢ 接收数据操作:

(a) 选择接收模式(中断或是 BDMA 模式)。

(b) 检查 UFSTATn 寄存器中 Rx FIFO 计数的值,如果其值小于 15,则用户须置 UMCONn[0]为 1(nRTS 有效);如果其值大于或等于 15,则用户须置 UMCONn[0]为 0(nRTS 无效)。

(c) 重复步骤(b)。

➤ 发送数据操作:

(a) 选择发送模式(中断或 BDMA 模式)。

(b) 检查 UMSTATn[0]的值,如果其值为 1(nCTS 有效),则用户往 Tx 缓冲器或 TxFIFO 寄存器写数据。

➤ RS-232C 接口:如果用户连接到了调制解调器(Modem)接口,则 nRTS、nCTS、nDSR、nDTR、DCD 和 nRI 信号会被用到。因为 AFC 不支持 RS-232C 接口,在这种情况下,用户利用软件操作通用 I/O 端口,来控制这些信号。

⑤ 中断/DMA 请求的产生

S3C44B0X 的 UART 有 7 个状态(Tx/Rx/Error)信号:溢出错误、奇偶错误、帧错误、断点条件、接收 FIFO/buffer 数据准备就绪、发送 FIFO/buffer 空和发送移位寄存器空,它们由相应的 UART 状态寄存器(UTRSTATn/UERSTATn)表示。

接收错误包括溢出错误、奇偶校验错误、帧错误、暂停条件。如果在控制寄存器(UCONn)中接收错误状态中断使能位被置为 1,那么它们中的任何一个都能引起接收错误中断请求。当发现一个接收错误状态中断请求时,通过读 UERSTSTn 就可以识别出具体是哪一个信号引起的中断请求。

如果控制器中的接收模式被选定为中断模式,当接收器从它的接收移位寄存器向它的接收 FIFO 传输数据时,会激活接收 FIFO 为"满"的状态信号,这个信号就会产生一个接收中断。

同样,当发送器从它的发送 FIFO 向它的发送移位寄存器传输数据时,发送 FIFO 为"空"的状态信号就会被激活。此时如果控制器中的发送模式被选定为中断模式,那么就会产生一个发送中断。

如果接收/发送模式被选定为 DMA 模式,接收 FIFO 为满和发送 FIFO 为空的状态信号也可以被连接,以产生 DMA 请求信号。表 4-82 所列为与 FIFO 相连的中断。(FIFO 是指缓冲区,非 FIFO 是指寄存器;FIFO 模式传送 16 字节,非 FIFO 模式传送 8 位。)

表 4-82 与 FIFO 相连的中断

类 型	FIFO 模式	非 FIFO 模式
Rx 中断	若每次接收的数据达到了接收 FIFO 的触发水平,则 Rx 中断产生; 若 FIFO 为非空且在 3 字时间内没有接收到数据,则 Rx 中断也将产生(接收超时)	若每次接收数据变为"满",则接收移位寄存器产生一个中断
Tx 中断	若每次发送的数据达到了发送 FIFO 的触发水平,则 Tx 中断产生	若每次发送数据变为"空",则发送保持寄存器产生一个中断
错误中断	帧错误、奇偶校验错误、发现以字节为单位接收到的断点条件信号、接收 FIFO 溢出错误,都将产生一个错误中断	所有的错误立即产生一个错误中断。如果同时另一个错误中断发生,则只会产生一个中断

⑥ UART 错误状态 FIFO

UART 除了 RxFIFO 寄存器,还有一个错误状态 FIFO。错误状态 FIFO 指出 FIFO 中的数据哪一个在接收时出错。错误中断发生在有错误的数据将被读取时。也就是说,尽管 UART 产生了错误,但是如果这个错误没有被读取,那么它也不会触发中断。通过读取寄存器 URXHn (有错的)和 UERSTATn 来清除 FIFO 的状态。

⑦ 波特率的产生

每一个 UART 的波特率发生器为收/发器提供一个连续时钟,时钟源可选为 S3C44B0X 的内部系统时钟。波特率的时钟通过一个 16 位分频器分频后产生。16 位分频器的值由 UBRDIVn 寄存器定义。UBRDIVn 由下式决定:

$$UBRDIVn = (四舍五入取整)[MCLK/(波特率 \times 16)] - 1 \quad (取整)$$

⑧ 回环模式

S3C44B0X 的 UART 提供了一个供参考的测试模块作为回环(Loop-Back)模式,以解决通信链接中出现的孤立错误。这种模式下,所传输的数据会被立即接收。这个特点允许处理器检验内部的传输和接受所有 SIO 通道的数据路径。这种模式可以通过设定 UCONn 寄存器中的回环模式位(Loop-Back Bit)来选择。

⑨ 红外模式

S3C44B0X 的 UART 模块支持红外传送和接收,它可以通过设置 ULCONn 寄存器红外模式位(Infrared-Mode Bit)来选择。此模式下的执行原理如图 4-43 所示。

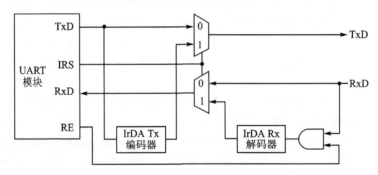

图 4-43 IrDA 功能框图

3. S3C44B0X UART 应用编程

(1) 基本应用

① 基本函数

```
/***************************************************
函数名称:Uart_Init(int mclk,int baud,char port)
函数说明:串口初始化
输入参数:mclk,baud
输出参数:无
***************************************************/
void Uart_Init(int mclk,int baud,char port)
{
    int i;
    if(mclk == 0)
    {
        mclk = MCLK;
    }
    i = mclk / (baud * 16);              //取整 (int)((mclk/16)/baud + 0.5)-1
```

```c
    if (port == 0)
    {
        rUFCON0 = 0x0;              //UART0 配置各控制寄存器
                                    //禁用 FIFO
        rUMCON0 = 0x0;
        rULCON0 = 0x3;              //正常模式,无奇偶校验,一个停止位,8 个数据位
        rUCON0 = 0x245;             //Rx 边沿触发,Tx 电平触发,禁用延时中断,使用
                                    //Rx 错误中断,正常操作模式,中断请求或表决模式
        rUBRDIV0 = i;               //((int)(mclk/16/baud + 0.5) - 1)
    }
    else if (port == 1)
    {
        rUFCON1 = 0x0;              //UART0 配置各控制寄存器
                                    //禁用 FIFO
        rUMCON1 = 0x0;
        rULCON1 = 0x3;              //正常模式,无奇偶校验,一个停止位,8 个数据位
        rUCON1 = 0x245;             //Rx 边沿触发,Tx 电平触发,禁用延时中断,使用
                                    //Rx 错误中断,正常操作模式,中断请求或表决模式
        rUBRDIV1 = i;               //( (int)(mclk/16/baud + 0.5) - 1)
    }
    for(i = 0;i < 100;i ++);
}
/************************************************************
函数名称:Uart_SendByte(int data)
函数说明:串口发送字节
输入参数:data
输出参数:无
************************************************************/
void Uart_SendByte(int data,char port)
{
    if (port == 0)
    {
        if (data == '\n')
        {
            while(!(rUTRSTAT0 & 0x2));      //等待发送缓冲区空
            WrUTXH0('\r');                  //发送回车字符
        }
        while(!(rUTRSTAT0 & 0x2));          //一直等到 THR 为空
        WrUTXH0(data);                      //发送字节
    }
    else
    {
        if(data == '\n')
        {
            while(!(rUTRSTAT1 & 0x2));
            rUTXH1 = '\r';
        }
```

```
        while(!(rUTRSTAT1 & 0x2));          //一直等到 THR 为空
        rUTXH1 = data;
    }
}
```

其中,WrUTXH0 将字节写入 UART 发送寄存器,其定义如下:

```
#define WrUTXH0(ch)( * (volatile unsigned char * )(0x1d00023) ) = (unsigned char)(ch)
static void Uart_SendString(char * pt)    //字符串发送,发送若干字节
{
    while( * pt)
        Uart_SendByte( * pt ++ );
}
void Uart_Printf(const char * fmt,…)      //带格式的字符串发送
{
    va_list ap;
    char string[256];
    va_start(ap,fmt);                     //ADS 库函数
    vsprintf(spring,fmt,ap);              //ADS 库函数
    Uart_SendString(string);
    va_end(ap);                           //ADS 库函数
}
char Uart_Getch(void)                     //字节接收函数
{
    while(!(Rutrstat0&0x1));              //等待接收字节准备好
    return RdURXH0();
}
```

其中,RdURXH0 将数据保持寄存器的值读入,其定义如下:

```
#define RdUTXH0() ( * (volatile unsigned char * )(0x1D00027))
```

② 函数应用

```
voidMain(void)
{
    Char c1;
    Target_Init();
    while(1)
    {
        while(!(rURSTAT0&0x2))            //等待发送缓冲区为空
        Uart_Printf("\n Input a char");
        Uart_SendByte(0xA);
        Uart_SendByte(0xD);
        c1 = Uart_Getch();                //按任意键盘,将接收到的按键的字符发送出去
        Uart_SendByte(c1);
    }
}
```

(2) S3C44B0X UART 在电子词典中的应用
① **软件程序设计**

在电子词典设计过程中以 UART 作为调试口。下面结合实例,给出相关的程序代码,包括基本的 UART 寄存器在头文件中的定义、UART 初始化、UART 的发送/接收。通过对电子词典中的串口应用程序的介绍,能够加深对 UART 模块的理解,从而编写出适合不同平台应用的 UART 模块应用程序。

② **各寄存器在头文件中的定义**

```c
/* UART */                                      //串口寄存器
#define rULCON0     (*(volatile unsigned *)0x1D00000)
#define rULCON1     (*(volatile unsigned *)0x1D04000)
#define rUCON0      (*(volatile unsigned *)0x1D00004)
#define rUCON1      (*(volatile unsigned *)0x1D04004)
#define rUFCON0     (*(volatile unsigned *)0x1D00008)
#define rUFCON1     (*(volatile unsigned *)0x1D04008)
#define rUMCON0     (*(volatile unsigned *)0x1D0000C)
#define rUMCON1     (*(volatile unsigned *)0x1D0400C)
#define rUTRSTAT0   (*(volatile unsigned *)0x1D00010)
#define rUTRSTAT1   (*(volatile unsigned *)0x1D04010)
#define rUERSTAT0   (*(volatile unsigned *)0x1D00014)
#define rUERSTAT1   (*(volatile unsigned *)0x1D04014)
#define rUFSTAT0    (*(volatile unsigned *)0x1D00018)
#define rUFSTAT1    (*(volatile unsigned *)0x1D04018)
#define rUMSTAT0    (*(volatile unsigned *)0x1D0001C)
#define rUMSTAT1    (*(volatile unsigned *)0x1D0401C)
#define rUBRDIV0    (*(volatile unsigned *)0x1D00028)
#define rUBRDIV1    (*(volatile unsigned *)0x1D04028)

#ifdef __BIG_ENDIAN                             //大端
#define rUTXH0      (*(volatile unsigned char *)0x1D00023)
#define rUTXH1      (*(volatile unsigned char *)0x1D04023)
#define rURXH0      (*(volatile unsigned char *)0x1D00027)
#define rURXH1      (*(volatile unsigned char *)0x1D04027)
#define WrUTXH0(ch) (*(volatile unsigned char *)(0x1D00023)) = (unsigned char)(ch)
#define WrUTXH1(ch) (*(volatile unsigned char *)(0x1D04023)) = (unsigned char)(ch)
#define RdURXH0()   (*(volatile unsigned char *)(0x1D00027))
#define RdURXH1()   (*(volatile unsigned char *)(0x1D04027))
#define UTXH0       (0x1D00020 + 3)
#define UTXH1       (0x1D04020 + 3)
#define URXH0       (0x1D00024 + 3)
#define URXH1       (0x1D04024 + 3)

#else                                           //小端
#define rUTXH0      (*(volatile unsigned char *)0x1D00020)
#define rUTXH1      (*(volatile unsigned char *)0x1D04020)
#define rURXH0      (*(volatile unsigned char *)0x1D00024)
#define rURXH1      (*(volatile unsigned char *)0x1D04024)
```

```
#define WrUTXH0(ch)    (*(volatile unsigned char *)0x1D00020)=(unsigned char)(ch)
#define WrUTXH1(ch)    (*(volatile unsigned char *)0x1D04020)=(unsigned char)(ch)
#define RdURXH0()      (*(volatile unsigned char *)0x1D00024)
#define RdURXH1()      (*(volatile unsigned char *)0x1D04024)
#define UTXH0          (0x1D00020)
#define UTXH1          (0x1D04020)
#define URXH0          (0x1D00024)
#define URXH1          (0x1D04024)
#endif
```

③ **UART 的主要函数**

下面列出的几个程序段,是 UART 中用到的 3 个主要函数,包括 UART 初始化、字节及字符串的收与发、UART 的打印。

(a) 获得字符的实现函数如下:

```
/****************************************************************
-函数名称：Uart_Getch
-函数说明：选择接收数据就绪的串口
-输入参数：port
-输出参数：RdURXH0(),RdURXH1()
****************************************************************/
Char Uart_Getch(char port)
{
    if (port == 0)
    {
        while(!(rUTRSTAT0 & 0x1));          //接收数据就绪
        return RdURXH0();
    }
    else
    {
        while(!(rUTRSTAT1 & 0x1));          //接收数据就绪
        return rURXH1;
    }
}
```

(b) 获得串口键值的实现函数如下:

```
/****************************************************************
-函数名称：Uart_GetKey
-函数说明：得到串口的键值
-输入参数：port
-输出参数：RdURXH0()或 0,rURXH1 或 0
****************************************************************/
char Uart_GetKey(char port)
{
    if (port == 0)
    {
```

```
            if(rUTRSTAT0 & 0x1)                    //接收数据就绪
                return RdURXH0();
            else
                return 0;
        }
        else
        {
            if(rUTRSTAT1 & 0x1)                    //接收数据就绪
                return rURXH1;
            else
                return 0;
        }
    }
```

(c) 获得字符串的实现函数如下:

```
/***************************************************************
-函数名称:Uart_GetString(char * string)
-函数说明:串口得到字符串
-输入参数:string
-输出参数:无
***************************************************************/
void Uart_GetString(char * string,char port)
{
    char * string2 = string;
    char c;
    while ((c = Uart_Getch(port)) != '\r')
    {
        if (c == '\b')
        {
            if ((int)string2 < (int)string)
            {
                Uart_Printf(port,"\b \b");
                string -- ;
            }
        }
        else
        {
            * string ++ = c;
            Uart_SendByte(c,port);
        }
    }
    * string = '\0';
    Uart_SendByte('\n',port);
}
```

(d) 发送字符串的实现函数如下:

/**
-函数名称：Uart_SendString(char * pt)
-函数说明：串口发送字符串
-输入参数：pt
-输出参数：无
**/
void Uart_SendString(char * pt,char port)
{
    while(* pt)
    Uart_SendByte(* pt++ ,port);
}

(e) 串口打印的实现函数如下：
/**
-函数名称：Uart_Printf(char * fmt,…)
-函数说明：串口打印字符
-输入参数：fmt …
-输出参数：无
**/
Void Uart_Printf(char port,char * fmt,…)   //如果不使用 vsprintf(),代码量将大幅增加
{
    va_list ap;   //可变参数列表的函数
    char string[256];
    va_start(ap,fmt);
    vsprintf(string,fmt,ap);
    Uart_SendString(string,port);   //串口发送字符串
    va_end(ap);
}

4.5.6 S3C44B0X I^2C 总线接口的功能及应用开发

I^2C 总线是嵌入式系统中广泛应用的低速串行总线标准之一。本小节主要介绍 I^2C 总线的基本概念,在 S3C44B0X 中 I^2C 总线的配置以及在实际系统中如何应用。

1. S3C44B0X I^2C 总线接口功能概述

(1) I^2C 总线在嵌入式系统中的功能概述

I^2C 总线是一种半双工的多主设备串行总线,总线仅由串行数据线 SDA(Serial Data Line)和串行时钟总线 SCL(Serial Clock Line)组成。SDA 和 SCL 都是双向线路,各通过一个电流源或上拉电阻连接到正的电源电压。当总线空闲时这两条线路都是高电平,连接到总线的器件输出必须是漏极开路或集电极开路才能执行"线与"的功能。I^2C 总线上数据的传输速率在标准模式下可达到 100 kbps,在快速模式下可达 400 kbps,在高速模式下可达 3.4 Mbps。其连接方式如图 4-44 所示。

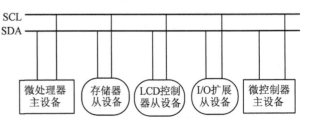

图 4-44 I^2C 总线结构图

从图4-44中可看出，I²C总线支持两大类设备，分别是：主设备，发起通信的设备，可以发起读操作也可以发起写操作，通常是带有处理能力的设备；从设备，被发起方的设备，可以回应主设备的读/写要求，通常是一些低速外围设备，如I/O扩展设备、EEPROM等。不论是主设备还是从设备，当其从总线接收数据时都可称为接收器，向总线发送数据时都可称为发送器。

I²C总线是一种支持多主设备的总线标准，所谓多主设备总线，即可以在总线上同时有多个主设备，不过这些主设备不能同时发起通信，当它们同时发起通信时就会产生总线竞争，竞争的结果只有一个主设备可以获得总线的使用权，其他主设备必须等待。

I²C总线上的数据以字节形式发送，一次通信发送的字节数不受限制。

由于I²C总线协议简单而且只需要两根线作为物理连接，所以在嵌入式系统中有着相当广泛的应用，尤其是在连接低速外设上，最为典型的应用是对EEPROM进行读/写。

(2) S3C44B0X I²C总线接口的功能及作用概述

S3C44B0X处理器为用户进行应用设计提供了标准的I²C接口。处理器通过专用串行数据总线和串行时钟总线，与总线上其他设备进行通信。启动数据传送给I²C总线的主设备也负责终止数据的传送。S3C44B0X中的I²C使用了标准的仲裁过程。S3C44B0X I²C总线控制器特性如下：

> 基于中断操作模式的单通I²C总线控制器；
> 串行，8位，双向数据传输；
> 标准模式下100 kbps，快速模式下400 kbps（不支持高速模式）。

其内部控制逻辑框图如图4-45所示。

注意：I²C数据保持时间（tSDAH）最短为0 ns，具体时间与所挂接的I²C设备有关（I²C规范V2.1中指明在标准/快速总线模式下最短时间为0 ns）。I²C控制器只支持I²C总线设备（标准/快速总线模式），不支持C总线设备。

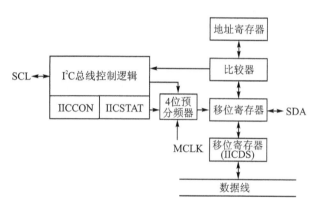

图4-45 S3C44B0X I²C总线模块框图

当I²C总线空闲时，SDA和SCL都应该处于高电平。SDA由高电平到低电平的转换能够产生启动条件；当SCL在高电平保持稳定时，SDA由低电平到高电平的转换能够产生停止条件。

启动和停止条件一般由主设备产生。启动条件产生后，被放到总线上的第一个数据字节的7位地址能决定总线主设备所选择的从设备，第8位决定传送方向（读或写）。

放到SDA线上的每一个数据字节都是8位。在总线传送操作中被发送或接收的字节数是无限的，数据总是从最高位MSB开始发送，并且在每个数据之后紧跟一个应答位。

① **数据传送格式**

放到SDA线上的每一个字节长度都应该是8位。每次传送被发送的字节数没有限制。启动位后的第一个字节应该是从设备地址。此地址由主设备发送，用以通知相应的从设备。此地址字节中高7位为设备地址，最低1位表示传送方向（读或写）。如果第8位是0，表明是写操作（发送操作）；如果第8位是1，表明是读数据（接收操作）。每发送一个字节后都应该紧跟一个应答位（ACK）。连续数据和地址的MSB位总是最先被发送，如图4-46所示。

② **起始位和停止位**

起始位和停止位总是由主设备产生。起始位能够在SDA线上传送一个字节的连续数据，停

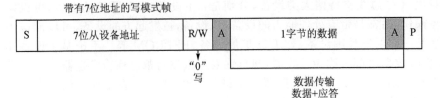

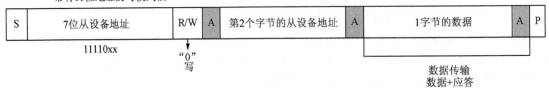

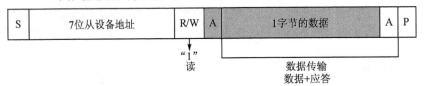

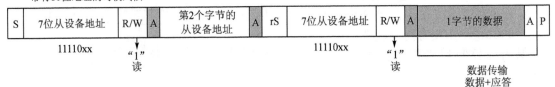

注：1 S：开始；rS：再次开始；A：应答；P：停止　2 □：主机到从机　▨：从机到主机

图 4－46　数据传输格式

止位能够结束数据的传送。起始位是在 SCL 为高电平时 SDA 线上发生由高电平到低电平的下降沿变化，停止位是当 SCL 是高电平时 SDA 线上由低电平到高电平的转变，如图 4-47 所示。

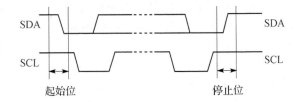

图 4－47　I^2C 总线的起始位和停止位

当主设备产生一个起始位之后 I^2C 总线就会处于忙状态中，直至主设备产生一个停止位之后主设备才会释放 I^2C 总线，总线进入空闲状态。如果主设备想继续传送数据到总线上，它将重新产生另一个起始位。

③ 应答信号传送

应答信号（ACK）是在每完成一个字节传输后由接收器发送给发送器。ACK 脉冲应该出现在 SCL 线的第 9 个时钟脉冲上。一个字节数据传送需要 8 个时钟。传送 ACK 位需要主设备产生一个时钟脉冲。

当接收到 ACK 时钟脉冲时，发送器应该通过使 SDA 线变成高电平来释放 SDA 线。接收器也需要在 ACK 时钟脉冲期间使 SDA 线变为低电平，因此 SDA 在第 9 个 SCL 脉冲的高电平期间可保持低电平。I^2C 总线的应答信号如图 4-48 所示。

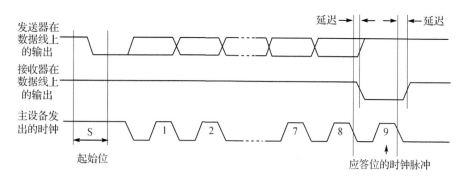

图 4-48 I²C 总线的应答信号

④ 总线仲裁过程

仲裁发生在 SDA 线上，有效阻止了两个主设备对总线的竞争。如果 SDA 为高电平的一个主设备检测到另一个主设备的 SDA 为低电平，那么它将不能启动数据传送，因为总线的当前电平与它自己的不相符。仲裁程序将持续到 SDA 线变高电平为止。

然而，当两个主设备同时将 SDA 线置为低电平时，每个主设备应该评估总线控制权是否分配给自己。为了确认，每个主设备应该测试地址位。即使每个主设备都产生从地址，也应该测试 SDA 线上的地址位，因为一般 SDA 线上低电平的保持程度强于高电平的保持程度。例如，一个主设备产生一个低电平作为第一个地址位，而另一个主设备继续保持高电平。这种情况下，两个主设备都将在总线上检测到低电平，因为低电平强于高电平。当这种情况发生时，产生低电平（作为地址的第一位）的主设备将得到总线控制权，产生高电平（作为地址的第一位）的主设备应该放弃总线控制权。如果两个主设备都产生低电平作为地址的第一位，这就需要通过地址的第 2 位进行仲裁。

⑤ 数据稳定条件

在数据传输过程中 SCL 为高电平时 SDA 上的数据保持稳定，SCL 为低电平时允许 SDA 变化。若 SCL 处于高电平时，SDA 上产生下降沿，则认为是起始位，SDA 的上升沿认为是停止位，如图 4-49 所示。

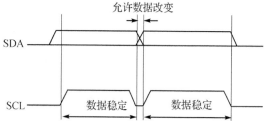

图 4-49 I²C 总线上的数据稳定态

2. S3C44B0X I²C 总线接口功能及应用描述

(1) 基本功能

S3C44B0X 处理器的 I²C 总线接口支持 I²C 总线的所有操作模式，即主传送模式、主接收模式、从传送模式、从接收模式。

S3C44B0X 处理器的 I²C 总线接口提供如下 3 个寄存器来控制 I²C 总线，它们分别是：

- 控制寄存器 IICCON：该寄存器用于定义 I²C 总线时钟以及使能传输中断和应答位。
- 控制/状态寄存器 IICSTAT：该寄存器用于选择 I²C 工作模式以及使能 I²C 接口，还包括表示传输中的某些状态的位。
- 地址寄存器 IICADD：该寄存器的内容表示当 S3C44B0X 作为从设备时的设备地址。

S3C44B0X 处理器还提供一个 Tx/Rx 数据移位寄存器 IICDS 来保存发送/接收的数据。

① 多主 I²C 总线控制寄存器 IICCON

多主 I²C 总线控制寄存器 IICCON 如表 4-83 所列。其具体功能表中有详细描述。

表 4-83 多主 I^2C 总线控制寄存器 IICCON

| IICCON | 地址：0x01D60000 | 访问方式：R/W | 初始值：0000xxxx |

位	位名称	描述
[7]	Acknowledge Enable①	应答允许位： 1=允许应答信号产生　0=禁止应答信号产生 在发送模式，IICSDA 在 ACK 时释放； 在接收模式，IICSDA 在 ACK 时为低电平
[6]	Tx Clock Source Selection	I^2C 总线的源时钟预分频值选择位： 0 为 IICCLK=f_{MCLK}/16　1 为 IICCLK=f_{MCLK}/512
[5]	Tx/Rx Interrupt Enable⑤	I^2C 总线 Tx/Rx 中断使能/禁止位： 0=禁止中断　1=允许中断
[4]	Interrupt Pending Flag②③	I^2C 总线 Tx/Rx 中断挂起标志： 0=$\begin{cases}读时,没有中断\\写时,清除挂起条件和恢复操作\end{cases}$ 1=$\begin{cases}读时,中断挂起\\写时,无操作 N/A\end{cases}$ 写 1 是不可能的，当该位为 1 时，IICSCL 为低，I^2C 停止；为了恢复操作，清除该位
[3:0]	Transmit Clock Value④	I^2C 总线发送时钟预分频值，发送时钟频率是由 4 位预分频值决定的，公式为：Tx Clock=IICCLK/(IICCON[3:0]+1)

注：① 与 EEPROM 接口连接，在 Rx 模式下，为了产生停止条件，在读最后一个数据之前 ACK 的产生可能无效。
② I^2C 总线中断发生的条件：
- 当一个字节数据的发送和接收操作完成时；
- 当产生一个总线呼叫或从地址匹配发生时；
- 当总线仲裁失败时。
③ 为了在 IISSCL 上升沿之前记录 IICSDA 设置时间，在清除 I^2C 中断挂起位前 IICDS 必须被写。
④ IICCLK 由 IICON[6]决定。Tx 时钟可以随 SCL 转变时间改变。当 IICCON[6]=0 时，IICCON[3:0]=0x0 或 0x1 是无效的。
⑤ 如果 IICON[5]=0，那么 IICON[4]将不能正确操作。因此，即使不用 I^2C 中断，也建议设置 IICCON[5]=1。

② 多主 I^2C 总线控制/状态寄存器 IICSTAT

多主 I^2C 总线控制/状态寄存器 IICSTAT 如表 4-84 所列。其具体功能表中有详细描述。

表 4-84 多主 I^2C 总线控制/状态寄存器 IICSTAT

| IICSTAT | 地址：0x01D60004 | 访问方式：R/W | 初始值：0000000 |

位	位名称	描述
[7:6]	Mode Selection	I^2C 总线主/从 Tx/Rx 模式选择位： 00=从接收模式　01=从发送模式　10=主接收模式　11=主发送模式
[5]	START STOP Condition	I^2C 总线忙信号状态位： 0=$\begin{cases}读时,I^2C 总线不忙\\写时,I^2C 总线 STOP 信号产生\end{cases}$ 1=$\begin{cases}读时,I^2C 总线忙\\写时,I^2C 总线 START 信号产生\end{cases}$ IICDS 上的数据自动传输在 START 信号后

续表 4-84

位	位名称	描述
[4]	Serial Output Enable	I²C 总线数据输出使能/禁止位： 0＝禁止 Rx/Tx　1＝使能 Rx/Tx
[3]	Arbitration Status Flag	I²C 总线仲裁过程状态标志位： 0＝总线仲裁成功　1＝总线仲裁失败
[2]	Address-as-Slave Status Flag	I²C 总线从地址状态标志位： 0＝检测到 START/STOP 清除　1＝接收到的从地址与 IICADD 的值匹配
[1]	Address Zero Status Flag	I²C 总线地址为 0 状态标志： 0＝检测到 START/STOP 清除　1＝接收到的从地址是 00000000B
[0]	Last-Received Bit Status Flag	I²C 总线上一次接收到的状态标志位： 0＝最后接收位是 0（ACK 收到）　1＝最后接收位是 1（ACK 未收到）

③ 多主 I²C 总线地址寄存器（IICADD）

多主 I²C 总线地址寄存器 IICADD 如表 4-85 所列，其具体功能表中有详细描述。

表 4-85　多主 I²C 总线地址寄存器 IICADD

IICADD	地址：0x01D60008	访问方式：R/W	初始值：xxxxxxxx

位	位名称	描述
[7:0]	从地址	当 IICSTAT 中的输出使能位为 0 时，IICADD 为写允许 IICADD 的值可在任何时候被读，而不管输出使能位的设置如何 从地址：[7:1]，非映射位：[0]

④ 多主 I²C 总线发送/接收数据转移寄存器 IICDS

多主 I²C 总线发送/接收数据转移寄存器 IICDS 如表 4-86 所列。

表 4-86　多主 I²C 总线发送/接收数据移位寄存器 IICDS

IICDS	地址：0x01D6000C	访问方式：R/W	初始值：xxxxxxxx

位	位名称	描述
[7:0]	Data Shift	当 IICSTAT 中的串行输出使能位（Serial Output Enable）＝1 时， IICDS 为写使能。IICDS 的值可在任何时候被读

(2) 功能实现及控制

为了使 I²C 接口可以正常工作，必须对以上介绍的 4 个寄存器进行正确的设置，并且设置过程必须要在开始传输之前进行。设置步骤如下：

(a) 将 F0 和 F1 端口分别设置为 I²C 总线的 SCL 和 SDA（参见 4.5.3 小节）。

(b) 若 S3C44B0X 处理器需要工作在从设备模式下，则在 IICADD 寄存器中写入其从设备地址（缺省的 I²C 地址是一个未知值）。

(c) 设置 IICCON 寄存器：使能中断，定义 SCL 周期。

(d) 仅设置 IISTAT 中的输出使能位，使能串行输出。

① 主模式下的操作流程图（见图 4-50）

在主模式下要对总线上不同的设备进行读/写，只要改变从设备地址即可。

从图 4-50 中可以看出，S3C44B0X 在主模式下接收数据操作要比发送数据的操作复杂。这是因为，不论是接收操作还是发送操作，处理器都需要事先将从设备的设备地址以及要操作的从设备内部地址发送给从设备，所以在发起操作后的前两个周期不论发送还是接收都必须将

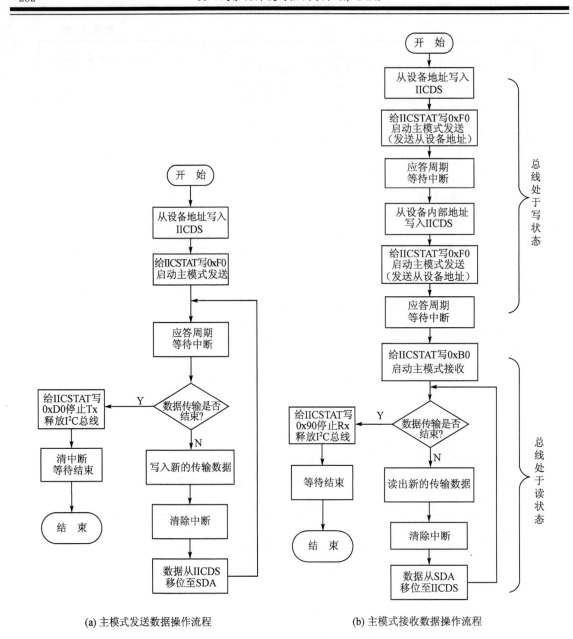

(a) 主模式发送数据操作流程 (b) 主模式接收数据操作流程

图 4-50 主模式下的操作流程图

S3C44B0X 的 I^2C 总线控制器设置为发送。如果需要接收数据,则需在两个周期(以接收到一个应答信号为一个周期)之后重新将 IICSTAT 设置为接收模式(将其赋值为 0xB0)。在主模式下,需要由 S3C44B0X 在数据操作结束时发送停止位(将 IICSTAT[5]置 1),并且必须要等到总线成功被释放之后才算操作正式结束。

② 从模式下的操作流程图(见图 4-51)

在从模式下,S3C44B0X 处理器的从设备地址由 IICADD 寄存器的内容决定。

当 S3C44B0X 处理器处在从模式下时发送/接收操作的流程基本一致。每当发送或接收完一个字节之后,处理器都会将 I^2C 中断位挂起。当接收到主机发出的数据传输结束标志(停止位)时,IICSTAT 中的从地址状态标志位就会被清 0。在程序中通过对该位进行判断得出数据传

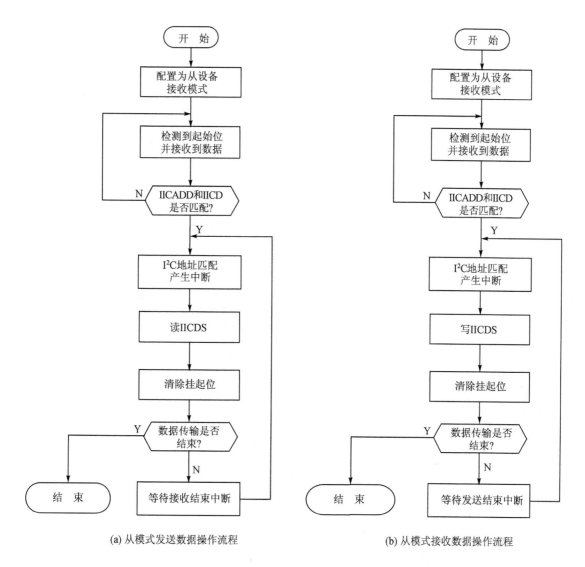

图 4-51 从模式操作流程图

输是否结束的结论。

3. S3C44B0X I²C 总线接口应用编程

(1) 基本应用

若要使用 S3C44B0X 处理器的 I²C 总线控制器,必须首先对其控制寄存器以及与其相关寄存器进行配置。这里给出相关寄存器配置的代码供读者参考。

① 相关寄存器配置

```
/*************************************************************
- 函数名称:iic_init
- 函数说明:初始化 I²C
- 输入参数:无
- 输出参数:无
```

```c
/****************************************************************/
void iic_init(void)
{
    rPCONF |= 0x0A;              //将 F0、F1 设置为 I²C 模式
    rIICADD = 0x10;              //设置 S3C44B0X 从设备地址
    rIICCON = 0xE5;              //使能 ACK、中断,设置 IICCLK = MCLK/512 = 8 kHz
    rINTMOD = 0x0;               //将系统内的所有中断源设置为 IRQ 模式
    rINTCON = 0x1;               //设置中断为向量模式,并使能系统 IRQ 中断
    rINTMSK &= ~BIT_IIC;         //打开 I²C 中断屏蔽
    pISR_IIC = (unsigned)iic_int; //连接中断服务程序
    rIICSTAT |= 0x10;            //使能串行输出
}
```

以上这段代码除了对 I²C 控制器的配置之外,还包括系统中断配置、I/O 端口类型配置(在使用 I²C 功能之前要将 F0 和 F1 设置为 I²C 端口)。

注意:通常在对 I²C 接口进行操作时才会使能 I²C 中断,这样可以避免出现误操作。

通常带有处理器的设备在系统中都是作为主设备使用的,所以下面给出主模式下接收、发送单个字节的操作代码供读者参考。使用中断方式完成读/写操作需要在中断服务子程序中清除 I²C 的中断挂起位,并且设置中断发生标志。具体代码如下:

```c
/***************************************************************
- 函数名称:iic_int
- 函数说明:I²C 中断服务程序
- 输入参数:无
- 输出参数:无
****************************************************************/
void iic_int(void)
{
    rI_ISPC = BIT_IIC;           //清除中断
    f_nGetACK = 1;               //设置中断标志,这个变量必须被设置为全局变量
}
```

② **主模式下读操作流程的程序实现**

```c
/***************************************************************
* 函数名称:iic_read
* 函数说明:从 I²C 读取数据
* 输入参数:unSlaveAddr——输入,从设备地址
*           unAddr——输入,数据地址
*           pData——输出,数据指针
* 输出参数:无
****************************************************************/
void iic_read(U32 unSlaveAddr, U32 unAddr, S8 * pData)
{
    S8 cRecvByte;
    
    f_nGetACK = 0;
    
    rIICDS = unSlaveAddr;        //在 IICDS 中写入从设备地址
```

```c
    rIICSTAT = 0xF0;                    //开始主模式发送
    while(f_nGetACK == 0);              //等ACK
    f_nGetACK = 0;

    rIICDS = unAddr;
    rIICCON = 0xE5;                     //清除中断挂起标志
    while(f_nGetACK == 0);              //等ACK
    f_nGetACK = 0;

    rIICDS = unSlaveAddr;
    rIICSTAT = 0xB0;                    //开始主模式接收
    rIICCON = 0xE5;                     //清除中断挂起标志
    while(f_nGetACK == 0);              //等ACK
    f_nGetACK = 0;

    rIICCON = 0x65;
    while(f_nGetACK == 0);              //等ACK
    f_nGetACK = 0;
    cRecvByte = rIICDS;

    rIICSTAT = 0x90;                    //发送停止位
    rIICCON = 0xE5;                     //清除中断挂起标志
    while(rIICSTAT & 0x20 == 1);        //等待总线释放

    *pData = cRecvByte;
}
```

③ 主模式下写操作流程的程序实现

```c
/***********************************************************
 * 函数名数: iic_write
 * 函数说明: 向 I²C 写数据
 * 输入参数: unSlaveAddr——输入,从设备地址
 *           unAddr——输入,数据地址
 *           ucData——输入,数据值
 * 输出参数: 无
 ***********************************************************/
void iic_write(U32 unSlaveAddr,U32 unAddr,U8 ucData)
{
    f_nGetACK = 0;

    //发送控制字节
    rIICDS = unSlaveAddr;
    rIICSTAT = 0xF0;                    //启动主模式发送
    while(f_nGetACK == 0);              //等ACK
    f_nGetACK = 0;

    //发送地址
    rIICDS = unAddr;
    rIICCON = 0xE5;                     //清除中断挂起标志
    while(f_nGetACK == 0);              //等ACK
```

```
    f_nGetACK = 0;

    //发送数据
    rIICDS = ucData;
    rIICCON = 0xE5;                    //清除中断挂起标志
    while(f_nGetACK == 0);             //等ACK
    f_nGetACK = 0;

    //发送停止位
    rIICSTAT = 0xD0;                   //发送停止位
    rIICCON = 0xE5;                    //清除中断挂起标志
    while(rIICSTAT & 0x20 == 1);       //等待总线释放
}
```

(2) I²C 在电子词典中的应用

S3C44B0X 处理器为用户进行应用设计提供了支持多主总线的 I²C 接口,可以在总线上连接多个从设备和主设备,将电子词典中的键盘作为 I²C 的从设备与 S3C44B0X 处理器相连接,作为用户的输入设备之一。当有按键动作发生时,键盘自带的 I²C 控制器首先发给处理器一个外部中断,通知处理器有按键按下,处理器根据此中断启动 I²C 总线的读过程,从键盘中读取一个字节的数据,根据这个数据判断具体是哪个按键被按下。

由此可知软件需要完成的工作是:初始化所涉及的硬件设备,初始化外部中断 INT0,等待 INT0 中断发生。一旦处理器检测到中断,则开始启动 I²C 读过程,从 I²C 设备内读取数据,最后将得到的值由串口打印输出。使用串口工具观察输出值是否与按键值相一致。

电子词典键盘工作流程如图 4-52 所示。其测试程序的软件总体框架如下,其中读键值部分调用上面给出的参考程序中的主模式下的读操作函数。

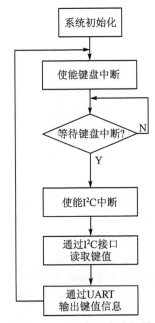

图 4-52 键盘工作流程图

```
void Main(void)
{
    char ucChar = 0;
    Target_Init();
    touchscreen_init();                //初始化键盘中断,挂接中断服务程序 keyboard_int
    while(1)
    {
        rINTMSK &= (~(BIT_GLOBAL|BIT_EINT2));
        while(f_nKeyPress == 0);
        f_nKeyPress = 0;
        rINTMSK &= (~(BIT_GLOBAL|BIT_IIC));
        iic_read(0x70,0x1,&ucChar);
        Uart_Printf(0,"input key is  0x%x",ucChar);
    }
```

```
}
void keyboard_int(void)
{
    rINTMSK = rINTMSK | BIT_EINT2;
    rI_ISPC = BIT_EINT2;
    f_nKeyPress = 1;
}
```

注意：由于在中断服务子程序中都会将中断禁止，所以在每次发生中断后都要在程序主体中重新使能相应中断。

4.5.7 S3C44B0X A/D 转换器的功能及应用开发

A/D 转换是模拟信号转数字信号的简称，有着广泛的应用，尤其在现代工业控制中数字信号与模拟信号交替出现的场合中，A/D 转换更是必不可少。本小节介绍 S3C44B0X 中 A/D 转换模块的基本概念、转换操作实现及相关的特殊功能寄存器，最后给出在电子词典中的A/D 转换应用程序供读者参考。

1. S3C44B0X A/D 转换器的功能概述

(1) A/D 转换器在嵌入式系统中的功能概述

在嵌入式系统中处理器所面对的总是数字量，而其控制或测量的相关参数总是一些连续变化的模拟量，如温度、速度、压力、电压等。通常的处理方法是使用这些与模拟量相应的传感器将非电信号(如压力、温度)转化为与之对应的模拟电信号，再通过 A/D 转换器转换为数字量后交给处理器进行处理。例如电子称量设备中使用 A/D 转换器检测压力的大小；录音设备中使用 A/D 转换器采集声音信号；手持设备中使用 A/D 转换器检测电池剩余电量。

(2) S3C44B0X A/D 转换器的功能及作用概述

S3C44B0X 内部集成了一个 8 路输入的 10 位 CMOS ADC 组件，即 A/D 转换器。S3C44B0X A/D 转换器的特点：

- 分辨率：10 位；
- 差分线性误差：1 LSB；
- 积分线性误差：±2 LSB(Max：±3 LSB)；
- 最大转换速率：100 ksps；
- 输入电压范围：0～2.5 V；
- 输入带宽：0～100 Hz(无采样/保持电路)；
- 低功耗。

① **S3C44B0X 的 A/D 转换模块**

图 4-53 是 S3C44B0X A/D 转换器的功能模块图。S3C44B0X 处理器内部集成了逐次逼近式 SAR 型 A/D 转换器。由图 4-53 中可以看出，S3C44B0X A/D 转换是由 8 通道复用模拟输入端(AMUX)、D/A 转换器(DAC)、比较器、时钟发生器、10 位逐次逼近寄存器 SAR(Successive Approximation Register)及 ADC 输出数据寄存器等组成。

ADC 组件的外部引脚除了 ADCINT 引脚、10 位 ADC 数据总线引脚、8 路模拟输入引脚(AIN7～AIN0)及模拟公共电压引脚外，还有正向参考电压(AREFT)引脚和反向参考电压(AFREFB)引脚。为了增强电压的稳定性，在 VCOM、AREFT 及 AREFB 引脚对地之间必须接旁路电容。

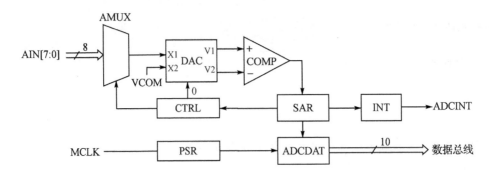

图 4-53 S3C44B0X A/D 转换器的功能模块图

② **A/D 转换时间**

假设系统时钟频率为 66 MHz，比例因子为 20，那么 10 位 A/D 转换器的转换时间计算如下：

$$1/\{[66\,\text{MHz}/2(20+1)]/16\} = 1/(98.2\,\text{kHz}) = 10.2\,\mu s$$

式中：16 指的是 10 位转换操作至少需要 16 个周期。

注意：尽管最大转换速率为 100 ksps，但由于该 A/D 转换器没有采样保持电路，所以模拟输入频率不应该超过 100 Hz，以便能进行准确转换。

③ **S3C44B0X 的 ADC 相关引脚配置**

S3C44B0X 的 AVCOM、AFREFB、AREFT 必须按图 4-54 所示对地分别接滤波电容到地处理。

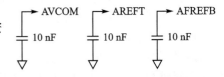

图 4-54 外部相关引脚配置

④ **使用 A/D 转换器的注意事项**
- ADC 的模拟信号输入通道没有采样保持电路，使用时可以设置较大的 ADCPSR 值，以减少输入通道因信号输出电阻过大而产生的信号电压。
- ADC 的转换频率为 0~100 Hz。
- 通道切换时，应保证至少 15 μs 的间隔。
- ADC 从 SLEEP 模式退出时，通道信号应保持 10 ms 以使 ADC 参考电压稳定。
- Start-by-Read 可使用 DMA 传送转换数据。

2. S3C44B0X A/D 转换器功能及应用描述

(1) 基本功能

S3C44B0X 的 A/D 转换是通过 A/D 转换特殊功能寄存器完成各种功能的控制与实现。处理器集成的 ADC 需要用到 3 个寄存器：A/D 转换控制寄存器 ADCCON、A/D 转换数据寄存器 ADCDAT、A/D 转换预装比例因子寄存器 AD/CPSR。本小节分别对各特殊功能寄存器进行介绍。

① **A/D 转换控制寄存器 ADCCON**

A/D 转换控制寄存器 ADCCON 控制 A/D 转换的过程和通道选择等。ADCCON 的详细功能控制位见表 4-87。

② **A/D 转换预置比例因子寄存器 ADCPSR**

A/D 转换预置比例因子寄存器 ADCPSR 如表 4-88 所列，其低 8 位是预置比例因子 PRESCALER。该数据决定转换时间的长短，数据越大，转换时间就越长。

③ **A/D 转换数据寄存器 ADCDAT**

在 A/D 转换完成后，ADCDAT 读取转换后的数据。在转换完成后，ADCDAT 必须被读取。

如表 4-89 所列，A/D 转换数据寄存器的低 10 位用于存放 A/D 转换数据输出值。

表 4-87　A/D 转换控制寄存器

ADCCON　　地址：0x01D40000(Li/W,Li/HW,Li/B,Bi/W)
　　　　　　　　　0x01D40002(Bi/HW)　　0x01D40003(Bi/B)
　　　　　　访问方式：R/W　　　初始值：0x20

位	位名称	描　述
[6]	FLAG	A/D 转换状态标志(只读)： 0＝正在 A/D 转换　1＝转换结束
[5]	SLEEP	系统省电模式：0＝正常运行模式　1＝休眠模式
[4:2]	INPUT SELECT	输入源选择： 000＝AIN0　001＝AIN1　010＝AIN2　011＝AIN3 100＝AIN4　101＝AIN5　110＝AIN6　111＝AIN7
[1]	READ_START	A/D 转换通过读启动：0＝通过读操作禁止启动转换 　　　　　　　　　1＝通过读操作允许启动转换
[0]	ENABLE_START	A/D 转换由使能位来启动： 0＝无操作　1＝A/D 转换开始且启动后此位清 0

注：1　在大/小端模式下，ADCCON 寄存器支持字或者半字的访问形式。使用指令 STRB/STRH/STR 和 LDRB/LDRH/LDR 指令或者将其定义为 char/short int/int 类型的数据类型。
　　2　Li/B/HW/W 在小端模式下可支持字节、半字、字的访问形式。
　　3　Bi/B/HW/W 在大端模式下可支持字节、半字、字的访问形式。

表 4-88　A/D 转换预置比例因子寄存器

ADCPSR　　地址：0x01D40004 (Li/W,Li/HW,Li/B,Bi/W)
　　　　　　　　　0x01D40006(Bi/HW)　　0x01D40007(Bi/B)
　　　　　　访问方式：R/W　　　初始值：0x0

位	位名称	描　述
[7:0]	PRESCALER	预置比例因子(0～255) Division Factor＝2(Prescaler_value＋1) A/D 转换总时钟数＝2×(Prescalser_value＋1)×16

表 4-89　A/D 转换数据寄存器 ADCDAT

ADCDAT　　地址：0x01D40008(Li/W, Li/HW, Bi/W)　　访问方式：R/W　　初始值：1
　　　　　　　　　0x01D4000A(Bi/HW)

位	位名称	描　述
[9:0]	ADCDAT	A/D 转换数据输出值

(2) 功能实现及控制

① S3C44B0X A/D 转换的休眠模式

该 ADC 休眠模式通过设置 SLEEP 位(ADCCON[5])为 1 来完成。在此模式中，转换时钟不起作用，且 A/D 转换操作暂停。A/D 转换数据寄存器保留休眠模式之前的数据。

注意：在 ADC 退出休眠模式(ADCCON[5]＝0)后，为使 ADC 参考电平稳定，在第一次 A/D 转换时需要等待 10 ms。

② **S3C44B0X 的 ADC 数据读取方面问题**

A/D 转换器标志状态位 FLAG(ADCCON[6])常常是不正确的。FLAG 错误操作一般表现在：
➢ 在 A/D 转换开始后，FLAG 位置 1 状态仅保持了一个时钟周期，这是不正确的。
➢ FLAG 位置 1 状态仅保持到 A/D 转换结束前一个周期，这也是不正确的。

若 ADCPSR 足够大，那么这个问题会更明显。为了正确地读取 A/D 转换数据，可参考下面的程序：

```
rADCCON = 0x1|(0x0 << 2);          //开始 A/D 转换
while(rADCCON &0x1);                //为避免第一个标志位有错
                                    //在一个时钟周期内将开始位清 0
while(!(rADCCON & 0x40));           //为避免第 2 个标志位有错
for(i = 0;i < rADCPSR;i++);
Uart_Printf("A0 = %03xh ",rADCDAT);
```

3. S3C44B0X A/D 转换器应用编程

(1) 基本应用

由于 S3C44B0X 芯片包含了 A/D 转换器，不需要外接任何电路，故 A/D 转换编程非常简单，只需要定义与 A/D 有关的 3 个寄存器地址和一些特殊的位命令，再编写一个初始化函数和一个 A/D 转换的函数即可。

① **基本函数**

```
/* ADC 的 3 个功能寄存器 */
#define   rADDCCON   (*(volatile unsigned *)0x1D40000)
#define   rADDCCON   (*(volatile unsigned *)0x1D40004)
#define   rADDCCON   (*(volatile unsigned *)0x1D40008)
/* ADC 的各种指示符 */
#define   AD-FLAG    0x40            //1,转换完毕
#define   AD-SLEEP   0x20            //0:正常模式,1:睡眠模式
#define   AD-ENABLE  0x1             //转换允许

void ad-init(void)                    //初始化函数
{
    rCLKCON = 0x7FF8;                 //使能 MCLK 作为 A/D 转换的时钟源
    Delay(100);                       //延时,等 ADC 的参考电压稳定
    Adcpsr = 255;                     //设置时钟预分辨率
    rADCCON = AD-SLEEP;               //进入休眠模式
}

U16 ad-convert(U8 line)               //读取某路模拟量函数
{
    rADCCON = AD-ENABLE|(line << 2);  //设置采样的通道,启动 A/D 转换
    while(rADCCON &AD-ENABLE);
    while(!(rADCCON &AD-FLAG);        //等待转换完毕

    return(U16)Radcdat;
}
```

② 函数应用

```
void Main(void)
{
    Port-Init();
    While(1)
    {
    Uart-Printf("A/D convert result: %5.4f\n",(float)ad-convert(0)*3.3/1024);
    Delay(5000);
    }
}
```

(2) S3C44B0X A/D 转换器在电子词典中的应用

触摸屏作为输入设备,既可以减小产品的体积,还可以扩展输入的功能,比如说增加手写、拖拽等功能。触摸屏坐标值的采集过程就是 A/D 转换过程。实例应用介绍了触摸屏的基本设计与控制方法以及 S3C44B0X 处理器的 A/D 转换功能应用。

在本电子词典设计中用触摸屏作为 6 个功能键的输入途径之一,只需要能够正确地将触摸屏传出的电信号转为数字坐标信号即可。因此,在此测试程序中需要实现以下功能:

- 点击触摸屏左下角和右上角,通过对角线定位方法确定触摸屏坐标范围;
- 点击触摸屏任意位置,将触摸屏坐标转换为液晶对应坐标后,通过串口显示坐标位置。

触摸屏的控制程序软件包括触摸屏定位、中断处理、串口数据传送等。软件框架与前面几个模块的基本一致,即启动→初始化→测试。

在测试内,首先要确定触摸屏的原点。本电子词典设计中采用的是实验原理中所介绍的角线定位方法。确定原点之后,根据前面介绍的坐标转换公式将等到的电压值转换为相应的坐标值。

本电子词典设计中用外部中断 INT0 来侦测触摸屏动作,在触摸屏初始化程序结束时打开 INT0。在中断处理程序中采用查询(而非中断)的方式确定 A/D 转换是否结束(查询 A/D 转换状态寄存器)。中断服务程序流程如图 4-55

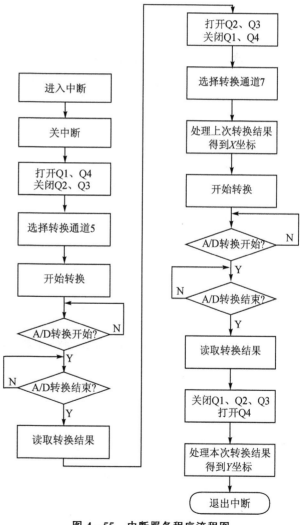

图 4-55 中断服务程序流程图

所示。

  在中断服务程序中总共要进行两次 A/D 转换,以分别得出 X 坐标和 Y 坐标的值。由于 S3C44B0X 提供的 8 路 A/D 转换通道共用的是一个 A/D 转换器,所以在转换通道切换之间需要保证至少 $15\mu s$ 的间隔。因此,将第一次转换得来的数据在通道切换之后进行处理。处理结束后再去对转换后的通道进行操作。为了尽可能减少 A/D 转换带来的误差,多次采样取算术均值得到最终结果。下面是中断服务部分的代码:

```
void touchscreen_int(void)
{
    U32 unPointX[7],unPointY[7];
    S32 i = 0;
    U32 unTmpX,unTmpY;

    rINTMSK |= BIT_EINT0;
    Delay(20);
    //使用 AIN5 作为 X 轴坐标读取通道
    //TSPX(GPC1_Q4(+)) TSPY(GPC3_Q3(-)) TSMY(GPC0_Q2(+)) TSMX(GPC2_Q1(-))
    //      1                0                  0                1
    rPDATC = (rPDATC & 0xFFF0) | 0x9;
    rADCCON = 0x0014;                       //AIN5

    Delay(80);                              //转换通道需要的延时

    for(i = 0; i < 7; i++)
    {
        rADCCON |= 0x1;                     //开始 A/D 转换
        while(rADCCON & 0x1 == 1);          //检查 A/D 转换是否开始
        while((rADCCON & 0x40) == 0);       //检查 A/D 转换是否结束
        unPointX[i] = (0x3ff&rADCDAT);
    }
    // 使用 AIN5 作为 X 轴坐标读取通道
    // TSPX(GPC1_Q4(-)) TSPY(GPC3_Q3(+)) TSMY(GPC0_Q2(-)) TSMX(GPC2_Q1(+))
    //      0                1                  1                0
    rPDATC = (rPDATC & 0xFFF0) | 0x6;
    rADCCON = 0x001C;                       //AIN7
    //将读到的 X 坐标去掉一个最大值去掉一个最小值,后取平均值
    for(i = 0;i < 7;i++)
    {
        if(unPointX[0] < unPointX[i])
        {
            unTmpX = unPointX[0];
            unPointX[0] = unPointX[i];
            unPointX[i] = unTmpX;
        }
        if(unPointX[6] > unPointX[i])
        {
            unTmpX = unPointX[6];
```

```
            unPointX[6] = unPointX[i];
            unPointX[i] = unTmpX;
        }
    }
    f_unPosX = (unPointX[1] + unPointX[2] + unPointX[3] + unPointX[4] + unPointX[5])/5;
    //读取Y轴坐标
    for(i=0; i < 7; i++)
    {
        rADCCON |= 0x1;                        //开始Y轴转换
        while(rADCCON & 0x1 == 1);             //检查A/D是否开始
        while((rADCCON & 0x40) == 0);          //检查A/D是否结束
        unPointY[i] = (0x3FF&rADCDAT);
    }
    rPDATC = (rPDATC & 0xFFF0 ) | 0xE;
    for(i=0;i < 7;i++)
    {
        if(unPointY[0]< unPointY[i])
        {
            unTmpY = unPointY[0];
            unPointY[0] = unPointY[i];
            unPointY[i] = unTmpY;
        }
        if(unPointY[6]>unPointY[i])
        {
            unTmpY = unPointY[6];
            unPointY[6] = unPointY[i];
            unPointY[i] = unTmpY;
        }
    }
    f_unPosY = (unPointY[1] + unPointY[2] + unPointY[3] + unPointY[4] + unPointY[5])/5;
    Delay(300);
    f_unTouched = 1;
    Delay(300);
    rI_ISPC |= BIT_EINT0;                      //清除中断挂起位
    Delay(300);
}
```

4.5.8 S3C44B0X LCD 控制器的功能及应用开发

液晶显示屏 LCD(Liquid Crystal Display)主要用于文本及图形、图像信息的显示。目前,用于笔记本电脑的液晶显示与液晶电视已经实现量产。液晶显示屏具有轻薄、体积小、耗电量低、无辐射、平面直角显示以及影像稳定不闪烁等特点。因此许多电子应用中,常使用液晶显示屏作为人机界面。本小节主要介绍 S3C44B0X 中用于显示控制的 LCD 控制器的数据传输、显示模式、控制原理,以及用于配置显示特性的特殊功能寄存器,并在最后给出设计程序供读者参考。

1. S3C44B0X LCD 控制器概述

(1) LCD 控制器在嵌入式系统中的功能概述

一套完整的液晶显示系统主要由 3 部分组成：液晶显示屏、液晶显示驱动器和液晶显示控制器。液晶显示屏和液晶显示驱动器通常由厂家将其组装为一个模块一同发售，也叫液晶显示模组(LCM)；而液晶显示控制器由专用集成电路组成，可独立开发应用于液晶显示系统。由于液晶显示器的类型、分辨率、刷新率不同，以及系统所要完成的显示控制功能不同，因而对液晶显示控制器有着不同的要求。

液晶显示控制器具有两大作用：其一，控制器为液晶显示提供时序信号和显示数据；其二，在计算机系统中，液晶显示控制器是一种专业 IC 芯片，专用于计算机与液晶显示系统的接口。控制器接受计算机的直接操作，并可以脱机独立控制液晶显示驱动系统，从而解除了计算机在显示上的繁琐工作。基于此，目前的液晶显示控制器具有如下功能：

- 具有简捷的计算机接口，一般以总线形式提供 I/O 接口；
- 具有一套完整的逻辑控制电路和时序发生器，可以实现对各种显示功能的控制；
- 具备功能齐全的控制指令集，编程更容易；
- 具有管理显示缓冲区的能力，计算机通过控制器访问显示缓冲区，控制器自行管理显示缓冲区；
- 具备液晶显示驱动器工作所必需的扫描时序信号的生成以及发送能力和显示数据的传输能力。

液晶显示控制器根据控制能力、显示功能和显示缓冲区容量的大小可分为液晶显示驱动控制器和液晶显示控制器。

液晶显示驱动控制器就是在液晶显示驱动器的内部增加了控制器的功能，从而使液晶显示驱动器升级为专用的带有液晶显示驱动输出的液晶显示控制器。这类控制器保持了原驱动器直接驱动液晶显示器件的功能，在此基础上，增加了片内缓冲及其管理功能、振荡器和时序发生器、计算机的接口电路、控制逻辑电路以及控制寄存器，从而形成了具备一定控制能力的液晶显示驱动控制器。

液晶显示控制器是把驱动和显示控制分开的液晶显示控制设备。通过液晶显示控制器将驱动器和显示存储器置于芯片外，增加了显示存储器的容量，在片内增强了液晶显示控制的功能。

液晶显示驱动控制器将控制与驱动集成为一体，虽然简化了液晶显示系统的控制驱动电路，但使得显示功能和显示规模都受到限制。液晶显示驱动控制器适用于小规模的液晶显示模块，而将驱动控制与显示控制分开则可以控制中、大规模的液晶显示屏，控制功能也更为强大，满足中、大尺寸液晶显示系统控制显示功能。

(2) S3C44B0X LCD 控制器的功能及作用概述

S3C44B0X LCD 控制器是接收系统发来的指令和数据，并向系统反馈所需的数据信息，进而驱动显示。用户只需要通过读/写一系列的寄存器，完成配置和显示驱动。在驱动 LCD 设计的过程中首要的是配置 LCD 控制器，而在配置 LCD 控制器中最重要的一步则是帧缓冲区(Frame Buffer)的指定。用户所要显示的内容皆是从缓冲区中读出的，从而显示到屏幕上。帧缓冲区的大小由屏幕的分辨率和显示色彩数决定。

2. S3C44B0X LCD 控制器功能及应用概述

(1) S3C44B0X LCD 控制器基本功能

S3C44B0X 上的 LCD 控制器由传送 LCD 映像数据的逻辑电路组成。LCD 映像数据指的是从系统存储器的视频缓冲到外部 LCD 驱动器的数据。

S3C44B0X 中内置的 LCD 控制器可支持灰度 LCD 和彩色 LCD。在灰度 LCD 上,使用基于时间的抖动算法和 FRC(Frame Rate Control)方法,可支持单色、2 位/像素(4 级灰度)和 4 位/像素(16 级灰度模式)的灰度 LCD;在彩色 LCD 上,可以支持 8 位/像素(256 级彩色)。对于不同尺寸的 LCD,具有不同数量的垂直和水平像素、数据接口的数据宽度、接口时序及刷新率,而 LCD 控制器可以进行编程控制相应的寄存器值,以适应不同的 LCD 显示板。

① **S3C44B0X LCD 控制器的特性**
- 支持彩色/灰度/单色的 LCD 板。
- 支持 3 种类型的 LCD 板:4 位双扫描、4 位单扫描以及 8 位单扫描的显示类型。
- 支持多路虚拟显示屏(支持硬件的水平/垂直移动滚读)。
- 系统存储器被用做显示存储器。
- 专用的 DMA 支持从系统存储器的视频缓冲中读取映像数据。
- 支持多种荧屏大小:
  - 典型的荧屏尺寸:640×480、320×240、160×160;
  - 最大虚拟荧屏尺寸(彩色模式下):4096×1024、2048×2048、1024×4096 等。
- 支持单色、4 级、16 级灰度。
- 对于彩色 STN LCD 板,支持 256 级彩色。
- 支持电源节省模式(SL_IDLE Mode)。

② **S3C44B0X LCD 外部接口信号**
S3C44B0X LCD 外部接口信号包括:
- VFRAME:LCD 控制器和 LCD 驱动器之间的帧同步信号。它通知 LCD 屏新的一帧显示,LCD 控制器在一个完整帧的显示后发出 VFRAME 信号。
- VLINE:LCD 控制器和 LCD 驱动器之间的行同步信号。LCD 驱动器通过它来将水平移位寄存器中的内容显示到 LCD 屏上。LCD 控制器在一整行数据全部传输到 LCD 驱动器后发出 VLINE 信号。
- VCLK:LCD 控制器和 LCD 驱动器之间的像素时钟信号。LCD 控制器在 VCLK 的上升沿发送数据,在 VCLK 的下降沿对数据采样。
- VM:LCD 驱动器所使用的交流信号。LCD 驱动器使用 VM 来改变用于打开或关闭像素的行和列电压的极性。VM 信号在每一帧被触发,也可在指定 VLINE 信号的可编程数目时触发。
- VD[3:0]以及 VD[7:4]:LCD 像素数据输入端口。VD[3:0]用于 4 位/8 位的单扫描或双扫描时的高 4 位数据输入;VD[7:4]用于 8 位单扫描或双扫描时的低 4 位数据输入。

S3C44B0X 中的 LCD 控制器被用来传送视频数据和产生必要的控制信号,例如,VFRAME、VLINE、VCLK 和 VM。与控制信号一样,S3C44B0X 也有视频数据控制端口 VD[7:0]。LCD 控制器由 REGBANK、LCDCDMA、VIDPRCS 和 TIMEGEN 组成。REGBANK 由 18 个可编程寄存器组成,它们被用来设置 LCD 控制器。LCDCDMA 是一个专用 DMA,它自动将帧存储器中的视频数据传递到 LCD 驱动器中。通过使用专用的 DMA,视频数据可以在无需 CPU 干涉的情况下在显示屏上显示出来。VIDPRCS 从 LCDCDMA 中接收数据,把它变成一种合适的数据格式(比如 4/8 位单扫描或 4 位双扫描显示模式),再通过 VD[7:0]数据口发送视频数据到 LCD 驱动器。TIMEGEN 块产生 VFRAME、VLINE、VCLK 和 VM 等控制信号。

数据流描述:在 LCDCDMA 块中存在 FIFO 存储器,当 FIFO 为空或部分空时,LCDCDMA 要求在基于突发存储器模式下从帧存储器中取数据(每个突发请求要求从存储器连续取 4 个字,在总线传送数据的过程中不允许将总线控制权交给另一个总线控制者)。当这种传送请求被存储器控制器中的总线仲裁器所接收时,将会有4个连续数据字从系统存储器中传送到内部的FIFO。FIFO总的大小为24个字,包括12个字的FIFOL和12个字的FIFOH。S3C44B0X有两个FIFO,因为它支持双扫描显示模式。在单扫描模式下,只用其中一个FIFO。

(2) S3C44B0X LCD 控制器的特殊功能寄存器

① LCD 控制寄存器 1(LCDCON1)

LCD 控制寄存器 1 如表 4-90 所列,具体功能如表中所描述。

表 4-90 LCD 控制寄存器 1(LCDCON1)

LCDCON1　　地址:0x01F00000　　访问方式:R/W　　初始值:0x00000000

位	位名称	描述
[31:22]	LINECNT	反映行计数值,从 LINEVAL 递减计数至 0
[21:12]	CLKVAL	确定 VCLK 的频率。如果该值在 ENVID=1 时改变,将下一帧使用,公式为 VCLK=MCLK/(CLKVAL×2)　(CLKVAL≥2)
[11:10]	WLH	确定 VLINE 高电平的宽度: 00=4 clocks　01=8 clocks　10=12 clocks　11=16 clocks
[9:8]	WDLY	确定 VLINE 和 VCLK 之间的延时: 00=4 clocks　01=8 clocks　10=12 clocks　11=16 clocks
[7]	MMODE	确定 VM 的频率: 0=每帧　1=频率由 MVAL 决定
[6:5]	DISMODE	选择显示模式: 00=4 位双扫描显示模式　01=4 位单扫描显示模式 10=8 位单扫描显示模式　11=未使用
[4]	INVCLK	控制 VCLK 的极性: 0=VCLK 下降沿取显示数据　1=VCLK 上升沿取显示数据
[3]	INVLINE	指示行脉冲的极性:0=正常　1=取反
[2]	INVFRAME	指示帧脉冲的极性:0=正常　1=取反
[1]	INVVD	指示(VD[7:0])的极性: 0=正常　1=VD[7:0]输出取反
[0]	ENVID	LCD 视频输出和逻辑的允许与否: 0=不禁止,LCD FIFO 清除　1=使能

② LCD 控制寄存器 2(LCDCON2)

LCD 控制寄存器 2 如表 4-91 所列,具体功能如表中所描述。

表 4-91 LCD 控制寄存器 2(LCDCON2)

LCDCON2　　地址:0x01F00004　　访问方式:R/W　　初始值:0x00000000

位	位名称	描述
[31:21]	LINEBLANK	确定行扫描的返回时间,LINEBLANK 的单位是 MCLK。如:LINEBLANK 为 10,返回时间在 10 个系统时钟期间插入 VCLK

续表 4-91

位	位名称	描 述
[20:10]	HOZVAL	确定 LCD 屏的水平尺寸。HOZVAL 值的确定必须满足一行总的字节数是 2 的倍数的要求,如 120 点的 LCD 水平尺寸 X=120 时不被支持,因为一行包含 15 字节;而 X=128 时可以被支持(16 字节),额外的 8 点将被 LCD 驱动器放弃 公式:HOZVAL=(水平显示宽度/有效数据行)-1 彩色模式:水平显示宽度=3×水平像素数目
[9:0]	LINEVAL	确定 LCD 屏的垂直尺寸: LINEVAL=(垂直显示宽度)-1 单扫描类型 LINEVAL=(垂直显示宽度/2)-1 双扫描类型

③ **LCD 控制寄存器 3(LCDCON3)**

LCD 控制寄存器 3 如表 4-92 所列,具体功能如表中所描述。

表 4-92   LCD 控制寄存器 3(LCDCON3)

LCDCON3   地址:0x01F00040   访问方式:R/W   初始值:0x00

位	位名称	描 述
[2:1]		保 留
[0]	SELFREF	LCD 刷新模式允许位: 0=禁止 LCD 自刷新模式 1=允许 LCD 自刷新模式

④ **帧缓冲起始地址寄存器 1(LCDSADDR1)**

帧缓冲起始地址寄存器 1 如表 4-93 所列,具体功能如表中所描述。

表 4-93   帧缓冲起始地址寄存器 1(LCDSADDR1)

LCDSADDR1   地址:0x01F00008   访问方式:R/W   初始值:0x000000

位	位名称	描 述
[28:27]	MODESEL	选择显示模式: 00=单色模式 01=4 级灰度模式 10=16 级灰度模式 11=彩色模式
[26:21]	LCDBANK	指示视频缓冲区在系统存储器的段地址 A[27:22] LCDBANK 在视点移动时不能变化,LCD 帧缓冲区应与 4 MB 区域对齐,因此在分配存储区时应当注意
[20:0]	LCDBASEU	指示帧缓冲区或在双扫描 LCD 时的上帧缓冲区的起始地址 A[21:1]

注:1   LCDBANK 在 ENVID=1 时不能变化;
    2   如果 LCDBASEU 和 LCDBASEL 在 ENVID=1 时变化,则新的量将在下一帧起作用。

⑤ **帧缓冲起始地址寄存器 2(LCDSADDR2)**

帧缓冲起始地址寄存器 2 如表 4-94 所列,具体功能如表中所描述。

⑥ **帧缓冲起始地址寄存器 3(LCDSADDR3)**

帧缓冲起始地址寄存器 3 如表 4-95 所列,具体功能如表中所描述。

表 4-94　帧缓冲起始地址寄存器 2(LCDSADDR2)

LCDSADDR2　　地址：0x01F0000C　　访问方式：R/W　　初始值：0x000000

位	位名称	描述
[29]	BSWP	1=允许扫描　0=禁止扫描
[28:21]	MVAL	如果 MMODE=1,则定义 VM 信号以什么速度变化 公式为：VM Rate=VLINE Rate/(2×MVAL)
[20:0]	LCDBASEL	指示在使用双扫描 LCD 时的下帧存储区的起始地址 A[21:1] 公式为： LCDBASEL=LCDBASEU+(PAGEWIDTH+OFFSIZE)×(LINEVAL+1)

注：用户通过改变 LCDBASEU 和 LCDBASEL 的值来滚动屏幕,但在帧结束时,不能改变 LCD-BASEU 和 LCDBASEL 的值,因为预取下一帧的数据优先于改变帧。如果这时改变帧,则预取的数据无效和显示不正确。为了检查 LINECNT,中断应当被屏蔽；否则如果在读 LINECNT 后,任意中断刚好执行,则因为 ISR 的执行,LINECNT 的值可能无效。

表 4-95　帧缓冲起始地址寄存器 3(LCDSADDR3)

LCDSADDR3　　地址：0x01F00010　　访问方式：R/W　　初始值：0x000000

位	位名称	描述
[19:9]	OFFSIZE	虚拟屏幕偏移量(半字的数量),该值定义前一显示行的最后半字与新的显示行首的半字之间的距离
[8:0]	PAGEWIDTH	虚拟屏幕宽度(半字的数量),该值定义帧的观察区域的宽度

注：PAGEWIDTH 和 OFFSIZE 必须在 ENVID=0 时变化。

⑦ RED 查找表寄存器(REDLUT)

RED 查找表寄存器如表 4-96 所列,具体功能如表中所描述。

表 4-96　RED 查找表寄存器(REDLUT)

REDLUT　　地址：0x01F00014　　访问方式：R/W　　初始值：0x00000000

位	位名称	描述
[31:0]	REDVAL	定义 8 组中每一组的 16 个映射哪一个将被选择： 000=REDVAL[3:0]　　001=REDVAL[7:4] 010=REDVAL[11:8]　　011=REDVAL[15:12] 100=REDVAL[19:16]　　101=REDVAL[23:20] 110=REDVAL[27:24]　　111=REDVAL[31:28]

⑧ GREEN 查找表寄存器(GREENLUT)

GREEN 查找表寄存器如表 4-97 所列,具体功能如表中所描述。

表 4-97　GREEN 查找表寄存器(GREENLUT)

GREENLUT　　地址：0x01F00018　　访问方式：R/W　　初始值：0x00000000

位	位名称	描述
[31:0]	GREENVAL	定义 8 组中每一组的 16 个映射哪一个将被选择： 000=GREENVAL[3:0]　　001=GREENVAL[7:4] 010=GREENVAL[11:8]　　011=GREENVAL[15:12] 100=GREENVAL[19:16]　　101=GREENVAL[23:20] 110=GREENVAL[27:24]　　111=GREENVAL[31:28]

⑨ BLUE 查找表寄存器(BLUELUT)

BLUE 查找表寄存器如表 4-98 所列,具体功能如表中所描述。

表 4-98 BLUE 查找表寄存器(BLUELUT)

BLUELUT		地址:0x01F0001C	访问方式:R/W	初始值:0x0000
位	位名称	描 述		
[15:0]	BLUEVAL	定义 4 组中每一组的 16 个映射哪一个将被选择: 00=BLUEVAL[3:0]　　　01=BLUEVAL[7:4] 10=BLUEVAL[11:8]　　 11=BLUEVAL[15:12]		

⑩ 抖动模式寄存器

抖动模式寄存器(DP1_2、DP4_7、DP3_5、DP2_3、DP5_7、DP3_4、DP4_5、DP6_7 以及 DITH-MODE)如表 4-99 所列。

表 4-99 抖动模式寄存器

寄存器名		描 述			
抖动模式寄存器	DP1_2	地址:0x01F00020	R/W	抖动模式占空比为 1/2	初始值:0xA5A5
	DP4_7	地址:0x01F00024	R/W	抖动模式占空比为 4/7	初始值:0xBA5DA65
	DP3_5	地址:0x01F00028	R/W	抖动模式占空比为 3/5	初始值:0xA5A5F
	DP2_3	地址:0x01F0002C	R/W	抖动模式占空比为 2/3	初始值:0xD6B
	DP5_7	地址:0x01F00030	R/W	抖动模式占空比为 5/7	初始值:0xEB7B5ED
	DP3_4	地址:0x01F00034	R/W	抖动模式占空比为 3/4	初始值:0x7DBE
	DP4_5	地址:0x01F00038	R/W	抖动模式占空比为 4/5	初始值:0x7EBDF
	DP6_7	地址:0x01F0003C	R/W	抖动模式占空比为 6/7	初始值:0x7FDFBFE
	DITHMODE	地址:0x01F00044	R/W	必须改变该值为 0x12210	初始值:0x00000

⑪ 不同显示模式的 MV

不同显示模式的 MV 如表 4-100 所列。

表 4-100 不同显示模式的 MV

显示模式	MV 值	显示模式	MV 值
单色,4 位单扫描	1/4	16 级灰度,4 位单扫描	1/4
单色,8 位单扫描或 4 位双扫描	1/8	16 级灰度,8 位单扫描或 4 位双扫描	1/8
4 级灰度,4 位单扫描	1/4	彩色,4 位单扫描	3/4
4 级灰度,8 位单扫描或 4 位双扫描	1/8	彩色,8 位单扫描或 4 位双扫描	3/8

(3) S3C44B0X LCD 功能实现及控制

① S3C44B0X LCD 控制操作

时序发生器(Timing Generator)产生 LCD 驱动器所需的控制信号,如 VFRAME、VLINE、VCLK 和 VM。这些控制信号与 REGBANK 中的 LCDCON1/2 寄存器设置有密切关系。根据在 REGBANK 中的 LCD 控制寄存器的可编程设置,时序发生器能产生适合的可编程控制信号来支持不同类型的 LCD 驱动器。

VFRAME 脉冲以每帧一次的频率声明整帧中第一行的持续时间。VFRAME 信号告诉 LCD 的线指示器指向显示器的顶端以开始显示。LCD 驱动器用 VM 信号来改变行、列的电压极性，用来开/关像素。VM 信号的频率由 LCDCON1 寄存器的 MMODE 位和 LCDSADDR2 寄存器的 MVAL[7：0]域来控制。当 MMODE 位为 0 时，VM 信号被设置成每帧刷新一次；当 MMODE 位为 1 时，VM 信号被设置成由 MVAL[7：0]值确定的 VLINE 信号触发。例如，当 MMODE＝1，MVAL[7：0]＝0x2 时，关系如下：

$$VM\ Rate = VLINE\ Rate / (2 \times MVAL)$$

VFRAME 和 VLINE 脉冲的产生受 LCDCON2 寄存器中 HOZVAL 域和 LINEVAL 域配置的控制。每个域都与 LCD 的大小和显示模式有关。换句话说，HOZVAL 和 LINEVAL 信号由 LCD 板的大小和显示模式决定：

$$HOZVAL = (水平显示长度 / 有效\ VD\ 数据线的数量) - 1$$

在彩色模式下：　　　　　水平显示长度＝3×水平像点(段)数

若 4 位双扫描的有效 VD 数据线为 4，则在 8 位单扫描模式下有效 VD 数据线应该是 8。

单扫描：　　　　　　　LINEVAL＝垂直显示宽度－1
双扫描：　　　　　　　LINEVAL＝垂直显示宽度/2－1

VCLK 信号的频率由 LCDCON1 寄存器中的 CLKVAL 位控制。表 4－101 详细介绍了它们之间的对应关系。CLKVAL 的最小值是 2。

$$VCLK = MCLK / (CLKVAL \times 2)$$

式中：VCLK 的单位为 Hz。VFRAM 信号频率就是帧扫描频率。帧扫描频率与 WLH(VLINE 脉宽)、WHLY(VLINE 脉冲后的 VCLK 延迟宽度)、HOZVAL、VLINEBLANK 以及两个液晶控制寄存器中的 LINEVAL，还有 VCLK、MCLK 都有关。大部分 LCD 驱动器需要有适合自身的足够的帧扫描频率。帧扫描频率计算如下：

$$frame\_rate = 1 / \{[(1/VCLK) \times (HOZVAL+1) + (1/MCLK) \times$$
$$(WLH+WDLY+LINEBLANK)] \times (LINEVAL+1)\}$$
$$VCLK = (HOZVAL+1) / \{1/[frame\_rate \times (LINEVAL+1)] -$$
$$(WLH+WDLY+LINEBLANK) / MCLK\}$$

式中：frame_rate 和 VCLK 的单位为 Hz。

表 4－101　VCLK 和 CLKVAL 的关系(MCLK＝60 MHz)

CLKVAL	60 MHz/X	VCLK	CLKVAL	60 MHz/X	VCLK
2	60 MHz/4	15.0 MHz	⋮	⋮	⋮
3	60 MHz/6	10.0 MHz	1023	60 MHz/2046	29.3 kHz

② **S3C44B0X LCD 视频操作**

S3C44B0X 中的液晶控制器支持 8 位彩色模式(256 彩色模式)、4 级灰度模式、16 级灰度模式和单色模式。需要灰度和彩色模式时，时钟抖动算法和 FRC(帧频率控制)方法能被用来通过可编程查找表来选择调整灰度和色彩级数。单色模式不使用这些模块(FRC 和查找表)，而通过将视频数据转移到 LCD 驱动器中时把 FIFOH(和 FIFOL，如果是双扫描模式)中的数据连续化为 4 位(或 8 位，如果是 4 位双扫描或 8 位单扫描)的数据流。

(a) 查找表

S3C44B0X 支持多色彩或多灰度级映射的调色板。这种选择给用户带来很大的灵活性。查找表是一个允许彩色和灰度级数选择的调色板。用户在 4 级灰度模式中通过查找表在 16 灰度级中选择 4 灰度级。在 16 级灰度模式下灰度级不能被选择,所有 16 灰度级必须在可能的 16 灰度级中进行选择。在 256 彩色模式中,3 位红,3 位绿,2 位蓝。256 彩色就是由 8 红、8 绿、4 蓝组合而成(8×8×4=256)。在彩色模式中,查找表用于进行适当的选择。8 红色级在 16 个可能的红色级中选择,8 绿在 16 级绿中选择,4 蓝在 16 级蓝中选择。

(b) 灰度模式操作

S3C44B0X 中的 LCD 控制器支持 2 种灰度模块:2 位像素(4 级灰度)、4 位像素(16 级灰度)。2 位像素灰度模式使用一个查找表,查找表允许在可能的 16 灰度级中进行 4 级灰度的选择。2 位像素灰度的查找表和应用彩色模式中的蓝色查找表共用 BLUELUT 寄存器中的 BLUEVAL[15:0]。0 级灰度用 BLUEVAL[3:0]位的值来表示。如果 BLUEVAL[3:0]被设置为 9,0 灰度级就用 16 级中的 9 级来代表;如果 BLUEVAL[3:0]为 15,则用 15 级来代表,以此类推。与 0 级灰度一样,1 级用 BLUEVAL[7:4]来表示,2 级用 BLUEVAL[11:8]来表示,3 级用 BLUEVAL[15:12]表示。BLUEVAL[15:0]中的 4 组分别代表 0、1、2、3 级。当然,没有第 4 级。

(c) 彩色模块操作

S3C44B0X 中的 LCD 控制器支持每像素 8 位的 256 彩色显示模式。彩色显示模块用抖动算法和 FRC(帧扫描率控制)方法可产生 256 级彩色。每个像素的 8 位分成 3 位红、3 位绿、2 位蓝,各用独立的查找表。各个表分别用 REDLUT 寄存器中的 REDVAL[31:0]、GREENLUT 寄存器中的 GREENVAL[31:0]、BLUELUT 寄存器中的 BLUEVAL[15:0]作为可编程的查找表入口。

与灰度级显示相似,REDLUT 中 8 组或 4 位域(例如 REDVAL[31:28]、REDVAL[27:24]、REDVAL[23:20]、REDVAL[19:16]、REDVAL[15:12]、REDVAL[11:8]、REDVAL[7:4]和 REDVAL[3:0])分别对应各红色级。4 位组合可以得到 16 种可能,每种情况对应一种红色级。换句话说,用户可以用查找表选择合适的红色级。对于绿色,GREENLUT 寄存器中的 GREENVAL[31:0]用做查找表,用法同红色一样。蓝色与前两个相似,BLUELUT 寄存器中的 BLUEVAL[15:0]用做查找表。对于蓝色查找表需要 16 位,因为只有两位对应于 4 级蓝色来控制蓝色级,这与 8 红或 8 绿都不同。

(d) 扫描模式支持

S3C44B0X 处理器 LCD 控制器支持 3 种显示类型:4 位单扫描、4 位双扫描和 8 位单扫描。扫描工作方式通过 DISMODE 位(LCDCON1[6:5])设置。表 4-102 所示为扫描模式选择。

表 4-102 扫描模式选择

DISMODE	00	01	10	11
模 式	4 位双扫描	4 位单扫描	8 位单扫描	无

- 4 位单扫描。显示控制器扫描线从左上角位置进行数据显示。显示数据从 VD[3:0]获得,彩色液晶屏数据位代表 RGB 色,如图 4-56 所示。
- 4 位双扫描。显示控制器分别使用两个扫描线进行数据显示。显示数据从 VD[3:0]获得高扫描数据;VD[7:4]获

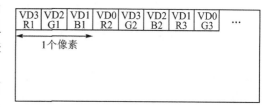

图 4-56 4 位单扫描

得低扫描数据；彩色液晶屏数据位代表 RGB 色，如图 4-57 所示。
- 8 位单扫描。显示控制器扫描线从左上角位置进行数据显示。显示数据从 VD[7:0] 获得，彩色液晶屏数据位代表 RGB 色，如图 4-58 所示。

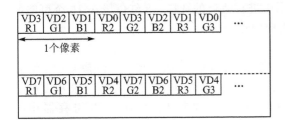
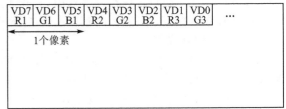

图 4-57 4 位双扫描　　　　　　　　　图 4-58 8 位单扫描

(e) 数据的存放与显示

液晶控制器传送的数据表示了一个像素的属性：4 级灰度屏用两个数据位；16 级灰度屏使用 4 个数据位；RGB 彩色液晶屏使用 8 个数据位（R[7:5]、G[4:2]、B[1:0]）。显示缓存中存放的数据必须符合硬件及软件设置，即要注意字节对齐方式。在 4 位或 8 位单扫描方式下，数据的存放与显示如图 4-59 所示。在 4 位双扫描方式下，数据的存放与显示如图 4-60 所示。

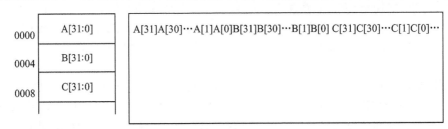

图 4-59 4 位或 8 位单扫描数据的存放与显示

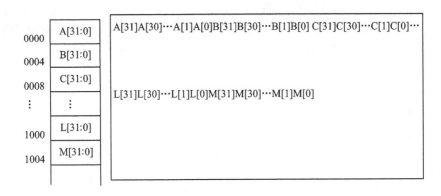

图 4-60 4 位双扫描数据的存放与显示

3. S3C44B0X LCD 控制器应用编程

LCD 的显示一般通过配置 LCD 控制器实现。下面介绍如何使用 S3C44B0X LCD 控制器进行像素点的显示。首先要对 LCD 进行初始化。LCD 的初始化主要是对 LCD 控制寄存器的值进行设置，主要有 8 项，即设定抖动模式；设定抖动时间；LCDCON1 控制字清 0；设置 LCD 的垂直、水平尺寸，水平线扫描空闲时间；设置帧缓冲区的起始地址；设置灰度级、LCDBANK、LCDBASEU；重新设置 LCDCON1；使能 LCD 驱动逻辑，打开背光。

具体设置如下:

```c
// disable,8B_SNGL_SCAN,WDLY = 8clk,WLH = 8clk
rLCDCON1 = (0x0)|(2 << 5)|(MVAL_USED << 7)|(0x3 << 8)|(0x3 << 10)|(CLKVAL_COLOR << 12);
                                                    //LINEBLANK = 10
rLCDCON2 = (LINEVAL)|(HOZVAL_COLOR << 10)|(10 << 21);
//256 - color,LCDBANK,LCDBASEU
rLCDSADDR1 = (0x3 << 27)|(((U32)Video_StartBuffer >> 22) << 21)|M5D((U32)Video_StartBuffer >> 1);
rLCDSADDR2 = M5D((((U32)Video_StartBuffer + (SCR_XSIZE * LCD_YSIZE)) >> 1))|(MVAL << 21)|1 << 29;
rLCDSADDR3 = (LCD_XSIZE/2) | ( ((SCR_XSIZE - LCD_XSIZE)/2) << 9 );
rREDLUT    = 0xFDB96420;            //1111 1101 1011 1001 0110 0100 0010 0000
rGREENLUT  = 0xFDB96420;            //1111 1101 1011 1001 0110 0100 0010 0000
rBLUELUT   = 0xFB40;                //1111 1011 0100 0000
rDITHMODE  = 0x12210;               //rDITHMODE = 0x0;
rDP1_2     = 0xA5A5;
rDP4_7     = 0xBA5DA65;
rDP3_5     = 0xA5A5F;
rDP2_3     = 0xD6B;
rDP5_7     = 0xEB7b5ED;
rDP3_4     = 0x7DBE;
rDP4_5     = 0x7EBDF;
rDP6_7     = 0x7FDFBFE;
rLCDCON1 = (0x1)|(2 << 5)|(MVAL_USED << 7)|(0x3 << 8)|(0x3 << 10)|(CLKVAL_COLOR << 12);
rPDATE = rPDATE&0x0E;
```

完成 LCD 初始化之后,下面介绍像素点显示的实现过程。

① 画点的实现是先指定所画点的 X、Y 坐标,然后把 X、Y 的坐标转换为显存的地址,程序如下:

```c
#define   SCR_XSIZE       (320)
#define   SCR_YSIZE       (240)
#define   BYTESPERLINE    (LCD_XSIZE)
typedef   unsigned long   tOff;
#define   XY2OFF(x,y)     (tOff)((tOff)y * (tOff)BYTESPERLINE + (x))
```

转化出来的值即为偏移量。

② 设定点的颜色。颜色的设定主要是把设定的逻辑颜色转化为实际的颜色值。具体转化方式如下:

```c
U16 Log2Phy(U32 Color)
{
    U32 r,g,b;
    b = Color & 255;
    g = (Color >> 8)&255;
    r = Color >> 16;
    b = (b + 42)/85;
    g = (g * 7 + 127)/255;
    r = (r * 7 + 127)/255;
    return b + (g << 2) + (r << 5);
}
```

在得到了内存地址和所要设定的颜色后,即可修改内存来实现像素控制函数,也即完成一个像素点的显示。

(1) 基本应用

液晶屏显示最基本的是像素控制数据的使用。像素控制数据的存放与传送形式决定显示的效果。这也是所有显示控制的基本程序设计思想。图形显示可直接使用像素控制函数来实现;把像素控制数据按一定形式存放即可实现字符显示,比如 ASCII 字符、语言文字字符等。

① 矩形显示

矩形显示可以通过两条水平线和两条垂直线组成,因此在液晶显示屏上显示矩形实际就是画线函数的实现。画线函数则通过反复调用像素控制函数得到水平线或垂直线。

② 字符显示

字符的显示包括 ASCII 字符和汉字的显示。字符的显示可采用多种形式字体,其中常用的字体大小有(W×H 或 H×W):8×8、8×16、12×12、16×16、16×24、24×24 等,用户可使用不同的字库以显示不同的字体。如实验系统中使用 8×16 字体显示 ASCII 字符,使用 16×16 字体显示汉字。不管显示 ASCII 字符还是点阵汉字,都通过查找预先定义好的字符表来实现。这个存储字符的表叫做库,相应的有 ASCII 库和汉字库。ASCII 字符数组如下:

```
const U8 PFont8x16[][16]
```

ASCII 字符的存储是把字符显示数据存放在以字符的 ASCII 值为下标的库文件(数组)中,显示时再按照字体的长与宽和库的关系取出作为像素控制数据显示。ASCII 库文件只存放 ANSI ASCII 的共 255 个字符。请参考下面"显示 ascii8×16"的程序。

```
const U8 hzdot[] = { //点阵汉字查找表 }
```

点阵汉字库按照方阵形式进行数据存放,所以汉字库的字体只能是方形的。汉字库的大小与汉字显示的个数及点阵数成正比。请参考下面"显示 16×16 的汉字字符串"的程序。

(a) 汉字字库编码

国家标准信息交换用汉字字符 GB2312 共收录了汉字、图形符号等共 7 445 个,其中汉字 6 763 个。按照汉字使用的频度分为两段,一级 3 755 个,二级 3 008 个。汉字图形符号根据其位置将其分为 94 个区,每个区包含 94 个汉字字符。每个汉字字符又称为位,其中区的序号为 01~94,位的序号也是 01~94。若横来表示位,纵来表示区,则区和位可构成一个二维坐标,给定一个区和位就可以惟一确定一个汉字。汉字用机内码的形式存储,每个汉字占两个字节,其中第一个字节为机内码的区码,汉字机内码的区内码范围是从 0A1H(十六进制)开始,对应区位码中区码的第一区;而机内码的第二个字节为机内码的位码,范围也是从 0A1H(十六进制)开始,对应某区中第一个位码。就是说,将汉字机内码减去 0A0AH,就得到该汉字的区位码。例如,汉字"北"的机内码是 B1B1H,其中前两位 B1 表示机内码的区码,后两位 B1 表示机内码的位码,所以北的区位码为 0B1B1H−0A0A0H=1111H,将区码和位码转化为十进制,得到北的区位码为 1717,即北的点阵位于第 17 区的第 17 个字的位置,在文件 HZK16 中的位置为 32×[(17−1)×94+(17−1)]=48640D。从该位置起以后的 32 字节为北的显示点阵,所以查找到缓冲区 BE00H(48640D 的十六进制表示)开始的 32 字节:

```
0480 0480 0488 0498 04A0 7CCD
0480 0480 0480 0480 0480 0480
0480 1C82 E482 447E 0000     将其写在 LCD 上 16×16 的方格上
```

(b) ASCII

ASCII 的显示与汉字的显示原理相同。在 ASCII16 文件中不存在机内码的问题,其显示点阵直接按 ASCII 码从小到大依次排序。不过每个 ASCII 在文件中只占 1 字节,并且小于 80H,每个 ASCII 码为 8×16 的点阵也只占 16 字节。

以上便是 LCD 显示的基本思路。在了解这些基本思路之后,下面介绍在电子词典中是如何实现 LCD 显示的,包括 LCD 的初始化、简单的画线程序。通过这些程序使读者对 LCD 的应用编程有一定了解。

(2) S3C44B0X LCD 在电子词典中的应用

下面介绍电子词典中 LCD 相关部分的设计,图 4-61 为实现函数 LCD 显示的基本流程。

初始化部分包括 S3C44B0X 系统的初始化和 LCD 的初始化。对 LCD 的初始化在本小节前面已经讲过,综合分析以上所要实现的功能可以划分为几个主要部分。下面分别介绍各个部分的实现。

① **画线及画矩形框的实现**

画线包括水平线、垂直线。画矩形框的函数中包含对水平和垂直画线的实现。画矩形框实际就是两次调用水平画线和垂直画线函数。

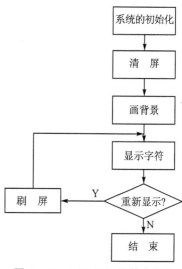

图 4-61 LCD 显示的基本流程

(a) 画水平线。具体实现函数如下:

```
void LCD_DrawHLine (U16 x0,U16 y0,U16 x1)
{
    while (x0 <= x1)
    {
        SETPIXEL(x0,y0,LCD_COLOR);    //调用画点函数
        x0 ++ ;
    }
}
```

(b) 画垂直线。具体实现函数如下:

```
void LCD_DrawVLine(U16 x0,U16 y0,U16 y1)
{
    while (y0 <= y1)
    {
        SETPIXEL(x0,y0,LCD_COLOR);    //调用画点函数
        y0 ++ ;
    }
}
```

(c) 画矩形框。下面举例说明,以下 4 个点为顶点画矩形:(15,15),(260,15),(15,35),(260,35)。代码如下:

```
LCD_DrawHLine (15,15,260);
LCD_DrawHLine (15,35,260);
```

```
LCD_DrawVLine (15,15,35);
LCD_DrawVLine (260,15,35);
```

② 字符显示的实现

可以通过编程在液晶显示屏上实现各种字体、各种大小的英文和中文字符,在 LCD 上显示图像的关键是对像素点的绘制。若对液晶显示模块设置为黑白单色模式,则屏上每个像素点只需一个数据位表示。但显示缓冲区的内容在 4 位单扫描模式下与显示屏像素点对应的关系是:每一行以大端模式的字为单位顺序排列,即以 4 字节为单位。不管是 ASCII 字符还是汉字字符,都是以点阵数据存储的,即通常所说的字库。对 ASCII 字符及汉字字符的显示,都是先通过查找字库,得到字的存储信息,再在指定的位置显示字符。

显示 16×16 的汉字字符串程序如下:

```
void lcd_disp_hz16(U16 x0,U16 y0,U8 ForeColor,char * s)
{
    U16 i,j,k,x,y,xx;
    char qm,wm;
    U32 ulOffset;
    char hzbuf[32];

    for( i = 0; i < strlen((const char *)s); i ++ )
    {
        qm = *(s + i) - 161;
        wm = *(s + i + 1) - 161;
        ulOffset = (U32)(qm * 94 + wm) * 32;//汉字在字库中的偏移
        for( j = 0; j < 32; j ++ )
        {
            //hzbuf[j] = g_ucHZK16[ulOffset + j];
            hzbuf[j] = hzdot[ulOffset + j];
        }
        for( y = 0; y < 16; y ++ )
        {
            for( x = 0; x < 16; x ++ )
            {
                k = x % 8;
                if( hzbuf[y * 2 + x / 8] & (0x80 >> k) )
                {
                    xx = x0 + x + i * 8;    //计算显示点的 X 坐标
                                //LCD_PutPixel( xx,y + y0,(U8)ForeColor);
                    SETPIXEL(xx,y + y0,LCD_COLOR);
                }
            }
        }
        i ++;
    }
}
```

显示 ascii8×16 的程序如下：

```
/ ******************************************************
-函数名称：const Set_Font(const GUI_FONT * pNewFont)
-函数说明：设定字体函数
-输入参数：color
-输出参数：无
****************************************************** /
void Set_Font( GUI_FONT * pFont)
{
    if (pFont)
    {
        GUI_Context.pAFont = pFont;
    }
}
/ ******************************************************
-函数名称：void DispStringAt(const U8 * s,S16 x,S16 y)
-函数说明：显示字符串的 API
-输入参数：s,x,y
-输出参数：无
****************************************************** /
void Disp_String(const S8 * s,S16 x,S16 y)
{
    GUI_Context.DispPosX = x;
    GUI_Context.DispPosY = y;
    DispString(s);
}
/ ******************************************************
-函数名称：void DispString(const U8 * s)
-函数说明：显示字符串
-输入参数：s
-输出参数：无
****************************************************** /
void DispString(const S8 * s)
{
    S16 xOrg;
    U8 FontSizeY;

    if (!s)
    return;

    FontSizeY = GUI_Context.pAFont -- > YDist;
    xOrg = GUI_Context.DispPosX;
    for (; * s; s++)
    {
        GUI_RECT r;
        U16 LineLen = GUI_GetLineLen(s,0x7FFF);
```

```c
        U16 xLineSize = GUI_GetLineDistX(s,LineLen);
        r.x0 = GUI_Context.DispPosX;
        r.x1 = r.x0 + xLineSize - 1;
        r.y0 = GUI_Context.DispPosY;
        r.y1 = r.y0 + FontSizeY - 1;
        GUI_DispLine(s,LineLen,&r);
        GUI_Context.DispPosY = r.y0;
        s += LineLen;
        if ((*s == '\n') || (*s == '\r'))
        {
            GUI_Context.DispPosX = GUI_Context.LBorder;
            if (*s == '\n')
                GUI_Context.DispPosY += GUI_GetFontDistY();
        }
        else
        {
            GUI_Context.DispPosX = r.x0 + xLineSize;
        }
        if (*s == 0)
            break;
    }
}
/************************************************************
-函数名称：U16 GUI_GetLineLen(const U8 *s,U16 MaxLen)
-函数说明：得到显示字符串的长度数
-输入参数：s,MaxLen
-输出参数：len
************************************************************/
U16 GUI_GetLineLen(const S8 *s,U16 MaxLen)
{
    U16 Len = 0;
    if (!s)
        return 0;
    {
        U8 c0;
        U8 CNActive = 0;
        while (((c0 = *(U8 *)s) != 0) && Len < MaxLen)
        {
            s++;
            switch (c0)
            {
                case '\n':
                    return Len;
                case '\r':
```

```c
                    return Len;
                }
                Len ++ ;
            }
        }
        return Len;
}
/******************************************************
-函数名称：U16 GUI_GetLineDistX(const U8 GUI_FAR * s,U16 Len)
-函数说明：得到显示字符串的长度
-输入参数：无
-输出参数：无
******************************************************/
U16 GUI_GetLineDistX(const S8 * s,U16 Len)
{
    U16 Dist = 0;
    U8 c1;
    {
    U8 c0;
    U8 CNActive = 0;
    while ((((c0 = *(U8 *)s) != 0) && Len >0)
        {
            s ++ ; Len -- ;
            Dist += GUI_GetCharDistX();
        }
    }
    return Dist;
}
/******************************************************
-函数名称：U16 GUI_GetCharDistX(U16 c)
-函数说明：得到单个字符的 X 方向长度
-输入参数：无
-输出参数：无
******************************************************/
U16 GUI_GetCharDistX(void)
{
    const GUI_FONT_MONO * pMono = GUI_Context.pAFont->pMono;
    return pMono->XDist;
}
/******************************************************
-函数名称：void GUI_DispLine(const U8 * s,U16 Len,const GUI_RECT * pr)
-函数说明：显示行字符的 API
-输入参数：无
-输出参数：无
******************************************************/
```

```c
void GUI_DispLine(const S8 * s,S16 Len,const GUI_RECT * pr)
{
    GUI_RECT r;
    U8 c0;
    U8 CNActive = 0;
    r = * pr;
    GUI_Context.DispPosX = r.x0;
    GUI_Context.DispPosY = r.y0;

    while (__Len >= 0)
    {
        c0 = *(U8 *)s++;
        GL_DispChar(c0);
    }
}
/*********************************************************
-函数名称：void GL_DispChar(U16 c)
-函数说明：显示字符
-输入参数：无
-输出参数：无
**********************************************************/
void GL_DispChar(U16 c)
{
    if (c == '\n')
    {
        GUI_DispNextLine();
    }
    else
    {
        if (c != '\r')
        {
            GUIMONO_DispChar(c);
        }
    }
}
/*********************************************************
-函数名称：void GUI_DispNextLine(void)
-函数说明：从下一行显示
-输入参数：无
-输出参数：无
**********************************************************/
void GUI_DispNextLine(void)
{
    GUI_Context.DispPosY += GUI_GetFontDistY();
    GUI_Context.DispPosX = GUI_Context.LBorder;
```

```c
}
/***********************************************
-函数名称:U16 GUI_GetFontDistY(void)
-函数说明:得到字体的 Y 大小
-输入参数:无
-输出参数:r
***********************************************/
U16 GUI_GetFontDistY(void)
{
    U16 r;
    r = GUI_Context.pAFont->YDist * GUI_Context.pAFont->YMag;
    return r;
}
/***********************************************
-函数名称:void GUIMONO_DispChar(U16P c)
-函数说明:单字体显示
-输入参数:c
-输出参数:无
***********************************************/
void GUIMONO_DispChar(U16P c)
{
    S16 c0,c1;
    U8 * pd;
    U16 x = GUI_Context.DispPosX;
    U16 y = GUI_Context.DispPosY;
    const GUI_FONT_MONO * pMono = GUI_Context.pAFont->pMono;
    U16 FirstChar = pMono->FirstChar;
    if ((c >= (U16P)FirstChar) &&(c <= (U16P)pMono->LastChar))
    {
        pd = (U8 * )pMono->pData;
        c0 = ((U16)c) - FirstChar;
        c1 = -1;
    }
    else
    {
    }
    if (c0!=-1)
    {
        U16 BytesPerChar = GUI_Context.pAFont->YSize * pMono->BytesPerLine;
        U16 XSize = pMono->XSize;
        U16 YSize = GUI_Context.pAFont->YSize;
        LCD_DrawBitmap( x,y,XSize,YSize,
                    GUI_Context.pAFont->XMag,GUI_Context.pAFont->YMag,
                        1,pMono->BytesPerLine,pd + c0 * BytesPerChar);
    }
```

```c
        GUI_Context.DispPosX += pMono->XDist;
}
/************************************************************
-函数名称：LCD_DrawBitmap
-函数说明：LCD 画 API
-输入参数：
-输出参数：无
************************************************************/
void LCD_DrawBitmap (U16 x0,U16 y0,U16 xsize,U16 ysize,
                    U16 xMul,U16 yMul,U16 BitsPerPixel,
                    U16 BytesPerLine,const U8 * pPixel)
{
    U16 x1,y1;
    const U16 * pTrans;
    U16 Diff = 0;
    y1 = y0 + ysize - 1;
    x1 = x0 + xsize - 1;
    pTrans = (BitsPerPixel != 1) ? NULL : &LCD_BKCOLOR;
    if ((xMul == 1) && (yMul == 1))
    {
        LCD_L0_DrawBitmap(x0,y0,xsize,ysize,BitsPerPixel,BytesPerLine,pPixel,Diff,pTrans);
    }
    else
    {
    }
}
/************************************************************
-函数名称：LCD_L0_DrawBitmap
-函数说明：绘制位图函数
-输入参数：
-输出参数：无
************************************************************/
void LCD_L0_DrawBitmap(U16 x0,U16 y0,U16 xsize,U16 ysize,U16 BitsPerPixel,U16 BytesPerLine,const
                    U8 * pData,U16 Diff,const U16 * pTrans)
{
    U16 i;
    switch (BitsPerPixel)
    {
        case 1:
        for (i = 0; i<ysize; i++)
        {
            DrawBitLine1BPP(x0,i + y0,pData,Diff,xsize,pTrans);
            pData += BytesPerLine;
        }
        break;
```

```
        }
}
/*******************************************************
-函数名称：DrawBitLine1BPP
-函数说明：绘制位图函数
-输入参数：x0,y0,x1,y1
-输出参数：无
*******************************************************/
static void DrawBitLine1BPP(U16 x,U16 y,U8 const * p,U16 Diff,U16 xsize,const U16 * pTrans)
{
    U16 pixels;
    U32 Index0 = *(pTrans + 0);
    U32 Index1 = LCD_COLOR;
    pixels = *p;
    switch (Diff&7)
    {
        case 0:
            goto WriteBit0;
        case 1:
            goto WriteBit1;
        case 2:
            goto WriteBit2;
        case 3:
            goto WriteBit3;
        case 4:
            goto WriteBit4;
        case 5:
            goto WriteBit5;
        case 6:
            goto WriteBit6;
        case 7:
            goto WriteBit7;
    }
WriteBit0:
    SETPIXEL(x + 0,y,(pixels&(1 << 7)) ? Index1 : Index0);
    if (! -- xsize)
        return;
WriteBit1:
    SETPIXEL(x + 1,y,(pixels&(1 << 6)) ? Index1 : Index0);
    if (! -- xsize)
        return;
WriteBit2:
    SETPIXEL(x + 2,y,(pixels&(1 << 5)) ? Index1 : Index0);
    if (! -- xsize)
        return;
```

```
        WriteBit3:
            SETPIXEL(x + 3,y,(pixels&(1 << 4)) ? Index1 : Index0);
            if (! -- xsize)
                return;
        WriteBit4:
            SETPIXEL(x + 4,y,(pixels&(1 << 3)) ? Index1 : Index0);
            if (! -- xsize)
                return;
        WriteBit5:
            SETPIXEL(x + 5,y,(pixels&(1 << 2)) ? Index1 : Index0);
            if (! -- xsize)
                return;
        WriteBit6:
            SETPIXEL(x + 6,y,(pixels&(1 << 1)) ? Index1 : Index0);
            if (! -- xsize)
                return;
        WriteBit7:
            SETPIXEL(x + 7,y,(pixels&(1 << 0)) ? Index1 : Index0);
            if (! -- xsize)
                return;
            x += 8;
            pixels = *(++p);
            goto WriteBit0;
    }
```

以上是电子词典中有关 LCD 显示模块的基本显示函数。也就是说，电子词典中界面的完成都是通过调用以上基本显示函数实现的，具体细节这里不再讲述。

4.5.9 S3C44B0X 看门狗定时器的功能及应用开发

看门狗根据程序在运行指定时间间隔内是否进行相应的操作来判断程序运行是否出错，即未按时"喂"看门狗，定时器出错。因此看门狗是保证嵌入式软件长期、可靠和稳定运行的有效措施之一。目前大部分嵌入式芯片片内都带有看门狗定时器，其目的在于提高系统运行的可靠性。本小节主要介绍 S3C44B0X 片内集成的看门狗定时器的功能特性以及使用方法。

1. S3C44B0X 看门狗定时器概述

(1) 看门狗定时器在嵌入式系统中的功能概述

嵌入式系统的工作环境复杂，比较容易受到干扰，程序有可能出现运行不稳定、死机或停不了机（即程序跑飞）等现象，即未按照用户的设计运行。在微控制器受到干扰进入错误状态后，应使系统在一定时间间隔内进行复位。因此，出于对嵌入式系统运行状态进行实时监测的考虑，便产生了一种专门用于监测嵌入式程序运行状态的电路，俗称看门狗定时器 WDT(Watch Dog Timer)。

看门狗 WDT 有硬件看门狗和软件看门狗之分。无论是硬件看门狗还是软件看门狗，实际上都是一个可清 0 的定时/计数器。如果该定时/计数器用 MCU 芯片外部电路实现，则为硬件看门狗；如果该定时/计数器用 MCU 芯片内部定时/计数器实现，则称为软件看门狗。

软件看门狗属于定时器的一种，然而它与普通定时器的作用稍有不同。普通的定时器在计时超时(Timer Out)时引起定时器中断，中断服务程序由用户自己编写。也就是说，在中断时需要完成什么样的工作由用户来决定。然而当 WDT 超时后,则引起看门狗中断,给系统发出一个复位信号(Reset Signal)引起系统重启。

(2) S3C44B0X 看门狗定时器的功能及作用概述

S3C44B0X 看门狗定时器是片内集成的,所以属于软件看门狗。下面简单介绍一下 S3C44B0X 看门狗定时器的特性。

当受到故障(例如噪声或系统错误)干扰时,S3C44B0X 看门狗定时器能够继续控制器的操作。它可用做一个普通的 16 位定时器去请求中断服务,并可在每 128 个 MCLK 后产生一个周期的复位信号。

看门狗功能单元具有 1ms 的定时精度,定时范围为大于等于 2ms,支持看门狗中断和看门狗复位,可以通过软件选择看门狗定时器溢出后看门狗的操作。看门狗的控制寄存器一旦配置完成后(包括将看门狗控制寄存器配置为 0x0 状态),则对看门狗加载寄存器、看门狗控制寄存器和看门狗中断周期计时寄存器的写操作不会产生作用。看门狗定时器具有以下特性:

➢ 带中断请求的普通间隔定时器模式;
➢ 当定时器计数值达到 0 时(时限),内部复位信号被激活 128 个 MCLK 周期;
➢ 16 位的看门狗定时器;
➢ 在定时器溢出时发出中断请求或系统复位。

2. S3C44B0X 看门狗定时器功能及应用描述

(1) 基本功能

看门狗定时器包含一个数字计数器,该计数器可以从一个事先设置好的数开始以不变的速率减到 0。计数器的速率是由一个时钟电路控制的。如果计数器在系统恢复之前减到 0,它就会向指定的电路发送信号,通知它执行相应的动作。当一个硬件系统开启了 Watchdog 功能时,运行在这个硬件系统之上的软件必须在规定的时间间隔内向 Watchdog 发送一个信号(这个行为简称为"喂狗"),以免 Watchdog 计时超时引发系统重启。但是必须清楚看门狗的溢出时间(定时器的溢出周期),以决定在合适时"喂狗"。"喂狗"不能过于频繁,否则会造成资源浪费。若设本系统程序完整运行一周期的时间是 T_1,看门狗定时器的定时周期为 T_2,只要 $T_2 > T_1$,在程序运行一周期后就修改定时器的计数值,表示程序正常运行,定时器没有溢出。若由于干扰等原因使系统不能在 T_1 时刻修改定时器的计数值,定时器将在 T_1 时刻溢出,引发系统复位,使程序得以重新运行,从而起到监控的作用。

(2) 功能实现与控制

① 看门狗定时器操作

图 4-62 是看门狗定时器的功能框图,看门狗定时器使用 MCLK 作为其惟一的时钟源,MCLK 是系统内部时钟。要产生相应的看门狗定时器时钟,MCLK 频率首先预分频,然后对结果频率再分频。由图 4-62 可以看出,MCLK 系统时钟送入该模块,MCLK 首先预分频,由看门

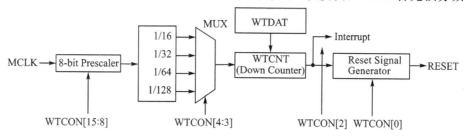

图 4-62 看门狗定时器框图

狗控制寄存器 WTCON[15：8]位来送入预分频值(有效的预分频值为 $0\sim(2^8-1)$),然后预分频后的结果频率再分频,需要使用再分频因子进行。这些再分频因子可选为 16、32、64、128。究竟选用哪个再分频因子,可根据定时需要而定。通过使用下列公式计算看门狗定时器频率和每个定时器的时钟周期值。

$$t_{Watchdog}=1/[MCLK/(预分频值+1)/再分频因子]$$

若要选中使用某个分频因子(如 32),则需要由 WTCON[4：3]位来控制选择器 MUX 进行选择(比如说选 32,则 WTCON[4：3]=0b01)。接着,看门狗定时器数据寄存器 WTDAT 中存放的计数初值装载到看门狗定时器计数寄存器 WTCNT 中,WTCNT 开始递减计数。当计数到 0 时,由 WTCON[2]位控制是否允许看门狗中断产生。若 WTCON[2]=0b1,中断产生;若 WTCON[2]=0b0,不允许中断,则进入复位信号产生器。此时,若看门狗输出复位信号的允许位 WTCON[0]=0b0,则不允许产生复位信号;若 WTCON[0]=0b1,则允许产生复位信号,复位信号产生器就发出一个复位信号 RESET。这就是整个看门狗的操作过程。

注意:在看门狗定时器使能之后,WTDAT(看门狗定时器数据寄存器)不能自动装入 WTCNT(看门狗定时/计数器)。因此,初值必须在看门狗定时器开始工作前,写到看门狗定时器计数寄存器 WTCNT 中。

② **S3C44B0X 看门狗定时器特殊功能寄存器**

(a) 看门狗定时器控制寄存器 WTCON

看门狗定时器控制寄存器 WTCON 如表 4-103 所列。使用 WTCON,可以使看门狗定时器从 4 个不同的时钟源中选择时钟信号,使能或禁止中断,使能或禁止看门狗定时器复位信号输出。看门狗定时器用于在供电后使 S3C44B0X 从出错中恢复正常工作。如果不想重启处理器,看门狗定时器就禁用。如果用户想使用由看门狗定时器提供的正常的定时功能,须使能中断和看门狗定时器功能。

表 4-103 看门狗定时器控制寄存器 WTCON

WTCON	地址:0x01D30000	访问方式:R/W	初始值:0x8021
位	位名称	描述	
[15：8]	Prescaler Value	预分频值:$0\sim(2^8-1)$	
[7：6]		保留	
[5]	Watchdog Timer Enable/Disable	看门狗定时器的允许位: 0=禁止看门狗定时器　1=允许看门狗定时器	
[4：3]	Clock Select	确定时钟再分频因子: 00=1/16　01=1/32　10=1/64　11=1/128	
[2]	Interrupt Enable/Disable	看门狗中断允许位: 0=禁止中断产生　1=允许中断产生	
[1]		保留,在正常状态下该位必须为 0	
[0]	Reset Enable/Disable	看门狗输出复位信号的允许位: 0=禁止　1=允许	

(b) 看门狗定时器数据寄存器 WTDAT

看门狗定时器数据寄存器 WTDAT 如表 4-104 所列,WTDAT 用于指定时限值。在初始化看门狗定时器操作时,WTDAT 是不能自动装入定时/计数器的。初始时使用 0x8000,在第一个时限发生之后,WTDAT 值便自动装入 WTCNT。

表 4 – 104 看门狗定时器数据寄存器 WTDAT

WTDAT　　地址:0x01D30004　　访问方式:R/W　　初始值:0x8000

位	位名称	描述
[15:0]	计数重载值	看门狗定时器重载的计数值

(c) 看门狗定时器计数寄存器 WTCNT

看门狗定时器计数寄存器 WTCNT 如表 4 – 105 所列,WTCNT 中放有看门狗定时器在正常操作下的当前计数值。

注意:当看门狗定时器初始使能时,其数据寄存器中的值不能自动装入计数寄存器中。因此在使能前,看门狗定时器计数寄存器必须设初始值为 0x8000。

表 4 – 105 看门狗定时器计数寄存器 WTCNT

WTCNT　　地址:0x01D30008　　访问方式:R/W　　初始值:0x8000

位	位名称	描述
[15:0]	计数值	看门狗定时器的当前计数值

③ 看门狗存在的意义

开启看门狗之后软件必须定时向它发送信息,这不仅麻烦而且耗费资源。其实,这个行为是软件向硬件报告自身运行状态的一种手法。一个软件运行良好,那么它应该可以在规定的时间间隔内向看门狗发送信息,这等同于软件每隔一段时间就告诉硬件运行正常。若软件由于某个不当的操作或者程序出现冲突,或者在操作系统中出现内存管理的问题时而进入死循环(也就是俗称的"死机"),则它就无法向看门狗发送信息了,看门狗将发生计时超时,从而引起硬件重启。如果没有看门狗的存在,即使程序已经死掉了,用户还以为系统正在进行大规模的运算而耐心地等待着。

④ 看门狗失效现象

只要在程序中能证明程序正常运行的地方插入看门狗复位指令,程序运行就能得到很好地监控。然而,这样一个理想的"地方"并非总能找到。看门狗的监督也并非总是有效。下面列举说明一些看门狗的失效现象,并对其机理及对策进行探讨。

(a) 看门狗启动失败。看门狗失效多见于许多 ARM 核内自带看门狗电路和开发目标板的情况。ARM 核复位时将自带看门狗电路禁止,只有当程序访问该电路时(即使能看门狗控制寄存器使能位时)电路才启动。能够修改看门狗控制寄存器使能位的值来禁止看门狗,是为了适应用户程序开发阶段的需要,但同时给看门狗启动和运行失败留下了隐患,在看门狗启动时或启动前遇干扰会使程序跑飞,则看门狗启动失败,无法行使监控职能。

(b) 程序跑飞。程序跑飞,看门狗失效又可分很多情况,下面介绍几种常见情况。

一是:程序跑飞,看门狗未觉察到。所谓"未觉察到",是指程序跑飞后,看门狗仍能收到有效的"喂狗"信号,即在溢出前能被复位。这时又可分为两种情况:

➤ 看门狗的复位指令放置位置不当,程序运行至此并不能很好地代表程序是正常运行的。如将其放在中断子程序中,一般来说,只要中断屏蔽寄存器中的相应位开放,中断程序就能正常响应中断,所以中断子程序中"喂狗"有时是不能正常起作用的。

➤ 程序跑飞后,在重构的"程序"运行时,仍能在每次看门狗溢出前产生有效的看门狗访问。这多见于片外看门狗。

二是：因程序跑飞，看门狗被禁止。ARM 核内看门狗、所有的片外看门狗芯片均具有禁止看门狗的操作，甚至只要一条指令，如 S3C2410 Watch2Dog 只要通过"rWTCON|＝0x5"修改看门狗控制寄存器使能位的值就能禁止。这一点风险很大，写程序时应予以重视。也许当程序跑飞时，错误指令修改了 ARM 核内看门狗控制寄存器的使能位，看门狗就会被禁止。

三是：程序跑飞，看门狗时钟消失。看门狗时钟消失情况多见于片内看门狗，大多 ARM 核内看门狗与 CPU 共用时钟源，但有些单片机可以禁止时钟以省电待机。程序跑飞时可能会出现时钟被禁止的现象，如果片外看门狗依赖此时钟（如用 ALE 作为看门狗时钟时），则无法正常工作。

(c) 部分程序跑飞或异常。对于运行于多进程、多线程环境的系统，尚未发现有硬件上能支持多线程级别监控的，这一点往往未能引起开发人员的重视。而实际上应对运行在一个操作系统上所有进程的所有线程进行同时监控，只要有一个线程工作异常，就应控制计算机进入异常处理程序或重新启动计算机。

(d) 部分程序永远运行不到。看门狗定时周期过短，致使部分功能无法完成或根本未运行到就已溢出，复位后又重复这一过程。有时这种现象比较隐蔽，如只在某特定条件下这部分功能才有表现，不易发现。一般情况下，只要在调试时，注意测试复位引脚有无复位脉冲，就能发现。但是，也可能只在需要运行这部分功能的条件具备时，才出现看门狗溢出现象，这时就要通过分析程序，较精确地计算出一个合适的看门狗定时周期值，并人为创造这种"最不利"条件来测试它。

(e) 恢复失败和硬件损坏。有些应用中，不必通过复位恢复程序功能，如部分功能失效、程序死锁等，只需通过非屏蔽中断（NMI）触发错误处理程序即可恢复正常；但当恢复必需的参数被破坏时，恢复失败。这时错误处理程序自动通过死锁等待复位信号到来，使程序全部恢复，所以硬件复位信号是必要的。由于看门狗电路硬件损坏，造成看门狗不起作用也是看门狗失效的原因之一。

⑤ 失效解决方案

解决看门狗失效的问题可以从两个方面着手：其一为软件方法，这主要是针对片内看门狗失效问题，考虑"喂狗"频率以及"喂狗"语句所放的位置（即看门狗的复位指令放置位置），以及看门狗监控的范围等，这是一种经济、方便、可行的方法，许多文献中对此进行了大量探讨；其二为硬件方法，改进看门狗电路，比如可以利用 CPLD 方便地构造多个看门狗，以实现对多模块或多线程的监视，这主要是针对片外看门狗电路失效的问题。

3. S3C44B0X 看门狗定时器应用编程

看门狗的作用是在微控制器受到干扰进入错误状态后，使系统在一定时间间隔内进行复位。目前大部分嵌入式芯片片内都带有看门狗定时器，以此来提高系统运行的可靠性。因此，在电子词典中使用看门狗来保证系统长期、可靠和稳定地运行。

(1) 基本应用

由于看门狗只是对系统的复位或者中断进行操作，所以不需要外围的硬件电路。要实现对看门狗的操作只需要对看门狗寄存器组进行操作，即对看门狗控制寄存器 WTCON、看门狗数据寄存器 WTDAT、看门狗计数寄存器 WTCNT 进行操作。一般操作流程如下：

① 设置看门狗中断操作，包括全局中断和看门狗中断的使能以及看门狗中断向量的定义。如果只是进行复位操作，不进行中断操作，这一步不用设置。

② 对看门狗控制寄存器 WTCON 进行设置，包括设置比例因子、分频值、中断使能和复位使能等。

③ 对看门狗数据寄存器 WTDAT 和计数寄存器 WTCOT 进行设置。
④ 启动看门狗计数器。

(2) S3C44B0X 看门狗定时器在电子词典中的应用

在电子词典中需要看门狗能在系统长时间(比如说 10 s 左右)没有响应时对系统进行重启。电子词典被设计为,周期性地检测是否有输入事件发生,如果超过一定长的时间没有进行事件检测,则认为系统无响应。这里看门狗的测试程序也按此结构设计。测试程序完成以下功能:系统初始化、看门狗初始化、打印提示信息、复位看门狗计数器的值(俗称"喂狗")。

这里利用键盘中断来完成此测试。系统流程如图 4-63 所示。

当初始化完成之后等待中断发生,一旦有中断发生则复位看门狗计数器,如果在 10 s 内都没有被复位则系统重启。

下面给出的是看门狗定时器测试程序的

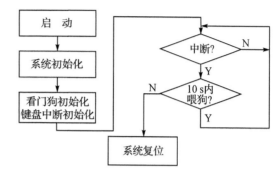

图 4-63 看门狗测试流程图

部分代码,通过该程序使读者对看门狗定时器的应用编程有一定的了解。

① 看门狗定时器初始化程序

```
void initWDTimer(void)
{
    rINTMSK = ~(BIT_GLOBAL|BIT_WDT);
    rWTCON = (255 << 8)|(3 << 3)|(1 << 0);   //t_watchdog = 1/256/128,复位使能 t = 0.5 ms
    rWTDAT = 2000;
    rWTCNT = 2000;
    rWTCON = rWTCON|(1 << 5);                //使能看门狗
```

② 喂狗程序

```
void feeddog(void)
{
    rWTCNT = 2000;
}
```

不论是在嵌入式开发还是工业控制中,看门狗对保持系统和程序的稳定、可靠都起着非常重要的作用。程序失效多源自恶劣的现场环境,用于测量、控制的计算机必须设有看门狗,以保证其程序失效后的可靠恢复。但有了看门狗并不能说明系统的失效恢复就是可靠的了,本书就提到了很多会引起看门狗失效的原因。值得注意的是,看门狗是系统可靠运行的最后一道防线,频繁出现看门狗溢出而使系统复位的系统,是不可靠的,实际应用中是不允许的。因此,尽管有了可靠的看门狗,但是,还必须在电路设计和软件编程等方面注意加强抗干扰措施,从根本上提高系统抗干扰能力。

4.6 基于 S3C44B0X 电子词典的软件开发

在基于 S3C44B0X 简易电子词典开发概述的软件设计方案中已经提及,本实例的软件开发任务包括各硬件模块的测试软件和实现系统功能的应用软件。电子词典各硬件模块的测试软件,一方面用来测试所设计的电子词典硬件平台的正确性和稳定性,另一方面也为系统应用程序的开发提供大量参考代码。本节主要讲述无操作系统电子词典应用软件的开发,对于采用 μC/OS-II 操作系统和 μCLiunx 操作系统的软件开发将在第 5、6 章中讲述。

4.6.1 电子词典硬件测试软件开发

1. 电子词典硬件测试软件开发概述

基于 S3C44B0X 电子词典的设计中需要开发测试以下硬件模块的测试软件,包括:存储器模块、GPIO、UART、LCD、键盘、触摸屏。开发各模块测试软件需要做以下工作:

➢ 明确测试目的。
➢ 明确各测试项所涉及的硬件对象。存储器模块软件设计涉及 S3C44B0X 的存储控制器;GPIO 模块软件设计涉及 S3C44B0X 的 I/O 模块;UART 模块软件设计涉及 S3C44B0X 的 UART 接口;LCD 模块软件设计涉及 S3C44B0X 的 LCD 控制器;键盘模块软件设计涉及 S3C44B0X 的 I^2C 控制器;触摸屏模块软件设计涉及 S3C44B0X 的 A/D 转换器。S3C44B0X 的 UART、LCD、I^2C 等工作时都需要中断控制器的协调。
➢ 编写测试代码。

本电子词典测试软件包括启动代码和各模块的测试程序,其结构框图如图 4-64 所示。

(1) 启动代码的开发

在嵌入式系统中通常都会有一个系统复位入口点(ARM 体系结构中为 0x0 地址),系统上电后将从这个地址运行系统的启动代码。启动代码通常使用汇编语言编写。ARM 系统的启动代码开发主要完成如下功能:

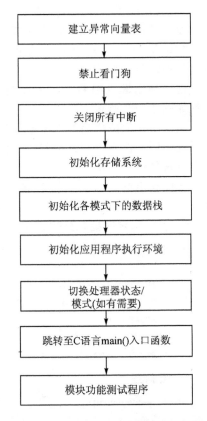

图 4-64 电子词典测试软件结构框图

➢ 建立异常向量表。在 ARM 体系结构中,以 0x0 开始的 32 字节为异常向量表,因此在启动代码中需要建立异常向量表以响应系统的异常。
➢ 初始化一些特殊硬件,如在系统上电后通常需要将中断、看门狗等硬件功能关闭,以避免在初始化过程中产生中断或看门狗复位。
➢ 初始化存储器系统。
➢ 初始化各模式下的堆栈指针。
➢ 初始化应用程序执行环境,也就是完成必要的 ROM 到 RAM 的数据传输和内容清 0。一个简单的可执行 ARM 程序的映像结构通常如图 4-65 所示。映像一开始是存储在 ROM/FLASH 中的,其中 RO 既可以在只读的 ROM/FLASH 中运行,也可以在可读/写的 RAM 中运行,但是必须将 RW 和 ZI 段搬运到可

图 4-65 ARM 程序映像结构

读/写的 RAM 中运行。
> 切换处理器模式。
> 跳转到 main()函数进入测试程序。

(2) 模块功能测试程序开发
各模块功能测试程序由使用高级语言(如 C、C++等)编写的源文件和相应头文件组成。

2. 电子词典各模块测试软件设计

(1) 存储器模块
测试目的：测试 CPU 能否正常对 SDRAM HY57V651620B 按字、半字、字节读/写。
具体测试代码：见 4.5.2 小节中"S3C44B0X 存储控制器在电子词典中的应用"中的函数。
汇编程序测试函数：sRWramtest
C 语言程序测试函数：void cRWramtest(void)

(2) 通用 GPIO 模块
测试目的：测试能否通过 GPIO 的 GPC8、GPC9、GPF3、GPF4 控制电子词典硬件板上 4 个 LED 灯正常点亮和熄灭。
具体测试代码：引用 4.5.3 小节中"S3C44B0X I/O 端口在电子词典中的应用"的相关函数。构造 GPIO 的测试函数如下：

```
void GPIO_Test(void)
{
    Port_Init();
    led1_on();
    led1_off();
    led2_on();
    led2_off();
    led3_on();
    led3_off();
    led4_on();
    led4_off();
}
```

(3) UART 串口模块
测试目的：测试串口能否正常通信。
具体测试代码：引用 4.5.5 小节中"S3C44B0X UART 在电子词典中的应用"的相关函数。构造 UART 的测试函数如下：

```
void UART_Test(void)
{
    Char c1;
    Target_Init();
    while(1)
    {
        while(!(rURSTAT0&0x2))           //等待发送缓冲区空
        Uart_Printf("\n Input a char");
        Uart_SendByte(0xA);
```

```
    Uart_SendByte(0xD);
    c1 = Uart_Getch();            //按任意键盘,将接收到的按键的字符发送出去
    Uart_SendByte(c1);
    }
}
```

(4) LCD 显示模块

测试目的：测试 LCD 能否正常显示文本及图形。例如,显示矩形框、显示 ASCII 字符、显示汉字字符。

具体测试代码：引用 4.5.8 小节中"S3C44B0X LCD 控制器应用编程"中的相关函数。构造 LCD 的测试函数如下：

```
void LCD_Test(void)
{
    int i;
    lcd_init();                   //初始化 LCD 控制器
    lcd_clr();                    //清屏
    lcd_disp_hz16(10,10,BLUE,"欢迎使用电子词典");
    Set_Font(&GUI_Font8x16);
    Set_Color(GUI_WHITE);
    Disp_String("welcome",10,24);
    /* 绘制背景图案 */
    lcd_draw_box(10,40,310,230,GREEN);
    lcd_draw_box(20,45,300,225,GREEN);
    lcd_draw_box(30,50,290,220,GREEN);
    lcd_draw_box(40,55,280,215,GREEN);
}
```

(5) 键盘模块

测试目的：测试电子词典的键盘能否正常输入相应的字符。

具体测试代码：引用 4.5.6 小节中"S3C44B0X I^2C 总线接口应用编程"中的相关函数。构造键盘的测试函数如下：

```
void Keyboard_Test(void)
{
    char ucChar = 0;
    Target_Init();
    keyboard_init();         //初始化键盘中断,挂接中断服务程序 keyboard_int
    while(1)
    {
        rINTMSK &= (~(BIT_GLOBAL|BIT_EINT2));   //打开外部中断 2
        while(f_nKeyPress == 0);
        f_nKeyPress = 0;
        rINTMSK &= (~(BIT_GLOBAL |BIT_IIC));    //打开 I²C 中断
        iic_read(0x70,0x1,&ucChar);
        Uart_Printf (0,"input key is  0x%x",ucChar);
    }
}
```

(6) 触摸屏模块

测试目的：测试电子词典的触摸屏能否正常工作。

具体测试代码：参见 4.5.7 小节中"S3C44B0X A/D 转换器在电子词典中的应用"的相关程序。

4.6.2 电子词典应用软件开发

1. 电子词典应用软件开发概述

(1) 电子词典应用软件结构

无操作系统的嵌入式应用软件采用单任务程序实现系统的功能，此单任务程序通常由一段用汇编语言编写的启动代码 BootLoader 和用高级语言（如 C、C++ 等）编写的驱动程序和系统应用程序组成。其结构如图 4-66 所示。

① 启动代码

无操作系统的电子词典应用软件启动代码 BootLoader 的功能与测试软件启动代码的功能一样，此处将不再累述。

② 驱动程序

驱动程序顾名思义就是"驱使硬件动起来"的程序，它直接与硬件打交道，运行内存的读/写、设备寄存器的读/写、中断处理等一系列可以让设备工作起来的程序。驱动程序给应

图 4-66 无操作系统的嵌入式应用软件结构图

用软件提供有效的、易接受的硬件接口，使得应用软件只需要调用这些接口就可以让硬件完成所要求的工作。

在有操作系统的情况下，硬件的驱动程序则由操作系统定义其构架，必须按照此构架设计设备驱动，然后将其整合到操作系统的内核里。然而，在没有操作系统的情况下，可以根据需要自己定义这些接口，例如，对串口定义 Uart_SendString()、Uart_GetString()；对 I^2C 定义 iic_read()、iic_write() 等。

通常在没有操作系统的复杂应用中，驱动程序按以下规则进行设计：每个硬件设备的驱动程序都会被单独定义为一个软件模块，它包含硬件功能实现的 .c 文件和函数声明的 .h 文件。在应用中需要用到有些设备，则只需包含它们相应的 .h 文件，然后调用此文件中定义的外部接口函数即可。

由此可见，即便是在没有操作系统的情况下，硬件也可以实现一定程度的透明性。这样就一定程度上使得程序更加具有可继承性，复杂应用变得简单，并且开发难度也有所降低。

③ 应用程序

无操作系统应用程序通常由一个协调所有模块功能的死循环主函数和若干功能子函数组成，其代码示意性结构如下：

```
void Main(void)
{
    /*变量定义*/
    /*系统初始化*/
    /***********以下为具体的功能实现***********/
    while(1)
    {
        /*功能子函数*/
    }
}
```

(2) 电子词典系统软件流程

电子词典应用软件主要完成约定键盘、菜单操作及 LCD 显示功能,根据软件模块化设计方法将系统软件分为 3 个模块:词库编写、功能控制软件设计、人机交互接口功能设计。电子词典软件流程如图 4-67 所示。

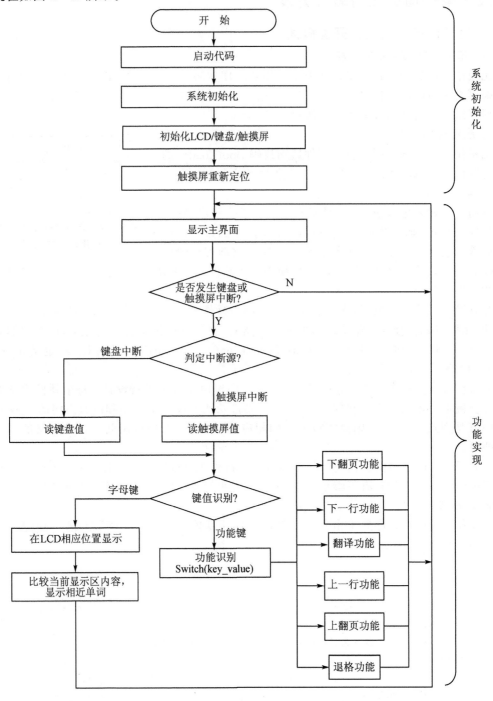

图 4-67 电子词典系统软件流程图

2. 无操作系统电子词典硬件驱动程序设计

在电子词典中主要涉及的硬件驱动程序有：Uart 驱动程序、LCD 驱动程序、键盘驱动程序、触摸屏驱动程序。在开发电子词典硬件模块测试软件时，我们已经积累了许多代码，这里只需要将之前的代码稍加修改，就可快速开发出各硬件的驱动程序。即：

➢ 建立.h 头文件：声明外部函数，定义数据结构。
➢ 修改.c 源文件：驱动程序源文件中仅包含功能实现而不需要对功能加以应用。

(1) Uart 驱动程序

```
void Uart_Init(int mclk,int baud,char port);        //串口初始化
char Uart_Getch(char port);                         //从串口获取字符
char Uart_GetKey(char port);                        //从串口获取字符
int  Uart_GetIntNum(char port);                     //从串口获取十进制或十六进制数
void Uart_SendByte(int data,char port);             //向串口发送一个字节
void Uart_Printf(char port,char * fmt,...);         //打印
void Uart_SendString(char * pt,char port);          //向串口发送字符串
```

(2) LCD 驱动程序

```
extern U32 GUI_Init (void);                                         //GUI 初始化
extern void Draw_Point (U16 x,U16 y);                               //绘制点 API
extern U32 Get_Point (U16 x,U16 y);                                 //得到点 API
extern void Draw_HLine (U16 y0,U16 x0,U16 x1);                      //绘制水平线 API
extern void Draw_VLine (U16 x0,U16 y0,U16 y1);                      //绘制竖直线 API
extern void Draw_Line (S32 x1,S32 y1,S32 x2,S32 y2);                //绘制线 API
extern void Draw_Circle(U32 x0,U32 y0,U32 r);                       //绘制圆 API
extern void Fill_Circle (U16 x0,U16 y0,U16 r);                      //填充圆 API
extern void Fill_Rect (U16 x0,U16 y0,U16 x1,U16 y1);                //填充区域 API
extern void Set_Color(U32 color);                                   //设定前景颜色 API
extern void Set_BkColor (U32 color);                                //设定背景颜色 API
extern void Set_Font (GUI_FONT * pFont);                            //设定字体类型 API
extern void Disp_String (const S8 * s,S16 x,S16 y);                 //显示字符串的 API
extern void lcd_disp_hz16(U16 x0,U16 y0,U32 ForeColor,S8 * s);      //显示字体 API
extern void Dis_Chinese(U16 x0,U16 y0,U32 ForeColor,S8 * s);        //显示汉字
extern void LCD_SetColor (U16 PhyColor);                            //设定颜色函数
extern void LCD_SetBkColor (U16 PhyColor);                          //设定颜色函数
extern U16 LCD_Init (U8 Lcd_Bpp);                                   //LCD 硬件初始化函数
extern void LCD_DrawPixel (U16 x,U16 y);                            //画点函数
extern void LCD_DrawHLine (U16 x0,U16 y,U16 x1);                    //画水平线函数
extern void LCD_DrawVLine (U16 x,U16 y0,U16 y1);                    //画垂直线函数
extern void LCD_FillRect (U16 x0,U16 y0,U16 x1,U16 y1);             //填充矩形函数
extern void LCD_L0_DrawBitmap (U16 x0,U16 y0,U16 xsize,U16 ysize,
                    U16 BitsPerPixel,U16 BytesPerLine,
                    const U8 * pData,U16 Diff,
                    const U16 * pTrans);                            //绘制位图函数
void word_clear(void);                                              //擦出显示的英文字母
void Trans_Clear(void);                                             //擦出显示的翻译区
```

(3) 键盘驱动程序

```
void keyboard_read(U32 unSlaveAddr,U32 unAddr,S8 * pData);   //读键值
void keyboard_init(void);                                     //键盘初始化
U8 key_set(U8 ucChar);                                        //键盘设置
void iic_int(void);                                           //I²C 中断服务程序
void iic_init(void);                                          //I²C 初始化
void iic_write(U32 unSlaveAddr,U32 unAddr,U8 ucData);         //I²C 写函数
void iic_read(U32 unSlaveAddr,U32 unAddr,S8 * pData);         //I²C 读函数
```

(4) 触摸屏驱动程序

```
void touchscreen_init(void);            //触摸屏初始化
void touchscreen_load(void);            //触摸屏校准
void touchscreen_cood(S8 * pData);      //坐标转化成按键值
void touchscreen_close(void);           //触摸屏关闭
void touchscreen_int(void);             //触摸屏中断服务程序
```

3. 电子词典系统应用软件各功能模块设计实现

无操作系统电子词典系统应用软件功能模块包括以下部分：键盘接口功能软件、触摸屏接口功能软件、LCD 显示接口功能软件、输入键值识别功能软件、英译汉功能软件、已查单词记忆功能软件、汉语词库编写和英语词库编写功能软件。

(1) 键盘接口功能软件

键盘接口软件主要实现键盘输入功能。此工作原理在 4.3.3 小节已讲述，在此不再累述。

(2) 触摸屏接口功能软件

触摸屏接口功能软件实现触摸屏输入功能。此工作原理在 4.3.3 小节已经讲述过，在此不再累述。

(3) LCD 显示接口功能软件

LCD 显示接口功能软件实现输入字符、翻译结果的显示功能，此工作原理在 4.3.2 小节已经讲述过，在此不再累述。

(4) 输入键值识别功能软件

本电子词典设计中共有 26 个字母键和 6 个功能键。26 各字母键的键值对应于英文小写字母 a～z 的 ASCII 值 97～122。6 个功能键的键值如表 4-106 所列。

表 4-106 电子词典功能键键值表

键名称	Page up	Page down	Line up	Line down	Enter	Back space
键值	1	5	2	4	3	0

当有系统软件获取键值后，将根据当前的键值做相应的处理。具体代码实现如下：

```
/*******************输入是字母键时的相应处理******************/
if(ucChar >0x60)
    {
        if((t == 0)||(t >19))       //t 的值代表当前显示到第几个字符
                                     //当字母显示区满或者空的时候刷新屏幕
        {
            t = 0;
            word_clear();
```

```c
            Trans_Clear();
    }
    *((&ucChar)+1) = '_';
    *((&ucChar)+2) = '\0';
    Disp_String (&ucChar,(8*t+English_area.x0+5),English_area.y0+2);  //显示当前字母
    word[t++] = ucChar;
    f_LineD = Word_List(word);                     //显示单词列表
}
/******************输入是功能按键时的相应处理******************/
else
{
    ucChar -= 14;
    switch(ucChar)
    {
        case BACKSPACE:                            /*退格功能*/
                word[t] = '\0';
                word[--t] = '_';
                word_clear();
                Trans_Clear();
                Disp_String (word,English_area.x0+5,English_area.y0+2);
                f_LineD = Word_List(word);
                f_Word = TRUE;
                Count_line = 0;
                break;
        case PAGEUP:                               /*查找上一个翻译的单词*/
                word_clear();
                Trans_Clear();
                if(old == 0)
                old = MAX_OLD;
                strcpy(word ,oldword[--old]);
                Disp_String (word,English_area.x0+5,English_area.y0+2);
                f_LineD = Word_List(word);
                f_Word = TRUE;
                t = strlen(word);
                break;
        case LINEUP:                               /*上一行功能*/
                if(t!=0)
                {
                    if(Count_line!=0)
                    Count_line--;
                    LineMove(Count_line,UP);
                    f_Word = FALSE;
                }
                break;
        case ENTER:                                /*翻译功能*/
                word[t+1] = '\0';
                translate(word,f_Word,(f_LineD+Count_line-1));
                if (old == MAX_OLD)
```

```
                old = 0;
                strcpy(oldword[old++],word);
                f_LineD = 0;
                Count_line = 0;
                f_Word = TRUE;
                for(;t>0;--t)
                word[t] = 0;
                break;
    case LINEDOWN:                                  /*下一行功能*/
                if(t!=0)
                {
                    if(Count_line < (ALL_WNo-f_LineD))
                        Count_line++;
                    LineMove(Count_line,DOWN);
                    f_Word = FALSE;
                }
                break;
    case PAGEDOWN:                                  /*下翻单词*/
                word_clear();
                Trans_Clear();
                if(old==MAX_OLD)
                old=0;
                strcpy(word ,oldword[old++]);
                Disp_String (word,English_area.x0+5,English_area.y0+2);
                f_LineD = Word_List(word);
                f_Word = TRUE;
                t = strlen(word);
                break;
    default:    Uart_Printf (0,"error %d",ucChar);
                break;
    }
```

(5) 英译汉功能软件

由于要查的英文单词有两种输入方式：一种是通过在输入框中输入字母；另一种是通过上一行/下一行键在选择框里显示的单词列表中进行选择，所以用参数 Position 表示输入方式（TRUE：输入框，FALSE：选择框查找）。具体实现流程如图 4-68 所示。

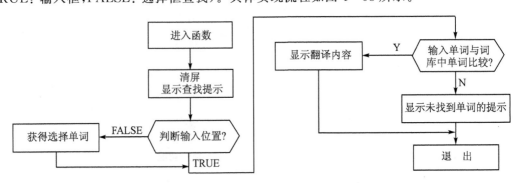

图 4-68 查找功能流程图

```
/*****************************************************
-函数名称：translate(U8 * word);
-函数说明：翻译功能实现程序
-输入参数：S8 * word 指向被翻译单词的指针
          U8 Position 指输入单词所在位置(TRUE 为输入框,FALSE 为选择框)
          U8 No 所在单词结构体的第几位
-输出参数：无
*****************************************************/
U8 translate (S8 * word,U8 Position,U8 No)
{
    U8 k = 0;
    Trans_Clear();
    Dis_Chinese(20,55,GUI_WHITE,"正在查找,请等待!");
    if (!Position)
    {
        strcpy(word,vocab[No].c);
        Disp_String (word,English_area.x0 + 5,English_area.y0 + 2);
    }
    for (k = 0;k<ALL_WNo;k + + )
    {
        if(strcmp(word,vocab[k].c) == 0)
        {
            Trans_Clear();
            Disp_String (vocab[k].d,20,55);
            Dis_Chinese(20,75,GUI_WHITE,vocab[k].e);
            Disp_String (vocab[k].f,20,95);
            return k;
        }
    }
    Trans_Clear();
    Dis_Chinese(20,55,GUI_WHITE,"查无此词!");
    return (k = ALL_WNo);
}
```

(6) 已查单词记忆功能软件

当按下翻译键后,将翻译的单词放入数组 oldword[]中。MAX_OLD 表示最多可记忆的单词数量。要记忆的单词数量若超过 MAX_OLD,则将最早记忆的单词覆盖。具体实现如下：

```
⋮
if (old == MAX_OLD)
old = 0;
strcpy(oldword[old + + ],word);
⋮
```

(7) 汉语词库编写和英语词库编写

为了简单起见,词库用结构体实现。此结构中包括 4 项：英文单词、词性、汉语释意以及英文例句。本例中用结构体实现一个小型的查找词库。具体实现如下：

```c
typedef struct{
        char c[20];                     //英文单词
        char d[10];                     //词性
        char e[20];                     //汉语意思
        char f[50];                     //例句
        } str_word;
str_word vocab[16] = {
                    {"a","indef.art","不定冠词","a bit more rest"},
                    {"add","v.","增加,计算","a bill that didn't add up."},
                    {"age","n.","年龄,时代","the age of adolescence."},
                    {"aid","v.","救援,资助,援助","I aided him in his enterprise."},
                    {"all","adj.","总的,各种的","got into all manner of trouble.",},
                    {"bad","adj.","坏的,有害的","bad habits."},
                    {"bag","n.","手提包","a field bag."},
                    {"balk","v.","障碍,妨碍","The horse balked at the jump."},
                    {"beam","n.","光线,梁"," a beam of light."},
                    {"call","v.","命令,通话,召集","called me at nine."},
                    {"can","v.","能,可以","Can you remember the war?"},
                    {"cable","n.","电缆","aerial cable"},
                    {"dad","n.","爸爸","Mike is Tom's dad."},
                    {"die","v.","死亡,消逝","Rabbits were dying off in that county."},
                    {"gad","v.","闲逛,游荡,找乐子","gad toward town."},
                    {"label","vt.","标注,分类","The bottle is labelled Poison."}
                    };
```

4. 电子词典系统应用软件功能集成

在完成各功能模块软件编写后,根据电子词典系统流程图,集成系统应用软件主体如下:

```c
void Main(void)
{
    /********************系统初始化********************/
    Target_Init();
    GUI_Init();
    touchscreen_init();
    keyboard_init();
    LCD_clear();
    touchscreen_load();
    Delay(1000);
    LCD_clear();
    Draw_back();
    /******************电子词典主功能实现******************/
    While(1)
    {
        …  //等待中断发生
        …  //判断键盘/触摸屏中断
        …  //根据中断类型获取键值
```

```
        … //根据键值做相应处理
    }
}
```

习　题

1. 简答题

(1) LQFP、FBGA 封装形式的特点是什么？常用的嵌入式芯片封装形式有哪些？
(2) 简述嵌入式最小系统的概念及基于 ARM 嵌入式最小系统的基本组成结构。
(3) 按照显示原理液晶显示屏可分为哪两种？并简述其显示原理。
(4) 简述键盘的分类及其工作原理。
(5) 简述触摸屏的分类及其工作原理。
(6) 简述电阻式触摸屏原点的概念及其确定方法。
(7) 简述 A/D 转换器的类型及其工作原理。
(8) 简述 A/D 转换器的主要性能指标。
(9) 简述本章所举无操作系统电子词典应用软件开发的交叉开发环境是如何建立的？
(10) S3C44B0X 电源管理模块支持哪几种管理方案？各有什么特点？
(11) 简述 S3C44B0X 时钟电源管理的基本功能。
(12) 假设系统外部输入时钟的振荡频率为 8 MHz，系统要工作在 64 MHz 的频率下，需要如何设置 PLL 控制寄存器 PLLCON 的值？
(13) 简述 S3C44B0X 处理器如何选择所使用的大小端模式。
(14) 简述 I/O 接口的作用及 S3C44B0X I/O 接口的编址方式。
(15) S3C44B0X 有多少个通用可编程多功能输入/输出引脚？可分为几类端口？
(16) 实际应用中需要使用 S3C44B0X 的外部中断 EINT5，并且在外部中断信号为上升沿时触发此中断，那么应如何配置外部中断控制寄存器（EXTINT）、外部中断挂起寄存器（EXTINTPND）和中断挂起寄存器（INTPND）？
(17) ARM7TDMI 提供了几种中断模式？简述 S3C44B0X 处理器响应 IRQ 中断的流程。
(18) S3C44B0X 提供了一种新的中断模式，叫做向量中断模式。在 4.5.4 小节中给出了向量模式和非向量模式下的程序举例，比较二者有何区别？向量中断模式的优点是什么？
(19) 以 S3C44B0X 作为主处理器的嵌入式应用系统中，各中断服务程序要完成的功能因实际需求不同而不一样，但其必须完成的工作有哪些？
(20) S3C44B0X 的 UART 单元提供两个独立的异步串行 I/O 口，它们有哪些特性？
(21) 在 S3C44B0X 所集成的 UART 操作中，有自动流控制和非自动流控制两种方式，简述二者有何异同。
(22) S3C44B0X UART 波特率如何计算？试确定当波特率为 115 200 bps、系统时钟频率为 64 MHz时 UBRDIVn 的值。
(23) 简述 I^2C 总线在嵌入式系统中的功能及 I^2C 总线支持的设备类型。
(24) S3C44B0X 处理器的 I^2C 总线接口支持 I^2C 总线的哪几种操作模式？
(25) 在 4.5.6 小节中给出了 S3C44B0X 作为 I^2C 总线上的主设备时的读/写程序，试写出其作为从设备时的读/写程序，并给出程序流程图。
(26) 当系统时钟频率为 60 MHz、A/D 转换预置比例因子为 35 时，计算 10 位 A/D 转换器的转换时间。

(27) 简述 S3C44B0X 所集成的 A/D 转换器的转换过程,并指出使用该 A/D 转换器时应注意的事项。
(28) 一套完整的液晶显示系统主要由哪几部分组成? S3C44B0X LCD 控制器的功能和特性有哪些?
(29) 简述 S3C44B0X LCD 视频操作中彩色模式的操作方法。
(30) 简述 S3C44B0X LCD 显示中汉字显示的原理,并画出相应的流程图。
(31) 使用如下 LCD 液晶屏:
 - 尺寸为 320×240;
 - 16 级灰度;
 - 双扫描模式;
 - 数据帧首地址 = 0xC300000;
 - 偏移点数 = 2048 点(512 个半字)。
 根据以上给出的参数设置 LCD 控制器的相关寄存器。
(32) 什么是看门狗?它分为几类?它的作用是什么?在 S3C44B0X 芯片上集成的看门狗属于哪一类型?它有哪些特性?
(33) 什么是"喂狗"?其作用是什么?
(34) 简述 S3C44B0X 芯片上所集成的看门狗模块的工作过程。
(35) 写出 ARM 系统一般启动程序的步骤,并画出相应的流程图。
(36) 根据本章所给电子词典应用软件的开发实例,概述无操作系统下一般 ARM 嵌入式应用软件的组成结构,并简述各部分的功能。

2. 程序设计

(1) 系统初始化时需对 S3C44B0X 存储器控制器的 13 个控制寄存器依次配置为以下值,请根据本章介绍的方法编写代码完成此功能,并作适当的注释。

```
0x22222220;
((0x0 << 13) + (0x0 << 11) + (0x6 << 8) + (0x0 << 6) + (0x0 << 4) + (0x0 << 2) + (0x0));
((0x3 << 13) + (0x3 << 11) + (0x7 << 8) + (0x3 << 6) + (0x3 << 4) + (0x3 << 2) + (0x0));
((0x3 << 13) + (0x3 << 11) + (0x7 << 8) + (0x3 << 6) + (0x3 << 4) + (0x3 << 2) + (0x0));
((0x3 << 13) + (0x3 << 11) + (0x7 << 8) + (0x3 << 6) + (0x3 << 4) + (0x3 << 2) + (0x0));
((0x3 << 13) + (0x3 << 11) + (0x7 << 8) + (0x3 << 6) + (0x3 << 4) + (0x3 << 2) + (0x0));
((0x2 << 15) + (0x0 << 4) + (0x0 << 3) + (0x0 << 2) + (0x2));
((0x3 << 15) + (0x0 << 2) + (0x0));
((0x3 << 15) + (0x0 << 2) + (0x0));
((0x1 << 23) + (0x0 << 22) + (0x0 << 20) + (0x0 << 18) + (0x2 << 16) + 1113);
0x10;
0x20;
0x20;
```

(2) 假设以 S3C44B0X 作为主处理器的嵌入式应用系统运行时,须将 TIMER1 配置为向量 IRQ 中断,且其中断服务程序为 void TIMER1_ISR(void),请编写相应初始化代码实现以上要求。

(3) 编写程序实现 S3C44B0X UART0 在中断模式下接收/发送数据,并且中断模式为向量 IRQ 中断。在 ADS 下调试跟踪 ARM 执行中断的全过程。

第 5 章 基于 µC/OS-II 的嵌入式开发

µC/OS-II 是美国 Jean J. Labrosse 开发的实时操作系统,它以小内核、多任务、丰富的系统服务、容易移植以及源码公开等优势得到广泛应用,性能稳定、可靠。由于内核极小,特别适用于对程序代码存储空间要求极其敏感的嵌入式系统开发。本章将介绍 µC/OS-II 嵌入式操作系统的一些基本概念,以及如何在 µC/OS-II 下进行软件开发,最后系统地介绍基于 µC/OS-II 的电子词典设计与实现。

本章的基本内容有:
➢ µC/OS-II 简介
➢ 基于 µC/OS-II 的软件开发基础
➢ 基于 µC/OS-II 的电子词典设计与实现
➢ 基于 µC/OS-II 的电子词典代码构成

5.1 µC/OS-II 简介

µC/OS-II 是 Micro Controller Operating System 2 的简写,意为"微控制器操作系统 2"。它是一个免费的源代码公开的实时操作系统(RTOS)内核,所有内核相关的代码都可以在其官方网站(www.Micrium.com)上获得。其内核的主要部分都是由 ANSI 的 C 语言编写而成,只有与处理器有关的一小部分移植代码是汇编程序,所有源码加起来只有几千行,短小精悍。

µC/OS-II 内核是一个典型的微内核,只提供实时系统所需的基本功能。包含任务管理、时间管理、内存管理等内核最基本的功能,并没有提供 I/O 管理、文件系统、网络管理之类的额外服务。但是由于 µC/OS-II 的可移植性和开源性,使得用户自己可以添加所需的各种服务。目前,已经出现了专门为 µC/OS-II 开发文件系统、TCP/IP 协议栈、用户显示接口等的第 3 方软件开发商。

µC/OS-II 采用的抢占式内核是一个真正的实时操作系统,它可以在低优先级任务执行过程中插入执行就绪条件下优先级更高的任务。在 µC/OS-II 中所有任务的优先级必须是惟一的,即使两个任务的重要性是相同的,它们也必须有优先级上的差异,这也就意味着高优先级的任务在处理完成后,必须进入等待或挂起状态,否则低优先级的任务永远也不可能执行。

µC/OS-II 是一个完全免费的开放源代码的嵌入式操作系统。在其官方网站上除了有详细注释的内核源码之外,还提供了很多参考文档,即使是初次接触嵌入式操作系统的人也可以很容易地读懂代码。µC/OS-II 内核虽然结构简洁、功能简单,但是给读者展示了什么是多任务、多任务如何共享资源和如何调度、任务优先级应该如何分配这些实时嵌入式操作系统所具有的基本功能,是比较理想的入门级嵌入式操作系统。

µC/OS-II 内核的作者 Jean J. Labrosse 在 1992 年将其正式在美国的一家行业杂志上连载,那时该系统被称为"µCOS",是 µC/OS-II 的最初版本。1993 年作者通过嵌入式系统年会将该内核介绍给业内人士。1998 年 µC/OS 官方网站开通,最初是 www.ucos-ii.com,2003 年之后更名为现在的 www.Micrium.com。µC/OS-II 目前最新版本是 V2.86,已被广为流传。µC/OS-II 已被移植到上百种嵌入式处理器(包括 DSP)上,且数量还在不断增加。

5.1.1 μC/OS-II 的基本特点

μC/OS-II 具有如下特点:

① 源码开放: 与 Linux 一样, μC/OS-II 的源代码也是开放的, 在 μC/OS-II 的官方网站上, 用户不但可以下载到整个处理器内核的源码, 而且还可以找到针对不同微处理器的移植代码。这极大地方便了实时嵌入式操作系统 μC/OS-II 的开发, 降低了开发成本。该操作系统的作者还在源代码上加入了详细的注释, 使得初学者也能轻而易举地读懂程序。

② 可移植性: μC/OS-II 的源代码中, 除了与微处理器硬件相关的部分是使用汇编语言编写的, 其绝大部分是使用移植性很强的 ANSI C 编写的; 而且把用汇编语言编写的部分已经压缩到最低的限度, 降低了 μC/OS-II 系统的移植难度。

③ 可裁剪: μC/OS-II 并不提供类似 Linux 那样的命令行形式的配置方法, 它的可裁剪性是靠条件编译实现的。只要在用户的应用程序中使用"♯define constants"语句对那些需要的内核功能进行定义即可。这样可以尽可能地降低程序和数据对内存的需求, 大大减少产品中的 μC/OS-II 所需的存储空间(RAM 和 ROM)。

④ 抢占式内核: μC/OS-II 完全是抢占式的硬实时内核, 使用这种内核的系统响应速度快。当一个任务正在运行时, 一旦有优先级高于它的任务进入就绪状态, 系统就会抢占当前对处理器的使用权, 强行使其释放处理器的使用权让这个就绪的高优先级任务使用处理器, 也就是说, 系统总是将处理器的使用权转让给最高优先级的就绪任务。

⑤ 可扩展的多任务: μC/OS-II V2.81 之前的版本最多可以管理 64 个任务, 之后的版本扩展至 256 个。其中系统占用 2~4 个, 剩余任务全部可以由用户支配。用户也可以根据自己的需求, 对系统支持的任务数进行再扩充。

⑥ 可确定的执行时间: μC/OS-II 中全部的函数调用与服务执行的时间都是可确定的。也就是说, 全部 μC/OS-II 函数调用和服务执行的时间与任务数量之间没有相关性。

⑦ 中断管理: 中断可以使正在执行的任务暂时挂起。如果中断使得更高优先级的任务进入就绪状态, 则高优先级的任务在中断嵌套全部退出后立即执行, 中断嵌套层数最多可达 255 层。

⑧ 稳定性与可靠性: μC/OS-II V2.52 通过了美国航空航天管理局(FAA)的安全认证, 可以用于飞机、航天器等对安全性要求较高的控制系统中。

5.1.2 μC/OS-II 的基本结构

1. 内核结构

通常将常驻内存的核心功能称为内核, 这些功能包括: 中断处理、任务管理以及一些其他的基本操作。μC/OS-II 是一个典型的微内核嵌入式系统。所谓微内核是将必需的功能(如任务管理、存储管理、中断处理、时间管理)放在内核中, 留给用户一个标准的 API(用户程序接口), 而将那些不是非常重要的核心功能和服务(如文件系统、网络通信、设备管理等)作为内核之上可配置的部分, 由用户自己扩展。因此, μC/OS-II 的内核根据用户的需求可大可小。μC/OS-II 的内核结构如图 5-1 所示。

① 中断处理: 在 μC/OS-II 中, 中断一旦被系统处理器识别则保存全部中断现场, 即全部寄存器的值, 跳转到专门的子程序, 称为中断服务程序 ISR(Interrupt Service Routine)。这个程序完成后需要进行中断返回, 在返回时会执行一次任务调度, 根据总是运行优先级最高的就绪任务这一原则, 此时运行的任务有可能不再是原任务, 具体过程如图 5-2 所示。μC/OS-II 允许中断嵌套, 即在 ISR 运行的过程中可以响应优先级更高的中断请求。图 5-2 详细说明了

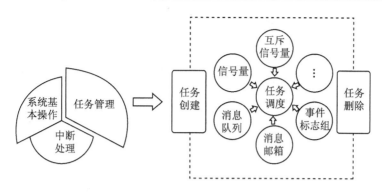

图 5-1 µC/OS-II 的内核结构

µC/OS-II 中断处理的具体过程，其中的 OSIntEnter 和 OSIntExit 是进入/退出中断时调用的一对（必须被成对使用）系统函数。

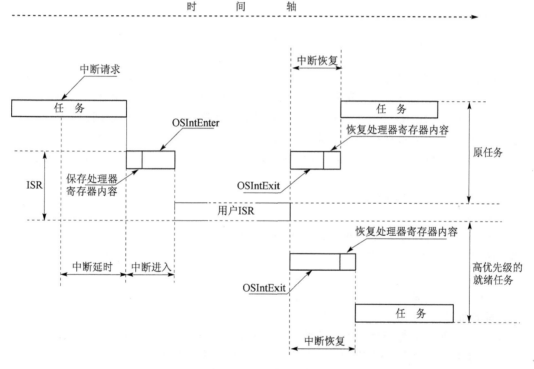

图 5-2 中断处理过程

② 任务管理：任务管理包括任务的创建、删除、调度等。任务同步与通信的各种方法都是服务于任务，并且直接或间接地给任务调度提供依据。一个任务在创建之后就处在活动状态中，但并不是所有的活动任务都会马上被处理器执行，具体什么时候执行哪个任务是由任务调度规则——总是运行优先级最高的就绪任务来决定的。

③ 系统其他基本操作：
- 内存管理：包括内存的分配和回收，在 µC/OS-II 中可分配的内存块大小是固定的。
- 时间管理：使得某任务在用户指定的时间内挂起并恢复，设置系统时间。时间管理以时钟节拍为基础，时钟节拍的频率通常为 10～100 Hz。时钟节拍频率越高，系统的额外负荷就越重。时钟节拍的实际频率取决于用户应用程序的精度。µC/OS-II 需要用户提供周期性的信号源,用于实现时钟节拍。

2. 文件构成

系统核心文件结构如图 5-3 所示。其核心文件分为以下 3 类,在下列文件中以"OS_"开头的通常是系统变量,以"OS"开头的通常是系统函数,下面以 V2.51 版本为例进行介绍。

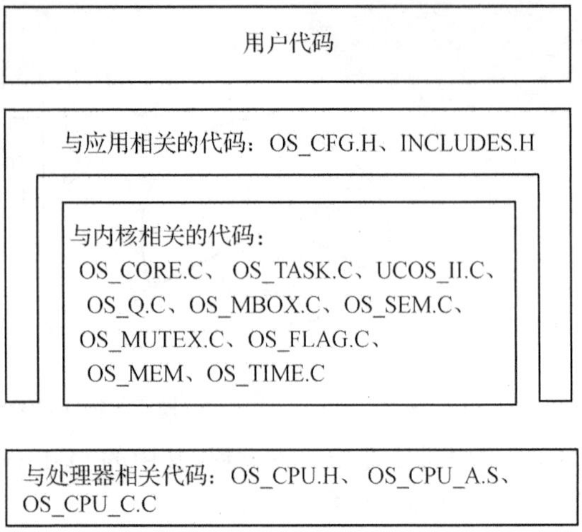

(1) 与处理器相关的文件

这部分文件相对比较固定,从最初的版本到目前的 V2.86 都包含以下 3 个文件。它们以 OS_CPU_xxx 形式命名。

> OS_CPU.H 配置与处理器相关的数据类型。这是由于不同的处理器对基本数据类型的字长定义不同,如 int,有的处理器是 16 位,有的处理器则是 32 位。使用者还可在这个文件中加入自己定义的数据类型。本文件还包括与处理器相关的常数和宏。

> OS_CPU_C.C 初始化任务的栈结构,另外还定义了一些用来扩展系统功能的函数,如 OSTaskIdleHook(),用户可以在这个函数中添加代码以扩展系统定义的空闲任务。

> OS_CPU_A.S 包含所有与处理器相关的汇编代码,如时钟节拍中断、任务切换和中断处理程序需要对寄存器操作的部分代码。

这部分文件与硬件密切相关,所以要想在不同平台上运行该系统,必须对这 3 个文件进行修改。修改的具体内容参见 5.3.2 小节中系统移植部分内容。

(2) 与内核功能相关的文件

① 任务管理

> OS_CORE.C 包括系统初始化、中断处理、版本获取等功能函数。

> OS_TASK.C 包括任务的创建、删除、更改任务优先级等功能函数,所有函数都以 OSTask 为前缀。

> UCOS_II.C 将内核中所有功能包括在内,实际应用中可以不用包括该文件。

② 同步通信

> OS_MBOX.C 与消息邮箱相关的功能函数,所有函数都以 OSMbox 为前缀。

> OS_Q.C 与消息队列相关的功能函数,所有函数都以 OSQ 为前缀。

> OS_SEM.C 与信号量相关的功能函数,所有函数都以 OSSem 为前缀。

> OS_MUTEX.C 与互斥信号量相关的功能函数,所有函数都以 OSMutex 为前缀。

> OS_FLAG.C 与事件标志组相关的功能函数,所有函数都以 OSFlag 为前缀。

③ 内存管理

> OS_MEM.C 内存分配、内存释放等功能函数,所有函数都以 OSMem 为前缀。

④ 时间管理

> OS_TIME.C 任务延时、延时恢复等功能函数,所有函数都以 OSTime 为前缀。

(3) 与应用相关文件

> OS_CFG.H 定义系统的配置参数,如最大任务数、最大事件数、使能或禁止消息邮箱、使能或禁止任务优先级变更等。

图 5-3 μC/OS-II 内核的文件结构

➢ INCLUDES.H 这是一个主头文件,出现在每个.C文件的头一行,在V2.84之后的版本中所有内核的.C文件的第一行用UCOS_II.H替代INCLUDES.H。

5.2 基于μC/OS-II的软件开发基础

5.2.1 μC/OS-II开发基础概念

1. 任务及其运行状态

任务是一个简单的程序,对应于实际应用中的一个逻辑功能。对μC/OS-II来说,任务是系统运行的基本单元,系统以任务为单位分配内存资源和处理时间,每个任务都有自己独立的寄存器和栈空间。任务看起来就像一个无限循环永不返回的函数,但是不同于函数的是,它有一套自己的内存空间,运行时完全占用处理器资源,在任意确定时刻都处在休眠、就绪、运行、挂起以及中断服务这5种状态之一,如图5-4所示。

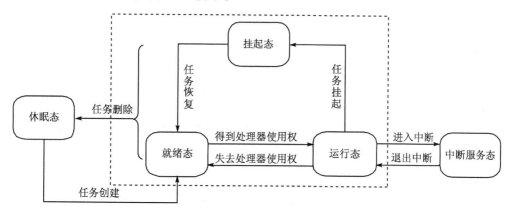

图5-4 任务运行状态

① 休眠态:相当于该任务驻留在内存中,但是并不被多任务内核所调度。通过调用函数OSTaskCreate()或OSTaskCreateExt()来实现将任务交给μC/OS-II。这些调用只是用于告诉μC/OS-II任务的起始地址在哪里;任务建立时,用户要给任务赋予的优先级是多少;任务要使用多少栈空间等。

② 就绪态:表示该任务已经准备好,可以运行了,但由于该任务的优先级比正在运行任务的优先级低,还暂时不能运行。一个任务可以通过调用OSTaskDel()返回到休眠态,或是通过调用该函数让另一个任务进入休眠态。

③ 运行态:是指该任务掌握了处理器的控制权,正在运行中。任何时刻只能有一个任务处于运行态。而对于已就绪的任务只能等到优先级高于它的所有任务都转为等待状态,或是都被删除了,该任务才能进入运行态。

④ 挂起态:也叫等待态,指该任务在等待某一事件的发生,例如,等待某外设的I/O操作,等待某共享资源由暂不能使用变成能使用状态,等待定时脉冲的到来,或等待超时信号的到来以结束目前的等待等。正在运行的任务需要等待某一事件的发生时,可以通过调用函数OSFlagPend()、OSSemPend()、OSMutexPend()、OSMboxPend()或OSQPend()之一实现。当任务因等待事件而被挂起时,下一个优先级最高的任务立即得到处理器的使用权。若事件发生或等待超时,被挂起的任务就进入就绪态。

⑤ 中断服务态：正在运行的任务发生中断时，处理器提供相应的中断服务，原来正在运行的任务暂不能运行，就进入了中断服务态。此时 ISR 得到处理器的使用权。当 ISR 运行结束需要返回时，μC/OS-II 会重新判断被中断任务的优先级是不是就绪状态任务中优先级最高的，若是则让此任务继续运行；否则将其继续挂起，让优先级更高的就绪任务进入运行态。

2. 任务优先级

任务的优先级是决定同一时刻任务运行顺序的标号。任务的优先级越高，它就可以越快得到执行，所以通常越重要的任务会被赋予越高的优先级。在 μC/OS-II 中每个任务都拥有惟一的优先级，系统通过优先级的不同来惟一标识这些任务。换言之，优先级在 μC/OS-II 中就是任务 ID，系统通过它来识别具体任务。如果两个任务共享一个优先级，那么系统就无法将这两个任务区分开来。

目前版本中任务的优先级是 0~63，总共 64 个优先级对应 64 个任务。优先级最高是 0 级，最低是 63 级。在 OS_CFG.H 文件中可以通过设置 OS_LOWEST_PRIO 的值，来改变最低优先级数，这个数字也同时改变了系统中可以创建任务的总个数。

并不是所有的优先级都是由用户来分配的，通常要给系统预留 8 个，即 0~3 和 OS_LOWEST_PRIO-3~OS_LOWEST_PRIO(OS_LOWEST_PRIO 代表系统中定义的最低优先级)。其中系统已经使用的是 OS_LOWEST_PRIO(空闲任务 OSTaskIdle())和 OS_LOWEST_PRIO-1(统计任务 OSTaskStat())。统计任务可以通过 OS_CFG.H 文件中的参数 OS_TASK_STAT_EN 来进行使能/禁止。

任务的优先级分为以下 2 种：
> 静态优先级：应用程序执行过程中各任务优先级不变，则称之为静态优先级。在静态优先级系统中，各任务以及它们的时间约束在程序编译时是已知的。
> 动态优先级：应用程序执行过程中，任务的优先级是可变的，则称之为动态优先级。实时内核应当避免出现优先级反转问题。

所谓优先级反转，即高优先级的任务在实际执行过程中的执行次序被排在了低优先级的任务之后，即任务优先级不能真实反应任务的执行优先顺序。这样的问题在使用实时内核时多有出现。这是由于对共享资源的使用，致使高优先级任务需等待已经占用此资源的低优先级任务释放资源，在此过程中，如果插入优先级介于这两者之间的任务，那么就会发生优先级反转。具体过程如图 5-5 所示。

图 5-5 中所标数字为任务实际的执行顺序。图中的灰色部分表示任务被挂起。3 个任务的优先级顺序是：任务 1 高于任务 2 高于任务 3。图中各任务执行过程如下：

① 任务 3 开始执行，并且此时任务 3 已经占用了任务 1 所需资源。

② 任务 1 开始执行，发现所需资源被任务 3 占用后将处理器还给任务 3。

③ 任务 3 继续执行。

④ 任务 2 就绪，开始执行。由于任务 2 的

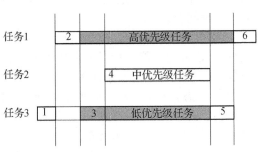

图 5-5 优先级反转示意图

优先级高于任务 3，于是此时剥夺任务 3 的处理器使用权，但由于任务 3 没有完成则继续占用资源。

⑤ 任务 2 执行完成将处理器使用权交还给任务 3，任务 3 继续执行直至释放资源。

⑥ 任务1得到资源继续执行。

这样致使在实际执行时任务2的优先权就高于任务1,此情况即所谓的优先级反转。一旦发生优先级反转,就会造成任务运行的不确定性,使得重要任务不能得到及时响应。

3. 就绪表

μC/OS-II总是运行进入就绪态任务中优先级最高的那一个。每个任务的就绪态标志都放入就绪表(Ready List)中。就绪表是提供给任务调度使用的,否则系统无法从若干个不同优先级的任务中找出到底由哪一个就绪的任务进入运行状态。

就绪表由变量OSRdyGrp和OSRdyTbl[]构成。

在OSRdyGrp中,任务按优先级分组,8个任务为一组,当前系统最多有64个优先级,所以OSRdyGrp有8个有效位,一共可以对应8组任务。每一位对应一组任务,第0位对应的就是优先级0~7的任务,这8个任务之间是"或"关系,只要有一个任务处于就绪态,那么OSRdyGrp的第0位就是1。

OSRdyTbl[]数组中的每个元素对应的是一组任务,对应关系与OSRdyGrp相同,也是8个任务为一组。元素中的每个位对应这一组任务中的具体任务,OSRdyTbl[0]的第0位就对应优先级为0的任务,如果此任务就绪则该位置1,反之为0。就绪表OSRdyTbl[]数组的大小取决于OS_LOWEST_PRIO。此参数可以在OS_CFG.H中设置,在V2.52版中其最大值不能超过63。

OSRdyTbl[]定义为:OSRdyTbl[OS_LOWEST_PRIO/8+1]。

OSRdyTbl[]和OSRdyGrp的关系为:当OSRdyTbl[0]中的任何一位是1时,OSRdyGrp的第0位置1;当OSRdyTbl[1]中的任何一位是1时,OSRdyGrp的第1位置1;依此类推,当OSRdyTbl[7]中的任何一位是1时,OSRdyGrp的第7位置1。

可使用下面代码向就绪表中插入任务:

```
OSRdyGrp |= OSMapTbl[prio >> 3];
OSRdyTbl[prio >> 3] |= OSMapTbl[prio & 0x07];
```

OSRdyGrp同OSRdyTbl[]的关系可以用图5-6来表示。

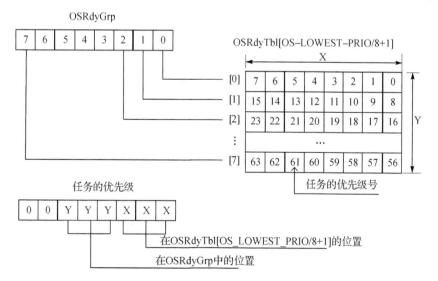

图 5-6 任务就绪表

若 OSRdyGrp 为 0x56,转换为二进制是 01010110,这就说明第 0 组任务中没有处于就绪态的任务,即优先级为 0~7 的任务都处于非就绪态,而第 1 组任务即优先级 8~15 的任务至少有一个为就绪任务,后面几位同理。根据运行优先级最高的就绪任务这一原则,将被运行的就绪任务必处于第 1 组。第 1 组中具体任务的状态与 OSRdyTbl[1] 的每一位相对应,若 OSRdyTbl[1] 为 0x32,即 00110010,则可知优先级为 9 的任务是当前就绪任务中优先级最高的,也就是应该被运行的那个任务。根据优先级的组合规则也可得出优先级是 9 的结果,即 X=001,Y=001(二进制)。具体过程如图 5-7 所示。

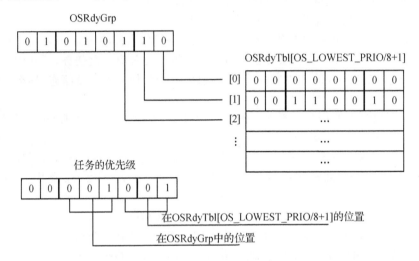

图 5-7 就绪表实例

μC/OS-II 系统将上述查找过程通过查找 OSUnMapTbl[ ] 表予以实现。在系统中 OSUnMapTbl[ ] 定义如下:

```
INT8U const OSUnMapTbl[] = {
    0, 0, 1, 0, 2, 0, 1, 0, 3, 0, 1, 0, 2, 0, 1, 0,
    4, 0, 1, 0, 2, 0, 1, 0, 3, 0, 1, 0, 2, 0, 1, 0,
    5, 0, 1, 0, 2, 0, 1, 0, 3, 0, 1, 0, 2, 0, 1, 0,
    4, 0, 1, 0, 2, 0, 1, 0, 3, 0, 1, 0, 2, 0, 1, 0,
    6, 0, 1, 0, 2, 0, 1, 0, 3, 0, 1, 0, 2, 0, 1, 0,
    4, 0, 1, 0, 2, 0, 1, 0, 3, 0, 1, 0, 2, 0, 1, 0,
    5, 0, 1, 0, 2, 0, 1, 0, 3, 0, 1, 0, 2, 0, 1, 0,
    4, 0, 1, 0, 2, 0, 1, 0, 3, 0, 1, 0, 2, 0, 1, 0,
    7, 0, 1, 0, 2, 0, 1, 0, 3, 0, 1, 0, 2, 0, 1, 0,
    4, 0, 1, 0, 2, 0, 1, 0, 3, 0, 1, 0, 2, 0, 1, 0,
    5, 0, 1, 0, 2, 0, 1, 0, 3, 0, 1, 0, 2, 0, 1, 0,
    4, 0, 1, 0, 2, 0, 1, 0, 3, 0, 1, 0, 2, 0, 1, 0,
    6, 0, 1, 0, 2, 0, 1, 0, 3, 0, 1, 0, 2, 0, 1, 0,
    4, 0, 1, 0, 2, 0, 1, 0, 3, 0, 1, 0, 2, 0, 1, 0,
    5, 0, 1, 0, 2, 0, 1, 0, 3, 0, 1, 0, 2, 0, 1, 0,
    4, 0, 1, 0, 2, 0, 1, 0, 3, 0, 1, 0, 2, 0, 1, 0
};
```

上述过程则转换为:

查找就绪组：OSUnMapTbl[0x56]= 1 （此为 Y 值）
　　　　　　　OSRdyTbl[1]=0x32
查找组内就绪任务：OSUnMapTbl[0x32]= 1 （此为 X 值）
拼接成任务的优先级：9

0	0	Y	Y	Y	X	X	X
0	0	0	0	1	0	0	1

这样不论任务有多少，都可以在常数级的时间内查找到需要的结果。

4. 任务控制块 OS_TCB

OS_TCB 是一个数据结构，用来描述任务的一些属性，μC/OS-II 通过它来对各个任务进行管理。

- 当任务被建立时，任务控制块将被初始化；
- 当任务被剥夺其处理器使用权时，任务控制块被用来保存任务的状态；
- 当任务重新得到处理器使用权时，任务控制块确保任务从中断的那一点继续执行下去。

由于 OS_TCB 只有在任务创建之后才有意义，所以其全部驻留在 RAM 当中。任务控制块代码如下：

```
Typedef struct OS_TCB
{
OS STK          * OSTCBStkPtr;          /*指向任务栈顶的指针*/

#if OS_TASK_CREATE_EXT_EN > 0
void            * OSTCBExtPtr;          /*指向任务控制块扩展的指针*/
OS_STK          * OSTCBStkBottom;       /*指向任务栈底的指针*/
INT32U          OSTCBStksize;           /*任务堆栈的长度*/
INT16U          OSTCBOpt;               /*创建任务时的选择*/
INT16U          OSTCBId;                /*目前该域未用*/
#endif

struct OS_TCB   * OSTCBNext;            /*指向后一个任务控制块的指针*/
struct OS_TCB   * OSTCBPrev;            /*指向前一个任务控制块的指针*/

#if ((OS_Q_EN > 0) && (OS_MAX_QS > 0)) || (OS_MBOX_EN > 0) || (OS_SEM_EN > 0) || (OS_MUTEX_EN > 0)
OS - EVENT      * OSTCBEventPtr;        /*指向事件控制块*/
#endif

#if ((OS_Q_EN > 0) && (OS_MAX_QS > 0)) || (OS_MBOX_EN > 0)
void * OSTCBMsg;                        /*指向传递给任务的消息指针*/
#endif

#if (OS_VERSION >= 251) && (OS_FLAG_EN > 0) && (OS_MAX_FLAGS > 0)
#if OS_TASK_DEL_EN > 0
OS_FLAG_NODE * OSTCBFlagNode;           /*指向事件标志节点*/
```

```
#endif
   OS_FLAGS  OSTCBFlagsRdy;            /*任务进入就绪态的标志*/
#endif

   INT16U    OSTCBDly;                 /*任务等待时间*/
   INT8U     OSTCBStat;                /*任务当前状态*/
   INT8U     OSTCBPrio;                /*任务优先级别*/

   INT8U     OSTCBX;                   /*用于快速访问就绪表的数据*/
   INT8U     OSTCBY;                   /*用于快速访问就绪表的数据*/
   INT8U     OSTCBBitX;                /*用于快速访问就绪表的数据*/
   INT8U     OSTCBBitY;                /*用于快速访问就绪表的数据*/

#if OS_TASK_DEL_EN > 0
   BOOLEAN   OSTCBDelReq;              /*请求删除任务时的标志*/
#endif
} OS_TCB;
```

任务控制块在系统初始化时就已经被创建,此时创建的是包含所有空任务控制块的一个单向链表,如图 5-8 所示。

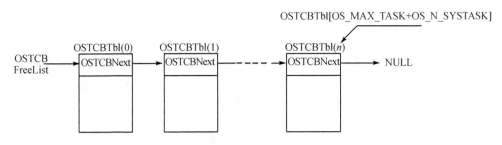

图 5-8 空任务链表

空任务块数量取决于在文件 OS_CFG.H 中定义的最多任务数(OS_MAX_TASKS)。这个最多任务数是用户最多可以创建任务的数量,也是 μC/OS-II 分配给用户程序的最多任务控制块 OS_TCBs 的数量。由于空任务控制块链表是在程序运行时被创建的,所以将 OS_MAX_TASKS 的数目设置为用户应用程序实际需要的任务数可以减小 RAM 的需求量。

所有的任务控制块 OS_TCBs 都是放在任务控制块列表数组 OSTCBTbl[] 中的。此数组的定义如下:

```
OS_EXT   OS_TCB   OSTCBTbl[OS_MAX_TASKS + OS_N_SYS_TASKS];
```

由定义可知,其最终大小由 OS_MAX_TASKS + OS_N_SYS_TASKS 来确定。OS_N_SYS_TASKS 是 μC/OS-II 分配给系统的任务数(见文件 UCOS_II.H),目前 OS_N_SYS_TASKS 可以代表两个任务:一个是空闲任务,另一个是任务统计(如果 OS_TASK_STAT_EN 设为 1)。

每当建立一个任务时,都会从此空任务块链表中拿出一个任务控制块,并将其初始化。此时,空任务控制块指针 OSTCBFreeList 的值调整为指向链表中下一个空的任务控制块。一旦任务被删除,任务控制块就还给空任务链表。由函数 OSTaskCreateExt()或 OSTaskCreate()调用对控制块进行初始化的函数 OS_TCBInit()。

5. 任务栈 OS_STK

任务栈用来保存任务运行时使用到的所有资源,例如使用到的寄存器、调用这个任务的返回地址,或者是任务内部函数嵌套时用到的返回地址保存参数等。在使用任务栈之前,必须先在 OS_CPU.H 文件中确定它的方向。具体如下:

OS_STK_GROWTH=0 栈是递增的,用户需要将栈的最低内存地址传递给任务创建函数;

OS_STK_GROWTH=1 栈是递减的,用户需要将栈的最高内存地址传递给任务创建函数。

任务栈必须被声明成 OS_STK 类型。栈的空间可以静态分配,也可以动态分配。静态分配就是直接将其定义为 OS_STK 类型的数组,形如 OS_STK StackName[size];动态分配是使用内存分配指令为任务栈动态地分配一段内存空间。为了避免给任务分配过多的任务空间,系统提供了一个函数,用来检查任务栈的使用情况,这个函数就是:

INT8U OSTaskStkChk (INT8U prio, OS_STK_DATA * pdata)

函数中:prio 为需要检验任务的优先级;pdata 为保存返回的查询数据。函数的返回值是函数运行成功与否的状态信息。

要使用这个函数来检查任务栈的使用情况必须满足下列条件:

➢ 在 OS_CFG.H 文件中 OS_TASK_CREATE_EXT=1;
➢ 用 OSTaskCreateExt() 建立任务,并给予任务比实际需要更多的内存空间;
➢ 在 OSTaskCreateExt() 中,opt=OS_TASK_OPT_STK_CHK | OS_TASK_OPT_STK_CLR。

注意:如果用户的程序启动代码清除了所有的 RAM,并且从未删除过已建立了的任务,那么用户就不必设置选项 OS_TASK_OPT_STK_CLR。这样就会减少 OSTaskCreateExt() 的执行时间。

将用户想检验任务的优先级作为 OSTaskStkChk() 的参数并调用之。

一切条件都准备好之后,就要运行该任务。保证运行足够长的事件并且要经历最坏情况下栈的使用,这样得到的结果才是比较准确的。用得到的结果重新设置栈的容量。

6. 事件控制块 ECB

事件控制块 ECB 是用来实现信号量和消息的基本数据结构。该结构的定义如下:

```
typedef struct
{
    INT8U OSEventType;                    /* 事件类型 */
    INT8U OSEventGrp;                     /* 等待任务所在的组 */
    INT16U OSEventCnt;                    /* 计数器(当事件是信号量时) */
    void * OSEventPtr;                    /* 指向消息或者消息队列的指针 */
    INT8U OSEventTbl[OS_EVENT_TBL_SIZE];  /* 等待任务列表 */
} OS_EVENT;
```

➢ OSEventType:指明当前事件的具体类型是信号量、互斥信号量、消息邮箱或是消息队列。
➢ OSEventGrp 与 OSEventTbl[OS_EVENT_TBL_SIZE]:用法与任务就绪表中的 OSRdyGrp 和 OSRdyTbl[] 的用法类似。OSEventGrp 用来表示哪一组任务中有就绪任务(8个任务为一组),OSEventTbl[] 表示该组中具体哪一个任务处于就绪态。获得最终就绪任务也是通过查找 OSUnMapTbl[] 表,查找方法与任务就绪表中查找就绪任务的方法类似。
- OSEventPtr：只有在所定义的事件是消息邮箱或者消息队列时才使用。当所定义的事件是邮箱时，它指向一个消息；而当所定义的事件是消息队列时，它指向一个数据结构。
- OSEventCnt：当事件是一个普通信号量时，将其作为信号量的计数器；当事件是互斥信号量时，将其高8位作为优先级继承优先级(PIP)，第8位在资源有任务占用时为占用任务的优先级，无任务占用时为0xFF。

在μC/OS-Ⅱ中，事件控制块的总数由用户所需要的事件总数决定（由 OS_CFG.H 中的 OS_MAX_EVENTS 定义）。事件包括信号量、互斥信号量、消息邮箱和消息队列。它与任务控制块 TCB 一样都是在调用 OSInit() 时被创建，且创建的都是空的块链表。每当建立一个信号量、邮箱或者消息队列时，就从该链表中取出一个空闲事件控制块，并对它进行初始化。信号量和消息事件一旦被删除，其控制块将会被重新加入到空闲事件控制块链表中。

7. 任务间的同步和通信

任务是操作系统运行应用的基本单位，是区别于无操作系统应用的主要特征之一。系统要求将应用分解为若干个任务，但是各个任务间不可能是完全孤立的。为了使其协调有序地工作，任务之间或者任务和中断服务之间必然需要进行信息交换。若交换的信息包含数据内容（比如，计算结果或者接收到的数据流等），则称之为任务通信；若仅包含"某事件是否发生"这样的标志性内容，则称之为任务间通信。

信号量、事件标志以及消息这些都是 μC/OS-Ⅱ 提供任务进行同步和通信的方法。其中信号量和事件标志用于任务间的同步，消息则用于任务间的通信。
- 信号量：可分为普通信号量和互斥信号量两类。普通信号量常用于表示某一事件发生。互斥信号量专用于有可能引起优先级反转的共享资源访问。
- 事件标志：在系统中事件标志是以组的形式出现，称为事件标志组，它用于表示多个事件是否发生。任务可以使用事件标志组来等待一组事件中的任意事件发生，即在事件之间取"或"关系；也可以用来等待一组事件全部发生，在事件之间取"与"关系。
- 消息：也分两类，一类是消息邮箱，用于在任务间或任务和中断服务程序之间传递一个消息。另一类是消息队列，可将其视为一组邮箱阵列。向消息队列中放入消息或从消息队列中取出消息，遵循的是先入先出的原则，即任务总是先得到先进入队列的消息。

5.2.2 基于 μC/OS-Ⅱ 嵌入式系统应用的基本结构

μC/OS-Ⅱ 是一个基于微内核的实时嵌入式操作系统，它的内核和应用程序之间没有明确的界限，它们共享一个地址空间，无论是在物理上还是逻辑上都是一个整体。基于 μC/OS-Ⅱ 的应用系统最常采用的结构如图 5-9 所示。

从图 5-9 中可以看出，μC/OS-Ⅱ 系统并没有给用户提供统一的硬件接口。对硬件的管理由用户自己完成，系统并没有将硬件抽象形成标准的应用接口。也就是说 μC/OS-Ⅱ 系统没有硬件抽象层。

还有一点与其他操作系统不同的是，基于 μC/OS-Ⅱ 的系统在上电之后运行的第一段程序——启动程序，只负责完成如系统时钟这一类最基本硬件的初始化工作，然后就跳转至由用户提供的 main() 函数。在此函数中完成 μC/OS-Ⅱ 系统的初始化，然后开始多任务调度，这更接近没有操作系统的启动过程，而不像 Linux 那样的系统需要进行一些对代码重定位、加载系统镜像等一些更为复杂的操作。关于启动程序具体内容参见 4.6.1 小节相关内容。

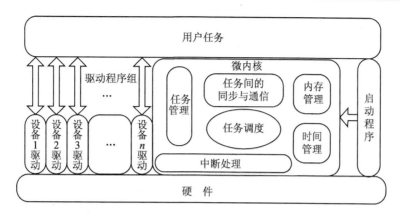

图 5-9 基于 μC/OS-II 应用系统的基本结构

5.2.3 基于 μC/OS-II 嵌入式系统的软件开发过程

基于 μC/OS-II 嵌入式系统的软件开发过程遵循第 1 章所介绍的嵌入式系统软件开发过程,如图 5-10 所示。这里假定需求和硬件环境都不可变,当然在实际应用中随着设计的深入,会对系统需求和硬件环境产生一定影响,尤其是硬件环境,会根据实际情况进行一些调整。

需求分析：嵌入式软件开发都是以需求作为最初的输入项,由需求确定系统要完成什么样的功能,是否使用操作系统,用什么样的操作系统,在什么样的硬件平台上实现。

软件系统规划：μC/OS-II 是一个微内核的实时嵌入式操作系统。软件的规划要针对其特性进行。首先由于 μC/OS-II 没有独立的硬件抽象层,用户就要对硬件驱动采用何种方式与任务通信,如何被任务调用进行比较详细的规划,尽量做到可靠、全面地实现硬件功能。其次在 μC/OS-II 中任务是处理器工作的基本对象,如何将应用划分为多个任务,这些任务间采用什么样的同步方式,如何进行通信也是系统设计的重要组成部分。最后根据实际的应用情况对系统进行配置,裁剪掉不需要的功能,定义有限的任务数。例如,需要用到 5 个任务,如果将系统定义为支持 13 个任务,其中 8 个是系统保留任务,这样既减少了对资源的浪费,又提高了运行效率,使系统能够很好地运行。

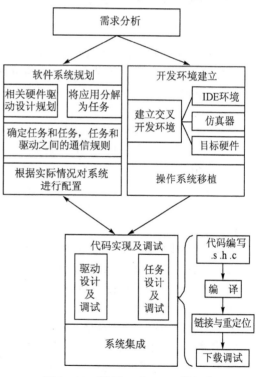

图 5-10 基于 μC/OS-II 嵌入式系统的软件开发过程

开发环境建立：这一步是与软件规划同时进行的,除了要建立交叉开发环境之外,如果确定要使用操作系统,则需在建立开发环境过程中完成操作系统的移植。针对 μC/OS-II 系统移植需要完成的具体步骤参见 5.3.2 小节。

代码设计及调试：根据软件规划,在建立好的开发环境中开始实现各部分功能。在整个代码设计阶段包括代码编写(要编写的代码为汇编代码和 C 语言代码)、编译、链接、定位、下载、调试这几个步骤。此过程需要实现各个硬件的驱动,将规划好的任务用代码实现。最后将调试好的单独的任务加上同步和通信,使任务和任务、任务和中断服务有机地集成在一起,最终实现完整的应用。

规划和实现是一个互为反馈的过程,在实现阶段通常会发现规划中的缺陷与不足,进而对规划进行调整,实现再根据新的规划结果对代码进行修订。

5.3 基于 μC/OS-II 的电子词典设计与实现

这里仍旧沿用电子词典作为 μC/OS-II 的应用开发实例,功能与之前没有变化。我们希望通过这个例子让读者可以更快地深入到操作系统中。通过将之前无操作系统的电子词典应用移植在 μC/OS-II 系统上,由此可以熟悉 RTOS 的开发过程,了解任务之间的调用通信等一些在操作系统中常见的实现手段。

一旦有了操作系统程序就会发生质的飞跃,更复杂、更有效率的应用才能应运而生,将一个应用分解成多个任务,这样不仅可以简化应用系统的软件设计,而且还可降低各个功能模块之间的耦合程度,提高应用的可扩展性。良好的多任务设计有助于提高系统的稳定性和可靠性。μC/OS-II 是实时嵌入式操作系统中较简单的一个,通过此例子可加深对 μC/OS-II 的了解。

5.3.1 电子词典系统设计

1. 任务划分

要设计一个好的实时系统,核心工作就是如何将要解决的问题划分成多个任务,并使其能够协调一致地工作。电子词典是一个典型的由外部输入驱动的开环系统,由键盘或触摸屏输入信息,处理器根据输入的信息在 LCD 显示屏上显示相应内容,显示完成之后系统进入空闲状态等待下一次输入。根据这一处理过程,将电子词典应用分为 3 个主任务——主执行任务、键盘任务、触摸屏任务。系统的总体设计如图 5-11 所示。

μC/OS-II 系统总是从 main() 函数开始,通常在 main() 函数中只创建一个用户任务,即初始化任务,这样设计有利于系统管理,而且结构也会更加清晰。在初始化任务中启动时钟节拍,创建各个任务以及要用到的信号量或消息。

① 任务功能描述:在电子词典设计中,键盘任务和触摸屏任务负责采集输入信号,并将其转换为键值告知主处理任务。主处理任务负责根据读到的键值启动相应功能。而光标任务则是用来展现时钟节拍,让目标板上的 LED 灯以指定的时间间隔进行闪烁。

② 任务的优先级分配:系统中的优先级分配按照最经常发生的优先级最高这一原则进行,具体分配如下:

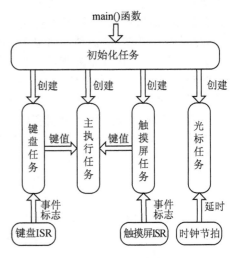

图 5-11 系统的总体设计

- 优先级 0~3:分配优先级时将最高的 4 个优先级留给系统用户;
- 优先级 5:主处理任务优先级最高为 5 级;
- 优先级 6:键盘的使用概率大于触摸屏,其优先级定为 6 级;

- 优先级 7：触摸屏的优先级为 7 级；
- 优先级 8：光标每隔一个固定的时间段闪烁一次，这个时间可以由用户自定义，优先级设为 8 级；
- 最低优先级-1：系统统计任务（可选）；
- 最低优先级：系统空闲任务。

③ 任务间同步与通信的规则：需要传递消息的任务是键盘与主执行任务。触摸屏与主执行任务之间传递的都是按键值，且键值不用区分来源，所以使用一个消息邮箱即可。由于任务间不存在共享互斥资源的问题，所以不需要进行任务间的同步。

键盘与触摸屏都是由外界事件触发的，可以使用中断机制设计驱动程序（具体设计参见 5.3.3 小节）。在驱动程序的设计中，遵循中断中处理的时间尽量短，将更多的事情交给任务去完成这一原则，驱动程序的中断只用来启动相应任务，由任务来调用驱动程序中的具体处理程序。这里分别使用两个不同的信号量来定义键盘事件和触摸屏事件。

2. 系统配置

μC/OS-II 并不提供类似 Linux 那样的命令行形式的配置方法，而是通过对要配置的内容进行条件编译来实现的。这是由于 μC/OS-II 提供开放的源码，用户可以直接使用 #define constants 语句来更改内核的很多参数。系统中提供了以下配置项（具体参见代码 OS_CFG.H 内容）。

- 事件标志：包括使能或禁止事件标志及其相关功能，通常以 OS_FLAG_为前缀；
- 消息邮箱：包括使能或禁止消息邮箱及其相关功能，通常以 OS_MBOX_为前缀；
- 内存管理：包括使能或禁止内存管理及其相关功能，目前版本中只有两个可配置项 OS_MEM_EN 和 OS_MEM_QUERY_EN；
- 互斥型信号量：包括使能或禁止互斥型信号量及其相关功能，通常以 OS_MUTEX_为前缀；
- 消息队列：包括使能或禁止消息队列及其相关功能，通常以 OS_Q_为前缀；
- 信号量：包括使能或禁止信号量及其相关功能，通常以 OS_SEM_为前缀；
- 任务管理：系统提供两个任务创建函数，在配置文件中至少要对其中的一个进行使能，另外还包括一些对任务其他相关属性的配置，通常以 OS_TASK_为前缀；
- 时钟管理：μC/OS-II 中用户可以使用操作系统的时钟作为延时的基准，这里包括使能或禁止使用系统时钟延时及其相关功能，通常以 OS_TIME_为前缀；
- 杂项：包括配置任务、事件、消息队列的最大个数，任务堆栈的容量等。

μC/OS-II 内核默认的是将系统配置为最大系统，即使能所有功能，并且将任务事件等设置为最大。在电子词典的应用中，只有 13 个任务（5 个用户任务，8 个系统预留任务）、两个事件标志、一个消息邮箱，所以需要对默认系统进行重新配置。需要更改的主要参数如下：

- OS_MAX_EVENTS：最大可申请的事件控制块数。系统中每个消息和信号量都需要一个事件控制块。电子词典中只用到一个消息邮箱，该值大于 1 即可。为了便于本系统扩展，将其设为 5。
- OS_MAX_FLAGS：最大可申请的事件标志数。当前使用了两个事件标志，该值大于 2 即可。为了便于本系统扩展将其设为 5。
- OS_MAX_TASKS：最大可申请的用户任务数。电子词典中共定义了 5 个用户任务，该值大于 5 即可。为了便于本系统扩展，将其设为 10。
- OS_LOWEST_PRIO：系统可分配的最低优先级。系统根据该参数初始化任务控制块，所以这个参数会影响系统对 RAM 的占用。电子词典中将此参数定义为 15,其中 5 个用户任务、8 个系统任务、2 个余量任务。

各个功能的使能/禁止参数通常以 _EN 为后缀,1 为使能,0 为禁止。在电子词典中要使能消息邮箱(OS_MBOX_EN)和信号量(OS_SEM_EN),将其对应的参数设为 1,其余使能参数设为 0,其他参数均使用默认值即可。

5.3.2 开发环境的建立

一旦嵌入式软件设计涉及操作系统,开发环境就会发生变化。除了之前所需要的硬件平台、调试工具、IDE 环境之外,还要加上操作系统才能算是一个完整的开发环境,因为毕竟程序是运行在操作系统中的。硬件平台不变,软件平台则仍然沿用 ADS,所以之前建立好的交叉开发环境在基于 μC/OS-II 的应用开发中仍然是可用的,只需要在已建好的交叉开发环境中移植 μC/OS-II 系统即可。

1. 系统移植

μC/OS-II 的移植工作相对其他嵌入式操作系统来说还是比较简单的,这是因为它的大部分代码是用 C 语言编写,基本与底层硬件没有太过密切的关系,惟一相关的是处理器部分,只要修改好了与处理器相关的 3 个文件 OS_CPU.H、OS_CPU_A.S、OS_CPU_C.C,移植就算基本完成了。而且目前对于 μC/OS-II 的应用已经相当广泛,在专业网站上几乎可以下载到针对所有嵌入式处理器的移植好的 μC/OS-II 内核代码。即便是要自己动手完成移植,根据处理器的不同,通常也只需要编写或改写最多不超过 500 行的代码,需要的时间相对很短。

在移植 μC/OS-II 之前,要确保目标系统(主要是处理器及其编译环境)满足如下要求:

① 目标系统所使用的编译环境要包括标准的 C 交叉编译器。

② 目标系统所使用的 C 编译器支持在 C 程序中对中断进行操作。这是因为大多数的处理器都是通过直接对与中断相关的寄存器写 0 或者写 1 来打开或者关闭中断的。由于在 C 语言中不能直接访问处理器的寄存器,这就使得编译器必须支持在 C 源码中插入汇编语句。

③ 处理器必须可以产生定时器中断。μC/OS-II 是一个实时的多任务系统,多任务之间的调度通过系统节拍实现,而系统节拍则由定时器中断来完成。

④ 处理器必须可容纳一定量数据存储硬件堆栈。用户创建的每个任务都要有一个独立的硬件堆栈来保存相关信息,以保证在下次重入此任务时可以完全地恢复任务现场。如果处理器能够访问的地址空间太少,则会限制可创建任务的数量。这样移植的 μC/OS-II 系统就很难发挥出实时多任务的优势。

⑤ 处理器中的寄存器与内存之间可以相互读/写。μC/OS-II 进行任务调度时,会把当前任务的处理器寄存器存放到此任务的堆栈中,然后,再从另一个任务的堆栈中恢复原来的工作寄存器,继续运行另一个任务。因此,寄存器的入栈和出栈是 μC/OS-II 多任务调度的基础。这就要求处理器必须有将堆栈指针和寄存器读出和存储到堆栈或内存中的指令。

在之前电子词典的设计中,所选择的是 S3C44B0X 处理器以及相应的 ADS 编译环境,它们均满足以上各项要求。下面将详细介绍如何将 μC/OS-II 移植到以 S3C44B0X 为基础的硬件平台上。由于该内核的移植只与处理器相关,所以这里的移植步骤不但适用于电子词典系统,而且适用于所有使用 S3C44B0X 为处理器的硬件平台。

在之前介绍 μC/OS-II 文件结构时提到有 3 个与处理器相关的文件,它们就像系统和硬件之间的黏合剂,只要使用得当,系统就会稳定地运行在任何平台上。

(1) 移植 OS_CPU.H

在 OS_CPU.H 里主要包括与处理器有关的数据类型、常量以及宏的定义。之所以定义数据类型,是因为不同的微处理器字长不同,为了确保其可移植性,必须对数据类型进行重新定义,尤其是 μC/OS-II 的代码从不使用 C 语言中的 short、long 和 int 等数据类型,因为它们与编译器相关,是不可移植的。

定义常量 OS_STK_GROWTH。这个常量表示了栈的增长方向。1 为向上递减,栈底高地址入栈时指针减,出栈时指针加;0 为向下递增,栈底低地址入栈时指针加,出栈时指针减。

定义宏 OS_ENTER_CRITICAL() 和 OS_EXIT_CRITICAL()。这两个宏是用来打开和关闭中断的。当 μC/OS-II 需要处理不能被中断打断的段(临界段)时,就要用这两个宏对其进行保护。需要注意的是,这两个宏总是成对出现,并且分别加在临界段代码的前面和后面。由于不同的处理器对中断的操作不尽相同,所以在这里必须重新对这两个操作进行定义。

关中断宏代码如下:

```
#define OS_ENTER_CRITICAL()    __asm {
                               bl ARMDisableInt
                               }
```

开中断宏代码如下:

```
#define OS_EXIT_CRITICAL()     __asm {
                               bl ARMEnableInt
                               }
```

具体功能在 OS_CPU_A.S 实现,代码如下:

```
ARMDisableInt
        MRS     R0, CPSR
        STMFD   SP!, {R0}           ;保存当前处理器状态
        ORR     R0, R0, #0x80
        MSR     CPSR_C, R0          ;禁止中断
        MOV     PC, LR
ARMEnableInt
        LDMFD   SP!, {R0}           ;从栈中弹出处理器的状态值
        MSR     CPSR_C, R0          ;恢复原始的处理器状态
        MOV     PC, LR
```

(2) 移植 OS_CPU_C.C

OS_CPU_C.C 包括 10 个简单的 C 函数。与移植相关的只有 OSTaskStkInit() 函数,该函数负责对任务栈进行初始化。另外 9 个都是对各种任务进行扩展时使用的,虽然必须定义,但可以不用包含任何代码。这 10 个函数分别是:OSTaskStkInit()、OSTaskCreateHook()、OSTaskDelHook()、OSTaskSwHook()、OSTaskIdleHook()、OSTaskStatHook()、OSTimeTickHook()、OSInitHookBegin()、OSInitHookEnd() 和 OSTCBInitHook()。

OSTaskStkInit() 函数在创建任务时被 OSTaskCreate() 或 OSTaskCreateExit() 调用,以初始化任务栈结构,将所有的寄存器像刚发生中断一样保存在栈里。

栈的建立必须以处理器的结构和特点为依据。虽然 ARM 对栈的方向并没有特殊要求,但是由于 ADS 编译器仅支持满减栈 FD(Full Descending),即高地址为栈底,入栈时栈指针减 1,栈指针指向最后一个入栈的数据元素,所以需要在 OS_CPU.H 中将任务栈定义为减栈:

```
#define  OS_STK_GROWTH   1    /* 内存中栈的增长方向为从高到低 */
```

其实际结构如图 5-12 所示。

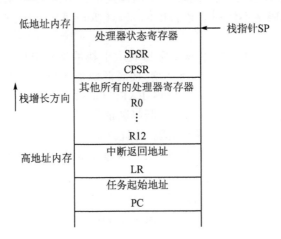

图 5-12 任务栈示意图

pdata 是在任务创建时传递给任务的一个参数。
代码如下：

```
OS_STK * OSTaskStkInit (void (*task)(void *pd), void *pdata, OS_STK *ptos, INT16U opt)
{
    unsigned int *stk;
    opt = opt;                          /* 此处用来避免由于没有使用 opt 而产生的警告 */
    stk = (unsigned int *)ptos;         /* 当前栈指针 */

    /* 对新任务建立上下文环境 */
    *--stk = (unsigned int) task;       /* PC */
    *--stk = (unsigned int) task;       /* LR */

    *--stk = 0;                         /* R12 */
    *--stk = 0;                         /* R11 */
    *--stk = 0;                         /* R10 */
    *--stk = 0;                         /* R9 */
    *--stk = 0;                         /* R8 */
    *--stk = 0;                         /* R7 */
    *--stk = 0;                         /* R6 */
    *--stk = 0;                         /* R5 */
    *--stk = 0;                         /* R4 */
    *--stk = 0;                         /* R3 */
    *--stk = 0;                         /* R2 */
    *--stk = 0;                         /* R1 */
    *--stk = (unsigned int) pdata;      /* R0 */
    *--stk = (SVC32MODE|0x0);           /* 禁用 CPSR 中的 IRQ, FIQ */
    *--stk = (SVC32MODE|0x0);           /* 禁用 SPSR 中的 IRQ, FIQ */

    return ((void*)stk);
}
```

此文件中的其他几个函数是否需要实现根据具体应用而定,在移植中可以不用理会。

(3) 移植 OS_CPU_A.S

移植 OS_CPU_A.S 要求开发者对汇编语言要有一定程度的熟悉,也是整个移植部分比较有难度的地方。μC/OS-II 中有 4 个与处理器相关的函数要用汇编语言实现,这 4 个函数分别是:OSStartHighRdy()、OSCtxSw()、OSIntCtxSw() 和 OSTickISR()。下面将对它们分别进行介绍并给出示意性代码。

① **OSStartHighRdy()**

OSStartHighRdy() 仅在 OSStart() 函数中被调用。通常在整个系统中 OSStart() 只有在最开始被调用一次,在调用 OSStartHighRdy() 之前是没有任务处在运行状态的,所以在此函数中只需要恢复优先级最高的就绪任务的任务栈而不需要保存任务栈,这使得它看起来有点像半个任务切换函数。其示意性代码如下:

```
void OSStartHighRdy (void)
{
    … //调用用户定义的 OSTaskSwHook()
    … //设置任务开始运行标志
    … //将 SP 指向新的任务块
    … //从新任务块中恢复所有寄存器
    … //执行中断返回
}
```

具体实现代码如下:

```
OSStartHighRdy
        BL OSTaskSwHook

        LDR     R4, = OSRunning         ;设置多任务已经开始的标志
        MOV     R5, #1                  ;OSRunning = true
        STRB    R5, [R4]

        LDR     R4, = OSTCBHighRdy      ;得到当前就绪任务中优先级最高的 TCB 地址
        LDR     R4, [R4]                ;得到栈指针
        LDR     SP, [R4]                ;切换

        LDMFD   SP!, {R4}               ;弹出新任务的 SPSR
        MSR     SPSR_C, R4
        LDMFD   SP!, {R4}               ;弹出新任务的 CPSR
        MSR     CPSR_C, R4
        LDMFD   SP!, {R0 - R12, LR, PC} ;弹出新任务的 R0 - R12, LR & PC
```

这段代码中 OSTaskSwHook() 在文件 OS_CPU_C.C 中定义,通过它用户可以扩展任务切换代码的功能。

② **OSCtxSw()**

OSCtxSw() 用来实现任务级的任务切换。系统服务通过调用 OSSched() 来判断当前任务是否是优先级最高的需要运行的任务,接着 OSSched() 会将最高优先级任务的地址装载到 OSTCBHighRdy 中,再通过调用 OS_TASK_SW() 来执行软中断或者陷阱指令,进而执行

OSCtxSw()以实现任务级的切换。其示意性代码如下：

```
void OSCtxSw(void)
{
    … //保存处理器寄存器
    … //将当前任务的栈指针保存到当前任务的OS_TCB中
    … //OSTCBCur = OSTCBHighRdy
    … //OSPrioCur = OSPrioHighRdy
    … //调用用户定义的OSTaskSwHook()
    … //得到新任务的栈指针
    … //将所有处理器寄存器从新任务的栈中恢复出来
    … //执行返回指令
}
```

具体实现代码如下：

```
OSCtxSw
        STMFD   SP!,{LR}                    ;用 LR 代替 PC 入栈
        STMFD   SP!,{R0 - R12,LR}           ;将其他剩余寄存器入栈
        MRS     R4,CPSR
        STMFD   SP!,{R4}                    ;将 CPSR 入栈
        MRS     R4,SPSR
        STMFD   SP!,{R4}                    ;将 SPSR 入栈
_OSCtxSw
        BL OSTaskSwHook

        LDR     R4,= OSPrioCur              ;OSPrioCur = OSPrioHighRdy
        LDR     R5,= OSPrioHighRdy
        LDRB    R6,[R5]
        STRB    R6,[R4]

        LDR     R4,= OSTCBCur               ;得到当前 TCB 地址
        LDR     R5,[R4]
        STR     SP,[R5]                     ;将当前任务的 SP 保存在当前任务栈内

        LDR     R6,= OSTCBHighRdy           ;得到就绪态任务中优先级最高的 TCB 地址
        LDR     R6,[R6]
        LDR     SP,[R6]                     ;得到新的栈指针

        STR     R6,[R4]                     ;设置新的当前任务栈地址

        LDMFD   SP!,{R4}                    ;弹出新任务的 SPSR
        MSR     SPSR_CXSF,R4
        LDMFD   SP!,{R4}                    ;弹出新任务的 CPSR
        MSR     CPSR_CXSF,R4
        LDMFD   SP!,{R0 - R12,LR,PC}        ;弹出新任务的 R0 - R12,LR & PC
```

在本段程序中，_OSCtxSw 标号之前的动作是保存所有处理器寄存器，在中断情况下要使用该功能可以直接调用_OSCtxSw 标号之后的内容，这样就可以避免对寄存器重复保存。调用用户定义的 OSTaskSwHook()用来扩展任务切换函数的功能。

③ OSIntCtxSw()

OSIntCtxSw()由 OSIntExit()调用,在 ISR 中实现任务切换功能。它与 OSCtxSw()函数中绝大多数代码都是一样的,惟一的不同就是,OSIntCtxSw()在中断中被调用,所以保存处理器寄存器这一步骤已经由 ISR 完成,不用在此重复。其示意性代码如下:

```
void OSIntCtxSw(void)
{
    OSTCBCur = OSTCBHighRdy
    OSPrioCur = OSPrioHighRdy
    … //调用用户定义的 OSTaskSwHook()
    … //得到新任务的栈指针
    … //将所有处理器寄存器从新任务的栈中恢复出来
    … //执行返回指令
}
```

但是这样的实现方式增加了中断服务程序的复杂度,所以通常使用如下形式的代码实现中断级的任务切换:

```
OSIntCtxSw
        LDR     R0, = OSIntCtxSwFlag      ;OSIntCtxSwFlag = true
        MOV     R1,#1
        STR     R1,[R0]
        MOV     PC,LR                     ;返回至 OSIntExit()函数
```

以上这段代码只设置了一个用以表示是否需要进行任务切换的标志 OSIntCtxSwFlag,在中断发生后的第一个时钟节拍内对此标志进行判断,根据判断结果决定是否需要进行中断级的任务切换,即真正的中断级任务切换是在 OSTickISR()中完成的。

④ OSTickISR()

OSTickISR()是时钟节拍中断的 ISR。在之前提到过 μC/OS-II 要求用户提供一个称为时钟节拍的定时中断,以实现延时与超时控制等功能。这个中断频率一般是 10~100Hz。其示意性代码如下:

```
void OSTickISR(void)
{
    … //保存处理器寄存器
    … //调用 OSIntEnter()
    … //给产生中断设备清中断
    … //调用 OSTimeTick()
    … //调用 OSIntExit()
    … //恢复处理器寄存器
    … //执行中断返回指令
}
```

具体实现代码如下:

```
NOINT       EQU     0xC0
I_ISPC      EQU     0x1E00024
TIMER0      EQU     0x1
```

```
OSTickISR
        STMFD    SP!,{R0-R3,R12,LR}

        BL       OSIntEnter              ;内核进入程序
        LDR      R0,=I_ISPC              ;清 TIMER0 中断
        MOV      R2,#TIMER0
        LDR      R1,[R0]
        ORR      R1,R1,R2,LSL #13
        STR      R1,[R0]
        BL       OSTimeTick              ;维护系统内部定时器——系统时钟节拍
        BL       OSIntExit               ;内核退出程序

        LDR      R0,=OSIntCtxSwFlag      ;检查 OSIntCtxFlag
        LDR      R1,[R0]
        CMP      R1,#1

        BEQ_IntCtxSw                     ;若 OSIntCtxFlag = true 跳转至 _IntCtxSw

        IDMFD    SP!,{R0-R3,R12,LR}
        SUBS     PC,LR,#4
/*------------------------------------------以下代码用于任务切换------------------------------------------*/
_IntCtxSw
        LDR      R0,=OSIntCtxSwFlag
        MOV      R1,#0                   ;清除 OSIntCtxSwFlag
        STR      R1,[R0]

        IDMFD    SP!,{R0-R3,R12,LR}      ;弹出由时钟节拍入栈的寄存器
        STMFD    SP!,{R0-R3}             ;保存下面要用到的 4 个寄存器
        MOV      R1,SP                   ;当前 SP 内容保存至 R1
        ADD      SP,SP,#16               ;将 SP 恢复到进入时钟中断时的状态
        SUB      R2,LR,#4

        MRS      R3,SPSR                 ;SPSR 保存至 R3
        ORR      R0,R3,#NOINT
        MSR      SPSR_C,R0               ;禁止 IRQ,FIQ 中断

        IDR      R0,=.+8
        MOVS     PC,R0                   ;用 SPSR 更新 CPSR

        STMFD    SP!,{R2}                ;入栈老任务的 PC
        STMFD    SP!,{R4-R12,LR}         ;入栈老任务的寄存器 R4~R12,LR
        MOV      R4,R1                   ;SP 内容给 R4
        MOV      R5,R3                   ;之前保存的 SPSR 给 R5
        IDMFD    R4!,{R0-R3}             ;恢复之前保存的 R0~R3
```

```
STMFD      SP!,{R0-R3}              ;入栈老任务的 R0~R3
STMFD      SP!,{R5}                 ;入栈老任务的 CPSR
MRS        R4,SPSR
STMFD      SP!,{R4}                 ;入栈老任务的 SPSR

B          _OSCtxSw                 ;转入_OSCtxSw
```

注意：系统函数 OSIntEnter() 和 OSIntExit() 是内核进入和退出 ISR 时必须使用的一对函数，无参数。

OSIntEnter()：进入用户 ISR 时使用，负责计算并限制嵌套层数使其不超过系统可支持的最大嵌套深度(255 层)。

OSIntExit()：退出用户 ISR 时使用，负责判断中断是否脱离了所有的中断嵌套。如果脱离了嵌套(即已经可以返回到被中断的任务级时)，内核要判断是否由于该中断服务子程序 ISR 的执行使得一个优先级更高的任务进入就绪态。如果是，则要让这个优先级更高的任务开始运行有更高优先级处于就绪态。

系统函数 OSTimeTick() 用于检查所有处于延时等待状态的任务，判断是否有延时结束就绪的任务。

以上这 4 个与处理器相关的函数必须用汇编语言完成，因为 C 语言中无法直接访问处理器寄存器。

一旦需要移植代码修改结束，就应该对修改的代码进行测试。测试一个类似 μC/OS-II 这样的多任务实时内核并不复杂，只需要几句指令即可，也可以说是让内核自己测试自己。这样做有两个好处：第一，避免使本来就复杂的工作变得更加复杂；第二，如果出现问题，可以知道问题出在内核代码上而不是应用程序中。一旦多任务调度成功地运行了，再添加应用程序的任务就是非常简单的工作了。

2. 最小系统的运行调试

在前面提到的最小系统主要是指如处理器、存储器这些最基本的元素所组成的可运行的最小系统，在增加了操作系统之后，可以认为最小系统等于硬件最小能运行系统加上可运行的操作系统内核。只有当最小系统运行起来之后，才能进一步开发应用程序。

系统测试的过程要与系统运行过程相一致。系统上电后调用的启动程序对处理器以及存储器这些硬件进行初始化(详细内容参见第 4 章)，初始化完成之后跳转至 main() 函数，在此之前的工作基本与 μC/OS-II 内核无关，所以对内核的测试从 main() 函数开始。

在 main() 函数中系统调用 OSInit() 初始化 μC/OS-II 中所有的变量和数据结构，为了使测试更加简单，可以在系统配置中禁止系统统计任务(#define OS_TASK_STAT_EN 0)。于是，系统在初始化时只创建一个空闲任务，并将其优先级设置为最低，让其永远处于就绪状态。测试之前建立的 main() 函数代码如下：

```
void main(void)
{
    Target_Init();                                                    ①
    OSInit();                                                         ②
    OSTaskCreate(StartTask,(void *)0,&StartTaskStk[TASKSIZE-1],Pro);  ③
    OSStart();                                                        ④
}
```

代码含义如下:
① 初始化目标板上在调试时要用到的基本硬件,如 LED;
② 调用 OSInit(),初始化 μC/OS-II 系统内核;
③ 创建一个用户任务,用来测试多任务调度是否成功;
④ 调用 OSStart(),开始多任务调度。

这里用到的与系统相关的函数有 OSInit()、OSTaskCreate()、OSStart(),只要这 3 个函数运行正常系统就算移植成功。了解完系统初始化以及启动过程之后,就开始测试代码了。

第 1 步: 保证编译正确,系统启动正确

从最简单的开始,这一步只要保证代码没有语法错误并且系统可正确启动即可。将 main() 函数进行如下改动:

```
#include"includes.h"
void main (void)
{
        Target_Init();
        LED_ON();          //打开指示灯
}
```

在 ADS 下编译并运行这段代码。如果指示灯被成功点亮,就说明没有语法问题,而且硬件也已经启动完成了。这是一段用来验证是否存在语法错误并且编译器、链接器以及汇编器是否配置正确的代码。由于后面的测试程序都要以此为基础,所以尽量保证这一段程序在编译时没有警告信息。

第 2 步: 调试 OS_ENTER_CRITICAL()、OS_EXIT_CRITICAL()、OSTaskStkInit()

将之前的测试程序进行如下更改,在之前的 main() 函数中加入 OSInit() 函数,即

```
#include"includes.h"
void main (void)
{
        Target_Init();
        OSInit();
        LED_ON();          //打开指示灯
}
```

系统函数 OSInit() 用于初始化 μC/OS-II 系统,使用系统函数 OSInit() 时不需要输入参数,直接调用即可。OSInit() 函数涉及的移植代码包括 OS_ENTER_CRITICAL()、OS_EXIT_CRITICAL()、OSTaskStkInit()。

在 ADS 下编译完成后,启动 AXD 进行调试。以上 3 个函数都是在 OSInit() 内部创建系统空闲任务时调用的。对这些函数分别使用单步调试的方法,观察寄存器中的值是否与设计一致。即 OS_ENTER_CRITICAL() 和 OS_EXIT_CRITICAL() 是否将系统状态寄存器中的中断状态设置正确,OSTaskStkInit() 是否将指定的寄存器按照正确顺序放入任务栈中。

第 3 步: 调试 OSStartHighRdy()

在之前的 main() 函数中加入 OSStart() 函数,即

```
#include"includes.h"
void main (void)
{
        Target_Init();
        OSInit();
```

```
    LED_ON();            //打开指示灯
    OSStart();
}
```

系统函数 OSStart()用于启动多任务,使用时不需要输入参数,直接调用即可。

进入调试器开始调试,执行 main()函数,跳过 OSInit()进入 OSStart()内部,在其最后一行就是之前改写的代码 OSStartHighRdy。如果移植正确,程序会从 OSStartHighRdy()运行至 OS_TaskIdle()。整个运行过程中需要关注的是移植中重写的函数 OSStartHighRdy()。这里可以通过调试器观察是否将优先级最高的任务控制块交付给当前处理器,也就是 OS_TaskIdle()任务,并且将新任务的所有寄存器按与入栈相反的顺序出栈。如果这里出问题那么栈指针就会出错,这时就要对 OSStartHighRdy()进行修改。从 OSStartHighRdy()中返回时应该直接跳转至 OS_TaskIdle(),如果没有这样,那么有可能是在初始化时系统调用的 OSTaskStkInit()没能正确创建任务堆栈,这时只要检查并改正就可以了。

在 OSTaskIdleHook()中将指示灯的状态取反,并在其后加上适当延时。具体如下:

```
void OSTaskIdleHook (void)
{
    LED_TURN();          //指示灯的状态取反
    Delay(10);           //适当延时
}
```

这样如果指示灯能够闪烁,那么就说明系统运行正常,OSStartHighRdy()的移植是成功的。

注意:这里要确保在配置文件中 OS_TASK_STAT_EN=0,否则由于系统统计任务的优先级高于空闲任务,系统将会跳转至统计任务中,这样调试会变的不直观。

第 4 步:调试 OSCtxSw()

通过上面几步可知 OSTaskStkInit()对任务栈的初始化操作是正确的,下来就可以创建一个用户任务,并且通过 OSCtxSw()使其被切换至 OS_TaskIdle(),以此验证 OSCtxSw()正确与否。首先更改主程序,即

```
#include "includes.h"
OS_STK TaskStk[100];     //创建一个静态任务栈
void main (void)
{
    char Id1 = '1';      //任务开始时传递给任务的指针,在此用做任务的一个标记
    OSInit();
    LED_ON();            //为方便观察仍保留指示灯
    OSTaskCreate(StartTask,&Id1,&TaskStk[99],4);
    OSStart();
}
void StartTask(void * pdata)
{
    pdata = pdata;       //如此赋值是为了防止编译器报错
    while(1)
    {
        LED_OFF();       //关指示灯
        OSTimeDly(1);
    }
}
```

系统函数 OSTaskCreate() 用于创建用户任务,有 4 个输入参数,它们分别是:

第 1 个参数:task 指向任务代码的指针,即在定义任务时使用的任务名;

第 2 个参数:pdata 任务开始时传递给任务的参数指针;

第 3 个参数:ptos 分配给任务栈的栈顶指针,任务栈需要提前声明为 OS_STK 类型的数组,这里的任务栈是容量为 100 的减栈;

第 4 个参数:prio 任务优先级,任务就是在这里获得最初优先级的。

如果由于某些原因任务创建失败则返回失败原因,创建成功则返回 SO_NO_ERR。需要注意的是,任务不可以在 ISR 中创建。

系统函数 OSTimeDly() 用于系统延时,有一个输入参数,INT16U 类型的 ticks,用以表示要延时多少个时钟节拍后再重新返回该任务。但是由于此时还没有启动时钟节拍,所以系统无法从 OS_TaskIdle() 中返回到 StartTask() 任务。

编译通过即可调试运行,同第 3 步一样单步运行 OSStart() 会发现,程序会跳转至新建立的任务,这是因为新建立的任务优先级高于 OS_TaskIdle();继续单步运行 StartTask() 至 OSTimeDly(1),系统在 OSTimeDly() 的最后调用了任务调度器 OS_Sched(),在调度器的最后用 OSCtxSw() 实现了任务级的任务切换;单步执行至 OSCtxSw(),在 OSCtxSw() 中可以看到当前任务 StartTask() 中所有寄存器已经保存到它自己的任务栈中,OS_TaskIdle() 任务栈中的寄存器则被调入当前处理器,从 OSCtxSw() 返回到 OS_TaskIdle()。如果没能运行到 OS_TaskIdle(),则需在 OSCtxSw() 中查找原因并改正错误。

当全速运行程序时,如果结果正确则可以看到指示灯先闪灭一次,然后开始以一个固定的频率闪动。

第 5 步:调试时钟节拍

由上两步可知,任务栈的建立和初始化,以及任务级的任务调度都是正确的,还剩下系统时钟 OsTickISR() 和中断级任务调度 OSIntCtxSw() 这两个移植项需要测试。在测试这两个函数之前,首先要保证系统的时钟节拍(定时器中断)是否可以正常运行,对 StartTask() 任务进行如下更改:

```
void StartTask(void * pdata)
{
    pdata = pdata;        //如此赋值是为了防止编译器报错
    Timer_init();         //初始化系统时钟寄存器;将时钟中断指向 OSTickISR;使能定时器中断
    while(1);
}
```

将 OSTimeTick() 中调用的 OSTimeTickHook() 更改如下:

```
void OSTimeTickHook (void)
{
    LED_TURN();           //指示灯的状态取反
}
```

编译通过后开始调试,全速运行。如果看到指示灯闪烁说明时钟节拍没有问题,否则要对 OsTickISR() 进行单步调试。这里建议在调试过程中用可手动控制的中断来代替定时器中断,在需要中断时由手工从外部输入。否则定时器中断很有可能使调试变得相当复杂,它会使正在单步执行的程序总是在中断处徘徊。这一步必须调试正确后才可进入下一步骤。

第6步：调试 OSIntCtxSw( )和 OsTickISR( )

这是测试的最后一步，也是最容易出现问题的一步。要测试这段代码，开发者必须要对所移植系统的中断机制比较了解。首先要删除 OSTimeTickHook( )和 OSTaskIdleHook( )中对指示灯的操作。其次对 StartTask( )任务进行如下更改：

```
void StartTask(void * pdata)
{
    pdata = pdata;          //如此赋值是为了防止编译器报错
    Timer_init();           //初始化系统时钟寄存器;将时钟中断指向OSTickISR;使能定时器中断
    for(;;)
    {
        ⋮                   //指示灯状态取反
        OSTimeDly(1);
    }
}
```

编译通过后可以开始调试。如果 OSIntCtxSw( )移植正确，全速运行指示灯闪烁，并且闪烁频率与 OSTimeDly(x)中的 x 成正比关系。否则就要针对 OSIntCtxSw( )移植代码进行调试更改。调试时仍用外部中断代替定时器中断。

之前的几个测试可以保证调用 OSTimeDly( )能够顺利进入空闲任务 OS_TaskIdle( )，空闲任务在接收到时钟节拍中断时调用 OsTickISR( )，继而调用 OSTimeTick( )。在 OSTimeTick( )中将 StartTask( )中的延时计数器 OSTCBDly 递减。再接着调用 OSIntExit( )，在OSIntExit( )中如果没有比当前优先级更高的任务进入就绪态，那么就不会调用 OSIntCtxSw( )。在此之前程序会在空任务中运行，直至在 StartTask( )中的延时计数器 OSTCBDly 递减为 0。这些均为已经测试好的步骤，不应该出现错误，若有错返回前一步重新测试。现在可以将断点放在 OSIntCtxSw( )第一条程序处，观察是否得到了正确的任务块地址，以及是否正确地处理了所有寄存器。单步运行 OSIntCtxSw( )并改正错误。

另外，如果在这里出现错误，可以校对一下工程的启动文件对中断的操作部分是不是已经进行了相应更改，因为在有操作系统下系统启动程序初始的中断处理宏与无操作系统应用程序环境下有些差别，有操作系统的系统软件在发生中断时，操作系统会保存寄存器而不需要在启动宏里进行保存。

至此，所有与移植相关的文件都已经调试完成，移植的 μC/OS-II 已经可以正常工作，下面将在这个移植好的操作系统上，重新实现之前的电子词典应用实例。

5.3.3 驱动程序的设计与调试

1. 基于 μC/OS-II 的中断设计

中断使得处理器可以在事件发生时才予以处理，而不必连续不断地查询是否有事件发生，所以是设计驱动时一个很重要的方法。

在实时环境中，关中断的时间应尽量短。关中断影响中断响应时间，关中断时间太长可能会引起中断丢失。中断服务的处理时间应该尽可能短，中断服务所做的事情应该尽可能少，应该把大部分工作留给任务去做。μC/OS-II 系统内核通过特殊函数 OS_ENTER_CRITICAL( )和 OS_EXIT_CRITICAL( )来开/关中断，让用户决定什么情况下需要响应中断，什么情况下不需要。

本书为了叙述方便，将 μC/OS-II 中涉及的中断分为两大类：定时器中断和用户中断。

定时器中断：它作为系统的时钟节拍为系统提供特定的周期性中断，是系统任务调度的基础。使得系统内核可以将任务延时若干个时钟节拍，以及当任务要求等待时提供超时依据。时钟节拍越快系统开销越大，节拍的具体频率取决于用户应用程序所要求的精度，一般为10～200 ms。

用户中断：除了定时器中断之外用户使用的外部资源产生的中断都可归为用户中断，在电子词典应用中涉及键盘中断以及触摸屏中断。这类中断都具有突发性与实时性特点，中断的发生将会触发一个相应任务对外部资源进行操作，在当前任务流中插入新的任务。此类中断大多只需要发送一个标志告知系统有事件被触发即可，不必在中断中做过多的动作。

虽然在下面的实例中将这两类中断都定义为IRQ中断，但是由于两类中断的性质不同，所以在ISR的实现上要加以区别对待。

➢ 前者在系统移植时在内核文件中实现，后者由使用者在应用文件中实现。
➢ 前者的ISR就是系统的节拍服务程序OSTickISR()，后者则由使用者根据需要自己完成。
➢ 前者在OSTickISR中有可能要完成任务调度，所以要通过手工完成保存和恢复中断现场的工作（参见5.3.2小节），后者可以使用__irq关键字让系统自动保存和恢复中断现场。

其示意性代码如下：

```
void __irq IRQ_Handler(void)
{
    OSIntEnter();        //内核进入中断处理
    …                    //用户的中断服务代码
    OSIntExit();         //内核退出中断处理
}
```

所有基于μC/OS-II的ISR需要调用OSIntEnter()和OSIntExit()使内核进入/退出中断处理状态。

2. 基于μC/OS-II的设备驱动程序设计

驱动程序的概念在没有操作系统的应用中是一个比较模糊的定义。它只是简单地提供了若干个由软件操作硬件的函数集。通常包括设备初始化、设备读/写（输入/输出）、设备控制信息，有时还包括必要的中断服务程序等。μC/OS-II操作系统与Windows或者Linux不同，它没有统一的设备驱动接口。在μC/OS-II下的驱动程序更接近于无操作系统应用软件的形式。但是由于μC/OS-II的实时性特点，驱动程序的设计实现还是与无操作系统时略有不同。

在实时环境中，关中断的时间应尽量短。关中断影响中断延迟时间。关中断时间太长可能会引起中断丢失。这就是说，在驱动程序的设计中应尽量减少中断服务函数的代码量，尽可能地将数据处理放在中断服务函数外进行。中断服务程序只需要通知系统有特定事件发生即可。

在没有引入操作系统之前，中断服务程序要想向外发送消息通常是通过全局变量来实现的。在μC/OS-II中提供了诸如信号量、消息邮箱、事件标志等手段，可以进行任务与中断服务程序间的通信。电子词典中驱动和任务间的关系如图5-13所示。

为了方便μC/OS-II下的驱动程序设计，这

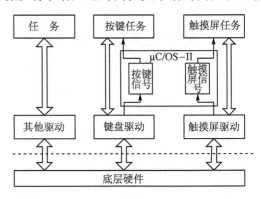

图 5-13 驱动和任务间的关系

里将硬件分为主动式硬件和被动式硬件两类。主动式硬件指可以接受外部信息要求软件作出响应的硬件,如本系统中的键盘和触摸屏。这类硬件由于要与系统通信,所以在驱动程序的设计上与之前的实例稍有不同。被动式硬件指只有当软件提出请求时才作出响应的硬件,如 LCD。此外,由于本系统中串口只作为调试信息输出的通道使用,所以也可以将串口作为被动式硬件,这类硬件驱动直接和用户的任务交换,与无操作系统下的应用没有什么太大的区别,可以无修改地沿用之前的代码。下面主要讨论主动式硬件的驱动设计方法。

主动式硬件驱动设计可分为初始化、中断服务以及请求处理 3 类。在中断服务中使用信号量通知任务有事件发生,根据信号量的不同启动相应的任务,在该任务中对发出信号的硬件进行处理。因此,在初始化具体硬件时需要创建用于通知系统的信号量。下面介绍相应代码,在这段代码中所用到的具体硬件初始化代码与之前的实例一致,在此不再赘述。

```
OS_EVENT * f_Key;                       //定义表示键盘的信号量指针
OS_EVENT * f_Touch;                     //定义表示触摸屏的信号量指针
OS_EVENT * key_value;                   //定义消息邮箱指针
 ⋮
void Device_Driver_init(void)
{
    INT8U err;
    f_Key = OSSemCreate(0);             //创建按键信号量
    f_Touch = OSSemCreate(0);           //创建触摸屏信号量
    key_value = OSMboxCreate((void*)0); //创建传递键值的消息邮箱

    GUI_Init();                         //初始化显示设备
    keyboard_init();                    //初始化键盘
    touchscreen_init();                 //初始化触摸屏
}
```

系统函数 OSSemCreate()用于创建信号量,只有一个 INT16U 型的参数 cnt 用于表示该信号量的初始计数值,范围是 0~65 535。通常有以下 3 种赋值方式。
➢ 赋值为 0:此信号量用来表示一个或多个事件的发生;
➢ 赋值为 1:此信号量用于共享资源的访问;
➢ 赋值为 n:此信号量表示允许任务访问 n 个相同的资源。
函数返回一个指向事件控制块的指针,通过该指针对创建的信号量进行操作。

在本例中创建两个信号量 f_Key 和 f_Touch,分别用于表示键盘和触摸屏。这两个信号量都是用于表示有一个硬件输入事件发生所以在创建时将 cnt 的初始值赋为 0。

系统函数 OSMboxCreate()用于创建消息邮箱,惟一的输入参数 msg 是一个可以指向任意类型值的指针,这个指针所指向的就是邮箱的内容。需要注意的是,在调用此函数创建邮箱时必须定义指针的初始值。通常用 NULL 将这个邮箱初始化为空,也可以在初始化时就给邮箱中放入消息。该函数返回一个指向事件控制块 EBC 的指针,相当于这个邮箱的名字。以后对这个邮箱的操作都要通过此指针(如本例中的 key_value)进行。

以触摸屏为例,中断服务的代码如下:

```
void __irq touchscreen_int (void)
{
    OSIntEnter();                       //内核进入中断处理
    ⋯                                   //用户中断服务代码
    rINTMSK |= BIT_EINT0;
```

```
        rI_ISPC = BIT_EINT0;
        OSSemPost(f_Touch);

        OSIntExit();                          //内核退出中断处理
    }
```

系统函数 OSSemPost() 用于发送信号量, 只有一个指向 OS_EVENT 类型的指针参数 pevent。该参数表示要发送的信号量指针。本例发送的是触摸屏信号, 所以将 f_Touch 作为参数赋值给 pevent。

从上面代码可以看出, 这里的触摸屏 ISR 与之前实例中的相比有了很大不同, 这是因为 µC/OS-II 系统的实时特性使 A/D 转换请求不必在中断里完成。让它与键盘一样只需通知系统有事件发生即可, 对于实际的硬件动作(A/D 转化)则放在任务中完成。

有的硬件在处理任务请求时也会发生中断, 如键盘的 I²C 读请求, 这类中断虽不需要通知系统, 但是也要遵循系统对中断处理的原则, 即在进入中断和退出中断时要使用 OSIntEnter 和 OSIntExit 函数。

3. 基于 µC/OS-II 的设备驱动程序测试

在开始设计任务之前, 可借鉴调试最小系统的方法对完成的设备驱动进行测试, 测试仍遵循由简到繁的原则, 先测试被动式硬件, 再测试主动式硬件。将做好的驱动代码加入之前的测试工程, 在创建的 StartTask 中加入要测试硬件的初始化代码, 这里给出简单的示意性代码:

```
void StartTask(void * pdata)
{
    INT32U i = 0;
    pdata = pdata;                   //如此赋值是为了防止编译器报错
    Port_Init();                     //使用之前实例的初始化代码
    Uart_Init(0,115200,0);           //设置串口参数
    Timer_init();                    //初始化系统时钟,将时钟中断指向 OSTickISR,使能时钟中断
    for(;;i++)
    {
        Uart_Printf(0," * ===    StartTask running  % d    === * \n",i);
        OSTimeDly(100);
    }
}
```

在 PC 机上启动串口调试工具, 设置参数。编译并运行测试代码, 如果测试成功则会通过串口每隔一个固定时间间隔打印一条提示信息。在 Timer_init() 内将时钟节拍设置为 100 Hz, OSTimeDly(100) 就会使 StartTask 任务每秒启动一次, 则打印的时间间隔应该大约是 1 s。

测试主动式硬件与此过程稍有不同, 需要在任务中等待系统发来的相应信号, 以键盘为例, 仍然使用 StartTask 任务, 代码如下:

```
void StartTask(void * pdata)
{
    INT8U err = 0;
    INT8U ucChar = 0;
    pdata = pdata;                   //如此赋值是为了防止编译器报错
    Port_Init();                     //使用之前实例的初始化代码
    Uart_Init(0,115200,0);           //设置串口参数
    Device_Driver_init();            //将此函数中与键盘无关的代码删除
```

```
    Timer_init();              //初始化系统时钟,将时钟中断指向 OSTickISR,使能时钟中断
    Uart_Printf(0," * = = =      StartTask test keyboard    = = = * \n");
    for(;;)
    {
      OSSemPend(f_Key,0,&err);
      iic_read(0x70, 0x1, &ucChar);
      Uart_Printf(0," * key =  % d * \n",ucChar);
    }
}
```

系统函数 OSSemPend 用于等待信号量。有 3 个输入参数分别是:
- 第 1 个参数为指向要等待的信号量对应的事件控制块的指针。即本例中的 f_Key(用于表示键盘中事件的信号量);
- 第 2 个参数为 INT16U 类型的 timeout,代表等待超时的时间,以时钟节拍为单位,如果设置为 0,表示无限期等待;
- 第 3 个参数仍为返回的 err 错误状态。

如果测试成功,则会在每次按下按键后在串口上打印按键值。任务中加入等待事件标志,只有在按键的 ISR 中发出此标志后任务才会被重新运行,否则该任务会一直处在挂起状态。

5.3.4 用户任务设计

1. 初始化任务

系统初始化任务通常在 main() 函数中创建,分配的优先级可以是允许的优先级中的任意一个,因为初始化任务通常只运行一次,运行完成后可以将其删除,不会对其他任务优先级分配造成影响。在 main() 函数中要对目标板上的基本硬件做初始化工作,如串口的初始化、中断控制器的初始化、S3C44B0X 内部缓存的初始化等,这些与之前实例中的目标板初始化程序是一致的。main() 函数的代码如下:

```
void main(void)
{
    char Id1 = '1';
    Target_Init();
    Uart_Printf(0," * =======     start test      ======= * \n");
    OSInit();
    OSTaskCreate(InitTask,&Id1,&TaskStk1[TASKSTACKSIZE - 1],4);
    OSStart();
}
```

初始化任务中尽量完成整个应用中软件/硬件的所有初始化工作。需要完成的工作包括:
- 硬件初始化:初始化应用中涉及的外围设备,与 main() 中的 Target_Init() 目标初始化不同的是,这里需要初始化的设备都是应用中所特有的较为复杂的设备,如 LCD、键盘和触摸屏。
- 软件初始化:
  - 创建所需的信号量、事件标志组、消息邮箱、消息队列中的一个或者多个。
  - 创建用户任务,但可以不是所有的用户任务,根据系统的需要而定。启动时钟节拍,时钟节拍不能在 main() 中启动,因为在 main() 函数中最后的 OSStart() 函数用于启动多任务,如果时钟节拍在这个函数之前启动,时钟的 ISR 就会被执行而此时系统还处于未

知状态,程序就会崩溃。

由于初始化任务并不需要重复进行,所以在最后调用 OSTaskDel(OS_PRIO_SELF)将其自身删除即可。其代码如下:

```
//定义每个任务所要使用到的栈
OS_STK    TaskStk1[TASKSTACKSIZE];
OS_STK    TaskStk2[MINTASKSTACKSIZE];
OS_STK    TaskStk3[MAXTASKSTACKSIZE];
OS_STK    TaskStk4[TASKSTACKSIZE];
OS_STK    TaskStk5[TASKSTACKSIZE];
…
void InitTask(void * pdata)
{
    char Id2 = '2';
    char Id3 = '3';
    char Id4 = '4';
    char Id5 = '5';
    OSTaskCreate(CoursorTask,&Id2,&TaskStk2[MINTASKSTACKSIZE-1],7);
    OSTaskCreate(ExecutTask,&Id5,&TaskStk3[MAXTASKSTACKSIZE-1],8);
    OSTaskCreate(KBRecieveTask,&Id4,&TaskStk4[TASKSTACKSIZE-1],9);
    OSTaskCreate(ADConverTask,&Id3,&TaskStk5[TASKSTACKSIZE-1],6);
    Target_Start();
    OSTaskDel(OS_PRIO_SELF);
}
```

系统函数 OSTaskDel()用于删除任务,只有一个参数为 INT8U 类型的 prio,表示所要删除任务的优先级(这是由于在 μC/OS-II 系统中优先级是惟一的)。

但要注意,不可以在中断服务子程序中对任务进行删除操作,如果任务想要删除自己,只要将 prio 设为 OS_PRIO_SELF 然后调用即可。

在初始化任务中需按照之前的系统设计创建 4 个任务,考虑到每个任务量的大小有很大的区别,需要分别给它们不同的任务栈大小以节省内存空间。这 4 个任务分别是:

ExecutTask:主执行任务,最大栈空间,优先级 5;

KBRecieveTask:键盘任务,中等栈空间,优先级 6;

ADConverTask:触摸屏任务,中等栈空间,优先级 7;

CoursorTask:光标任务,最小栈空间,优先级 8。

这里需要创建一个用来传递读取到的标准键盘值的消息邮箱或者消息队列。由于只用传递一个数据,所以选用消息邮箱。

2. 键盘处理任务

键盘被按下后,键盘驱动中的键盘事件标志通知系统键盘任务的运行条件已满足,系统随之转入就绪态。在键盘任务中完成对键值的读取,然后发送给主执行任务。代码如下:

```
void KBRecieveTask(void * pdata)
{
    S8 ucChar;
    INT8U err;
```

```
    Uart_Printf(0," * ===         keyboardTask Start        === * \n");
    rINTMSK = rINTMSK & (~(BIT_GLOBAL|BIT_EINT2|BIT_IIC));          //使能相关中断

    while(1)
    {
        OSSemPend(f_Key,0,&err);                                    //等待键盘事件消息
        Uart_Printf(0," * ===keyboardRecieve === * \n");
        rINTMSK &= (~(BIT_GLOBAL|BIT_EINT2|BIT_IIC));
        keyboard_read(0x70, 0x1, &ucChar);                          //从 $I^2C$ 设备中读取键值
        ucChar = key_set(ucChar);                                   //键值归一化处理
        if(ucChar!= 0xFE)
        {
            if(ucChar < 14)
            {
                ucChar += 0x61;
            }
            else
                ucChar -= 14;
            Uart_Printf(0,"press key: -- % x -- \n",ucChar);
            OSMboxPost(key_value,(void * )&ucChar);                 //将键值放入消息邮箱
        }
    }
}
```

系统函数 OSMboxPost() 用于向消息邮箱中放入消息,返回调用状态。有 2 个参数:第 1 个参数指向 OS_EVENT 类型的指针 pevent,它指向要使用的那个邮箱对应的事件控制块的指针,即邮箱的名称,如本例中的 f_Key。第 2 个参数指向任意类型的指针 msg,它指向所要传递的消息内容。

在键盘任务中无限期等待按键标志的到来,一旦得到按键标志就开始读取 I^2C 设备中的键盘值。由于可能存在误读以及键盘抖动的情况,所以需要对其进行合法性判断。将得到的键值转换成对应字母的 ASCII 码值或者功能键值,最后由消息邮箱将其发送出去。

3. 触摸屏处理任务

触摸屏与键盘一样都是输入设备,它们完成相似的工作。但是本例中用的触摸屏本身不带控制器,直接将电压值送至 A/D 通道,通过 ADC 控制器将电压的模拟量转换成数字量。其代码如下:

```
void ADConverTask (void * pdata)
{
    INT8U err;
    U32 unTmpX;
    U32 unPointX[7];
    S32 i = 0;
    S32 TouchValue;
```

```
    S8 ucChar;
    while(1)
    {
        OSSemPend(f_Touch,0,&err);                          //等待触摸屏事件消息
        TouchValue = touchscreen_read();                    //读取 A/D 转化的坐标
        Uart_Printf(0,"read touch point %d\n",TouchValue);
        if(TouchValue!=1023)
        {
            ucChar = touchscreen_cood(TouchValue);          //将坐标转为键值
            Uart_Printf(0,"read key value  %d\n",ucChar);
            OSMboxPost(key_value,(void *)&ucChar);
        }
        OSTimeDly(1);
        rI_ISPC = BIT_EINT0;
        rINTMSK &= ~(BIT_GLOBAL|BIT_EINT0);
    }
}
```

由上面的代码可以看到，代码结构与键盘任务非常相似，这是因为键盘和触摸屏都同属于低速输入设备。

与键盘任务的不同之处，在于向邮箱发送消息之后又调用了 OSTimeDly(1) 函数。这是因为触摸屏控制电路引起的 INT0 持续的时间较长，为了避免误响应，在延时一小段时间后再清一次中断，然后再将 INT0 中断再次打开。

4. 主执行任务

主执行任务在接收到键盘或者触摸屏发送的消息之后被激活，这里根据按键值完成所有电子词典的功能。本任务中的代码大部分都继承于之前没有操作系统时的复杂实例。

其示意性代码如下：

```
void ExecutTask(void * pdata)
{
    INT8U ucChar;
    ...                                                     //定义其余所需变量
    while(1)
    {
        ucChar = *(S8 *)OSMboxPend(key_value,0,&err);       //无限期等待按键消息的到来
        if(字母键)
        {
            ...                                             //相应处理
        }
        else
        {
            switch(ucChar)
            {
                case BACKSPACE:
                    ...                                     //退格功能实现
```

```
                break;
            case PAGEUP:
                …                                    //查找上一个翻译的单词功能实现
                break;
            case LINEUP:
                …                                    //上一行功能实现
                break;
            case ENTER:
                …                                    //翻译功能实现
                …                                    //记忆翻译的单词
                break;
            case LINEDOWN:
                …                                    //下一行功能实现
                break;
            case PAGEDOWN:
                …                                    //下翻单词功能实现
                break;
            default: Uart_Printf (0,"error    % d",ucChar);
                break;
            }
        }
    }
}
```

系统函数 OSMboxPend()用于等待邮箱的消息。有 3 个参数：OS_EVENT * pevent、INT16U timeout 和 INT8U * err。

第 1 个参数指向 OS_EVENT 类型的指针 pevent：一个指向要等待的那个邮箱对应的事件控制块的指针，即邮箱的名称。第 2 个参数指向 INT16U 类型的 timeout：信号量超时，以时钟节拍为计数单位，当此值被设置为 0 时表示无限期等待。第 3 个参数指向 INT8U 类型的指针 err：错误状态，函数的返回值返回邮箱的内容。

与之前复杂实例相比本例少了等待按键、读取键值等部分的代码，多了接收消息 ucChar = * (S8 *)OSMboxPend(key_value,0,&err)这样一个系统函数。由于减少了等待时间，系统响应速度也就随之加快。并且由于将应用分解为多个任务，降低了软件耦合，提高了软件的聚合度，使软件有了更高的可靠性及可扩展性。

5. 系统集成调试

此处的调试原则仍与最小系统的调试原则一致。首先在初始化任务中一个一个地创建用户任务，将其分别调试通过，再同时调试多个任务。建议调试顺序为先调试键盘任务，再调试触摸屏任务，然后将键盘任务和主任务同时调试看是否正确传递消息。接着调试触摸屏任务和主任务，如果都调试通过，则加入光标任务。最后将所有任务同时创建。至此基于 μC/OS-II 的电子词典的开发全部完成，虽然还有很多不完善的地方，但是希望读者能通过本章的学习掌握 μC/OS-II 的一些基本开发方法，同时对基本操作系统的嵌入式开发能有一个初步认识。

5.4 基于 μC/OS-II 的电子词典代码构成

基于 μC/OS-II 的电子词典代码构成框图如图 5-14 所示。

μC/OS-Ⅱ系统还提供任务优先级的动态切换以及时间管理,读者可以在原来代码的基础上增加一些有趣的特性,使本词典更加完善。

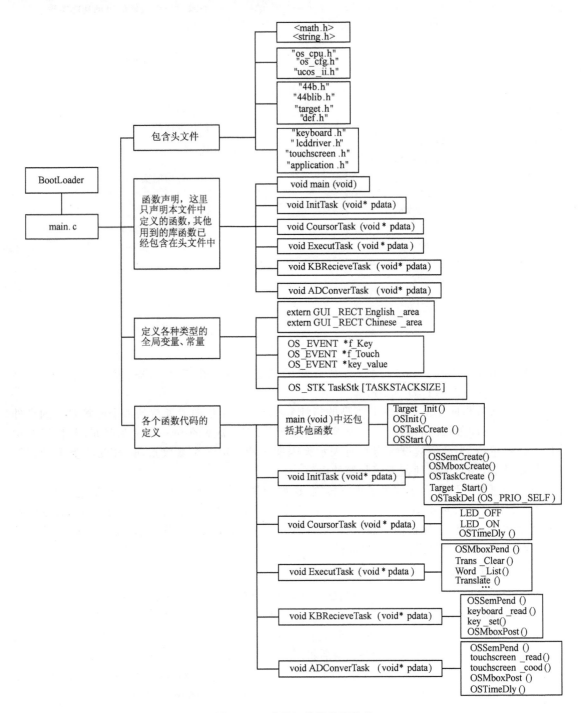

图 5-14 电子词典的代码结构

习 题

1. 名词解释

(1) 内核 (6) 空闲任务 (11) 任务控制块
(2) 微内核 (7) 就绪表 (12) 事件控制块
(3) 抢占式内核 (8) 临界段 (13) 互斥信号量
(4) 任务 (9) ISR (14) 优先级反转
(5) 多任务 (10) 时钟节拍

2. 简答题

(1) 简述 μC/OS-II 的特点。
(2) 简述 μC/OS-II 的内核结构。
(3) 试分析 μC/OS-II 中任务的存储结构。
(4) 简述 μC/OS-II 任务的状态以及各个状态间的转换关系。
(5) 试说明 μC/OS-II 中任务调度器的功能。
(6) μC/OS-II 系统中通过什么来惟一标示任务？
(7) 目前版本的 μC/OS-II 中其任务共有多少级？其任务的优先级分为哪两类？
(8) μC/OS-II 任务栈的作用是什么？如何使用？
(9) 列举 μC/OS-II 中与任务管理有关的函数并说明其功能。
(10) 什么是任务间的同步及通信？μC/OS-II 都提供了哪些任务同步和通信的方法？
(11) 假设当前共有 22 个任务，其中有 5 个任务处于就绪状态，它们的优先级分别是 2、6、15、11、20，请按第 5.2.1 小节中内容画出任务就绪表的结构。
(12) 简述基于 μC/OS-II 嵌入式系统的软件开发流程。
(13) 书中将 μC/OS-II 中涉及的中断分为哪两大类？并简要叙述。
(14) μC/OS-II 任务设计中初始化任务所要完成的工作有哪些？

3. 程序设计

(1) 下面这段代码是 μC/OS-II 内核中的一个函数，分析它的功能并给出使用方法。

```
void  FunctionName(INT16U ticks)
{
    if (ticks > 0)
    {
        OS_ENTER_CRITICAL();
        if ((OSRdyTbl[OSTCBCur ->OSTCBY] &= ~OSTCBCur ->OSTCBBitX) == 0)
        {
            OSRdyGrp &= ~OSTCBCur ->OSTCBBitY;
        }
        OSTCBCur ->OSTCBDly = ticks;
        OS_EXIT_CRITICAL();
        OS_Sched();
    }
}
```

(2) 用汇编代码改写 5.3.2 小节中实现中断级任务切换的函数，使其在该函数内部完成中断级的任务切换。
(3) 综合练习：使用事件标志代替书中使用的信号量完成该电子词典实例。

第 6 章　基于 μCLinux 的嵌入式开发

本章介绍了嵌入式操作系统 μCLinux 的一些基本概念,基于 μCLinux 的嵌入式系统软件开发流程,最后以电子词典为例,讲述了如何将 μCLinux 移植到具体的处理器上进行应用开发。

本章的主要内容有:
➢ μCLinux 操作系统
➢ 基于 μCLinux 的嵌入式系统开发流程
➢ 基于 μCLinux 的电子词典开发

6.1　μCLinux 操作系统

6.1.1　μCLinux 操作系统简介

Linux 以其开放的源代码、强大的网络功能等诸多优点成为当今流行的操作系统之一,它是 1991 年由一名芬兰学生 Linus Torvalds 开发的,最初开发的 Linux 不成熟,性能较差,后来由 Linus Torvalds 领导的内核开发小组对 Linux 内核进行了完善,使 Linux 在短期内就成为一个稳定成熟的操作系统。起初 Linux 主要作为桌面系统,但由于 Linux 能支持多种体系结构和大量外设,而且网络功能完善,现在已广泛应用于服务器领域。同时 Linux 与 UNIX 系统兼容,源代码开放并有大量丰富的软件资源,内核稳定而高效,大小及功能均可定制。这些优良特性使 Linux 在很大程度上满足了嵌入式操作系统的特殊要求,这样就催生了一些嵌入式 Linux 系统,其中应用相对较广泛的就是 μCLinux。

μCLinux 是目前嵌入式 Linux 中比较流行的一种,μCLinux 是 Micro-Control-Linux 的缩写,其中 μ 是 Micro,即微、小的意思;C 表示 Control,即控制的意思。μCLinux 字面上的意思是"针对微控制领域而设计的 Linux"。μCLinux 是在 Linux kernel 2.0 之后出现的一个 Linux 变种,它的目标是将 Linux 应用于没有存储器管理单元 MMU(Memory Management Unit)的处理器,并且为嵌入式系统做了很多小型化工作。它内核虽小,但功能强大,系统稳定,并且具有广泛的硬件支持特性,是一个优秀的嵌入式操作系统。本章所要讲述的电子词典实例所采用的 S3C44B0X 正是一款没有 MMU 的处理器。

μCLinux 从 Linux 内核派生而来,仍然保留了 Linux 的大多数优点:稳定、良好的移植性、优秀的网络功能、完备的对各种文件系统的支持以及标准丰富的 API。其主要特征如下:
➢ 通用 Linux API;
➢ 内核体积小于 512 KB;
➢ 内核和文件系统小于 900 KB;
➢ 完整的 TCP/IP 协议栈;
➢ 支持大量其他的网络协议;
➢ 支持各种文件系统,包括 nfs、ext2、romfs、jffs2、ms-dos 和 fat16/32。

6.1.2　μCLinux 的基本结构

μCLinux 的基本架构如图 6-1 所示。

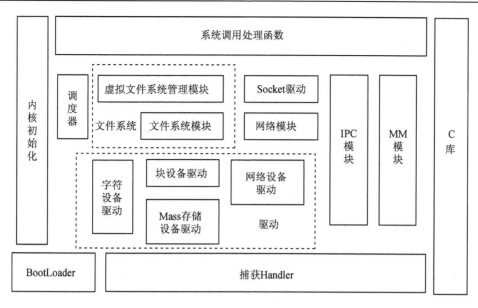

图 6-1 μCLinux 基本架构

1. 内存管理

μCLinux 与标准 Linux 的最大区别就在于内存管理。标准 Linux 是针对有 MMU 的处理器设计的。在这种处理器上,虚拟地址被送到 MMU,MMU 把虚拟地址映射为物理地址。通过赋予每个任务不同的虚拟—物理地址转换映射,支持不同任务之间的保护。而 μCLinux 不使用虚拟内存管理技术(这种不带有 MMU 的嵌入式处理器在嵌入设备中相当普遍),采用的是实存储器管理(Real Memeory Management)策略。也就是说 μCLinux 系统对内存的访问是直接的(它对地址的访问不需要经过 MMU,而是直接送到地址线上输出),μCLinux 与 Linux 内存管理对照图如图 6-2 所示。

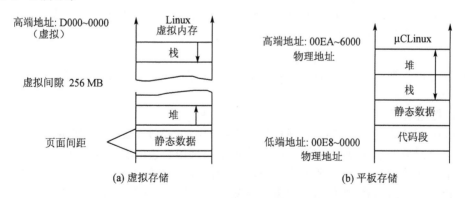

图 6-2 μCLinux 与 Linux 内存管理对照图

μCLinux 采用存储器的分页管理。系统在启动时,把实际存储器分页,在加载应用程序时,程序分页加载。由于采用实存储器管理策略,一个进程在执行前,系统必须为它分配足够的连续地址空间,然后全部载入主存储器的连续空间中。与之相对应的是,标准 Linux 系统在分配内存时,没有必要一次分配所有的地址空间,而且不需要实际物理存储空间是连续的,只要保存虚拟地址空间连续就可以了。另一方面是程序实际加载地址与预期加载地址通常都不相同,这样重定位过程就是必需的。此外磁盘交换空间也是无法使用的,系统执行时如果缺少内存,将无法通过磁盘交换来得到改善。

从易用性这一点来说，μCLinux 的内存管理实际上是一种倒退，退回到了 UNIX 早期或是 DOS 系统时代。开发人员不得不参与系统的内存管理，从编译内核开始，开发人员就必须告诉系统，这块开发板到底拥有多少内存，从而系统将在启动的初始化阶段对内存进行分页，并且标记已用过的和未使用的内存。系统将在运行应用程序时使用这些分页内存。

从内存的访问角度来看，由于采用实存储器管理策略，用户程序与内核以及其他用户程序在一个地址空间，操作系统对内存空间没有保护。因此，开发人员的权利增大了（开发人员在编程时，可访问任意的地址空间），但与此同时系统的安全性也大为降低。此外，系统对进程的管理将有很大的变化，这一点将在 μCLinux 的多进程管理中说明。

由于应用程序加载时必须分配连续的地址空间，而针对不同硬件平台，可连续分配的内存大小受到限制，所以开发人员在开发应用程序时，必须考虑内存的分配情况并关注应用程序需要分配空间的大小。

在嵌入式设备中，由于成本等敏感因素的影响，普遍采用不带有 MMU 的处理器，这决定了系统没有足够的硬件支持实现虚拟存储管理技术。从嵌入式设备实现的功能来看，嵌入式设备通常在某一特定的环境下运行，只是实现特定的功能，其功能相对简单，内存管理的要求完全可以由开发人员考虑。

2. 进程管理

μCLinux 支持多进程，多进程运行是靠 CPU 在多个进程之间切换、调度实现的。每个进程都有其优先级，每个进程的优先级可能相同，也可能不相同。下面是 μCLinux 具体的进程调度过程。

μCLinux 的进程调度沿用了 Linux 的传统，系统每隔一定时间挂起进程，同时系统产生快速和周期性的时钟计时中断，并通过调度函数（定时器处理函数）决定进程什么时候拥有它的时间片。然后进行相关进程切换。以下着重分析 μCLinux 系统与标准 Linux 系统有显著不同的进程的创建、执行及终止 3 个过程。

(1) 进程的创建

μCLinux 系统中，除 init 进程外其他进程的创建是由当前进程使用系统调用 vfork()，然后在 vfork() 中调用内核函数 do_fork() 来实现。vfork() 在创建子进程后，子进程和父进程共享父进程原有的内存空间，随即让父进程进入睡眠状态，若子进程被调度占据 CPU 则可对共享内存空间内容进行修改。通过使用信号量，使父、子进程同步执行，并不会对共享内存空间的内容同时进行修改。

(2) 进程的执行

μCLinux 系统进程创建完成后，通过执行系统调用 exec()（exec 系统调用：该系统调用提供一个进程去执行另一个进程的能力，exec 系统调用是采用覆盖旧有进程存储器内容的方式，所以原来程序的堆栈、数据段与程序段都会被修改，只有用户区维持不变）执行一个新的进程，这个时候产生可执行文件的加载，即使这个进程只是父进程的拷贝，这个过程也不可避免。当子进程执行 exec 后，子进程使用 wakeup 把父进程唤醒，使父进程继续往下执行。

(3) 进程的终止

在 μCLinux 系统中进程的终止是调用内核函数 do_exit() 实现的，该函数又调用许多内核函数，其中函数 __exit_mm()（释放该进程占据的内存空间）与标准 Linux 系统有很大的区别。在函数 __exit_mm() 中，释放子进程占据的内存空间之前，需要判断进程占据的存储空间的内容是否与初始状态相同。若已不同，则将当前进程的 mm（进程在内存中的存储信息）指向初始化进程(init) 的 mm。函数的最后对 mm→count（该进程的 mm_struct 被核心线程的引用次数）进行判断。若除其自身外还有一个以上的核心线程使用 mm_struct,说明还有别的子进程使用共享内存空间,则不能释放该进程的 mm;否则,释放该进程所占据的存储空间。

3. 文件系统

在操作系统中,文件系统这个术语往往既被用来描述磁盘中的物理布局,也被用来描述内核中的逻辑文件结构。比如有时说:磁盘中的文件系统是 Ext2,或说把磁盘格式化成 FAT32 格式的文件系统等,这时所说的"文件系统"是指磁盘数据的物理布局格式;另外,有时说:文件系统的接口或内核支持 Ext2 等文件系统,这时所指的"文件系统"则是内存中的数据组织结构,而非磁盘物理布局(后面将称呼它为逻辑文件系统);还有时说:文件系统负责管理用户读/写文件,这时所说的"文件系统"往往是描述操作系统中的"文件管理系统",也就是文件子系统。如图 6-3 所示为操作系统中文件系统的一般结构。

支持多种文件系统是 Linux 的一个重要特性,μCLinux 同样把这一特性带进了嵌入式系统中,并针对嵌入式系统作了一些取舍。在 μCLinux 中,建立在 FLASH 存储器上的文件系统通常有 Ext2、Ext3、romfs 和 jffs2 等格式。

Ext2 文件系统虽然具备稳定性、可靠性和健壮性等优点,但一方面由于 Ext2 文件系统没有提供对基于扇区的擦除/写操作的良好管理;另一方面当出现电源故障时,Ext2 文件系统不是防崩溃的,也不支持损耗平衡,因此,Ext2 通常并不用于嵌入式系统中。Ext3 是在 Ext2 的基础上发展起来的,它向下兼容 Ext2,同时提供异步的日志。

romfs 是最简单的只读文件系统,这种文件系统相对于一般的 Ext2 所占用的空间最少,空间的节省来自于两个方面,一是内核支持 romfs 文件系统比支持 Ext2 文件系统需要的代码更少;二是 romfs 文件系统相对简单,在

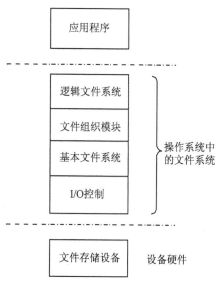

图 6-3 操作系统中文件系统的一般结构

建立文件系统超级块时需要更少的存储空间。μCLinux 系统默认采用 romfs 做根文件系统,根文件系统里存放 μCLinux 启动时要用到的设备文件、配置文件和应用程序,例如:/dev/tty0、/etc/rc、/bin/init、/bin/sh(在 μCLinux 内核源码的文件中)等。romfs 是只读文件系统,可防止根文件系统被意外修改。同时由于 romfs 是只读文件系统,为满足某些写操作的要求,程序运行时会生成一个 ram disk 目录(一般以 var 命名)来暂时存储数据。

jffs2 文件系统是瑞典的 Axis 通信公司开发的一种基于 FLASH 存储器的日志文件系统。所谓日志文件系统,其工作原理是跟踪记录文件系统的变化,将变化内容记录入日志,并保存在磁盘分区。写操作时首先对记录文件进行操作,若整个写操作由于某种原因(如系统掉电)而中断,系统重启时,会根据日志记录来恢复中断前的写操作。jffs2 这种日志文件系统的特性在嵌入式设备中越来越受欢迎,它是专门为类似于 FLASH 存储器那样的嵌入式设备而创建的,所以它的整个设计提供了更好的 FLASH 存储器管理。然而它也有缺点:当文件系统已满或接近满时,jffs2 会放慢运行速度,这就是垃圾收集的问题。

μCLinux 下的根文件系统通常有两种建立方式:一种是用 μCLinux 默认的 romfs 作为根文件系统,然后再做一个可读/写的文件系统,作为普通文件在系统启动以后被挂载来作为数据库的存储;另一种方式将根文件系统直接做成可读/写的文件系统。在建立可读/写的文件系统时,

通常选用 jffs2 文件系统。这是因为充分考虑了 FLASH 存储器的各种技术特性和操作限制，jffs2 文件系统能够高效地直接对 FLASH 存储器进行操作，同时充分考虑了非正常断电对文件系统的破坏，使文件崩溃后能够迅速地恢复。

μCLinux 的文件系统目录(使用的是 Linux-2.4.x 内核)如图 6-4 所示。

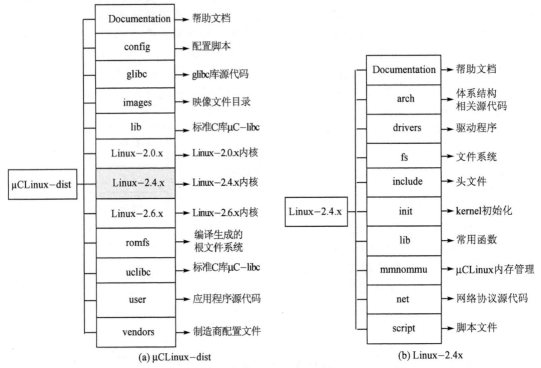

图 6-4 μCLinux 的文件系统目录

6.2 基于 μCLinux 的嵌入式系统开发流程

基于 μCLinux 的嵌入式系统设计过程基本遵照常规的嵌入式系统的 3 个阶段，即分析、设计和实现。分析阶段是确定要解决的问题及需要完成的目标，也常常被称为需求阶段；设计阶段主要是解决如何在给定的约束条件下完成用户的要求；实现阶段主要是解决如何在所选择的硬件和软件基础上进行整个软、硬件系统的协调实现。在分析阶段结束后，开发者通常面临的一个棘手的问题就是硬件平台和软件平台的选择，因为它们的好坏直接影响实现阶段任务的完成。通常，硬件和软件的选择包括处理器、硬件部件、编程语言、软件开发工具、硬件调试工具、软件组件等。在上述选择中，处理器往往是最重要的，软件开发工具也是非常关键的。基于 Linux/μCLinux 的嵌入式系统开发的一般过程如图 6-5 所示。下面进行详细介绍。

第 1 步：确定硬件设备，包括处理器、存储设备、显示屏、触摸屏以及其他外设，比如网卡、声卡等。通常，可以从一些方案提供商那里购买比较符合自己需求的硬件开发板(或者硬件参考设计板)，有了这类硬件板，就可以根据自己的需求进一步定制，从而缩短开发周期。

第 2 步：搭建开发环境。嵌入式系统一般是一个资源受限的系统，不太可能直接在嵌入式系统的硬件平台上编写软件。通常采用宿主机/目标机模式，先在 PC（宿主机）上编写程序，然后通过交叉编译，生成目标平台上可运行的二进制代码格式，最后下载到目标平台上的特定位置上运行。因此，首先要建立交叉开发环境。

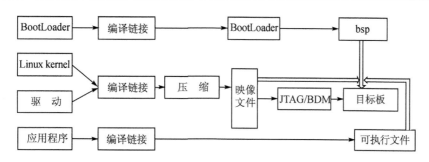

图 6-5 Linux/μCLinux 的嵌入式系统开发的一般过程

第 3 步：移植 μCLinux 操作系统并开发设备驱动程序。移植包括 BootLoader 的设计和对内核的修改。通常，针对一款新的硬件开发板移植 Linux/μCLinux 操作系统是技术难度较高的工作。如果购买由方案供应商提供的硬件开发板，则内核和大部分设备驱动程序是现成的，只需要开发定制设备的驱动程序即可。

第 4 步：在 Linux 下编写应用软件。利用 μCLinux 开发嵌入式产品有个最大的好处，就是可以在 PC 环境上完成绝大多数的应用软件开发和调试工作，之后移植到硬件板上即可。因为一般的应用程序所涉及的主要接口不管在 PC 上，还是在硬件开发板上，均保持一致的接口，于是，只要在 PC 上运行正确，该程序就能够在嵌入式硬件开发板上正确运行。

第 5 步：将应用软件移植到硬件板子上并进行测试及调试。这个过程主要就是将应用软件以及应用软件所使用的函数库等，通过交叉编译器编译成目标硬件板上的程序，然后与共享库、常用工具程序等一起，形成一个完整的文件系统映像，之后下载到硬件板上，并在硬件板上进行应用软件的测试和调试。需要注意的是，因为嵌入式系统上的资源毕竟有限，比如内存的可获得性、存储空间的可用性等均会影响程序的正常运行，因此，需要在实际的硬件板上运行应用程序以便测试整个系统。

第 6 步：通常上述步骤符合一种迭代关系，进行到第 4 步时，也许会发现应用程序本身的一些问题，也许会发现驱动程序存在问题。这时，就要回到第 3 步、第 4 步修正错误并开展第 2 次迭代。当然，也有可能会发现最初选择的硬件性能和能力有缺陷，从而会导致从第 1 步重新开始。

第 7 步：经过严格测试之后，整个硬件和软件系统就可以交给产品设计部门。

6.3 基于 μCLinux 的电子词典开发

前两章曾讲述过有操作系统和无操作系统时应用程序的异同，即在无操作系统时，设备驱动是直接运行在硬件之上；在包含操作系统之后，硬件、设备驱动、操作系统和应用程序之间的层次关系如图 6-6 所示，应用程序通过操作系统 API 和操作系统交互。当然，对硬件的操作也是通过操作系统来实现的。这样，需要把设备驱动融入内核，在所有的设备驱动中设计面向操作系统内核的接口，这样的接口由操作系统规定，对一类设备而言结构一致，独立于具体的设备。由此可见，设备驱动成了连接硬件和内核的桥梁，对应用程序而言，不再给应用软件工程师直接提供接口，而对外呈现为操作系统的 API。如果设备驱动都按照操作系统给出的独立于设备的接口而设计，应用程序将可使用统一的系统调用接口来访问设备。这也就是带 μCLinux 下的电子词典和无操作系统的电子词典的不同之处。

电子词典的基本功能在无操作系统的电子词典中已经讲述过，为实现电子词典的功能，根据基于 μCLinux 的嵌入式系统的开发流程，电子词典的开发按照以下流程进行。

① 开发环境的选择和搭建。

② 内核移植。μCLinux 内核作为整个电子词典系统的核心,负责管理系统的进程、内存、设备驱动程序、文件系统和网络系统,决定着系统的各种性能。μCLinux 内核的源代码是完全公开的。目前 μCLinux 的内核版本不断更新,可以从官方网上下载最新的 μCLinux 内核源码。但是由于嵌入式操作系统的运行与嵌入式系统的硬件密切相关,而硬件的设计则会因为使用场合的不同而千差万别,因此,在 μCLinux 内核源代码中和硬件紧密相关的部分就应该针对特定的硬件作出适当的修改,所以首先要进行内核移植,并且在编译过程中,μCLinux 内核采用模块化的组织结构,可以通过增减内核模块的方式来增减系统的功能,以下便是内核裁剪带来的优点:

> 用户根据自身硬件系统的实际情况定制编译的内核,因为具有更少的代码,一般会获得更高的运行速度;
> 由于内核代码在系统运行时会常驻内存,因此,更短小的内核会获得更多的用户内存空间;
> 减少内核中不必要的功能模块,可以减少系统的漏洞,从而增加系统的稳定性和安全性。

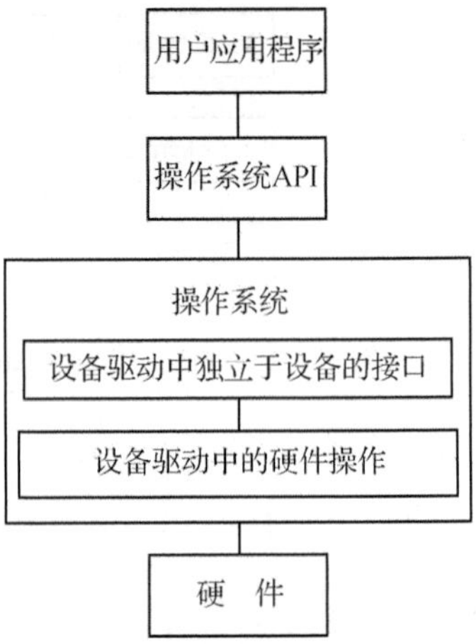

图 6-6 操作系统和应用程序之间的层次关系

③ 驱动程序设计。设备驱动程序是操作系统内核和机器硬件之间的接口。设备驱动程序为应用程序屏蔽了硬件的细节,这样在应用程序看来,硬件设备只是一个设备文件,应用程序可以像操作普通文件一样对硬件设备进行操作。设备驱动程序是内核的一部分,它可以完成以下的功能:

> 对设备初始化和释放;
> 把数据从内核传送到硬件以及从硬件读取数据;
> 读取应用程序传送给设备文件的数据和回送应用程序请求的数据;
> 检测和处理设备出现的错误。

④ 应用程序设计。在应用程序的实现部分,有 2 种方案可以选择:

> 使用图形用户界面支持系统来实现,例如,移植 MiniGUI(一种图形用户界面支持系统)到嵌入式系统中,使用 MiniGUI 来实现,但是这种实现方式需要较大的内存支持。
> 不使用图形用户界面,但是为了便于应用程序的实现和修改,将应用程序的实现分为与硬件需要交互的部分和与硬件无关的部分,可以参照 MiniGUI 中的层次结构,对 MiniGUI 的图形引擎和输入引擎层进行简化,做一个简单的图形和输入引擎,实现与硬件的交互。

在下面的实现中,由于考虑到嵌入式系统的资源问题,并且电子词典中的图形界面只用到简单的基本绘图和字符显示,所以采用第 2 种方案来实现电子词典的应用程序部分。在这种方案中,应用程序中的实现电子词典功能的相应函数部分可以参考无操作系统,我们只要实现通过操作系统获取硬件信息,并且进行交互即可。

⑤ 调试。

6.3.1 开发环境

基于 μCLinux 操作系统的应用开发环境一般是由目标系统硬件开发板和宿主 PC 机所构成。目标硬件开发板用于运行操作系统和系统应用软件,而目标板所用到的操作系统的内核编译、电子词典应用程序的开发和调试则需要通过宿主 PC 机来完成。双方之间一般通过串口、并口或以太网接口建立连接关系。

1. 建立交叉编译器

首先介绍一下交叉编译的概念。简单地讲,交叉编译就是在一个平台上生成可以在另一个平台上执行的代码。注意这里的平台,实际上包含两个概念:体系结构(Architecture)和操作系统(Operating System)。同一个体系结构可以运行不同的操作系统;同样,同一个操作系统也可以在不同的体系结构上运行。举例来说,常说的 x86 Linux 平台实际上是 Intel x86 体系结构和 Linux for x86 操作系统的统称;而 x86 WinNT 平台实际上是 Intel x86 体系结构和 Windows NT for x86 操作系统的简称。就本书所涉及的目标硬件 S3C44B0X 而言,之所以使用交叉编译是因为在该硬件上无法安装我们所需的编译器,只好借助于宿主机,在宿主机上对即将运行在目标机上的应用程序进行编译,生成可在目标机上运行的代码格式。

通常的嵌入式系统开发都是以装有 Linux 的 PC 机作为宿主机来编译内核和用户应用程序的,但是对于很多长期工作在 Windows 操作系统下的用户来说,切换到 Linux 环境下去开发程序会感到诸多不便,因此对不同的读者提供了在宿主机装有不同操作系统时,相应的交叉编译环境的建立方法。

(1) 安装 Linux 的宿主机建立交叉编译器

首先,要在宿主机上安装标准 Linux 操作系统,如 RedHat Linux,一定要确保计算机的网卡驱动、网络通信配置正常,有关如何在 PC 机上安装 Linux 操作系统的问题,请参考有关资料和手册。

由于 μCLinux 及其相关开发工具集大多来自自由软件组织的开放源代码,所以在软件开发环境建立时,大多数软件都可以从网络上直接下载获得,接下来就可以建立交叉开发环境。工具链源代码从 μCLinux 官方网站下载,下载地址为:http://www.uclinux.org,也可使用该网站的最新版本。下载工具链源代码后将其拷贝到 Linux 下的/usr/local/目录下,进入该目录,解压工具链源代码包,具体操作如下:

```
cd /usr/local/
tar xvzf arm-elf-tools-20030314.tar.gz
```

执行后/usr/local/bin/路径下有 gcc、g++、binutils、genromfs、flthdr 和 elf2flt 等各种实用工具。

(2) 安装 Windows 的宿主机建立交叉编译器

这部分内容是专门针对那些对 Linux 环境和 Linux 中的应用程序不熟悉,用 PC 上基于 Windows 的操作系统来开发嵌入式系统的读者而写的。

① Cygwin 软件介绍

为了在 Windows 下开发嵌入式操作系统应用程序,可以在 Windows 环境下装上 Cygwin 软件。Cygwin 是一个在 Windows 平台上运行的 Unix 模拟环境,是 Cygnus Solutions 公司开发的自由软件。它对于学习掌握 Unix/Linux 操作环境,或者进行某些特殊的开发工作,尤其是使用 GNU 工具集在 Windows 上进行嵌入式系统开发非常有用。当初 Cygnus 首先把 GCC、GDB 等开发工具进行了改进,使它们能够生成并解释 Win32 的目标文件。然后,把这些工具移植到 Windows 平台上。一种方案是基于 Win32 API 对这些工具的源代码进行大幅修改,这样做显然需要大量工作。因此,Cygnus 采取了一种不同的方法,即编写一个共享库(就是 cygwin.dll),把 Win32 API 中没有的 Unix 风格的调用(如 fork、spawn、signals、select、sockets 等)封装在里面。也就是说,他们基于 Win32 API 写了一个 Unix 系统库的模拟层。这样,只要把这些工具的源代码和这个共享库链接到一起,就可以使用 Unix 主机上的交叉编译器来生成可以在 Windows 平台上运行的工具集。以这些移植到 Windows 平台上的开发工具为基础,Cygnus 又逐步把其他的工具(几乎不需要对源代码进行修改,只需要修改其配置脚本)软件移植到 Windows 上来。这样,在 Windows 平台上运行 bash 和开发工具、用户工具,感觉好像在 Unix 上工作。

② **Cygwin 软件的安装**

Cygwin 可以从其网站 http://www.cygwin.com 上下载并安装最新版本。下面介绍具体安装方法。

(a) 运行 Cygwin 安装程序 setup.exe,在弹出的图 6-7 所示对话框中选择 Install from Local Directory,单击"下一步"。

(b) 在弹出的图 6-8 所示对话框中,选择 Cygwin 的安装目录。安装时建议最好不要安装到 C 盘目录下,这里安装在 D:\下。注意 Cygwin 的安装目录必须位于硬盘 NT-FS 分区,否则会影响文件属性和权限操作,导致错误的结果。选择 Unix 文本文件类型,单击"下一步"。

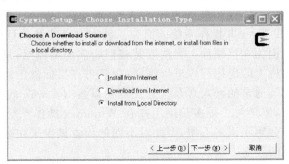

图 6-7　Cygwin 安装

(c) 在弹出的图 6-9 所示对话框中,选择 Cygwin 安装程序包所在的本地目录;然后单击"下一步"。

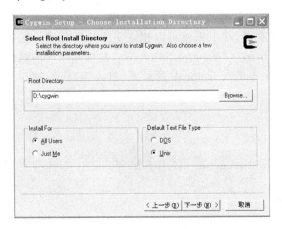

图 6-8　选择 Cygwin 的安装目录　　　　图 6-9　选择下载软件包存放目录

(d) 在弹出的图 6-10 所示对话框中,选择安装项目。在安装过程中,会让用户选择安装哪些包,这些包主要是确定开发环境、编译工具等。如果不能确定具体需要哪些包,则在硬盘空间足够的情况下,就选择全部安装。在图 6-10 对话框中,在 Category 栏中"All"的右边单击"Default",直到变成"Install"为止。

开发 μCLinux 必须选择全部安装以下项目:

Admin　　包括启动服务 cygrunsrv 等工具,NFS 启动必备;
Archive　压缩解压工具集;
Base　　　基本的 Linux 工具集;
Devel　　开发工具集,包括 GCC、Make 等开发工具;
Libs　　　函数库;
Net　　　　网络工具集;
Shells　　常用 Shell 工具集;

Utils 包括 bzip2 等实用工具集。

单击"下一步"后,出现 Cygwin 成功安装结束的提示框,桌面上会出现 Cygwin 的图标。

注意:由于 Cygwin 是 Windows 环境下虚拟的 Linux 开发环境,一般在 All 处设置为 Install 状态,即全部安装。因此,要建立一个完整的 μCLinux 开发调试环境,加上存放编译工具和例程的空间,至少需要一个容量在 2 GB 以上的分区。

③ **在 Cygwin 环境下建立交叉编译器**

从网站上下载最新交叉编译工具,或者下载 arm-elf-tools-cygwin-20030502.tar.gz,并将其拷贝到 Cygwin 所安装的目录下。在

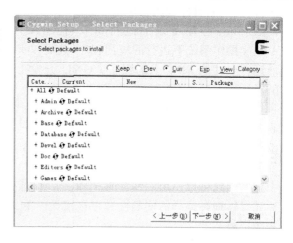

图 6-10 选择 Cygwin 的安装项目

安装包中有 arm-elf-tools-cygwin.sh 和 armtools.tar.gz,所以有两种方式安装交叉编译工具:

方式一:在 armtools.tar.gz 为 Cygwin 下的工具链安装解压包,将 armtools.tar.gz 拷贝到/tmp 目录下,在控制台使用以下命令安装:

cd /usr/local/

tar xvzf /tmp/armtools.tar.gz

方式二:运行安装 arm-elf-tools-cygwin.sh。arm-elf-tools-cygwin.sh 是 XP 下工具链安装脚本文件,将其拷贝到/tmp 目录下,在 Cygwin 下使用以下命令安装:

cd tmp

./arm-elf-tools-cygwin.sh

显示以下提示信息后直接按回车键安装,工具链将被安装到 /usr/local/armtools 目录。

Cygwin Arm Toolchain for uCLinux

(1) GCC 2.95.3

(2) binutils 2.10

(3) uClibc 20030314

(4) elf2flt 20040326

(5) genromfs 0.5.1

(6) STLport 4.5.3

Under Cygwin 1.5.10

④ **工具链路径设置**

安装完成后,在 Cygwin 控制台执行如下命令:

export PATH = /usr/local/armtools/bin: $ PATH

将工具链安装路径添加到系统默认路径。编译 μCLinux 前请确认工具链路径已经添加。或者修改/etc/profile 文件,将以上命令添加到最后。这样每次启动控制台将自动执行该命令。

2. Makefile 简介

在 Linux 下编写完一个程序后,需要调用编译器(Compiler)和链接器(Linker)来编译、链接

程序,最后生成目标应用程序。

μCLinux 程序可以通过自由软件 GNU GCC 编译器编译。GNU GCC 不仅可以编译 μCLinux 操作系统下运行的应用程序,还可以编译 μCLinux 内核本身,甚至可以进行交叉编译,编译运行于其他 CPU 上的程序。GNU 开发工具更贴近编译器和操作系统的底层,并提供了更大的灵活性。但是 GNU GCC 采用命令行的方式,开发者掌握起来相对比较困难,而且一个工程项目往往有若干个程序文件。如果在一个工程中包含了若干个源码文件,而其中某个或某几个源码文件又被其他源码文件包含,那么,若某一个文件被改动,则相应的包含它的源文件都要进行重新编译、链接。这样不仅工作量大,而且容易出错,这使得 GCC 不如基于 Windows 系统的开发工具因为拥有项目文件管理功能而好用。

这些问题可以使用 GNU 的 Make 工具,通过编写 Makefile 文件迎刃而解,并且应用宏和伪目标还可以提高编译的便利性和可移植性。本文只作简要介绍,如果读者想进一步了解,可以查阅相关资料。

Make 是从项目的源代码中生成最终可执行文件和其他辅助文件的工具。Make 通过 Makefile 的文件来实现对源代码的操作。Makefile 文件告诉 Make 做什么,编译和链接哪些程序。Makefile 是用 bash 语言编写的,它是一种类似 BASIC 语言的命令解释语言。这个文件里主要描述如何编译各个源文件并链接生成可执行文件,并定义各源文件之间的依赖关系。当修改了其中某个源文件时,如果其他的源文件依赖于该文件,则也要重新编译所有依赖于该文件的源文件。Makefile 文件是许多编译器,包括 Windows NT 下编译器维护编译信息的常用方法,只是在集成开发环境中,用户通过友好的界面修改 Makefile 文件而已。

(1) Makefile 的基本结构

➢ 需要由 Make 工具创建的项目,通常是目标文件和可执行文件。通常使用目标 target 一词来表示要创建的项目。
➢ 要创建的项目所依赖的文件。
➢ 创建每个项目时需要运行的命令。

(2) 简单编写 Makefile

① Makefile 宏定义。Makefile 里的宏是大小写敏感的,一般都使用大写字母。它们几乎可以从任何地方被引用,可以代表很多类型,例如可以存储文件名列表,存储可执行文件名和编译器标志等。要定义一个宏,在 Makefile 中任意一行的开始写下该宏名,后面跟一个等号,等号后面是要设定的这个宏的值。如果以后要引用该宏,使用"$(宏名)"或者"${宏名}"即可。注意,宏名一定要写在圆括号或花括号之内。

② 隐含规则。在 Make 工具中包含了内置的或隐含的规则,这些规则定义了如何从不同的依赖文件建立特定类型的目标。Unix 系统通常支持一种基于文件扩展名即文件名后缀的隐含规则。这种后缀规则定义如何将一个具有特定文件名后缀的文件(例如.c 文件),转换成为具有另一种文件名后缀的文件(例如.o 文件)。系统中默认的常用文件扩展名及其含义为:.o 为目标文件;.c 为 C 源文件;.f 为 FORTRAN 源文件;.s 为汇编源文件 ;.y 为 Yacc - C 源语法;.l 为 Lex 源语法。

而 GNU Make 除了支持后缀规则外,还支持另一种类型的隐含规则,即模式规则。这种规则更加通用,因为可以利用模式规则定义更加复杂的依赖性规则。在目标名称的前面多了一个"%"号,同时可用来定义目标和依赖文件之间的关系。

③ 伪目标。伪目标在 μCLinux 的 Makefile 中广泛使用,并增加了编译的可移植性。使用伪目标可以产生两个和更多相互独立的 μCLinux 可执行文件,即任何一个目标文件的重建,不会影响其他目标文件。伪目标文件本身并不存在,Make 假设它需要被生成。当 Make 把该伪目

标文件的所有依赖文件都更新之后,就会执行它的规则里的命令行。

下面举一个简单的例子,在 Makefile 开始处输入"all: executable1 executable2",这里 executable1 和 executable2 是最终希望生成的两个可执行文件。Make 把这个 all 作为它的主要目标,每次执行时都会尝试把 all 更新。但是,由于这行规则里并没有命令来作用在一个叫 all 的实际文件上(事实上,all 也不会实际生成),所以这个规则并不真地改变 all 的状态。既然这个文件并不存在,所以 Make 会尝试更新 all 规则,因此就检查它的依赖文件 executable1、exectable2 是否需要更新。如果需要,就把它们更新,从而达到生成两个目标文件的目的。伪目标在 Makefile 中广泛使用。

另外注意以下 3 点:
- 在 Makefile 文件中,用符号"#"作为注释行语句的开始,以增强 Makefile 文件的可读性。
- 在 Makefile 文件中,除了第一条命令外,每一条命令的开头必须是一个<tab>符号,也就是制表符,而不能用 4 个空格代替,因为 Make 命令是通过每一行的 tab 符号来识别命令行的。
- 如果一条语句过长,可以用"\"放在这条语句的右边界,通过回车换行,使下面新一行的语句成为该语句的续行。

6.3.2 内核移植和启动

所谓移植,就是使一个实时操作系统能够在某个微处理器平台上或者微控制器上运行,μCLinux 移植包括 3 个层次的移植:处理器结构层次移植、芯片层次移植、板级移植。

处理器结构层次移植是当待移植处理器的结构不同于任何已经支持的处理器结构或其分支处理器结构时,根据 μCLinux 的标准构造新的处理器结构文件目录和编写源文件。对一个新型的处理器结构,在移植中可以参照其他的处理器结构,模仿与其相似的处理器体系结构程序编写,在某个处理器结构目录下修改文件使其达到待移植的处理器结构的要求。

当待移植处理器是某种 μCLinux 已支持体系的分支处理器时,进行的是芯片层次的移植,需要在该处理器体系结构目录下增加和修改部分目录和代码。同处理器结构层次移植相比较,芯片层次移植不用为 μCLinux 重新构造一个处理器结构,只需要在该处理器体系某个已存在的芯片基础上,根据两者之间的不同进行修改调试,达到芯片移植的目的。

当使用的处理器已经被 μCLinux 支持时,主要的工作就是针对硬件电路板的区别进行板级移植。板级移植的主要内容是由电路板存储区外围电路所决定的相关程序地址设置,如果有需要,会涉及部分驱动程序的编写。

嵌入式系统开发时需要一个交叉开发环境,交叉开发是在一台通用计算机上进行软件的编辑编译,然后下载到嵌入式设备中进行调试的开发方式,移植前首先要准备好建立交叉开发环境的软件/硬件资源。

移植思路:开发环境确定以后(电子词典系统我们采用 Cygwin),首先,要为 μCLinux 设计一个 BootLoader,通过 BootLoader 来初始化硬件,引导 μCLinux 运行。BootLoader 的设计可以在 ads 中或者 Linux 中实现。其次,针对硬件环境和设计的 BootLoader 修改 μCLinux 内核。最后,在交叉编译环境下配置、编译、链接 μCLinux,下载编译得到的映像文件到 FLASH,通过 BootLoader 来启动 μCLinux。

1. BootLoader 的设计

系统引导程序通常称为 BootLoader,是在系统复位后执行的第一段代码,相当于 PC 上的 BIOS 以及商业实时操作系统中的板级支持包 BSP。BootLoader 首先完成系统硬件的初始化,包括时钟的设置、存储区的映射等,设置堆栈指针,然后跳转到操作系统内核的入口,将系统控制权交给操作系统,在此之后系统的运行和 BootLoader 再无任何关系。不同的系统,BootLoader 的功能有所不同,但主要作用相差不多,有下面几点:

> 初始化 CPU 运行的时钟频率;
> 初始化 FLASH 和内存的数据宽度,读/写访问周期和刷新周期;
> 初始化中断系统;
> 初始化系统中各种片内片外设备及 I/O 端口;
> 初始化系统各种运行模式下的寄存器和堆栈;
> 加载和引导操作系统。

BootLoader 独立于操作系统,必须由用户自己设计,但用户可以直接使用或参考一些开源的 BootLoader 软件工程。BootLoader 的实现高度依赖于硬件,包括处理器的体系结构、具体型号、硬件电路板的设计。BootLoader、内核映像和文件系统映像在系统中存储的典型空间分配结构如图 6-11 所示。

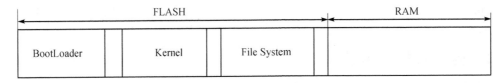

图 6-11 典型空间分配结构图

μCLinux 提供生成压缩方式的内核映像,节省 FLASH 的存储空间,这也是实际设计过程中最经常使用的方式。μCLinux 将编译好的内核压缩后和 μCLinux 附带的引导解压文件链接,生成最终的映像文件。引导解压文件位于/Linux-2.4.x/arch/armnommu/boot/compressed 目录。映像文件的入口是汇编文件 head.s,映像文件的起始地址在链接文件 Linux.lds 中设置,这个地址也就是 BootLoader 最后跳转的地址。head.s 依次完成存储区的初始化、内核的拷贝和解压、存储区的重映射,然后跳转到内核的真正入口。如果不需要更复杂的功能,这部分引导解压文件基本上就可以作为 BootLoader 使用。

实际设计过程中若 RAM 空间紧张,且对系统执行速度要求不高,也常使用未经压缩的在 FLASH 本地执行 XIP(Execute In Place)方式的内核映像文件。此时内核映像文件的入口是汇编文件 head-armv.s,该文件位于/Linux-2.4.x/arch/armnommu/kernel 目录,映像文件的起始地址在链接文件/Linux-2.4.x/arch/armnommu/vmLinux.lds 中设置。开发人员在调试过程中也常使用未经压缩的在 RAM 本地执行 XIP 方式的内核映像文件,与在 FLASH 本地执行的映像文件的区别是它不需要将数据段从 FLASH 拷贝到 RAM 中的过程。这种方式下,需要 BootLoader 具有通过网口或串口下载内核映像文件并启动内核的功能。

在设计时,常将 BootLoader 分为 2 个阶段,主要原因有 2 个:

① 基于编程语言的考虑。阶段 1 主要用汇编语言,它主要进行与 CPU 核及存储设备密切相关的处理工作,进行一些必要的初始化工作,是一些依赖于 CPU 体系结构的代码。为了增加效率以及因为涉及协处理器的设置,只能用汇编编写,这部分直接在 FLASH 中执行;阶段 2 用 C 语言来实现一般流程以及对板级的一些驱动支持,这部分会被拷贝到 RAM 中执行。

② 代码具有更好的可读性与可移植性,若对于相同的 CPU 以及存储设备,要增加外设支持,阶段 1 的代码可以维护不变,只对阶段 2 的代码进行修改;若要支持不同的 CPU,则基础代码只需在阶段 1 中修改。

阶段 2 的代码通常用 C 语言来实现,以便于实现更复杂的功能,以及取得更好的代码可读性和可移植性。但是与普通 C 语言应用程序不同的是,在编译和链接 BootLoader 这样的程序时,不能使用 glibc 库中的任何支持函数。因此,从那里跳转进 main()函数就成为问题,直接把 main()函数的起始地址作为整个 stage2 执行映像的入口点或许是最直接的想法。但是这样做有两个缺点:

> 无法通过 main()函数传递函数参数;
> 无法处理 main()函数返回的情况。

一种较为巧妙的方法是利用 trampoline(弹簧床)的概念。即用汇编语言写一段 trampoline 小程序,并将这段 trampoline 小程序作为 stage2 可执行映像的执行入口点。然后可以在 trampoline 汇编小程序中,用 CPU 跳转指令跳入 main()函数中去执行。

常用的 BootLoader 有:vivi、Blob、U-Boot 等,本系统使用 Blob,故下面只介绍 Blob。

Blob 是 BootLoader Object 的缩写。它是一个功能强大、源代码公开、遵循 GPL 许可协议的自由软件。Blob 最初是由 Jan-Derk Bakker 和 Erik Mouw 为 LART 开发板编写的 Linux BootLoader 程序,LART 开发板上的处理器为 StrongARM SA-1100,后来 Blob 被移植到其他的处理器上,包括 S3C44B0X。

本电子词典开发板的 μCLinux 系统的 BootLoader 是以运行在 MBA-44B0 开发板上的 Blob 为基础,版本为 blob1.7。根据本系统的实际情况进行了一些改动,Blob 的执行流程如图 6-12 所示。

在图 6-12 中,文件 start.s、ledasm.s、memsetup-xxxx.s(memsetup-s3c44b0.s)、led.c、flash-xxxx.c(sst.c)、serial-xxxx.c(ser2.c)是需要移植的,括号内的文件名为 Blob 移植到 MBA-44B0 开发板后的版本所使用的文件名。

前面已经讲过 BootLoader 的设计一般是分两个阶段执行,当然 Blob 也不例外地分两个阶段执行,第一个阶段是上电或复位后,从 start.s 开始执行,这一部分代码在 FLASH 中执行。start.s 按下面步骤完成初始化:

① 定义 Cache 的大小;
② 初始化 I/O 口和中断控制寄存器;
③ 初始化系统时钟频率;
④ 调用 ledini()初始化板上的 LED;
⑤ 调用 memsetup()初始化存诸器;
⑥ 复制 Blob 到 SDRAM 中;
⑦ 复制二级异常向量表到 SDRAM 中;
⑧ 复制完成后,跳到 SDRAM 去执行 Blob 第 2 阶段代码。

第 2 阶段在 SDRAM 中执行。第 2 个阶段执行的第一个文件是 trampoline.s。tramepoline.s 初始化 Blob 的 BSS 段和堆栈,然后进入 main.c 文件,开始执行 main()函数。在 main()函数中,完成以下操作:

① 初始 Blob 子系统;
② 初始化 Blob 状态,包括 FLASH 驱动和串行通信波特率;
③ 初始化串行口输入/输出;
④ 分配 SDRAM 存储器空间(存储器空间布局随后介绍);
⑤ 从 FLASH 中加载操作系统内核到 SDRAM 中;
⑥ 最后与用户交互,处理 Blob 用户输入命令。

但应注意以下两点:

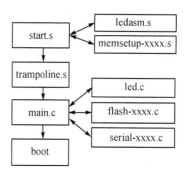

图 6-12 Blob 执行过程

➢ 以上的初始化 Blob 状态,包括 FLASH 驱动和串行通信波特率;
➢ 移植到 MBA-44B0 的 Blob 是跳过了处理用户命令行输入,直接执行 boot 命令引导启动 μCLinux。

在/blob-1.7/include/arch/目录下,定义了存储器空间的布局,如图 6-13 所示。移植时,根据开发板上的存储器地址和空间大小不同,需要对此文件中的宏定义作相应修改。

2 MB 的 FLASH 空间分别分配给了 Blob、kernel、ramdisk。系统上电后,先执行第 1 阶段代码,进行相应的初始化后,将 Blob 第 2 阶段代码复制到 RAM 地址 blob_abs_base,然后跳转到第 2 阶段开始执行。

在 SDRAM 的存储器空间分配图中,可以看到有 blob_base 和 blob_abs_base 两部分,blob_abs_base 是 Blob 将自身的第 2 阶段代码复制到 SDRAM 所在的区域,而 blob_base 则是从 Blob 进行自升级或调试的区域。举例说

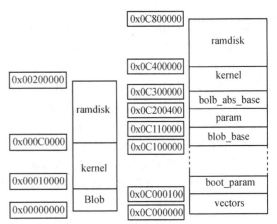

图 6-13 存储器空间的布局

明,假如 Blob 已经能正常运行了,但是对于 FLASH 的擦写还不能支持得很好,就可以使用已经运行的 Blob 通过串口将新编译好的 Blob 下载到 SDRAM 中该区域进行运行调试。调试通过后,可以通过 Blob 烧写进 FLASH,覆盖原来的 Blob 进行升级。这样就不必因为对 Blob 进行了一点小的改动就重新烧写 FLASH,从而减少了烧写 FLASH 的次数。

2. μCLinux 内核的修改

目前 μCLinux 已被成功移植到多款 ARM 芯片上;但由于嵌入式操作系统的运行是与嵌入式系统的硬件密切相关的,而硬件的设计则会因为使用场合的不同而千差万别,因此,μCLinux 内核源代码中就应该针对特定的硬件电路板和自己的 BootLoader 来作出适当的修改。以下就是针对硬件的主要改动部分。

(1) 压缩内核代码起始地址修改

修改目录 Linux-2.4.x/arch/armnommu/boot/下文件 Makefile,即添加如下代码:

```
ifeq ($(CONFIG_BOARD_MBA44),y)
ZTEXTADDR = 0x0C300000
ZRELADDR  = 0x0C008000
Endif
```

ZTEXTADDR 代表内核自解压代码的起始地址,ZRELADDR 代表内核解压后代码输出起始地址。

(2) 处理器配置选项的修改

修改目录 Linux-2.4.x/arch/armnommu/下文件 config.in 中的代码如下:

```
define_int CONFIG_ARM_CLK 64000000
if [ "$CONFIG_SET_MEM_PARAM" = "n" ]; then
define_hex DRAM_BASE 0x0C000000
define_hex DRAM_SIZE 0x00800000
define_hex FLASH_MEM_BASE 0x00000000
```

define_hex FLASH_SIZE 0x00200000

DRAM_BASE 代表 SDRAM 的起始地址,DRAM_SIZE 代表 SDRAM 的大小,FLASH_MEM_BASE 代表 FLASH 的起始地址,FLASH_SIZE 代表 FLASH 的大小。要根据自己的 FLASH 和 SDRAM 来设定这些值。

(3) 内核起始地址的修改

修改目录 Linux-2.4.x/arch/armnommu/下文件 Makefile 中的代码如下:

```
ifeq ($(CONFIG_BOARD_MBA44),y)
TEXTADDR = 0x0C008000
MACHINE = S3C44B0X
INCDIR = $(MACHINE)
CORE_FILES := $(CORE_FILES) #romfs.o
Endif
```

TEXTADDR 代表内核起始地址,与 image.rom 自解压后代码输出起始地址(ZRELADDR)相同。

(4) ROM 文件系统的定位修改

如果要采取内核和文件系统合并为一个 image,则修改目录 Linux-2.4.x/drivers/block 下文件 blkmem.c 中的代码如下:

```
#ifdef CONFIG_BOARD_MBA44
extern char romfs_data[];
extern char romfs_data_end[];
#endif
   ⋮
#ifdef CONFIG_BOARD_MBA44
extern char romfs_data[];
extern char romfs_data_end[];
#endif
#ifdef CONFIG_BOARD_MBA44
//{0,0x00100000,-1},
{0,romfs_data,-1}
#endif
```

romfs_data 是文件系统的定位地址,其中引入了 romfs_data 符号定义。因此,在链接脚本 uClinux-dist\linux-2.4.x\arch\armnommu\vmlinux-armv.lds.in 中必须进行如下修改:

```
   ⋮
*(.got) /* Global offset table */
romfs_data = .;
romfs.o
romfs_data_end = .;
```

本文中移植采用 μCLinux 的 ROM 文件系统,取内核和文件系统合并为一个 image,文件系统在启动时被复制到内存中运行。

(5) 定义 μCLinux 异常中断向量表的起始地址

修改目录 Linux-2.4.x/include/asm-armnommu/proc/下的文件 system.h,即添加代码:

```
#ifdef CONFIG_BOARD_MBA44
#undef vectors_base()
/* Bootloader use "add pc,pc,#0x0C000000" */
//#define vectors_base() (0x0C000000)
#define vectors_base() (DRAM_BASE + 0x08)
#endif
```

vectors_base()定义了 μCLinux 异常中断向量表的起始地址。μCLinux 启动后,一旦发生中断,处理器会自动跳转到从 0x0 地址开始的第一级中断向量表中的某个表项,再跳转到从 vectors_base()开始的 μCLinux 异常中断向量表中的某个表项,执行中断服务程序。

(6) 定义 CPU 体系结构和交叉编译器

修改目录 Linux-2.4.x/下的文件 Makefile 中的如下代码:

```
KERNELRELEASE = $(VERSION).$(PATCHLEVEL).$(SUBLEVEL)$(EXTRAVERSION)
ARCH: = armnommu
HOSTCFLAGS = -Wall-Wstrict-prototypes-O2-fomit-frame-pointer
CROSS_COMPILE = arm-elf-
```

ARCH:=armnommu 定义了 CPU 的体系结构,S3C44B0X 采用的内核为无内存管理单元的 ARM7TDMI,所以体系结构定义为 armnommu。CROSS_COMPILE = arm-elf-定义了交叉编译器名称,这里采用的交叉编译器为 arm-elf-gcc,所以名称定义为 arm-elf-。

(7) 初始化节拍定时器

修改文件:uCLinux-dist/Linux-2.4.x/include/asm-armnommu/arch-S3C44B0X/time.h.。

(8) 处理器的启动代码修改

uCLinux-dist/linux-2.4.x/arch/armnommu/boot/compressed 目录下是 Linux 对不同处理器的启动代码,须修改 head.s、Makefile 和 misic.c。

(9) 其他须修改文件

uClinux-dist/linux-2.4.x/include/asm-armnommu/arch-S3C44B0X/memory.h

uClinux-dist/linux-2.4.x/include/asm-armnommu/arch-S3C44B0X/uncompress.c

uClinux-dist/linux-2.4.x/arch/armnommu/mm/init.c

uClinux-dist/user/busybox/busybox.sh

uClinux-dist/user/sash/sash.c

uClinux-dist/user/mtd-utils.bak/Makefile

3. μCLinux 内核配置(裁剪)

μCLinux 是一个可配置、可裁剪的系统,与标准 Linux 一样,它也是源码公开的。μCLinux 的内核源代码可以从许多网站上免费下载,任何人只要遵循 GPL(Generalized Programming Language,通用程序设计语言),就可以对内核加以修改并发布给他人使用。因此,在广大编程人员的支持下,μCLinux 的内核版本不断更新,新的内核修改了旧内核的缺陷,并增加了许多新的特性。内核的发布一般有两种形式:一种是完整的内核版本,完整的内核版本一般是.tar.gz 文件,使用时需要解压;另一种是通过对旧的版本发布补丁(Patch),达到升级的效果。一般说来,更新的内核版本会支持更多的硬件,具有更好的进程管理能力,运行速度会更快、更稳定,并且一般都会修复旧版本中已发现的缺陷等。常选择升级更新的系统内核是必要的。用户如果想在自己的系统中使用这些新版本的新特性,或想根据自己的系统量身定做更高效、更稳定可靠的内核,就需要重新编译内核。在这方面,μCLinux 大量采用了条件编译,通过条件编译,在内核中选择需要的模块,去掉不必要的模块,使其不参与编译,这样就能将内核的大小控制在一定的范围内,以适合嵌入式系统的需求。对于内核大小的影响因素主要有以下几点:

> 选择内核版本。通常低版本的内核比高版本的内核小。
> 是否选择网络的支持。μCLinux 支持的网络有 ARCnet、Ethernet10M/100M/1000M、wireless lan、Token ring、wan 等。
> 文件系统的支持类型。μCLinux 支持的文件系统类型有 Ext2、Rom filesyetem、DOS FAT、JFFS、ISO 9660、proc 等。
> 设备驱动的支持。包括块设备驱动、字符设备驱动、USB 设备、ISDN、SCSI 设备等。

如何选择以上这些内核功能支持,通常需要根据各自特定的需求和硬件情况进行相应定制,不能一概而论,除了可以在配置内核时对内核大小进行裁剪之外,还可以通过修改内核源码,修改参与链接模块的办法,来减少最终编入内核的模块数量。

正确合理地设置内核功能模块,从而只编译系统所需功能的代码,会对系统的运行进行优化。在电子词典的设计中,对内核的裁剪一般通过使用 make menuconfig 或者 make xconfig 来实现。在 make menuconfig 时,程序会依次出现开发平台、内核配置、文件系统应用程序的配置界面,用户可以根据自己的需要进行配置。配置时大部分选项可以使用其缺省值,只有小部分需要根据用户的不同需求进行选择。例如,若需要内核支持 DOS 分区的文件系统,则要在文件系统部分选择 FAT 或 DOS 系统支持;系统如果配有网卡、PCMCIA 卡等,则需要在网络配置中选择相应卡的类型。

进行内核配置时,有 3 种选择,它们分别代表的含义如下:

Y　　将该功能编译进内核;
N　　不将该功能编译进内核;
M　　将该功能编译成可以在需要时动态插入到内核中的模块。

将与核心其他部分关系较远且不经常使用的部分功能代码编译成可加载模块,有利于减小内核的长度,减小内核消耗的内存,简化该功能相应的环境改变时对内核的影响。许多功能都可以这样处理,例如,像上面提到的网卡支持、对 FAT 等文件系统的支持。

在完成上面的配置之后,如果获得的内核大小仍然不能满足目标板的运行需要,可以进一步对内核中的代码进行裁剪,通过修改 Makefile 等文件来满足裁剪的要求。

μCLinux 提供 3 个不同的命令进行 μCLinux 的配置,效果完全一样。

make xconfig　　　　　　X 窗口图形界面方式配置命令;
make menuconfig　　　　文本菜单方式配置命令;
make config　　　　　　控制台命令行方式配置命令。

由于 X 窗口图形界面方式配置直观、方便,下面的介绍中将以这种配置方式为主。

启动 Cygwin 后,进入 usr/local/src/uCLinux-dist 目录下,执行 X 窗口图形界面方式配置命令 make xconfig 弹出图 6-14 所示配置主界面。

在配置主界面单击 Vendor/Product Selection(生产厂商选择),弹出 Vendor/Product Selection 对话框,单击左侧 Vendor 选项,

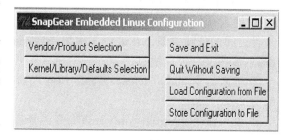

图 6-14　配置主界面

弹出厂商列表,选择厂商;然后单击 Main Menu 返回配置主界面。

在图 6-14 所示的配置主界面中单击 Kernel/Library/Defaults Selection 项,弹出如图 6-15 所示界面。

在 Kernel Version 项里选择 Linux-2.4.x;在 Libc Version 项里选择 μClibc;然后单击 Main Menu 返回配置主界面。μCLinux-dist 发布时已定制好内核并选择了合适的用户程序,如果需要重新定制,可以选择定制内核和定制用户程序;如果定制内核和定制用户程序选择 n(no),保存后退出即采用默认的配置。如果用户选择了定制内核或定制用户程序,在

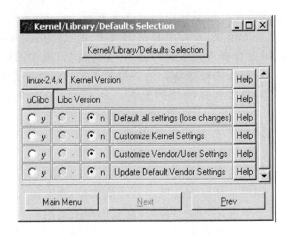

图 6-15 目标平台选择界面

配置主界面单击 Save and Exit 后,将弹出内核定制界面(如图 6-16 所示)和用户程序定制界面。

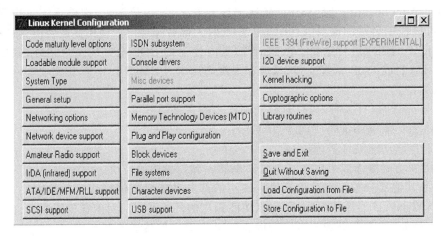

图 6-16 内核定制界面

在内核定制界面中,根据自己的需要选择必需的定制。例如,当用户使用 MicroWindows、MiniGUI 等用户图形接口时,LCD 的设备驱动程序必须以 Framebuffer 设备驱动形式实现,所以在字符设备(Character Devices)中就要选择置 Support Framebuffer devices 为 y。

4. μCLinux 编译运行

μCLinux 编译运行过程如下:

① 键入命令 make dep。该命令仅在第一次编译时需要,以后就不用了,为的是在编译时知道文件之间的依赖关系。在进行多次编译后,make 会根据这个依赖关系来确定哪些文件需要重新编译,哪些文件可以跳过。

② 键入命令 make clean。该命令清除以前构造内核时生成的所有目标文件、模块文件和一些临时文件。

③ 键入命令 make lib_only。该命令编译库文件。

④ 键入命令 make user_only。该命令编译用户应用程序文件。

⑤ 键入命令 make romfs。在用户程序编译结束后,因为用到的是 romfs(一种轻量的、只读的文件系统)作为 μCLinux 的根文件系统,所以首先需要把上一步编译的很多应用程序以

μCLinux 所需要的目录格式存放起来。原来的程序是分散在 user 目录下，现在可执行文件需要放到 bin 目录下，配置文件放在 etc 目录下，这些事就是 make romfs 所做的。它会在 μCLinux 目录下生成一个 romfs 目录，并且把 user 目录下的文件以及 vendors 目录下特定系统所需要的文件组织起来，以便下面生成 romfs 的单个镜像所用。

⑥ 键入命令 make image。做到这一步时可能会出现错误的信息提示，这是因为第一次编译时还没有 romfs.o，所以出错，等 romfs.o 编译好了以后，如果再进行内核的编译，就不会出现这个错误信息了。它完全不影响内核的编译，可以完全不必理会这个错误信息，继续进行其他编译工作。最终在 images 目录下生成 2 个文件。

zImage ——μCLinux 内核 2.4.x 的压缩方式可执行映像文件。

romfs.img —— 文件系统的映像文件。

其中：zImage 已经包含文件系统映像文件，直接烧写到 FLASH 上即可。

注意：以后修改内核配置或 μCLinux 源代码，可以只使用 make 命令编译内核。

⑦ 烧写映像文件。首先烧写 BootLoader 文件，烧写到从 FLASH 地址 0x0 开始的 64 KB 地址空间，即 1~4 扇区；然后在剩下的空间烧写 μCLinux 映像文件 zImage。该文件在内核编译完成后，在 uCLinux-dist/images/ 目录下会产生一个 zImage。

⑧ 运行 μCLinux。使用串口线连接目标板上的 UART0 和 PC 机的串口 COM1。PC 机上运行 Windows 自带的超级终端串口通信程序（波特率 115200、8 位数据位、无奇偶校验、1 位停止位、无数据流控制），超级终端设置界面如图 6-17 所示。运行结果如图 6-18 所示。

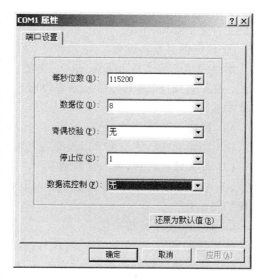

图 6-17 超级终端设置界面

图 6-18 运行 μCLinux

5. 内核的启动

BootLoader 完成系统初始化工作后,将运行控制权交给 μCLinux 内核。根据内核是否压缩以及内核是否在本地执行,μCLinux 通常有以下两种可选的启动方式:

➢ FLASH 本地运行方式。内核未经压缩的可执行映像固化在 FLASH 中,系统启动时内核在 FLASH 中开始逐句执行。

➢ 压缩内核加载方式。内核的压缩映像固化在 FLASH 上,系统启动时由附加在压缩映像前的解压复制程序读取压缩映像,在内存中解压后执行,这种方式相对复杂,但是运行速度更快(RAM 的存取速率要比 FLASH 高)。

(1) FLASH 本地运行方式

本地运行时内核的启动包括特定体系结构设置和 μCLinux 系统初始化两步。内核启动的入口文件是 head-armv.s。

① 特定体系结构设置

本过程由汇编文件 head-armv.s 完成。head-armv.s 文件位于 Linux-2.4.x/arch/armnommu/kernel/目录下,是 BootLoader 将控制权交给内核后执行的第一个程序。下面是 head-armv.s 的基本运行过程:

(a) 配置系统寄存器;
(b) 初始化 ROM、RAM 以及总线控制寄存器等;
(c) 设置堆栈指针,将 bss 段清 0;
(d) 修改 PC 指针,跳转到 Linux-2.4.x/init/main.c 中的 start_kernel 函数,开始 μCLinux 系统的初始化。

② μCLinux 系统初始化

程序跳转到 start_kernel 函数执行,在这里主要是完成以下工作:

(a) 处理器结构的初始化;
(b) 中断的初始化;
(c) 定时器的初始化;
(d) 进程相关的初始化;
(e) 内存的初始化等;
(f) proc 文件系统的初始化等;
(g) 内核创建一个 init 线程,在该线程中调用 init 进程,完成系统的启动。

下面是在 start_kernel 函数中主要的初始化过程:

```
asmlinkage void __init start_kernel(void)
{
    char * command_line;
    unsigned long mempages;
    extern char saved_command_line[];
    lock_kernel();
    printk(Linux_banner);
    puts(Linux_banner);
}
```

打印 μCLinux 系统信息。

```
setup_arch(&command_line);
//setup_arch("root = /dev/ram0 CONSOLE = ttyS0");
```

setup_arch 函数完成特定于体系结构的设置,包括初始化硬件寄存器,标示根设备和系统中可用的 DRAM 和 FLASH 的大小,指定系统中可用页面的数目、文件系统大小等。所有这些信息都以参数形式从引导装载程序传递到内核。setup_arch 还需要对 FLASH 存储库、系统寄存器和其他特定设备执行内存映射。一旦完成了特定于体系结构的设置,控制就返回到初始化系统其余部分的 start_kernel 函数。

```
printk("Kernel command line: %s\n",saved_command_line);
puts("Kernel command line: ");
puts(saved_command_line);
parse_options(command_line);
trap_init();
```

对中断向量表进行初始化,源程序在 Linux-2.4.x/arch/armnommu/kernel/traps.c 文件中。该函数初始化处理器的一些中断处理。它通过调用一些宏队中断向量表填写中断响应程序的偏移地址。中断要等到 calibrate_delay() 函数运行之前才允许被调用。

```
init_IRQ();
```

初始化中断,源程序在 Linux-2.4.x/arch/armnommu/kernel/irq.c 文件中。该函数初始化中断控制器,但其中断输出要到系统设备和内核模块调用 request_irq() 函数后才能使用。

```
sched_init();
```

源程序在 Linux-2.4.x/arch/armnommu/kernel/sched.c 中。该函数初始化内核 pidhash[] 表(这是一个快速映射进程 ID 到进程描述符的查询表)。

```
softirq_init();
```

初始化软中断,源程序在 Linux-2.4.x/arch/armnommu/kernel/softirq.c 中。

```
time_init();
```

初始化定时器,源程序在 Linux-2.4.x/arch/armnommu/kernel/time.c 中。该函数初始化目标板系统硬件时钟。

```
console_init();
```

初始化控制台,源程序在 Linux-2.4.x/drivers/char/tty_io.c 中。

```
#ifdef CONFIG_MODULES
init_modules();
```

初始化模块,源程序在 Linux-2.4.x/arch/armnommu/kernel/module.c 中。

```
#endif
if (prof_shift) {
unsigned int size;
prof_len = (unsigned long) &_etext - (unsigned long) &_stext;
prof_len >>= prof_shift;
size = prof_len * sizeof(unsigned int) + PAGE_SIZE - 1;
prof_buffer = (unsigned int *) alloc_bootmem(size);
}
kmem_cache_init();
```

源程序在 Linux-2.4.x/mm/slab.c 中。该函数初始化内核 SLAB 内存管理子系统。SLAB 是内核内部结构的动态内存管理。

```
sti();
calibrate_delay();
```

源程序在 Linux-2.4.x/init/main.c 中。该函数执行内核的 BogoMips(校准 Linux 内部循环延时,使得延时的时间和不同速率的处理器都保持在一个大概相同的比率上)运算。

```
#ifdef CONFIG_BLK_DEV_INITRD
if (initrd_start && ! initrd_below_start_ok &&
initrd_start < min_low_pfn << PAGE_SHIFT) {
printk(KERN_CRIT "initrd overwritten (0x%08lx < 0x%08lx) - "
"disabling it.\n",initrd_start,min_low_pfn << PAGE_SHIFT);
initrd_start = 0;
}
#endif
puts("start_kernel 8: before mem_init\n");
mem_init();
```

源程序在 Linux-2.4.x/arch/armnommu/mm/init.c 中。该函数初始化内核的内存管理系统,并打印出内核所有可用的内存和内核已经占用的内存。

```
puts("after mem_init\n");
kmem_cache_sizes_init();
```

源程序在 Linux-2.4.x/mm/slab.c 中。该函数完成 kmem_cache_init()函数开始的 SLAB 初始化。

```
pgtable_cache_init();
mempages = num_physpages;
puts("start_kernel 9\n");
fork_init(mempages);
```

源程序在 Linux-2.4.x/kernel/fork.c 中。该函数初始化 max_threads 和 init_task 变量。这些变量会在调用 fork()函数时用到。

```
proc_caches_init();
```

源程序在 Linux-2.4.x/kernel/fork.c 中。该函数初始化内核使用的 SLAB 缓存,与 malloc() 的初始化类似。

```
vfs_caches_init(mempages);
```

源程序在 Linux-2.4.x/fs/dcache.c 中。该函数初始化虚拟文件系统使用的 SLAB 缓存。

```
buffer_init(mempages);
```

源程序在 Linux-2.4.x/fs/buffer.c 中。该函数初始化内核缓冲区。

```
page_cache_init(mempages);
```

源程序在 Linux-2.4.x/mm/filemap.c 中。该函数初始化内核页面缓存系统。

```
#if defined(CONFIG_ARCH_S390)
    ccwcache_init();
#endif
    signals_init();
```

源程序在 Linux-2.4.x/kernel/signal.c 中。该函数初始化内核信号队列。

```
#ifdef CONFIG_PROC_FS
    proc_root_init();
```

创建 proc 文件系统，源程序在 Linux-2.4.x/fs/proc/root.c 中。该函数初始化 proc 文件系统，创建几个类似/proc/bus 和/porc/driver 的标准目录。

```
#endif
#if defined(CONFIG_SYSVIPC)
    ipc_init();
```

源程序在 Linux-2.4.x/ipc/util.c 中。该函数初始化 System V 的进程通信资源，包括信号灯(sem_init()子函数)、消息队列(msg_init()子函数)和共享内存(shm_init()子函数)。

```
#endif
    check_bugs();
```

源程序在 Linux-2.4.x/include/asm-armnommu/bugs.c 中。该函数能够检查一些处理器的错误。

```
    printk("POSIX conformance testing by UNIFIX\n");
    smp_init();
```

源程序在 Linux-2.4.x/init/main.c 中。如果处理器类型是 SMP-capable x86，该函数调用 IO_APIC_init_uniprocessor()函数配置 APIC 设备。若是其他处理器，该函数不进行任何处理。

```
    rest_init();
```

源程序在 Linux-2.4.x/init/main.c 中。该函数释放初始化函数占用的内存，调用 init()函数创建 kernel_thread 结束内核启动进程，初始化内核 PCI 和网络，加载操作系统。

(2) 压缩内核加载方式

在压缩内核加载方式中，μCLinux 系统的启动过程可分为以下几个阶段：

① PC 指向复位地址入口处，即 0x0H 地址处。开始执行 BootLoader 代码。BootLoader 是系统加电之后、操作系统内核或者用户应用程序运行之前所必须执行的一段代码。该代码对一些基本的硬件设备进行初始化，建立内存空间的映射图(有的 CPU 没有内存映射功能，如 44B0)，将系统的软硬件环境带到一个合适的状态，以便为最终调用操作系统内核，运行用户应用程序准备好正确的环境。

② BootLoader 将控制权交给操作系统内核的引导程序后，开始 μCLinux 内核的加载。

③ μCLinux 内核加载引导完成，启动 init 进程，完成系统的引导过程。

当 BootLoader 将控制权交给内核的引导程序时，第一个执行的文件是 head.s。该文件位于 uCLinux-dist/Linux-2.4.x/arch/armnommu/boot/compressed/目录下。在此文件中主要完成以下工作：

➢ 配置 S3C44B0X 的系统寄存器 SYSCFG；
➢ 初始化系统的 FLASH、SDRAM 以及总线控制寄存器；

➢ 重新定义中断优先级以及 I/O 口的配置；
➢ 拷贝 FLASH 中的内核映像到 SDRAM 中；
➢ 系统的存储器重映射；
➢ 根据链接器参数(_bss_start 和 _end)，初始化 BSS 为 0；
➢ 重新设置系统的 Cache；
➢ 执行 decompress_kernel 函数，解压内核；
➢ 转入 start_kernel 函数。

内核函数 decompress_kernel 位于 uCLinux-dist/Linux-2.4.x/arch/armnommu/boot/compressed/目录下的 misc.c 文件中，该文件提供加载内核所需要的子程序。

内核函数 start_kernel 位于 uCLinux-dist\linux-2.4.x\init 目录下的 main.c 文件中。该函数完成的功能主要包括处理器结构的初始化、中断的初始化、定时器的初始化、进程相关的初始化以及内存的初始化等工作。最后内核创建一个 init 线程，在该线程中调用 init 进程，完成系统的启动。

6.3.3 设备驱动

在内核运行起来之后，根据电子词典的需求，需要将键盘、触摸屏作为输入设备，LCD 作为输出设备，所以需要分析 μCLinux 的内核源码中已有的驱动和没有的驱动，再添加必要的驱动。在实现添加驱动之前，先来了解一下 μCLinux 下的设备驱动概述，以及一般情况下如何来构建驱动。然后再来构建电子词典所需要的键盘、触摸屏和 LCD 驱动。同时，当用户使用 MicroWindows、MiniGUI 等用户图形接口时，LCD 的设备驱动程序必须以 Framebuffer 设备驱动形式实现。为了使 LCD 驱动具有通用性，所以选择基于 Framebuffer 的 LCD 驱动。

1. 设备驱动概述

μCLinux 是从 Linux 内核派生而来的，它继承了 Linux 的设备管理方法，将所有的设备看做具体的文件，每一个设备都具有一个文件名称，应用程序可以通过设备的文件名来访问具体的设备，但要受到文件系统访问权限控制机制的保护。由于设备在内核中有一个索引节点，所以设备可以以文件的方式进行操作。当通过文件系统找到要访问的外部设备节点后，系统会为这个打开的设备文件创建一个 file 结构中指向 file_operations 的域。在这个 file_operations 结构中存放了该设备驱动程序的所有函数指针。因此，在 μCLinux 的框架结构中，与设备相关的处理可以分为两个层次：文件系统层和设备驱动层。设备驱动层屏蔽具体设备的细节，文件系统层则向用户提供一组统一规范的用户接口。这种设备管理方法可以很好地做到"设备无关性"，使 μCLinux 可以根据硬件外设的发展进行方便的扩展。比如要实现一个设备驱动程序，只要根据具体的硬件特性向文件系统提供一组访问接口即可。整个设备管理子系统的结构如图 6-19 所示。

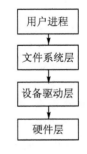

图 6-19 设备管理子系统的结构

(1) μCLinux 设备分类

嵌入式 μCLinux 将设备分成 3 类：字符设备、块设备及网络设备。其中字符设备和块设备与虚拟文件系统 VFS(Virtual File System)相关，并为操作系统提供了统一的操作接口。字符设备和块设备的主要区别是，前者在读/写设备时不需要缓冲区，而后者需要。内核与网络设备驱动间的通信完全不同于与字符设备以及块设备驱动程序之间的通信，而是采用一套与数据报传输相关的函数。

(2) μCLinux 设备驱动开发流程

由于嵌入式设备硬件种类非常丰富，在缺省的内核发布版中不可能包含所有驱动程序。可以在硬件生产厂家或者 Internet 上寻找驱动程序，如果找不到，可以根据一个相近硬件的驱动程序来改写，这样可以加快开发速度。以下给出了开发 μCLinux 设备驱动的大致流程。

① 定义主、次设备号。μCLinux 系统为每一个设备分配了一个主设备号 MAJOR 和次设备号 MINOR。主设备号标示设备对应的驱动程序，次设备号标示具体设备的实例。例如，一块开发板上有两个串口终端(/dev/ttyS0,/dev/ttyS1)，它们的主设备号都是 4，次设备号分别是 0 和 1。每一类设备使用的主设备号是独一无二的。大部分常见的设备都静态分配了一部分主设备号，但位于 60~63、120~127、240~254 范围内的主设备号保留给本地或实验用途使用，不会有实际设备采用这些设备号。在本实验中就采用这些保留的设备号来注册驱动程序。另外，主、次设备号也可以动态获取。

② 实现驱动程序初始化和清除函数。如果驱动程序采用模块方式，则须实现模块初始化和清除函数。

③ 设计所要实现的文件操作，定义 file_operations 结构。为了方便系统对这些不同种类设备的管理，内核提供了一个统一的接口。当发生系统调用时，通过这个接口统一函数的跳转指针调用下层的具体硬件功能函数来实现用户要求。这种统一而简单的系统调用接口是通过内核中一个重要数据结构来实现的。就字符设备和块设备而言，这个数据结构就是 file_operations，它定义了应用程序能够对设备调用的所有操作。在 file_operations 结构中包含一系列函数指针，按顺序依次为 * lseek、* read 等。这些函数指针在设备驱动程序中被赋值，指向该设备处理函数。这些设备处理函数在驱动程序中定义。对于任何设备来讲，file_operations 结构是惟一的，包含相同的函数指针；而对不同的设备来讲，这些函数指针又分别指向各自的处理函数。用户进程是通过设备驱动程序与硬件打交道，内核使用 file operations 结构访问驱动程序的函数。File_operations 结构是一个定义在<Linux/fs. h> 中的数据结构：

```
struct file_operations {
struct module * owner;
loff_t ( * llseek) (struct file * ,loff_t,int);
ssize_t ( * read) (struct file * ,char * ,size_t,loff_t * );
ssize_t ( * write) (struct file * ,const char * ,size_t,loff_t * );
int ( * readdir) (struct file * ,void * ,filldir_t);
unsigned int ( * poll) (struct file * ,struct poll_table_struct * );
int ( * ioctl) (struct inode * ,struct file * ,unsigned int,unsigned long);
int ( * mmap) (struct file * ,struct vm_area_struct * );
int ( * open) (struct inode * ,struct file * );
int ( * flush) (struct file * );
int ( * release) (struct inode * ,struct file * );
int ( * fsync) (struct file * ,struct dentry * ,int datasync);
int ( * fasync) (int,struct file * ,int);
int ( * lock) (struct file * ,int,struct file_lock * );
ssize_t ( * readv) (struct file * ,const struct iovec * ,unsigned long,loff_t * );
ssize_t ( * writev) (struct file * ,const struct iovec * ,unsigned long,loff_t * );
ssize_t ( * sendpage) (struct file * ,struct page * ,int,size_t,loff_t * ,int);
```

```
unsigned long ( * get_unmapped_area)(struct file * ,unsigned long,unsigned long,
unsigned long,unsigned long);
#ifdef MAGIC_ROM_PTR
int ( * romptr) (struct file * ,struct vm_area_struct * );
#endif /* MAGIC_ROM_PTR */
};
```

④ 实现所需的文件操作调用。在用户程序调用 read、write 时,因为进程的运行状态由用户态变为核心态,地址空间也变为核心地址空间。而 read、write 中参数 buf 是指向用户程序的私有地址空间,所以不能直接访问,必须通过以下两个系统函数来访问用户程序的私有地址空间,copy_from_user 由用户程序地址空间往核心地址空间复制,copy_to_user 则反之。函数名中的 to 代表复制的目的指针,from 代表复制的源指针。

⑤ 实现中断服务函数,并用 request_irq 向内核注册。设备驱动程序通过调用 request irq()函数请求中断,将一个硬件处理函数挂到相应的处理队列中。μCLinux 系统中对中断的处理属于系统的核心部分。因此,如果外部设备与系统之间以中断方式进行数据交换,就必须把该设备的驱动程序作为系统内核的一部分。通过 request_irq()函数调用,就可以把相关的中断号和具体的中断处理程序相关联。

```
int request irq(unsigned int irq,void( * handler) (int,void * ,struct pt regs * ),
                unsigned int long flags,const char * device,void * dev_id);
```

⑥ 将驱动编译到内核。
⑦ 生成设备节点文件。

实际上,在 μCLinux 内核编写驱动程序并不像其他操作系统那么复杂,所要做的只是为相应的设备编写几个基本函数,并向 VFS(Virtual File System)注册即可。当上层应用要使用该设备时,VFS 就会调用相应的设备函数。

(3) μCLinux 设备的操作

μCLinux 系统访问设备就像访问文件一样,例如打开设备使用系统调用 open(),关闭设备使用系统调用 close(),读/写设备使用系统调用 read()和 write()。在 μCLinux 内核中,字符设备使用 struct file_operations 结构来定义设备的各种操作集合,结构中的各个函数分别响应同名或类似名称的系统调用。struct file_operations 结构在/uCLinux-dist/include/Linux/fs.h 文件中定义。

编写字符设备驱动程序,主要是实现 struct file_operations 结构中的各个函数。当然驱动程序并不是要实现所有的这些函数,可以根据实际设备需要实现必要的函数即可。当结构中没有实现的操作函数时,函数指针变量设置为 NULL。

下面介绍 struct file_operations 结构所包含的函数操作。

① ssize_t (* read) (struct file * ,char * ,size_t,loff_t *);

read 方法用来从设备中读取数据,成功返回读取的字节数(非负值),read 等于 NULL 时,将导致调用失败,并返回 −EINVAL(invalid argument 非法参数)。

② ssize_t (* write) (struct file * ,const char * ,size_t,loff_t *);

write 方法用来向设备写入数据,成功返回实际写入的字节数(非负值),write 等于 NULL 时,将导致调用失败,并返回 −EINVAL。

③ int (* ioctl) (struct inode * ,struct file * ,unsigned int,unsigned long);

ioctl 方法提供用户程序对设备执行特定命令的方法,比如设置设备驱动程序内部参数,控制设备操作特性,或其他不是读也不是写的操作等。调用成功返回非负值。

④ **int (* readdir) (struct file * , void * , filldir_t);**

readdir 对于设备文件来说,应置为 NULL。它用于读取目录,并且只对文件系统有用。

⑤ **unsigned int (* poll) (struct file * , struct poll_table_struct *);**

poll 方法是 poll 和 select 这两个系统调用的后台实现,它被用来查询设备是否可读或可写,或是处于某种特殊状态。这两个系统调用是可能阻塞的,直至设备变为可读或可写状态。如果驱动程序没有实现 poll 方法,默认设备是可读/写的,且不会出现导致不可读/写的特殊状态。poll 方法返回值是一个表示设备状态的掩码。

⑥ **loff_t (* llseek) (struct file * , loff_t, int);**

llseek 方法改变文件的当前读/写位置,并返回当前的位置(正数),参数 loff_t 是一个长偏移量,即在 32 位平台上占用 64 位的数据宽度。出错时返回一个负值。

⑦ **int (* mmap) (struct file * , struct vm_area_struct *);**

mmap 方法用来将设备的内存映射到用户进程的地址空间中。如果设备没有实现这个方法,系统调用 mmap 将会返回-ENODEV。

⑧ **int (* open) (struct inode * , struct file *);**

open 方法用来打开设备。如果该方法没有实现,系统调用 open 总是成功,但驱动程序得不到任何打开设备的通知。

⑨ **int (* release) (struct inode * , struct file *);**

release 方法在当结构 struct file 释放时被调用,比如关闭一个文件或设备。

⑩ **struct module * owner;**

owner 结构指针指向 struct file_operations 结构所属于的驱动程序模块。

以上为 μCLinux 设备驱动概况,以及构建 μCLinux 下驱动的一般步骤。对于设备驱动的初学者来说,建议从最简单的驱动程序开始,例如可先做一个简单 LED 驱动,然后由易到难。

2. I^2C 设备驱动

在 μCLinux 源代码中,有一些 I^2C 总线及设备的驱动程序,但由于嵌入式系统的多样性,对具体使用的系统还需要专门开发驱动程序。与 μCLinux 系统其他驱动程序类似,μCLinux 的 I^2C 驱动程序采用模块化设计,部分与硬件相关,部分与硬件无关。

在 μCLinux 系统中,对于一个给定的 I^2C 总线硬件配置系统,I^2C 总线驱动程序体系结构由 I^2C 总线驱动和 I^2C 设备驱动组成。其中 I^2C 总线驱动包括一个具体的控制器驱动和 I^2C 总线的算法驱动,一个算法驱动适用于一类总线控制器,而一个具体的总线控制器驱动要使用某一种算法。对于 I^2C 设备,基本上每种具体设备都有自己的基本特性,其驱动程序一般都需要特别设计。对于 I^2C 总线控制器部分主要是根据硬件对 Algorithm 和 Aadapter 进行设计。通过实现一个 Adapter 结构体并初始化,使 i2c-core 能找到 I^2C 总线,并利用其找到 Algorithm 来具体操作总线。由于从设备的特性、功能互不相同,而 I^2C 设备驱动,即 Client 和 Driver 部分主要也是根据从设备的硬件功能定义结构体 Client 和 Driver,并完成初始化及实现其成员函数。对于设备驱动程序须提供各种各样的硬件控制,一般可通过 ioctl 方法来实现。

μCLinux 内核的 I^2C 总线驱动程序体系结构如图 6-20 所示。

μCLinux 下的 I^2C 驱动采用模块化体系结构,即

① 数据结构 Driver 用来表示 I^2C 设备驱动,数据结构 Client 表示一个具体的设备。Driver 和 Client 是与硬件相关的。

② 中间部分的 i2c-core 是 I^2C 总线的核心模块,它一方面定义了对总线及其设备进行操作的各种调用接口和添加、删除总线驱动的方法,另一方面将主控制器和从设备分离。它与硬件

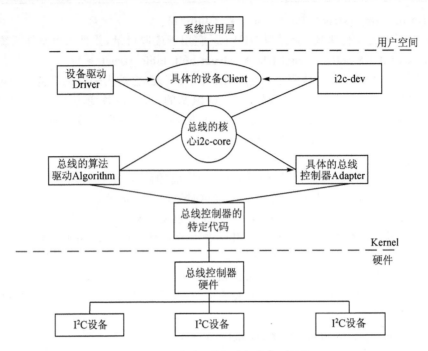

图 6-20　I²C 总线驱动程序体系结构

无关。

③ I²C 总线驱动是对 I²C 硬件体系结构中适配器端的实现。数据结构 Algorithm 描述了使用主控制器来进行数据传输、控制的操作过程,提供了利用总线进行数据传输的函数。数据结构 Adapter 表示总线控制器与 Algorithm 一起构成 I²C 总线驱动。一个 Algorithm 可以适用于多个 I²C 总线上的不同 Adapters,但具体的每个 Adapter 只能对应于一个 Algorithm。Algorithm 与 Adapter 是硬件相关的。

由 μCLinux 的 I²C 驱动程序结构可以看到,与硬件相关的是 Adapter、Algorithm、Client、Driver 这几个模块。对具体的嵌入式系统,I²C 驱动程序的设计主要是对这几个模块的设计。

在/uCLinux-dist/Linux-2.4.x/drivers/i2c 的驱动程序目录下,已经有了一些 I²C 的驱动程序,其中包括 μCLinux 中 I²C 的字符设备驱动程序(i2c-dev.c)和 I²C 主驱动程序(i2c-core.c)。分析一下 i2c-dev.c 和 i2c-core.c 源程序发现,i2c-dev.c 已实现了字符设备系统调用的过程和 I²C 适配器的管理,i2c-core.c 实现了 I²C 接口操作的抽象层。分析其他更底层的驱动程序,发现驱动程序的一般调用过程如图 6-21 所示。

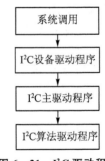

图 6-21　I²C 驱动程序的一般调用过程

在 I²C 驱动程序目录下,没有对应 S3C44B0X I²C 总线接口的驱动程序,因此需要为 S3C44B0X I²C 总线接口编写专用的算法驱动程序,下面逐步进行介绍。算法驱动程序设计步骤如下:

第 1 步:定义 S3C44B0X I²C 总线接口单元的数据结构,描述接口控制器单元拥有的寄存器和中断向量号。

```
struct i2c_s3c44b0x_unit{
    u32 * IICCON;              /* S3C44B0X I²C Bus 控制寄存器 */
    u32 * IICSTAT;             /* S3C44B0X I²C Bus 控制/状态寄存器 */
```

```
    u32 * IICADD;                    /* S3C44B0X I²C 控制器本身的从设备地址寄存器 */
    u32 * IICDS;                     /* 数据接收/发送寄存器 */
    u32 irq;                         /* I²C 接口的中断向量号 */
};
```

第 2 步：定义总线接口算法驱动程序的私有数据,用来保存在驱动程序运行时控制数据传输和操作接口控制器的数据和参数。

```
struct i2c_s3c44b0x_algo_data {
    spinlock_t lock;                 /* 同步使用的自旋锁 */
    u32 slave_addr;                  /* 将要传输数据的从设备地址 */
    u32 data_addr;                   /* 从设备内部数据访问地址 */
    u32 clock_val;                   /* 总线时钟频率因子 */
    int ack;                         /* ACK 响应标志 */
    int timeout;                     /* 数据传输超时值 */
    struct i2c_s3c44b0x_unit * unit; /* S3C44B0X I²C 总线接口单元 */
};
```

第 3 步：定义了以上两个数据结构后,下面开始编写算法驱动程序。μCLinux 的 I²C 字符设备驱动程序(i2c-dev.c)可以管理多个 I²C 总线接口,要把 S3C44B0X I²C 总线接口算法驱动程序加到设备驱动程序中,需声明如下数据结构。

```
/* 算法驱动程序对象 */
static struct i2c_algorithm s3c44b0x_i2c_algo = {
    .name = "S3C44B0X IIC-Bus algorithm"  /* 驱动程序名称 */
    .id = I2C_ALGO_S3C44B0X               /* 驱动程序 ID */
    .master_xfer = master_xfer            /* 主传输回调函数,响应系统调用 read()、write() 操作 */
    .algo_control = algo_control          /* 控制传输回调函数,设置自定义传输参数,响应系统调
                                             用 ioctl() 操作 */
    .functionality = iic_func             /* 上层 I²C 设备驱动程序调用此函数来识别算法驱动程
                                             序的功能 */
};
/* S3C44B0X I²C 总线接口单元,声明并初始化其地址 */
static struct i2c_s3c44b0x_unit s3c44box_i2c_unit = {
    .IICCON = (u32 *)S3C44B0X_IICCON
    .IICSTAT = (u32 *)S3C44B0X_IICSTAT
    .IICADD = (u32 *)S3C44B0X_IICADD
    .IICDS = (u32 *)S3C44B0X_IICDS
    .irq = S3C44B0X_INTERRUPT_IIC
};
/* 算法驱动程序私有数据结构,初始化为默认值 */
static struct i2c_s3c44b0x_algo_data s3c44b0x_i2c_algo_data = {
    .slave_addr = 0,
    .data_addr = 0,
    .clock_val = IIC_CON_TX_CLK_VAL,
    .ack = 0,
    .timeout = 2*HZ,
```

```
        .unit = &s3c44box_i2c_unit
};
/* I²C适配器对象,因为上层设备驱动程序对底层算法驱动程序是按适配器进行管理的,所以要实现此
    结构 */
static struct i2c_adapter s3c44b0x_i2c_adapter = {
        .name = "S3C44B0X IIC-Bus interface"   /* 适配器名称 */
        .id = I2C_HW_S3C44B0X                  /* 适配器 ID */
        .algo_data = &s3c44b0x_i2c_algo_data   /* 私有数据 */
};
```

第 4 步：μCLinux 的驱动程序以模块化组织的,在系统启动时初始化各模块。初始化算法驱动程序操作应放在模块初始化时进行。在模块卸载时,也对算法驱动程序反初始化。

第 5 步：数据传输操作函数。在 I²C 总线上发送数据的操作如下：

① 首先启动 START 信号,接着写一个字节的设备地址,地址字节的高 7 位是设备有效地址,地址字节的最低一位代表准备写(低电平),然后等待 ACK。

② 继续写一个字节的 I²C 设备内部数据访问地址,等待 ACK。

③ 开始发送数据,可以是发送一个字节,或连续发送 N 个字节,每发送完一个字节的数据,需要等待一个 ACK 应答。

④ 最后发送一个 STOP 信号,结束发送操作。

在 I²C 总线上读取数据的操作如下：

① 首先启动 START 信号,接着写一个字节的设备地址,地址字节的高 7 位是设备有效地址,地址字节的最低一位代表准备写(低电平),然后等待 ACK。

② 继续写一个字节的 I²C 设备内部数据访问地址,等待 ACK。

③ 前两步与数据发送操作一样,执行完这两步以后,再启动 START 信号,此时再写一个字节的设备地址。与前面稍有不同的是,这个设备地址字节的最低一位为高电平,代表准备接收数据。

④ 开始接收数据,可以是接收一个字节,或连续接收 N 个字节,在接收前面($N-1$)个字节数据时,每接收一个字节数据,生成一个 ACK 应答。

⑤ 在接收最后一个字节数据前,先禁止控制器生成 ACK 信号。然后等待最后一个字节的数据就绪后,再读取。

⑥ 最后发送一个 STOP 信号,结束接收操作。

在这部分数据传输中将数据的传输流程分成 5 个函数来实现,即

master_xfer()——作为主传输程序；

i2c_s3c44b0x_send_slave_addr()——写从设备地址和从设备内部数据访问地址；

i2c_s3c44b0x_writebytes()——写操作过程；

i2c_s3c44b0x_readbytes()——读操作过程；

i2c_s3c44b0x_xfer_stop()——停止数据传输。

这部分函数通过 S3C44B0X I²C 总线接口来完成数据的收发。上层设备驱动程序通过调用 master_xfer()来响应系统 read()或 write()调用。

① 在主传输程序里,先发送从设备地址和从设备内部数据访问地址,然后判断传递下来的消息包的读/写标志,分别执行读/写操作。

主传输函数原型为：

```
static int master_xfer(struct i2c_adapter * adapstruct i2c_msg msgs[] int num)
```

主传输程序流程如图 6-22 所示。

首先从消息中取出从设备的地址后,发送从设备地址和从设备内部数据访问地址,发送的实现就是调用 i2c_s3c44b0x_send_slave_addr(struct i2c_s3c44b0x_algo_data * algo_data)函数,得到函数的返回值,如果小于 0,则返回得到的返回值。否则判断消息中的请求是读还是写,如果是读,则调用读操作函数 i2c_s3c44b0x_readbytes(struct i2c_s3c44b0x_algo_data * algo_data, char * buf int len),并返回读操作函数的返回值;如果是写,则调用写操作函数并返回写操作函数的返回值。最后 static int master_xfer 函数返回 num。

② 写从设备地址和从设备内部数据访问地址的过程如图 6-23 所示。读/写操作之前,都需要发送从设备地址和从设备内部数据访问地址。

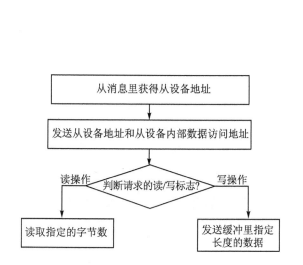

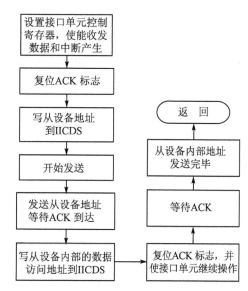

图 6-22 主传输程序流程图　　　　图 6-23 写从设备地址和从设备内部数据访问地址

写从设备地址和从设备内部数据访问地址的函数原型为:

　　static int i2c_s3c44b0x_send_slave_addr(struct i2c_s3c44b0x_algo_data * algo_data)

③ 写操作过程如图 6-24 所示。写操作函数原型为:

　　static int i2c_s3c44b0x_writebytes(struct i2c_s3c44b0x_algo_data * algo_data, const char * buf, int len)

④ 读操作过程如图 6-25 所示。发送从设备地址后,要转到读操作,需要重启动 START 信号,然后再读取从设备发送过来的数据。在读操作中,读取最后一个字节前要禁止 ACK 生成。在禁止 ACK 生成后,仍然会等待 ACK。从设备虽然没有 ACK 应答,但 S3C44B0X I²C 接口单元仍会产生 ACK 中断,然后保存最后一个字节的数据,调用 i2c_s3c44b0x_xfer_stop 函数停止接收。读操作函数原型为:

　　static int i2c_s3c44b0x_readbytes(struct i2c_s3c44b0x_algo_data * algo_data, char * buf, int len)

⑤ 结束传输的过程函数,读/写操作执行后,通过该函数,告诉 S3C44B0X 接口控制器和设备停止数据传输,函数实现如下:

　　static int i2c_s3c44b0x_xfer_stop(struct i2c_s3c44b0x_algo_data * algo_data, int rd)
　　{

```
    volatile u32 busy;
    int i;
    u32 cr;
    /* 写 i2cSTAT 寄存器,停止接口单元数据传输 */
    if(rd)
    {cr = (IIC_STA_MOD_MAS_RX | IIC_STA_SO_E);}
    else
    {cr = (IIC_STA_MOD_MAS_TX | IIC_STA_SO_E);}
    *algo_data->unit->IICSTAT = cr;
    /* 清除中断 PENDING 位 */
    cr = (IIC_CON_ACK_E | IIC_CON_TX_RX_INT_E | algo_data->clock_val);
    *algo_data->unit->IICCON = cr;
    /* 等待接口单元真正停止操作 */
    for(i = 0; i < algo_data->timeout; i++ ){
    busy = *algo_data->unit->IICSTAT;
    if(!(busy & IIC_STA_BS_SS))
    return 0;
    }
    return - ETIMEDOUT;
}
```

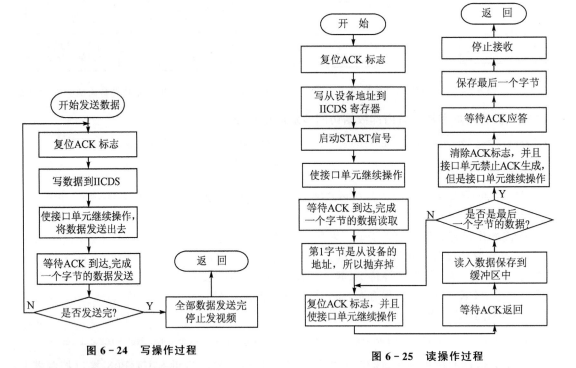

图 6-24　写操作过程　　　　　图 6-25　读操作过程

第 6 步：中断服务程序和 ACK 复位程序。每个 ACK 应答或生成时,I^2C 接口单元控制器中断产生,中断服务程序被调用,中断服务程序就是置 ACK 标志。在读/写每个字节前,也应要清除 ACK 标志。一个字节的数据读/写完成是根据 ACK 标志是否置位来判断的。

```c
static void i2c_s3c44b0x_isr_handler(int irq,void * dev_id,struct pt_regs * regs)
{
    struct i2c_s3c44b0x_algo_data * algo_data = dev_id;
    algo_data->ack = 1;
}
static inline void i2c_s3c44b0x_reset_ack(struct i2c_s3c44b0x_algo_data * algo_data)
{
    spin_lock_irq(&algo_data->lock);
    algo_data->ack = 0;
    spin_unlock_irq(&algo_data->lock);
}
static int i2c_s3c44b0x_wait_ack(struct i2c_s3c44b0x_algo_data * algo_data)
{
    volatile int ack;
    int i;
    for(i = 0; i < algo_data->timeout; i++) {
    udelay(10);
    ack = algo_data->ack;
    if(ack)
    return 0;}
    return -ETIMEDOUT;
}
```

第7步：控制数据传输自定义参数设置过程函数，完成两部分参数设置，一是从设备内部访问地址的设置，二是数据传输时，时钟频率的设置。此函数响应系统 ioctl() 自定义参数设置的调用。

第8步：上层设备驱动获取算法驱动程序所实现的功能函数。

```c
static u32 iic_func(struct i2c_adapter * adap)
{return  IIC_FUNC_IIC | IIC_FUNC_SMBUS_EMUL;}
```

下面配置编译 S3C44B0X I²C 总线接口驱动程序。

编写完 S3C44B0X I²C 总线接口算法驱动程序后，头文件源程序文件分别保存为 i2c-s3c44b0x.h 和 i2c-s3c44b0.c，放在/uCLinux-dist/Linux-2.4.x/drivers/IIC 目录下。要编译进 μCLinux 内核，还要对配置文件和 Makefile 文件脚本进行修改。步骤如下：

① 修改内核 I²C 驱动配置文件，打开/uCLinux-dist/Linux-2.4.x/drivers/i2c/config.in 脚本文件，编辑添加下面加粗的 4 行。

```
dep_tristate 'I2C device interface' CONFIG_I2C_CHARDEV $ CONFIG_I2C
if [ "$ CONFIG_I2C_CHARDEV" != "n" ]; then
dep_tristate ' S3C44B0X IIC-Bus Interface' CONFIG_I2C_S3C44B0X
 $ CONFIG_I2C_CHARDEV
fi
dep_tristate 'I2C /proc interface (required for hardware sensors)' CONFIG_I2C_PROC
 $ CONFIG_I2C
```

② 修改 Makefile 文件，打开/uCLinux-dist/Linux-2.4.x/drivers/IIC/Makefile 文件。编辑

添加下面加粗的一行：

  obj-$(CONFIG_I2C) += i2c-core.o
  obj-$(CONFIG_I2C_CHARDEV) += i2c-dev.o
  obj-$(CONFIG_I2C_S3C44B0X) += i2c-s3c44b0x.o

③ 修改 Vendors 厂商配置目录下的 Makefile 文件，如下面加粗的一行，添加 I^2C 设备名。

  DEVICES = \
  tty,c,5,0 console,c,5,1 cua0,c,5,64 cua1,c,5,65 \
  \
  ⋮
  \
  i2c0,c,89,0

3. 基于 Framebuffer 的 LCD 设备驱动

(1) Framebuffer 介绍

  Framebuffer 帧缓冲是出现在 Linux2.2.xx 及其以后版本内核中的一种驱动程序接口，是一种显存抽象后能够提取图形的硬件设备。它屏蔽了图像硬件的底层差异，是用户进入图形界面的很好接口，它允许上层应用程序在图形模式下直接对显示缓冲区进行读/写操作。这种操作是抽象的，统一的用户不必关心物理显存的位置、换页机制等具体细节。这些都由 Framebuffer 设备驱动来完成，采用 Framebuffer 用户的应用程序不需要对底层的驱动深入了解，用户可将它看成是显示内存的一个映像，将其映射到进程地址空间之后，即可直接进行读/写操作，显示器将根据相应指定内存块的数据来显示对应的图形界面。用户对 Framebuffer 显示缓冲区的访问如图 6-26 所示。

  当用户使用 MicroWindows、MiniGUI 等用户图形接口时，LCD 的设备驱动程序必须以 Framebuffer 设备驱动形式实现。

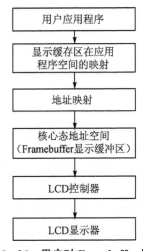

图 6-26 用户对 Framebuffer 显示缓冲区的访问流程

(2) Framebuffer 设备使用

  对于使用者来讲，Framebuffer 设备与/dev 目录下的其他设备大体相同，Framebuffer 设备是主编号 29 的字符设备，尾编号指定同一类设备的顺序。通常约定使用如下的设备节点：

  0 = /dev/fb0   第 1 个 Framebuffer;
  1 = /dev/fb1   第 2 个 Framebuffer;
  ⋮
  31 = /dev/fb31   第 32 个 Framebuffer。

  Framebuffer 设备类似于一般的存储区设备，用户可以读/写该设备，比如要快速保存屏幕上的内容，可以使用以下命令：

  cp /dev/fb0 myfile

  对于针对 Framebuffer 设备开发应用程序的程序员来说，Framebuffer 设备与存储设备如/

dev/mem 具有同样的特征,可以读、写、定位到指定位置和进行 mmap()操作;区别在于文件中所出现的存储区不是整个存储区域,而是图形设备的帧缓冲区。/dev/fb * 设备允许部分 ioctls 操作,通过这些操作查询和设置硬件信息,颜色表的处理也包括在这些操作当中。具体包含哪些操作以及相关的数据结构可以查看头文件 Linux/fb.h。

(3) Framebuffer 设备驱动程序结构

Framebuffer 设备驱动程序结构如图 6-27 所示。µCLinux 实现 Framebuffer 驱动主要基于两个文件:Linux/include/Linux/fb.h 和 Linux/drivers/video/fbmem.c。

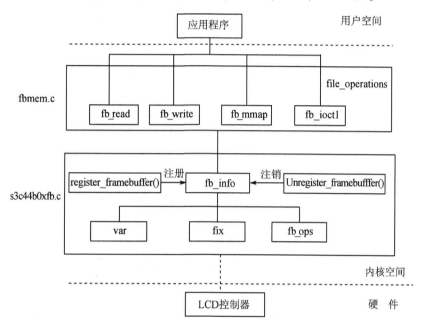

图 6-27 Framebuffer 设备驱动程序结构

fb.h 定义了几乎所有重要的结构,有 3 个结构比较值得关注:结构 fb_var_screeninfo 描述图形硬件的可设置特性,由用户设置;结构 fb_fix_screeninfo 定义图形硬件的固定特性,不能修改;结构 fb_info 定义当前 Framebuffer 设备的独立状态,一个图形硬件可能有两个分 Framebuffer,这种情况下,要定义两个 fb_info 结构。fb_info 结构是所有 Framebuffer 相关结构中惟一一个在内核空间可见的。

fbmem.c 位于 Framebuffer 驱动结构的中间层,由它提供上层应用软件编程调用接口,同时提供针对具体硬件的底层驱动接口。通过这个接口,底层驱动程序可以在操作系统内核中注册自己。fbmem.c 实现了所有 Framebuffer 驱动程序中相同的部分,避免用户重复工作,用户开发具体图形硬件的驱动只需要针对 fbmem.c 提供的底层驱动接口函数分别实现。在电子词典系统中使用 S3C44B0X 作为处理器时,对应实现该驱动的文件分别是 s3c44b0xfb.h 和 s3c44b0xfb.c。以下是 fbmem.c 文件中需理解的内容。

① **全局变量**

   struct fb_info * registered_fb[FB_MAX];
   int num_registered_fb;

以上两个全局变量记录当前 fb_info 结构的使用实例。fb_info 描述图形硬件的当前状态,所有的 fb_info 结构全部在数组中。增加一个新的 Framebuffer 到内核时,数组中增加一个新的

fb_info 结构,同时 num_registered_fb 加 1。

```
static struct {
    const char * name;
    int ( * init)(void);
    int ( * setup)(void);
} fb_drivers[] __initdata = {...};
```

当 Framebuffer 驱动静态连接到内核时,fb_drivers[] __initdata={...}的括号中必须增加对应的新入口;当采用 insmod/rmmod 的模块载入方式时,fb_drivers[] __initdata={...}的括号不处理。

```
static struct file_operations fb_ops =
{
    owner: THIS_MODULE,
    read: fb_read,
    write: fb_write,
    ioctl: fb_ioctl,
    mmap: fb_mmap,
    open: fb_open,
    release: fb_release
};
```

上述结构是 fbmem.c 提供给上层应用程序的接口,所有函数由 fbmem.c 实现。

② register_framebuffer(struct fb_info * fb_info) 和 unregister_framebuffer(struct fb_info * fb_info)

上述函数是 fbmem.c 提供给底层 Frambuffer 驱动程序的接口函数,底层驱动程序必须使用这两个函数登记或注销自己。底层驱动程序所要做的大部分工作就是填充 fb_info 结构并登记或注销。

(4) Framebuffer 设备驱动程序设计

由于在 μCLinux 的源码包中,已经完成了 Framebuffer 驱动的大部分工作,下面只要在 s3c44b0xfb.c 中完成以下 3 项工作即可:

➤ 分配显存的大小;
➤ 初始化 LCD 控制寄存器;
➤ 设置修改硬件设备相应的 var 信息和 fix 信息。

下面就是这 3 项工作的实现过程。

① 定义两个结构

```
static struct s3c44b0xfb_info fb_info;
static struct s3c44b0xfb_par current_par;
```

s3c44b0xfb_info 结构定义 Framebuffer 操作 fb_info 及相关部分;s3c44b0xfb_par 结构中保存硬件相关数据,惟一定义了视频模式。

② 实现初始化函数

```
int s3c44b0xfb_init(void);
int s3c44b0xfb_setup(char * );
```

上述函数在启动时处理图形硬件。s3c44b0xfb_init 函数用来设置图形硬件的初始状态,s3c44b0xfb_setup 函数用来设置启动时传递的图形硬件可选项。

在 fbmem.c 中,使用以下方式挂接函数 s3c44b0xfb_init 和函数 s3c44b0xfb_setup:

```
#ifdef CONFIG_FB_S3C44B0X
    { "s3c44b0xfb"s3c44b0xfb_init,s3c44b0xfb_setup },
#endif
```

③ 实现硬件相关函数

```
static void s3c44b0xfb_detect()
static int s3c44b0xfb_encode_fix()
static int s3c44b0xfb_decode_var()
static int s3c44b0xfb_encode_var()
static void s3c44b0xfb_get_par()
static void s3c44b0xfb_set_par()
static int s3c44b0xfb_getcolreg()
static int s3c44b0xfb_setcolreg()
static int s3c44b0xfb_pan_display()
static int s3c44b0xfb_blank()
static void s3c44b0xfb_set_disp()
struct fbgen_hwswitch s3c44b0xfb_switch = {
    s3c44b0xfb_detect,
    s3c44b0xfb_encode_fix,
    s3c44b0xfb_decode_var,
    s3c44b0xfb_encode_var,
    s3c44b0xfb_get_par,
    s3c44b0xfb_set_par,
    s3c44b0xfb_getcolreg,
    s3c44b0xfb_setcolreg,
    s3c44b0xfb_pan_display,
    s3c44b0xfb_blank,
    s3c44b0xfb_set_disp
};
```

以下是对上面所列硬件相关函数的功能描述：

函数	功能
s3c44b0xfb_detect	检测当前视频设置模式并保存为缺省模式；
s3c44b0xfb_encode_fix	根据输入参数填充硬件固定信息结构；
s3c44b0xfb_decode_var	从参数中获取硬件设置信息，并检查该设置是否可用；
s3c44b0xfb_encode_var	根据输入参数填充硬件可设置信息，部分信息直接访问硬件获取；
s3c44b0xfb_get_par	填充硬件相关数据结构；
s3c44b0xfb_set_par	根据输入参数设置硬件相关数据；
s3c44b0xfb_getcolreg	读取颜色寄存器并返回16位颜色表值；
s3c44b0xfb_setcolreg	根据16位颜色表值设置颜色寄存器；
s3c44b0xfb_pan_display	根据输入结构中的偏移坐标调整显示；
s3c44b0xfb_blank	根据输入模式清空屏幕；
s3c44b0xfb_set_disp	设置帧缓冲区虚拟地址指针以及适合低级文本控制台的指针。

(5) Framebuffer 设备驱动程序安装

① 在配置文件中增加选项

在 uCLinux-dist/Linux-2.4.x/drivers/video/config.in 中增加一个新选项，在合适位置添加：

```
if [ "$CONFIG_CPU_S3C44B0X" = "y" ]; then
    tristate 'Samsung S3C44B0X built-in LCD controller frame buffer support'
CONFIG_FB_S3C44B0X
```

② 在内核中增加驱动程序

将编写好的驱动程序 s3c44b0xfb.c 和 s3c44b0xfb.h 一起添加到 uCLinux-dist/Linux-2.4.x/drivers/video/目录下,在相同目录下 Makefile 文件中的合适位置添加下面这样一行就可以在编译时将自己的驱动程序编译进内核。

```
obj-$(CONFIG_FB_S3C44B0X) += s3c44b0xfb.o fbgen.o
```

③ 增加设备号

修改 Vendors 厂商配置目录下的 Makefile 文件中 DEVICE 赋值的最后一行,增加:

```
\fb0,c,29,0
```

编译好 romfs 文件系统后在/dev 目录下将增加一个 fb0 设备,它的主设备号为 29,次设备号为 0。

4. 触摸屏设备驱动

在 μCLinux 中,设备类型分为 3 类: 字符设备、块设备、网络设备。触摸屏属于字符设备。同时由于 ADC 完成了触摸屏信号的模/数转换,所以对触摸屏的驱动实际上是对 ADC 的字符设备驱动。触摸屏驱动程序需要传递 3 个数据: X(横坐标的采样值)、Y(纵坐标的采样值)和笔动作(按下/抬起)。

```
typedef struct
{
    unsigned short pressure;
    unsigned short x;
    unsigned short y;
}TS_RET;
```

TS_RET 结构体中的信息就是驱动程序提供给上层应用程序使用的信息,用来存储触摸屏的返回值。上层应用程序通过读接口,从底层驱动中读取信息,并根据得到的值进行其他方面的操作。

```
typedef struct
{   unsigned int penStatus;
    TS_RET buf[MAX_TS_BUF];
    unsigned int head,tail;
    wait_queue_head_t wq;
    spinlock_t lock;
}TS_DEV;
```

全局变量 TS_DEV 结构体,用来保存触摸屏的相关参数、等待处理的消息队列、当前采样数据、上一次采样数据等信息。其中: penStatus 为触摸笔的状态; buf[MAX_TS_BUF]为触摸屏缓冲区; head 和 tail 为触摸屏缓冲区的头和尾; wq 为等待队列。

为了在 μCLinux 中能够操纵触摸屏,在触摸屏驱动程序中应该提供 open()及 read()接口。

```
struct file_operations s3c44b0_ts_fops =
{
    owner: THIS_MODULE,
    read: s3c44b0_ts_read,
```

```
    open: s3c44b0_ts_open,
    release: s3c44b0_ts_release,
    poll: s3c44b0_ts_poll,
};
```

module_init 是通过调用 s3c44b0_ts_init 函数来实现的,主要完成触摸屏设备的内核模块加载、初始化系统 I/O、中断注册、设备注册、为设备文件系统创建入口等标准的字符设备初始化工作。首先,要通过 register chrdev()注册字符设备,声明其主设备号、设备名称以及指向函数指针数组 file operations 的指针。其次,通过 request irq()注册触摸屏中断服务程序。

下面为中断注册函数:

```
int request_irq(unsigned int irq,void (*handler)(int,void *,struct pt_regs *),unsigned long flags,const char *device,void *dev_id);
```

以下是对此函数参数的具体描述:

- unsigned int irq——该参数表示所要申请的中断号。中断号可以在程序中静态地指定,或者在程序中自动探测。在嵌入式系统中因为外设较少,所以一般静态指定就可以了。在电子词典中使用的为 S3C44B0X_INTERRUPT_EINT0(硬件相关)。
- void(*handler)(int,void *,struct pt_regs *)——其原型为 void (*handler)(int irq, void * device,struct pt_regs * regs)。handler 为向系统登记的中断处理子程序,中断产生时由系统来调用,调用时所带参数 irq 为中断号,device 为设备名,regs 为中断发生时寄存器内容。
- unsigned long flags——flags 是申请时的选项,它决定中断处理程序的一些特性,其中最重要的一个选项是 SA_INTERRUPT。如果 SA_INTERRUPT 位置 1,表示这是一个快速处理中断程序;如果 SA_INTERRUPT 位为 0,表示这是一个慢速处理中断程序。快速处理程序运行时,所有中断都被屏蔽,而慢速处理程序运行时,除了正在处理的中断外,其他中断都没有被屏蔽。
- const char * device——device 为设备名,将会出现在/proc/interrupts 文件里。
- void * dev_id——dev_id 为申请时告诉系统的设备标识。

触摸屏中断处理程序主要是通过导通不同 MOS 管组(可查阅图 4-26 和图 4-27),使接触部分与控制器电路构成电阻电路,并产生一个电压降作为坐标值输出。

当触摸屏被按下时,首先导通 MOS 管组 Q2 和 Q4,X_+ 与 X_- 回路加上 +5 V 电源,同时将 MOS 管组 Q1 和 Q3 关闭,断开 Y_+ 和 Y_-;再启动处理器的 A/D 转换通道 0,电路电阻与触摸屏按下产生的电阻输出分量电压,并由 A/D 转换器将电压值数字化,计算出 X 轴的坐标。

接着先导通 MOS 管组 Q1 和 Q3,Y_+ 与 Y_- 回路加上 +5 V 电源,同时将 MOS 管组 Q2 和 Q4 关闭,断开 X_+ 和 X_-;再启动处理器的 A/D 转换通道 1,电路电阻与触摸屏按下产生的电阻输出分量电压,并由 A/D 转换器将电压值数字化,计算出 Y 轴的坐标。

在 open()函数中,应初始化缓冲区,初始化触摸屏状态 penState,初始化等待队列以及 tsEvent 时间处理函数指针,而 tsEvent 函数最终即为 tsEvent_raw(),这个函数主要完成的功能是:当触摸屏状态为 PEN_DOWN 时完成缓冲区的填充、等待队列的唤醒;当触摸屏状态为 PEN_UP 时将缓冲区清 0,唤醒等待队列。

```
static void tsEvent_raw(void)
{
    if(tsdev.penStatus = PEN_DOWN)
    //BUF_HEAD.x = CONVERT_X(x);
```

```
            //BUF_HEAD.y = CONVERT_Y(y);
            BUF_HEAD.x = f_unPosX;
            BUF_HEAD.y = f_unPosY;
            BUF_HEAD.pressure = tsdev.penStatus;
            else
            {BUF_HEAD.x = 0;
            BUF_HEAD.y = 0;
            BUF_HEAD.pressure = PEN_UP;
            }
            tsdev.head = INCBUF(tsdev.head,MAX_TS_BUF);
            wake_up_interruptible(&(tsdev.wq));
    }
```

在 read()函数中,主要通过使用系统调用 copy_to_user()实现将 X/Y 方向的电压值由内核空间复制到用户空间。一旦完成了触摸屏的初始化,用户空间进程就能够通过 read()函数来读取触摸点的状态和位置。这时存在两种可能的情况:一种是已经有数据供读取,这时用户空间进程马上返回;另一种是暂时还没有数据可读,这时用户空间进程就需要在一个等待队列里睡眠等待。

模块的退出函数为 s3c44b0_ts_exit,该函数的工作就是清除已注册的字符设备、中断以及设备文件系统。

为了消除振颤,用户空间进程对一个触摸动作进行 5 次取样,积累 5 个原始样本以进行平滑计算。如果这 5 个原始样本中的坐标相差不大,则可以认为取得的样本是稳定的,进行平均从而成为一个有效样本。如果相差过大,则将这 5 个原始样本抛弃,重新进行取样,得到一个有效样本后,将其写入缓冲区。在用户空间进程通过 read()系统调用将 X/Y 方向的电压值复制到用户空间后,由于触摸屏返回的数据是电压值,如果用户想将获得的触摸屏数据转换为触摸屏的坐标值,需要进行校正和转换这两个步骤。这两个步骤一般都在应用程序中实现。

6.3.4 应用程序

下面是电子词典应用程序的实现过程,在电子词典的功能方面,是用键盘作为输入,LCD 作为输出。因为在第 4 章节已经讲过无操作系统的电子词典的实现,在 μCLinux 下的电子词典,只不过与硬件的交互部分会和无操作系统的大不相同,与硬件的交互需要按照操作系统的规则,即应用程序的最底层需要重新实现,而比较上层的,例如实现电子词典功能的相关函数可以仿照无操作系统的实现。μCLinux 下的电子词典的 main()函数简要流程图如图 6-28 所示。

初始化图形界面是调用清屏函数清屏,然后再调用画背景函数绘制电子词典的初始界面。键盘设备设置是由于这里使用的是 I^2C 键盘,所以要传递给内核 I^2C 从设备的信息,比如 I^2C 从设备地址、I^2C 的总线时钟频率等。如果有键按下,则读取键值,并进行键值识别,然后进行按键的功能控制及在 LCD 上按照控制进行显示。

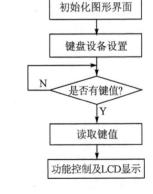

图 6-28 main 函数简要流程图

按照上面的思路,对以上的流程进行分析,可以把电子词典的实现分为与硬件交互的部分和与硬件无关的部分,与硬件无关的部分主要是实现电子词典功能的相关函数,主要有:

➤ 词库以及字库；

➤ 显示正确的参考单词；

➤ 功能键判别，即退格功能、翻译功能、翻页功能（分上翻和下翻）以及行的上移和下移。

上面所列部分的实现与无操作系统的实现相同，即上面所说的比较上层的内容，这一部分可以参考第 4 章，以下不再讲述。而与硬件交互的这一部分和无操作系统中的实现大不相同，这部分主要是：键值的获取、LCD 的字符显示及基本绘图。下面首先来看应用程序如何与硬件设备进行交互。

从第 5 章驱动程序的设计部分可以看到：设备驱动程序实现对设备的抽象处理，为应用程序屏蔽了硬件的细节。这样在应用程序看来，硬件设备只是一个设备文件，应用程序可以像操作普通文件一样对硬件设备进行操作。系统中每个设备都用一个设备文件来表示。设备文件与普通文件的操作方法一样，可以使用文件操作的标准调用，如用 open、close、read、write、ioctl 等实现对设备的控制。

对设备文件的操作流程为：首先，使用 open 函数来打开设备，该函数是在驱动程序中有对应的设备文件被打开时调用的，如果应用程序要使用中断，也可用此函数实现中断号和中断处理函数的注册，当然中断的处理和注册是在驱动中完成的。在打开设备后，应用程序可以使用 read 函数和 write 函数来进行相应的操作，read 函数和 write 函数用于从驱动程序中读取或者写入数据。例如实现对 LED 的操作，可以通过调用 write 来把应用程序中要控制 LED 的值传给内核，也可以通过 read 把内核空间的值传给应用程序（前者是使用 copy_from_user() 将用户空间的数据写入内核空间，后者是通过调用 copy_to_user() 把数据从内核空间复制到用户空间）。最后使用 release 函数则是在应用程序中关闭驱动设备文件，用于卸载中断号和主设备号，释放由 open 函数分配的相关硬件资源，并删除保存于驱动程序私有数据的所有内容。

另外，应用程序中使用 ioctl 函数主要是提供对底层硬件驱动的控制命令，也可以通过使用传递指针参数的方式实现它与用户空间交换任意数量的数据。

了解了应用程序如何来对设备操作以实现应用程序与硬件之间的交互后，在电子词典中，需要与键盘和 LCD 进行信息交互，即需要应用程序对键盘设备文件和 LCD 的设备文件进行操作。以下便是这两部分具体的实现过程。

1. 键 盘

在电子词典系统的键盘设计中，使用处理器 S3C44B0X 内置的 I²C 总线接口控制器作为 I²C 通信主设备，ZLG7290 作为通信的从设备，这样在键盘抽象层中所做的工作就是打开 I²C 设备，即使用 open("/dev/i2c0", O_RDWR)；然后使用标准系统调用 ioctl 函数来对所使用的设备进行设置，主要设置的内容包括 3 项：从设备地址、I²C 的总线时钟频率和系统寄存器的地址。

设置之后当确定有键按下时，要调用标准系统调用函数 read 来实现按键值从内核空间到用户空间的传递，然后再调用标准系统调用函数 close 关闭应用程序对驱动设备文件的调用。

键盘设备的操作流程如图 6-29 所示。

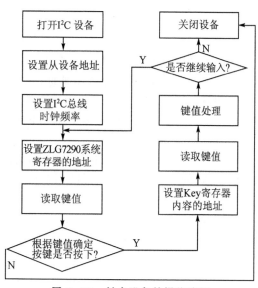

图 6-29　键盘设备的操作流程

以上就是如何实现应用程序进行键盘设备的操作并读取键值,在得到键值之后,要进行改变键值的定义,得到的键值为从 1 开始的数字,所以要进行键值基准的改变。在键值基准成了从 0 开始后,要转化为字母,只要进行加 0x61 操作,得到的键值就成了从 A 开始的字母的 ASCII 码值。键盘布局如图 6-30 所示。

A	B	C	D	E	F	G	H
I	J	K	L	M	N	O	P
Q	R	S	T	U	V	W	X
Y	Z	Back space	Page up	Line up	Enter	Line down	Page down

图 6-30 键盘布局

2. LCD 的字符显示及基本绘图

在电子词典中要实现基本的绘图函数和字符的显示等,具体要实现:点、水平线、垂直线、画矩形、区域填充、汉字显示和英文字符显示。

对于这些基本绘图函数的实现,根据 LCD 的基本显示原理,可归结为如何显示一个点的问题,在基于 Framebuffer 驱动的 LCD 显示中,问题就成了如何通过操作系统的系统调用函数操纵内核空间,来实现一个点的显示,所以先来了解一下 Framebuffer 的显示原理及流程。

Framebuffer 是一种能够提取图形的硬件设备,是用户进入图形界面的很好接口。对于用户而言,它和 dev 下面的其他设备没有什么区别,用户可以把 Framebuffer 看成一块内存,既可以向这块内存中写入数据,也可以从这块内存中读取数据。显示器将根据相应指定内存块的数据来显示对应的图形界面。而这一切都由 LCD 控制器和相应的驱动程序来完成。

Framebuffer 的显示缓冲区位于 μCLinux 中核心态地址空间,而在 μCLinux 中,每个应用程序都有自己的虚拟地址空间,在应用程序中是不能直接访问物理缓冲区地址的。为此,μCLinux 在文件操作 file_operations 结构中提供了 mmap 函数。可将文件的内容映射到用户空间。对于帧缓冲设备,则可通过映射操作,将屏幕缓冲区的物理地址映射到用户空间的一段虚拟地址中,之后用户就可以通过读/写这段虚拟地址访问屏幕缓冲区了。

点的显示流程如图 6-31 所示。下面讲述如何实现点的显示。在打开设备后,调用 ioctl 获取的设备特性包括以下 3 个方面。

① 获取设备一些不变的信息(如设备名),屏幕的组织对应内存区的长度和起始地址。这些信息是在结构体 struct fb-var-screeninfo 中,此结构体是在内核源码中 include/Linux/fb.h 中定义的:

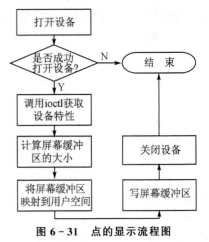

图 6-31 点的显示流程图

```
struct fb_fix_screeninfo
{
    char id[16];                    /* 字符串形式的标识符 */
    unsigned long smem_start;       /* Framebuffer 缓存的起始位置(物理地址) */
```

```
    __u32 smem_len;              /* Framebuffer 缓存的大小 */
    __u32 type;                  /* FB_TYPE_* */
    __u32 type_aux;              /* 分界 */
    __u32 visual;                /* FB_VISUAL_* */
    __u16 xpanstep;              /* 如果没有硬件 panning,赋 0 */
    __u16 ypanstep;              /* 如果没有硬件 panning,赋 0 */
    __u16 ywrapstep;             /* 如果没有硬件 ywrap,赋 0 */
    __u32 line_length;           /* 一行的字节数 */
    unsigned long mmio_start;    /* 内存映射 I/O 的大小 */
    __u32 accel;                 /* 附加可用的类型 */
    __u16 reserved[3];           /* 为将来的兼容性保留的 */
}
```

② 获取可以发生变化的信息,例如位深、颜色格式、时序等。如果改变这些值,驱动程序将对值进行优化,以满足设备特性。

```
struct fb_var_screeninfo
{
    __u32 xres;                  /* 可见解析度 */
    __u32 yres;
    __u32 xres_virtual;          /* 虚拟解析度 */
    __u32 yres_virtual;
    __u32 xoffset;               /* 虚拟到可见之间的偏移 */
    __u32 yoffset;
    __u32 bits_per_pixel;        /* 每像素位数 */
    __u32 grayscale;             /* 非 0 时指灰度 *
}
```

③ 获取或设定部分颜色表。在得到了设备这 3 方面的特性后,便可进行缓冲区大小的计算,计算公式如下:

```
screensize = vinfo.xres * vinfo.yres * vinfo.bits_per_pixel / 8;
```

得到显示缓冲区的大小之后,进行屏幕缓冲区和用户空间的映射,映射得到的地址保存在指针 fbp 中;接着便是进行偏移地址的计算,偏移地址分为 X 偏移和 Y 偏移,X 偏移和 Y 偏移的计算公式如下:

```
offx = x * vinfo.bits_per_pixel/8;
offy = y * finfo.line_length;
```

将得到的 fbp、offx、offy 相加得到最终所要修改点的颜色的地址,对其内容进行修改,最后关闭设备,这就是点的显示过程。

当点的显示实现之后,至于画水平线、垂直线、矩形、区域填充,显示汉字、英文字符就是各种形式调用点的显示函数,这部分参考无操作系统的 LCD 显示部分。

以上讲述的是用键盘作为输入,LCD 作为输出的简单的电子词典实现。如果想实现把键盘和触摸屏作为输入(即要使用多 I/O 输入),下面则简要介绍实现思路。

实现使用多 I/O 输入可以采用 select 方法,select() 系统调用提供一个机制来实现同步多元 I/O,调用 select() 将阻塞,直到指定的文件描述符准备好执行 I/O,或者可选参数 timeout 指定的时间已经过去。select() 用法如下:

```
int select(intnfds,fd_set *readfds,fd_set *writefds,fd_set *errorfds,structtimeval
        *timeout);
```

监视的文件描述符分为 3 类 set,每一种对应等待不同的事件。

readfds 中列出的文件描述符被监视是否有数据可供读取(如果读取操作完成则不会阻塞)。writefds 中列出的文件描述符则被监视是否写入操作完成而不阻塞。最后,exceptfds 中列出的文件描述符则被监视是否发生异常。这 3 类 set 可以是 NULL,这种情况下,select()不监视这一类事件。

select()成功返回时,每组 set 都被修改以使它只包含准备好 I/O 的文件描述符。例如,假设有两个文件描述符,值分别是 7 和 9,放在 readfds 中。当 select()返回时,如果 7 仍然在 set 中,则这个文件描述符已经准备好被读取而不会阻塞。如果 9 已经不在 set 中,则读取它将可能会阻塞(可能是因为数据正好在 select 返回后就可用。这种情况下,下一次调用 select()将返回文件描述符准备好可读取)。

第一个参数 intnfds,等于所有 set 中最大的那个文件描述符的值加 1。因此,select()的调用者负责检查哪个文件描述符拥有最大值,并且把这个值加 1 再传递给第一个参数。timeout 参数是一个指向 timeval 结构体的指针。如果这个参数不是 NULL,则即使没有文件描述符准备好 I/O,select()也会在经过 tv_sec 秒和 tv_usec 毫秒(tv_sec 和 tv_usec 为 timeval 结构体中的成员)后返回。

可以采用 select 来监视键盘文件描述符和触摸屏文件描述符是否有数据可供读取,首先是使用 FD_SET 添加键盘和触摸屏文件描述符到指定的 set(这里关心的是读操作,所以 set 就是 readfds)中。FD_ISSET 测试一个文件描述符是否指定 set 的一部分,如果键盘文件描述符有数据可供读取,FD_ISSET 就返回非 0 值,去读取键盘值;如果触摸屏文件描述符有数据可读,则 FD_ISSET 返回非 0 值,去读取触摸屏。

这种方法读者可以参考 MiniGUI 中的 ial 来实现。不过 select 系统调用需要驱动中提供相应的支持,即在驱动中提供 poll 函数。

6.3.5 调 试

对于电子词典应用程序的调试,根据 μCLinux 下应用程序的开发,有两种方式可供选择:第一种是通过添加应用程序到内核,重新编译内核后烧入 FLASH;第二种是通过 FTP/TFTP 添加应用程序到目标板,这种方法是把内核烧入 FLASH 后,内核运行起来时,通过 FTP/TFTP 把应用程序传输到目标板,这种方法对于程序的调试比较方便。

1. 添加用户应用程序到 μCLinux

在文件系统中增加应用程序有 2 种方式:标准方式和快速方式。

(1) 添加应用程序的标准方式

下面讲述将编写好的应用程序 DICT 添加到文件系统中需要进行的工作。

① 编写 Makefile。编写 Makefile 的作用是对要添加的应用程序工程进行管理,对目标文件、编译工具、参数、路径以及清除规则等进行了详细的描述。关于 Makefile 的编写在 6.3.1 小节已经简要介绍过,若想更深入地了解 Makefile,可查阅相关资料或者书籍。

② 修改配置相关文件。修改配置相关文件是将应用程序信息添加到配置选项中,将此程序当做文件系统自带的用户应用程序来对待。修改./config/config.in,在最后面增加菜单:

```
##############################################
mainmenu_option next_comment
```

```
comment 'User Application'
bool 'Lcd' CONFIG_USER_DICT
comment "User Application"
endmenu
#########################################
```

将会在用户程序配置界面中出现 User Application 菜单,或在合适菜单块中增加一行:

```
bool 'Lcd' CONFIG_USER_DICT
```

在某个配置选项菜单块中增加了一个布尔变量,用于确定是否选择加载 DICT 程序,DICT 将出现在该菜单中。修改./config/Configure.help,Configure.help 包含配置时显示的描述文本,在文件中增加:

```
CONFIG_USER_DICT
  This is DICT program.
```

注意:描述文本必须缩进两空格,不能包括空行且必须少于 70 个字符。

③ 修改用户程序工程管理文件。修改用户程序工程管理文件是增加用户工程目录到待编译工程目录列表,即修改/user/makefile,这样完成了应用程序的添加。在../user/Makefile 中,增加行:

```
dir_$(CONFIG_USER_DICT) += app
```

通常按照目录名称的字母顺序插入该行,编译器将会自动访问新添加程序的 Makefile 文件,取得编译所需要的信息。

④ 编译并执行。最后对 μCLinux 进行重新编译,将新的用户应用程序加载到文件系统中,并重新将文件系统烧写至 FLASH 相应扇区,启动运行。

```
make xconfig
make dep
make lib_only
make user_only
make romfs
make image
```

其中在 make xconfig 命令中必须选择 DICT。如果修改了应用程序重新编译,从 make user_only 开始执行命令即可。

(2) 快速添加应用程序

还有一种快速添加应用程序到文件系统中的方法,即省略在系统中添加程序编译加载信息,直接用交叉编译工具自行编译,然后将生成的 flat 可执行文件放到 romfs/bin 目录下,使用命令直接生成 romfs 镜像。

上面介绍的方法中,在将用户应用程序添加到 μCLinux 内核运行时,都需要对内核进行部分或全部的编译。每次对内核编译完成后,都要先将 FLASH 存储器中的内容擦除,然后重新烧写新编译好的内核到 FLASH 存储器中。这对于程序开发来说,是非常不方便的。下面介绍一种通过网络来传输可执行文件,以避免每次测试程序运行效果时都要编译一次内核。

2. 通过 FTP/TFTP 添加应用程序到目标系统

应用程序的调试可以采用 FTP/TFTP,首先先了解一下 FTP/TFTP。

文件传输协议 FTP 是 Internet 上使用最广泛的文件传输协议。FTP 提供交互式的访问，允许客户指明文件的类型和格式（如指明是否使用 ASCII 码），并允许文件具有存取权限（如访问文件的用户必须经过授权，并输入有效的口令）。

简单文件传输协议 TFTP 全称为 Trivial File Transfer Protocol，适合小型文件传输，比较小并且容易实现。TFTP 也使用客户服务器方式，但它使用 UDP 数据报（UDP 的 69 端口），因此 TFTP 要有自己的差错改正措施。TFTP 只支持文件传输，不支持交互，且没有一个庞大的命令集。TFTP 没有列目录的功能。其优点是：

➢ 可用于 UDP 环境。当需要将程序或文件同时向许多计算机下载时往往使用 TFTP。
➢ TFTP 代码所占的内存比较小。一些设备不需要硬盘，只需要固化 TFTP、UDP 和 IP 的小容量存储器即可。

缺点是传送不可靠、没有密码验证等。

在 μCLinux 的相关开发过程中，经常使用 FTP。

(1) 在 XP 操作系统下建立 FTP 服务器并使用 FTP 下载应用程序

① 安装 I²S。在"控制面板"中选择"添加/删除程序"，添加 Windows 组件中的"Internet 信息服务 I²S"，选择详细服务中的"FTP 服务"。

② 配置 I²S。选择"开始"→"程序"→"管理工具"→"Internet 服务管理器"命令，在弹出的界面单击"默认的 FTP 站点"，选择"属性"菜单，设置本地 FTP 目录和访问权限。

③ FTP 方式下载应用程序。在 μCLinux 的超级终端窗口启动 FTP 客户程序，执行 FTP 内部命令下载应用程序到 var 目录。var 目录是 Ext2 文件系统格式，由 RAM 区映射，因此可以读/写。下载完毕后，修改文件具备可执行权限。

(2) 在 XP 操作系统下建立 TFTP 服务器并使用 TFTP 下载应用程序

① 运行 TFTP 服务器程序 tftpd32.exe。如图 6-32 所示。对 TFTP 服务器程序进行各种工作状态、权限以及本地 TFTP 工作目录的设置，默认状态下可以直接进行工作。在如图 6-32 所示的 TFTP 设置中要进行服务器 IP 和客户端 IP 的设置，指定所要传送文件的路径以及文件名。

② TFTP 方式传送调试程序。在 μCLinux 的超级终端窗口执行 TFTP 客户端命令链接服务器程序 tftpd32，直接下载文件到 var 目录，修改权限后运行。假如要传送的文件为 dict，步骤如下：

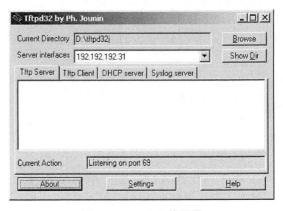

图 6-32　TFTP 的设置

```
/> tftp-g-l /var/lcd-r./dict 192.192.192.31 ————主机 IP
/> cd /var
/var > chmod 777 dict ————更改文件属性为可执行
/var > ./dict ————执行文件
```

TFTP 参数说明：

```
tftp [OPTION]… HOST [PORT]
```

使用 octet 模式向一个 TFTP 服务器发送文件，以及从一个 TFTP 服务器获取文件。选项含义如下：

-l 本地文件；
-r 远程文件；
-g 获取文件；
-p 发送文件；
-b 传输的块大小。

习 题

1. 名词解释

（1）虚拟存储　　　　　　　　　　（6）字符设备
（2）平板存储　　　　　　　　　　（7）块设备
（3）fork　　　　　　　　　　　　（8）设备文件
（4）虚拟文件系统　　　　　　　　（9）用户空间
（5）XIP　　　　　　　　　　　　（10）内核空间

2. 简答题

（1）μCLinux 的主要特征有哪些？
（2）简述 μCLinux 嵌入式操作系统的基本软件架构。
（3）简述 μCLinux 和 Linux 内存管理的区别。
（4）在 μCLinux 下是如何进行多进程管理的？
（5）简述操作系统中文件系统的一般框架。在 μCLinux 中，建立在 FLASH 存储器上的文件系统通常有哪些？
（6）μCLinux 下的根文件系统通常的建立方式有哪些？
（7）简述基于 Linux/μCLinux 的嵌入式系统开发的一般过程。
（8）如何编写 Makefile 文件？其作用是什么？
（9）简述 Blob 启动代码的执行流程。
（10）根据内核是否压缩以及内核是否在本地执行，μCLinux 启动方式有哪几种？各有什么特点？
（11）内核函数 start_kernel 主要完成哪些工作？
（12）简述映像文件 image.ram 和映像文件 zmage 的区别。
（13）μCLinux 将设备分为哪几类？并简要讲述设备驱动的开发流程。
（14）简述在 μCLinux 中硬件、设备驱动、操作系统和应用程序之间的关系。
（15）在 μCLinux 下的驱动程序设计中，设备驱动程序怎样申请中断？
（16）画出 μCLinux 下 I^2C 总线驱动程序体系结构图，并简要解释。
（17）JFFS2 文件系统的挂载过程分为哪几个阶段？
（18）简要叙述在文件系统中添加应用程序的方式。

3. 程序设计

（1）参考本章驱动程序的设计，试实现一个最小驱动（仅实现 μCLinux 下驱动程序的框架和在内核中的注册）。
（2）写出采用 select 方法实现多 I/O 输入（键盘、触摸屏两个设备）的应用程序。

参 考 文 献

[1] 沈绪榜. 人类的太空梦想与计算技术. 微电子学与计算机,2009,26(1):1-7.
[2] 田泽. 嵌入式系统开发与应用. 北京:北京航天航空大学出版社,2005.
[3] 田泽. 嵌入式系统开发与应用教程. 北京:北京航天航空大学出版社,2005.
[4] 田泽. 嵌入式系统开发与应用实验教程(第2版). 北京:北京航天航空大学出版社,2005.
[5] 田泽. ARM7嵌入式开发实验与实践. 北京:北京航天航空大学出版社,2006.
[6] 田泽. ARM7 μCLinux开发实验与实践. 北京:北京航天航空大学出版社,2006.
[7] 田泽. ARM9嵌入式开发实验与实践. 北京:北京航天航空大学出版社,2006.
[8] 田泽. ARM9嵌入式Linux开发实验与实践. 北京:北京航天航空大学出版社,2006.
[9] Steve Furber. ARM SoC体系结构. 田泽,于敦山,盛世敏,译. 北京:北京航天航空大学出版社,2002.
[10] ARM公司. ARM Architecture Reference Manual. 2000.
[11] ARM公司. The ARM-Thumb Procedure Call Standard. 2000.
[12] SAMSUNG公司. S3C44B0X_datasheet. pdf.
[13] ARM公司. ADS1_2_CodeWarrior.
[14] 马忠梅,马广云,徐英慧,田泽. ARM嵌入式处理器结构与应用基础. 北京:北京航天航空大学出版社,2002.
[15] 杜春蕾. ARM体系结构与编程. 北京:清华大学出版社,2003.
[16] 怯肇乾. 嵌入式系统硬件体系设计. 北京:北京航空航天大学出版社,2007.
[17] Andrew N. Sloss. ARM嵌入式系统开发——软件设计与优化. 沈建华译. 北京:北京航空航天大学出版社,2005.
[18] William Stallings. 操作系统:精髓与设计原理(第五版). 陈渝译. 北京:电子工业出版社,2006.
[19] Labrosse J. J. 嵌入式实时操作系统 μC/OS-II(第2版). 邵贝贝等译. 北京:北京航空航天大学出版社,2002.
[20] Micriμm公司. New Features and Services Since μC/OS-II V2.00. http://www.micrium.com,2006.
[21] 李岩. 基于S3C44B0嵌入式μCLinux系统原理与应用. 北京:清华大学出版社,2005.
[22] 周立功. ARM嵌入式Linux系统构建与驱动开发范例. 北京:北京航空航天大学出版社,2005.
[23] 欧文盛. ARM嵌入式Linux系统开发从入门到精通. 北京:清华大学出版社,2007.
[24] 梁泉. 嵌入式Linux系统移植及应用开发技术研究. 成都:电子科技大学出版社,2006.
[25] 任哲. 嵌入式操作系统基础μC/OS-II和Linux. 北京:北京航空航天大学出版社,2006.
[26] 宋宝华. Linux设备驱动开发详解. 北京:人民邮电出版社,2008.
[27] Raj Kamal. 嵌入式系统——体系结构、编程与设计. 陈曙晖译. 北京:清华大学出版社,2005.
[28] David E. Simon. 嵌入式系统软件教程. 陈向群等译. 北京:机械工业出版社,2005.
[29] Andrew S. Tanenbaum,Maarten van Steen. 分布式系统原理与范型. 杨剑峰等译. 北京:清华大学出版社,2004.
[30] Andrew S. Tanenbaum. 现代操作系统. 陈向群等译. 北京:机械工业出版社,2005.